HANDBOOK
OF
RECORDING
ENGINEERING

SECOND EDITION

JOHN M. EARGLE／著
沢口真生／訳

Copyright © 1992 by Van Nostrand Reinhold

Japanese translation rights arranged with
Van Nostrand Reinhold, New York
through Tuttle-Mori Agency Inc., Tokyo

序　文

　「ハンドブック・オブ・レコーディング・エンジニアリング」の第2版を出版するにあたり私は、最新の録音技術の発達を視点に、全面的に書き直しを行ないました。ここ5年間で録音芸術や技術を学ぶための場や機会は、それまでに比べて飛躍的に増加しています。私はこうした場でどのようなテキストが最も有用かを現場の先生方と広く議論し、本書にはそうした成果を十分に取り入れています。

　今後必要と思われる知識については、より詳しく、またあまり必要でないと思われる分野は簡潔にまとめています。このことで学ぶ側は、要領よく学習を進めることができ、また教える側も計画的に授業を進めることができると思います。

　また、現在レコーディング・エンジニアとして活躍している方々にも日々の問題解決の良き手引き書として活用できると思います。

　本書は、以下のように10の分野で構成しました。

Section 1：録音に必要な基礎音響

　レコーディング・エンジニアは、物理音響と心理音響の両面についての理解と、それらが実際のスタジオや演奏現場でどう関与しているのかを知る必要があります。これらは、ステレオ空間をどのように使えば有効かとか、録音と再生音場の関係をどう捉えて表現すれば良いのかといった知識の基礎となります。

Section 2：マイクロフォン

　マイクロフォンの適切な選択、指向性、配置についての知識は、エンジニアが日頃録音を行なう場合の重要な要素です。ここでは、マイクロフォンの電気的・物理的側面について述べるため、十分なページを確保しました。

Section 3：ステレオ録音の基礎

　ここではステレオ録音を行なうための基礎として、同軸、準同軸、ペアマイクによる方法を述べています。2チャンネル録音を主体にしていますが、マルチチャンネル・サラウンドについても触れることにしました。また音像の拡大や疑似ステレオ化の手法についても触れています。

Section 4：録音システム―機器構成／メータリング／モニタリング

　現在の高機能化されたレコーディング・コンソールは、一見複雑で、すぐには理解出来そうにありません。本章では、音楽録音の変遷と、それにつれてコンソールがどう進展してきたのかを明らかにしたいと思います。マルチチャンネル・レコーディングでは、インライン・タイプのモジュール構成となったコンソールが主流となり、録音系とモニター系が分離しているスプリット・タイプのコンソールは減少しています。これからエンジニアを目指す人々は、こうした機能と、それがどう発展したのかを学ぶことが出来ます。

　信号レベルのモニタリングについては、それ自体をテーマとして詳細に取り上げ、記録機器のノイズと歪のレンジの中でいかに最適な記録レベルを確保すべきかを述べています。

　また録音されたプログラム全体が持つラウドネスやステレオ伝送時の両チャンネル相関についても項目を設けました。最終的な音楽バランスは、モニター・スピーカーを介して決められ、コントロール・ルームには、この目的のためビルトインされた大型モニターと、車やラジカセで聴くリスナーのためのバランスチェック用に小型モニターを設置し、音響的にも視覚的にも十分な性能を発揮できる設計手法が求められます。

Section 5：信号処理機器（エフェクター）

本章では、信号を加工処理する様々な効果機器について述べています。信号を加工するということは、周波数スペクトラムをコントロールしたり、全体の帯域を伝送メディアに適した形に整えるといった処理を意味しており、フィルターやイコライザーなどの周波数領域、リヴァーブやディレイといった時間領域、コンプレッションやノイズゲートといった振幅領域を制御しています。さらに最近のデジタル信号処理であるDSP技術についても記述しました。

Section 6：録音メディア

デジタル時代といわれていますが、アナログ記録もマルチトラック録音や放送ポスト・プロダクション、そして映画制作の分野で健在です。ここでは、ノイズリダクションを併用した場合について述べています。デジタル録音については初版よりもさらに詳細な記述としました。このなかには、信号処理、データ圧縮技術、外部インターフェースなどが含まれています。

Section 7：スタジオ制作

初版では、クラシック録音とポップス録音の制作に力点をおきましたが、これらの内容を一新し、スピーチ録音についても取り上げました。

Section 8：ポスト・プロダクション制作

ここでは、3つのセクションに分けて述べています。すなわち音声編集、音楽マスタリングとフィルム、ビデオの音声ポスト・プロダクションについてです。ポスト・プロダクション技術は、録音のための技術と視点が異なり、すでに録音した素材を与えられたメディアにいかに最良の形で記録できるかの最終仕上げのための技術です。

Section 9：ソフト再生機器

ここでは、最終商品となったソフトをユーザーの方々が楽しむ場合の再生機器について述べます。LPを席巻したCDの状況を考えれば本章に、もはやディスクカッティングは必要ないのでは、という議論もありましたが、あえて取り上げてあります。Cカセットも永く我々の手軽なソフトを楽しむアナログ・メディアとして存在してきましたし、1980年代からは、CDがデジタル・メディアとして登場しました。デジタル・メディアは、現在CD-RやDVDなどが登場しましたが、今後の動向に注目したいメディアです。

Section10：録音ビジネス

ここでは、録音をビジネスとして展開しようとした場合に必要なスタジオ立地条件、スタジオ設計、スタッフ、機材選定などについて述べます。

ジョン・アーグル（John M. Eargle）

目　次

序文／V

- **Section 1**　録音に必要な基礎音響
  - 第1章　物理音響の原理／2
  - 第2章　心理音響／39
  - 第3章　演奏会場の持つ特性／55

- **Section 2**　マイクロフォン
  - 第4章　マイクロフォンの基本的な知識／62
  - 第5章　マイクロフォンの指向性／69
  - 第6章　録音条件から派生するマイクロフォンの特性と理論値の相違／81
  - 第7章　ステレオ・マイクロフォンとサウンドフィールド・マイクロフォン／89
  - 第8章　マイクロフォンの電気特性とアクセサリー／93

- **Section 3**　ステレオ録音の基礎
  - 第9章　2チャンネル・ステレオ録音／100
  - 第10章　マルチチャンネル・ステレオ録音／121

- **Section 4**　録音システム―機器構成／メータリング／モニタリング
  - 第11章　レコーディング・コンソール／136
  - 第12章　信号のメータリングと適正運用レベル／167
  - 第13章　モニター・スピーカー／177
  - 第14章　コントロール・ルームとモニター環境／193

- **Section 5**　信号処理機器（エフェクター）
  - 第15章　イコライザー／フィルター／204
  - 第16章　コンプレッサー／リミッター／ノイズゲート／215
  - 第17章　リヴァーブ／ディレイ／225
  - 第18章　その他の特殊効果／237

- **Section 6**　録音メディア
  - 第19章　アナログテープ録音／262
  - 第20章　ノイズリダクション・システム／291
  - 第21章　デジタル録音とDSP信号処理／303

Section 7　スタジオ制作
　　　　　第22章　クラシック録音と制作／324
　　　　　第23章　ポップス録音と制作／355
　　　　　第24章　スピーチ録音／385

Section 8　ポスト・プロダクション制作
　　　　　第25章　音楽、スピーチ素材の編集／392
　　　　　第26章　音楽マスタリング／403
　　　　　第27章　フィルム、ビデオの音声ポスト・プロダクション／409

Section 9　ソフト再生機器
　　　　　第28章　LPレコード／418
　　　　　第29章　音楽テープ／437
　　　　　第30章　コンパクト・ディスク（CD）／443
　　　　　第31章　DAT／449

Section10　録音ビジネス
　　　　　第32章　録音スタジオ設計／454
　　　　　第33章　スタジオの運用と管理／465

人名索引／472

総合索引／476

訳者あとがき／485

Section 1　録音に必要な基礎音響

第1章　物理音響の原理
 1．はじめに
 2．振動とは
 3．音響信号の空気伝播
 4．デシベル
 5．自由空間における音の減衰（逆2乗則）
 6．回折と屈折現象
 7．空間損失
 8．音源の理論値と実際の楽器の指向性
 9．近距離と遠距離の音場
 10．線音源と面音源
 11．室内における音の諸特性とその現象

第2章　心理音響
 1．はじめに
 2．ラウドネス
 3．音の定位
 4．ピッチの知覚
 5．マスキング
 6．プログラムが持つ周波数成分
 7．聴覚保護

第3章　演奏会場の持つ特性
 1．はじめに
 2．空間の拡がり感
 3．演奏会場の技術的表記
 4．空間の算術表記
 5．総論として

Section 1　録音に必要な基礎音響

第1章　物理音響の原理

1. はじめに

　この章では、室内・外での音の発生と伝播の基礎について述べます。音源が創り出す音場と指向性について、様々な波長の音波がどのように伝播するのか、またデシベルとは何かなどについて述べることにします。

2. 振動とは

(1) 周期振動

　振動の様子を最も端的に表わしているのがサイン波です。これは、バネにつけた重りの動きや振り子の動きに見ることができます。図1-1(a)に示すようにその軌跡は、基準線を境にして上下運動をしています。または、円周上にある点が定角速度で運動した場合の軌跡を時間軸上に投影した運動としても示すことが出来ます。波形の1サイクルは、この円周を360度一巡した軌跡と同じになり、一巡に要した時間を"周期(Period [T])"と呼んでいます。これに関連する用語として"周波数(frequency)"がありますが、これは1秒間に何回の周期が行なわれたかを示します。

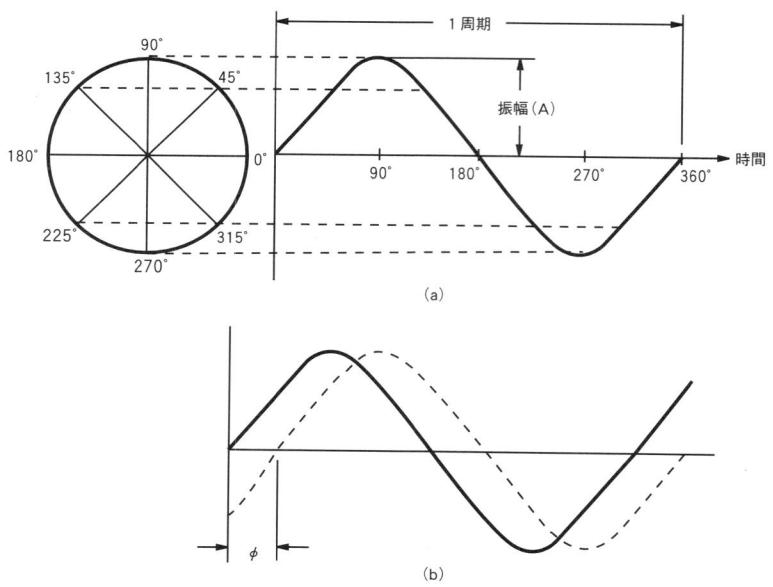

図1-1　(a)サイン波発生の様子。振幅と周期は図のように示されます。
　　　　(b)には同じ周波数で異なる位相関係を示します。

例でこうした関係を表わしてみましょう。周期が1/4秒（T＝0.25sec）のサイン波は周波数1／Tで表わしますが、1秒間に4回の周期を持つことになり、4Hzと表示されます。ここでHz（hertz＝ヘルツ）は、1秒間に振動する周期（cycles per second＝周波数）を表わす世界共通の用語です。

〈例題〉　1/1000秒周期を持つサイン波の周波数を求めよ。
周波数 ＝ 1／T ＝ $\dfrac{1}{0.001}$ ＝ 1,000Hz（1kHz）

kHz（キロヘルツ）という単位は、1,000Hzを1単位とする用語。

サイン波を表わすもう1つの用語に、振幅（amplitude[A]）があります。これは基準線からどのくらいの大きさで偏位しているかを示します。振幅量は、何を取り上げるかによって異なり、例えば振り子であればその振れの大きさであり、電気信号のサイン波であれば電圧や電流の大きさを表わします。音波の場合は、大気圧の変化量として示されることになります。

さらに、サイン波について述べるときに忘れてはならない用語に、位相（phase）があります。これは、同じ周波数の波形でもその時間軸にズレがある場合によく引き合いに出される用語で、図1−1（b）にその様子を示します。

この例では、実線の波形と破線の波形には、ϕのズレがあります。このズレの量（ϕ）は角度（degree）で示され、通常1周期分の角度、つまり360度以内の角度で表示します。

そして、同一周波数の2つのサイン波が、180度の位相差で存在したとしますと、逆位相または、単に逆相（out of phase）と呼ぶ関係にあるといいます。

簡単にこの逆相関係を作り出すには、信号系の2本の導体（プラスとマイナス）を接続を逆にしてみればよいでしょう。

サイン波は、機械工学でも電気工学でも同様の概念として扱うことが出来ますが、音響の場合、音が発生する段階のすべての振動要素が密接な関係にあり、それぞれが複雑な動きをするために、簡単に扱うことは出来ません。例えば、弦楽器のボーイングを振動として捉えると、この音の中には基音（fundamental）に続いて、その基音に対して1/2、1/3、1/4、1/5倍の周期をもつサイン波が一定の関係で組み合わされて構成されていることが分かります。図1−2にこの関係を示しました。そして、図1−2（c）の複合音は、図1−2（a）の4つのサイン波を合成したものです。この複雑な波形のそれぞれは、基音に対して倍音（harmonics）と呼びます。図1−2（b），（d）にそれらの倍音の周波数分布を示しました。

逆に考えると、倍音の数をはじめ、相対振幅や位相関係といった要素を組み合わせて必要な音を作ることも出来るといえるのです。

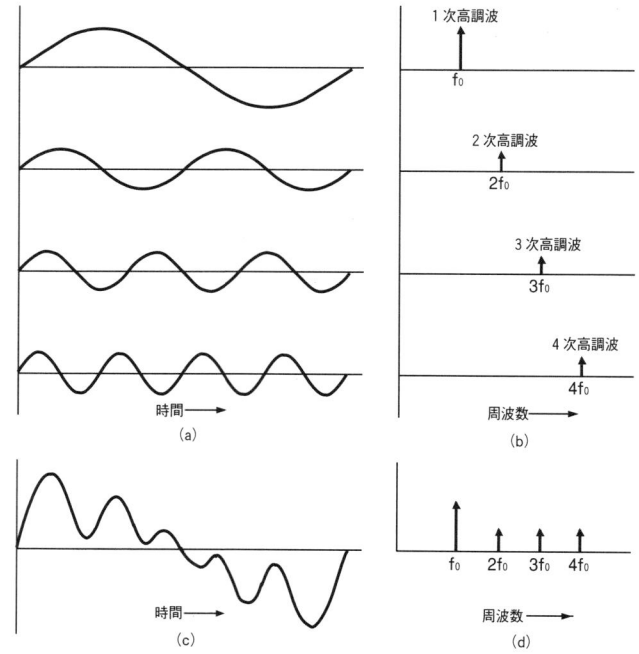

図1−2　サイン波の倍音構成
　　　（a）サイン波の各種倍音構成、（b）（a）で示したサイン波の周波数分布
　　　（c）（a）で示した各種サイン波を重畳した複合波波形、（d）（c）で示した波形の周波数分布（スペクトラム）

（2）　不規則振動／ノイズ

　我々は、不必要な音を雑音（ノイズ）と呼んでいます。これらを時間対振幅の関係で示すと**図1−3（a）**のようになり、どこに周期性があるのか認識することができません。ゆえに不規則振動といわれています。
　規則性のある複合音は、一見複雑でも先に述べたように、一定の倍音関係が規則性を保って構成されていますが、ノイズは規則性のない無数のサイン波が重層した複合波と

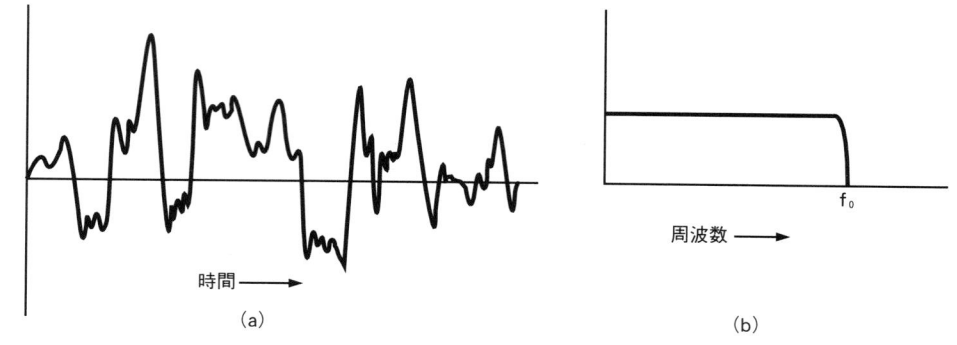

図1−3　代表的なホワイトノイズ
　　　（a）は信号波形を示します
　　　（b）はその周波数分布を示します

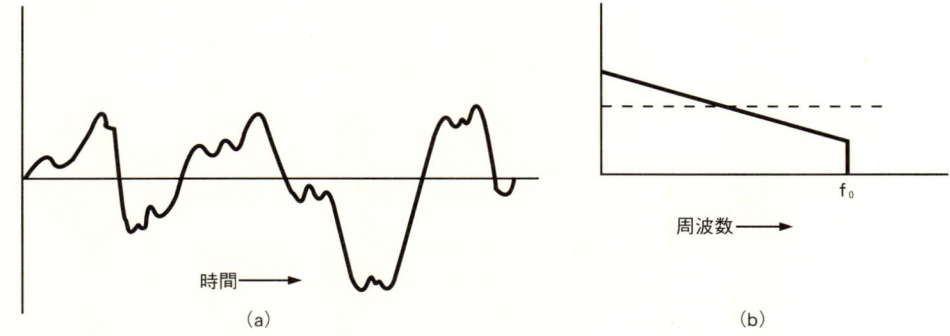

図1－4　代表的なピンクノイズ
　　　　（a）は信号波形を示します
　　　　（b）はその周波数分布を示します

して広い周波数にわたって分布します。**図1－3(b)**に示すような周波数分布（スペクトラム）を持つ信号は、"ホワイトノイズ"と呼ばれ、ちょうどFM放送の局間ノイズのように聴こえます。これらは、カットオフ周波数f_0までのあらゆる周波数成分を含んだ信号です。"ホワイトノイズ"の名前は、白色光源が持つ可視光のあらゆる成分を均等に含んだスペクトラム（周波数分布）に相似しているところに由来しています。"ピンクノイズ"は、同様に周波数が倍になるにつれてエネルギーが半減する光源から名付けられました。

図1－4(a)に示す波形と先ほどの**図1－3(a)**の波形を比較すると、高域の周波数成分が少なく、その周波数分布を示したのが**図1－4(b)**ですが、高域にいくほどロールオフしていることが分かるでしょう。

言い替えると、"ホワイトノイズ"は、各周波数ごとのエネルギーが等しい信号であり、"ピンクノイズ"は、オクターブごとのエネルギーが等しい信号であるといえます。

後述するように、"ピンクノイズ"は、モニター・スピーカーの調整をするときなどに有効な測定用信号として利用されています。

3. 音響信号の空気伝播

振動面が十分に大きい場合、その振動エネルギーは音響エネルギーとなって付近の空気中に伝播しますが、このようにして音が発生します。

音は、通常気圧を基準としてその気圧の周期的な変化と定義することができ、その可聴帯域は、一般的に20Hzから20kHzと言われています。音の伝播速度（Velocity）は、以下の式から求めることが出来ます。

$$伝播速度（Velocity）= 331.4 + 0.607\,T \text{ m/sec}$$

ここで、Tは摂氏温度です。これをカ氏温度と距離をフィートで表わすと、次のような式となります。

Section 1　録音に必要な基礎音響

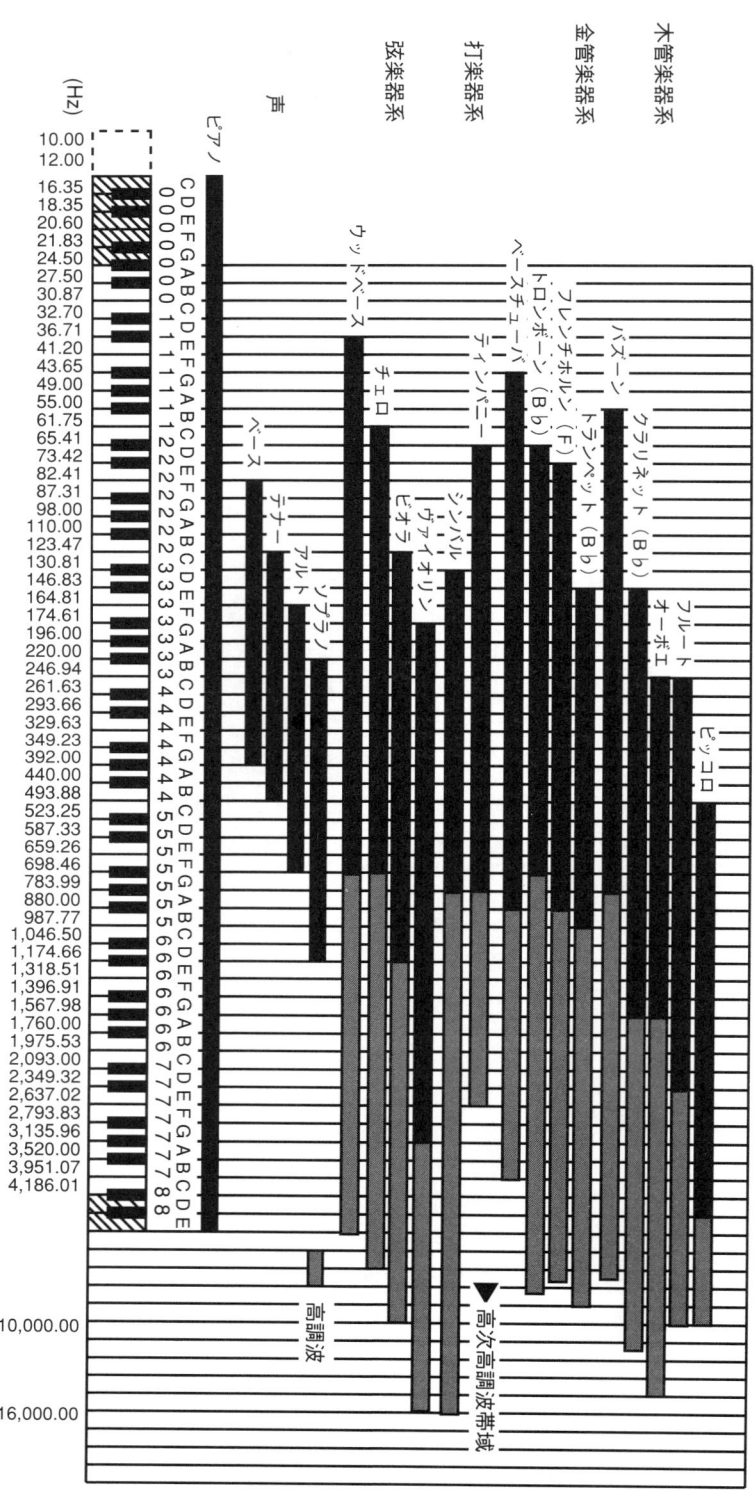

図1－5　各種音源（楽器及び声）の周波数分布

$$\text{伝播速度(Velocity)} = 1052 + 1.106 \text{ T feet/sec}$$

　録音に活用する際は、音の伝播速度は通常 344m/sec として扱います。
　楽器のなかでも木管楽器は、この気温に大変敏感なため、録音する場は、いつも一定気温となるよう注意しなければチューニングが不安定となります。**図1-5**は、様々な楽器と肉声が出す周波数レンジを示しています。
　344Hzの音源があったとすると、音速344m/secの場合、振動周期は1m毎に繰り返すことになります。この1周期分の距離を波長と定義し、以下の式から算出します。

$$\text{波長}(\lambda) = \frac{\text{音速}(v)}{\text{周波数}(f)}$$

〈例題〉　10kHzと50Hzの波長を求めよ。

$$\lambda = 344/10{,}000 = 0.0344 \text{ m}$$
$$\lambda = 344/50 = 6.9 \text{ m}$$

またλとv、fとの間には、以下の関係があります。

$$f = v / \lambda$$
$$v = f \lambda$$

4. デシベル

(1)　定義

　音響や電気の測定をするときに、デシベル(dB)は、2つの電力の比を表現するのに都合の良い表示法です。ベルと、その1/10のデシベルは、以下の式で求めます。

$$\text{レベル} = \log\left(\frac{P_1}{P_0}\right) \text{ベル}$$

$$\text{レベル} = 10 \log\left(\frac{P_1}{P_0}\right) \text{デシベル}$$

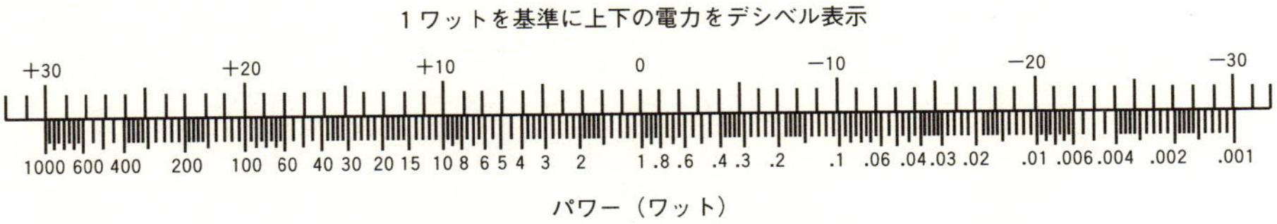

1ワットを基準に上下の電力をデシベル表示

図1-6　電力比のデジタル換算表

基準電力$P_0=1W$（ワット）とすると、2Wは、以下の式から3dBとなります。さらに4Wは6dB、10Wは10dBとなります。

$$レベル=10 \log (2/1)=10×0.3=3dB$$

$$レベル=10 \log (4/1)=10×0.6=6dB$$

$$レベル=10 \log (10/1)=10×1=10dB$$

図1－6にはデシベルと電力の換算チャートを示しました。必要な電力値の上のデシベル値を見ることで簡単に換算が出来ます。

〈例題〉　20Wと500Wのレベル差をデシベルで示せ。
　　　　図1－6の換算表から20Wは13dB、
　　　　500Wは27dB、
　　　　ゆえにレベル差＝27－13＝14dBとなる。

すでにお気付きの読者も多いと思いますが、100Wと10W、60Wと6W、0.4Wと0.04Wのように、10倍の電力比は常に10dB差となり、2倍の電力比は3dB差となります。

(2)　オームの法則

電気回路では電力は、負荷に発生する電圧とそこを流れる電流の積として示されます。

$$電力(W) = 電圧(E) × 電流(I)$$

オームの法則では、これを以下のように示します。

$$電流(I) = \frac{電圧(E)}{抵抗(R)}$$

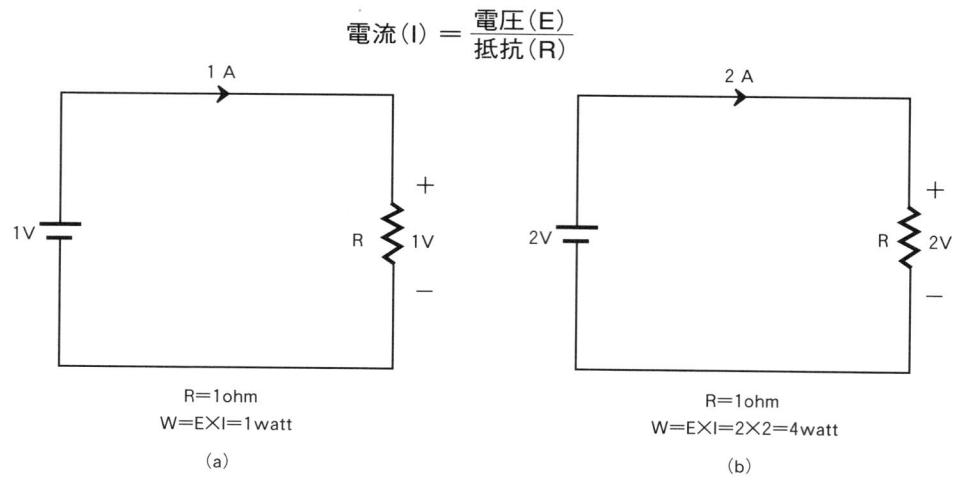

図1－7　簡単な直流回路における電力関係

図1-7(a)の回路には、1ボルト(V)の電池と1オーム(Ω)の負荷抵抗が直列(series)に接続されています。オームの法則によれば、ここには1アンペア(A)の電流が流れることになり、電力は1Wとなります。

図1-7(b)では、電圧を2Vにすると、オームの法則から電流は2Aになり、電力は4Wになります。

$$I = E/R = \frac{2V}{1\Omega} = 2A$$

$$W = E \times I = 2 \times 2 = 4W$$

ここで負荷抵抗値が一定と仮定すると、電力のデシベル値を電圧か電流の比で示すことができます。そして、負荷にかかる電圧がある量増加すると、同様に電流も同じ割合で増加し、負荷で消費される電力は、電圧または電流の2乗に比例します。このことを式で示すと、以下のようになります。

$$W = \frac{E^2}{R} = I^2 R$$

これを先の電力レベルのデシベル表示にあてはめると、以下のような式になります。

$$レベル = 10 \log \left(\frac{E_1}{E_0}\right)^2 = 20 \log \left(\frac{E_1}{E_0}\right) \text{ dB}$$

$$レベル = 10 \log \left(\frac{I_1}{I_0}\right)^2 = 20 \log \left(\frac{I_1}{I_0}\right) \text{ dB}$$

この式から、例えば2:1の電圧または電流比は、4:1の電力比となり6dBのレベル差に相当します。同様に10:1の電圧/電流比は100:1の電力比となり、20dBのレベル差となります。

$$レベル = 20 \log(2/1) = 20 \times 0.3 = 6 \text{dB}$$
$$レベル = 20 \log(10/1) = 20 \times 1 = 20 \text{dB}$$

図1-8には電圧または電流値をデシベルに換算するためのチャートを示しています。このチャートを使う場合の注意点は、必ず比較する2者の電圧/電流値が、同一負荷抵抗値のもとで測定されたものでなければ成り立たないという点です。

記号	0dBに対する基準
dBV	1V (rms=実効値)
dBv*	0.775V (rms=実効値)
dBW	1W
dBm	0.001W (1ミリワット)

*dBuはdBvと等価

表1-1　基準レベルの各表示例

Section 1　録音に必要な基礎音響

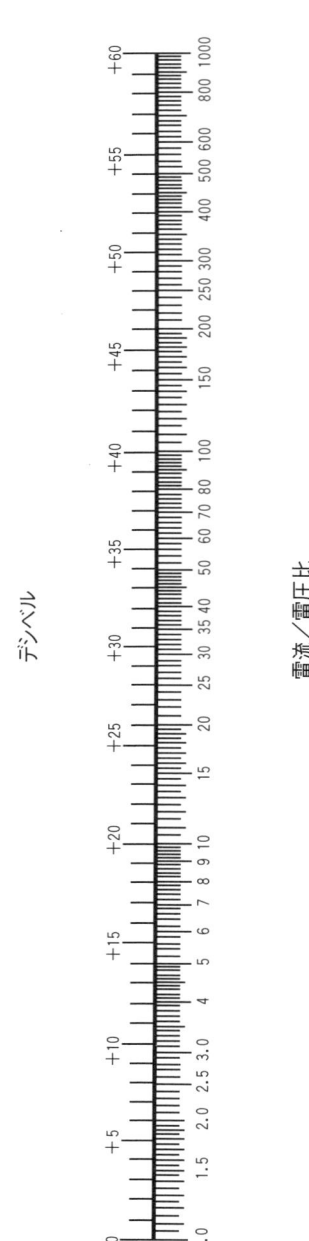

図1−8　電圧/電流値のデシベル換算表

〈例題〉 4Vと80Vのレベル差をデシベルで示せ。
図1-8の換算表から、4Vは12dB、80Vは38dB、
ゆえにレベル差＝38-12＝26dBとなる。

(a) 電気的基準レベル

録音技術を扱う場合、デシベル値での電圧計算と電力計算にそれぞれ2種類の基準の取り方があります。表1-1にそれらをまとめました。0 dBvは、600Ωの負荷抵抗で1mWの電力を得るための電圧値であり、dBmは 1mWの電力に相当するレベル値です。
この両者は、600Ω負荷で測定すれば同じ値となりますが、600Ω以上の負荷の場合は、異なった値となるため、この両者の区別に混乱を生じさせています。dBm値は負荷抵抗に依存しない値であり、dBvは600Ω負荷での値であると理解すればよいでしょう。

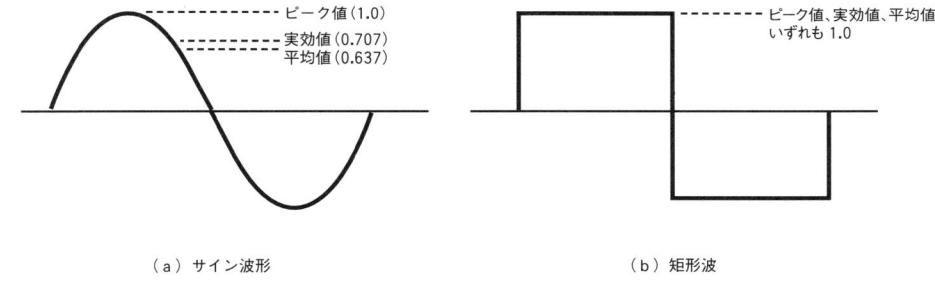

（a）サイン波形　　　　　　　（b）矩形波

図1-9　各波形の実効値、平均値、ピーク値

今日のコンソールメーカーは、ほとんどそのレベル・ダイヤグラムを記述するのにdBvを使用していますが、1Wを基準にしたdBWや、1Vを基準にしたdBVも使用されます。
dBVとdBvはしばしば混同されるため、dBvは、dBuという表現で使用される場合がよくあります。

(b) 波形の実効値と平均値

複雑な波形を持つ電圧や電流、音圧レベルなどでは、その振幅を示すのに、平均値（average values）、実効値（rms values）、ピーク値（peak values）の方法があります。
図1-9(a),(b)にその相違を示してあります。
サイン波の最大値またはピーク値を1とすると、平均値は0.636となり、これは算術的に半サイクル分のレベルの総計を平均化した値です。
rms（実効値）は、root mean squareの頭文字をとった、発生したエネルギー量を表わす用語で、その波形の実効的な値を示します。半サイクルで示す瞬時値を2乗して合計し、その平方根を求めると得られます。

Section 1　録音に必要な基礎音響

$$rms = \sqrt{P_1^2 + P_2^2}$$

これらを電気的な例で見てみましょう。サイン波のピーク値が1Vで1Ω負荷の回路があるとします。この負荷に生じる電力は、

$$P = \frac{E^2}{R} = (0.707)^2/1 = 0.5W$$

図1－9(b) に示す矩形波では、ピーク値も実効値も平均値もすべて1です。ピーク値1Vでの電力は同様の算出から、

$$P = 1/1 = 1W$$

複雑な波形では、ピーク値が実効値や平均値を越える場合がありますので、我々は、実効値とそのピーク値との差をクレスト・ファクター(crest factor)と呼び、dB表示します。複雑な楽音波形では、この値が10～15dBになる場合も珍しくありません。

そして、電圧と電流の実効値を掛け算すると、電力値が得られますが、この値が平均電力(average power)と呼ばれています。実効電力(rms power)と呼ぶのは間違いなので絶対に使わないで下さい。

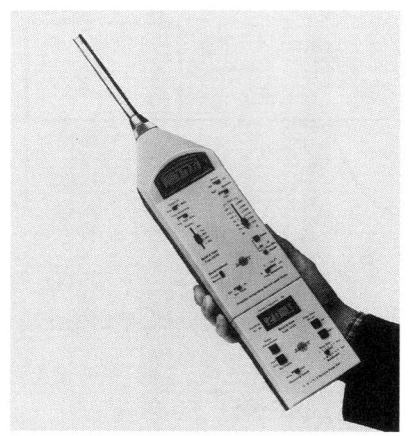

図1－10　音圧レベルメーター(資料提供B&K)

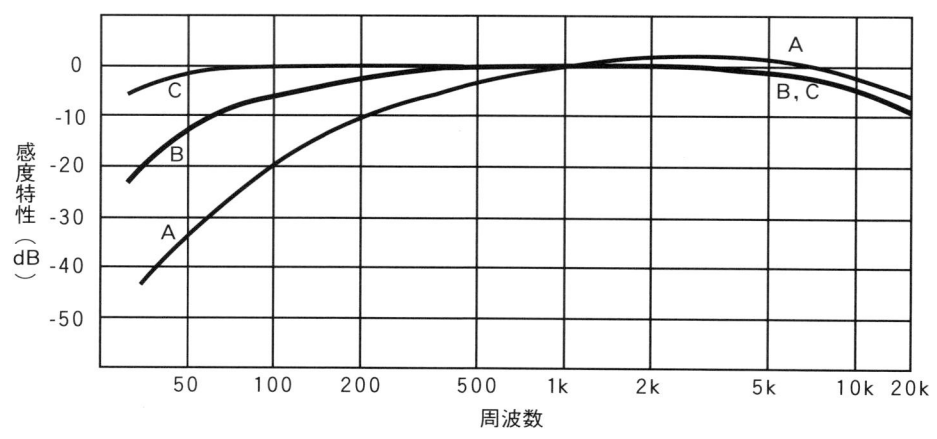

図1－11　音圧測定時の各種補整特性

Section 1　録音に必要な基礎音響

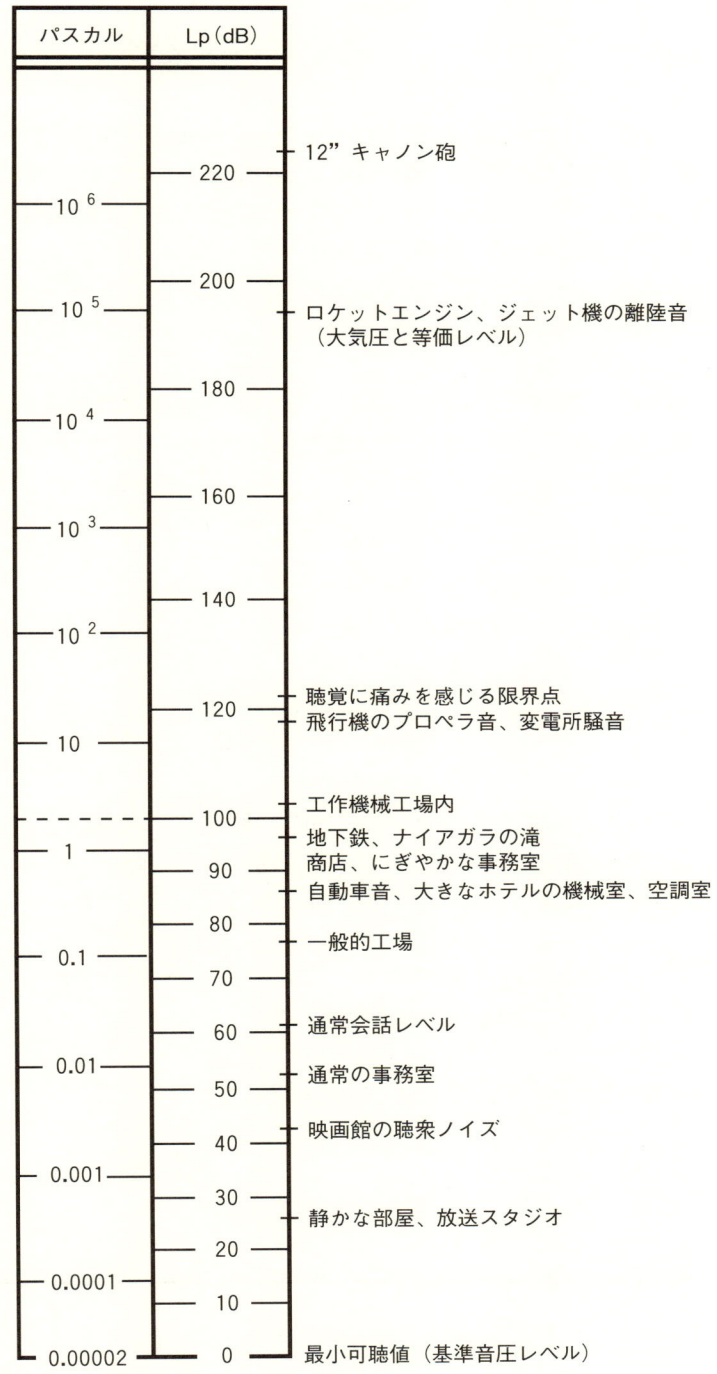

図1-12　一般的な音源の音圧レベル
　　　　人が通常聞くことが出来る範囲は約120dBまでで、
　　　　これは1:1,000,000の電力比に相当します

Section 1　録音に必要な基礎音響

(3) 音圧レベル(Lp)

(a) 測定

音圧を計測する代表は、音圧計(Sound Level Meter：SLM)と呼ばれ直接、音圧レベル(Lp値)を読むことができ、**図1-10**に代表的なモデルを示します。測定器は、31.5Hzから20kHzまでのレンジでオクターブバンドの解析ができる機能も備えています。測定器の特性で大切なのは、メーターの動特性(バリスティック)、ウェイティング・ネットワークの精度、絶対校正精度の3つです。標準的なメーターは、スローとファーストの測定切り換えが出来、ファーストモードでは、パルス性の信号の測定が、スローモードでは、楽音や変化のゆるやかな信号の測定が出来ます。

図1-11には、標準ウェイティング・カーブであるA、B、Cの特性を示しました。このカーブは、測定時の目的以外となるノイズなど、妨害信号を除く役目があり、後でまた詳しく述べることにします。

(b) 基準音圧レベル

音圧の算出は、以下の式から導き出されます。

$$音圧レベル = 20 \log\left(\frac{P_1}{P_0}\right) dB$$

P_0は、2×10^{-5}パスカル($0.0002 dyne/cm^2$)で測定し、この値より高い、低いをdB表示します。この基準値は、大変小さな値で、人間の最低可聴限界の1～3kHz特性と大変近似しています。この基準値より高い値がdBでLp値として示され、

2×10^{-5} パスカルをLp=0dBとします。これを基準とすると
2×10^{-4} パスカルは、Lp=20dBとなります。

図1-12には様々な音源の音圧とLp値を示しました。

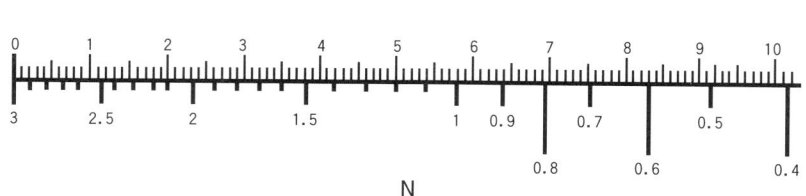

図1-13　デシベル表示での音圧加算表
　　　　D値はレベル差を、N値は2者のうちレベル
　　　　の高い値に加えられるレベルを示します

（4） dBでのレベル計算

　1Wの電力に2Wを加えると3Wとなりますが、dB表示の場合は単純に合計することにはなりません。例えば、97dBの音源が2つあったとしてその総レベルは、97＋3＝100dBであり、97＋97＝194dBとはなりません。
　図1－13には、このレベル計算のためのスケールを示しました。

〈例題〉　Lp値90dBとLp値96dBの合計を求めよ。

　　　　まず、差Dを求め、96－90＝6です。
　　　　スケールからほぼ1と読み取れますので、
　　　　答はLp＝96＋1＝97dBとなります。

　スケールから分かることは、レベル差Dが10dB以上ある場合の合計値は、合計前の最高値に近いということです。

5. 自由空間における音の減衰（逆2乗則）

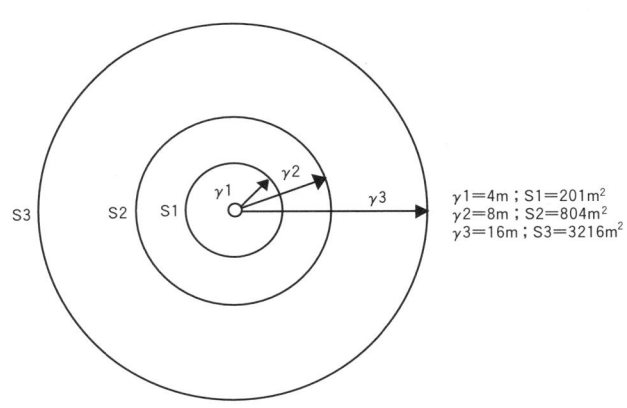

図1－14　自由音場での音の性質

　室外において、音源近傍に妨害物がない場合には自由空間と呼ばれる状況ができます。こうした空間では、我々が音源から離れるにつれ音が小さくなる現象を確認することができます。
　図1－14には、音源から半径4、8、16m離れた範囲を示しています。ここで、音源は、常に1Wの音響出力を発生していると仮定しますと、半径4mの範囲では201m²、8mでは804m²の範囲を1Wの音響出力が通過することになります。
　この両者は、面積比で1：4となり、いいかえると4mの範囲に比べ、8mでは1/4の音響出

力が同一面積を通過していることになります。

　Lp値でいえば8mの範囲では、4mの場合に比べて、6dBの減衰があるといえます。16mの場合はどうでしょうか。

　3,216m²の面積は、8mに比べ4倍の面積比となり、Lp値は、8mの場合に比べさらに6dBの減衰があります。

　これは、日頃我々が経験する状況と大変符合します。つまり、音源から遠去るにつれて音の大きさが突然低下してしまうポイントがあり、そこから先は離れてもあまり急激な減衰を感じません。音源から倍の距離を離れると6dBの減衰を生じるというこの現象は、逆2乗則（inverse square law）と呼ばれます。

$$\text{Loss (dB)} = 10 \log \left(\frac{r_1}{r_2}\right)^2 = 20 \log \left(\frac{r_1}{r_2}\right)$$

この式は、2点間の距離rを測ることで両者の減衰量Lpを算出できることを表わしています。

〈例題〉　音源からそれぞれ10mと100m離れた地点間の減衰量Lpを求めよ。

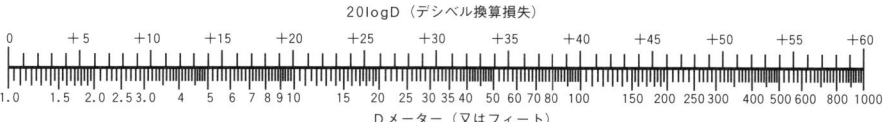

図1－15　逆2乗則のデシベル換算表

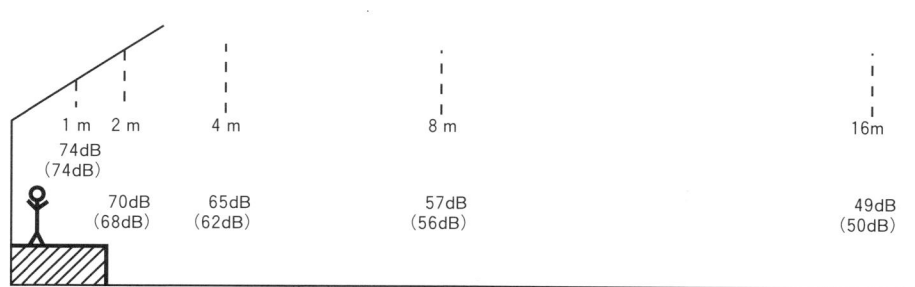

図1－16　逆2乗則の理論値と実測値誤差
　　　　　スピーチレベルの理論値をカッコ内に示します

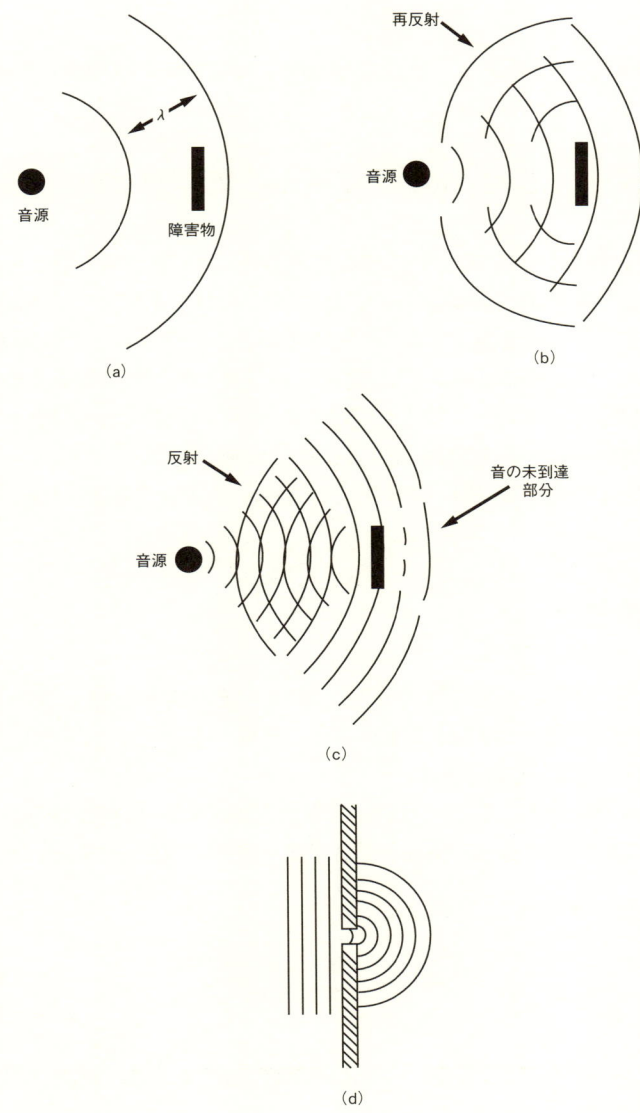

図1-17　音の回折
　　　　(a)波長が長い場合の性質、(b)波長が短い場合の性質
　　　　(c)さらに短い場合の性質、(d)障害物に穴があった場合の性質

r_1は10m、r_2が100mとすると

Lp値＝20 log（10/100）＝20 log（0.1）＝－20dB

デシベル単位の計算を行なう場合**図1-15**に示すような単純なデシベル換算チャートに

よって求めることが出来ます。

〈例題〉　図1-15のチャートを使って音源から10mと100m地点の損失レベル差Lp値を求めよ。

このチャートから10mでは-20dB。100mでは-40dBと読みとれますので、その差は、Lp＝-20dBとなります。

室外環境は、音の進行を妨害したり反射する要素がない自由音場と考えられますので逆2乗則が一般に適用出来ます。音源からの距離が倍または半分になった場合レベルは、6dB単位で増減するという関係を憶えておくと役に立つと思います。さらに距離が10倍単位で増減する場合には、20dB単位のレベル変化を生じるという関係があります。

図1-16には、野外劇場のステージで人が話をした場合の距離と損失値Lpの関係を示しています。この実測値から±2dBの範囲で逆2乗則が適用されているといってもよいでしょう。この原因は、野外劇場が完全自由音場ではなく音の反射や吸収が生じているためです。

6. 回折と屈折現象

音は、障害物の近傍で回折や混合現象を生じますがその度合いは、音の波長と障害物の大きさに依存します。**図1-17(a)**に示すように波長が長いと、見かけ上障害物は無視され何もなかったかのごとく進行します。

逆に**図1-17(b)**のように障害物に比べ波長が短い音源では、妨害物から多くの反射を生じ、その背後に影の部分(Shadow Zone)が出来ます。さらに**図1-17(c)**のようにさらに

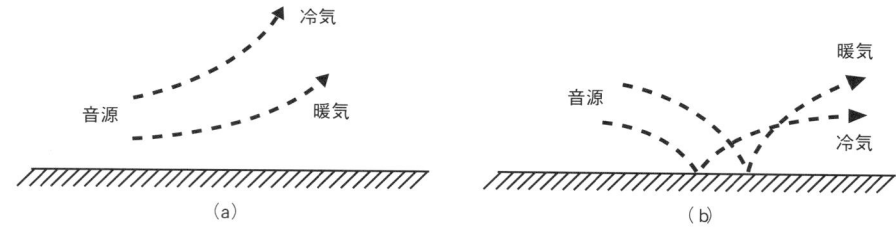

図1-18　温度差による音の屈折

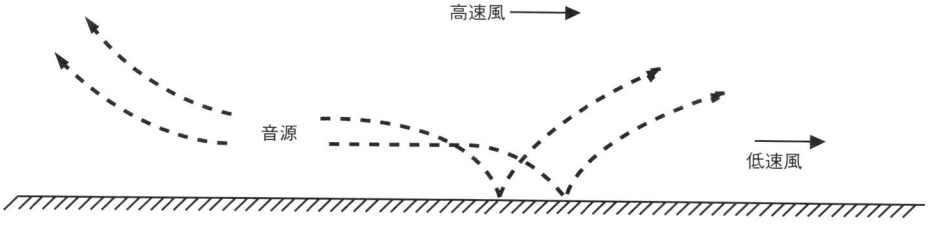

図1-19　音の伝播と風向

Section 1　録音に必要な基礎音響

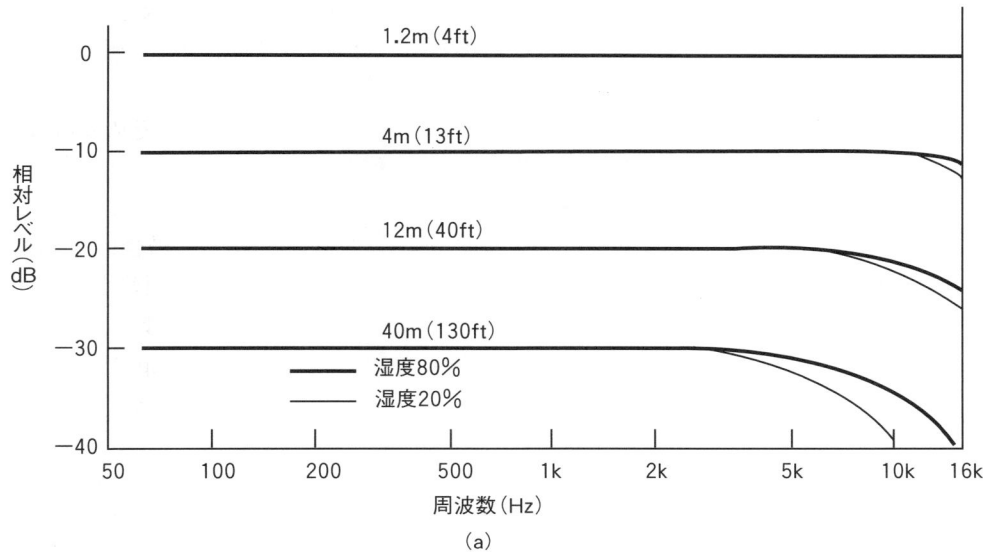

(a)

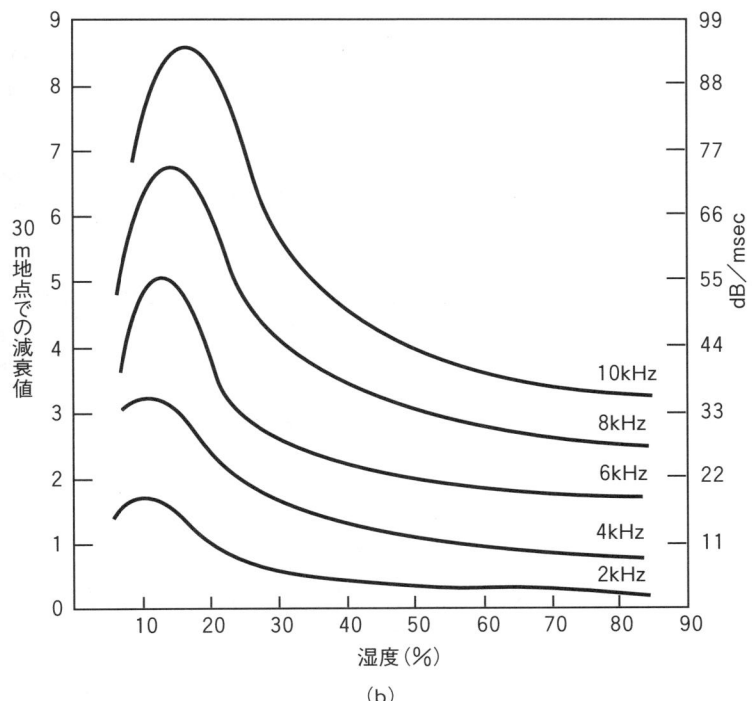

(b)

図1−20　空気伝播損失
　　　　(a) 湿度と距離による損失
　　　　(b) 距離と空気伝播時間に対する相対損失

波長が短い場合は障害物からの再放射と共に背後に影の部分を生じます。

また妨害物が大きく、そこに小さな穴があいていたとすると音源から放射された音は、その穴を新たな音源とした再放射を行ないます。その様子を図1-17(d)に示しました。

音の屈折または、音速の変化は、温度差のある領域を通過することで生じ同時に、伝達指向性の変化も生じます。図1-18にその様子を示しました。風によっても同様な現象が起こります。この場合に得られる音速は、定状時の音速と風の速度の合計となります。

微風ではその影響も無視できますが、強風が大きな範囲で吹いている場合は、音の放射に与える影響を無視出来ません。図1-19にその例を示しました。

7. 空間損失

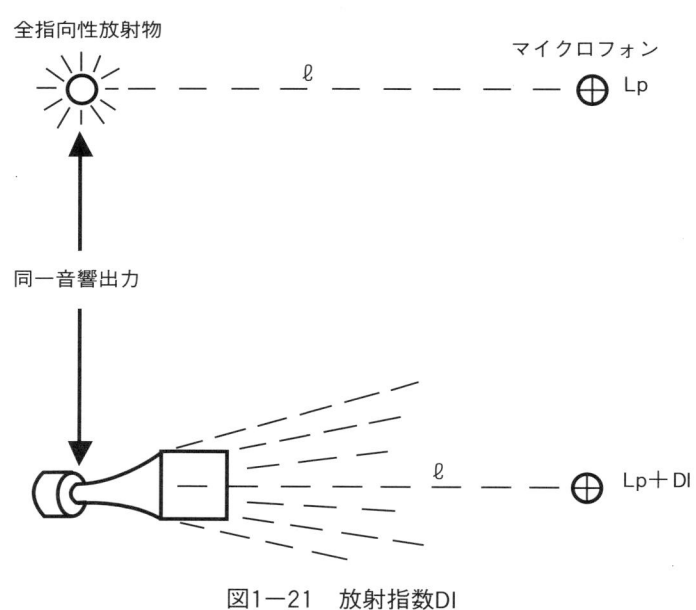

図1-21　放射指数DI

音源から一定の距離ある場合、空気による高域の損失を生じます。これは、特に湿度が低いと顕著となりその関係を図1-20に示しました。(a)では、音源からの距離と湿度による周波数特性を、(b)には、いくつかの周波数における同一距離での減衰量と通過時間を示しています。これらのデータからは、パイプオルガンの収録のように録音現場が大空間で、マイクロフォンを離している場合に必要な高域補正量を算出することが出来ます。

8. 音源の理論値と実際の楽器の指向性

(1) 放射指数(DI)と放射係数(Q)

楽器に関係したことで、この用語を使うことはあまりありませんがDIという考えは、ある与えられた方向での一般的な音源の放射性傾向を表わすのに有効です。**図1-21**にその概念を示しました。

指向指数DIと係数Qは、以下の式により示すことが出来ます。

$$DI = 10 \log Q$$
$$Q = (10)^{DI/10}$$

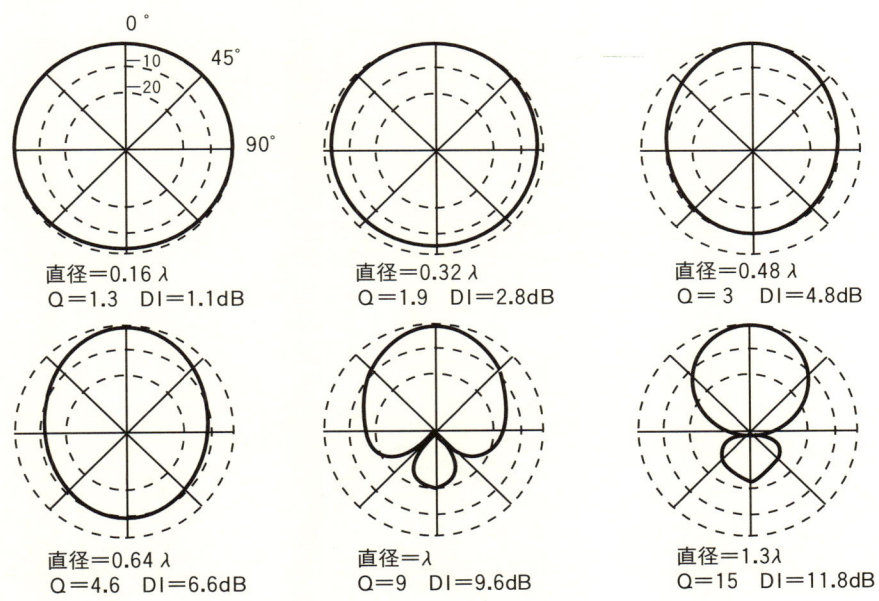

図1-22　音源の直径と波長の関数として円筒端に取り付けたピストンの放射特性

図1-22では、円筒の端における振動の指向特性を示しています。これはおおよそ金管楽器の指向特性に近似します。指向性は、そのピストンの直径と関係した波長λの関数として示すことができ、**図1-23**に金管楽器のベル部分の直径と指向性の関係を例に示しました。トランペットの高域基音は、1kHz付近にあり、この2倍の周波数までは、全指向性で、高域になるにつれて指向特性が狭くなることを示しています。

Section 1　録音に必要な基礎音響

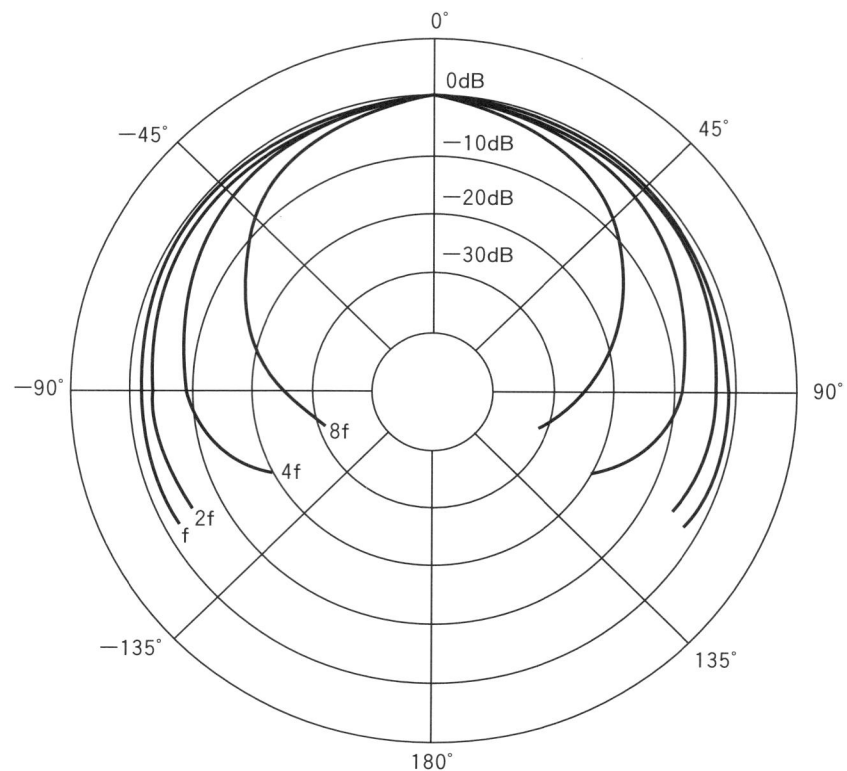

図1-23　金管楽器の開口ベル角に沿った放射特性
　　　　トランペットは500Hz、トロンボーンは250Hz、チューバは167Hzでの特性

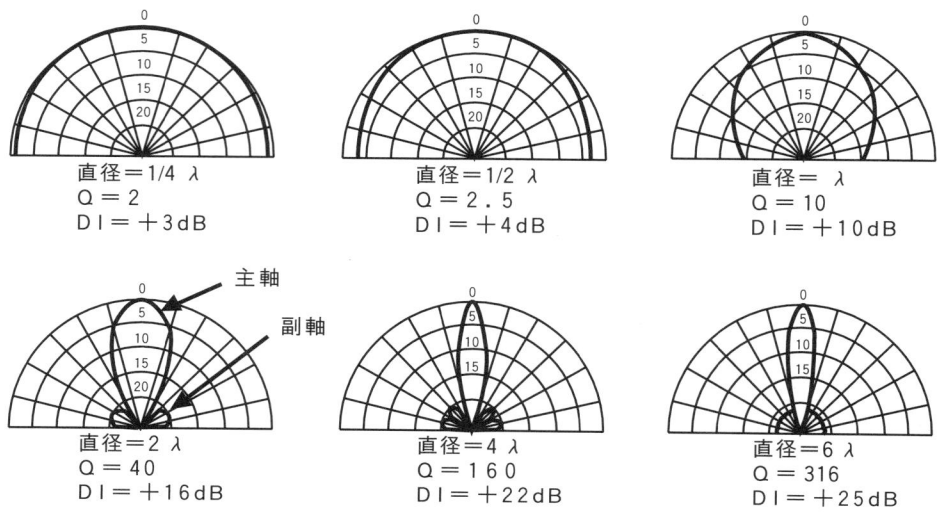

図1-24　平面バッフルに取り付けたピストンの直径と波長の関数として表わした放射特性

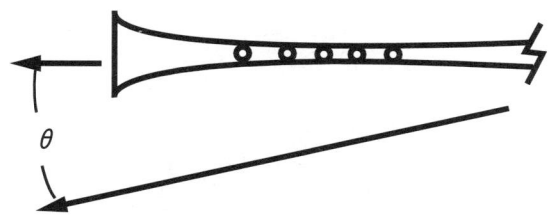

角度(θ):	fc:時	4/3 fc:時	fc:時	4 fc:時
0°	−40dB	−7.4dB	−2dB	0dB
±15°	−26	−5.6	−1	−1
±30°	−20	−2	0	−8
±45°	−6.5	0	−7	−18
±60°	−2	−2.5	−14	−18
±75°	0	−10	−16	−18
±90°	−2.5	−14	−20	−18
±105°	−8.5	−14	−26	−26
±120°	−14	−14	−26	−26

図1-25　木管楽器のカットオフ周波数による放射特性
　　　　クラリネット／オーボエでは1500Hz
　　　　イングリッシュホルンでは1kHz
　　　　バスクラリネットでは750Hz
　　　　バスーンでは500Hz

　図1-24では、ピストン振動体を壁面や大バッフルに埋め込んだ場合の指向特性を示しています。これは、コントロール・ルームにおける壁面埋め込みタイプのモニター・スピーカーの指向特性に近似させることが出来ます。

　ピストンの直径と放射波長が等しくなった場合は、極めて指向性の強い特性となりモニター・スピーカーなどであれば、正確な動作をすることが出来なくなります。

　木管楽器の場合は、キーホールの動きによって大変複雑な特性を示します。

　図1-25に示したのは、開口部での木管楽器の指向特性で、軸上特性は極めて悪く、軸より45～60度では、大変優れた特性をしていることが分かります。

　後の章で詳しく述べますが、録音をする場合の楽器に対するマイクロフォン・セッティングは、こうした観点から捉えることが出来ます。

　例えば、弦楽器では、低弦部は、その本体の胴共振から無指向性となり、中域では、本体上部に対して垂直の特性となり、高域は弦の駒部分から多く放射されるというように大変複雑な指向特性をしています。

　図1-26(a)に示す特性は、ヴァイオリンの弦に対して垂直面での特性を、**(b)**では水平面での指向特性を示しています。

　これから、垂直方向での2kHz帯域は、極めて強い指向性があることがわかります。経験豊かなエンジニアは、こうした角度を避けることでバランスの良い楽器音を録音しています。

Section 1　録音に必要な基礎音響

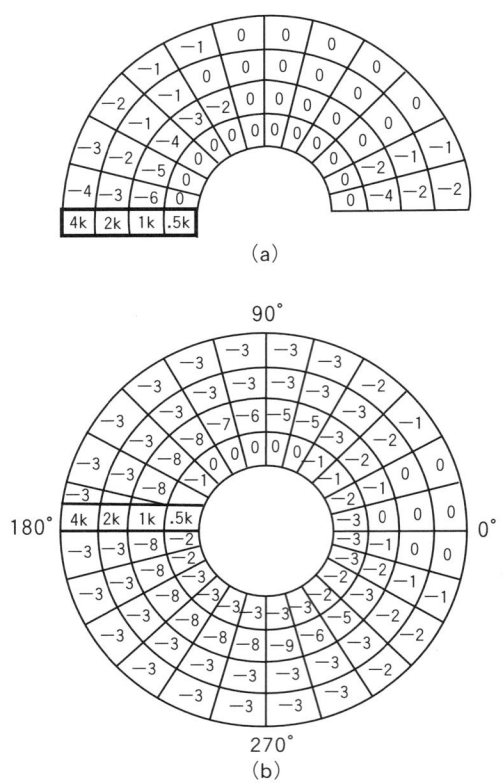

図1−26　バイオリンの垂直／水平方向放射特性
（a）は垂直方向、（b）は水平方向

　図1−27には、ピストンの自由振動時の理論値特性を示しました。原則は両指向性であることで、以下のことが基本です。

　a：±90度の範囲では、ゼロ放射であること。
　b：両指向の前面と背面では、常に逆の動きをしていること。

　タンバリンやヴァイブなど多くの打楽器は、この特性に近似することが出来ます。

9. 近距離と遠距離の音場

　先に、逆2乗則について述べた際、自由空間において距離が半分に近付けば、レベルは6dB上昇することを述べました。しかし、これは音源からある程度離れた距離であてはまる現象であり、無限大に離れた遠距離音場の場合や逆に音源に近接した近距離音場の場合は、この法則があてはまりません。

Section 1　録音に必要な基礎音響

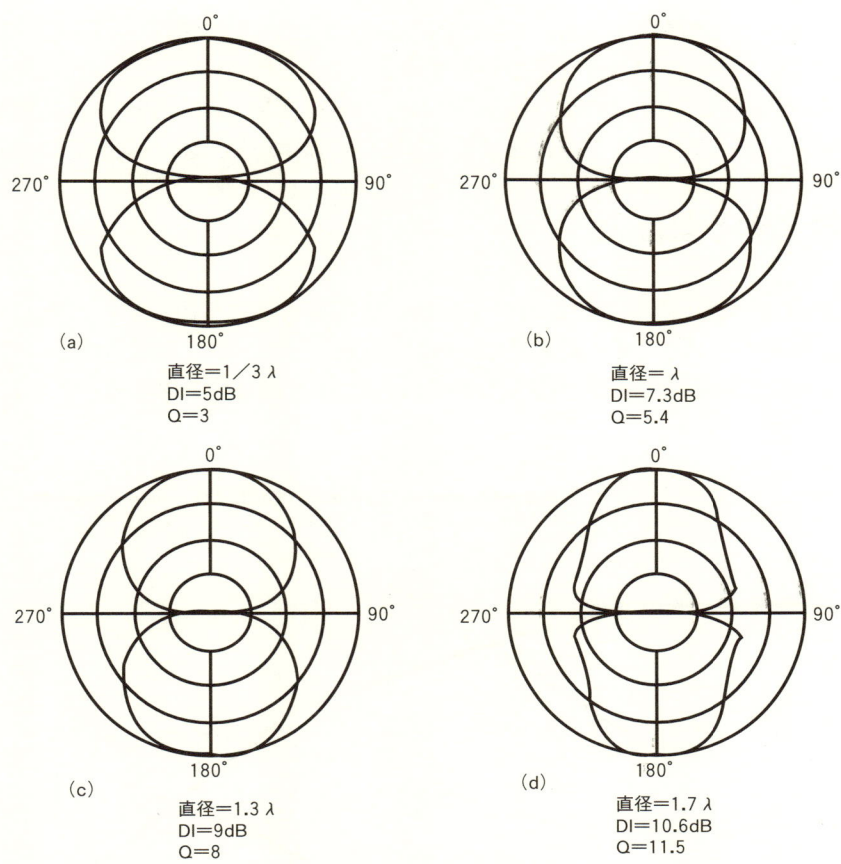

図1-27　自由音場におかれたピストンの直径と波長による放射特性

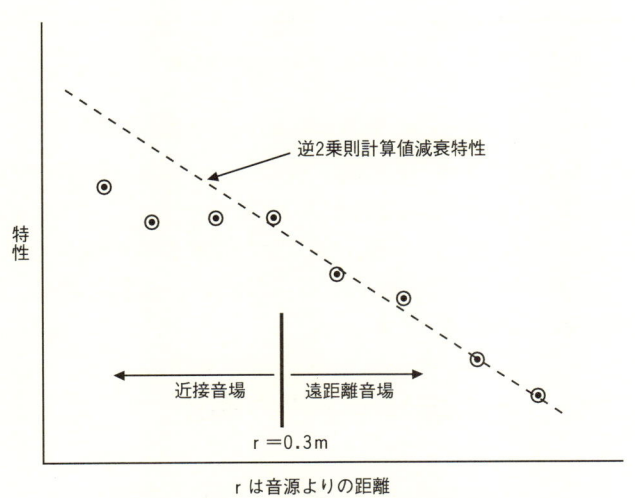

図1-28　近接音場と遠距離音場の特性

図1-28では、直径30cmのスピーカでの特性を示していますが、直径より短い近接距離内になると法則からの解離が生じています。

このように法則が適用出来ない近さの音場を近距離音場(near field)、遠い音場を遠距離音場(far field)と呼びます。遠距離音場から見た音源は、点音源とみなすことが出来ます。

10. 線音源と面音源

線と面音源は、近距離音場において発生し独特の属性を発揮します。例えば線音源の場合、距離が倍になっても減衰量は、3dBしか低下しません。交通量の多い高速道路から遠く離れても騒音があまり減衰しないのは、高速道路自体を線音源と考えることが出来るからです。

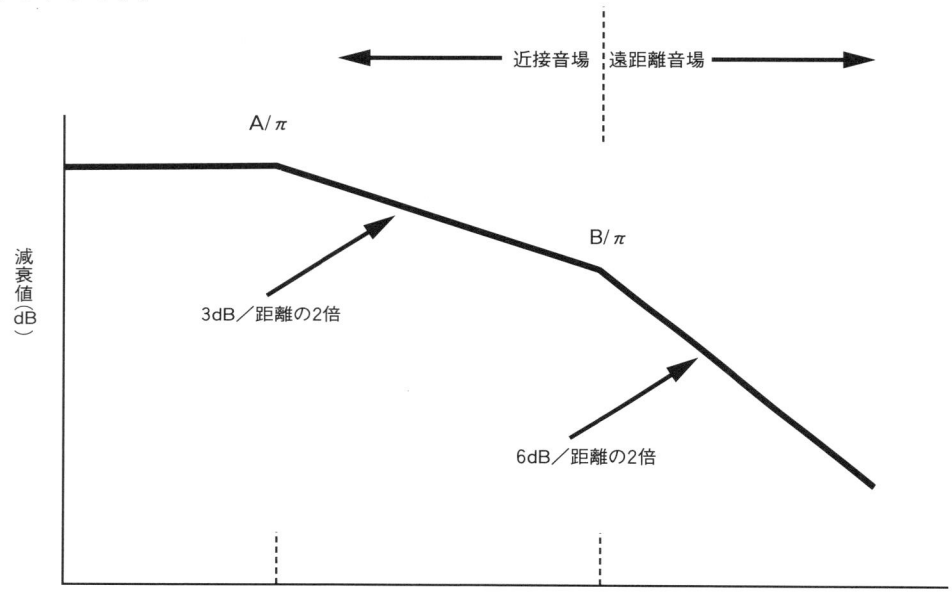

図1-29　直方放射面からの距離と減衰特性

面音源の例は、ロック・コンサートで積み重ねたスピーカー群があてはまるでしょう。面音源では近距離になった場合でも減衰がありません。

図1-29には、一辺がA、Bで作る面音源の距離と減衰量の関係を表わしています。

我々がこうした音源からだんだん離れて行くに連れて、減衰特性は、面から線、そして点音源が持つ特性を示すようになります。

11. 室内における音の諸特性とその現象

大きな部屋における音の諸特性は大変複雑なため、ここでは、いくつかの仮定を設けてより簡略化して述べることにします。

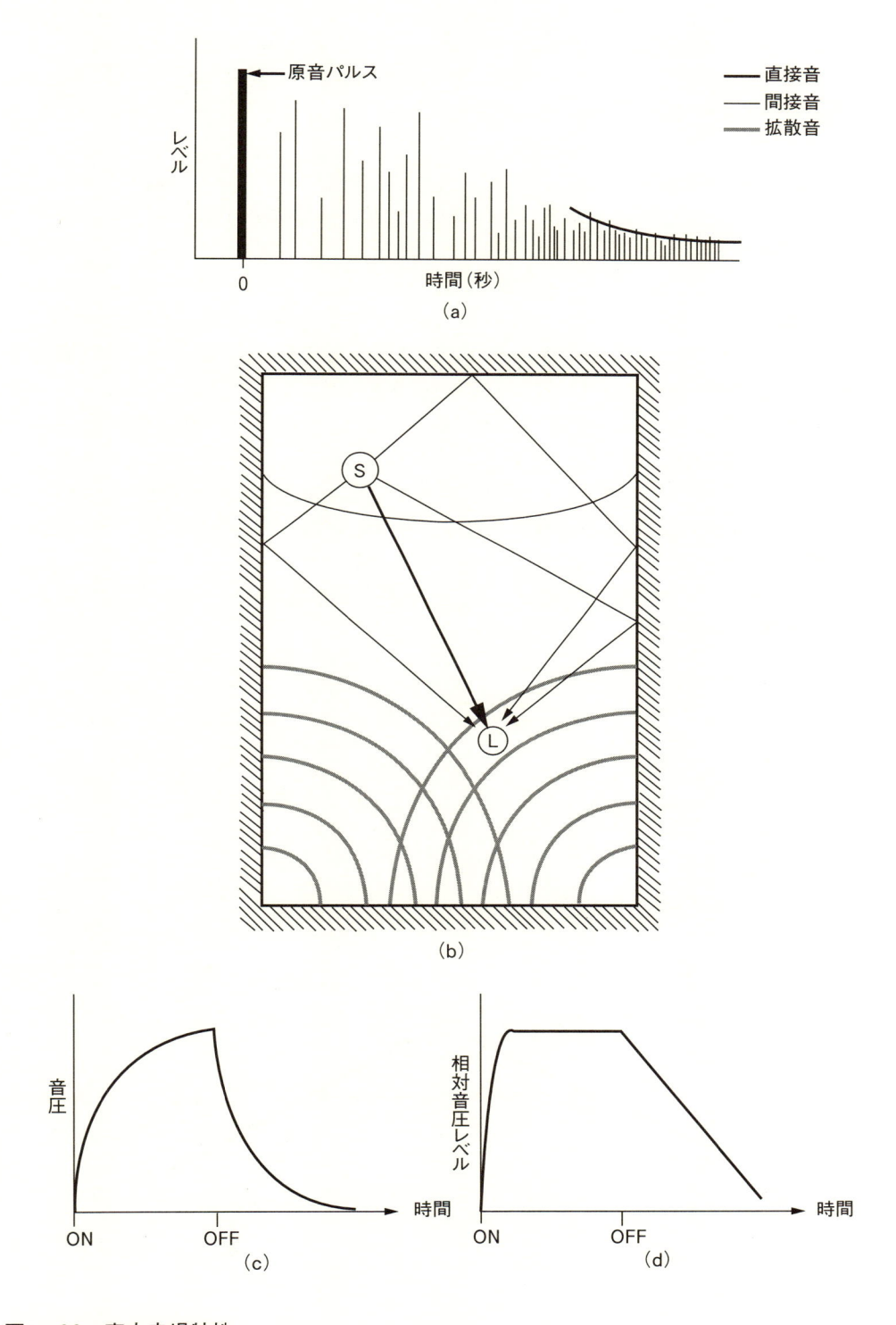

図1-30　室内音場特性
　　　　(a)レベルと時間、(b)反射特性、(c)音の立ち上がりと立ち下がり、(d)Log特性表示の音の立ち上がりと減衰

コンサート会場のステージで、パルス性の音を出し、これを観客席のある場所で観測したとします。その結果はおそらく**図1－30(a)**に示すような波形が観測されると思います。

パルスはT=0秒で発生し、それが少し遅れた直接音として到来し、その後に多くの反射音がやってきます。この反射音成分は、密度の少ない反射音とその後の密度の多い反射音に分けることが出来ます。

(b)には、これを模式化した様子を示しました。聴取者は、単一の方向から来る直接音をまず聴き、次に初期反射音が側面から到来し最後に残響成分があらゆる方向からやってきます。

この数秒遅れた反射音成分は、残響(reverberation)と呼ばれます。

残響時間T60は、音源を止めてから60dB減衰するまでの時間を測定することで規定します。例えば、我々が、この部屋は、"LIVE"だといえば部屋の大きさの割りに残響時間が長い場合を表わし"DEAD"だといえば短い場合を示します。

図1－30(c)には、音がどんな様子で定状状態になり、減衰していくのかを、**(d)**にはそれを対数スケールを減衰量で示しています。

ここで着目するのは、音の立ち上がりより減衰の立ち下がり時間の方が長いという点です。我々が立ち上がりと減衰の音響エネルギーが等しい場合でも響きを聞くことが出来るのはこのためだといえます。

ウォーラス・セイビン(Wallace Sabine)は、部屋が十分な響きを持っている場合、以下の経験則で残響時間を算出しました。

$$T_{60} = \frac{0.16V}{S\bar{\alpha}}$$

ここで

V は、容積m^3
S は、表面積m^2
$\bar{\alpha}$ は、平均吸音率

を示します。

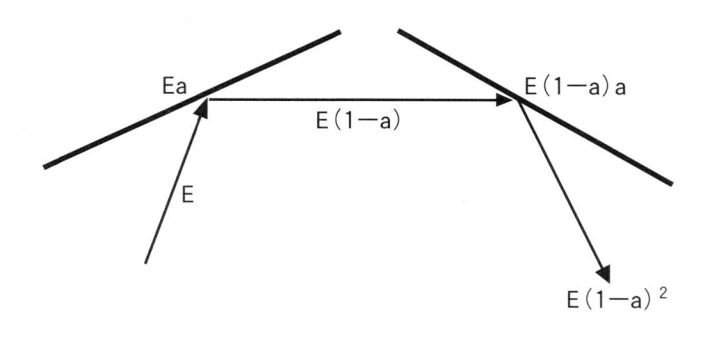

図1－31　連続反射音による損失模式図

平均吸音率 $\bar{\alpha}$ という言葉は、新しい用語ですので説明をしておきます。

α は、吸音率でその材料が持つ音響エネルギーの吸収度を示します。入力音響エネルギーを E として α_1 をその材料の持つ吸音率とすると $E \times \alpha_1$ は、内部で吸収されたエネルギーを表わし、$E \times (1-\alpha_1)$ は、反射されたエネルギーと表わすことが出来ます。

図1－31にその様子を示しています。これが音全体について行なわれますと、様々な距離と α を持つ表面を反射して音は、図1－30(a)に示す形になります。

これは単純なパルスの場合ですが、実際はこうした過程が音全体について行なわれ平均値が求められるはずです。これを平均吸音率 $\bar{\alpha}$ と呼びます。平均吸音率を算出する労力は大変手間のいる作業ですが、コンサートホールの設計などでは必要です。

$\bar{\alpha}$ の算出方法を、以下に示します。

$$\bar{\alpha} = \frac{S_1\alpha_1 + S_2\alpha_2 + \ldots S_n\alpha_n}{S_1 + S_2 + \ldots S_3}$$

S_n は、内装材個々の表面積、α_n は、それらの持つ吸音率です。表1－2には、代表的な内装材の持つ吸音率をまとめてあります。

これらに共通するのは、どの材料も周波数によって変動した吸音率を持つということです。柔らかい材料は、低域では吸音率が低く、高域では高いといった傾向があります。

〈例題〉 以下の仕様の部屋が500Hzで持つ残響時間を求めよ。

部屋の形状：

　　　　　　長さ＝11m
　　　　　　幅＝5m
　　　　　　高さ＝3.5m
　　　　　　容積＝192.5m³

内装材の仕様：

材料	α	寸法	面積（S）	Sα
床木	0.10	11×5.0	55.0	5.5
天井合板	0.17	11×5.0	55.0	9.4
壁煉瓦	0.03	5×3.5	17.5	0.5
壁煉瓦	0.03	5×3.5	17.5	0.5
壁ビロード	0.49	11×3.5	38.5	18.9
壁ビロード	0.49	11×3.5	38.5	18.9
			222.0	

$$\bar{\alpha} = \frac{\text{Total S}\alpha}{S} = \frac{53.7}{222} = 0.46$$

$$T_{60} = \frac{0.16(192.5)}{222(0.24)} = 0.58 \text{sec}$$

材　　料	吸音率					
	125Hz	250Hz	500Hz	1kHz	2kHz	4kHz
素焼き煉瓦	0.03	0.03	0.03	0.04	0.05	0.07
コンクリートに敷いた厚地カーペット	0.02	0.06	0.14	0.37	0.60	0.65
エリアの半分敷いたベロア地	0.07	0.31	0.49	0.75	0.70	0.60
コンクリート、テラゾ地	0.01	0.01	0.015	0.02	0.02	0.02
木床	0.15	0.11	0.10	0.07	0.06	0.07
9.5mm厚合板	0.15	0.22	0.17	0.09	0.10	0.11

表1－2　各建材の吸音率

　ここで使用している算出式では、吸音が部屋の全体に均一に行なわれるという前提があり現実の内装とは一致しない場合があります。

　そのため音響設計に携わる専門家は、実測値と計算値の相違を補正出来るだけの経験と判断が必要となります。

　こうした手がかりになるのは、音響ハンドブックなどのデータで、そこには様々な内装材と配置の組み合わせで得られる吸音率が網羅されています。さらにここには、客席の状態や高域の空気減衰の状況といった設計に有益な資料も示されています。

(2)　ノーリスとアイリングの式

　W.セイビーン（W. Sabine）が提唱した残響式がでた後に、R. ノーリス（R. Norris）とアイリング（Eyring）とは、響きの少ない部屋における誤差の少ない残響算出式を提唱しました。
　しかし、ここでも均一な拡散と吸音という前提に変わりはありません。

$$T_{60} = \frac{0.16V}{-S\ln(1-\bar{\alpha})}$$

フィート単位では

$$T_{60} = \frac{0.05V}{-S\ln(1-\bar{\alpha})}$$

〈例題〉　先ほどの仕様を持つ部屋の残響をこの式で求めよ。

$$T_{60} = \frac{0.16(192.5)}{-(222)\ln(1-0.46)} = \frac{30.8}{137} = 0.22 \text{sec}$$

　この値は、先ほどの仕様を持つ部屋の実測値と極めて近似した値となります。

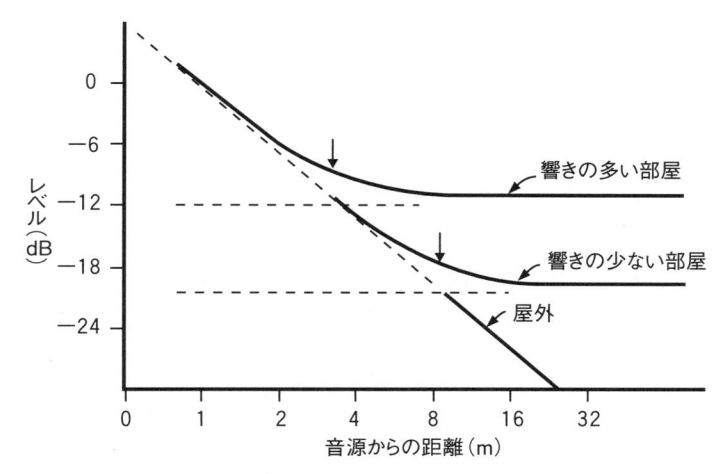

図1-32　室内での音の減衰
矢印はそれぞれのクリティカル・ディスタンスを示し
直接音または残響音より3dB高いポイントを示す

(3) 室内での音の減衰

　先に見てきたように残響とは室内での反射音の総合体とみなすことができ、室内に一定の音圧を形成することができます。
　こんな経験をされたことがあるかと思います。礼拝堂やホールのような空間で音源から遠ざかりながら聴くと、最初は、逆2乗則に比例した減衰があるのに、ある地点からは、離れても聞こえ方が一定になっているという経験です。
　図1-32にこの様子が示されています。この中で矢印マークのポイントは、直接音と間接音の値が等しくなる付近で、他に比べ3dBの音圧増加を生じています。
　このポイントをクリティカル・ディスタンス（Dc：critical distance）と呼びます。

　室内の距離による損失は、次の式で求めることが出来ます。

$$\text{Loss in dB} = 10 \log \left[\frac{Q}{4\pi r^2} + \frac{4}{R} \right]$$

　Rは室内定数（Room constant）と呼ばれ以下の定義で求められます。

$$R = \frac{S\bar{\alpha}}{(1-\bar{\alpha})}$$

　Sは、内装表面積で、$\bar{\alpha}$は、平均吸音率です。Qは観測地点での音源の持つ指向係数、rは音源からの距離です。測定は、2点のr値を選んで測定し、この両者からLp値を求めることも出来ます。
　式中のカッコ内第1項目は、逆2乗則に対応した成分を示し、2項目は、定残響成分を示しています。この両成分が等しいポイントがDcとなり、次のように求めることが出来ます。

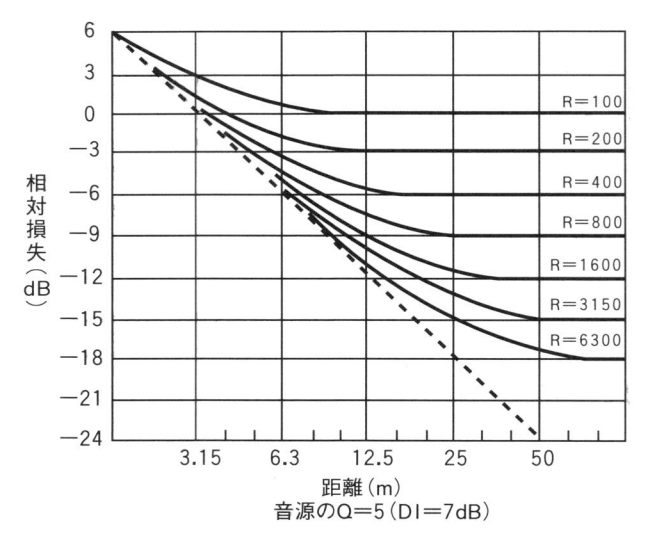

Section 1　録音に必要な基礎音響

音源のQ=5（DI=7dB）

図1-33　室定数からみた室内減衰特性

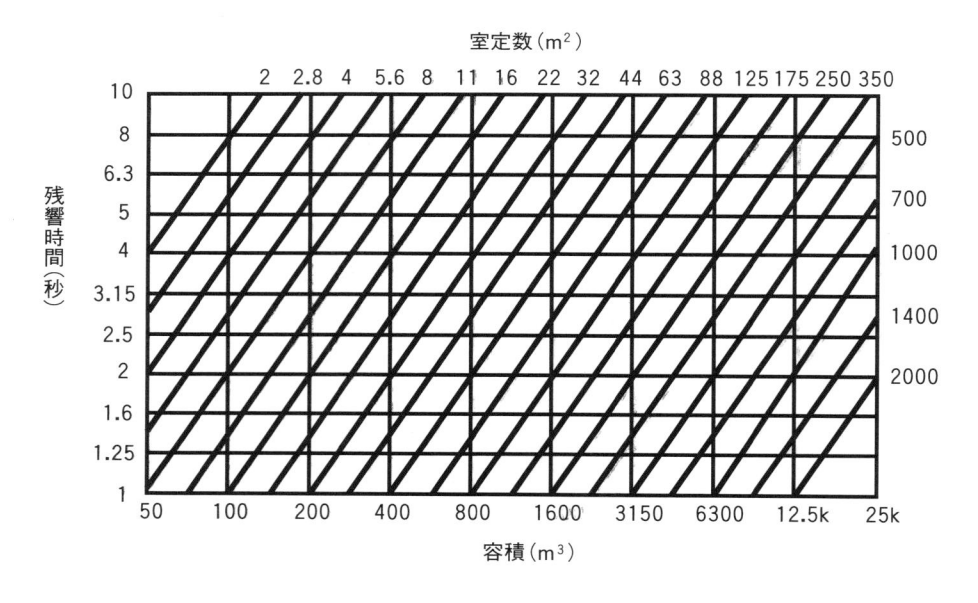

図1-34　容積と残響時間が与えられた場合の室定数算出表

$$Dc = 0.14\sqrt{QR}$$

図1-32から言えることはDc値を越えた減衰量は、3dBを超えることはないという点です。
　室内の距離減衰を求めるにはかなり煩雑な計算をしなくてはなりませんので、**図1-33**に示すような簡易表をあらかじめ作成することで容易に算出出来ます。
　平均的な指向係数Qは、5程度で、室内定数Rは、**図1-34**の残響時間と容積の交差点もしくは近傍点から求めることが出来ます。この算出データは、部屋の長さ：幅：高さの形状比が1.6を越えない一般的な形状をモデルとしています。

〈例題〉　12,500m³の容積、2.5秒の残響を持つホールで、指向係数5を持つ音源の軸上に沿ってそれぞれ5mと20m地点の減衰量を求めよ。

図1-34から12,500m³の容積のグラフを上にあがり、左の残響2.5秒と交差するポイントを求めます。このポイントは、上の室内定数値で700と1,000の間にあり、ほぼ800とします。
　R＝800とし、**図1-33**に戻りR＝800のカーブからそれぞれ5mと20mでの減衰量を求めます。
　-2と-9ですからその差は、7dBとなります。

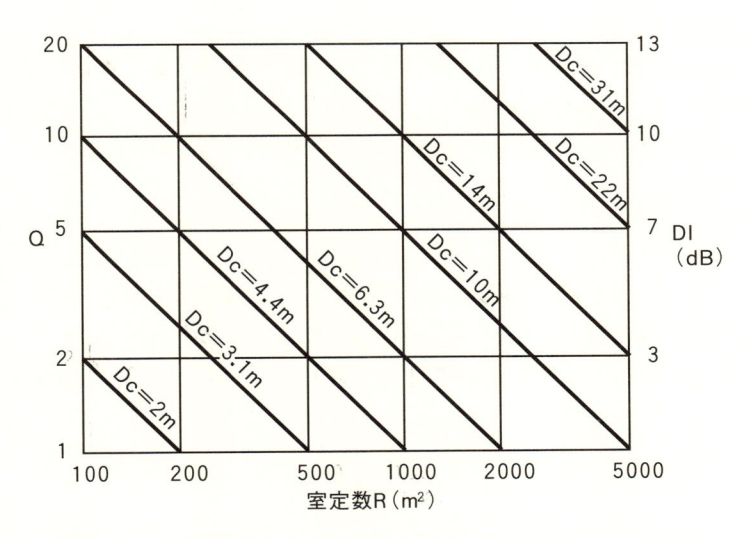

図1-35　Q、Rが与えられた場合のクリティカル・ディスタンスの算出

〈例題〉　**図1-35**より先ほどのホールでのDc値を求めよ。

R＝800、Q＝5ですからグラフよりDc値はほぼ9mとなります。

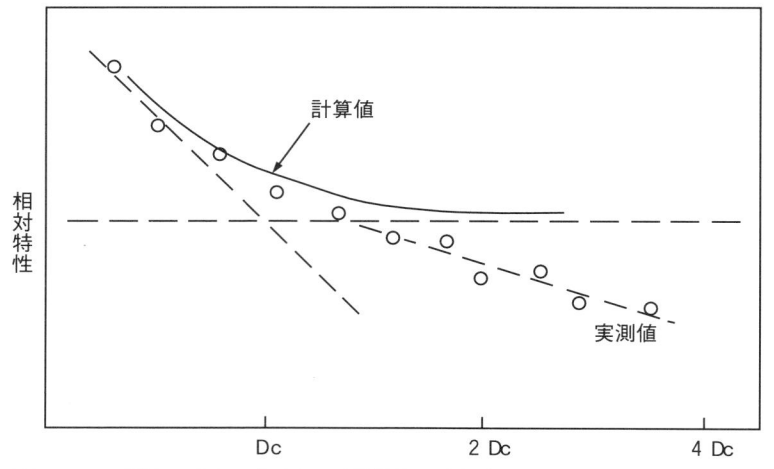

図1−36　響きの少ない部屋での計算値と実測値の不一致
　　　　クリティカル・ディスタンスを超えた減衰値は（1−25、26）式より算出

（4）準定常状態

　室内での音の減衰を示す等式は、礼拝堂のような十分な拡散がある室内条件を前提として成り立っています。しかし高さと幅に比べ天井の低い室形や小さな部屋では、この等式が成り立たなくなります。

　残響の多い部屋では、理論値との誤差が±2dB以内に収まりますが、小さな部屋では、**図1−36**に示すように理論値より大きな誤差を生じます。V.プーツ（V. Peutz）は、大きな部屋で響きの少ない場合に成り立つ関係式を経験則から導き出しました。

$$\Delta = \frac{0.4\sqrt[6]{V}}{T_{60}}$$

　この式で V は、室容積。T_{60}は、残響時間で Δ は、計算より求めた Dc 値を越える距離の倍数関係にある減衰曲線をdB値で示しています。

　部屋の長さ、幅に比べて天井が低い場合には、さらに計算値と実効値が異なります。ここで h は、メートル単位の高さを示します。

$$\Delta = \frac{0.4\sqrt{V}}{hT_{60}}$$

（5）室定常の変更と修正

　先ほどの式から導く理論値とのズレの原因は、第一次反射音の吸音係数を関数とした反響音場の変化をあげることが出来ます。

　吸音は、どこでも均一で音の反射も全方向均一という前提に成り立つ式は、実際の指向性放射体の持つ高い吸音性と少ない残響のため誤差を生じています。

　この現象は、コンサートなどで客席に向けた指向性スピーカーが、その会場の容積の割

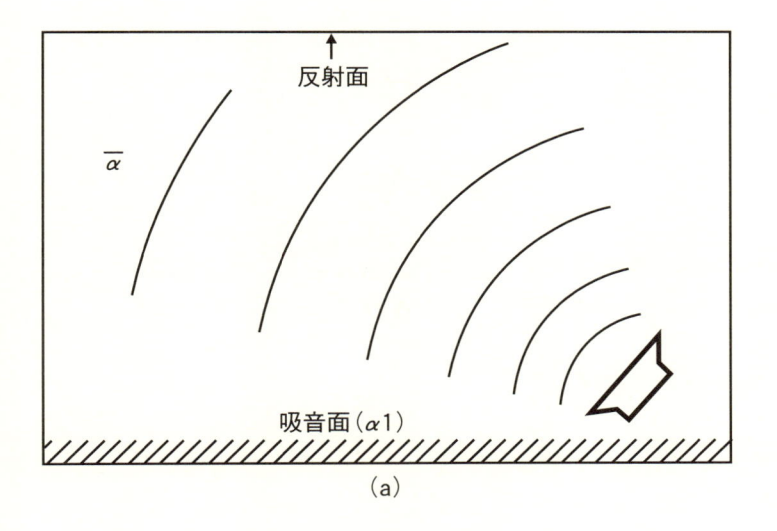

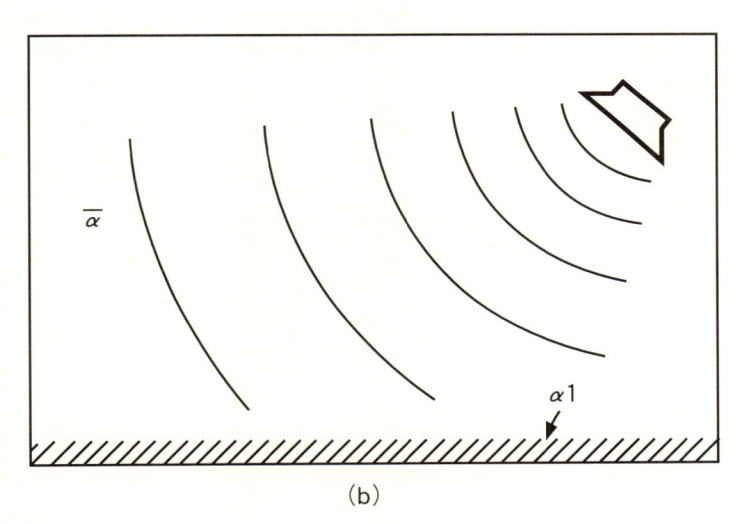

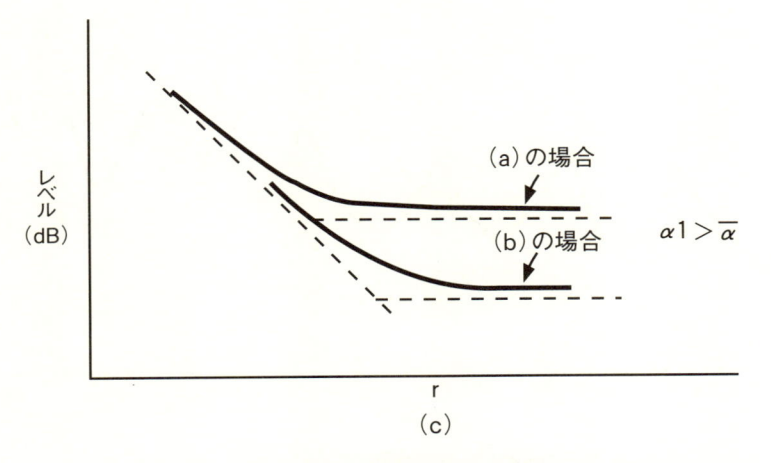

図1−37　室内での初期反射面吸音と音の減衰

に十分な特性を発揮するというSRエンジニアの経験に活かされています。
　G.アウグスパーガー (G. Augspurger) は、1次反射面の吸音係数を考慮した修正式を以下のように提案しました。

$$R' = \frac{S\bar{\alpha}}{1-\alpha_1}$$

ここで$\bar{\alpha}$は空間の平均吸音率α_1は、第一次反射音の吸音係数です。
図1-37には、この要因が残響におよぼす度合いを示しています。

(6) 小空間での音の性質

　広い空間の場合十分な拡散音場が出来るため、均一な条件になりますが、狭い空間の場合形状そのものが、周波数特性に影響を及ぼします。部屋の空間は、その大小によらず部屋の共振によって生じる一定の周波数が存在しノーマル・モード (normal mods) 、またはエイゲントーン (eigentones) と呼ばれます。このモードの計算は、部屋の形状が簡単なほど難しく、長方形の部屋では以下の式から求めることが出来ます。

$$f = \frac{c}{2}\sqrt{\left[\left(\frac{n_l}{l}\right)^2 + \left(\frac{n_w}{w}\right)^2 + \left(\frac{n_h}{h}\right)^2\right]}$$

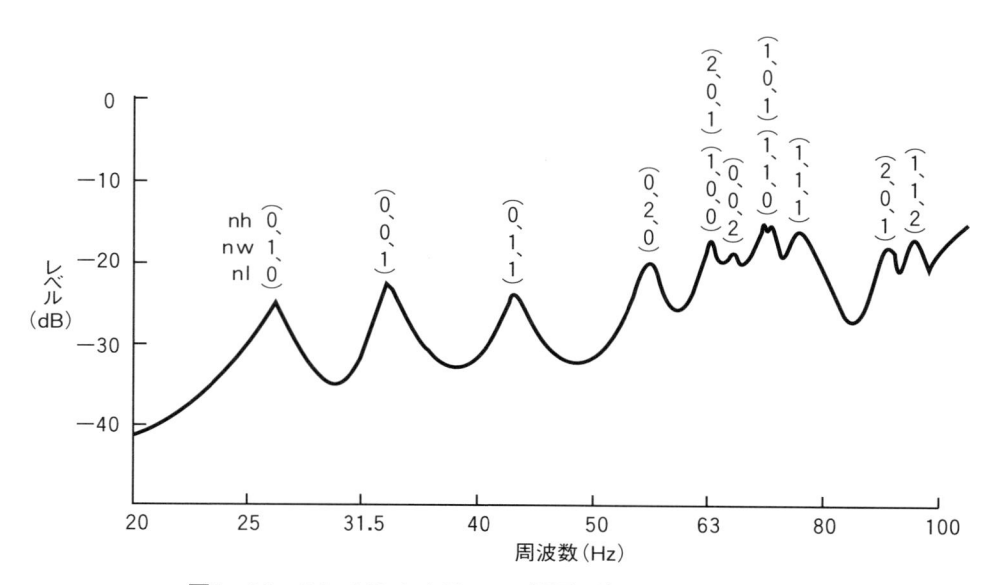

図1-38　5.2m×6.4m×2.7mの部屋に生じるノーマル・モード分布

cは空気中での音速。l、w、hは部屋の寸法。nl、nw、nhは部屋が取りうる整数です。

図1-38には部屋の形状がそれぞれ 5.2 m、6.4 m、2.7 mの場合の音圧特性を計算したものです。これらのことから、モード点と呼ぶ周波数ポイントが生じ、周波数が高くなるにつれて密度が高まるということがわかります。

なだらかな残響特性は、音楽に不可欠の要素ですが、この特性は室容積と残響時間により規定されます。M.シュローダー(M. Schroeder)は十分な拡散とスムースなモードとなる部屋の周波数を求めるための式を提案し、これは"シュローダー周波数"と呼ばれています。

$$f = 2000\left[\frac{T_{60}}{V}\right]^{1/2}$$

T_{60}は、残響時間、Vは室容積を示します。コンサートホールの標準容積を19,000m^{3}として、2.5sec の残響とすると23Hzが"シュローダー周波数"となります。これよりさらに上の周波数を推測するには、最小ルーム・モードを10倍すると求めることができます。

例えば、最長50mの形状を持つ部屋で n = 1 のルーム・モードは3.4Hzですので、10倍して34Hzとなります。

部屋に拡散状態が生じた場合単一のシュローダー周波数だけが生じるわけではありませんのでこの周波数から上では、拡散音場になっているのだという目安と考えるのがよいでしょう。大きな録音空間では、十分なモード密度がありますが、その反面モニター・ルームは大抵狭く十分なモードができません。また後述するスタジオのコントロール・ルームも同様です。こうした条件では低域のモードを十分押さえ込む処理をすることで中域から広域にかけての拡散音場を良好に設定することが可能です。

(7) 平均自由行程(Mean Free Path)

MFPの考え方は、残響時間の算出式の発展として登場しました。

$$MFP = \frac{4V}{S}$$

Vは室容積、Sは全表面積を示しどんな条件でも一定に適用出来ます。

物理音響の範囲では、さらに実際のホールや録音スタジオにおける音の特性とその現象を主観評価することで、より正確な研究が積み重ねられます。MFPはさらに以下の式によりその遅延時間(Delay Time)を求めることも出来ます。

$$Delay(秒) = \frac{MFP}{c}$$

cは音速、遅延は音源からリスナーに届くまでに第一次反射音と直接音で2倍以下のMFPという関係になり、第2次反射音とでは3倍以下となる関係にあります。

Section 1　録音に必要な基礎音響

〈第1章〉　　［参考文献］

1. G. Augspurger, "More Accurate Calculation of the Room Constant." *J. Audio Engineering Society*, vol. 23, no. 5 (1975).
2. A. Benade, "From Instrument to Ear in a Room: Direct or Via Recording," *J. Audio Engineering Society*, vol. 33, no.4 (1985).
3. L. Beranek, *Acoustics*, McGraw-Hill, New York (1954).
4. L. Beranek, *Music, Acoustics and Architecture*, Wiley, New York (1962).
5. L. Cremer and H. Mueller, *Principles and Applications of Room Acoustics* (translated by T. Schultz), Applied Science Publishers, New York (1982).
6. L. Doelle, *Evironmental Acoustics*, McGraw-Hill, New York (1972).
7. L. Kinsler et al., *Fundamentales of Acoustics*, Wiley, New York (1982).
8. V.Knudsen and C. Harris, *Acoustical Designing in Architecture*, Acoustical Society of America, New York (1978).
9. H. Kuttruff, *Room Acoustics*, Applied Science Publishers, London (1979).
10. R. Norris, "A Derivation of the Reverberation Formula," in Appendix II of V. Kundsen, *Architectural Acoustics*, Wiley, New York (1939).
11. V. Peutz, "Quasi-steady-state and Decaying Sound Fields," *Ingenieursblad*, vol. 42, no. 18 (1973) (in Dutch).
12. E. Rathe, "Note on Two Common Problems of Sound Propagetion," *J. Sound and Vibration*, vol. 10, pp. 472-479 (1969).
13. W. Sabine, "*Collected Papers on Acoustics,*" Harvard University Press (1927).
14. M. Schroeder, "Progress in Architectural Acoustics and Artificial Reverberation: Concert Hall Acoustics and Number Theory," *J. Audio Engineering Society*, vol. 32, no. 4 (1984).

第2章　心理音響

1. はじめに

　心理音響は、主観的な聴覚の性質を扱う学問ですが、ここではレコーディング・エンジニアが、日頃の仕事の中で有用と思われる分野について述べたいと思います。たとえばラウドネス、音像定位、ピッチ、マスキングそして聴覚保護といった分野です。

2. ラウドネス

　人間の耳が持つ最低検知限は、一般に$2×10^{-6}$cm/secの空気粒子速度を検出できるとしています。逆に最高検知限は、2cm/secの空気粒子速度といわれ全体では、120dBのレンジ差となります。ラウドネスの考え方は、レベルと周波数という2つの要素を複合した音の大きさの表わし方です。
　例えば、レベルのみで倍や半分の音響パワーを示すと3dBとなりますが、ラウドネスで示すと10dBがその単位となります。音源が純音の場合、**図2−1(a)**に示すような等ラウドネス曲線が得られ、これはロビンソン・ダッドソン（Robinson - Dadson）曲線と呼ばれるもので、その前身はフレッチャー・マンソン（Fletcher - Munson）によって行なわれたデータです。ラウドネスはホン（phon）で示され、耳で聞いたラウドネスが等しくなる特性を、異

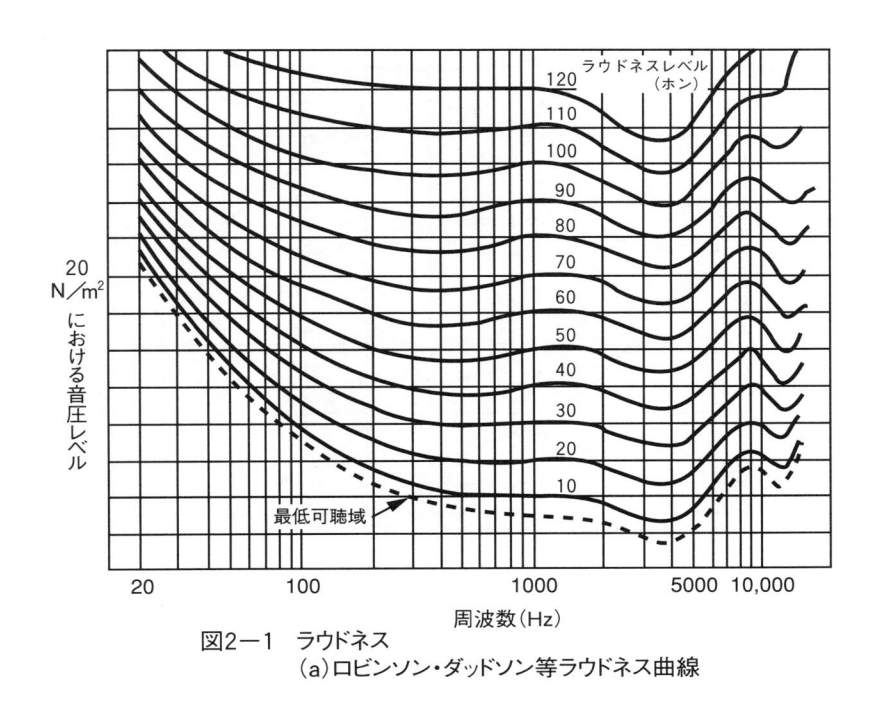

図2−1　ラウドネス
　　　（a）ロビンソン・ダッドソン等ラウドネス曲線

Section 1　録音に必要な基礎音響

なったラウドネス毎に測定し得られた曲線です。

100dBの1kHz純音は100Hzでは、3dB高いラウドネスとして聴かれています。では50dB下がったポイントではどうでしょうか。ここでは8dB高くないと等しいラウドネスとして聞こえないというデータになります。ですから50ホンと100ホンでの100Hzの聴こえ方には、5dBの偏差のあることがわかります。

これは100ホンの大きさでバランスをとったプログラムが、それより低いレベルで再生された場合、低域不足のバランスとなって聴こえるということを意味しています。

家庭用のステレオアンプではこうした小音量再生時の低域補正を行なう機能を内蔵することで、バランス補正を行なっているタイプもあるのはこうした理由からです。

第1章4(3)で述べたサウンド・レベル・メーターにも、こうした補正機能があり、音源のラウドネスを聴感補正しています。サウンド・レベル・メーターのC-ウェイティング特性はフラットで、100ホン以上の音源測定に、B特性は70ホン付近の測定に、A特性は40ホン以

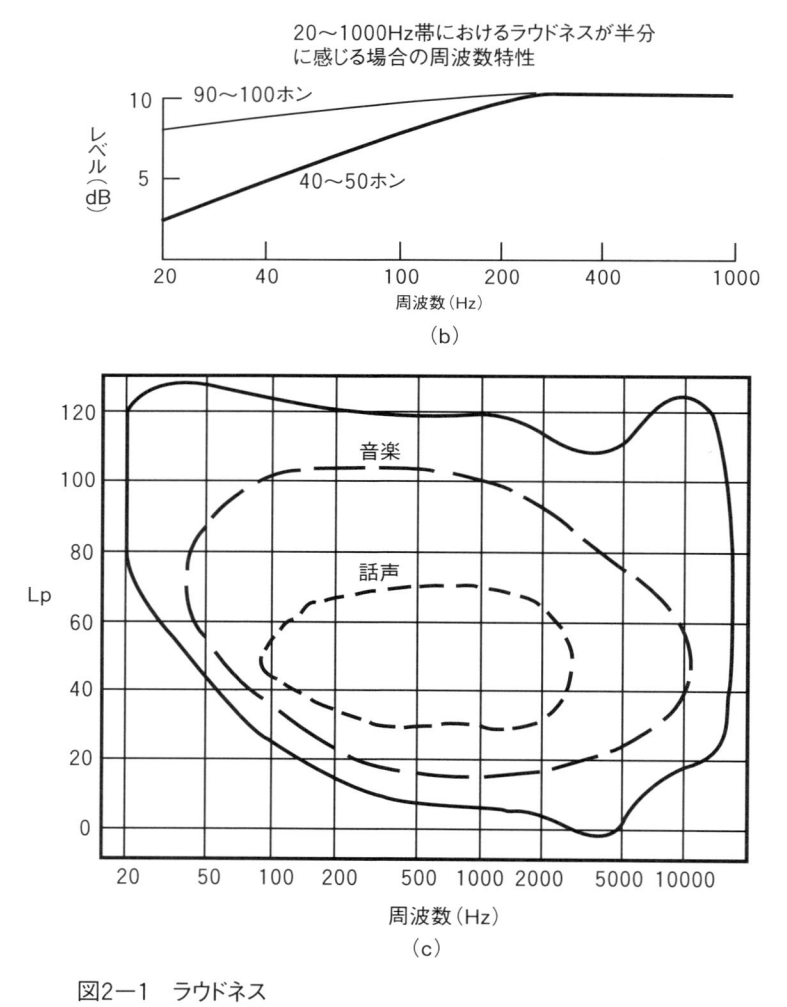

図2−1　ラウドネス
　　　　（b）ラウドネス変化と周波数特性の変化
　　　　（c）話声と音楽に含まれる一般的なレベルと周波数分布

下の音源測定用に最適化した逆特性補正がなされています。

図2-1(b)には、もう1つのラウドネスについての見方を示しています。ここでは周波数の関数として10dBの範囲でラウドネスの変化を示しています。

1kHz以上ではラウドネスの関係が10dB間隔で一定の傾向にあるのに対して、低域ではそれぞれがとても近似した傾向に収斂しています。90〜120dBといった高いレベルでは対周波数変化についての補正は少しで十分ですし、50〜90dBの中間では顕著となり、10〜50dBといった低いレベルではさらに顕著な傾向となります。

1kHzでの10dBのレベル差はラウドネスが倍とか半分と言った判断をする上で大変大きな値だと言うことを認識しておいてください。

こうしたラウドネス特性をみると、レコーディングで最適なバランスをとる上で、いかに優れたモニターと最適なモニターレベルが重要かが理解できると思います。優れたエンジニアやプロデューサーは、家庭で聴くのと同じような条件でモニターすることを心がけているはずです。

図2-1(c)には、ロビンソン・ダッドソンのラウドネス特性における声とオーケストラ音楽の最小から120ホンまでのレベルと周波数領域を示しています。通常の大きさであれば、両者ともさほど広くはない範囲に分布していることがわかります。

バランスの良いミキシングの為には家庭での騒音レベルと通常再生レベルを考慮し、ダイナミックレンジと周波数レンジを考慮することが重要だといえます。

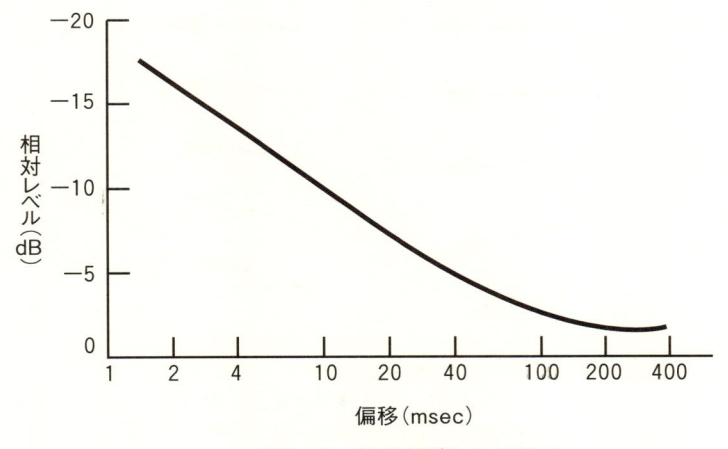

図2-2　信号偏移とラウドネス

(1)　信号の持続時間とラウドネス

図2-2には信号の持続時間対ラウドネスの関係を示しています。

信号源は1kHz純音で10 msecのバースト信号を10dB低くし、基準となる1kHzにおける400 msecまたはそれ以上の持続音とを比較したもので、これを見ると我々は一定の持続がなければラウドネスも得られないことが示されています。

こうした性質を利用したプログラムメーターが、後述するVUメーターで、このタイプは比較的聴感レベルに合うということから永く使用されています。

3. 音の定位

(1) 音線(フェイザー[phasor])による表示

　我々は、1つの耳でも音の性質を判断できますが、定位や方向についてはうまくいきません。両耳がうまく働くことで我々は、音の定位や方向の検知に必要な情報を判断しています。その水平面方向精度は±2.5度と正確です。

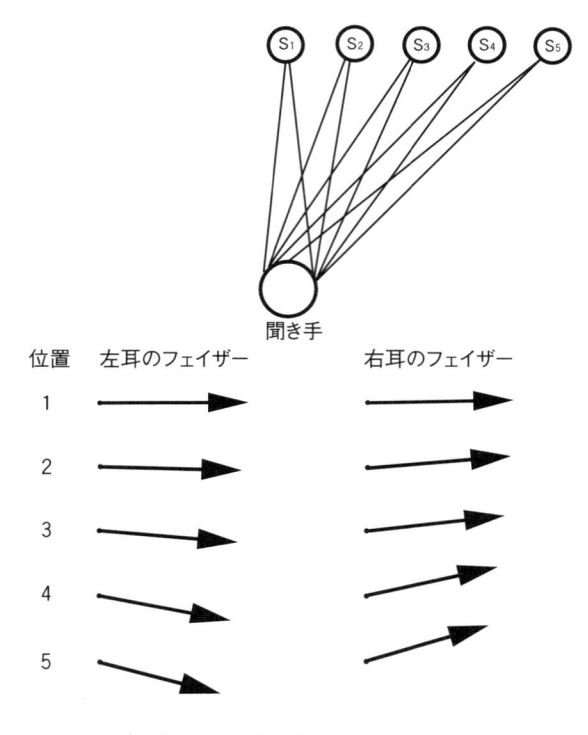

図2－3　音源のフェイザー表示
1～5の変化により聞き手と音源の関係がセンターから
徐々に右に聞こえる場合のフェイザーの表示例

　図2－3には、音を矢印で表わしたフェイザー(phasor)分析法による方向定位の説明を示しています。矢はフェイザー(phasor)と呼ばれ、長さが音源の振幅を、角度は位相を示します。音源1がリスナーの真正面に位置していたとすると両耳に到達するフェイザーは、**図2－3**の音源1(S1)に示すように対称となります。

　音源2(S2)では少し右に寄っていますので、2に示すようになり、以下3、4、5と振幅、位相差のついた矢を描くことができます。位相の進んだ方向は反時計方向で示しています。

　頭による回折効果のために、700Hzまでは両耳に到達する振幅はほぼ同一となり、位相差が定位情報となります。700Hz～2kHzの帯域は、振幅と位相の両者が関係します。

さらに2kHz以上の高域になると頭の影響(shadowing)により振幅が支配する領域となります。私たちは、頭を少し振ることで音源の正確な位置がわかりますし遠近感もつかむことが出来ます。

　一組のスピーカーをリスナーの前に配置すると、その水平面内で音源の定位を再現することが出来ます。**図2-4(a)**にその原理を示しました。ここでは左右のスピーカーに同一の信号が送られた場合の関係が示されています。左耳にはL_LとL_Rの信号が、また右

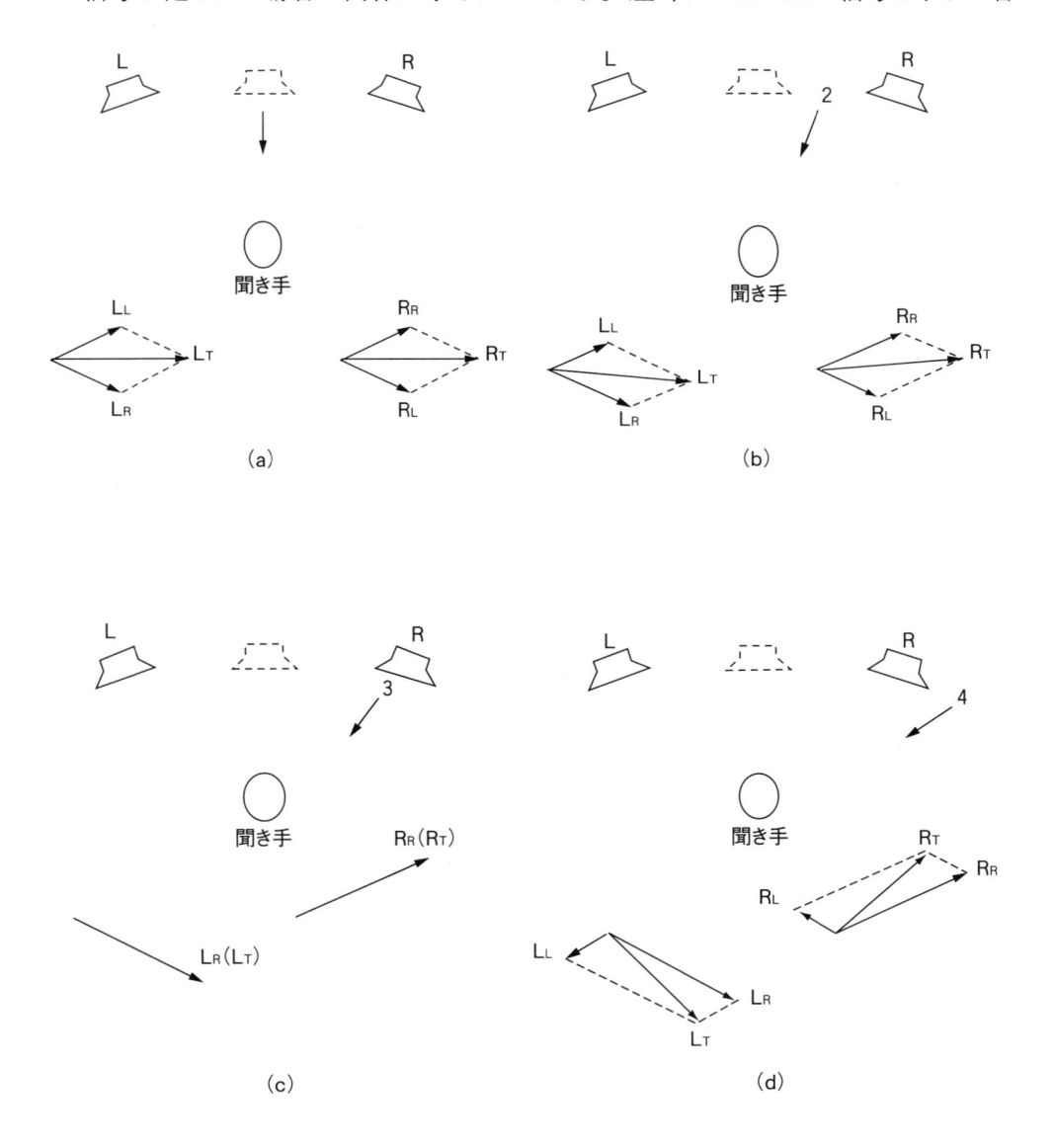

図2-4　ファンタム音源のフェイザー表示例
　　　(a) 同じ信号を両スピーカーに送った場合のファンタムセンターの例
　　　(b) 右側スピーカーの信号がやや大きい場合
　　　(c) 右側スピーカーにのみ信号がある場合
　　　(d) 左側の信号が180度逆位相の場合

Section 1　録音に必要な基礎音響

耳にも同様に R_L と R_R 成分が到達します。L_L は左側スピーカーからの信号が左耳に到達した成分を示し、L_R は右側スピーカからの信号が左耳に到達した成分を示しています。同じことが右耳についても言え、各々 R_L, R_R で示されます。L_T, R_T は両方の成分を合計した両耳で受ける信号となります。

左右のスピーカーが、同一内容を同一レベルで再生した場合、L_T、R_T は同一の振幅と位相を持つことになり音源はリスナーの真正面に定位した音として認知します。次に図2－4(b)のように左スピーカ成分が右に比べて小さい場合を考えてみましょう。L_T より R_T が振幅、位相とも大きく、リスナーは音源がポジション2にあるように認識します。さらに図2－4(c)の場合はどうでしょうか。この場合音源は、ポジション3の位置として認識されます。

図2－4(d)の場合は、左スピーカーに位相を逆にしレベルは押さえた成分を再生した場合で、音源はポジション4の位置、すなわちスピーカーの外側に定位した音源として認識されます。しかし逆相成分を上げすぎると音源が無定位となりますので、両スピーカー間のレベル差の限度は8dB程度が望ましい値です。逆相信号は、配線や伝送系の(＋)(－)といった極性を間違えて接続すると、たちどころに発生します。虚音像(phantom images)は、ステレオ空間を再現する上で不可欠です。しかしリスナーが十分楽しむには、左右スピーカの真ん中に位置して聴くのが原則です。これより外れるに従って、音像もリスナーに近い側のスピーカ成分が支配するようになります。スピーカの外側に音像定位させることは、確実性が得られませんし、その効果も700Hz以下の帯域で有効です。後の章で述べますが、アンビエンスのようなベース音には有効かもしれません。

定位の他の側面として遠近感や高さの要素がありますが、これについては後のバイノーラル録音で詳しく述べることにします。上下の知覚や前後の距離感は、音源の周波数成分を微妙に変化させることにより表現が可能となり、外耳の知覚に一種の変調を起こして、そうした感じをつくります。

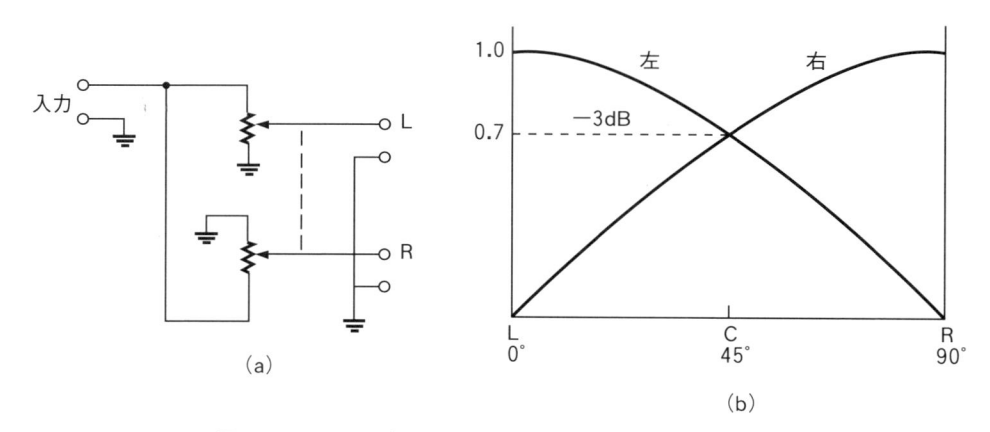

図2－5　2チャンネル・パンポットの構成
　　　　(a)回路構成、(b)コントロール位置と特性

(2) パノラミック・ポテンション・メーター（パンポット）

図2-4で示したような音像の自由な定位をつくるためにパンポットと呼ばれるアッテネーターが利用されています。これは**図2-5**に示すような構成で、回転角度と定位位置が一致したコントロールが可能です。例えばパンポットがセンターの場合、左と右の出力は、左右振り切りよりも3dB低いレベルで同一出力されます。

パンポットは、どの位置にあっても常に音響出力は同一となるように設計され、動作原理は、フェイザー合成で先述した原理に準じています。

(3) 音像定位の解析

1950年代に、H.クラーク（H. Clark）やB.バウアー（B. Bauer）がスピーカの配置と再生レベルによる定位の研究を行なっています。これをステレオフォニックの"サイン（sine）の法則"と呼んでいます（参考文献2.5参照）。

$$\frac{\sin \theta_1}{\sin \theta_A} = \frac{S_L - S_R}{S_L + S_R}$$

θ_1は虚音像のセンターからのアジマス角度、θ_Aは左右両スピーカのセンターからのアジマス角度 S_L、S_Rは左右スピーカが再生した音圧レベルを示し、その関係は**図2-6**のようになります。

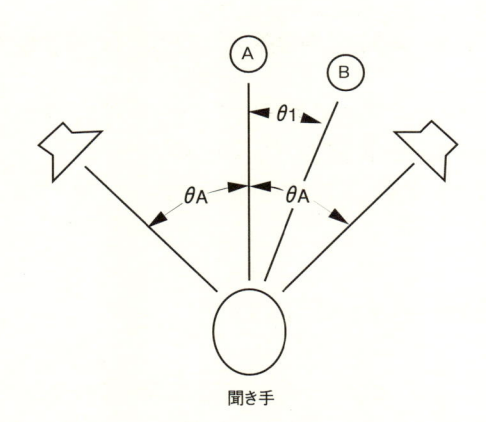

図2-6　バウアーのステレオ理論
　　　　Aはファンタムセンター
　　　　Bはそれ以外の任意のファンタム定位を示す

ステレオフォニックの虚音像定位は、おもに700Hz以下の周波数に支配されており、高域にいくにつれて、その定位の精度は減少していきます。**図2-7**にはステレオ取聴の対称面から耳がずれた場合にどの程度の音圧変化を生じるかを表わしています。この図からは、少しの頭のゆれが大きな変動を生じていることが分かると思います。

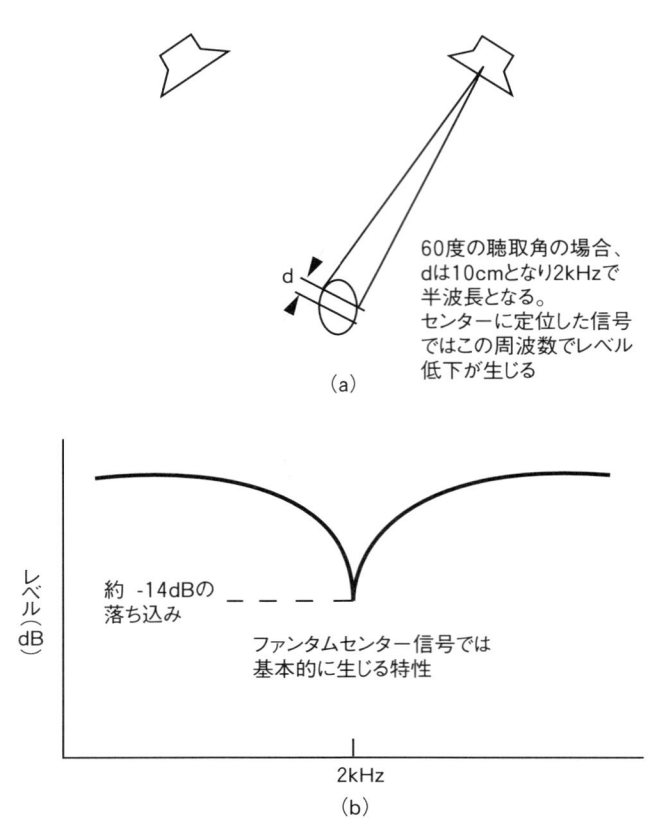

図2−7　ファンタムセンターの欠落現象
　　　（a）頭による音源距離差、（b）その場合の周波数特性

　ですから、レコーディング・エンジニアやプロデューサーは、ファンタム・センターを正確に決めるために大変神経を使い、正確さに万全を期しています。一般的なスピーカーの対リスナー角は45°から60°で、これ以上広い角度にすると、ファンタム・イメージが不安定となります。

（4）　先行効果（The Precedence Effect）

　これは"第一到達波面の法則"として一般的に述べられている現象で我々の耳は、最初に到達した音の方向をそのレベルの大小に関わらず認識する傾向を持っています。図2−8にその様子を示しました。（a）では左右の両スピーカに同一の信号を入力し、右チャンネルに 5msec のディレイを入れてあります。リスナーは最初に到達する音のある方向、すなわち左に音源があると認識します。

　ここで左のレベルを10dB下げてみると（b）に示すようにこんどは、音源が真ん中から移動したように認識します。しかし、このセンター定位は、ファンタム・センター定位を普通につくった場合に比べるとやや不自然となります。減衰レベルとディレイタイムの関係は、図2−9に示してあるように1msecあたり、2dBの関係がありますが、5msecを超えたディレイを与え

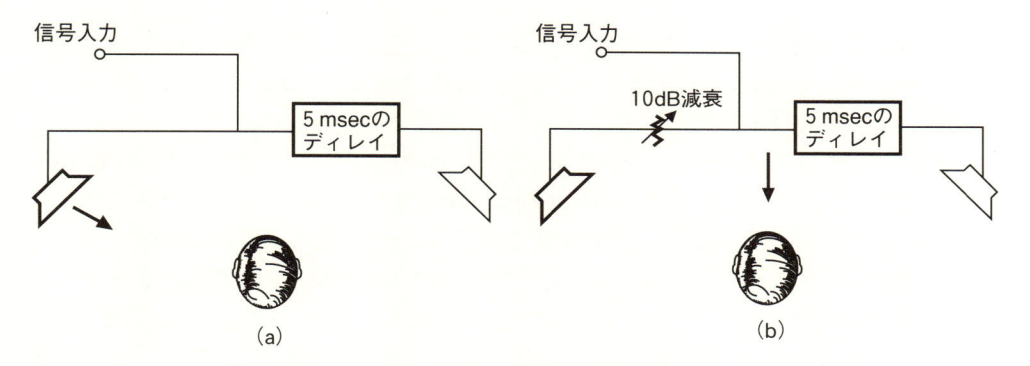

図2-8　(a)ディレイ回路による音像の偏移
　　　　(b)レベルの調整による先行効果の補正

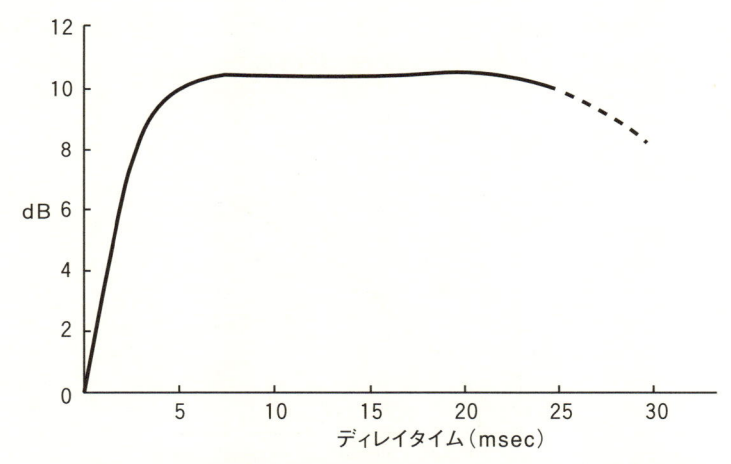

図2-9　先行効果を補正する場合のディレイタイムと減衰量の関係

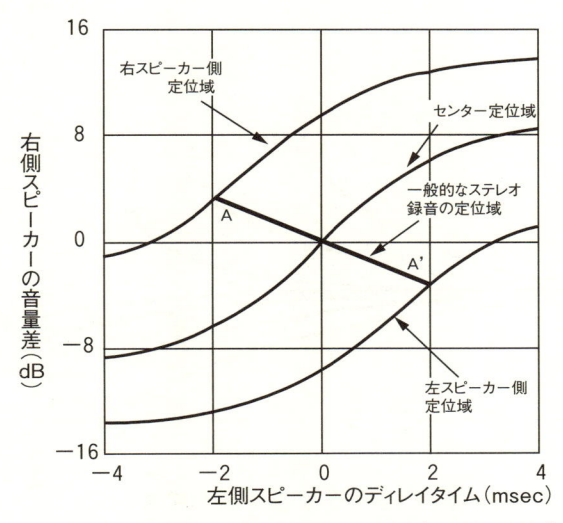

図2-10　フランセンによるレベルとディレイによる定位

た場合、10dBの減衰を行なうことで音像をセンターに定位させることが出来ます。

　ディレイが25msecを越えると、リスナーは左右の信号が分離して聴こえ、いわゆるエコーとなり10dBのレベル差も検知されます。

　このデータを測定したのはH.ハース(H. Haas)で、そのためディレイに関した現象を"ハース効果"と呼んでいます。フランセン(Franssen)は、左右のスピーカーに単一音源を入力し、そのレベル差と時間差による定位の関係を測定しました(参考文献4参照)。

　図2—10に示すデータがそれで、ディレイタイムは 8msec までの領域で、横軸は右スピーカーに比べ、左にどの位ディレイを入れたか、または減衰させたかを示しています。例えば、2 msec先行した場合、右のレベルを6dB上げるとセンター定位が保たれます。同様に4msecの先行を左に与えた場合、右は8dBのレベル増加でセンター定位が保たれています。レコーディング・エンジニアは、複数のマイクロフォンの場合、それぞれの音源とマイクロフォンの距離のディレイ効果を考えています。音源の中心ではなく側方を狙ったマイクロフォンは、多くの反射成分を収音できるため、実際よりも響きの豊かな音場としてリスナーが感じるようになります。これらについては後の章でまた詳しく述べます。

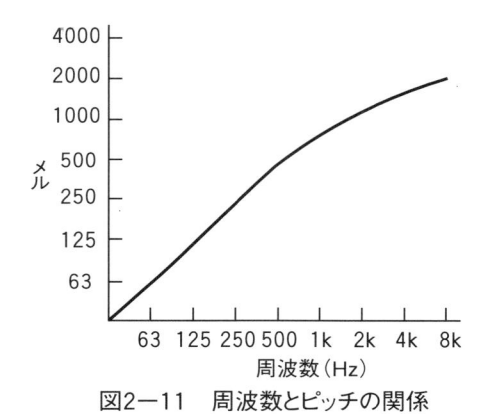

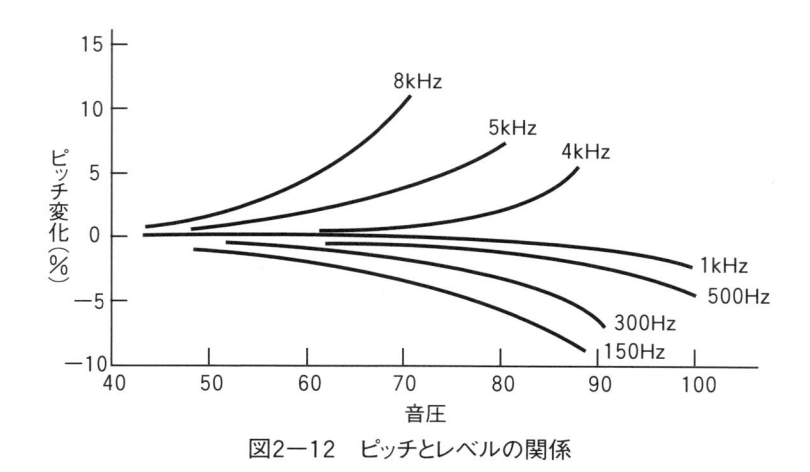

図2—11　周波数とピッチの関係

図2—12　ピッチとレベルの関係

4. ピッチの知覚

　ピッチは周波数の差を主観的に判断したもので、複合音でのオクターブ毎のピッチ差は、周波数で2：1の関係にあり、純音でもピッチ差を識別することが出来ます。**図2-11**には周波数が倍になる関係と、ピッチをオクターブ差と認識する関係が示されています。メル（mel）単位は、主観的な周波数の表示に使われる単位です。3～4kHz以上の高域になると、この関係もやや不正確となってきますが、楽音成分の基本波はほとんどがこの周波数より下に存在しており、高域はそれらの高調波や倍音成分となります。

　ピッチの識別には、信号のレベルが関係し**図2-12**に示すようにかなり複雑な関係になります。このデータからいえることは、高域成分では、レベルが大きくなるとピッチも高く認識し、低域成分では、逆にピッチを低く認識する傾向があるといえます。

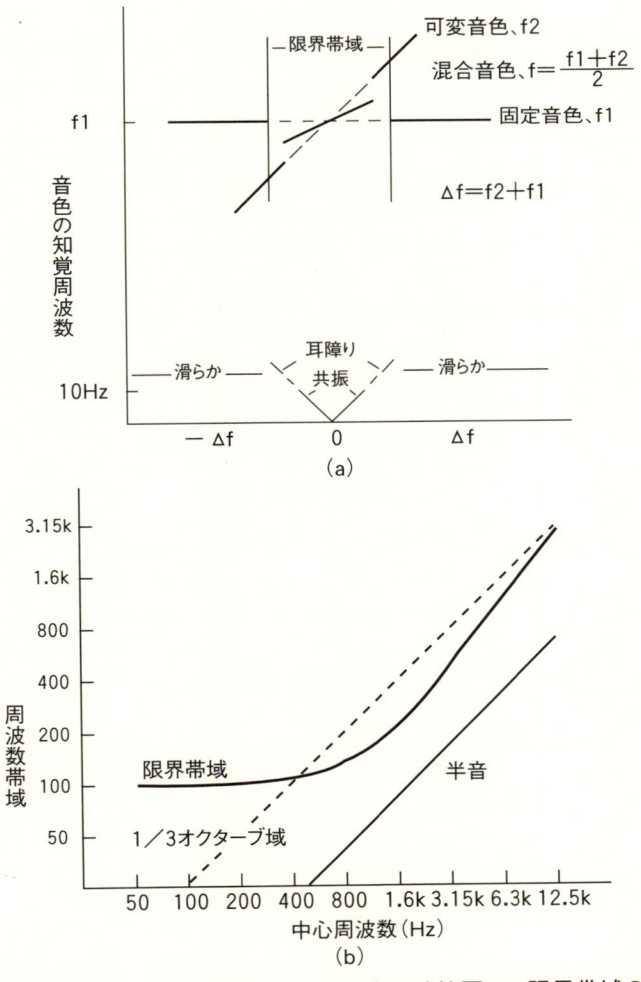

図2-13　(a)限界帯域の定義、(b)可聴範囲での限界帯域の変化

(1) 識別限界帯域

　私たちの耳は、ほんのわずかな周波数差も識別しピッチの誤差を判断しますが、複合音に比べ純音ではその識別能力も劣ってきます。例えば純音同士でほんのわずか周波数が異なった場合、両者を同一と判断したりレベル変動を伴った単一ピッチ音と認識します。
　この現象は、"ビーティング(beating)"と呼ばれ両者の差分に等しいうねりとなります。2つの信号のピッチ差を識別する限界領域を"識別限界周波数帯域(critical bandwidth)"と呼び、図2-13(a)に示すような関係にあります(参考文献9参照)。このデータは、1つを固定周波数でもう一方を可変とし、リスナーが両者を混合した音を識別できる限界の範囲を規定したもので、(b)には可聴帯域での様子を示しています。

5. マスキング

　ある信号源が他の信号によって聞こえなくなる現象を"マスキング"と呼びます。

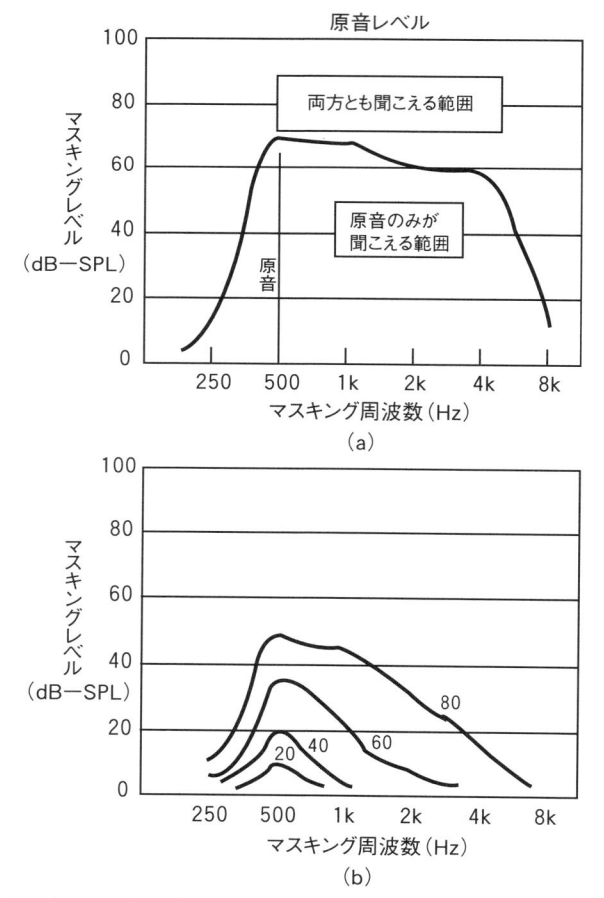

図2-14　マスキング
　　　　(a) 100dBLpにおけるマスキング、(b) 低レベルでのマスキング

一般にレベルの大きな信号は小さな信号を、ピッチの低い信号は高い信号をマスクする傾向にあります。信号の歪みもその周波数成分のマスキング量によって検知度が左右されています。**図2−14(a)** には純音をマスキング源とした検知限界特性を示しています。ここでは500Hzをマスキング音とし、100dBのレベルで再生した場合、この特性曲線より以下のレベルで存在する周波数はマスクされてしまいます。

例えば、2kHzを60dB以下のレベルで出したとすると、マスキングにより検知されないことになりますし、60dBを超えた大きさで出せばマスキングされず聞くことが出来ます。250Hzの場合は、20dB以上の大きさであれば、はっきりと聞くことが出来ると言えます。

(b) では、500Hzをマスキング音とし、そのレベルが各80、60、40、20dBLpの場合のマスキング特性を示しています。このデータからはレベルが低くなるとマスキングの範囲も狭くなり、マスキング周波数付近に近接した特性になっていくことがわかります。逆にレベルが大きくなると、マスキング特性は、高域に拡大し低域にはあまり広がらないことがわかります。

録音と言う状況のなかでは、程度の差こそあれ歪みは存在します。しかし、そのプログラム全体の帯域が広ければ広いほど、プログラムに含まれる低域成分によってマスキングされています。しかし女性コーラスは例外でごまかされません。このマスキング特性は、**図2−14(a)** に似ており、歪み成分が500Hz以下に発生すると容易に検知されてしまいます。

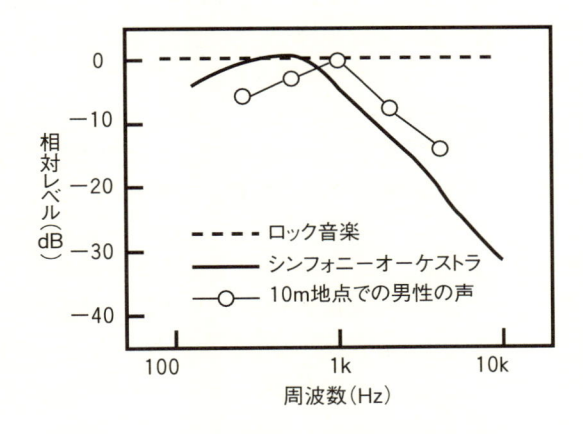

図2−15　録音音源の代表的な周波数分布

音圧レベル(dB) (Aカーブ)	一日許容限界(h)
90	8
92	6
95	4
97	3
100	2
102	1.5
105	1
110	0.5
115	0.25

表2−1 安全健康法による人体許容騒音レベル／1日(1970年)

6. プログラムが持つ周波数成分

　図2—15には、一般的な録音プログラムが持つ周波数成分を示しています。このことから、人の声やクラシックのオーケストラ音楽では1kHz以上の成分を多く含まないことがわかります。この特性はアナログ録音でのS/N比を維持するためのプリエンファシス／デエンファシス回路に利用されますが、ロックや電子音楽といった分野はこうした分布とは異なります。

7. 聴覚保護

　レコーディング・エンジニアにとって耳は大切な道具です。彼らは、日頃の訓練から60歳になっても、普通の人に比べ聴覚が衰えませんし、耳を酷使してダメージを与えないよう注意しています。しかし、最近の音楽録音は、かつてと比べ大音量となってきました。
　表2—1に示すのは、アメリカ人における業務の安全と健康に関する法律による最大音圧規定です。環境保護局の規定はさらに厳しく、1日8時間の仕事で与える最大レベルは、85dB（A）とし、30分超過するごとに3dBのレベル低下を規定しています（参考文献13参照）。
　エンジニアのなかで、長時間の録音やミックスダウンのあと耳鳴りを感じる場合があったならば注意が必要です。これはセッションの進行につれて音量が上がっており、1度上げた音量は決して下げられないという傾向で仕事をしている証拠です。現代のミュージシャンは大音量で演奏し、コントロール・ルームでも同じ音量で再生することを要求しますし、現代のクラシック・オーケストラもブラスやパーカッションが加わると、その音量も100〜115dBLpに達します。ピッコロでも演奏者の耳元では、120dB（A）の音圧になります（参考文献3、12参照）。
　こうしたなかで仕事をするエンジニアには、耳を保護する耳栓の使用を勧めます。耳栓は、図2—16に示すようにその材質により効果が異なり、どれも保護のために最適な材質はありません。最近、キリオン他（Killion et al）は、全帯域にわたって15dBの減衰が得られる音楽専用の耳栓材を開発し、こうした必要のある人々の耳にあった特注をして供給しています（参考文献1参照）。

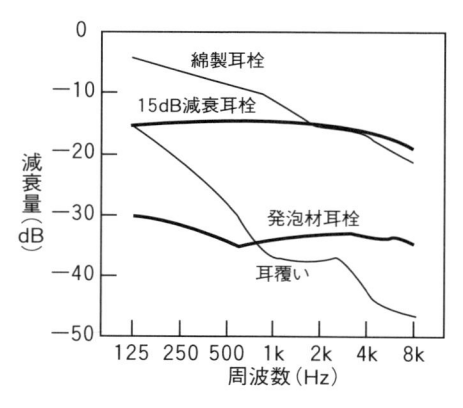

図2—16　聴覚保護材の減衰特性

〈第2章〉　　［参考文献］

1. M. Altschuler, "Balance Attenuation Ear Protection," *Sound & Communications*, vol. 35, no. 3 (1989).
2. B. Bauer, "Phasor Analysis of Some Stereophonic Phenomena," *J. Acoustical Society of America*, vol. 33, no. 11 (1956).
3. A. Benade, *Fundamentals of Musical Acoustics*, p. 209, Oxford University Press, New York (1976).
4. J. Blauert, *Spatial Hearing*, MIT Press, Cambridge, Mass. (1983).
5. H. A. M. Clark, et al., "The 'Stereosonic' Recording and Reproducing System," *J. Audio Engineering Society*, vol. 6, no. 2 (1958).
6. S. Gelfand, *Hearing, an Introduction for Psychological and Physiological Acoustics*, Marcel Dekker, New York (1981).
7. H. Haas, "The Influence of a Single Echo on the Audibility of Speech," reprinted in *J. Audio Engineering Society*, vol. 20, no. 2 (1972).
8. D. Robinson and R. Dadson, *British Journal of Applied Physics*, vol. 7, p. 166 (1956).
9. J. Roederer, *Introduction to the Physics and Psychophysics of Music*, p. 29, Springer-Verlag, New York (1973).
10. E. Schubert (ed.), *Psychological Acoustics*, Dowden, Hutchinson, and Ross, Stroudsburg, Pa. (1979).
11. F. Winckel, *Music, Sound, and Sensation*, Dover Publications, New York (1967).
12. D. Woolford, "Sound Pressure Levels in Symphony Orchestras and Hearing," presented at the 1984 Australian Rgional Convention, *Audio Engineering Society*, Sept. 1984, preprint no. 2104.
13. Occupational Safety and Health Act, 1970, Department of Labor, US Congress, 651 et seq.

第3章　演奏会場の持つ特性

1. はじめに

　ポップ・ミュージックやロック音楽は、そのほとんどがスタジオという特別な空間で創られます。しかし、クラシック音楽のほとんどは、コンサート・ホールや舞踏会場そして教会といった場で演奏し録音されます。ですから、そうした空間が持つ音響特性について知識を持つことは、録音にも大変役立つといえます。ここでは直接音や初期反射音、残響といった意味を理解することが大切です。

　直接音は、文字通り、音源から発した音が、リスナーに直接到達する音を指し、初期反射音は、音源から発した音が会場の壁面で反射して、リスナーに届いた音です。ここでは100msecの遅れを伴った音とします。

　残響は会場内のあらゆる反射音が集合した音の群と言え、こうした要素を一定条件のなかに、集約していくことでホールの響きが形成されています。

2. 空間の拡がり感

　H.クトラフ(H. Kuttruff)は、聴取環境での空間の拡がりをステージから到来する直接音の後に感じる反射音に着目して発表しました(参考文献7参照)。すなわち以下の条件を満足すれば、少ない反射音でも空間の拡がりを感じることが出来るというものです。

　　a. 反射音は、ランダムであること
　　b. 直接音に較べ一定以下のレベルであること(通常20dB以下)
　　c. 100msec以内の遅延時間であること
　　d. 水平方向からの到達音であること

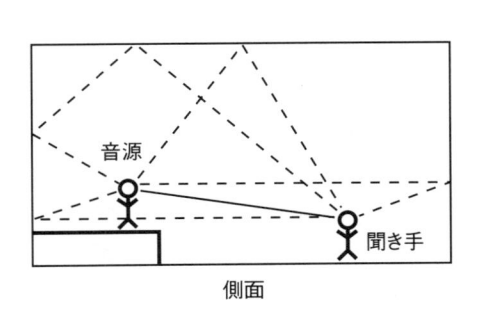

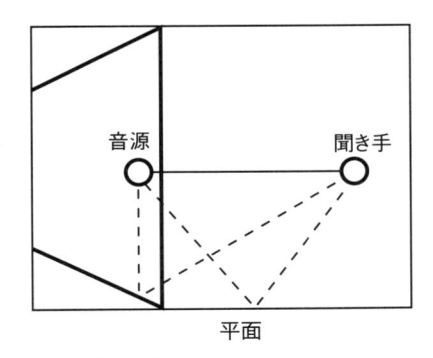

図3－1　聴衆における直接音と初期反射音

　図3－1をもとに述べると、反射音が正面および側壁から聴衆に到達する構造のホールは、彼の考えを満たしていることになります。　実際、こうしたホールの音響設計では、容積、壁面材反射音と拡散音の配分などを計算し、ホール内のどんな場所にいても最適な空間

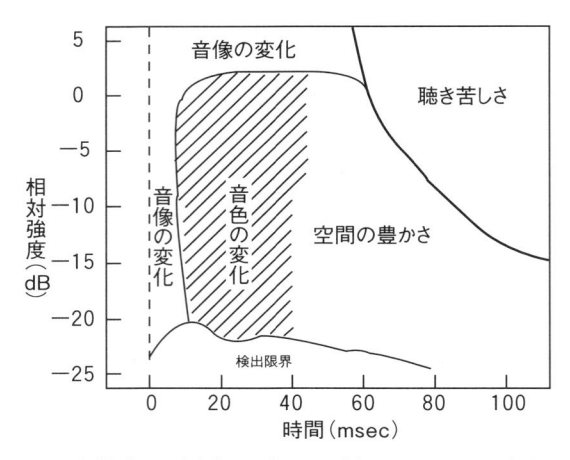

図3-2　直接音から派生した側面反射のレベルと遅延時間による効果
（バロンのデータより）

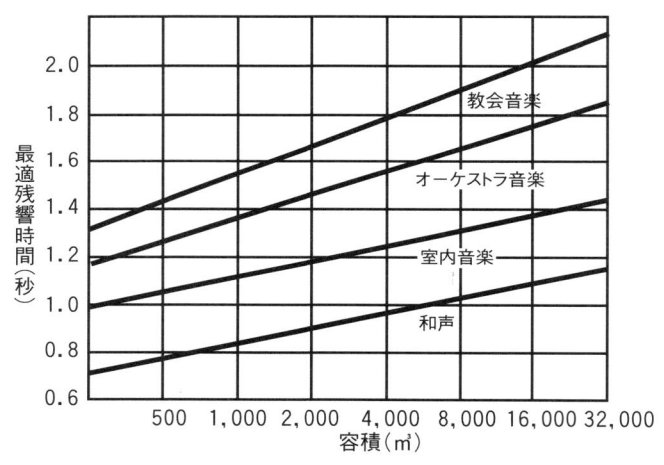

図3-3　各種容積と最適残響時間

性が得られるようになっています。ITD(Initial Time Gap)の考えは、直接音と一次反射音の時間差を示すものです。

B.バロン(B. Barron)は、図3-2に示すような聴衆に対して、40°の方向から到達する反射音の遅延とレベルに着目して、響きの主観評価を行なっています（参考文献2参照）。ここでは、遅延が40～100msecの場合に良い結果が出ています。

遅延が大きく、反射音のレベルも大きい場合は、エコーとなり不快な響きとなります。逆に遅延が少なく、反射音レベルのみが大きいと音源の変動を生じています。そのほかに拡がりを感じる要素は残響時間で、図3-3には目的と容積に応じた最適残響時間の推奨値が示されており、容積の増大と最適残響時間には比例関係があるといえます。

もしも、容積のわりに残響時間を短くするとすれば、吸音に膨大な手間を要し、かつ十分な音量は得られないと言う結果になりがちですし、逆に小さな容積で残響時間を長くす

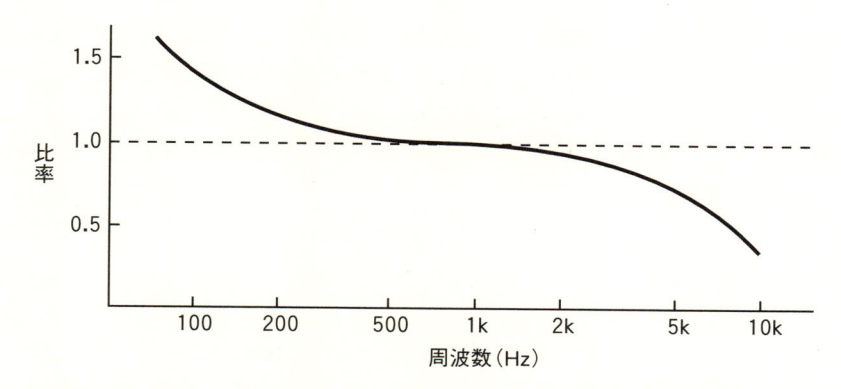

図3－4　中域（500〜1000Hz）を基準にした大空間での残響周波数の変化

れば不明瞭で聞き取りにくい音となってしまいます。**図3－4**には残響成分の望ましい周波数特性が示されていますが、500Hzでの基準レベルに対し低域は持ち上がり、高域は減衰した特性が好ましいといえます。これは内装材が波長の長い音を吸収しにくく、また2kHz以上の高域は、空気減衰で吸収しやすいと言った事実から生じています。

3. 演奏会場の技術的表記

　建築音響に関した主観用語はたくさんありますが、必ずしも統一基準化されているわけではありません。例えば親密性（intimacy），豊かさ（liveness），暖かさ（warmth）などは広範囲な意味で使われています。レオ・ベラネック（Leo Beranek）は，彼の著『音楽、音響、建築』（参考文献3参照）のなかでこうした用語の使い方に言及していますしレコーディング・エンジニアもこうした用語をもとに仕事をしています。

(1)　親密性（intimacy）

　この用語は、演奏者とリスナーがどのくらい一体感を持っているのかを示し、初期反射音が、直接音に比べ15〜20msec以内の場合に相当し、ステージから20〜25mの距離で鑑賞しているような状況です。

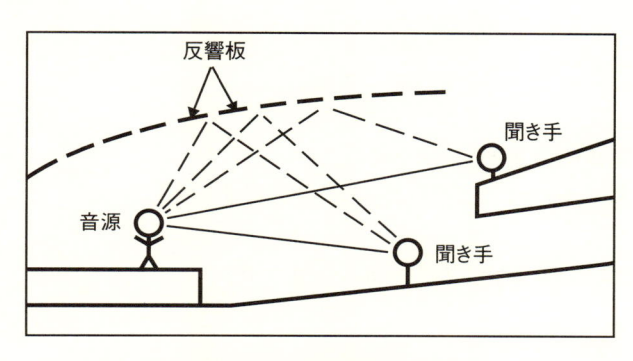

図3－5　聴衆における反響板の効果

図3—5に示しているのは、反響板または天板とよばれる反射構造で、初期反射音を補強し、低域の残響成分を強める働きがあり、こうした多層構造とすることで、広いホールでも十分な初期反射音を得ることが出来ます。レコーディング・エンジニアはこうした効果を出すためにリヴァーブやディレイを利用してます。こうした効果を出すための使い方は、後の章でまた述べます。

(2) 豊かさ(liveness)

これは部屋の中で、初期遅延パターンを伴った500Hz～2kHz帯の残響が多い場合に使われる用語で、例えば、昔のダンス会場のように、やや低域が少なく鏡や石膏材で高域の反射が多いような条件を表わします。こうした会場は電気的に低域成分をコントロールできるため録音に向いていると言えますが、実際の演奏では低域不足となりがちです。豊かさの感じを出すには、残響成分の500Hz～2kHz帯を持ち上げて1.5～2.0secの残響時間とすることで表現出来ます。

(3) 暖かさ(warmth)

これは残響成分の125～250Hzを長くした感じで、ロマン派の音楽を演奏するホールには必要な特性です。これを電子的に付加するのは容易ではありません。それはこうした感じの音が持つ特性を近似できても、最適のパラメータを作り出せないからです。ですから、もともとの楽器やホール自体の持つ音色に大きく依存します。

4. 空間の算術表記

大きな空間のスピーチ明瞭度を測定することは、さほど困難ではありませんが、その会場の評価を数値化することはなかなか困難です。A.アリム(A. Alim)は、C_{80}または明瞭度指数という考えで数値化することを提案しました。

これは、受音点での0～80msecと80～∞(残響の終わり)までの音響エネルギーの比をとった値です。

$$C_{80} = 10 \log \left[\frac{\int_0^{80} [g(t)]^2 dt}{\int_{80}^{\infty} [g(t)]^2 dt} \right]$$

ここで$[g(t)]^2$は音圧の加算関数です。

T.シュルツ(T. Schultz)は、以下のような指標を提案しました。

$$R = 10 \log \left[\int_{50}^{400} p^2(t) dt \, / \, \int_0^{50} p^2(t) dt \right]$$

ここで$P^2(t)$は、音圧の2乗です。

C_{80}値が0dBと言う意味は、最初の80msecで到達するエネルギーと、残りのエネルギーが同一であることを示し、優れたホールといえます。-3dBであればかなり良いといえ、最初に到来する音響エネルギーがやや弱いことを表わしています。

R値でいえば3～8dBであれば、かなり優れたホールといえます。これらの測定では、200Hzから10kHz帯でいくつかの測定を行ない、データを算出しますが両者は互いに(＋)(－)逆の数値関係にあります。

表3－1にはL.ベラネック(L. Beranek)が、発表した世界のコンサート・ホールのデータを示しました。特に「ボストン・シンフォニーホール」は、その縦長の形と収容数、短いITDと残響時間が大変うまく組合わされて優れた音響を持っています(参考文献3参照)。

ホール　場所	容積(m^3)	座席数	初期時間差(msec)	残響時間(sec) 空席	満席
シンフォニーホール ボストン　MA	18,740	2631	15	2.8	1.8
オーケストラホール シカゴ、IL	15,170	2582	40	non	1.3
イーストマンシアター ロチェスター、N.Y	25,470	3347	55	non	1.75
カーネギーホール ニューヨーク、N.Y	24,250	2760	23	2.15	1.7
グロッサー・ムジックフェラインザール ウイーン　オーストリア	15,000	1680	23	3.6	1.5
ロイヤル・アルバート・ホール ロンドン　イングランド	86,000	6080	65	3.7	2.5
フェスティバル・ホール ロンドン　イギルス	22,000	3000	34	1.8	1.5
ネウス・ゲバントハウス ライプティッヒ　ドイツ	10,600	1560	8	1.8	1.55

表3－1 代表的なコンサートホールの諸特性

5. 総論として

優れた空間では優れた録音が容易に出来ますし、逆に不十分な音響特性のホールではなかなか良い結果が得られません。これはボストン・シンフォニー・ホールとロンドン・ロイヤル・アルバート・ホールを比較すれば明確です。

レコーディングは、最適な場所にマイクロフォンを設置出来るので、日頃ホールへ音楽を聴きにくる常連の人々が感じているような不満を100%引き受けることはありません。

残響の少ない場合は、客席に反射材を並べてコントロールすることも出来ますし、響きをとらえる専用のマイクロフォンを設置することも出来ます。ですから、エンジニアはホールのITD値を気にするより、積極的なコントロールで録音音響を創ることが出来ます。これについては、あらためて後の章で述べます。

〈第3章〉　　［参考文献］

1. Y. Ando, *Concert Hall Acoustics*, Springer-Verlag, New York (1985).
2. M. Barron, "The Subjective Effects of First Reflections in Concert Halls—The Need for Lateral Reflections." *J. Sound and Vibration*, vol. 15, pp. 475- 494 (1971).
3. L. Beranek, *Music, Acoustics & Architecture*, Wiley, New York (1962).
4. L. Cremer, *Principles and Applications of Room Acoustics*, Applied Science Publishers, New York (1978).
5. J. Eargle, *Music, Sound, & Technology*, Van Nostrand Reinhold, New York (1990).
6. M. Forsyth, *Buildings for Music*, MIT Press, Cambridge, Mass. (1985).
7. H. Kuttruff, *Room Acoustics*, Applied Science Publishers, London (1979).
8. W. Reichardt, A. Alim and W. Schmidt, *Applied Acoustics*, vol. 7 (1974).
9. T. Schultz, "Acoustics of Concert Halls", *IEEE Spectrum*, vol. 2, no. 6 (1965).

Section 2　マイクロフォン

第4章　マイクロフォンの基本的な知識
　　1．歴史
　　2．変換原理

第5章　マイクロフォンの指向性
　　1．はじめに
　　2．マイクロフォンの指向性
　　3．指向性の選択肢
　　4．可変指向性マイクロフォンの原理
　　5．高次タイプ、干渉型マイクロフォン

第6章　録音条件から派生するマイクロフォンの特性と理論値の相違
　　1．はじめに
　　2．近接効果（proximity effect）
　　3．高域の軸上特性と全方向特性
　　4．超高域における指向性の変動
　　5．干渉による影響

第7章　ステレオ・マイクロフォンとサウンドフィールド・マイクロフォン
　　1．はじめに
　　2．ステレオ・マイクロフォン
　　3．可変軸方向タイプ
　　4．サウンドフィールド・マイクロフォン
　　5．その他のマルチチャンネル用マイクロフォン

第8章　マイクロフォンの電気特性とアクセサリー
　　1．はじめに
　　2．感度とインピーダンス
　　3．マイクロフォンの固有ノイズ
　　4．マイクロフォンの歪み
　　5．マイクロフォン用固定パッド（減衰器）
　　6．S/N比とダイナミックレンジ
　　7．コンデンサー・マイクロフォンの外部電源供給
　　8．マイクロフォンの伝送損失
　　9．マイクロフォン・アクセサリー

第4章　マイクロフォンの基本的な知識

1. 歴史

　マイクロフォンは、19世紀後半からの25年間でまず電話に利用され始めました。
　最初必要だった特性は、人の声の識別で、その目的のためカーボン・マイクロフォンが開発され、今日まで使用され続けています。
　カーボン・マイクロフォンは、カーボン粒子が点接触した集合体で、エミール・ベルリーナ（Emile Berliner）によって初めての動作実験が行なわれました。音声振動が、ダイアフラムに伝わると、その下に詰められたカーボン粒子を圧縮伸張し、音声信号は抵抗変化に応じた電流変化として取り出されます。
　このマイクロフォンは、ノイズが多く、ダイナミック・レンジも十分ではなく、歪みも多いのですが、電話という限られた使用条件のなかでは十分その目的を果たしています。
　20世紀初頭になると放送産業の台頭とともに、高品質なマイクロフォンの必要性が高まりました。音楽やトークショーと言った番組では、音声をより高品質な電気信号に変換できるマイクロフォンが求められたからです。
　その結果、コンデンサーまたはキャパシターと呼ばれるマイクロフォンや、磁気誘導を応用したムービング・コイル式やリボン式のマイクロフォンが開発されました。こうした過去75年に及ぶ改良が、今日のマイクロフォン発達の基礎となっています。
　マイクロフォンがレコーディング手法の核となりはじめたのは、電話が発明されてからなんと50年後でした。それまでは1870年代からの音声を直接吹き込む録音が主流で、電気録音は1920年代「ウエスタン・エレクトリック」社の開発を待つことになります。
　放送産業の台頭は、ムービング・コイルやリボン・マイクの発達をうながし、1940年代のアメリカではマイクロフォン録音が主役の座を確立していきます。マイクロフォン設計技術の土台は、1930年代に積極的に放送や映画への進出を計った「RCA」社と「ウェスタン・エレクトリック」社によってつくられました。
　当時、コンデンサー・マイクロフォンは、アメリカでは測定や校正と言った限られた分野でしか使われていませんでしたが、1930年代のヨーロッパではレコーディングなどに大いに利用され、第2次世界大戦後のアメリカ録音産業に大きな影響を与えるようになりました。それはテープ録音とLPレコードの発達がダイナミック・マイクロフォンの持つ特性以上のものを可能としたからです。
　これにより優れた周波数特性を持つマイクロフォンとして、コンデンサー・タイプが普及しました。50年、60年代になると、ダイナミック・マイクも改良が行なわれ、今日の録音産業では、いずれのマイクロフォンも同等に使用されています。今日のマイクロフォンは、大量生産と材料の開発の結果、優れた特性でコストも安い機種が手に入るようになりました。

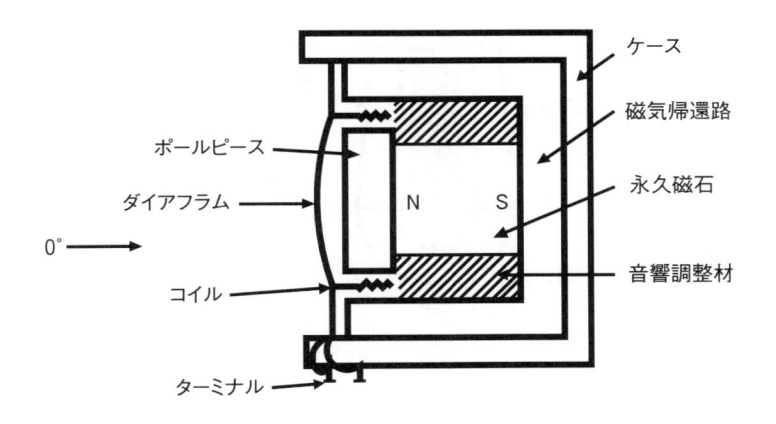

図4−1　ダイナミック・マイクロフォンの構造

2．変換原理

(1) ダイナミック(ムービング・コイル)マイクロフォン

図4−1には、ダイナミック・マイクロフォンの断面構造を示しています。音響信号は図の左側から入り、ダイアフラムに当たります。ダイアフラムにはコイルが巻かれており中心部の磁石による磁界によってコイルに起電力を生じます。

E(voltage)＝Blv

Eは電圧で単位はボルト、Bは磁束密度で単位はテスラス、lはコイルの長さで単位はメートル、vは磁界を横切る速度で単位はm/secです。速度vは大変小さいため十分な出力を得るために設計者は極力強力な磁石を採用しなければなりません。コイルは最大でも2cmの直径を越えることはなく長さも短いのが普通です。ですから最高出力も数mv程度となりますが、十分な設計を行なえばスムースで広帯域な特性を得ることが出来ます。

(2) リボン・マイクロフォン

リボン・マイクロフォンの動作は、前述のダイナミック・マイクロフォンに似ています。磁界のなかでコイルが振動するかわりにフラットリボン帯が振動する構造だからです。しかし、その物理構造や機能は異なっています。

図4−2に示すのが物理構造でリボンは、広い間隔を持つ磁石の間に取り付けられており側面と俯瞰図によって状態が理解できると思います。

リボンのダイアフラムは、両側の音響信号を受けることができ、0度と180度の位相差があります。この方向から到来する信号は正確にリボンに当たりますが、90度と270度方向からの信号はリボンにほとんど当たらず出力が得られません。こうした特性を持っているので、リボン・マイクロフォンは"8の字"特性または両指向特性といわれます。この特性は

Section 2　マイクロフォン

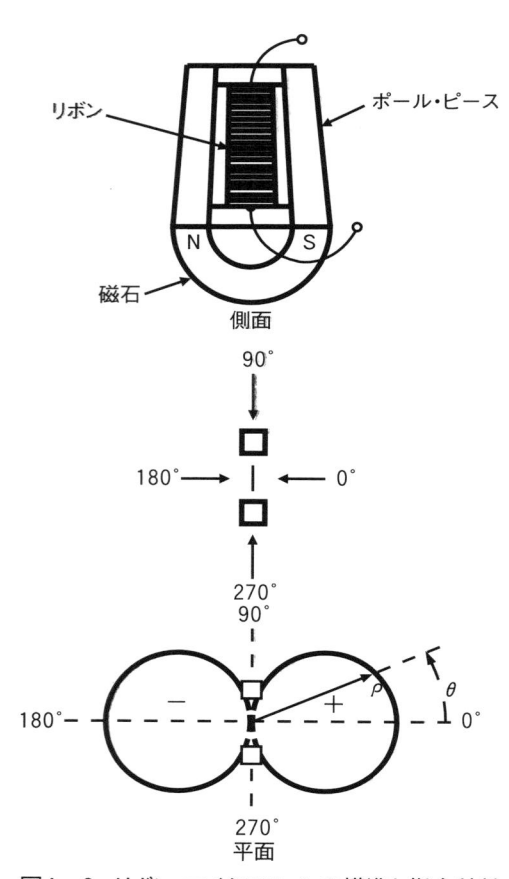

図4-2　リボン・マイクロフォンの構造と指向特性

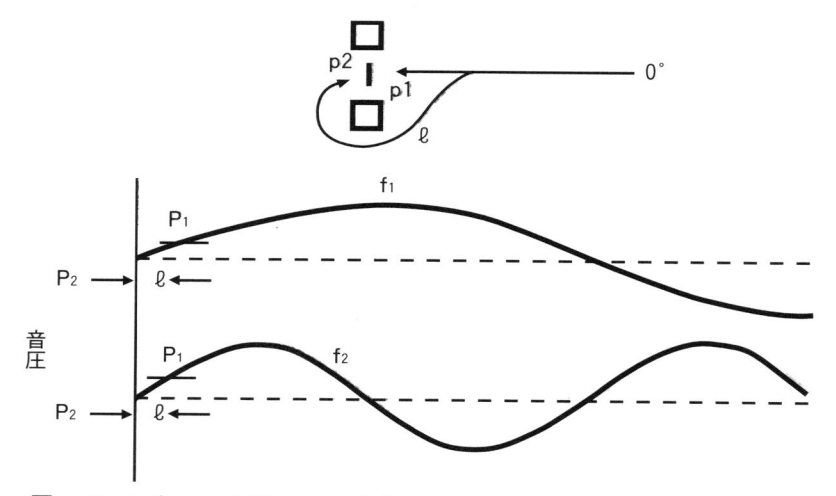

図4-3　リボン・マイクロフォンの出力
　　　0度の方向から入射した音源は、経路差 ℓ だけ離れてリボンの両面に
　　到達。周波数f_1で、P_1-P_2に応じた圧力差を生じf_1の倍の周波数f_2では
　　圧力差が6dBとなる。リボンはそれ自体が持っている低域共振により
　　質量制御され総合出力特性は平坦となる。この様子を図4-4に示します

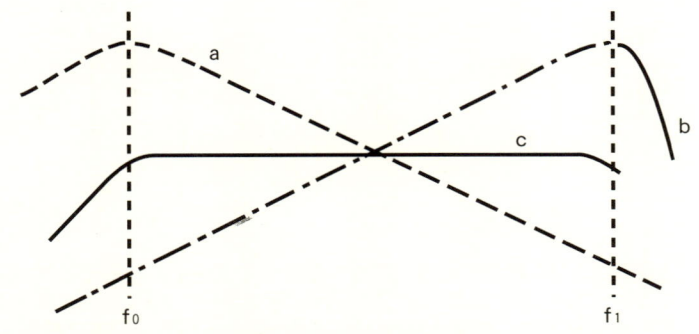

図4－4　リボン・マイクロフォンの周波数による動作
カーブaは定圧力勾配でのリボンの動作速度、f_0はリボンの低域共振周波数でリボンの有効動作範囲が規定され、周波数が高くなるにつれて6dB／octで減衰する特性となる。カーブbはリボンに圧力を加えた場合の特性で、これは6dB／octで上昇する特性となる。経路差に等しい波長f_1のポイントでピークとなりその後減少するが、これら総合特性はカーブcにみるように平坦となる。

コサイン・パターンとして知られ $\rho = \cos\theta$ と極性座標表示することもできます。
　リボン・マイクロフォンは、また速度傾斜型マイクロフォンともいわれ、出力がリボンの両側面の瞬時圧力差に左右されるところから由来しています。さらにベロシティー・マイクロフォンとも言われ、これはリボン近傍の空気粒子速度に出力が左右されるところに由来しています。
　図4－3にはリボンにかかる振動の様子を示しています。リボンがフラットな出力特性を保つ範囲は、**図4－4**に示すように $f_0 \sim f_1$ の範囲です。低域限界は、基礎共振周波数により、高域限界は磁気構造の寸法により各々規定され一般的には15〜20kHzあたりになります。またリボンの両側で得られる出力は0度と180度で位相が逆になるになることに留意してください。出力は低く、取り扱いも注意を要しますが、最近の製品はこうした点で改善もされ、大音量の楽器への近接設置も特に問題ありません。

(3) コンデンサー(キャパシター)マイクロフォン

　コンデンサー(キャパシター)マイクロフォンは、録音用マイクロフォンの中では最も簡単な機構に属するマイクロフォンで動く構造といえばコンデンサーを形成する片側に張られた非常に薄いダイアフラムのみです。
　コンデンサーは狭い距離を挟んだ2枚の電極によりつくられており、以下の式で与えられる電気容量を蓄えることが出来ます。

$$Q = CE$$

　Qは電極に蓄えられた電荷でクーロンで表示し、Cはファラッドで示す容量、Eは電極にかかる電圧でボルトです。電荷と電圧は反比例関係にあり**図4－5**に示すような条件で、電荷一定の場合、電極の距離を離して容量を減らすと、逆に電圧は増加します。

Section 2　マイクロフォン

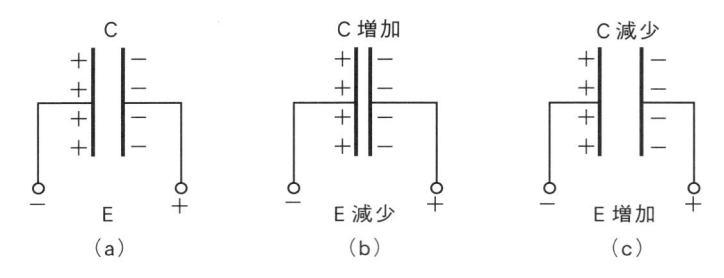

```
        C              C 増加          C 減少
       + -            + -            + -
       + -            + -            + -
       + -            + -            + -
       + -            + -            + -
      ○   ○          ○   ○          ○   ○
    -  E  +         -  E減少  +      -  E増加  +
      (a)            (b)            (c)
```

　図4－5　定電圧をかけた状態で電荷を可変した場合の電圧とキャパシタンスの関係
　　　　Qはクーロンで示す電荷、Cはファラッドで示すキャパシタンス、Eは供給電圧。
　　　　電極の間隔を狭くするとキャパシタンスは上昇、(a)では電圧Eで充電され、
　　　　この状態で定電荷を保持したまま電極を近づけると電圧は(b)に示すように
　　　　減少。逆に間隔を広くすると電圧は(c)に示すように上昇する。

　この原理を応用したのがコンデンサー・マイクロフォンで、**図4－6**にその構成を示します。ダイアフラムは、入力信号につれて前後に振動し、容量が変化します。抵抗Rは大きな抵抗値をもち一定の電荷を保つ役目をしています。得られる出力は以下の関係にあります。

$$\Delta E = \frac{Q}{\Delta C}$$

　ΔCは容量変化分、ΔEは電極間の電圧変化で、出力はマイクカプセル内に内蔵したプリアンプで増幅し取り出されます。

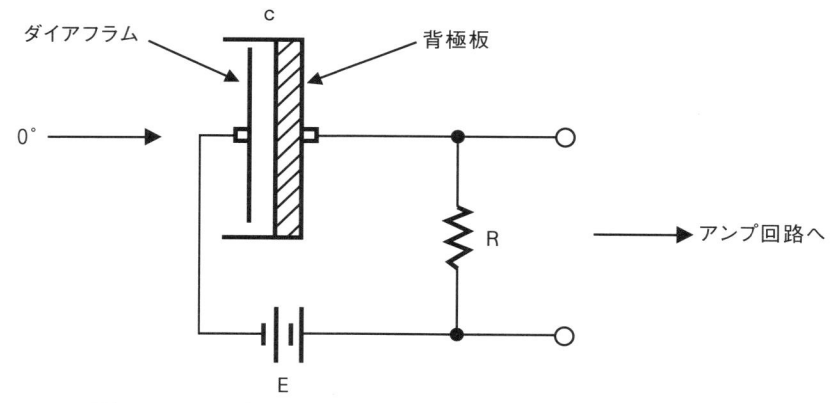

　図4－6　コンデンサー・マイクロフォンの基本原理
　　　　後段のアンプは信号の増幅とコンデンサーカプセルの
　　　　高インピーダンスを低インピーダンスに変換する役目を持つ。

ダイアフラム材は薄いプラスティック膜に金属薄膜を蒸着し、軽量で導伝性の良いものが使われます。電極に加える電圧は、今日45〜50Vが使用されていますが、最近はエレクトレット成形によるコンデンサー・マイクも登場しました。これは初めに成極電圧を印加すると、その後は特別の成極用電圧を加えなくてもよいというマイクロフォンで**図4−7**に示す構造です。

　ダイアフラムがこのエレクトレット・タイプになっており、背面極側がエレクトレットの場合もあります。回路に示しているバッテリー電源は成極用ではなく内蔵アンプの電源です。こうしたマイクロフォンの用途は、小型マイクロフォンや仕込みマイクロフォンといった分野に多く見受けられます。

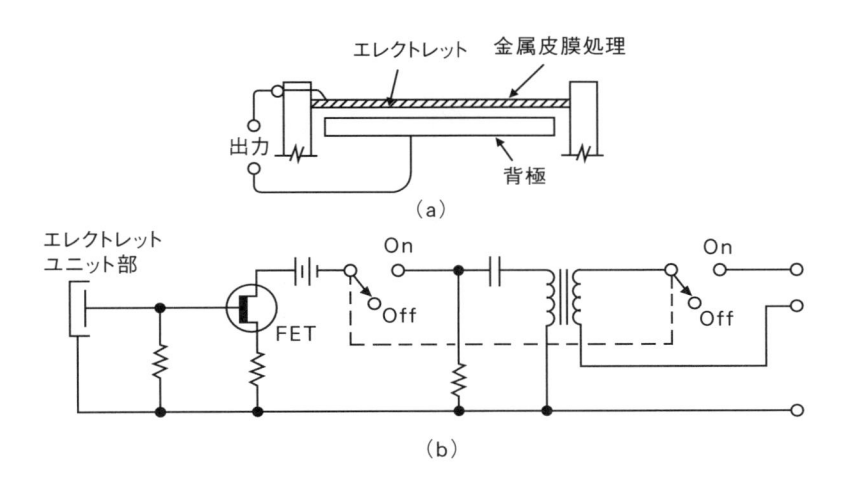

図4−7　エレクトレット・マイクロフォンの構造
　　　　（a)は構造を(b)にはFET素子を用いた電子回路構成を示す。ダイアフラム部は電極を形成するため金属皮膜が施され、背極とコンデンサーの役割を果たす。

(4) 高周波マイクロフォン

　容量変化を得るのに、電子回路の同調周波数をFM変調することで、同様な動作とする方式があります。初期の製品は複雑で取り扱いも制約がありましたが、最近では信頼性も取り扱いも向上し、大変S/Nの良いマイクロフォンが実現しています。

〈第4章〉　　［参考文献］

1. L. Beranek, *Acoustics*, McGraw-Hill, New York (1954).
2. G. Bore, *Microphones*, Georg Neumann GmbH, Berlin (1989).
3. J. Eargle, *The Microphone Handbook*, Elar, Plainview, N.Y. (1982).
4. A. Robertson, *Microphones*, Hayden, New York (1963).
5. G. Sessler and J. West, "Condenser Microphones with Electret Foil," *J. Audio Engineering Society*, vol. 12, no. 2 (1964).
6. *Microphones*, an anthology of articles on microphones from the pages of *J. Audio Engineering Society*, vol. 1 through vol. 27.

第5章　マイクロフォンの指向性

1. はじめに

　リボン・マイクロフォンの指向性が、"8の字"の両指向性であることを除くと、先に述べたマイクロフォンの基本的な構造はいずれも全指向性でした。レコーディング・エンジニアは、スタジオでの録音で"カブリ"の問題を低減する目的で、マイクロフォンの指向性を変えることが出来るように望みました。こうして1930年代には指向性を変える取り組みがかなりなされました。初期の可変指向には、全指向と両指向性2つのマイク・エレメントを組み合わせ、必要な指向性を得るというものでした。今日の方法は、1つのマイク・エレメントで必要な指向性を得ることが出来るようになり、小型化も実現出来るようになったのです。
　エレメントの小型化は、指向性特性を高域までを良好に維持することを可能としました。ここでは様々なマイクロフォンの指向性がどのように実現してきたのかについて述べます。

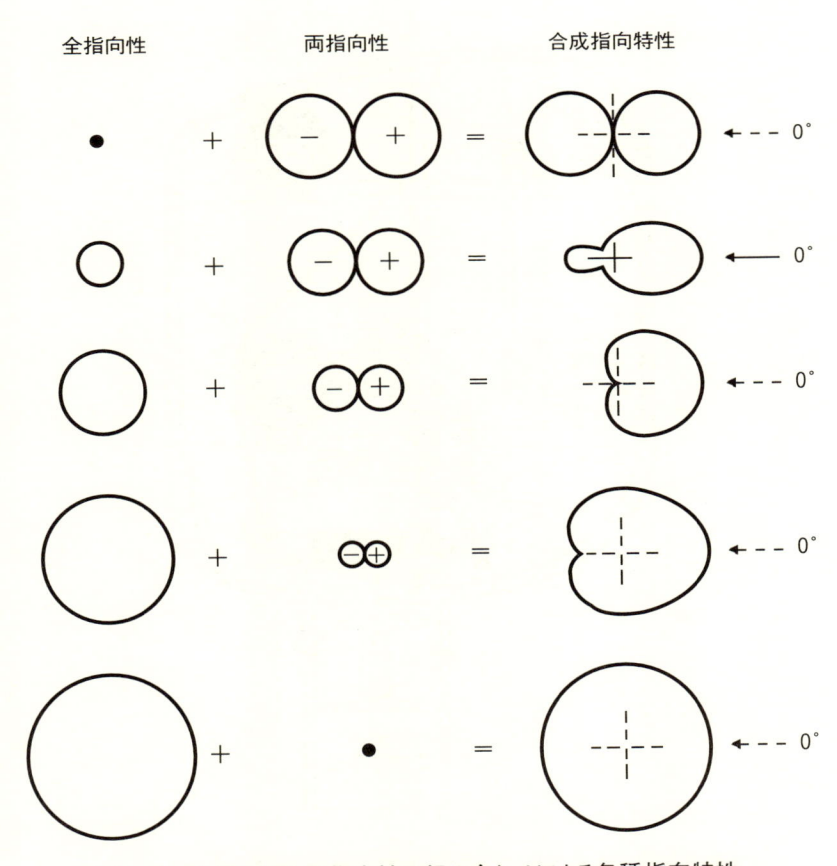

図5-1　全指向性と両指向性の組み合わせによる各種指向特性

Section 2　マイクロフォン

2. マイクロフォンの指向性

指向性を持たせるための基本的な考えは、全指向性と両指向性の組み合わせにあります。極座標で示すと、以下の式で表わすことが出来ます。

$\rho = A + B\cos\theta$

Aは定常値で全指向エレメントの出力を示し、方向性θによらず一定です。$B\cos\theta$は両指向性の出力を表わし角度θによって変化します。値AとBは可変でき、その両者の合計に常に一定となります。**図5－1**には様々な値の組み合わせと得られる指向性を示し、0度の矢印が正面方向となります。こうして得られた狭い指向性をカーディオイド(単一指向性)と総称していますが、その由来は、作成された指向性の形が、心臓の形に似ているところから名付けられました。さらに1次指向性ともいわれます。

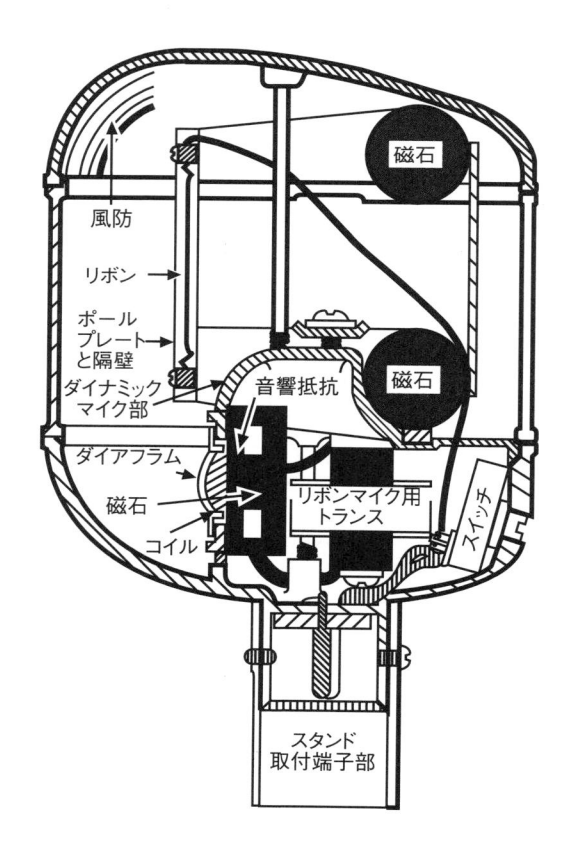

図5－2　リボン・マイクロフォンと全指向性ダイナミック・エレメント
　　　　を組み合わせた単一指向性マイクロフォン(アルテック社提供)

(1) 初期のマイクロフォンの指向性

図5−2は、1930年代に「ウェスタン・エレクトリック」社が製作した639型マイクロフォンの断面図です。このマイクロフォンは左側が正面方向で上部にリボンが下部にダイナミック・マイクロフォンが内蔵され、その出力が加算されます。

図5−3にリボン・マイクロフォン部分の断面を示しますが、背面にカバーがありこの開閉によって全指向性と両指向性に変化し、中間まで開くと単一指向性となります。この原理はやはり1930年代に製造された「RCA」社の77型マイクロフォンにも応用されています。

(2) 単一エレメントによる指向性のデザイン

今日では単一指向性を得るのに、1つのエレメントだけで実現でき、そのコントロールも10Hz〜20kHzまで可能となりました。**図5−4**にその原理を示します。ダブレット（doublet）

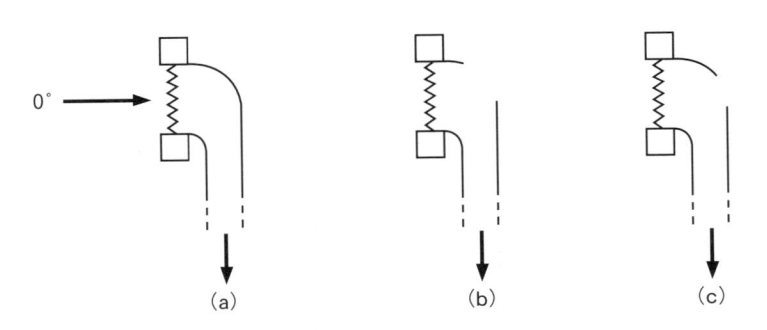

図5−3　リボン・マイクロフォンで単一指向性を実現する例
　　　　(a)はリボンの背面に音響的不活性部を設け前方からの音のみに反応させている
　　　　(b)は背面音響管に音圧傾斜型として動作するための穴を設けている
　　　　(c)は中間くらいの穴をあけ(a)と(b)の両方の特性を合成する

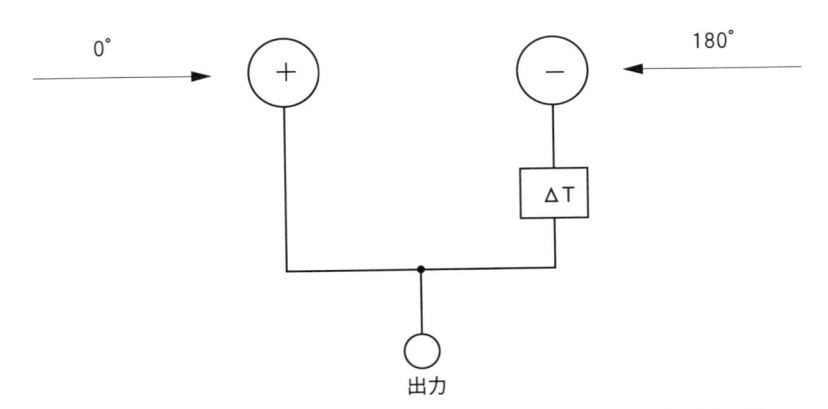

図5−4　エレメントの片側に遅延を作り、単一指向性を実現する例
　　　　遅延（ディレイ）ΔTはエレメントの両面に到達する経路差に相当し、
　　　　180度方向からの音源は打ち消される

Section 2　マイクロフォン

と呼ばれるこの構造は一対のエレメントの一方を極性反転させディレイ回路を組み込んでいます。これを実際のエレメントで実現すると両側が外を向き、あたかも1つのエレメントにみえる構造となり、ディレイを得るためには、音響空間部分を一方に設けることで実現しています。正面方向から到来した信号は、常に出力され、反対側のエレメント出力はディレイ回路を経由し、キャンセルを生じるため信号が出力されません。

　逆に背面から到来した場合は、ディレイを経由したエレメントの(－)出力と正面エレメント側の(＋)出力が合成されキャンセルを生じます。実際の動作でこれを確かめてみましょう。

　図5－5に示すのはダイナミック・マイクロフォンの構造です。信号は矢印のように到来したとして、背面には斜線で示すような音響材を用いたディレイ回路が設けられています。図5－6では単一エレメントのコンデンサー・マイクロフォンの構造が示されていますが、背面には穴のあいた背極が設けられダブレット構造を造っています。同じく斜線の部分の音響材によるディレイとなります。背面にどのくらいの信号を通すかは、そのマイクロフォンの指向性をどのくらいに設定するかで決まります。

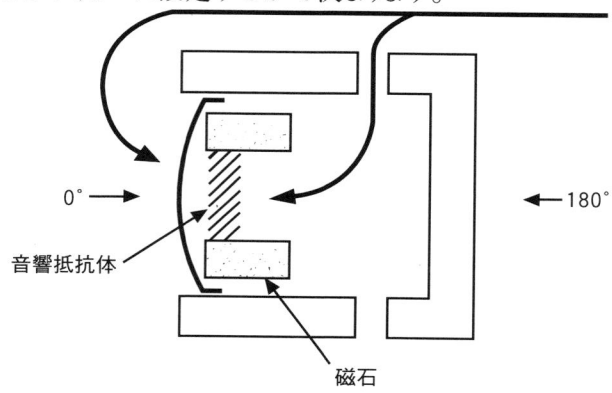

図5－5　ダイアフラムがひとつの単一指向性マイクロフォン
　　　　180度方向からの音源はダイアフラムに同時に到達し
　　　　打ち消されるため0度方向の収音が可能となる

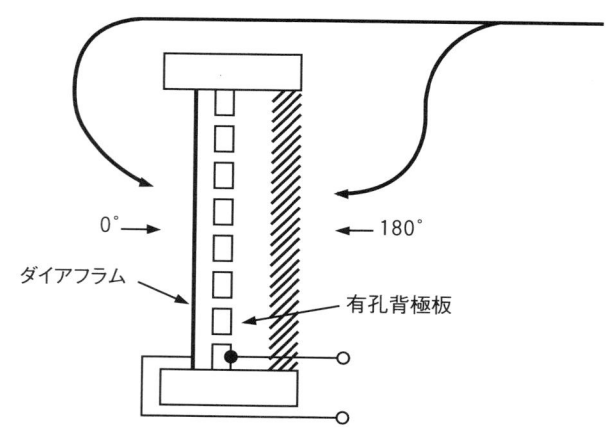

図5－6　ダイアフラムがひとつの単一指向性コンデンサー・マイクロフォン
　　　　180度方向からの音源はダイアフラムに同時に到達し打ち消される

3. 指向性の選択肢

指向性の選択肢は全指向性の他には、4つに分類でき、半単一指向（サブ・カーディオイド）、単一指向（カーディオイド）、狭単一指向（スーパー・カーディオイド）、そして超単一指向（ハイパー・カーディオイド）に分けることができます。

(1) サブ・カーディオイド

この指向性は、極座標式では以下のようになります。

$\rho = 0.7 + 0.3 \cos \theta$

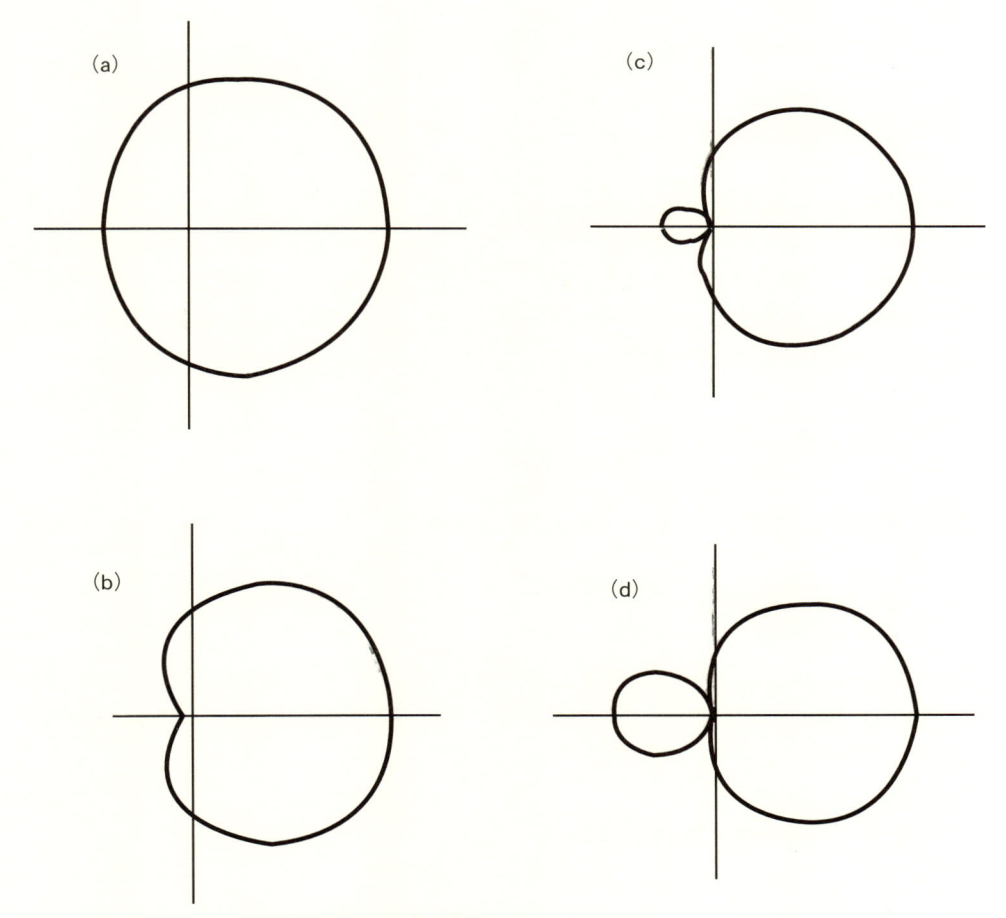

図5-7 各種の単一指向特性
(a)半単一指向、(b)単一指向、(c)狭単一指向、(d)超単一指向

図5—7(a)に指向性のパターンを示すように、±90度で−3dB、180度で−10dBの感度特性です。この指向性は最近開発され、主にクラシック録音のエンジニアに好まれ、"正面軸に感度を持つ全指向性マイク"とも呼ばれています。

(2) カーディオイド

この指向性を、極座標式で示します。

$$\rho = 0.5 + 0.5 \cos \theta$$

この指向パターンは図5—7(b)に示す形です。
±90度の範囲で−6dB、180度でほぼ0の利得となります。
他の音からのカブリを効果的に低減できる特性を持っているため、1930年代から今日まで最も広くスタジオで使われている指向性です。

(3) スーパーカーディオイド

この特性は極座標式で示すと、以下のようになります。

$$\rho = 0.37 + 0.63 \cos \theta$$

図5—7(c)に示す指向パターンとなります。±90度で−8.6dB、180度で−11.7dBとなる利得で、通常はそれぞれ−9dBと−12dBと考えて差し支えありません。軸方向正面に強い指向性を持っているのが特徴です。

(4) ハイパーカーディオイド

同様に極座標式の表示では、以下のようになります。

$$\rho = 0.25 + 0.75 \cos \theta$$

これは図5—7(d)に示す指向特性をしています。±90度で−12dB、180度で−6dBの利得で軸上正面の収音特性に大変優れていますので反響や周囲のノイズの多いところでも目的の音を明瞭に捉えることが可能です。

(5) 1次カーディオイド特性のまとめ

図5—8にサブカーディオイドを除いたカーディオイド群をまとめてあります。表の中で使われている用語は、ほとんど周知のものばかりだと思いますが、ランダム・エネルギー効率

特性	全指向性	両指向性	カーディオイド（標準単一指向性）	ハイパー カーディオイド	スーパー カーディオイド
指向性パターン	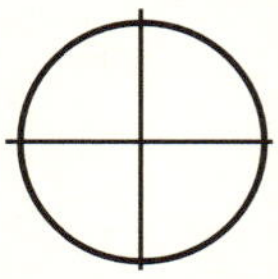	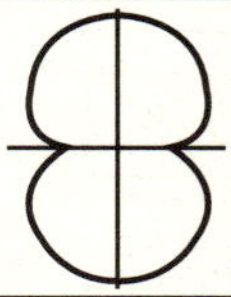	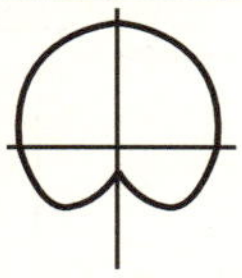	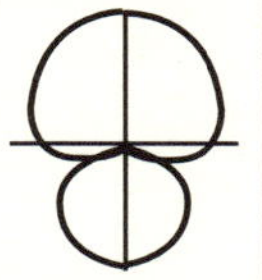	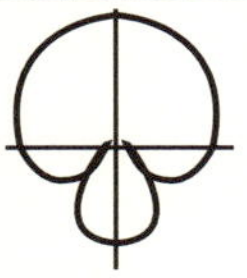
指向計数 F(θ)αc	1	cos(θ)	1／2 (1＋cosθ)	1／4 (1＋3cosθ)	0.37＋ 0.63cosθ
ピックアップARC −3dB(θ3)	360°	90°	131°	105°	115°
ピックアップARC −6dB(θ)	360°	120°	180°	141°	156°
相対出力 90°(dB)	0	−∞	−6	−12	−8.6
相対出力180°(dB)	0	1	−∞	−6	−11.7
出力０となる角度 (θ)	―――	90°	180°	110°	126°
ランダムエネルギー効率　(RE)	1 0dB	0.333 −4.8dB	0.333 −4.8dB	0.250 ＊1 −6.0dB	0.268 ＊2 −5.7dB
ディスタンス率 (DSF)	1	1.7	1.7	2	1.9

＊1　第1次カーディオイド特性での最小RE
＊2　第2次カーディオイド特性でのRE総計における前面側の最大値

図5−8　第1次カーディオイドパターン群
パターンの均一性は−3dBと−6dB下がるピックアップ角度に基づいている。
90度と180度の相対出力はゼロ出力となる角度に基づいている（シュアー社提供）

(Ramdam Energy Efficiency : REE)と距離指数については説明を加えなくてはなりません。

REEと示されるランダム・エネルギー効率は、正面軸の信号とそれ以外のあらゆる方向から到来した信号とを測定したものです。 REEが 1/ 3と示されれば正面軸方向感度に比べ、全方向成分が1/3の感度でとらえるマイクロフォンということになります。

REEは、DI（指向係数）と以下のような関係になることを第1章8(1)で述べました。

DI ＝ −10 log REE

DSF（Distance factor）距離係数とは、反響空間において全指向性マイクロフォンと同じ直接音対間接音比を持つ出力を得る距離関係を示しています。例えばDSFが 2 であればこれは、全指向性マイクロフォンに比べ同じ音源からの収音で2倍の距離に置くことが出来ることを示します。

これを指向係数DIとの関係で示すと、次のようになります。

DI ＝ 20 log DSF

Section 2　マイクロフォン

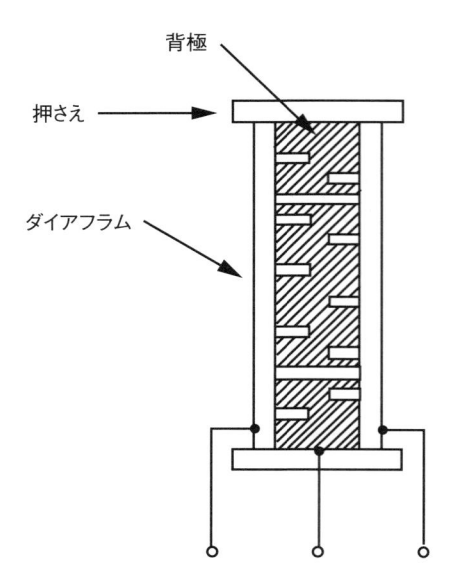

図5−9　ブラウンミュール/ウェーバー型デュアル・ダイアフラム
　　　　コンデンサー・マイクロフォン

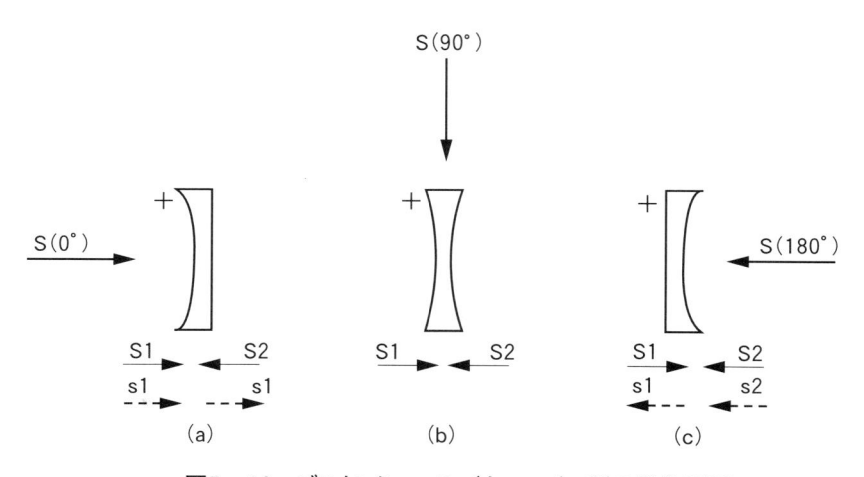

図5−10　ブラウンミュール／ウェーバー型の動作原理
　　　　　(a) 0度方向からの音源による動作
　　　　　(b) 90度方向からの音源による動作
　　　　　(c) 180度方向からの音源による動作

　反響成分の多い空間において、エンジニアがマイクロフォンの指向性を選ぶ際、背面からくる音をいかに抑えるかではなく、反響成分をいかに抑えられるかをポイントとします。そうした場合のマイクロフォンの選択には、こうした項目が役に立ちます。

4. 可変指向性マイクロフォンの原理

　今日の可変指向性マイクロフォンは、ほとんどブラウンミュール／ウェーバー（Braunmuhl/Weber）の考えを基につくられています。**図5-9**にその構造を示します。背極（backplate）が両方のダイアフラムを挟むような構造になっているのが特徴です。背極部あるいは両ダイアフラムを貫通もしくは貫通していない穴があり、これらはマイクロフォンの指向性に応じて最適に動作する音響質量体の役目をしています。

　図5-10には動作をベクトルで示しました。ダイアフラムは、左側が電極化（polarized）され、右側は0電位です。まずダイアフラムに対して90度方向から信号が到来したとしますと、両ダイアフラムは等距離にあたりますから、**図5-10(b)**に示すように大きさは同じで、音圧が逆位相のベクトルとして表わすことが出来ます。

　次に(a)で示すように0度の方向から信号が到来すると同じようなベクトルと音圧傾度効果による付加ベクトルを生じます。これをs1、s2で示します。

　適切な音響質量材を設計すると、この両ベクトルは180度側で完全な打ち消しとなり、左側のダイアフラムの動きだけが出力されます。

　逆に、180度方向から到来した信号は(c)に示すように背面側のダイアフラムのみが反応しますが、電極化されていませんから出力はありません。

　両ダイアフラムを電極化するとどうでしょうか。あたかも2つのカーディオイド特性を表裏一体化した動作が得られるのです。

　もしも同電圧で逆極性の電圧を両ダイアフラムに加えるとどうでしょうか。

　これは両指向特性となります。**図5-11**に示すように、両ダイアフラムに加える電圧と極性を電気的に可変することで、可変指向性マイクロフォンをつくることが出来ます。

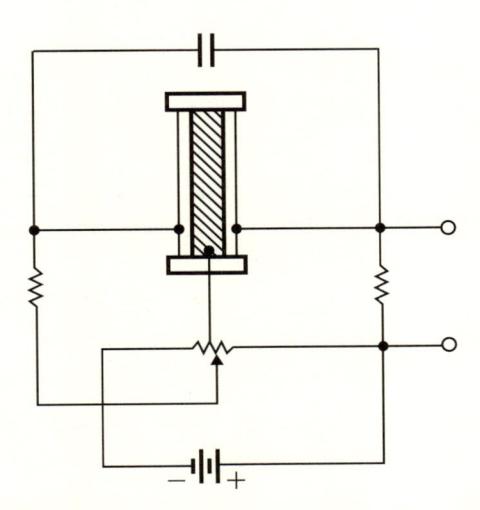

図5-11　可変指向性を得るためのブラウンミュール/ウェーバー・ダイアフラム接続
　　　　センタータップのポテンションメーターを調整することで、右振り切りで
　　　　全指向、中間で単一指向性を、左振り切りで両指向性が得られる

Section 2　マイクロフォン

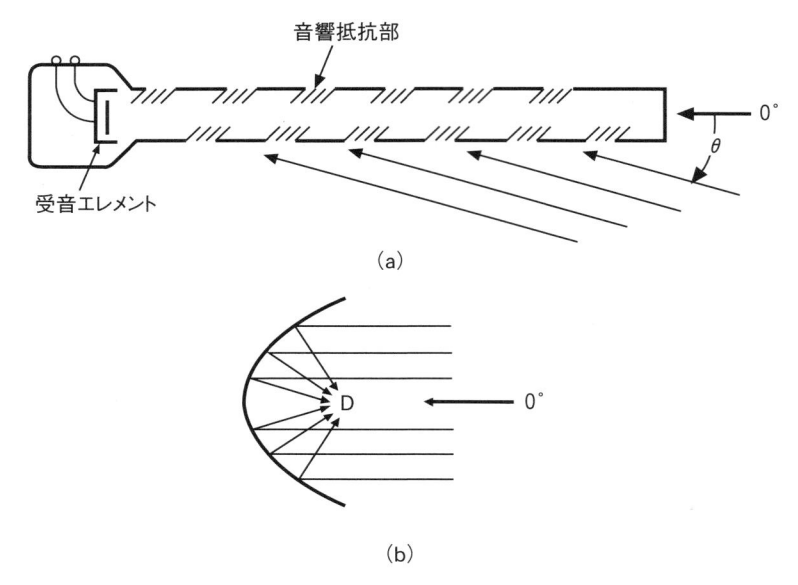

図5−12　指向性を強めたマイクロフォン
　　　　(a)はライン・マイクロフォンの原理、(b)はパラボラ型収音マイクの原理

5. 高次タイプ、干渉型マイクロフォン

　1次型カーディオイドよりもさらに強い指向性を得るために、音波の干渉と強調を応用したマイクロフォンがあります。こうした方法で得られる特性は、先述した1次タイプに比べ、なめらかな周波数特性をしていませんが、高域周波数について鋭い指向性を得ることができます。
　図5−12に2種類の方法を示しています。(a)に示したのがライン・マイクロフォンの原理で軸上0度、すなわち正面から到来する音波はそのままで、それ以外の方向から到達した音波は、エレメントに到達するまえに干渉により減衰や打ち消しを生じます。
　その度合いは、軸上から離れるほど強くなります。得られる効果は波長に反比例しており、軸の長さより長い波長は軸方向で感度が上がりますので、低域まで強い指向性を求める場合、軸の長さも長くしなければなりません。
　現在のモデルでは軸の長さが1.5mと言ったタイプが製品化されています。
　収音パラボラ・タイプを(b)に示します。この方法はパラボラの焦点にマイクロフォンをおき、必要な音を明瞭に収音しようという考えです。先のライン・マイクロフォンと同様に、得られる効果は波長に反比例しているので、パラボラの大きいほど効果も得られることになり、屋外録音や自然録音を行なう人々には不可欠のマイクロオフォンです。
　スタジオ用として不動の地位を確立しているのは「ノイマン」社の「M50」です。
　1950年代に設計されたこのマイクロフォンは、いまでも多くのスタジオ・エンジニアに愛されています。これは40mm径球形プラスティックの上に、12mm径のエレメントが組み合わされた構造で、2kHz以下の低域は、球体で拡散して全指向性となり、2kHz以上の高域は

軸上特性となり、高域になるにつれて指向性が強まる特性を持っています。
　本来の使用目的は、クラシックの編成で、やや遠くから全体を収音するメイン・マイクロフォンとして開発され、高域は全指向性に較べ、より存在感のある収音ができ、1kHz以下の低域は豊かさを損なわないという特徴を持っています。

〈第5章〉　　［参考文献］

1. B. Bauer, "A Century of Microphones," *Proceedings of the IEEE*, vol. 50, pp. 719-729. [Reprinted in *J. Audio Engineering Society*, vol. 35, no. 4 (1987).]
2. L. Beranek, *Acoustics*, McGraw-Hill, New York (1954).
3. G. Bore, *Microphones*, Georg Neumann GmbH, Berlin (1989).
4. H. J. Von Braunmuhl and W. Weber, "Kapacitive Richtmikrophon," *Hochfrequenztechnik und Elektroakustik*, vol. 46, pp. 187-192 (1935).
5. J. Eargle, *The Microphone Handbook*, Elar, Plainview, N.Y. (1982).
6. H. Olson, "Directional Microphones," *J. Audio Engineering Society*, vol. 15, no. 4 (1967).
7. A. Robertson, *Microphones*, Hayden, New York (1963).
8. J. Sank, "Microphones," *J. Audio Engineering Society*, vol. 33, no. 7/8 (1985).
9. J. Woram, *Sound Recording Handbook*, H. Sams, Indianapolis (1989).
10. *Microphones*, an anthology of articles on microphones form the pages of *J. Audio Engineering Society*, vol. 1 through vol. 27.

第6章　録音条件から派生するマイクロフォンの特性と理論値の相違

1. はじめに

　ここでは現実の録音を行なう場合、マイクロフォンに及ぼす影響について述べることにします。例えば近接効果（proximity effect）のある音源からの多重反射による干渉、複数マイクの合成出力などです。
　また、軸方向と全方向での特性の相違や周波数による指向性の変化といった理論からの"ズレ"についても述べることにします。

2. 近接効果（proximity effect）

　指向性を持ったマイクロフォンは、なんらかの近接効果を持っています。これは音源に近接した場合、低域周波数が上昇する現象で、マイクロフォンのダイアフラムの正面からと背面への音波の経路が相対的に差を生じることが原因です。

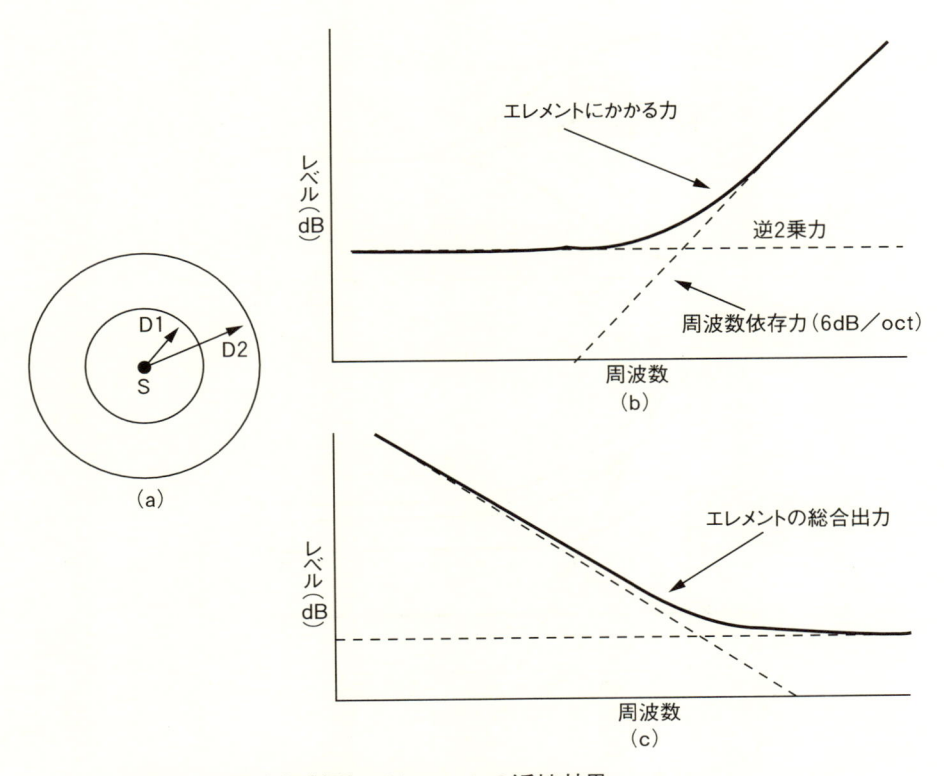

図6-1　圧力傾斜型マイクロフォンの近接効果
　（a）音圧は音源からの距離の2乗に比例
　（b）リボン・ダイアフラムでの周波数と逆2乗出力の関係
　（c）（b）の関係から得られるリボン・マイクロフォンの電気出力

Section 2　マイクロフォン

　図6−1に示すように圧力勾配成分は、低域で弱まる性質を持っていますが、逆2乗成分は、その音源との距離にかかわらず一定です。ここで音源との距離が非常に短いとすると低域周波数が支配する領域となり、出力は低域の上昇した特性となります。
　両指向性は、勾配特性によって支配されていますので、近接効果が著しく、**図6−2(a)**に示すように、音源との距離により低域の変化を生じています。(b)にはカーディオイド指向性の場合の特性を示していますが効果の度合いは、(c)に示すようにマイクロフォンの収音角度によって変化します。

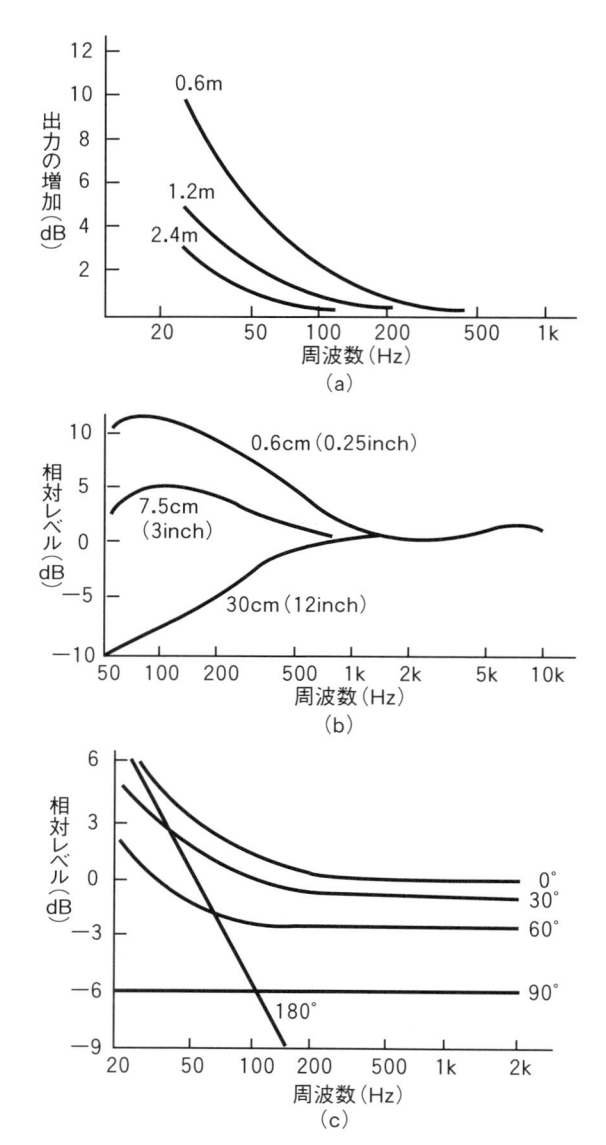

図6−2　近接効果の例
（a）リボン・マイクロフォンでの音源からの距離と周波数特性の関係
（b）単一指向コンデンサー・マイクロフォンの例
（c）音源からの距離一定で角度を変えた場合の例

近接効果はヴォーカル録音などで、声に豊かさと暖かみを付加する恩恵を我々に与えてくれます。マイクロフォンによっては、この低域の感度を調整し適度な効果を得られるように考慮した製品もあり、**図6-2(b)** のなかの30cmの特性に相当するカーブをもたせてあります。コンデンサー・マイクロフォンの多くは、低域感度を調整できるスイッチを内蔵し**図6-3**に示すような特性を得ることが出来ます。こうした表示の中で、"音楽"と"スピーチ"と表示したものもありますが、これは音楽がフラットで、スピーチが低域の感度を落とした特性としていることを意味しています。

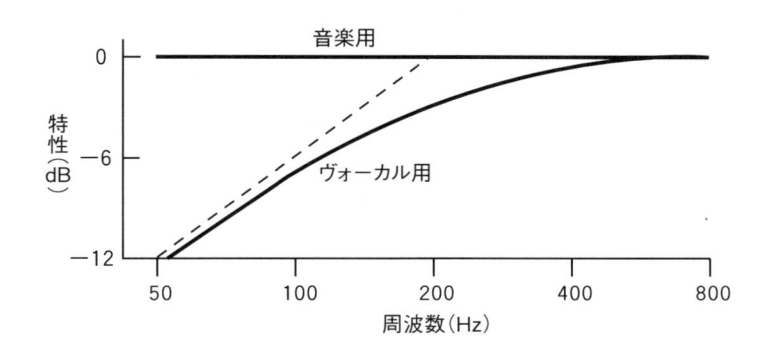

図6-3　音楽と声用周波数可変特性の例

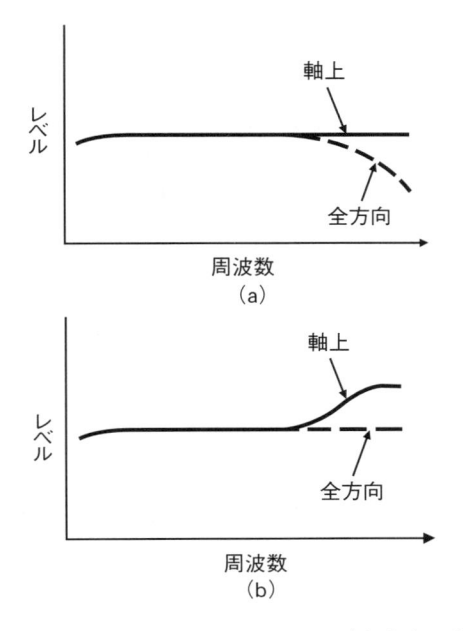

図6-4　マイクロフォンの軸上および全方向入射特性
　　　（a）は軸上でフラット特性
　　　（b）は全方向入射でフラットに設計した場合

Section 2　マイクロフォン

3. 高域の軸上特性と全方向特性

　ダイアフラムの口径によって、軸上の指向性が変化するという現象が、すべてのマイクロフォンにあります。図6-4には全指向性マイクロフォンの特性を示しています。(a)には軸上特性はフラットで軸外特性がロールオフした特性を示しました。これによれば、ダイアフラムが大きいとロールオフ・ポイントも下がる傾向にあります。(b)には軸外特性をフラットに設計した例を示していますが、この場合、軸上特性は高域が上昇したカーブとなります。マイクロフォンによってはこの両者の特性を切り替えられるように設計した高品質タイプもあります。軸外特性をフラットにすると、多数の音源が広い範囲にある場合、それをワンポイント収録するのに有効です。
　マイクロフォンの高域指向特性は、そのマイクロフォンの最大感度特性と関係しています。図6-5には軸方向が最大感度、そして軸に直角方向が最大感度の全指向性マイクロフォンの高域特性を示しています。指向性を持ったマイクロフォンでもこうした傾向は同じようにありますので、エンジニアはメーカーのマニュアルなどで、自分が使いたいマイクロフォンの特性を把握しておくのが良いでしょう。

4. 超高域における指向性の変動

　高域における指向性の変動は、波長に関係しており、低域のそれは設計によって左右

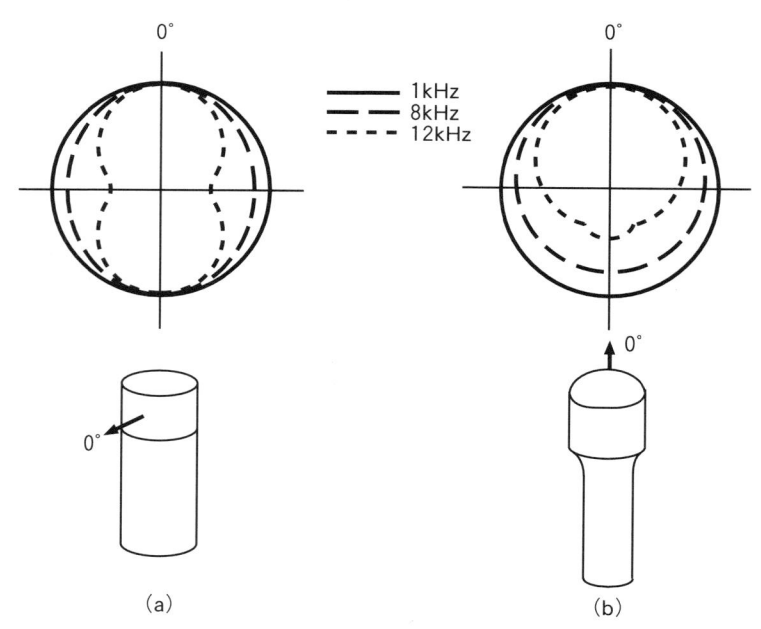

図6-5　マイクロフォンでの高域感度特性
　　　　(a)は軸に垂直な場合
　　　　(b)は軸上に感度がある場合

されます。**図6-6**では、同じカーディオイド・タイプの2種類の指向特性データを示しています。(a)では通常見られる指向特性を、(b)には軸外特性のデータを示しています。レコーディング・エンジニアは、これらのデータから有用な判断を得ることが出来ます。

つまり、マイクロフォンの指向性パターンといっても周波数によってかなりの変化があること、軸外特性はそれ以上に角度によって変化を生じていることです。ここに示したデータは、安価なモデルでもなければ設計に手抜きをしたものでもありません。ですから、一概にマイクロフォンが持つ指向性といっても、自分が録音する音源によって、十分な吟味をする必要のあることを、このデータは示していると言えます。

一般的な傾向でいえば、ダイアフラムの大きなマイクロフォンでは、高域の変動が大きいと言えます。しかし、このことはスタジオにおいて近接マイクロフォンとして使えないということではありません。

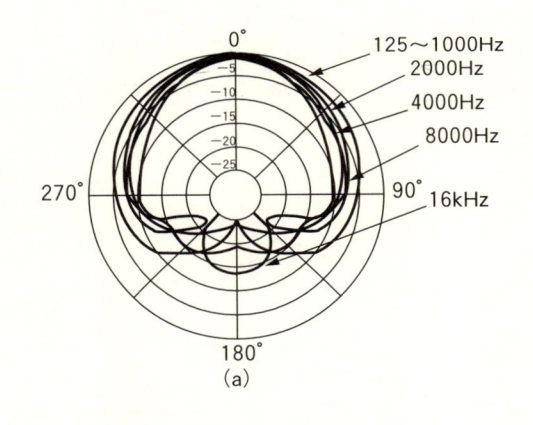

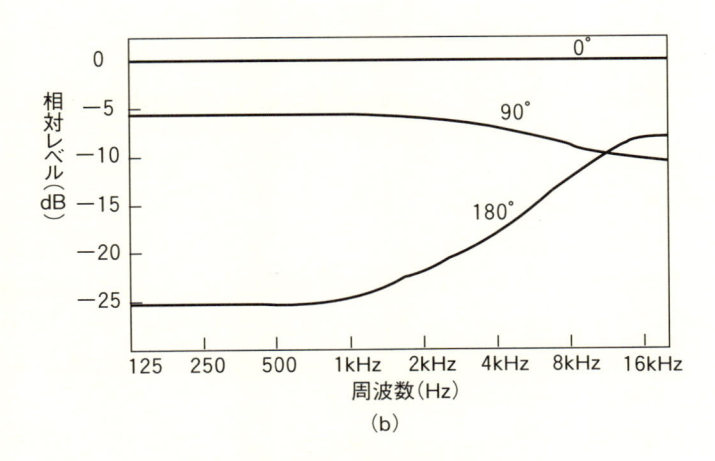

図6-6 角度と高域周波数特性
(a)指向特性、(b)軸外特性

5. 干渉による影響

(1) 音源近傍からの反射

　図6-7には、音源からマイクロフォンに収音されるまでの経路差によって生じる現象を示しています。干渉による影響があると周波数特性にピークとディップが繰り返されます。3の位置のように経路差が少ないとその特性も滑らかで、大きな利得が得られます。音源とマイクロフォンの距離を短くすればこうした影響を最少に出来ますが、それでも反射は無視できません。こうした干渉を避けるための収音方法として、反射面に直接マイクロフォンをおく"バウンダリー・マイクロフォン"と呼ばれる製品があります。

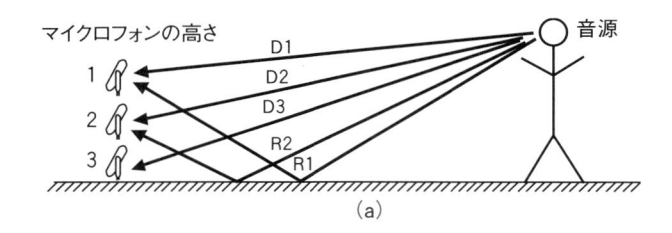

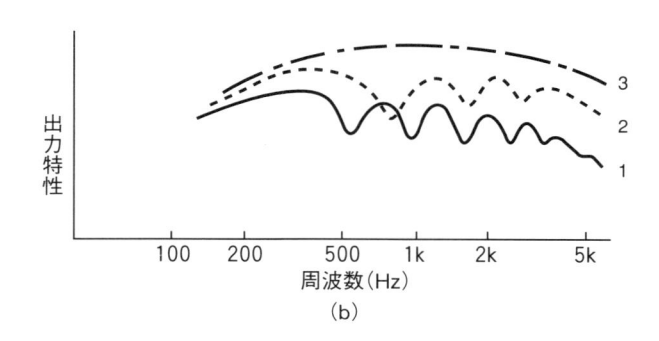

図6-7　音源から収音点での高さを変えた場合の周波数特性

(2) バウンダリー・マイクロフォン

　このマイクは小さな全指向マイク・エレメントを壁や床といった反射面に設置する方式で、米国「クラウン」社のPZM(Pressure Zone Microphone)マイクロフォンが、良く知られたモデルでしょう。その構造は、小さなマイク・エレメントであらゆる方向からの音をフラットな特性で収音でき、ゲインも f_0 から6dB高くなります。
　低域特性はその反射板の大きさに関係し、図6-8に示すように大きくなるほど低域に有利となります。

Section 2　マイクロフォン

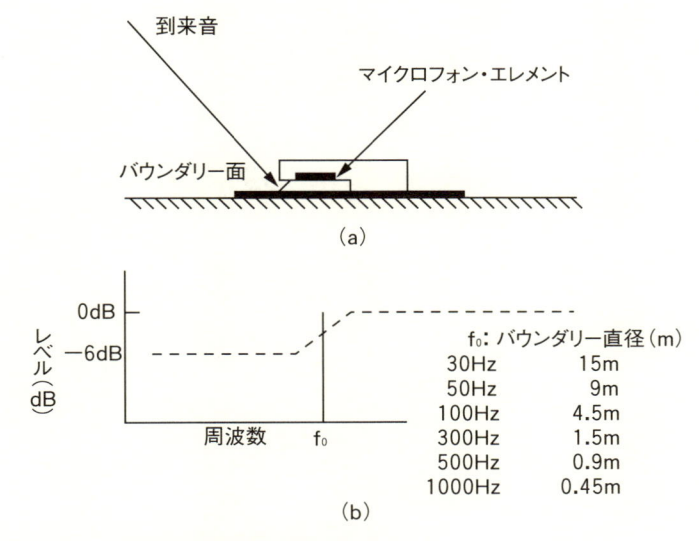

図6－8　バウンダリー・マイクロフォン
　　　　(a)は断面図、(b)はバウンダリー・サイズと周波数特性

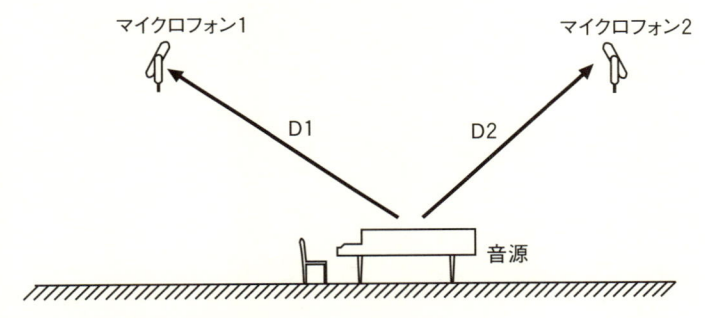

f_0	バウンダリー直径(m)
30Hz	15m
50Hz	9m
100Hz	4.5m
300Hz	1.5m
500Hz	0.9m
1000Hz	0.45m

図6－9　音源から距離差のあるペアマイクの特性
　　　　両者の出力を合成してモノラルとする場合、波長がD1－D2の距離に等しい周波数と倍数でレベルが上昇し、それらの周波数の中間では打ち消しを生じる

(3) 複数マイクロフォンの合成

　同じ音源を複数のマイクロフォンで収音する場合、両者のマイクロフォン距離に差があるままで合成すると周波数特性に変動を生じます。 図6－9にその例を示しますが、ピアノをステレオ・ペア・マイクロフォンでやや離れた距離から収録するとします。
　ステレオ録音ではこれで特別問題はありませんが、モノーラル録音のために両者を合成したとすると以下の式で示す周波数の倍数ポイントでキャンセルが起きます。

$$f = \frac{0.5c}{D_1 - D_2}$$

　D_2はD_1に比べ距離が長い、cは音速です。逆にこの周波数の3/2f, 5/2f, 7/2f・・・ではピークを生じます。

〈第6章〉　　［参考文献］

1. L. Beranek, *Acoustics*, McGraw-Hill, New York (1954).
2. G. Bore, *Microphones*, Georg Neumann GmbH, Berlin (1989).
3. J. Eargle, *The Microphone Handbook*, E2lar, Plainview, N.Y. (1982).
4. A. Robertson, *Microphones*, Hayden, New York (1951).

第7章　ステレオ・マイクロフォンとサウンドフィールド・マイクロフォン

1. はじめに

　ステレオ録音を行なう場合、1つのマイクロフォンに2つのマイクカプセルを内蔵したステレオ・ワンポイント・タイプや、さらに複数のカプセルを組み合わせたサウンドフィールド・マイクロフォンと呼ばれる製品も近年登場しました。これは音圧と3つの速度成分を検出して収録するという考えに基づいています。ここではワンポイント・ステレオ・マイクロフォンとサウンドフィールド・マイクロフォンの構造について述べ、それらの使い方については後の章であらためて述べることにします。

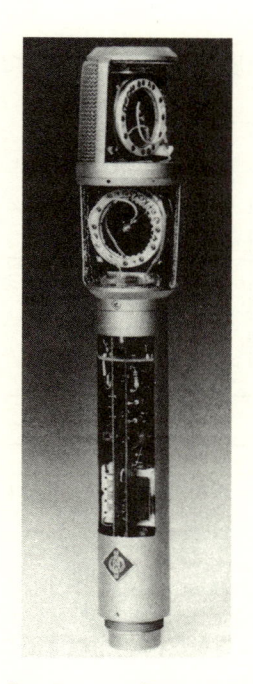

図7-1　「ノイマン」社「SM-69」ステレオ・マイクロフォン
　　　内部カプセルはリモートコントロールで指向性を変化できる
　　　下部カプセルは固定、上部は270度の範囲で回転
　　　（G. ノイマン社提供）

2. ステレオ・マイクロフォン

　図7-1に示すのがステレオ・マイクロフォンの一例です。上下一対のカプセルが見えますが、これはブラウンミュール／ウェーバー（Braunmuhl/Weber）の方式を採用しています。下側のカプセルは固定ですが、上のカプセルは270度まで回転することができ、いずれの指向性もリモートで可変できます。この結果大変幅広いステレオ収音が可能となります。こうしたステレオ・マイクロフォンはいずれもコスト的には大変高価で機種も限られて

います。

　コストも安価でより簡便なステレオ・マイクロフォン、例えば単一指向性を組み合わせたしたステレオ・ワンポイント・マイクロフォンもありますが様々な録音への対応は限られてしまい、オーケストラのメイン・マイクロフォンとして音場全体を捉えると言った使用よりは、ソロ楽器を収音するアクセント・マイクロフォンに向いています。

　ステレオ・マイクロフォンは放送や、たびたび音楽演奏を行なうホールなどが固定して用いる場合が多く見られます。こうした目的に使う長所として以下のような点を挙げることが出来ます。

- a. 設置が簡単で2本のガイド線と1本の傾き調整用の計3点吊りであること。
- b. 目的に応じて指向性をリモート・コントロール出来ること。
- c. 同軸構造のカプセルは、モノーラルとの両立性に優れていること。
- d. ソロ用のスポット・マイクロフォンを必要に応じて組み合わせられること。

　唯一の難点は、マイクロフォンの角度を調整するのに手で変えなければならないことです。

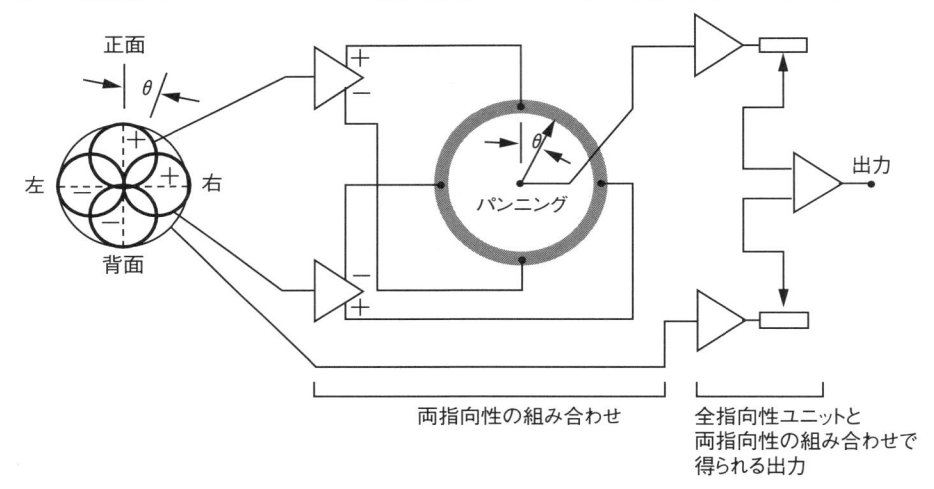

　　図7-2　指向性可変マイクロフォン
　　両指向性ユニットを2つと全指向性ユニットを組み合わせ水平面内で
　　自由な方向性を持つマイクロフォンを得ることができる

3. 可変軸方向タイプ

　図7-2には、1つの全指向性カプセルと2つの両指向性カプセルを組み合わせたマイクロフォンの構造を示しました。この出力は自由な方向に軸をもつ単一指向性マイクロフォンをつくることができ、製品化も容易なのですが、コントローラーが特注の手作りとなるのが難点です。2つの両指向カプセルから、あらたな可変指向の両指向パターンができ、これと全指向カプセルを組み合わせて軸方向可変の単一指向性マイクロフォンとなります。また同時に各々の出力を単独に取り出すことも出来ます。

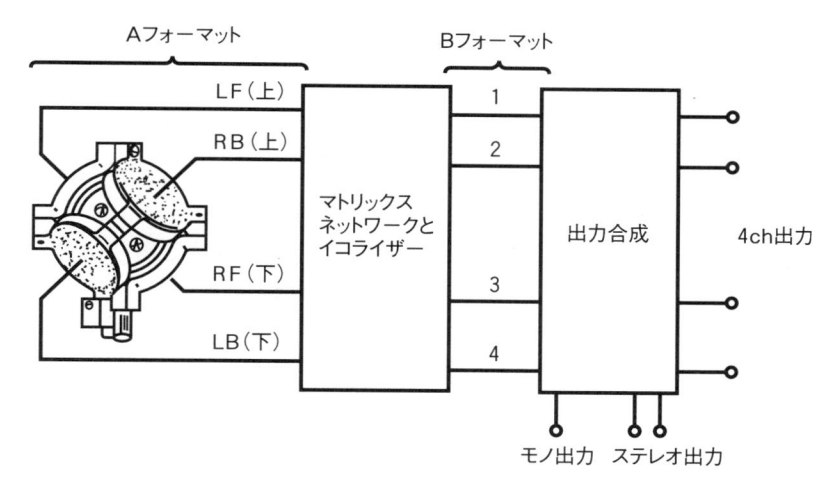

図7-3 サウンドフィールド・マイクロフォンの構造
1) 全指向成分＝$L_F+R_B+R_F+L_B$
2) 上下の両指向性成分＝$L_F+R_B-(R_F+L_B)$
3) 左右の両指向性成分＝$L_F+L_B-(R_F+R_B)$
4) 前後の両指向性成分＝$L_F+R_F-(L_B+R_B)$

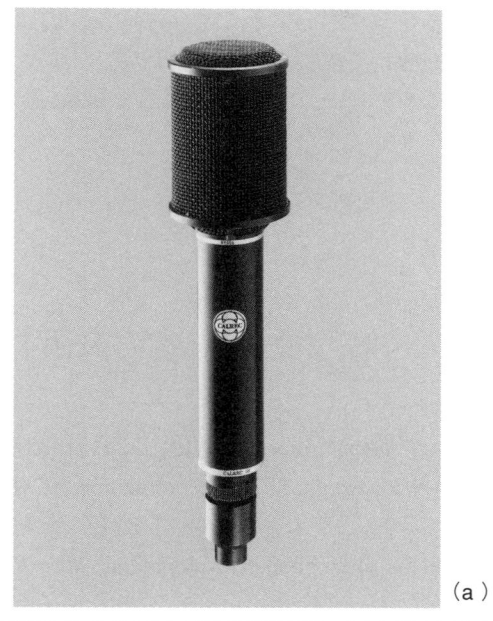

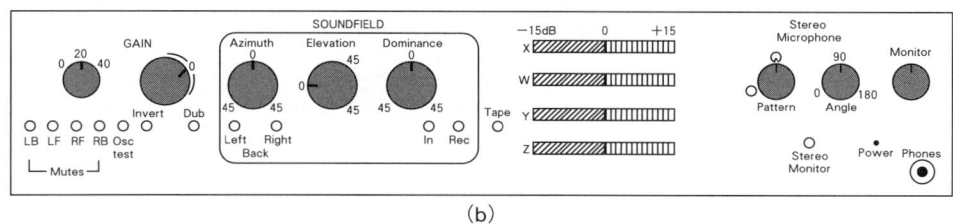

図7-4 サウンドフィールド・マイクロフォンと付属コントロールユニット（AMS社提供）

4. サウンドフィールド・マイクロフォン

　図7-2で示した考えをさらに発展させると、理論上3次元音場を収音できるマイクが可能です。M.ガーゾン（M. Gerzon）は、これを実際のマイクロフォンとして巧妙な手法で実現させました。図7-3の左に示すのがそのカプセル構造です。

　これらを合成すると左右－上下－前後の3つ情報と、1つの全指向出力が取り出されます。図7-4には実際の製品とコントローラーの構成を示しました。このマイクロフォンは使い方によって大変自由度の高いステレオ・マイクロフォンとして利用でき、また再生時に適切なスピーカー配置とデコーダーを設置すると高さの情報を含んだ3次元音場を再現出来ます。

　ステレオ・マイクロフォンとして使用するとリモートコントロール可能な可変指向ステレオ・マイクロフォンとなりますし、簡略化してステレオ専用としたモデルもあります。

5. その他のマルチチャンネル用マイクロフォン

　先のサウンドフィールド・マイクロフォンも一般化していませんが、他にも4ch対応のマイクロフォンがいくつか製品化されています。これらの多くは4つのカーディオイド・カプセルを90度分割で水平面に配置した構造をしていますが、その水平音場再現能力は素晴らしいものです。レコーディング・エンジニアはこのような製品にいつも巡り会いたいと熱望しています。

〈第7章〉　　［参考文献］

1. J. Eargle, *The Microphone Handbook*, Elar, Plainview, N.Y. (1982).
2. M. Gerzon, "Periphony: With-Height Sound Reproduction," *J. Audio Engineering Society*, vol. 21, no. 1 (1973).
3. C. Huston, "A Quadraphonic Microphone Development," *Recording Engineer/Producer*, vol. 1, no. 3 (1970).
4. T. Lubin, "The Calrec Soundfield Microphone," *Recording Engineer/Producer*, vol. 10, no. 6 (1979).
5. J. Mosely, "Eliminating the Stereo Seat," *J. Audio Engineering Society*, vol. 8, no. 1 pp. 46-53 (1960).
6. J. Smith, "The Soundfield Microphone," *db Magazine*, vol. 12, no. 7 (1978).
7. T. Yamamoto, "Quadraphonic One Point Pickup Microphone," *J. Audio Engineering Society*, vol. 21, no. 4 (1973).

第8章　マイクロフォンの電気特性とアクセサリー

1. はじめに

マイクロフォンがもつ音響特性について先に述べましたが、ここでは電気特性について述べます。これらは、マイクロフォンの感度、インピーダンス、固有ノイズ、大入力時の歪みなどです。また、コンデンサー・マイクロフォンの外部電源供給やアクセサリーについても述べます。

2. 感度とインピーダンス

マイクロフォンの感度は、基準音圧を出して、それを受けたマイクロフォンの規定負荷抵抗の両端に表われる出力電力を測定するか、開回路両端の電圧を測定することで表示します。1パスカル（10dyne/cm^2）の音圧を基準とするのが今日一般化していますが、これは94dBLpに相当します。出力は電圧値で、または基準電圧と比較してdB値で表示しま

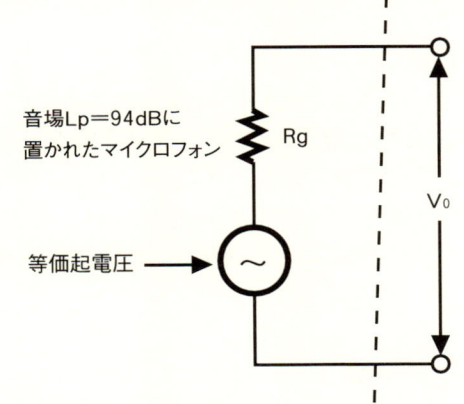

図8-1　開放端側からみた音場内マイクロフォンの等価回路
　　　　Rgによる電流への影響や電圧降下はないものとする

す。dBVは、1Vを基準として20 logV_0で表わした値です。**図8-1**に開回路での測定を示しました。

もう1つの出力電力dBmは、10 logPW/ 0.001Wで示した値となります。この表示は、ダイナミック・マイクロフォンの感度表示で多く使用され、次のように表現されています。

　　インピーダンス：50Ω
　　　　感度：－53dBm（1パスカルにて）

これは50Ωの負荷抵抗に－53dBmの電力が生じたことを示し、**図8-2**にその様子を示します。
初期の録音や放送産業では最大電力伝送の考えが基本にあり、負荷抵抗の統一が行

Section 2　マイクロフォン

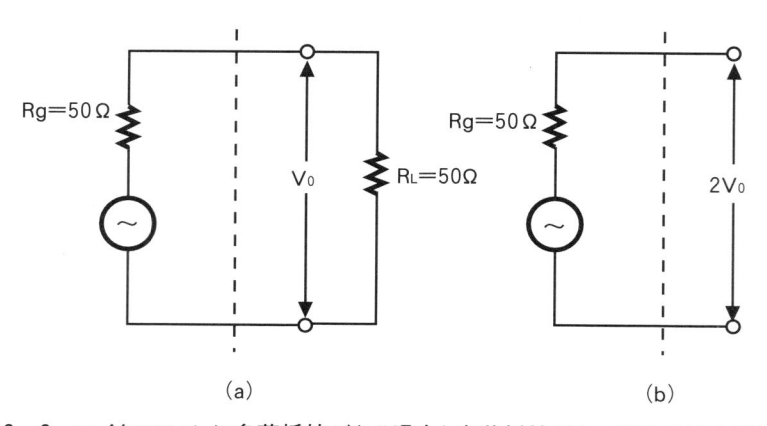

図8-2　マイクロフォンに負荷抵抗がある場合と負荷抵抗がない場合の出力電圧の相違
　　　（a）は負荷抵抗があり、ソース抵抗50オームと負荷抵抗50オームが直列に接続され、この場合の出力は－53dBmの音場と仮定した場合
　　　　　パワー$P = 0.001 \times \text{antilog}10(-53/10)$ワット$= 5 \times 10^{-9}$ワット
　　　　　出力電圧$(V_0) = \sqrt{PR_L} = 5 \times 10^{-4}$ボルト
　　　このマイクロフォンをマッチング・インピーダンス以上の大きさの開回路につなぐと、電圧は倍となる$R_L = R_g$ではR_Lを通じて生じる電圧降下はR_gと同一となり両者の合計は起電力と等しくなる。（b）のようにR_Lを外すと電流の変換も生じず、起電力がそのまま出力側に取り出せる

なわれていました。しかし今日では、マイクロフォンは開回路の考えが一般的となり50～200Ωの内部抵抗を3,000～4,000Ωの入力インピーダンスで受けるようになりました。

コンデンサー・マイクロフォンは開回路電圧表示が多く、5～20mV（1パスカル基準音圧）の範囲にあります。ダイナミック・マイクロフォンは電力表示が多いと述べましたが、なかには開回路電圧表示も見受けられ、その値はコンデンサー・マイクロフォンの約1/10程度で20dBほど低い値となります。

3. マイクロフォンの固有ノイズ

今日のコンデンサー・マイクロフォンの出力は、その電気的なノイズを無視できるほど十分高くなっています。ノイズの最大の原因はマイクロフォンの変換系に起因する音響抵抗にあります。この表示にはdB－A特性が用いられ、あるコンデンサー・マイクロフォンが15dBAの固有ノイズを持っていたとすると、これはノイズのない理想マイクに15dBAのノイズを付加したと同等になります。

今日もっとも優れたコンデンサー・マイクロフォンが持つ値は10dBAで、一般的なコンデンサー・マイクロフォンで17dBA以上、小型のエレクトレット・タイプが25dBAと言ったレンジにあります。この値だけを見るとずいぶんノイズが多いと思われるかもしれませんが、実際の録音では音源の音量が大きいため、マイクロフォンが持つ固有ノイズは、ほとんど無視出来るようになります。

クラシック音楽の録音では音源から離れたマイクロフォン・セッティングが多く、固有ノイズに注意を払わなくてはいけない場合もあります。

ダイナミック・マイクロフォンの場合は、出力自体が低いので固有ノイズよりも、コンソールのマイク・プリアンプが持つノイズに左右されます。ノイズの測定はコンソールの初段で等価入力ノイズに基づいて行なうのが適切です。

別の観点でノイズをみると、マイクロフォンの磁化率(susceptibility)があります。これは磁界のなかにマイクロフォンがある場合、ハム等を生じる度合いを示し、統一規格に基づいた表示がないため各社バラバラのデータとなっています。通常10^{-4}テスラ(1ミリエルステッド)の磁界においた場合ダイナミック、コンデンサーともに14～24dBの等価音圧レベルとなります。

4. マイクロフォンの歪み

過大入力時の歪みの大小はそれがどんな録音で用いられるかで違ってきます。今日の歪みの規定は、0.5％の全高調波歪(THD：Total Harmonic Distortion)を発生した時の最大音圧レベルで示しています。コンデンサー・マイクロフォンでは120～140dBLpというのが今日の性能です。歪みの特性はコンデンサー・マイクロフォンの場合、内部に用いられる素子の影響もあり急激な歪みの増加となりますが、ダイナミック・マイクロフォンの場合は、真空管のようになだらかな歪みの増加となります。

5. マイクロフォン用固定パッド（減衰器）

マイクロフォンの歪みの多くはマイク・カプセルで生じるのではなく、使用している内蔵回路が過負荷のため発生しています。こうした場合、パッドと呼ぶ抵抗減衰器を入れると効果があります。コンデンサー・マイクロフォンの多くは、10～12dB固定パッドを内蔵しており、さらにコンソールにも可変入力プリアンプがあるので、今日では最適なレベルセッティングが問題なく行なえます。

6. S/N比とダイナミックレンジ

今日の録音系全体が持つ固有ノイズレベルと歪み率の制約は、マイクロフォン自体の持つダイナミック・レンジにはるかに及びません。**図8－3**にはスタジオ用コンデンサー・マイクロフォンが持つ平均的なS/N比を10dBパッドの有無で示しました。パッドを入れると10dB上方へシフトしますが雑音レベルは10dB悪化する点に注意してください。ここで示したマイクロフォンの持つS/N比は126dBで、この値は録音システム自体が持つ性能をはるかに凌駕しています。

録音系のダイナミックレンジはその運用可能な範囲を測定したものですが、例えばS/N比が96dBでも、そのノイズレベルより12～15dB低いサイン波を聞き取ることが出来ると、ダイナミックレンジは110dBとなります。S/N比では一定の値しかとれないアナログ録音機にノイズリダクションを採用すると20dBほどのダイナミックレンジの拡大が可能です。

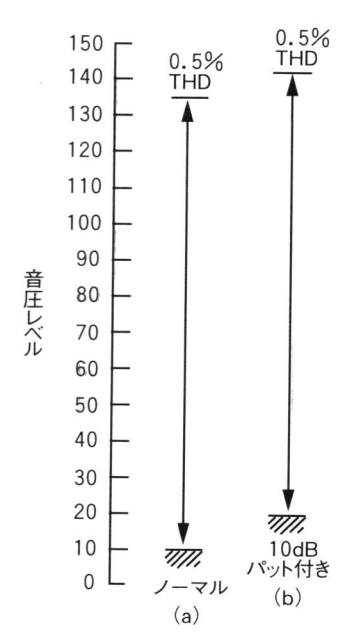

図8−3　プロ用マイクロフォンのノイズレベルと最大出力レベル
(a)は内部パットなし、(b)は10dBのパットをいれた場合

7. コンデンサー・マイクロフォンの外部電源供給

　コンデンサー・マイクロフォンのほとんどは48V(ファンタム電源)を外部から供給する方法を採用しています。**図8−4**にこの回路構成を示すようにピン2または3にバランス抵抗を介して(+)電圧を、ピン1にリターンバス側として(−)が接続されますので音声信号そのものになんらの影響を与えることはありません。P48という記号は、このマイクロフォンに48V電源が必要なことを示す記号です。それ以外にT12という供給表示もあり**図8−5**に示すような12Vの電源供給方式です。
　真空管タイプのコンデンサ・ーマイクロフォンではそれぞれ個別の専用電源を使用して電源を供給してやらなくてはなりません。

8. マイクロフォンの伝送損失

　録音の場合マイクロフォンとコンソールまでのケーブル長が75m位になります。インピーダンスの低いマイクロフォン、例えば150Ω程度では伝送による高域減衰は無視できる範囲ですが、極力最短距離とすべきです。
　図8−6には、インピーダンスとケーブル長による伝送特性を示しました。やむを得ず長いケーブルを使う場合は、マイク・プリアンプをマイクロフォンの近傍に設置しラインレベル出力をコンソールに送るのがよいでしょう。

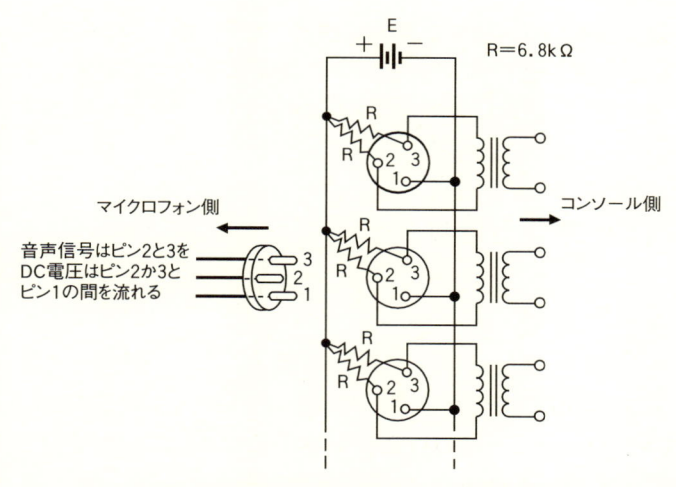

図8-4　コンデンサー・マイクロフォンへの48V(P48)ファンタム給電の方法

マイクロフォン側
音声信号はピン2と3を
DC電圧はピン2か3と
ピン1の間を流れる

コンソール側

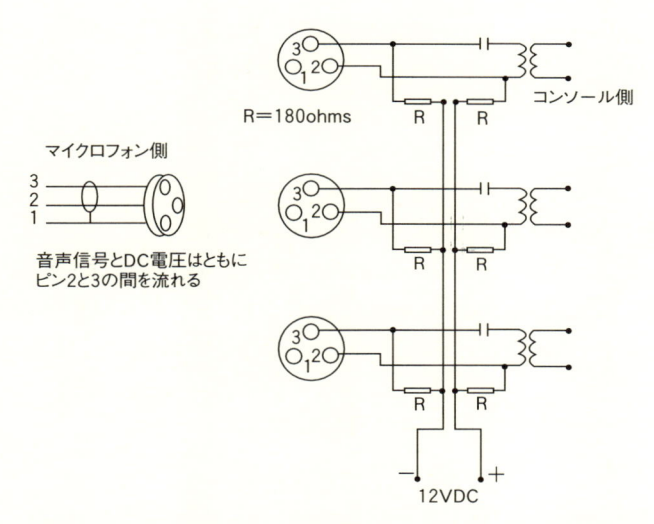

R=6.8kΩ

図8-5　コンデンサー・マイクロフォンへの12V(T12)パワー給電

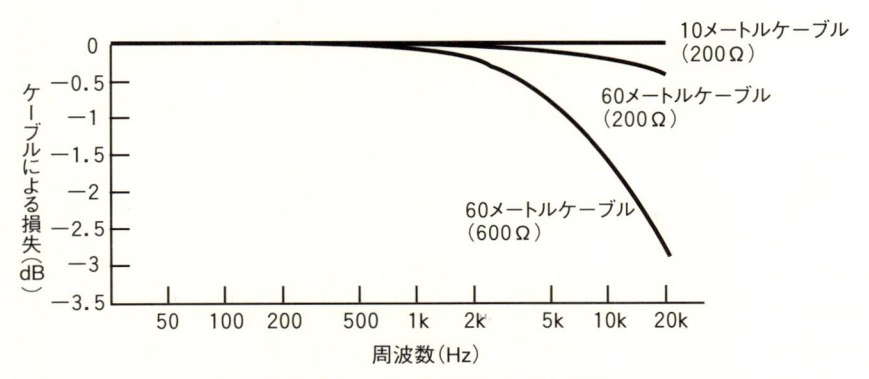

マイクロフォン側
音声信号とDC電圧はともに
ピン2と3の間を流れる

R=180ohms
コンソール側
12VDC

図8-6　インピーダンスと音声ケーブルの長さによる出力損失

ケーブルによる損失(dB)
周波数(Hz)

10メートルケーブル (200Ω)
60メートルケーブル (200Ω)
60メートルケーブル (600Ω)

Section 2　マイクロフォン

　スタジオ以外の録音場所では、様々な高周波妨害ノイズに悩まされることもあります。エンジニアはどこに放送電波の送信所があるか等の事前調査も大切です。またマイクケーブルの布線を変えてみるとか妨害に強いマイクロフォンやコンソールを選択するといった対策も必要です。

9. マイクロフォン・アクセサリー

(1) 機構系

機構系のマイクロフォン用アクセサリーとしては以下のようなものがあります。
- a. ブーム・スタンド（Boom & stand）：必要な場所にマイクロフォンを設置する。
- b. ショック・マウント（Shock mount）：外部振動を吸収する。
- c. ステレオ・バー（Stereo mount）：ステレオ収音用に1本のスタンドに2本のマイクロフォンを取り付けるハンガーです。
- d. 風防（Wind screens）：ボーカル録音時のポップノイズの低減、ロケーションなどの屋外録音での微風対策。

(2) 電気系

電気系のアクセサリーとしては以下のようなものがあります。
- a. 内蔵アッテネーター（in-line loss pads）：適正な入力レベルとするためのパット。
- b. 内蔵トランス（in-line transformer）：入力インピーダンスの整合を最適化する。
- c. 内蔵フィルター（in-line filter）：ランブル・ノイズの低減や近接効果による低域を制御する。
- d. 変換コネクター：ケーブルの変換接続に使用。

〈第8章〉　　［参考文献］

1. G. Bore, *Microphones*, Georg Neumann GmbH, Berlin (1989).
2. J. Eargle, *The Microphone Handbook*, Elar, Plainview, N.Y. (1982).
3. *Microphones*, an anthology of articles on microphones from the pages of *J. Audio Engineering Society*, vol. 1 through vol. 27.

Section 3　ステレオ録音の基礎

第9章　2チャンネル・ステレオ録音
 1．はじめに
 2．同軸ステレオ・マイクロフォン
 3．複数多点マイクロフォンによるステレオ録音
 4．同軸マイクロフォンに準じた方式
 5．アクセント・マイクロフォン
 6．ダミーヘッドによるステレオ録音
 7．音像のぼかし
 8．疑似ステレオ化

第10章　マルチチャンネル・ステレオ録音
 1．はじめに
 2．水平面での定位
 3．マルチチャンネル・マトリックス
 4．高次マトリックス方式
 5．マルチチャンネル再生のための信号処理

第9章　2チャンネル・ステレオ録音

1. はじめに

　ステレオフォニック・サウンドまたはステレオと呼ばれる音声は複数のマイクロフォンとスピーカーを用いて録音や伝送が行なわれるシステムの総称です。
　信号源はマイクロフォンにより収音され収録時のマイロフォンクの配置と相似な配列としたスピーカーで再生されます。こうすることで収録時の空間情報が再生時にも完全とはいかないまでも再現できるというわけです。ステレオはなにも2チャンネルに限った呼称ではありません。映画音響は最大6チャンネルを利用しています。しかし現在の家庭での再生を考えると2チャンネルの伝送系が一般的です。
　ステレオとバイノーラルという名称にははっきりした相違があります。バイノーラル伝送とは人工的な頭の形で耳の位置にとりつけたマイクロフォンで収音し、リスナーはヘッドフォンで再生音を聴きます（**図9-1**参照）。
　1881年、パリの「オペラ座」で、カーボン・マイクロフォンとイヤー・フォーンで聴かせるデモが行なわれたのがステレオの最初です。1930年代になりステレオ音声の研究も本格化しイギリスのアラン・ブルムライン（Alan Blumlein）やアメリカの「ベル（Bell）研究所」は多くの功績を成し遂げましたが、本格的な商業化は1950年代の映画におけるマルチチャンネル音響に始まります。そして、2トラックの録音機が開発され、1957年にはステレオLPが誕生しました。

2. 同軸ステレオ・マイクロフォン

　同軸ステレオ・マイクロフォンによる録音からまず述べることにします。これは複数のマイク・カプセルを極力近接させて、同一カプセル内に配置し相互の位相関係を正しく保つ

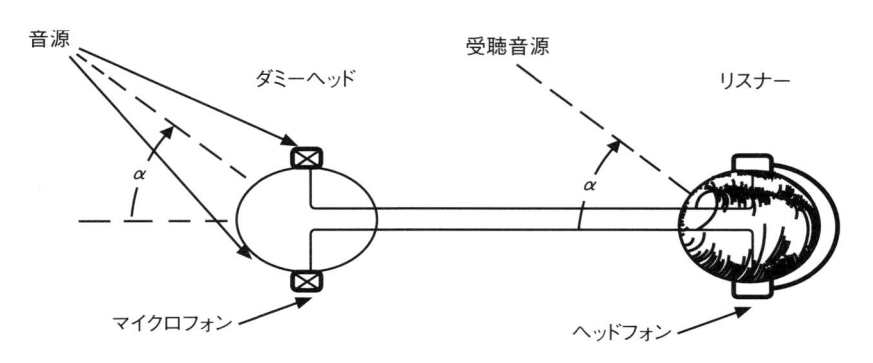

図9-1　バイノーラル伝送の原理
　　　　ダミーヘッドの耳の位置に取り付けたマイクロフォンの出力はヘッドフォンで受聴され時間差や振幅情報が水平面内で正確に再現される

よう考えられたマイクロフォンです。1931年のブルムラインの特許によると**図9−2**に示す2つの両指向特性マイクロフォンを組み合わせた構造をしています。これを彼の名にちなんで"ブルムライン構造（Blumlein configuration）"といいます。しかしこれは彼が実験した最初の方式ではありません。

（1） ブルムライン構造

2つの両指向性は**図9−2**のような配置で、90度の開き角があり正極側を音源に向けます。音源1と3はスピーカで再生すると左と右になり音源2は、両方のカプセルで軸上感度より−3dBで同レベルの収音となり、ちょうどパンポットでセンターに定位させたと等価の状態になります。この特性を利用して我々はパンポットで左右のスピーカ間に自由に音源を定位できるようにマイクロフォンでもコントロールすることができます。正面側以外にも以下のような性質をこのマイクロフォンは持っています。

1．両側に逆相領域を持っている。ここは2つの両指向性マイクロフォンの正相と逆相が合成された領域でこの範囲に入った音は不明瞭となります。

2．残響成分の収音。背面と両側面には信号の間接音成分が到来し逆相成分も多く含むため2つのスピーカのあたかも外側に間接音声分が広がりほどよい空間表現となる利点があります。

このマイクロフォンを録音に使用する場合は、その設置に注意し直接音成分も十分とらえ間接音とも程良いバランスとなる位置に設置します。

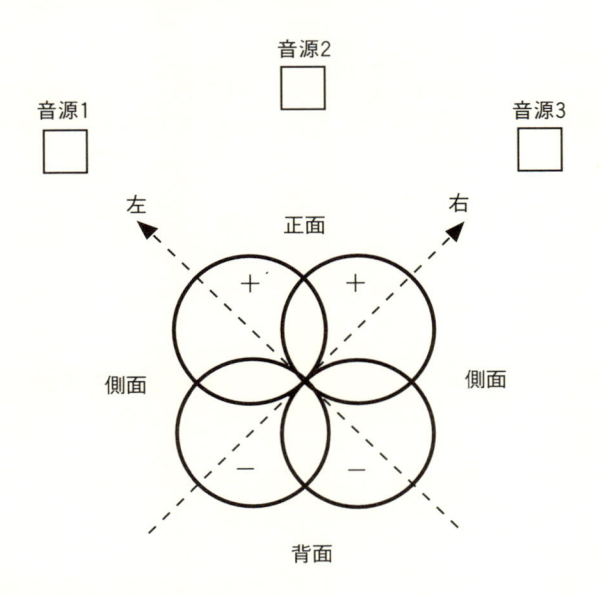

図9−2　初期の同軸マイクロフォン
　　　　ブルムラインは一組の両指向性マイクロフォンを近接して重ねる方法を考案した

(2) その他の同軸マイクロフォン

両指向性ではなく単一指向性を組み合わせたブルムライン方式があります。この場合、開き角はセンター成分が強くならないように、90度ではなく120度と広がりのある収音が可能なように考えられています。

スーパーカーディオイド・タイプやハイパーカーディオイド・タイプも同様のステレオ・マイクロフォン構成ができ、録音条件が響きの多い場合などに利用できます。

図9−3にそうした例を示します。どの方式でもセンター成分が−3dBとなるための開き角を**表9−1**に示します。

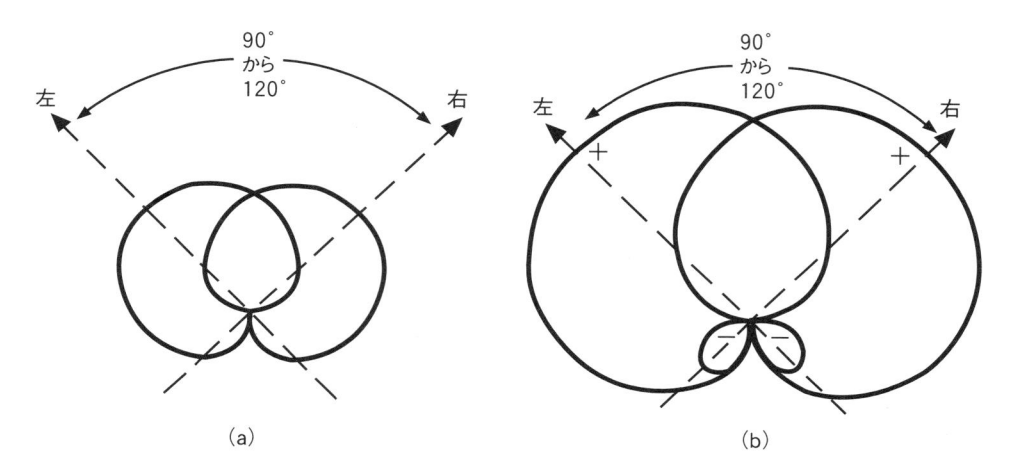

図9−3 その他の同軸マイクロフォン方式
　(a)90〜120度の開き角を持った一組の単一指向性マイクによるクロスカーディオイド方式
　(b)同様の方式をより指向性の強いマイクロフォンで行なったハイパーカーディオイド方式

指向性パターン	−3dBで交差する開き角
両指向	90°
カーディオイド	131°
ハイパーカーディオイド	105°
スーパーカーディオイド	115°

表9−1 同軸カーディオイド・マイクロフォンに適した開き角度

Section 3　ステレオ録音の基礎

(3) M−Sステレオ・マイクロフォン

　同軸マイクロフォンと同様の使い方にM−S方式があります。これは単一指向性マイクロフォンを音源に向け軸方向に設置し、もう1つはこれとは90度方向に向け両側の信号をピックアップします。この出力はこのまま聴くことは出来ず、和差回路を経由し通常の左右の信号になります。**図9−4**にその回路構成を示します。M−S方式を使用する利点は、S成分を可変することでステレオ音場の幅を電気的にコントロールすることが出来、また音像を左右に振ることも出来ます。**図9−5**にその構成を**図9−6**に応用例を示します。
　M−Sからモノーラル信号を取り出す場合、S成分がなくなりM成分のみとなりますので、モノーラルとステレオの両立性に大変優れています（**図9−7**参照）。
　エンジニアのなかには、ステレオ収音した音を一度M−Sに変換し、バランスを変えた上で再度ステレオ信号に変換するといった手法を好む人もいます。

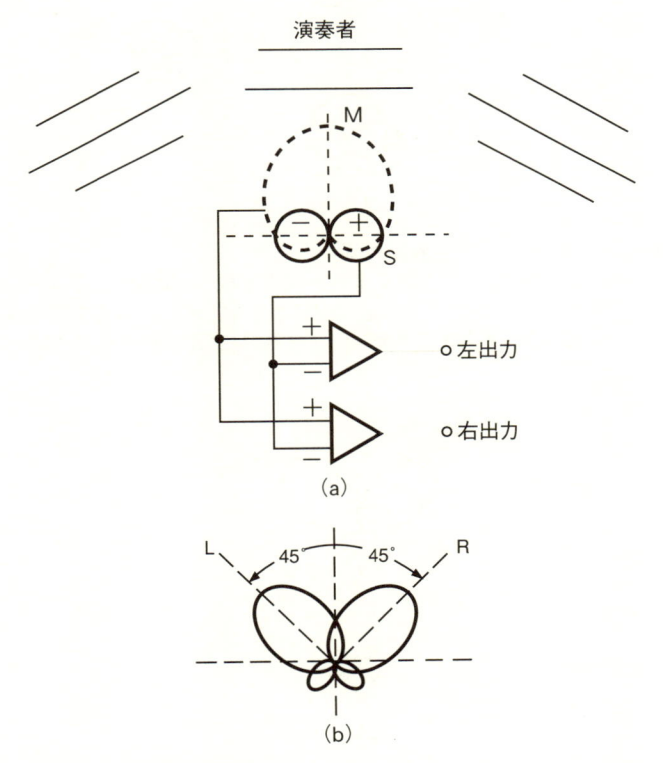

図9−4　M−S方式の原理
　　(a)単一指向性と両指向性マイクロフォンが演奏者の前に設置され
　　　以下のような出力合成が行なわれステレオ音が得られる
　　　　L＝1＋sinθ＋cosθ＝1＋√2cos(θ＋45°)
　　　　R＝1＋sinθ＋cosθ＝1＋√2cos(θ＋135°)
　　(b)得られた出力は図のようになり最大開き角は±45°

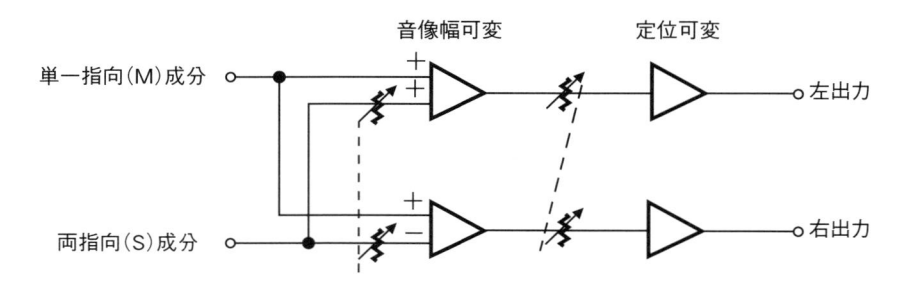

Section 3　ステレオ録音の基礎

図9−5　M−S方式での定位と音像幅のコントロール
　　　　幅のコントロールは両指向性マイクまたはS成分を可変
　　　　定位のコントロールは一組の差動型アッテネーターにより可変

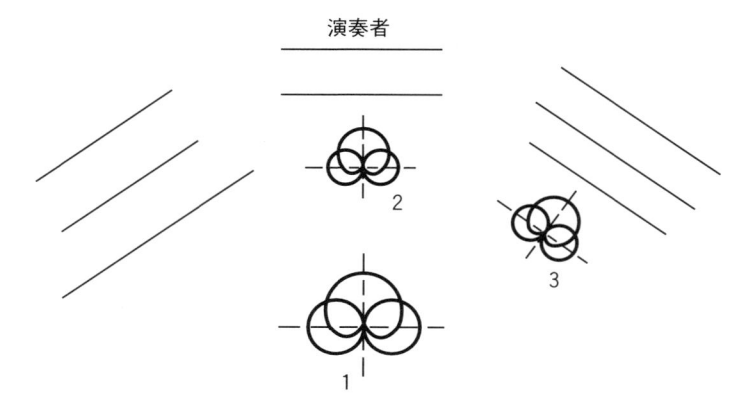

図9−6　M−S方式による録音例
　　　　M−Sマイク1は演奏全体を収音するため幅と定位が決められる
　　　　またM−Sマイク2と3はソロ楽器など特定の演奏を収音する目的なので
　　　　幅は狭く定位も2はセンターへ3は右側へ定位をコントロールする

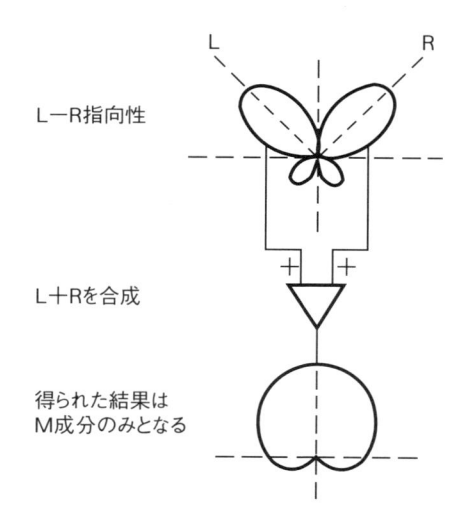

図9−7　M−S方式とモノラルの両立性
　　　　M−S方式では図9−4で示した指向特性が得られるが両出力を合成すると
　　　　単一指向性のM成分のみが残りモノラルとの両立性がよい。L＋R＝2($\sin\theta$)

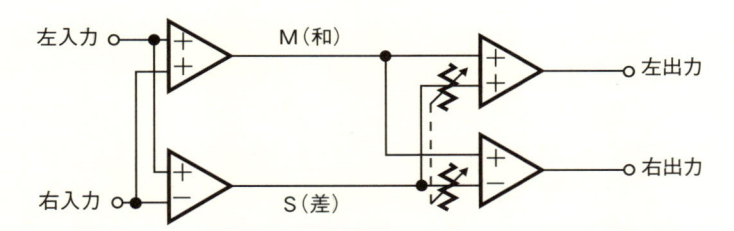

Section 3　ステレオ録音の基礎

図9-8　ステレオまたはX-Y方式の和差回路

(a)

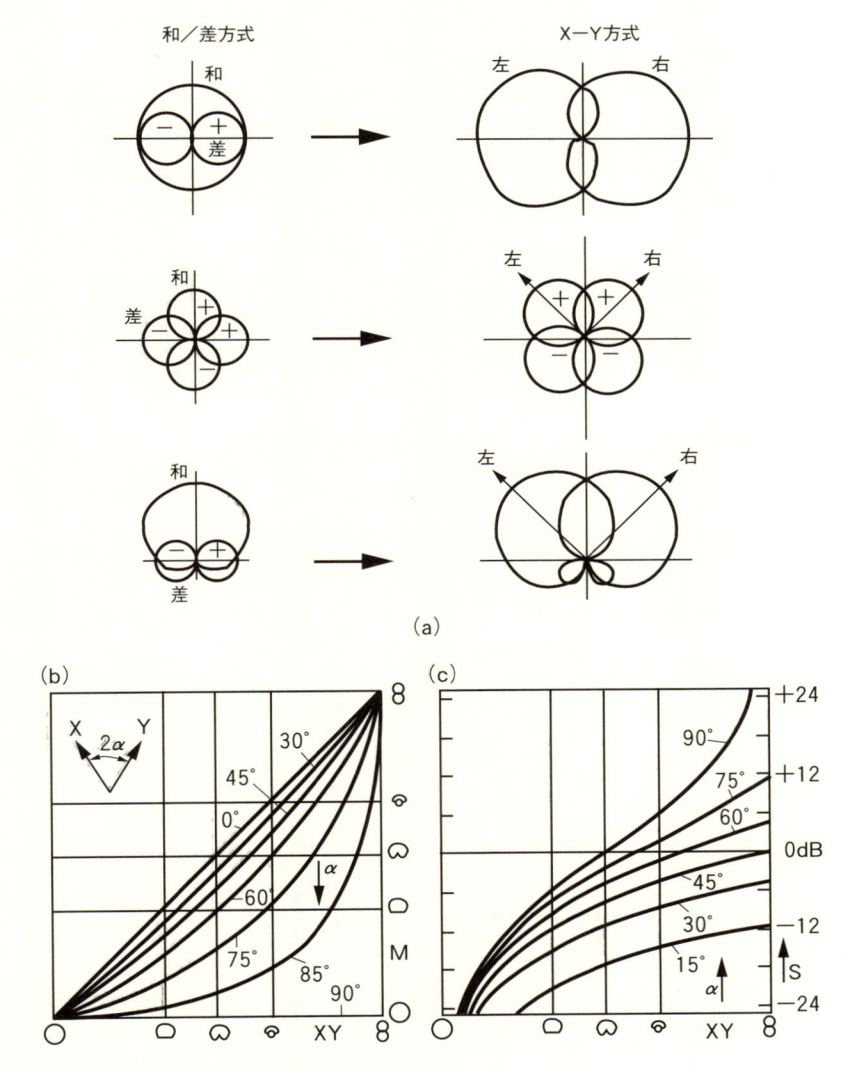

(b)　(c)

図9-9　各種M-S方式と等価なX-Y方式
　（b）、（c）では、M-S方式のパラメーターをX-Yに換算したグラフを示し
　（b）はM成分、（c）ではS成分の対応を示す
　一例として強指向性のペアで開き角120度の場合、グラフの水平軸で強指向性の
　シンボルから縦に開き角60度のカーブが交差するポイント地点のMの指向性をみる。
　同様に（c）で交差点をみるとS成分がM成分より約2dB高くしなければいけないことが
　分かる（ゼンハイザー社提供）

Section 3 ステレオ録音の基礎

　これはM−S信号の状態では、音場を自由にコントロールできるため、**図9−8**に示すように、例えばセンター成分が多すぎた収録素材をＬＲに拡げることで補正するといったことに応用できます。**図9−9(a)**には、様々なM−S方式とそのステレオ定位の比較が、**(b)**と**(c)**では必要なステレオ音場とするためのM−Sの関係が示されています。例えば、開き角120度のスーパーカーディオイド・マイクロフォンでステレオ収音した場合、同様の効果を得るＭ成分の指向性を調べてみます。**図9−9(b)**をみて、$a = 60$度、下のラインのスーパーカーディオイドのマークで60度が交わるポイントを横にみると、カーディオイドのマークがあります。これがＭ成分の指向性です。Ｓはいつも両指向性ですから、この組み合わせが先の組み合わせと等価ということになります。
　(c)からはこの場合のＭとＳの利得関係を読むことができます。先ほどと同様にスーパーカーディオイドのマークで60度と交わるポイントを読みますと、約−1.5dBとなります。ですからＳに比べて1.5dB低く和差回路を経由すれば等価出力が得られることになります。Ｍ−ＳをＬ−Ｒに変換するための和差回路はトランスや電子回路で作動させますが、**図9−10**に示すようにそれらを使わず、コンソール入力の接続でつくることも可能です。
　M−SにしろX−Yにしろ、第7章で述べたブラウンミュール／ウェーバー方式の具体的な実現方法です。サウンドフィールド・マイクロフォンも4つのカプセルを配置した同軸マイクロフォンとして優れた方式だといえます。

3. 複数多点マイクロフォンによるステレオ録音

(1) マルチチャンネルへの取り組み

　ブルムラインが同軸マイクロフォンによるステレオ録音をイギリスで開発した当時、アメリカでは「ベル研究所」のエンジニアを中心にして、別の取り組みが行なわれていました。**図9−11**に示すように、複数のマイクロフォンを並べそれと対応した複数のスピーカ群で再

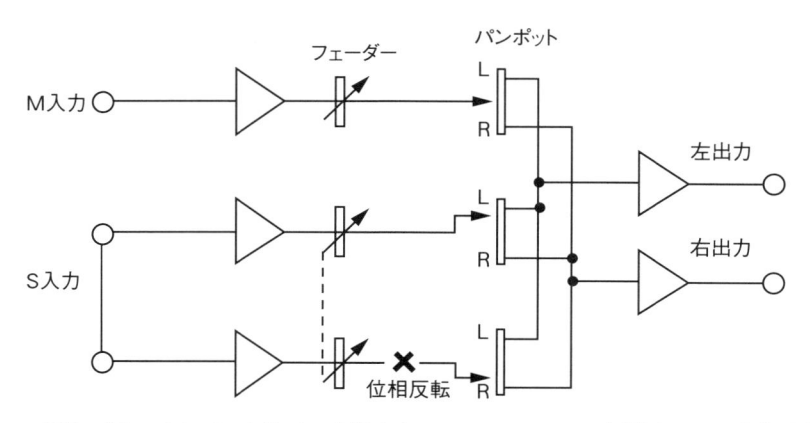

図9−10　Ｍ−Ｓマトリックスを持たないコンソールで3chを利用したLR変換方法

Section 3 ステレオ録音の基礎

生を行なう方法です。これは大変正確な原音場の再現が可能なこと、聴衆が最適位置にとらわれずに聴くことが出来るという特徴がありました。今日の劇場映画はこれを基に発達したといえます。

この実用化は3チャンネルで行なわれ、**図9-12**に示す配置で、広い範囲のリスナー聴衆に対して正確な音場再生能力のあることが実証されました。

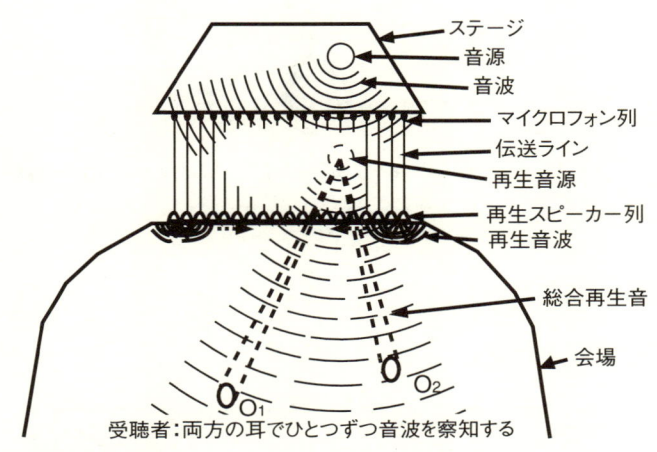

図9-11　波面構成方式のマルチチャンネル・ステレオ録音
　　　　（1953年SMPTEジャーナル　W.SNOW「ステレオフォニックの基礎」より）

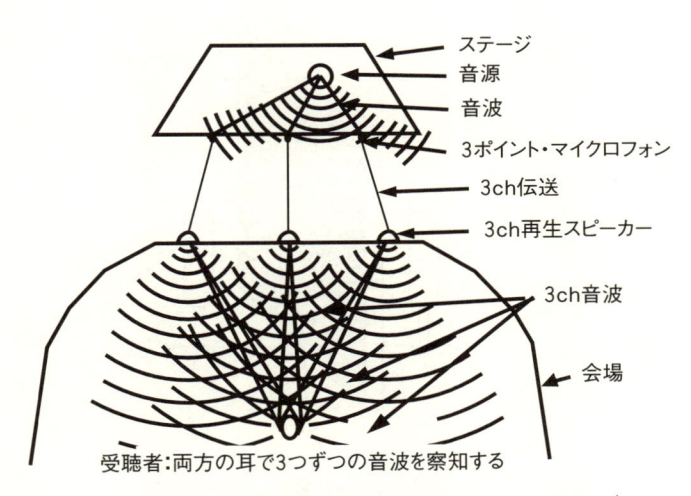

図9-12　3ch波面構成方式（1953年SMPTEジャーナルより）

Section 3　ステレオ録音の基礎

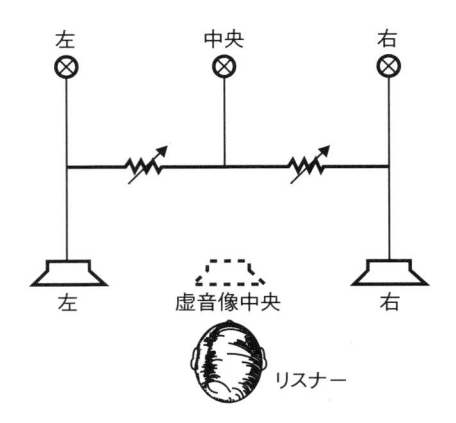

図9-13　センター・マイクロフォンを付加した2chステレオ録音

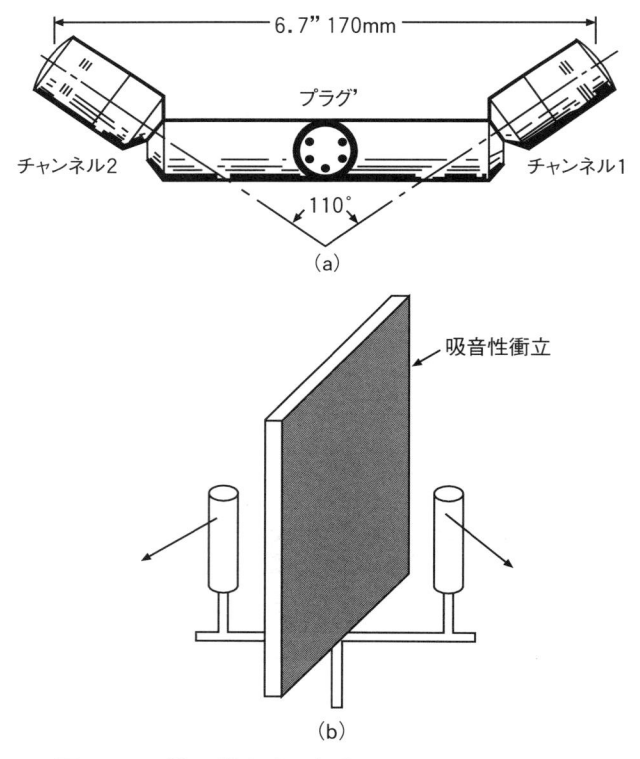

図9-14　準同軸方式の録音
　　　　（a）はORTF方式（ショップス社提供）
　　　　（b）は衝立を挟んだペア・マイクロフォン方式

(2) 複合型ステレオ

複数マイクロフォンによるステレオ録音の素晴らしさは、同軸マイクロフォンの考え方にも取り入れられ、図9-13に見られるようなマイクロフォンとスピーカー構成が開発されました。これはセンター・マイクロフォンの出力を左右に分岐して、ファンタム・センターをつくると言う方法です。3本のマイクロフォンの距離は収音する内容によって異なりますが、3～4m程度の間隔です。またセンター・マイクロフォンの出力は左右に比べ4～6dB低くして振り分けられています。

レコーディング・エンジニアの多くは、こうした複数マイクロフォンにより録音された音が持つ暖かさを、同軸マイクロフォンよりも好ましいと感じています。またホールなどの録音会場で初期側面反射音を捉えるのにもマイク相互の間隔からくる遅延が有効で、その大きさもエンジニアのマイクロフォン配置によりコントロールできるという利点があります。

同軸マイクロフォンによる録音とらわれる結果は、録音会場の音響条件に左右されますが、複数マイクロフォンによる方法は、そうした限られた音響条件でもエンジニアがある程度コントロールできるという点で有利で、両者の特質は同軸タイプがアンサンブルの空間再現に優れ、複数マイクロフォンは、その会場が持つ特徴をより強調できるといった点にあります。アメリカでの1953年から1970年に制作された優れたステレオ録音の多くは、3ポイントの複数マイクロフォンによるものです。

4. 同軸マイクロフォンに準じた方式

この方式は2本のマイクロフォンを間隔30cm以内で同一面に設置する方法で、同軸が持つ正確な音像と、間隔を広げたことによる反響成分の再現という両者の特徴を融合することができます。ブルムラインがステレオ録音の実験を始めた当初は、この方法を用い彼は"バイノーラル・ペア"と呼んでいました。

70年代に入ると以下に述べるような様々な方式が登場しています。

(1) ORTF方式
フランスのラジオ放送局「ORTF」が開発した方式で、ペア・マイクを間隔17cm指向角110度で取り付けたマイクロフォンで、同軸の持つ正確さと豊かな間接音成分の録音が可能です。図9-14(a)に外観を示します。

(2) NOS方式
オランダ放送が開発した方法で、カーディオイド・マイクを間隔30cm、指向角90度で取り付けた方式です。

(3) ステレオ-180方式
オルソンの提唱でハイパーカーディオイド・マイクロフォンを46mm間隔、取り付け角度135度でペアとした方法で広い範囲の前方再現性があります。

Section 3　ステレオ録音の基礎

(4)　バッフルと組み合わせたペア方式

図9—14(b)に示すように、ペア・マイクの中間についい立てを入れることで、1kHz以上の左右分離度を改善してます。様々な構成が考えられていますが、マイクロフォンの間隔は10〜20cmが一般に用いられています。

5. アクセント・マイクロフォン

(1)　アクセント・マイクロフォンの目的

"スポット・マイク"とも呼ばれるアクセント・マイクロフォンは、オーケストラ録音の際、メイン・マイクロフォンと共に補助マイクロフォンとして使用されます。これはモノーラルの場合(ペアでステレオの場合もある)、6〜12dB低いレベルでメイン・マイクロフォンに付加します。このレベルを高くした場合、あまりにその部分が浮き出してしまいますし、逆に低すぎてもなんらの効果を発揮しません。以下にアクセント・マイクロフォンの役割を述べます。

a．アンサンブルの奥行き感を形成する。メイン・マイクロフォンだけの場合、どうしても手前の楽器のみが強調されがちなので、奥の楽器を補正し適正な奥行き感をつくり出します。

b．弱音楽器のレベル補正。ハープやチェレスタといった弱音楽器はアクセント・マイクで補正します。

c．周波数帯域の補正。アンサンブルのなかで低域がどうしても不足しがちになります。これは演奏者が限られていたり、ベース楽器の周辺に鳴りを豊かにする反響板がなかったりすることから生じるのでアクセント・マイクロフォンで補正します。

d．大きな編成の場合で会場の音響条件も反響が多いと言った場合に奥に配置された楽器の十分な直接音をカバーできないときがあります。シロフォンやティンパニー、打楽器などがそうした例で、これらの楽器の存在感を出します。

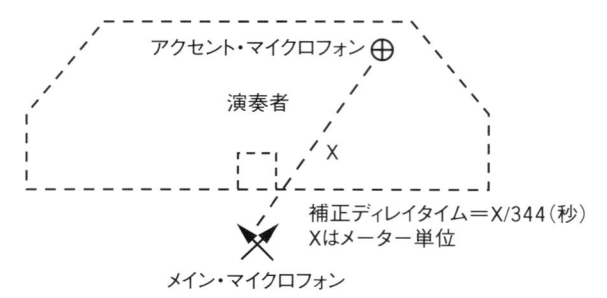

図9—15　アクセント・マイクロフォンとメイン・マイクロフォンの時間差補正
X/344(秒)で算出、Xは(m)でメイン・マイクロフォンとの距離

(2) アクセント・マイクロフォンの設置

アクセント・マイクの設置には以下のような点を考慮すべきです。

マイクロフォンの位置：決して楽器に近づき過ぎないこと。
　ソロ楽器では、1～1.5mアンサンブルでは、2～3mを目安にするのがよいでしょう。

適正定位：メイン・ステレオ・マイクロフォンで再現している楽器の位置とアクセント・マイクロフォンの位置を正確に一致させること。両者の定位にズレを生じると音像の不鮮明さとなります。

ディレイによる位相補正：メイン・マイクロフォンとアクセント・マイクロフォンの時間差を補正しておく。ただし図9-15に示すように、時間差やレベルによってディレイ補正の要不要を判断してください。図9-16には適正補正のガイドラインを示しています。メイン・マイクロフォンとの距離が近くアクセント・マイクロフォンのレベルも高い場合、コム・フィルター効果の発生に注意し、逆に距離が遠く、レベルも低い場合、両者の音が分離して聞こえないよう注意してください。

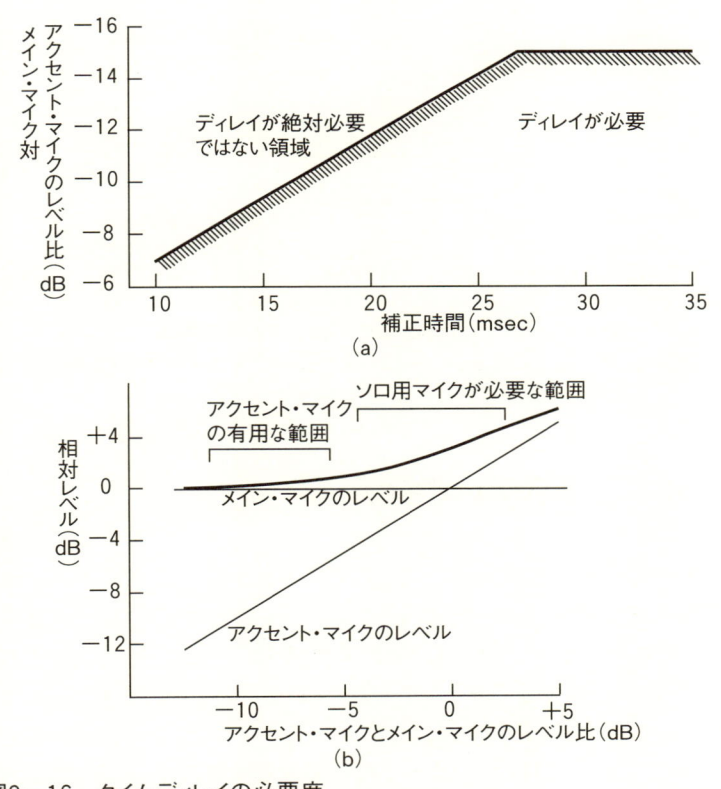

図9-16　タイムディレイの必要度
　　　　（a）ディレイタイムとアクセント・マイクのミキシングレベルによる必要度を示す
　　　　（b）相対レベルによる両者の関係を示す

Section 3　ステレオ録音の基礎

- **イコライザーの使用**：アクセント・マイクロフォンへのイコライジングは、慎重に行なってください。楽器に近接しているアクセント・マイクロフォンのレベルを極力最少にするために低域を抑えて、高域を少し強調する方向での使用が有効だと思います。
- **2チャンネル・セッティング**：**図9－17**はアンサンブル・パートのアクセント・マイクロフォンに2つのディレイのみを使う方法です。2つのディレイタイム設定は同一とし、ディレイは最も遠いアクセント・マイクロフォンの補正値を適用します。
- **アクセント・マイクロフォンのレベル変更**：アクセント・マイクロフォンの付加レベルは、録音時とリミックス時で慎重なバランスの変更を行なうことがありますがその範囲は、3～4dB以内としてください。
- **アクセント・マイクロフォンの有無の慎重な比較**：アクセント・マイクロフォンのレベルセッティングが終わるとエンジニアはそのマイクロフォンのon/offで慎重な聞き比べを行なっておくべきです。こうしたことを怠っているとその録音が平板で立体感のない録音になりがちです。アクセント・マイクロフォンはあくまで全体の補強であることを忘れないようにしてください。それ以上の役目は必要ありません。

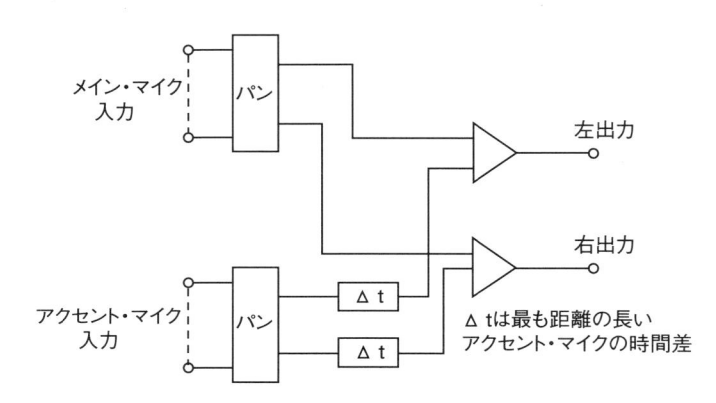

図9－17　アクセント・マイクロフォン全体に時間補正を行なう方法
　　　　　アクセント・マイク群をまとめ最も距離が長いアクセント・マイクの時間差で補正

6. ダミーヘッドによるステレオ録音

　人の頭を模したダミーヘッドによる録音は、通常ヘッドフォンによるバイノーラル再生を行ないますが、**図9－18**に示す変換を行なうことでスピーカ再生も可能となります。この変換のポイントは、ダミーヘッド録音した場合にそれぞれの耳に到達した、信号成分のみを抽出するためのクロストークを減少するフィルターとディレイ特性にあります。
　空間におけるクロストーク減少の効果は、両スピーカのつくる正三角形の頂点付近で最も有効で、リスナーがここを外れたポイントで再生音を聴く場合は、この効果が減少してしまいます。この効果は、第一次オーダーのキャンセル効果程度ですので完全ではありませんが、両スピーカのつくる平面音場のかなり広い範囲で、効果を表わすことができるという意味で十分実用性を持っています。

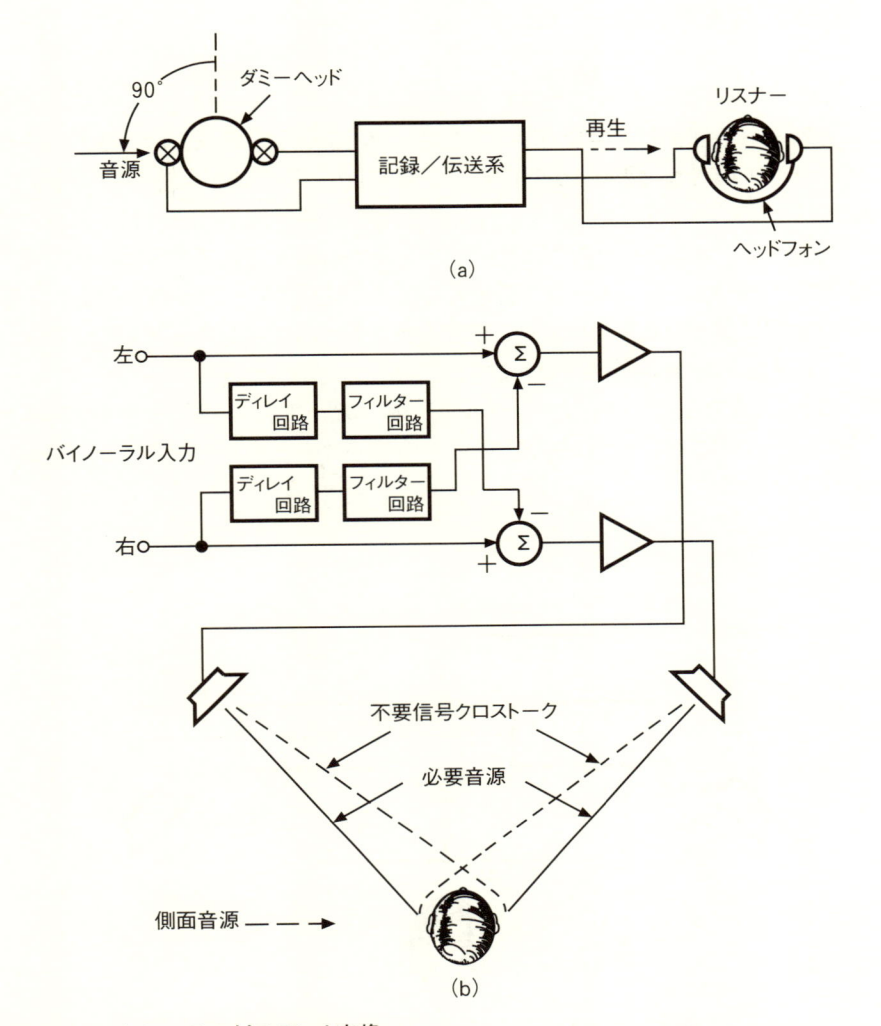

Section 3 ステレオ録音の基礎

図9-18 バイノーラル対ステレオ変換
(a)にはバイノーラル方式を示し受聴者は前方に正確な音場を開くことができる
(b)ではバイノーラル信号をディレイ回路とリスナーの頭部で生じる伝達回路に
近似したイコライザーを持ったプロセッサーにより両耳間のクロストークを打ち消す

7．音像のぼかし

　レコーディング・エンジニアは、モノーラル音源をステレオ空間の中に広げる必要性を求められることがあります。この場合、処理された音源をステレオ空間にいかにとけ込ませるかがポイントとなります。特に最近のポップス音楽のミックスダウンではこうした手法を多く必要としています。以下にこうした音の疑似ステレオ化、音のぼかし方の例を述べます。

Section 3　ステレオ録音の基礎

（1）位相シフトを利用した方法

　2つのスピーカの片側に送る信号に位相シフトをかけることで音像を拡げることが可能です。ここで使われる回路は、定位相シフト特性でありながら広帯域にわたりフラットな周波数特性を持っています。**図9−19**に示すのが基本回路構成です。左チャンネル成分にはφの位相シフトがかけられ、右チャンネル成分には角度θのシフトが付加されています。このθは可変でき、θ＝0度であれば両チャンネルから再生される信号は、両スピーカのつくる頂点でファンタム・センターの点音源となり、シフト量が0～135度の範囲で音像は左右のスピーカ間に拡がりをみせます。135度を超えると音像は分離して聞こえ始めさらに180°になると逆位相の無定位音となります。

　位相シフトによる方法でディレイやレベル差が両スピーカにある場合、多分にリスナーの聴取位置に左右されます。ですから左右対称の頂点からリスナーが外れるに従って効果は減少してしまいます。

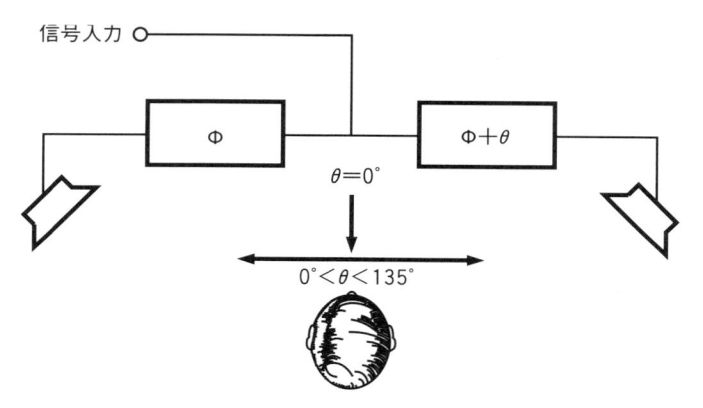

図9−19　オールパス位相回路を用いた音像の拡大

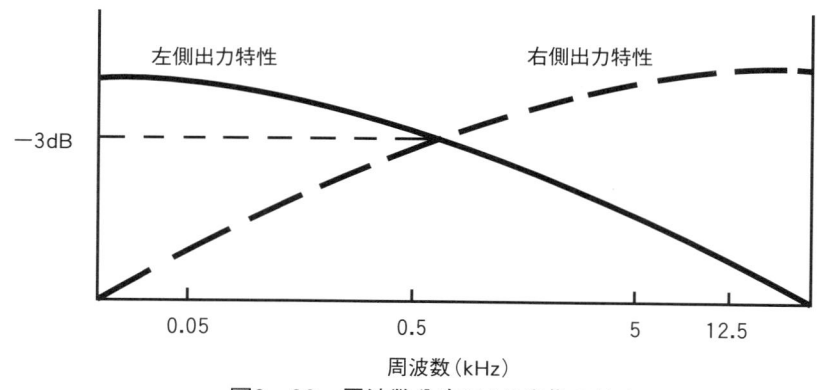

図9−20　周波数分布による音像の拡大

(2) 周波数特性差による方法

モノーラル音源を図9−20に示すような周波数特性に変化させて左右のスピーカに与えたとするとリスナーは広がった音像を聴くことが出来ます。

これは両チャンネルの信号を周波数帯域でパンニングしていることに相当し効果が最大になるポイントは500Hzです。

(3) 信号のランダム性による無定位化

エコー・ルームに2本のマイクロフォンを遠く離して置き収音した音は、ポイント毎の周波数関係で見た場合、著しく位相も振幅も揃わない(incoherence)音になります。しかし全体の周波数特性は大変似た特性をしています。この音を2つのスピーカで再生すると図9−21のように大変広がりのある無定位の音として聞くことができます。

(4) ディレイによる無定位音像

図9−22に示すのは、エコー・ルームから取り出した出力の1つをスピーカで直接再生した場合と一方にディレイをいれた場合の比較です。単一出力を両スピーカに同レベルで供給した場合音像は、ファンタム・センターで真ん中によって聞こえます。ところが片方に適正なディレイタイムを与えると音像が左右のスピーカに広がって聞こえます。このディレイタイムは40〜60msecの範囲です。先に先行効果の話をしましたが、こうした残響成分ばかりの音ではそれを考慮する必要はありません。60msec以上のディレイがあってもこうした音は先行効果を検知できません。

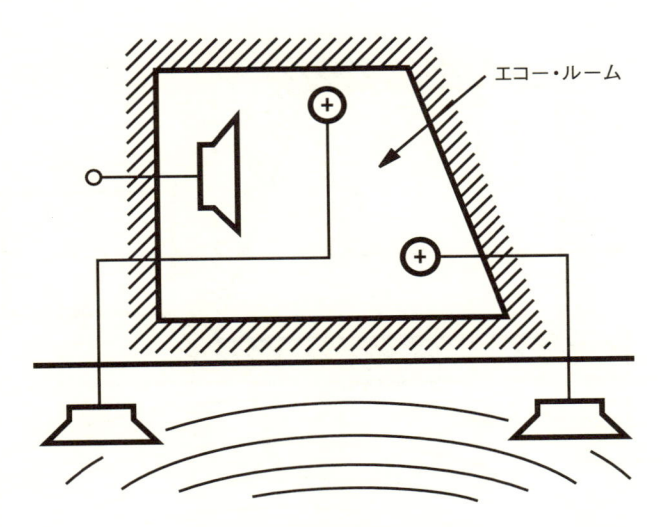

図9−21 エコー・ルーム内に設置した一対のマイクロフォンによる拡張法

Section 3　ステレオ録音の基礎

8. 疑似ステレオ化

　第9章7で述べた方法は音の拡がりをつくる1つの手段でした。ステレオの拡がり感をこうして意図的に作り出す方法はときに実際のステレオ空間より強い印象を作り出すことも出来ます。また昔のモノーラル録音のステレオ盤復刻などにも利用されています。

(1)　ロウリセン（Lauridsen）の方法

　ロウリセンはクシ型フィルターによる疑似ステレオ化を提案しました。**図9-23**に示すのがクシ型フィルターの原理です。オリジナル信号からわずかに遅れた信号を再合成すると周波数にピークとディップの凸凹が生じます。この信号は加算か減算すると図のように凸凹の特性が異なります。このためのディレイタイムは30～40msec以下が適正値です。

(2)　位相シフト回路の利用

　図9-24に示す方法はロウリセンの方法の応用でディレイ回路の代わりにオールパスネットワークと呼ばれる回路が使われています。
　これを原音と加算、減算すると先ほどと似た凸凹の周波数特性となります。どの程度の位相シフトを行なうかで密度をコントロール出来ます。
　この回路は今日のステレオ電子音合成の回路として広く普及しています。

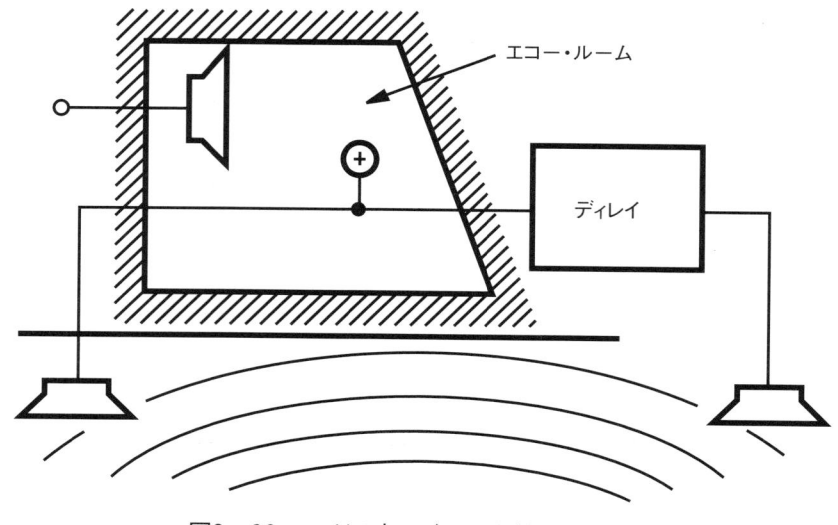

図9-22　マイク1本でディレイを利用した拡散法

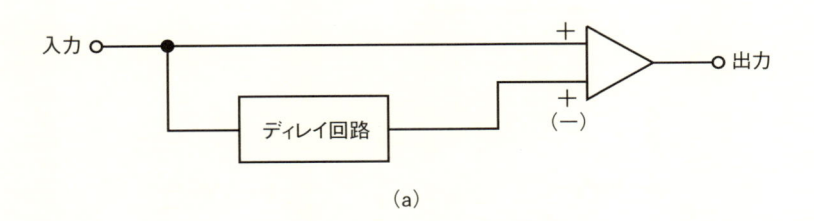

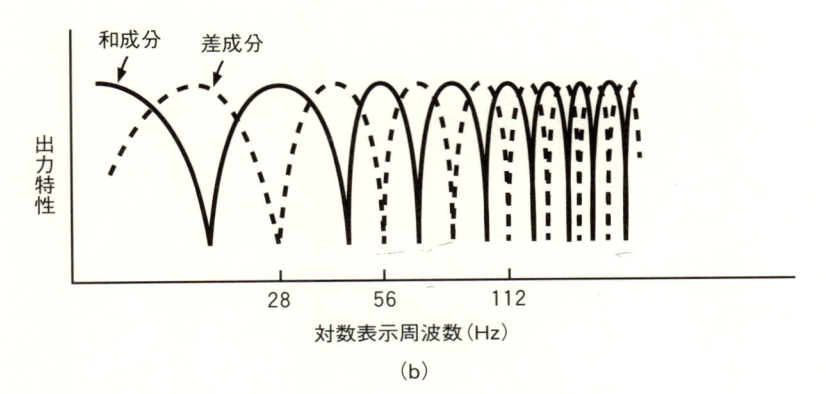

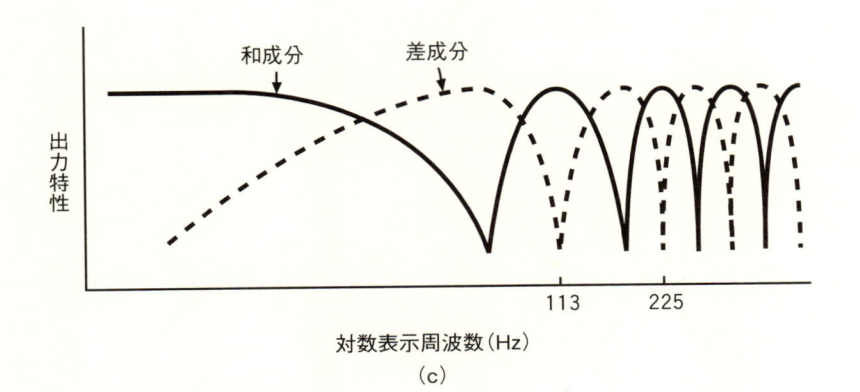

Section 3　ステレオ録音の基礎

図9-23　クシ型フィルターの原理
　　　　(a)は基本回路
　　　　(b)は40msecのディレイを加えた場合の特性を示し28Hzの倍数で凸凹が生じる。
　　　　(c)は10msecのディレイを加えた場合で113Hzの倍数で凸凹が生じている。
　　　　　クシ型フィルターで凸凹を生じる周波数fn＝n/T（Tはディレイタイムでnは1.2.3.…）
　　　　　で算出できる。

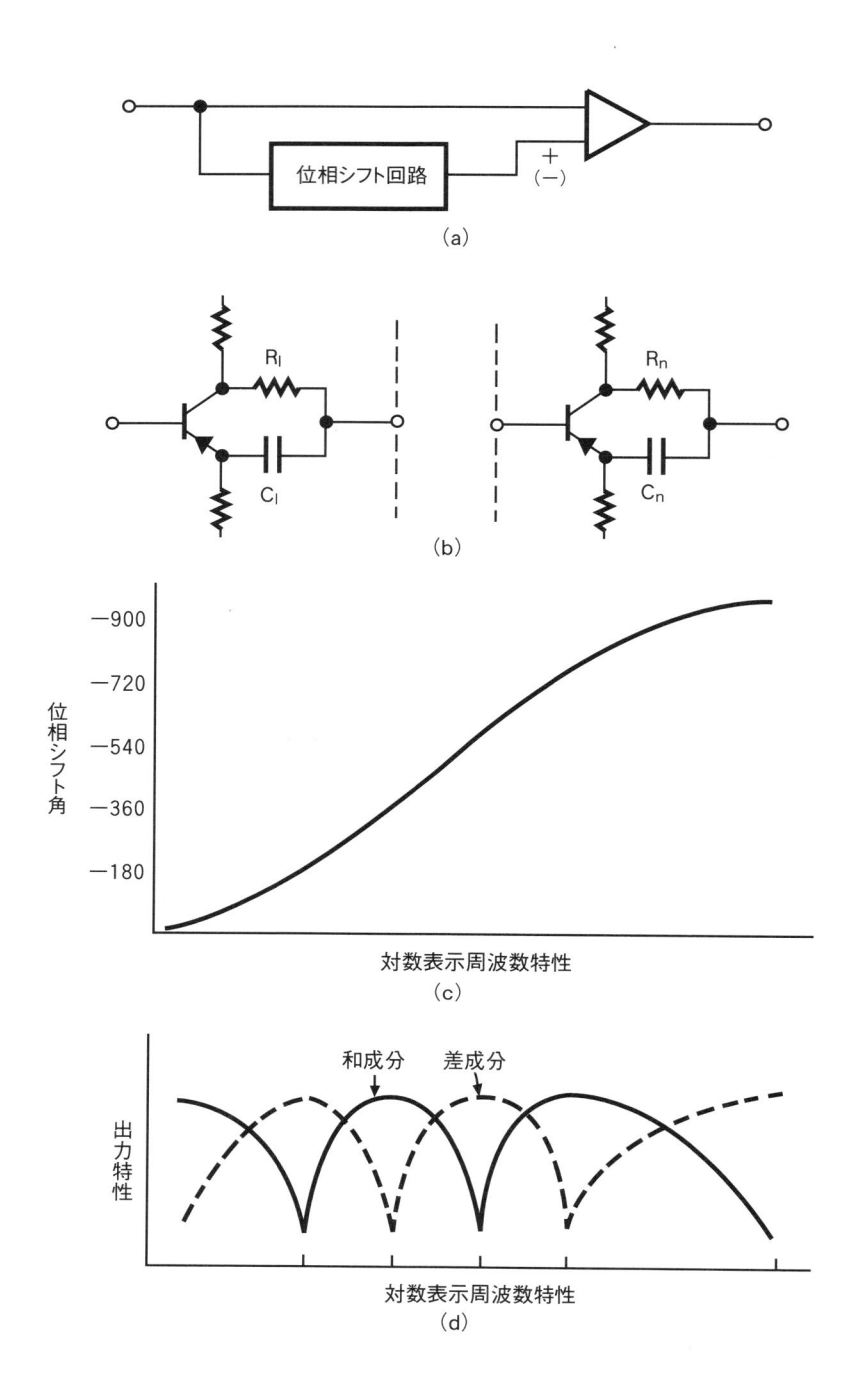

Section 3　ステレオ録音の基礎

図9−24　位相回路による疑似ステレオ化
　　　　（a）は遅延回路の代わりにオールパス位相シフト回路を利用した例
　　　　（b）は回路の一部　周波数に応じこうしたユニットを多段接続する
　　　　（c）には1,000度範囲での位相シフト時の特性を示す
　　　　（d）は出力特性を示す
　　　　　　ディップは180度＋n360度でピークは360度＋n360度毎に生じる
　　　　　　n＝1.2.3.…

〈第9章〉　［参考文献］

1. J. Blauert, *Spatial Hearing*, MIT Press, Cambridge, Mass. (1983).
2. A. Blumlein, "British Patent Specification 394,325 (Directional Effect in Sound Systems)," *J. Audio Engineering Society*, vol. 6, pp. 91-98 (reprinted 1958).
3. G. Bore and S. Temmer, "MS Stereophony and Compatibility," *Audio Magazine* (April 1958).
4. C. Ceoen, "Comparative Stereophonic Listening Tests," J. Audio Engineering Society, vol. 20, pp. 19-27 (1972).
5. H. Clark et al., "The 'Stereosonic' Recording and Reproducing System," *J. Audio Engineering Society*, vol. 6, pp. 102-133 (1958).
6. M. Dickreiter, *Tonmeister Technology*, Temmer Enterprises, New York (1989).
7. W. Dooley and R. Streicher, "MS Stereo: a Powerful Technique for Working in Stereo," *J. Audio Engineering Society*, vol. 30, pp. 707-717 (1982).
8. J. Eargle, "Stereo/Mono Disc Compatibility," *J. Audio Engineering Society*, vol. 19, pp. 552-559 (1969).
9. J. Eargle, *The Microphone Handbook*, Elar, Plainview, N.Y. (1982).
10. M. Gardner, "Some Single- and Multiple-Source Localization Effects," *J. Audio Engineering Society*, vol. 21, pp. 430-437 (1973).
11. M. Hibbing, "XY and MS Microphone Techniques in Comparison," Sennheiser News, June 1989 (Sennheiser Electric Corporation).
12. F. Harvey and M. Schroeder, "Subjective Evaluation of Factors Affecting Two-Channel Stereophony," *J. Audio Engineering Society*, vol. 9 pp. 19-28 (1961).
13. J. Mosely, "Eliminating the Stereo Seat," J. Audio Engineering Society, vol. 8, no. 1 pp. 46-53 (1960).
14. L. Olson, "The Stereo-180 Microphone System," *J. Audio Engineering Society*, vol. 27, pp. 158-163 (1979).
15. M. Schroeder, "An Artificial Stereo Effect Obtained from a Single Channel," J. Audio Engineering Society, vol. 6, pp. 74-79 (1958).
16. W. Snow, "Basic Principles of Stereophonic Sound," *J. Society of Motion Picture and Television Engineers*, vol. 61 (November 1953).
17. Stereophonic Techniques, an anthology prepared by the *J. Audio Engineering Society*, 1986.

第10章　マルチチャンネル・ステレオ録音

1. はじめに

　O.リード（O. Read）とW.ウェルチ（W. Welch）による『スズ箔からステレオまで』のなかに「コロムビア」社製の「フォノグラフ（1899年頃のモデル）」が紹介されていますが、これは、3本のホーンを持ち録音と再生が同時に行なえる機能を持っていました。これが初の3チャンネルレコーダーといえますが、それから40年後にディズニーは映画『ファンタジア』においてファンタ・サウンドと呼ばれるマルチチャンネルを商業化しました。これは、L－C－Rの3チャンネル光学音声をスクリーンの後ろに設置した方式で、1950年代初期にはこれらに後方サラウンド・チャンネルが追加され映画館のなかで立体的な音響再生が可能となりました。その後70mmプリントの映画が制作されると6チャンネルの磁気トラック再生が可能となりました。
　これは、スクリーン背後に5チャンネルを、サラウンドは1チャンネルを劇場内に分散配置したスピーカーで再生するという方式を基本に、その後サラウンドの立体感を高めるため2チャンネル化されてきました。当時の代表的な方式ではシネラマ方式があります。
　一方家庭におけるマルチチャンネル・ステレオは、1970年代のLPレコードで4チャンネル・クオドラフォニック・ステレオが登場しましたが、市場で成功することなく、1978年までにはすべてが消え去ってしまいました。
　この大きな要因は、規格の不統一、業界の足の引っ張り合い、そして4チャンネルをいかした音楽制作をどうするのかの方向性の欠如などが交錯したことにあります。
　対して映画産業は、マルチチャンネルをどう有効に利用できるかを熟知しながら今日、家庭におけるビデオカセットやレーザーディスクと言ったソフトにまで浸透させてきました。
　ここでは、映像を伴った場合と純粋に音だけの場合の両方についてサラウンドの基本特性を述べます。映像を伴った場合その効果はより映像に支配され、音のみの場合適切な条件を設定することでリスナーは別世界の音場を体験することが出来るでしょう。

2. 水平面での定位

(1)　4スピーカー再生の問題点

　前章で私たちは、ステレオ・ペアのスピーカーでつくるファンタム・センター定位がリスナーの聴取位置によって大きく影響を受けることを知りました。
　映画はその初期から3チャンネル・ステレオを採用し台詞は専用のセンター・チャンネルを使用してきました。これを「いかり」を降ろした船に例えて"アンカー・ダイアローグ（Anchor Dialogue）"と呼んでいます。このことで観客はたとえ劇場の隅に座ったとしても十分なバランスでステレオ音響を楽しむことが可能です。図10－1(a)，(b)には映画音響の3チャンネル・ステレオで使われたパンポットを示しています。これにより観客は、前面120～140

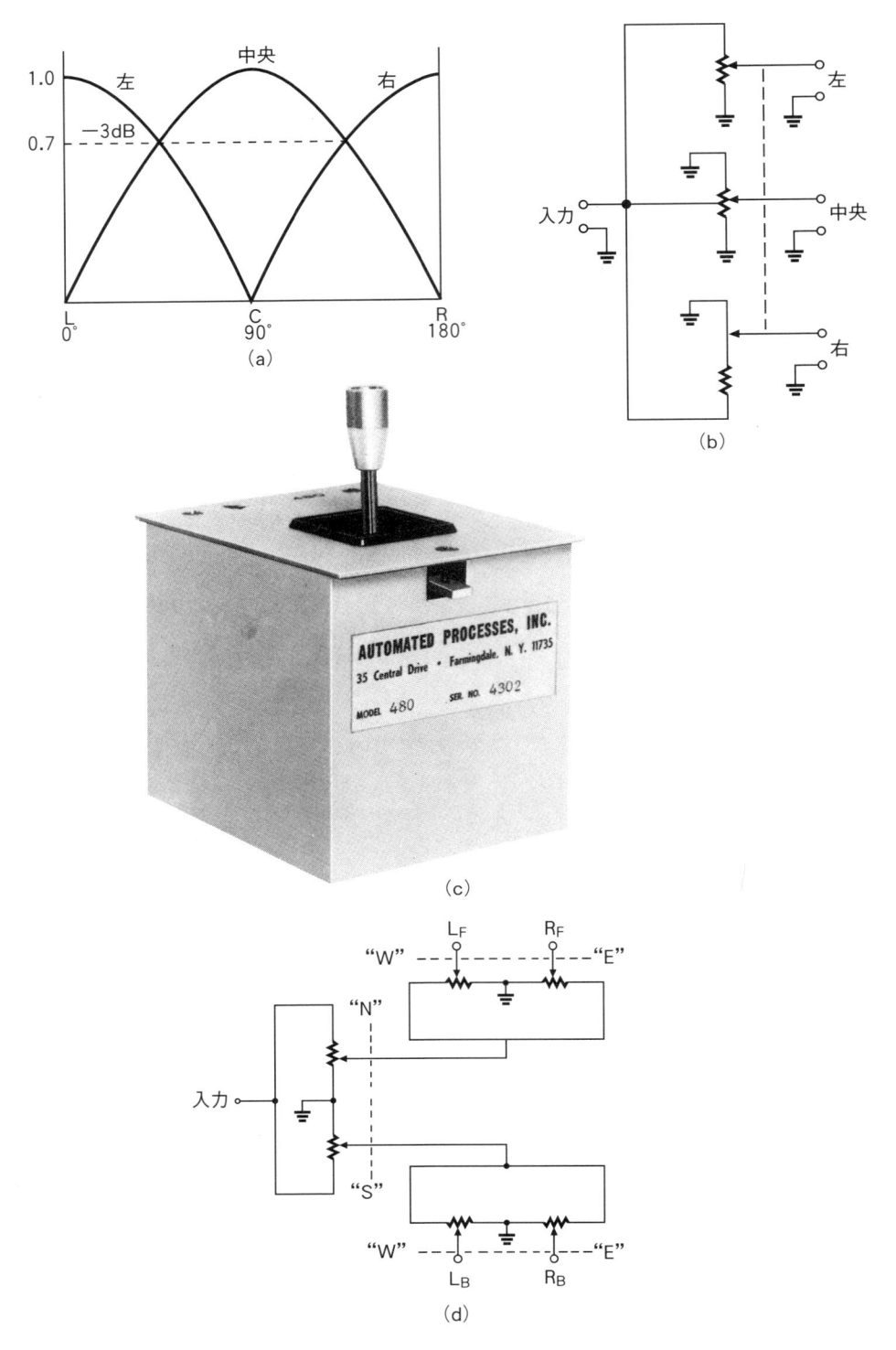

Section 3　ステレオ録音の基礎

図10-1　マルチチャンネル用パンポット
　　　　(a)は3チャンネル用、(b)にその構造を示す
　　　　(c)は4ch用ジョイスティック、(d)にその構造を示す

Section 3 ステレオ録音の基礎

度の範囲で明確な定位を楽しむことができます。(c)～(d)では、1970年代の音楽産業で使用した4チャンネル・パンポットを示します。これを使って少ないチャンネル数で、360度の全周サラウンド効果を出したいとなると、なかなか容易ではありません。もちろんサラウンドのチャンネル数が4ではなく多ければ効果も当然明確にでますが、ここでは限られた4チャンネルを前提としています。

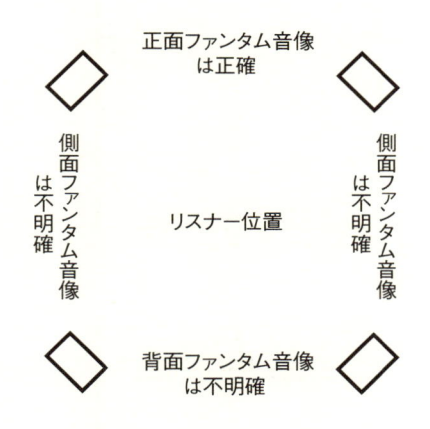

正面ファンタム音像は正確

側面ファンタム音像は不明確

リスナー位置

側面ファンタム音像は不明確

背面ファンタム音像は不明確

図10－2　クオドラフォニック4ch再生のスピーカー配置

4チャンネルのスピーカー配置では、2チャンネルをフロントに2チャンネルを後方にという2－2方式が一般的で**図10－2**に示すような配置となります。この方式では、側面の定位が明確に再現できず、そのためにはリスナー自身が音源方向に顔を向けてやらなければなりません。こうした配置では側面と背面定位情報が各スピーカーからなんらかのクロストーク成分を生じるようなバランスが有効です。例えば、左奥に定位させたいとした場合信号を前の左チャンネルと後方左チャンネルに等分で振り分けるといった手法で表現します(この場合右チャンネルには全く成分を送っていません)。等分に振り分けても我々の耳は、前左スピーカのほうが後方左スピーカーよりも、高域成分を明瞭に検知しますのでそうした効果を感じることができるのです。反対のチャンネルにクロストーク成分を少し送ることで、そのチャンネルの定位を安定させることができます。4チャンネル録音システムを効果的に使用する場合に、リスナーの頭の動きを考慮しておくことが重要なポイントになります。例えば、前方重視の傾向なのか、全方位重視の傾向なのかどうか によって効果的な音の使い方に差が出てきます。J. クーパー(J. Cooper)と志賀の研究はこうした分野で有益な提案を行なっています。一般的に水平面内定位について以下のような傾向を挙げることができます。

1. チャンネル数が多くなるほど定位の再現性は向上する。定位の安定度が必要な場合、その位置にスピーカーが必要で、取聴範囲が広がるほどその傾向は強い。

2. ファンタム定位が有効なのは、前方ステレオで、音像の乖離を生じない角度、すなわち60度近辺の角度の場合に限る。

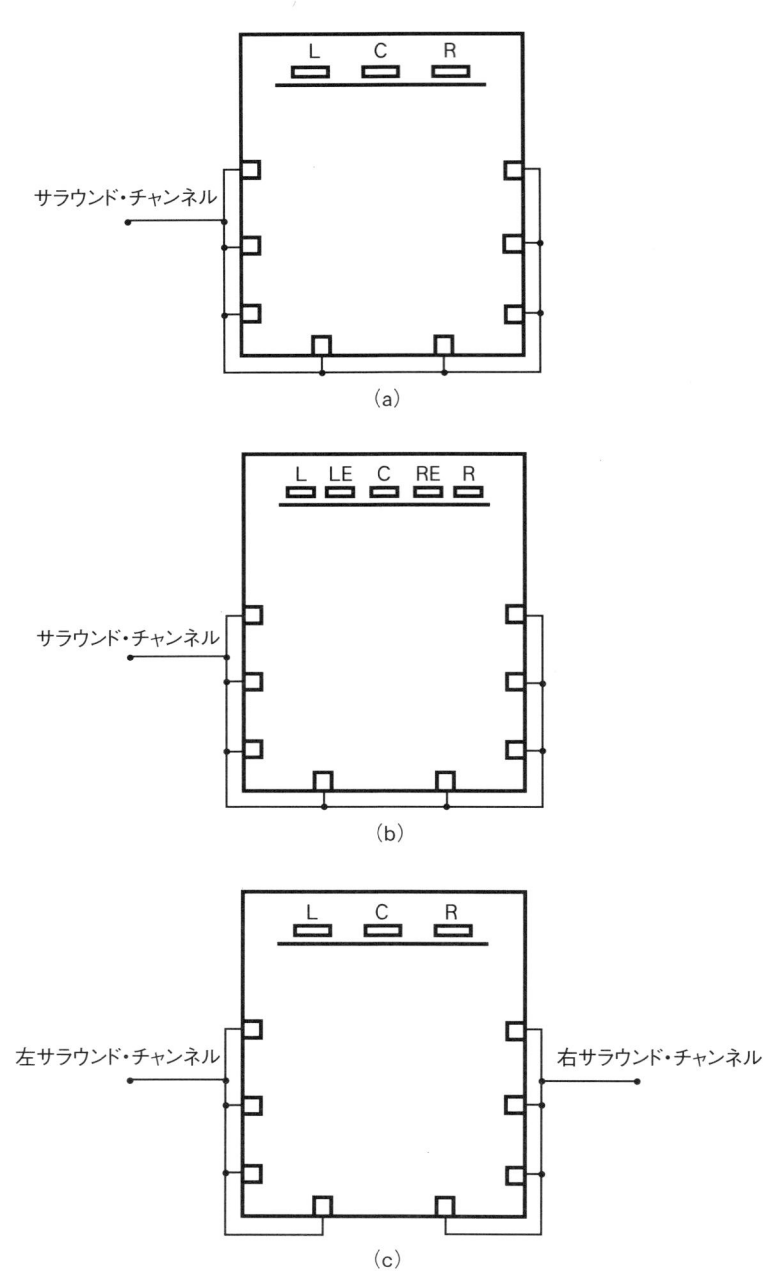

Section 3 ステレオ録音の基礎

図10−3 映画館での再生方式
　　　　（a）スクリーン側に3ch、座席側に1chのサラウンドを分散配置した方式
　　　　（b）スクリーン側に5ch、座席側に1chの方式
　　　　（c）スクリーン側に3ch＋サブウーファー、座席側はステレオ・サラウンドの方式

3. 動きを伴ったパンニングは、限られたチャンネル内で有効、かつ聴覚がその信号のなにが不自然かを検知できない範囲の時間内に限る。

4. 後方信号成分としては、ベース音やアンビエンス音が有効で、明確な音源を伴ってもリスナーが識別することが困難な場合が多い。

(2) 映画音響フォーマット

映画音響が最初に用いた4チャンネル方式は、スクリーン背後に3チャンネル、リア1チャンネルは観客を取り囲むように複数スピーカーを1系統用いた方式でした。**図10−3(a)** にその配置を示します。

この方法は、客席の広い範囲にわたって明確な定位とバランスを確保できるという点で有効です。後方サラウンド・チャンネルは、特殊効果を表現するために用いられました。

70mm映画の登場により、スクリーン背後は3チャンネルから5チャンネルへと拡大することになり、サラウンド・チャンネルはそのまま1系統とした方式です。この配置を**図10−3(b)** に示します。

今日映画音響は、スクリーン背後を3チャンネルにして、新たに低域専用のサブウーファーとステレオ化したサラウンド・チャンネルを追加する方式になっています。1980年代後半に研究が行われ1990年代に実用化がなされてきたこうした方式は、「イーストマン・コダック」社と「オプチカル・ラディエーション」社の共同開発になるCDS (Cinema Digital Sound) が最初の方式で、今日新たにDolbyやDTS、SDDSといった数社のフォーマットが登場してきました。

3. マルチチャンネル・マトリックス

マトリックス方式とは、音源方向情報を2チャンネル・ステレオの中にエンコードし、再生側でデコードすることにより、3個あるいはそれ以上のスピーカーで再生する方式です。こうしたプロセスではチャンネル・セパレーションが損なわれますが、様々な補正回路も考案されています。

マトリックス方式は、1970年代に考案されましたが、それはマルチチャンネルを既存の2チャンネル・メディア、例えば音楽テープやLPレコードで利用するためでした。

(1) 3チャンネル・マトリックス・システム

この方式は、通常のステレオ録音でパンニングにより、つくられるセンター成分をより強調するためのマトリックスで**10−1式**のような配分で構成しています。

$$左成分 L_t = L + 0.7C$$
$$右成分 R_t = R + 0.7C$$
$$センター成分 = 0.7(L_t + R_t) = C + 0.7(L + R) \qquad (10-1式)$$

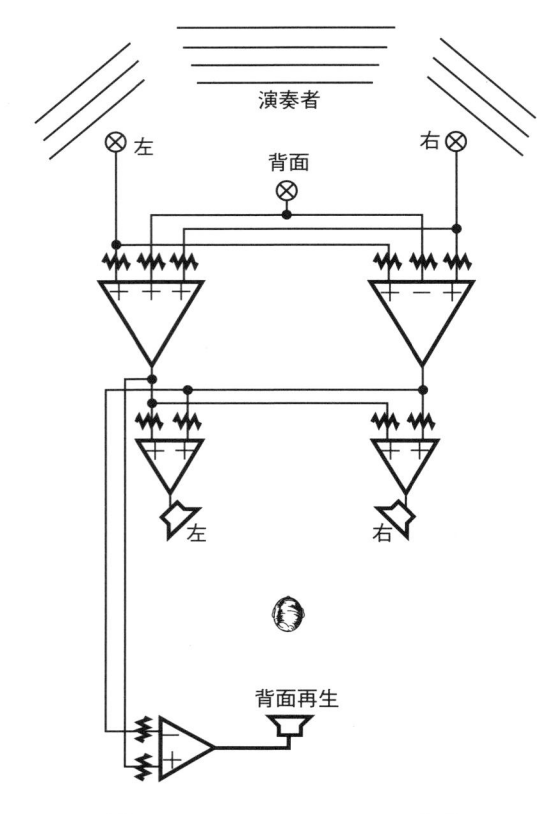

Section 3　ステレオ録音の基礎

図10−4　3−2−3マトリックス方式

　Lt, Rtと呼ぶ伝送成分は、通常の2チャンネルステレオと同等で、得られるセンター成分は、単純に両者を3dB下げて加算したものです。これでは、LとR成分のクロストークがセンターに表われることが式からも明らかです。普通に聴いている状態では、ファンタム・センターで十分だと考えるリスナーがほとんどですので、この方式は、次のような反射音成分の再生回路として生まれ変わりました。**図10−4**に示す構成を参照して下さい。
　LとR成分は、通常の前方L, R信号となりB成分は、録音会場後方に置かれ、残響成分を収音します。これらは、次のような変換式でエンコード、デコードされます(**10−2、3式**)。

エンコード時
　$L_t = 0.965L + 0.258R + 0.7B$
　$R_t = 0.258L + 0.965R − 0.7B$ 　　　　　　　　　　　　　　　　　（10−2式）

デコード時
　$L' = 0.965L_t + 0.258R_t = L + 0.5R + 0.5B$
　$R' = 0.258L_t + 0.965R_t = R + 0.5L − 0.5B$
　$B' = 0.7L_t + 0.7R_t = B + 0.5L − 0.5R$ 　　　　　　　　　　　　（10−3式）

　こうして得られたチャンネル成分のいずれもが6dB低い他のチャンネル成分をクロストー

クとして持っています。(−)のついた逆相成分が生じているのは、後に述べるオールパス位相シフト回路を用いているためです。

(2) 4チャンネル・マトリックス・システム

　先ほどの方式を一般的には3−2−3方式と呼びます。これは、3チャンネル信号を2チャンネル・マトリックスとしさらに3チャンネルに復元するという意味があります。4−2−4マトリックスは、この3−2−3方式の延長線上にあり、1969年、ピーター・シャイバー(Peter Scheiber)が考案したとされています。以下の方程式で**10−4, 5式**で示されます。

エンコード時

$$L_t = 0.924L_f + 0.924L_b + 0.383R_f - 0.383R_b$$
$$R_t = 0.924R_f + 0.924R_b + 0.383L_f - 0.383L_b$$

（10−4式）

デコード時

$$L'_f = 0.924L_t + 0.383R_t = L_f + 0.707L_b + 0.707R_f$$
$$R'_f = 0.383L_t + 0.949R_t = R_f + 0.707L_f + 0.707R_b$$
$$L'_b = 0.924L_t - 0.383R_t = L_b + 0.707L_f - 0.707R_b$$
$$R'_b = -0.383L_t + 0.924R_t = R_b + 0.707R_f - 0.707L_b$$

（10−5式）

　このマトリックス式から分かることは、4つの信号のいずれもそれ以外の信号を−3dBのレベルで含んでいる、すなわちクロストークがあるということです。この式が登場してすぐ後に、日本の「サンスイ」社がQSマトリクス方式を提案しました。これは先ほどのシャイバーと等価式ではありましたが、リアチャンネルに含まれるクロストーク成分がオールパスネットワークの影響から逆位相として再生されることを抑制できる工夫がなされています。
　サンスイ方式では90度の相対位相変位を示すjが付加され、以下の方程式として示されます。

エンコード時

$$L_t = 0.924L_f + 0.383R_f + j0.924L_b + j0.383R_b$$
$$R_t = 0.924R_f + 0.383L_f - j0.924R_b - j0.383L_b$$

（10−6式）

デコード時

$$L'_f = 0.924L_t + 0.383R_t = L_f + 0.707R_f + 0.707L_b$$
$$R'_f = 0.383L_t + 0.924R_t = R_f + 0.707L_f + 0.707R_b$$
$$L'_b = -j(0.924L_t - 0.383R_t) = L_b + 0.707R_b - 0.707L_f$$
$$R'_b = j(0.383L_t - 0.924R_t) = R_b + 0.707L_b - j0.707R_f$$

（10−7式）

　CBSが提唱したSQマトリックスを次に述べますが、これは先の2方式と隣接チャンネルのクロストークについての扱いがまったく異なっています。

Section 3　ステレオ録音の基礎

　前方と後方ペアの左右のセパレーションは確保されており前方いずれかのクロストークは、両後方チャンネルに漏れ、逆に後方いずれかのクロストーク成分は、前方の両チャンネルに漏れます。
　SQのマトリックス式は、以下の方程式として表わされます。

エンコード時

$$L_t = L_f + 0.707R_b - j\,0.707L_b$$
$$R_t = R_f + j\,0.707R_b - j\,0.707L_b$$

（10−8式）

デコード時

$$L'_f = L_t = L_F + 0.707R_b - j\,0.707L_b$$
$$R'_f = R_t = R_f + j\,0.707R_b - 0.707L_b$$
$$L'_b = j\,0.707L_t - 0.707R_t = L_b + j\,0.707L_f - 0.707R_f$$
$$R'_b = 0.707L_t - j\,0.707R_t = R_b + 0.707L_f - j\,0.707R_f$$

（10−9式）

　QSとSQのいずれも1970年代にクロストーク改善のための様々な回路を付加しながら製品化が行なわれました。これらは、信号の中で最もレベルの高いチャンネルを検出しそれ以外のチャンネルを瞬時に抑圧すると言う考えでした。しかしこの方法は、動作の度に信号が変動する"ポンピング現象"を生じ、リスナーの期待に応えることが出来ませんでした。後に係数処理を応用した回路が登場し、これらは"ヴァリオ・マトリックス（Vario matrix）"や"パラ・マトリックス（Para matrix）"と呼ばれました。こうした回路の基本は、ある周波数帯域の中で相対レベルが最も高い信号が逆位相で隣接チャンネルに加えられ、クロストークを低減させるという考えです。連続した信号をこうした処理するには適切なアタックとリリースタイムが不可欠となります。適切な回路ではこうした処理が聴感上気にならずクロストークを抑制することが出来ます。「Dolby」社のプロ・ロジック（Pro-logic）方式は、そうした一例で、今日の映画音響制作や家庭でのホームシアター再生に利用されています。
　その他にもJ.クーパー（J. Cooper）＆日本コロムビアの「BMXマトリックス」が大変ユニークな方式です。この方程式はあまり一般のレコーディング・エンジニアには馴染みがないと思いますが、2チャンネルの伝送系の振幅と位相関係を表記した式です。今まで述べた4−2−4マトリックスの4チャンネル入力に囚われず入力信号は角度 θ で表わすことが出来ます。

$$L_t = \frac{1 + e^{j\theta}}{2}$$
$$R_t = \frac{1 - e^{j\theta}}{2}$$

（10−10式）

　出力は、θ' で定められる出力に応じて選択ができ、例えば標準4チャンネル方式であれば、入出力は、45度、135度、225度、315度の角度で、以下の式から導き出されます。

$$\theta' = \frac{L_t + R_t}{2} + \frac{(L_t - R_t)e^{-j\theta}}{2}$$

（10−11式）

4出力を等分の関係でデコードした場合にはBMXもQSと同様のクロストークを生じます。

一般にどのような方式の4−2−4マトリックスであれ、ステレオ再生時の両立性は十分考慮されています。LtとRt信号をそのままステレオ信号として再生できるからです。しかし厳密な点からいえば各方式によりわずかながらステレオ再現に差があるのも事実です。では、モノラルとの両立性についてはどうかといえば、"シャイバーQS方式"では、フロント成分と後方成分のバランス差が7.6dB生じますし、QSではアンバランスを生じることなくモノラル再生も可能です。

4. 高次マトリックス方式

先に4−2−4方式のマトリックスについて述べ、お互いのチャンネル間クロストークは、避けられないことを述べました。4−3−4マトリックスの場合は、4チャンネルの入力は、3チャンネルにエンコードされるわけですから、2チャンネルのエンコードよりセパレーションの良い条件となるはずです。

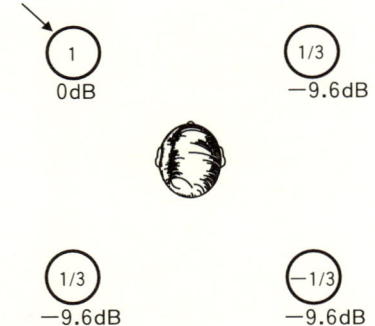

図10−5　4−3−4マトリックス
　　　　　信号が1スピーカーに入力したとしてそのストローク成分は9.6dB低く
　　　　　それ以外のスピーカーから再生。入力と反対側のスピーカーにつく印は逆相を示す

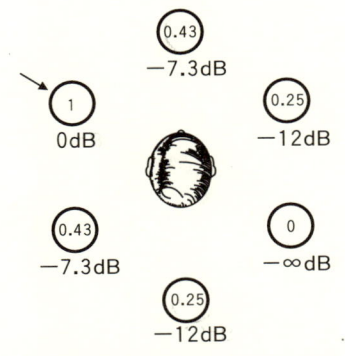

図10−6　クーパー／志賀の6−4−6マトリックス
　　　　　この方式ではクロストークが−7.3dBと−12dBの2種類発生する
　　　　　入力と反対面のスピーカーにはクロストークが出ない

Section 3　ステレオ録音の基礎

以下の式では、A，B，C，Dが4入力をX，Y，Zがエンコード信号を示します。

エンコード時

$$X = \frac{2}{3}(A + B)$$
$$Y = \frac{2}{3}(C + B)$$
$$Z = \frac{1}{3}(A - B + C - D)$$

（10-12式）

デコード出力は、以下のA'，B'，C'，D'で示されます。

デコード時

$$A' = X + Z = A + \frac{1}{3}(B + C - D)$$
$$B' = X - Z = B + \frac{1}{3}(A - C + D)$$
$$C' = Y + Z = C + \frac{1}{3}(D + A - B)$$
$$D' = Y - Z = D + \frac{1}{3}(C - A + B)$$

（10-13式）

　デコードされた信号にはそれぞれ－9.6dBのレベルを持つ他の信号成分がクロストークとして含まれていることになります（**10-5**参照）。クーパーと志賀はハーモニックス点（チャンネル数）が多くなればなるほど、位置情報も正確にに再現されるという水平面ハーモニックス理論を基にし、入力数、伝送系、出力の関係を振幅と位相角を考慮にいれることで、水平面内のマトリックス方式を普遍化しました。

　図10-6でその一例を紹介します。これは6-4-6方式という6チャンネル信号を4チャンネルにエンコードしまた6チャンネルにデコードしたマトリックスです。ここで出てくる"ペリフォニー（periphony）"という言葉は、M.ガーゾン（M. Gerzon）がマルチチャンネル・システムを検討した際に高さ情報を示すことばとして用いているものです。

　6-4-6のスピーカ配置は、4-2-4の場合と同様に4つは、リスナーを囲む水平面に配置され、残りの2個は、リスナーの上部と下部におかれます。入力信号A,B,C,D,E,Fは、W,X,Y,Zの伝送信号にエンコードされ、以下のような関係にあります。

エンコード時

$$W = \frac{2}{3}(A - B)$$
$$X = \frac{2}{3}(C - D)$$
$$Y = \frac{2}{3}(E - F)$$
$$Z = \frac{1}{3}(A + B + C + D + E + F)$$

（10-14式）

復元信号は、以下のA'、B'、C'、D'、E'、F'で示されます。

デコード時

$$A' = Z+W = A + \frac{1}{3}(C+D+E+F-B)$$
$$B' = Z-W = B + \frac{1}{3}(C+D+E+F-A)$$
$$C' = Z+X = C + \frac{1}{3}(A+B+E+F-D)$$
$$D' = Z-X = D + \frac{1}{3}(A+B+E+F-C)$$
$$E' = Z+Y = E + \frac{1}{3}(A+B+C+D-F)$$
$$F' = Z-Y = F + \frac{1}{3}(A+B+C+D-E)$$

（10－15式）

この式からわかるのは、すべての出力は、源信号の大きさを保っており、それ以外の成分も－9.6dBのクロストークとして含んでいることです。

この式は、第7章で述べたサウンドフィールド・マイクロフォンの原理でもあります。4－3－4方式や6－4－6方式は、基本的にクロストーク低減のための付加回路を必要とせずにそのまま使用することが出来るというメリットがあります。

5. マルチチャンネル再生のための信号処理

(1) 音源移動を行なうためのチャウニング(Chowning)法

J.チャウニングは、モノーラル音源を4スピーカ間で移動するための方法を提示しました。以下のようなパラメータをコントロールすることでそうした効果を得ることが出来ます。

1. 図10－1(c)で述べたようなパンポットによるレベル差を利用。
2. ドップラー効果を利用した接近、離反効果。
3. 全体を包み込むグローバル残響成分と特定の方向のみのローカル残響成分の効果。音源がオンマイクの成分であれば全体に均等なグローバル残響が効果的でしょうし、その分量は、距離rとして $1/r$, または $1/\sqrt{r}$ の関係となるのが自然な効果を得られるでしょう。

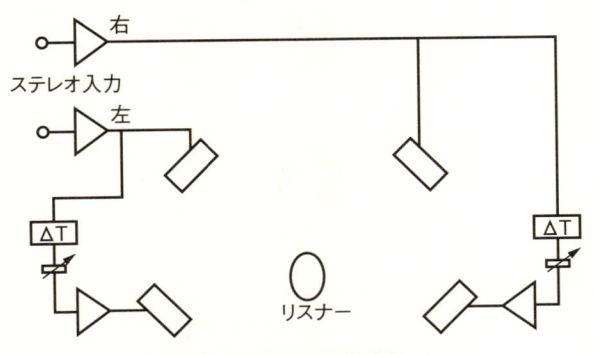

図10－7　マッセンによる疑似4ch
　　　　　各入力は遅延され側面から再生される

Section 3　ステレオ録音の基礎

逆に音源がオフマイクであれば$1-1/r$または$1-1/\sqrt{r}$の関係となるローカル残響成分を音源と同じ方向にのみ付加することでさらに奥行きを感じることができます。
　このように距離感は、直接音と残響成分の比として感じることが出来ます。

(2)　空気感(アンビエンス)を強調した録音法

　通常のステレオ録音でも音源の周りに生じる空気感をとらえるための多くの手法があります。これらのなかでも2チャンネル分をアンビエンス成分専用に録音し、音源の横か後方に配置する方法が多く用いられました。
　ステレオ音源だけの場合にこれらをディレイやリヴァーブを付加することで同様の効果を得る方法もあります。これらについては、後の信号処理編で解説します。図10-7に述べる方法は、ステレオ信号にディレイをかけ、それらを後方スピーカから再生する例です。先行効果によってオリジナル音源は、フロントに定位し、ディレイ成分が後方から再生されます。P.ダマスキ(P. Damaske)は、前方音源レベルより低いレベルのノイズを側方から発生した場合は、それが前方にあった場合にくらべてリスナーの妨害になる度合いが大きいと述べています。
　図10-8では、ステレオ信号にわずかの雑音を提示した場合横方向からの検知が著しいことを、また先行効果がフロントの音源を強調することを示しています。

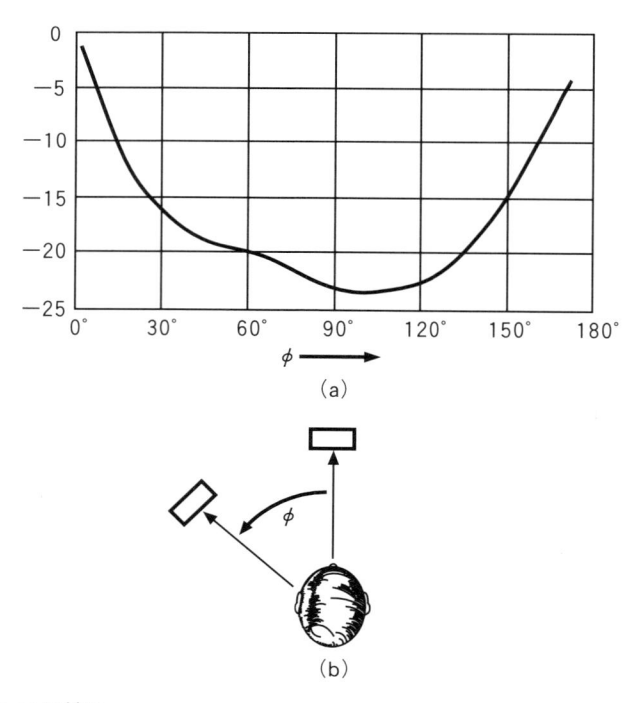

図10-8　ダマスキ効果
　　(a)のグラフはリスナー正面から角度ϕだけずれた位置にある音像がどの程度の妨害を与えるかを示している。(b)例として妨害用音源がリスナーから90～120度の範囲にあるとそれが正面にあった場合に比べ20～25dBも干渉することがわかる

〈第10章〉　　［参考文献］

1. B. Bauer, D. Gravereaux, and A. Gust, "A Compatible Stereo-Quadraphonic (SQ) Record System," *J. Audio Engineering Society*, vol. 19, pp. 638-641 (1971).
2. J. Chowning, "The Simulation of Moving Sound Sources." *J. Audio Engineering Society*, vol. 19, pp. 19-27 (1971).
3. D. Cooper and T. Shiga, "Discrete-Matrix Multichannel Stereo," *J. Audio Engineering Society*, vol. 20, pp. 346-360 (1972).
4. J. Cunningham, "Tetraphonic Sound." *db Magazine*, pp. 21-23 (December 1969).
5. P. Damaske, "Subjective Investigation of Sound Fields," *Acustica*, vol. 22, no. 4 (1967-68).
6. P. Damaske and V. Mellert, "A Method for True Reproduction of All Directional Information by Two-Channel Stereophony," *Acustica*, vol. 22, no. 3 (1969-70).
7. J. Eargle, "On the Processing of Two- and Three-Channel Program Material for Four-Channel Playback,"*J. Audio Engineering Society*, vol. 30, pp. 707-717 (1971).
8. J. Eargle, "Multichannel Stereo Matrix Systems: An Overview," *J. Audio Engineering Society*, vol. 19, pp. 552-559 (1971).
9. J. Frayne and H. Wolfe, *Elements of Sound Recording*, Wiley, New York (1949).
10. M. Gerzon, "Periphony: With-Height Sound Reproduction," *J. Audio Engineering Society*, vol. 21, pp. 2-10 (1973).
11. R. Itoh and S. Takahashi, "The Sansui QS Four-Channel system," presented at the Audio Enginnering Society Convention, Los Angeles, May 1972.
12. E. Madsen, "Extraction of Ambience Information from Ordinary Recordings," *J. Audio Engineering Society*, vol. 18, pp. 490-496 (1970).
13. O. Reed and W. Welch, *From Tinfoil to Stereo*, 2nd edn., H. Sams, Indianapolis (1976).
14. H. Reeves, "The Development of Stereo Magnetic Recording for Film," *J. Society of Motion Picture and Television Engineers*, vol. 91, nos. 10 and 11 (1982).
15. P. Scheiber, "Analyzing Phase-Amplitude Matrices." *J. Audio Engineering Society*, vol. 19, pp. 835-839 (1971).
16. *Quadraphony*, an anthology of papers taken from *J. Audio Engineering Society*, 1969-1975.

4

Section 4　録音システム
機器構成／メータリング／モニタリング

第11章　レコーディング・コンソール
1．はじめに
2．基礎となる概念
3．初期のステレオ・コンソール
4．初期の4チャンネル・
　　ステレオ・コンソール
5．4チャンネル・リミックス用
　　コンソール
6．スプリットタイプ・
　　コンソール
7．インライン・コンソールの発展
8．コンソール内の信号を
　　いかに損失なく保つか？
9．スタジオ周辺機器
10．コンソール・オートメーション

第12章　信号のメータリングと
　　　　適正運用レベル
1．はじめに
2．ダイナミックレンジ、ヘッドルームと運用レベル
3．VU（Volume Unit）メーター
4．ピーク・プログラム・メーター（PPM）
5．反応時間、指示の相違、テープ基準レベル
6．電子メーター
7．信号波形のピーク、平均、実効値
8．デジタルレコーダーの基準レベル
9．ステレオ・メータリング
10．クオドラフォニック・メーター

第13章　モニター・スピーカー
1．はじめに
2．モニター・スピーカーに必要な諸元
3．適切なスピーカー選択
4．モニター・システムとイコライザー

第14章　コントロール・ルームと
　　　　モニター環境
1．基本的な条件
2．スピーカーとその境界条件
3．反射成分のコントロール法
4．コントロール・ルーム設計の基本
5．コントロール・ルーム設計の実際
6．部屋の大小と音色

Section 4　録音システム―機器構成／メータリング／モニタリング

第11章　レコーディング・コンソール

1. はじめに

　音声伝送システムには、音声信号のミキシング、信号処理、出力選択、モニタリングといった機能が含まれています。今日一般的にコンソールと呼ばれる機器は、こうしたコントロールをデスク仕様にまとめ扱いやすくした構成のものを指しています。コンソールも電気録音の初期は、せいぜい1～2本のマイクロフォンを1つの出力に送るといった構成でラインアウトや出力バスという用語はシステムの主出力を示すために使われました。
　この時期のシステムは、大変簡単で、数個のツマミと信号監視用メーター、レコーダーへ信号を送るための選択スイッチ、と言った程度で十分でした。
　一方映画産業で使われたオーディオ・システムは、これらに比べてはるかに複雑な構成をしていました。それは、台詞、効果音、音楽を独立にミキシングし、1つのサウンド・トラックにまとめ上げる必要があったからです。
　こうした様々な必要性は、ミキシングコンソールに独自の仕様、構成を求めました。
　例えば、SR(Sound Reinforcement)、ラジオTV放送、映画、ビデオ・ポスト・プロダクション、そして音楽録音といった分野です。
　各々は独自の要求から専用の機能を必要とし、やがてそうした操作に最適化されたコンソールの世界が出来るようになりました。ここでは、音楽録音のためのミキシング・コンソールがどのように発展し、どのような音楽制作の要求が今日の複雑高度なコンソールを生み出してきたのかを述べることにします。詳細にはいる前には、それらの基礎概念となる等価入力雑音、表示記号、パッチベイ、負荷の整合、結合、オペアンプ、入力回路、分配ネットワークなどについて述べることにします。

2. 基礎となる概念

(1)　等価入力ノイズ(Equivalent Input Noise)

　どのようなオーディオ・システムであれノイズと歪みによって最低限レベルと最大限レベルが規定されます。適切なシステムのS/N比を設計時でもコントロール段階でも、保つための要は入力にあります。システムのノイズをどのように下げるかは限界があり、マイクロフォンのような入力変換器の持つ抵抗値からみた初段増幅回路の入力抵抗に影響されます。
　これは、入力回路の熱ノイズすなわち抵抗体内部の分子が熱によって活動する結果生じる熱擾乱ノイズの大きさを左右しています。入力の熱ノイズ電圧は、以下の式で示されます。

$$E = (4kTR\Delta f)^{\frac{1}{2}}$$

ここでkはボルツマン定数で 1.38×10^{-23}J/K（ジュール／ケルビン）
Tは温度、Δfは測定時に用いる周波数帯域、Rは、入力抵抗値です。
一般的にT=300°K（80°F）で、R=300Ω、帯域を20kHzまでとして0.3μVrmsすなわち1Vを基準電圧として－130dB低い値となります。この値はあくまで理論値ですから実際はこれより高い電圧値となります。

ダイナミック・マイクロフォンの場合は、コンソールの入力段と深い関係にありコンデンサーマイクロフォンの場合は、ハイ・インピーダンス段が関わってきますので、入力段以前のマイクエレメント自体が関係することになります。

図11－1には、EIN（Equivalent Input Noise）の測定法が示してあります。メーカー測定では、A-ウェイティング特性が多く、基準抵抗が明記されます。測定値はdBm単位で示す場合が多く、その場合－126～－129dBmの範囲にあるのが一般的です。

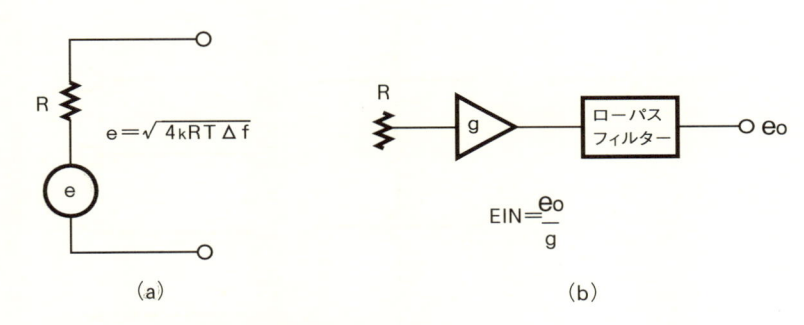

図11－1　等価入力換算ノイズ
　　　　（a）は直列につながれたノイズレス抵抗と発生ノイズの模式図
　　　　（b）はその測定回路

（2）　ダイアグラム表示記号

コンソールの系統を記号で表そうとした場合、世界標準となる表記法は残念ながらありません。メーカー毎に独自の表記記号を使用しているのが現実です。しかし、経験豊かなエンジニアになればどれでも読むことが出来ます。図11－2に示すのは、代表的な表記記号です。

(a)は固定ゲイン増幅回路を示します。ゲイン可変タイプは(b)のように示されます。(c)、(d)にはフェーダーやボリューム・コントロールを示します。これらが連動やグループ化された場合は、(e)の表記となります。(f)にはパンポット表記を示します。信号処理部は、(g)のように箱で囲い中にその機能が表記されます。(h)は、終端、負荷抵抗を表わしますが最近の回路ではほとんど使用されません。(i)は配線を(j)には結合点や基準点短絡点などの表記を示します。(k)は、トランスを示しバランス結合に使われています。(l)はメーターを表わしています。

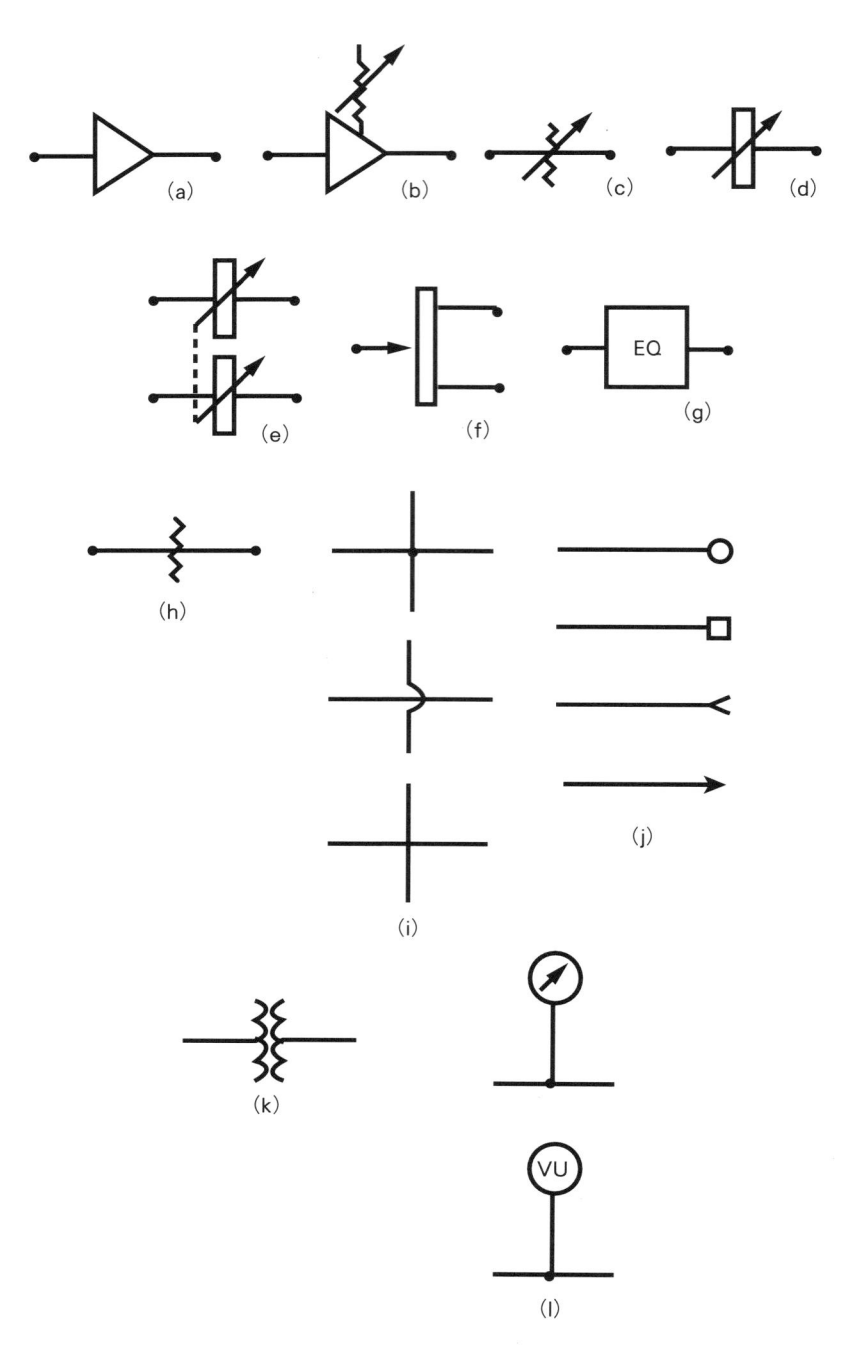

Section 4　録音システム―機器構成／メータリング／モニタリング

図11－2　各種記号表記
　　　　（a）増幅回路、（b）可変増幅回路、（c）（d）フェーダーまたは音量調整器
　　　　（e）グループフェーダー、（f）パンポット、（g）信号処理回路、（h）終端抵抗
　　　　（i）配線、（j）結線箇所、（k）トランス変換器、（l）レベル・メーター

Section 4　録音システム―機器構成／メータリング／モニタリング

(3) パッチベイ

　今日のコンソールは大抵実用性の高いパッチベイを備えています。ここを介することで様々な信号のやりとりや回路の再構成が可能です。パッチベイは、ジャックベイまたはジャックフィールドとも呼ばれます。　**図11－3**に例を示し、(d)のような配線をノーマルと呼びます。それは何もしないと信号が上から下に流れ、どちらかにパッチコード用を入れると信号を取り出すことができ、再構成が可能となります。

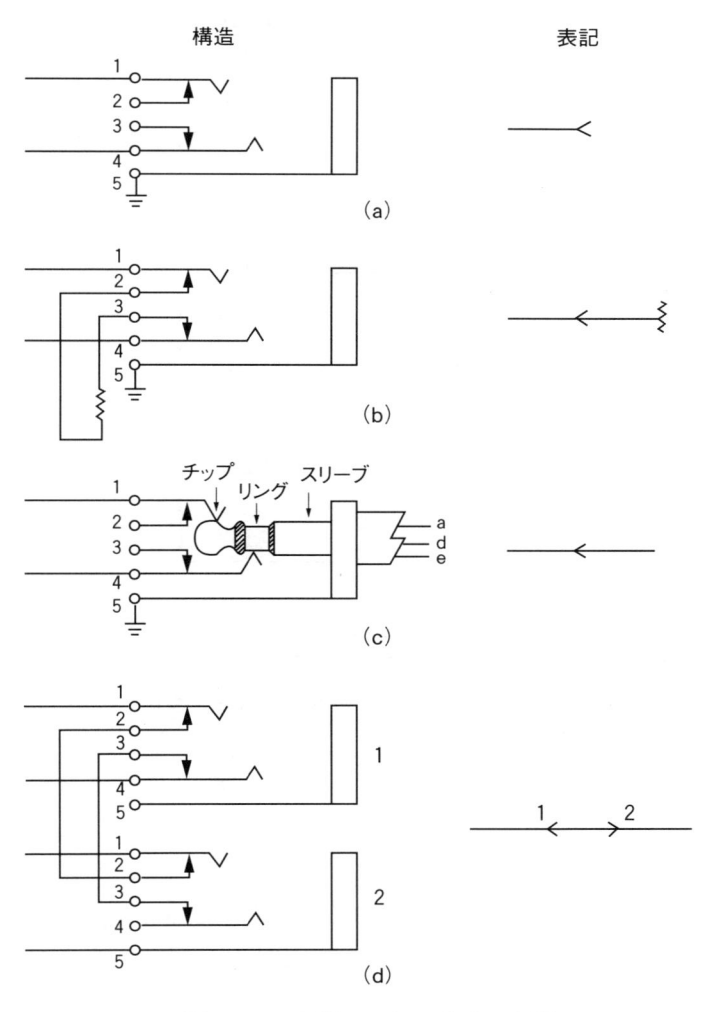

図11－3　各種パッチベイとその表記

(4) 負荷の整合と結合

　初期のコンソールでは、各増幅段の負荷と名目出力インピーダンスが等しくなるように設計しましたので負荷によって出力電圧が変動することになります。これを避けてコンソール内部を正しいレベルで伝送させるためには常に適正負荷を考慮しておかねばならないことになります。この負荷は、600Ωが永く使用されました。しかし1960年代になるとこの考え方は、負荷結合の考え方に座を譲っていきました。この考えとは、全ての増幅段出力は、ロー・インピーダンスで、入力段はハイ・インピーダンスで設計する考え方です。この考えの利点は、多くの増幅系を信号が経由しても電圧降下、レベル変化を生じないと言う点にあります。では600Ω負荷整合の考え方が一掃されたのかといえば、そうではなく回路のレベル・ダイアグラムや信号レベルの表示にはdBvが使用されています。これは600Ω負荷に1mWの基準電力を発生させるに必要な電圧0.775Vを基準にしています。さらにメーカの多くは、出力電圧レベルを600Ω負荷で換算した値を採用し、数字の上では電力レベルdBvと同じになってしまいます。

　負荷整合方式では回路の内部抵抗が600Ω以下であれば、**図11－4(a)**に示すようにそ

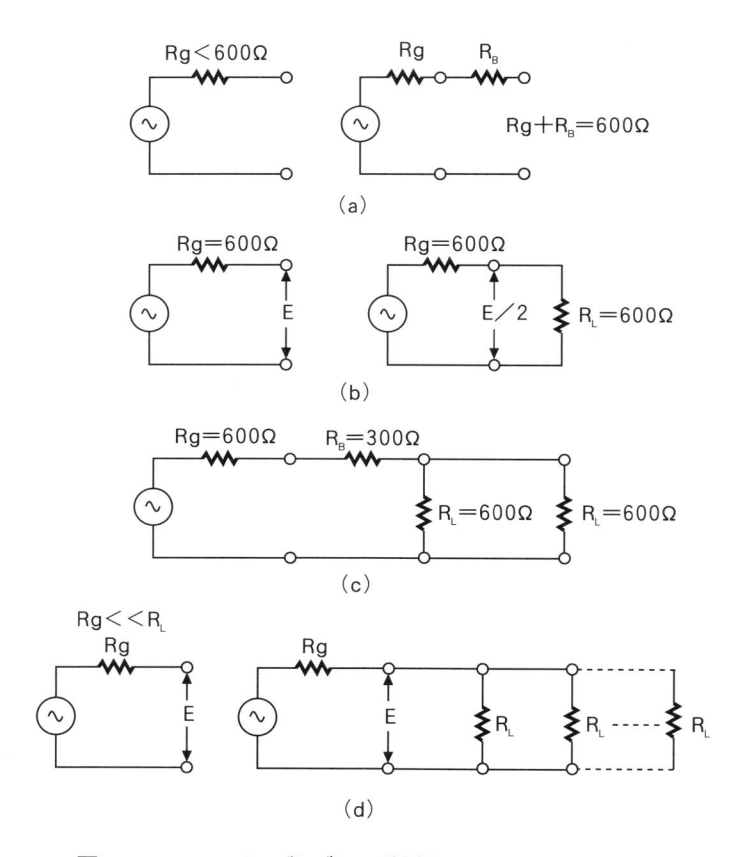

図11－4　マッチングとブリッジ接続
　　　　(a)～(c)がマッチング、(d)がブリッジ接続法

の値になるまで新たに負荷抵抗を直列にいれて補正をしていかなければなりません。(b)の例のようにインピーダンス整合がとれていた場合、出力電圧は半分になります。(c)のように分割負荷が1つの回路で行なわれているとこれも600Ωに整合するための補正抵抗が必要です。

　比較のために(d)には負荷結合方式を示しますが、Rg は Rl よりはるかに低い値です。図のように多くの出力負荷を取り出したとしてもなんの影響もありません。

(5) オペアンプ

　オペアンプは、今日のコンソールに多く使われている信号処理、ルーティング用素子でこの名前の由来は数学的な機能である加算、減算、乗除、を行なうところから命名されています。図11-5(a)に示すのがオペアンプの基本です。特性は、無限大のゲイン、無限大入力インピーダンス、ゼロ出力インピーダンスです。代表的なオペアンプの特性は、100～110dBのゲイン、10MΩの入力インピーダンス、数Ωの出力インピーダンスでほぼ理論値に近いといえます。図11-5(b)には反転オペアンプの構成例を示します。ここで外部接続した抵抗 R_f と R_i の比がゲインとなります。(c)に示す例は非反転オペアンプを、(d)にはゲインが1:1の加算回路の例を示します。

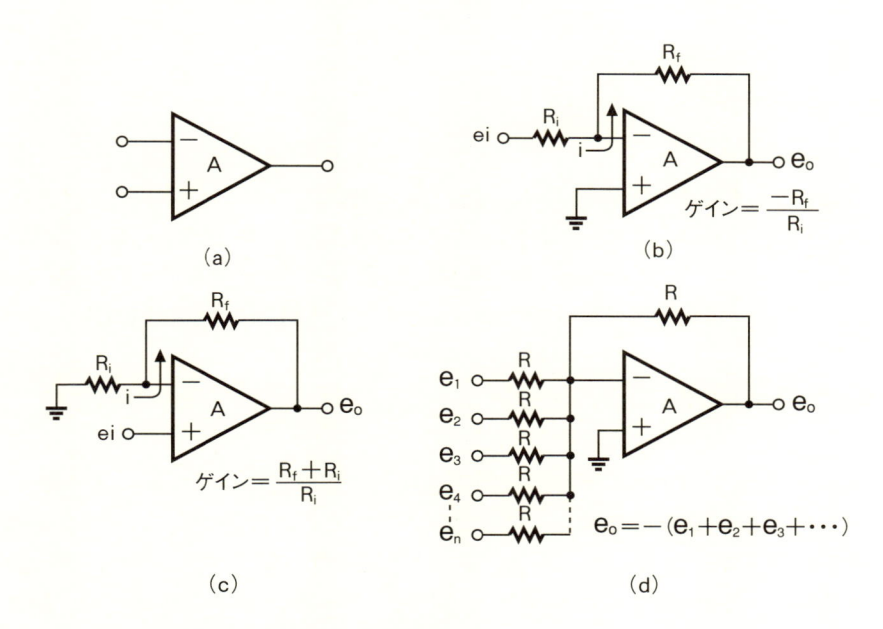

図11-5　オペアンプ(増幅器)
　(a)は表記、(b)は反転オペアンプの接続と利得
　(c)は非反転オペアンプの接続と利得
　(d)は利得が1:1の加算オペアンプを示す

(6) 電子バランス入力回路

　最近のコンソールは、従来使用していた高価なトランス入力に替えて電子バランス回路を採用しています。この例を図11-6に示します。マイクロフォン出力は、1kΩの抵抗を持った2入力に接続され、マイクロフォン側からみて2kΩの負荷となります。グランドからみて2本の信号はバランスになっており、この回路は入力段での歪みを防止するための可変ワイドレンジ・アンプとして動作しているといえます。

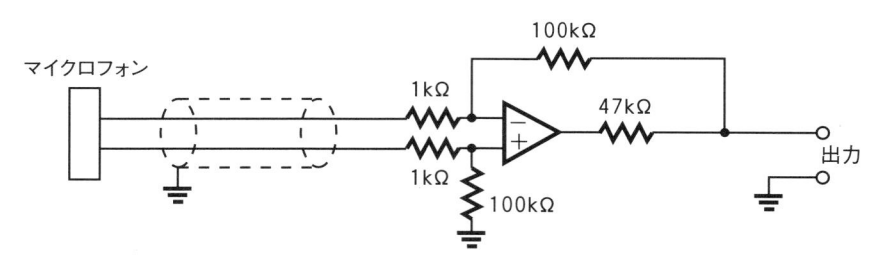

図11-6　オペアンプを用いた電子バランス回路

(7) アクティブ加算ネットワーク

　図11-7(a)に示すのが、その例です。(b),(c)の例は、コンソール・ダイアグラムでよく用いる表記例です。(b)に示したようなクロスバー表記が一般的で、○印点が信号の分配先を示しています。こうしたネットワーク回路は、通常ゲインを持ちません（unity gain）。出力は、バスアウトからフェーダを経てライン出力アンプへ接続されています。

3. 初期のステレオ・コンソール

　図11-8に示すのは、1950年代初期に開発された、2トラック・ステレオ・レコーディング用コンソールの代表的な構成です。ここでコンソールの主要機能である3セクションを理解することが出来ます。すなわち入力部、出力部、モニター部です。入力は、最大で12チャンネル程度で、各チャンネルはパンポットを持ち、ステレオ・バスに接続されています。モニター部は、ステレオ・バス側をモニターするか、ステレオ・テープレコーダーの出力をモニターできます。その他に付属機能としてスタジオとのコミュニケーションをはかるトークバックやテープレコーダーにクレジットを記録するスレート機能などが備えられています。これら基本機能は、今日の簡易ステレオミキサーの中に十分反映されています。

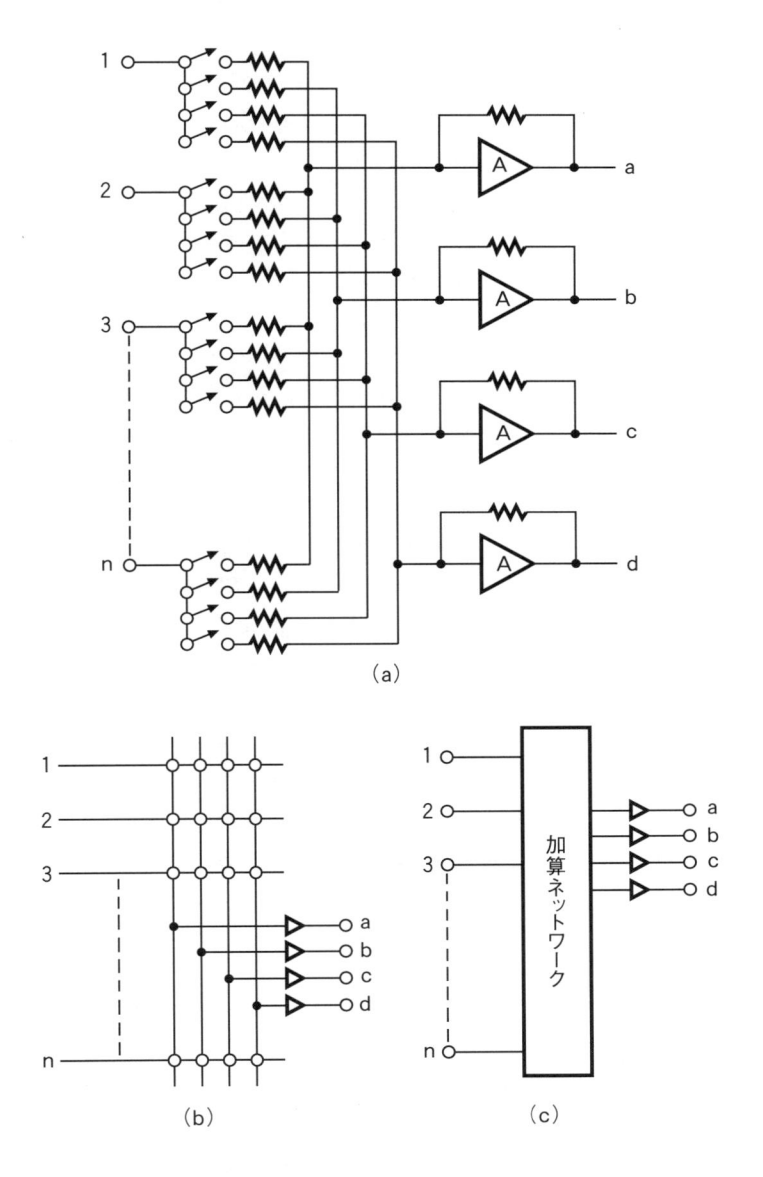

Section 4　録音システム―機器構成／メータリング／モニタリング

図11-7　加算回路
(a)〜(c)は同じ内容を示している

Section 4　録音システム－機器構成／メータリング／モニタリング

4. 初期の4チャンネル・ステレオ・コンソール

　1960年代初期、多くのレコーディング制作には、1/2インチの磁気テープに3～4トラックが録音可能な録音方式を採用しました。この方式は、録音したトラックを専用のスピーカーでモニターできる機能を開発しました。この頃のスタジオ・コントロール・ルームの上部に3～4のモニター・スピーカーが設置されているのはそのためです。図11－9に示すのが、その例です。ここでも、回路は3つの機能に分類することが出来ます。すなわち、入力部、マスター部、モニター部です。こうした設計をスプリット配置方式と呼びます。トラック数の増加は、プロデューサーやエンジニアがソロ楽器、ベースライン、その他を録音した後でより微妙な音楽バランスを追い込んでいく余地を与えました。そのことはさらなるトラック数の増加を生み出していくことになります。

　入力部は、マイクロフォンのようなロー・レベルとラインのようなハイ・レベル入力を切り替えて使え、その後イコライザー部を経てフェーダーに接続されます。またリヴァーブ機器に送るための信号系がフェーダーの前後から取り出せます（通常はフェーダーの後から取り出すことで常にフェーダー・コントロールと一定の関係を保った信号を使用しますが、特殊な効果を得る場合はフェーダー前から取り出すことで信号を独立にコントロールできます）。

　出力部にはサブマスター・フェーダーがありここで4トラック・レコーダーに送る適正レベルを調整します。リヴァーブのリターンは、サブマスターを経由せず直接マスターに割り込んでいます。このリターンを左右逆に接続すると左の直接音とそのリヴァーブ成分が右から聴こえるといった効果を得ることもできます。当時の4トラック・レコーダーにはアンペックス（Ampex sel-sync）のように、録音済みのトラックを聴きながら別トラックに録音できるオーバーダビング機能がありました。こうした録音を行なうには、コンソールの接続を変更してやらなくてはならずエンジニアにはめんどうな作業となりました。

　モニター部は、通常入力を聞くか、テープレコーダーからのリターンを聞くかの切り替えがあり、ステレオの完成テープを作るためのリミックスは、専用のポスト・プロダクション・ルームで行なわれました。

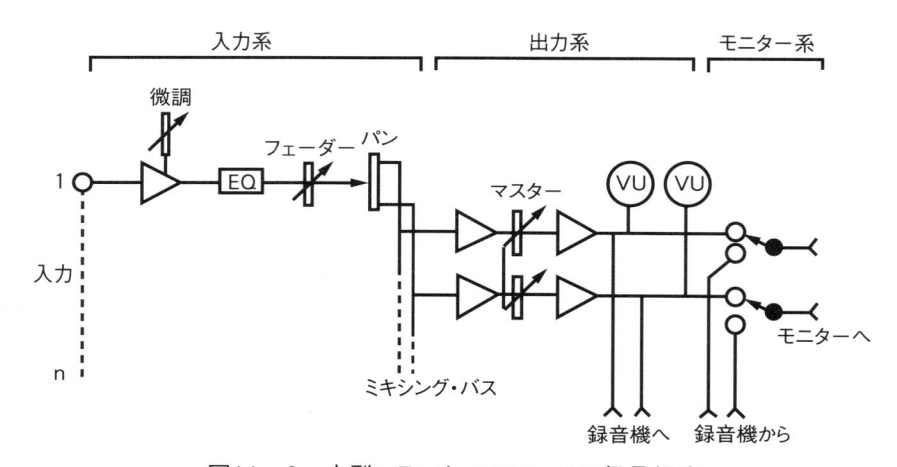

図11－8　小型ステレオ・コンソールの信号経路

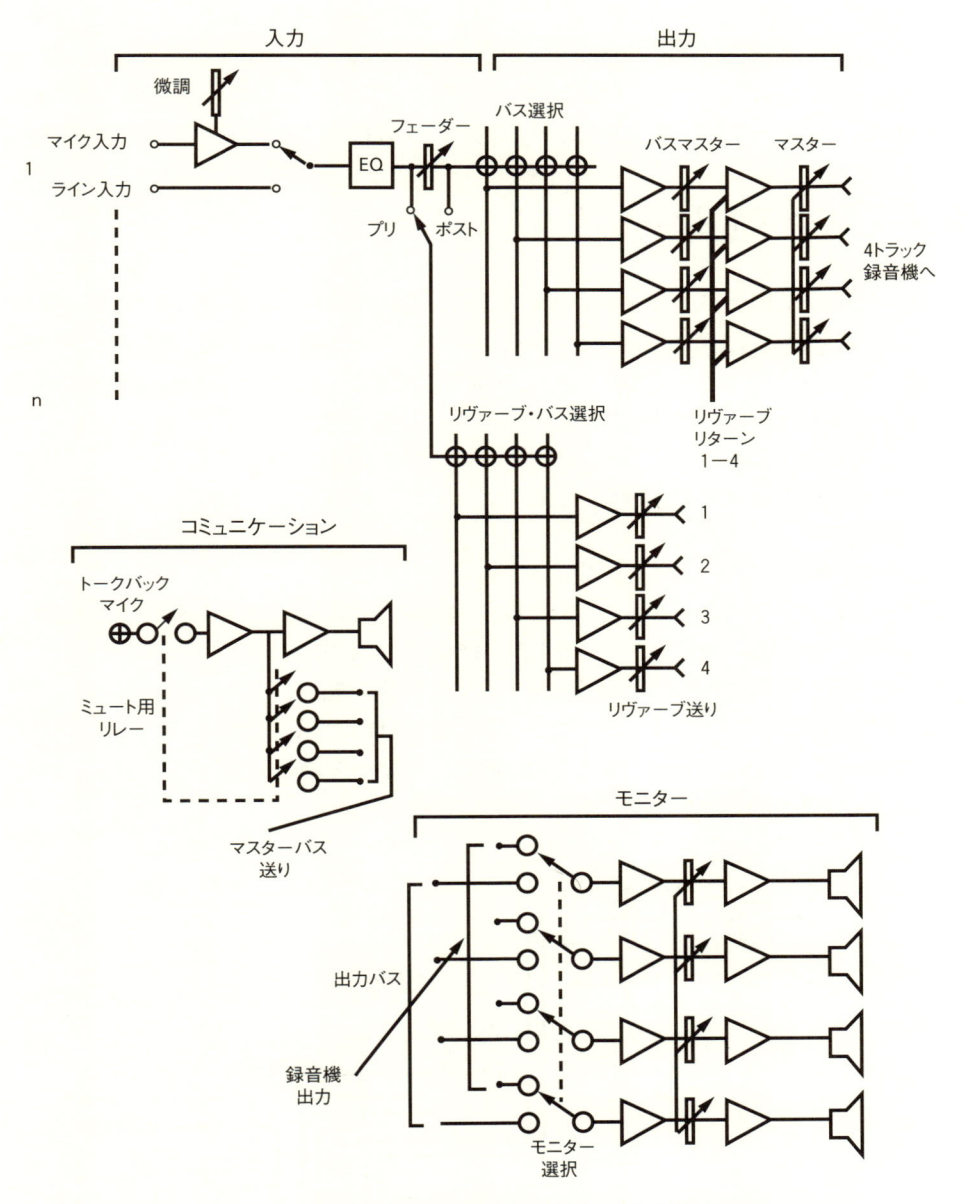

Section 4　録音システム―機器構成／メータリング／モニタリング

図11-9　4ch対応録音用コンソールの信号経路

5. 4チャンネル・リミックス用コンソール

　4チャンネルで録音された素材は、専用のリミックス・コンソールで、2チャンネルのステレオマスターにミキシングされました。この例を**図11－10**に示します。4トラックテープレコーダーからの音は、それぞれ個別にイコライザー、コンプレッサーが備えられ、また必要に応じた外部機器がパッチベイを経由して接続できます。録音時に原音のままで記録した素材は、リヴァーブを付加することができ信号送りは、プリ／ポストが選択出来ます。

6. スプリットタイプ・コンソール

　1960年代に出現したビートルズを始めとする多くのポップ・ロック・グループは、彼らの音楽制作の要求から新たなマルチトラック・レコーディング技術を必要としました。その結果8トラックから16トラックそして24トラックと拡大をしてきました。こうした録音に対応するためコンソールも以下のような機能の拡充が計られたのです。

1. 各入力別の信号処理機能の充実のため、イコライザー、フィルター、ノイズゲイトが標準装備。
2. ステレオ・バスとパンニング機能。
3. テープリターンのステレオ・モニタリング機能。これはいままでの4トラック録音のようにトラック専用のスピーカーを設置出来ないためです。
4. オーバーダビングやピンポン録音に便利な機能の充実。
5. スタジオでのヘッドフォン・モニターが可能なAUXバスの充実。
6. レコーディング用コンソールの多機能化。すなわち録音が終了すればミックスダウンやポスト・プロダクションにも使用可能な機能。

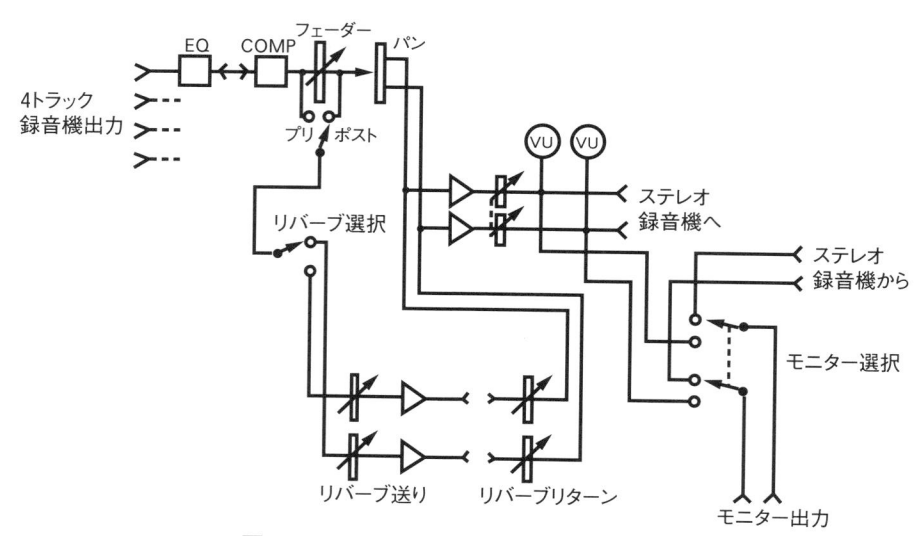

図11－10　4ch対応ミックスダウン用コンソール

Section 4　録音システム—機器構成／メータリング／モニタリング

　図11-11～13には、比較的簡単な構成の24バス対応のコンソールのユニットを示しました。これらの信号の流れについては、図11-14～16に示しています。大文字でマークしてある部分はそれぞれ関連した操作と信号系を示しています。

(1) 入力モジュール

　24バス対応のコンソールは、36チャンネル規模となるのが標準です。各モジュールは1本ずつ独立し図11-11(a)～(c)が収まっています。
　上部モジュール(a)から説明しますと、Aの＋48は、コンデンサー・マイクロフォン用のファンタム電源です。Bのトリムコントロールは、入力レベルを適正に設定するためのツマミでCのLIというスイッチはマイク入力とライン入力の切り替えスイッチです。

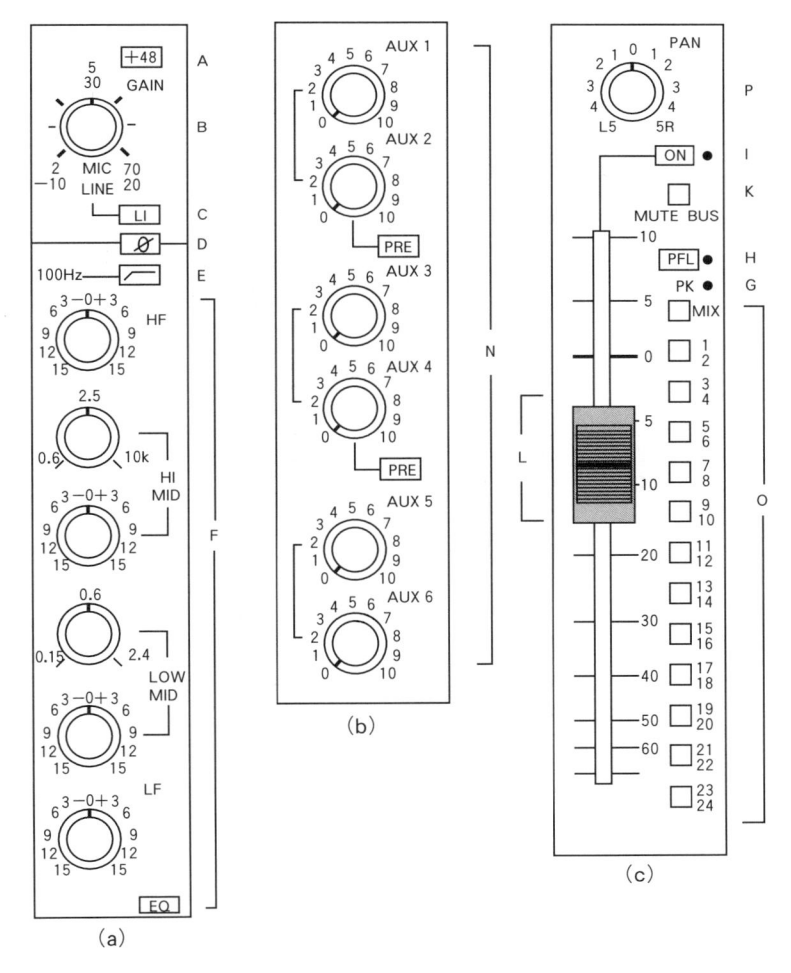

図11-11　スプリットタイプ・コンソールの入力モジュール例（サウンドクラフト社提供）
　　　　　(a)上部モジュール、(b)中間モジュール、(c)フェーダーモジュール

Section 4　録音システム―機器構成／メータリング／モニタリング

　ここは、シンセサイザーやライン出力レベルの楽器の録音、ミックスダウンではマルチトラック・レコーダーの出力が接続されます。Dのφは、入力の極性反転スイッチです。これは接続ケーブルの極性が異なっていたり、音源のダイレクト出力とマイクロフォン出力の位相を整えたりするのに有益です。その下のスイッチEは100Hz以下をカットするハイパス・フィルターです。

　Fの6個のツマミは、イコライザー・セクションで、高域と低域は固定周波数、2つの中域は周波数可変です。**図11－15(b)**の中間モジュール部には、6個のAUXセンド用ツマミがあります。1～4までは、プリ／ポストの切り替えがあり5～6はポストフェーダー専用です。

　スタジオのミュージシャンはプリフェーダーでヘッドフォンモニターすることで、エンジニアのコントロールとは独立したモニターが出来ることを好みます。

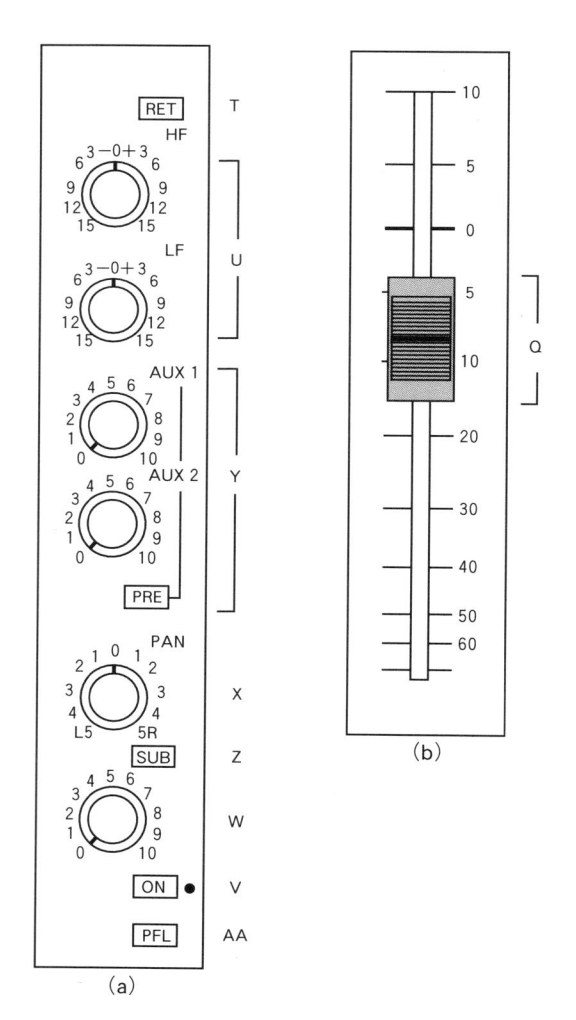

図11－12　スプリットタイプ・コンソールの出力モジュール例（サウンドクラフト社提供）
　　　　　（a）上部モジュール、（b）フェーダーモジュール

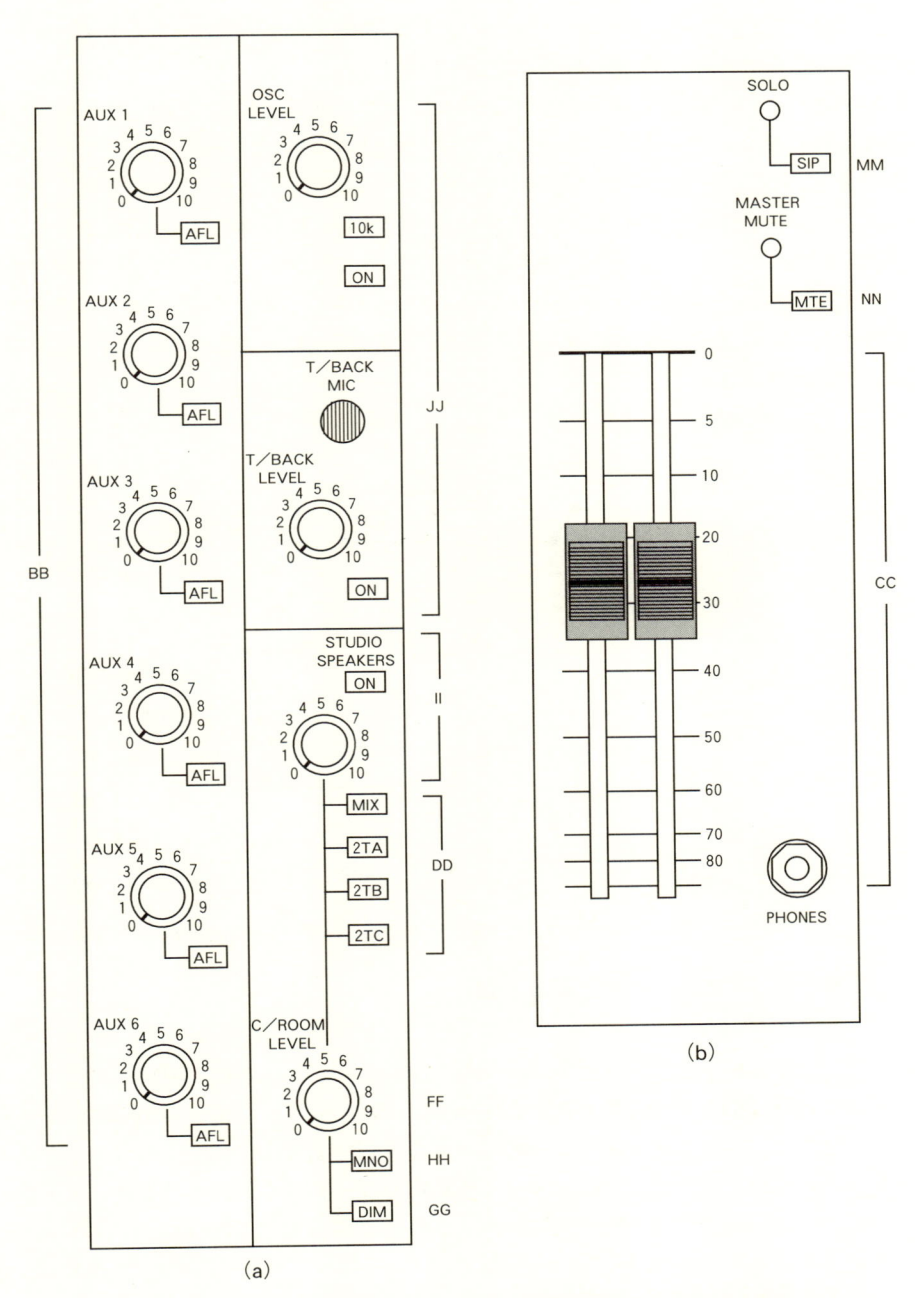

Section 4 録音システム—機器構成／メータリング／モニタリング

図11—13 マスター/モニター・モジュールの例(サウンドクラフト社提供)
(a)上部モジュール、(b)フェーダー・モジュール

Section 4　録音システム―機器構成／メータリング／モニタリング

　5～6は主にリヴァーブ送りに使用されます。これらの信号は、**図11-14**のM点を見ると分かるようにイコライザーの前後から選択出来ます。
　図11-15(c)フェーダー部に移ると、G点のPK印のLEDは、入力がクリップ点から6dB以内になると点灯するピーク・インジケータです。これが頻繁に点灯するようであれば入力トリムを調整して歪みを防止しなくてはなりません。
　図11-14のI, J, K点はチャンネルのオン／オフ、H点は単独で聞くためのソロ機能で、PFL(プリ・フェーダー・リッスン)と示しフェーダ前の入力信号をモニターするためのスイッチです。これは、チャンネルに送られている信号が正常かどうか、どこからノイズがでているのかといったトラブルチェックにも役に立ちますし、動作中でも録音系になんらの影響を及ぼしません。フェーダーは、まさに信号のレベルコントロールですべての作業の要です。パンポットは信号をステレオバスのどこに定位させるのかをコントロールします。24バスのどこに信号を送るかは、バス選択スイッチでコントロールします。またMIXバスにも送ることが出来ます。

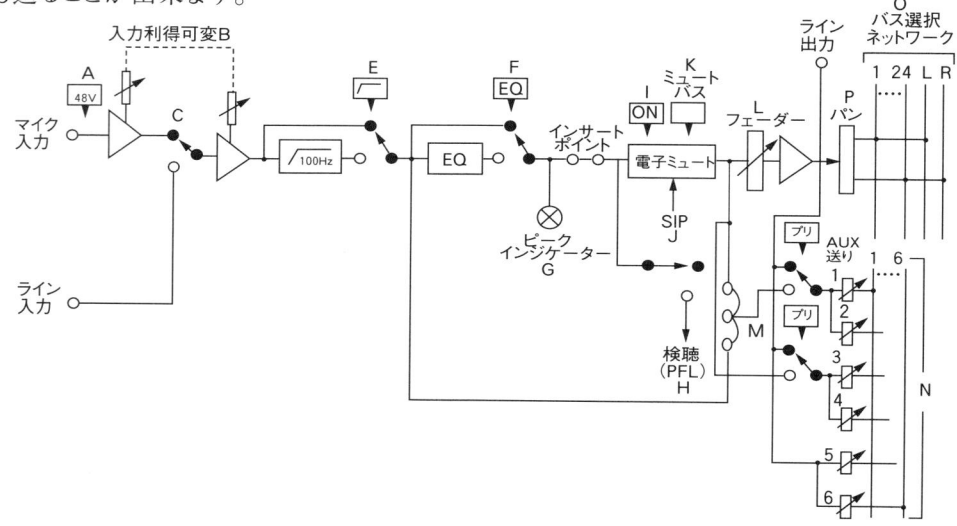

図11-14　「サウンドクラフト」社の入力モジュールのダイアグラム

(2)　グループ／マスター・モジュール

　24バスの出力は1:1で24トラック・レコーダーに接続されています。**図11-13**にマスターモジュールの例を**図11-15**にダイアグラムを示します。グループやバス出力はネットワークP点に入力され、各マスターレベル・コントロールを経て最適レベルとなりマルチトラック・レコーダーに送られます。S点にはマルチトラック・レコーダーからの再生リターンが送られます。T点のスイッチで両者の切り替えが行なわれます。U点の簡単な2バンドのイコライザーとV点の信号オン／オフ・スイッチ、W点のロータリー・フェーダーは、X点のパンポットを経由して、ステレオMIXバスに送るレベルをコントロールしています。Y点のAUXは2つありヘッドフォンモニターやリヴァーブ送りに使用でき、Z点のSUBスイッチは、グループ出力を再度まとめる場合に利用しますが、リミックス時の特別な回路構成を組む場合などに使用出来ます。

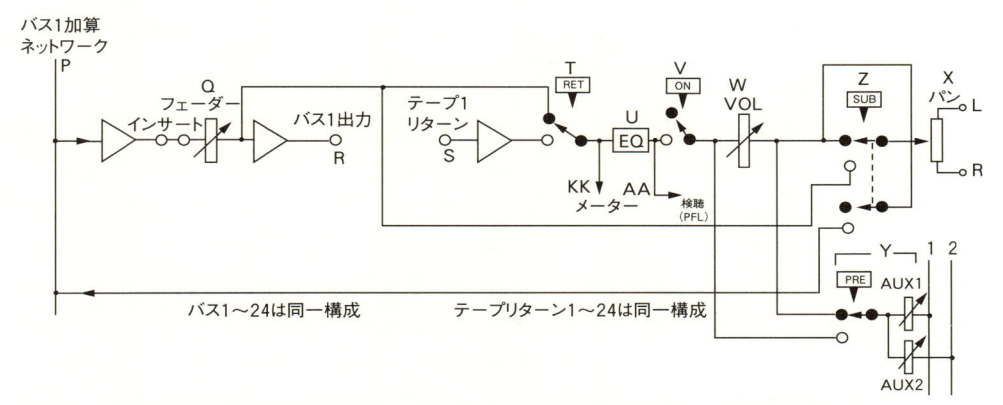

Section 4　録音システム―機器構成／メータリング／モニタリング

図11－15　「サウンドクラフト」社コンソールの出力モジュールのダイアグラム

(3) マスター／モニター・モジュール

　図11－13にモジュール例を**図11－16**に信号系統を示します。6個のツマミは、AUXセンドのマスターで、これらがヘッドフォン・アンプやリバーブ機器に送られています。AFLはそれぞれの信号が確実に送られているかをモニターする機能です。L－RのMIXバスは2個のフェーダーでコントロールされ2チャンネル・レコーダーに接続されています。モニター・セクションには、ステレオバスの出力か3台のマスターレコーダーからの出力を切り替えてモニターします。モニタレベルのコントロールには音量を一定レベル下げるディマーやステレオMIXをモノラルでチェックする機能があります。トークバック・マイクや発信器の基準信号をグループやAUXバスに割り込ませる機能、メータリング用のバスなども必要です。当時のソロ機能は押したチャンネルのみが本線に出るため、ステレオ・ミックスダウンのときは使うことが出来ませんでした。ミュート機能を働かせる場合は、ミュート・マスターをオンします。

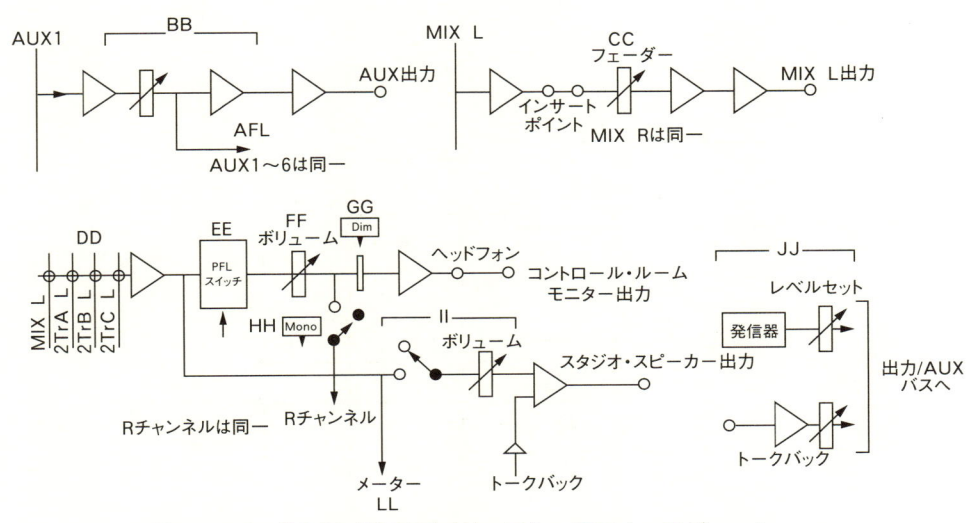

図11－16　「サウンドクラフト」社マスター/モニターモジュール

7. インライン・コンソールの発展

　マルチトラック・レコーディングが主流の現在では、録音系とモニター系が一体となったインライン・コンソールが広く使われています。かつてのマスター・コントロール部分はチャンネル・モジュールに取り入れられ、複雑高度化の割にコンソールは集約化が計られてきました。I/Oモジュールと呼ばれるモジュールがその中核で入力、バスアサイン、マルチトラック・リターンなどがまとまっています。図11－17に示すのが基本的な構成です。チャンネル・バスと呼ぶ部分は入力信号をマルチトラック・レコーダーに送る役目をしています。モニター・バス部はマルチトラック・レコーダーからの信号をコントロールする役目を持った部分です。図のようなチャンネル・バスであれば録音される信号は何等の手を加えないオリジナルのままが記録され、モニターバスで様々な信号処理がなされる構成です。これにより録音とラフMIXが同時に行なわれていることになります。

　図11－18では、チャンネル・バスに信号処理が入り、マルチトラック・レコーダーか直接2トラックのMIXバスにアサインできます。イコライザーやフィルターなどの信号処理機器をバスのどちらかに移動することをスワップと呼び、図11－19に示す接続で行なわれます。これらが可能なのはラージフェーダー、フィルター、イコライザー、ダイナミックスなどの信号処理機能です。マルチトラック・レコーダーへの出力はどのような組み合わせも出来ますが、マルチトラック・レコーダーからのリターンは通常チャンネルの数字と対になって固定接続されています。それ以外のトークバックやモニターコントロールなどは先ほどのスプリット・タイプと同様です。図11－20に示したのは、今日の複雑なインラインI/Oモジュールの構成です。A点で入力された信号は、チャンネル・バスを流れB, C, D, E点での処理がスワップ機能により行なわれ、F点でパンニングされた後、G点でマルチトラック・レコーダーへのアサインされます。AUXセンドは、H点で行ないJ点でレコーダーに送られます。その信号はK点に戻ってモニター・バスに流れます。

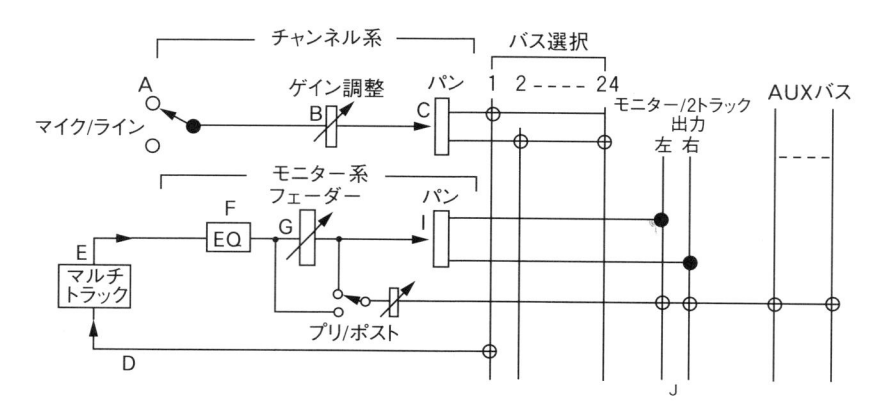

図11－17　マルチトラック録音用インライン・コンソールI／Oモジュールのダイアグラム

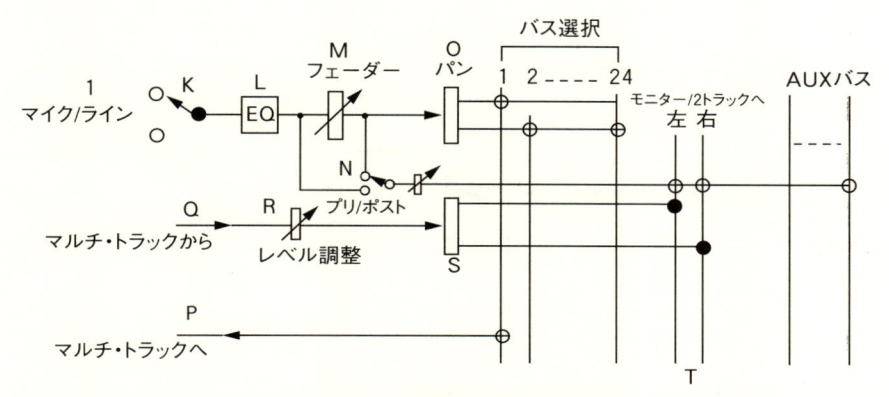

Section 4 録音システム―機器構成／メータリング／モニタリング

図11−18 インライン・コンソールを機能反転した場合の信号経路のダイアグラム

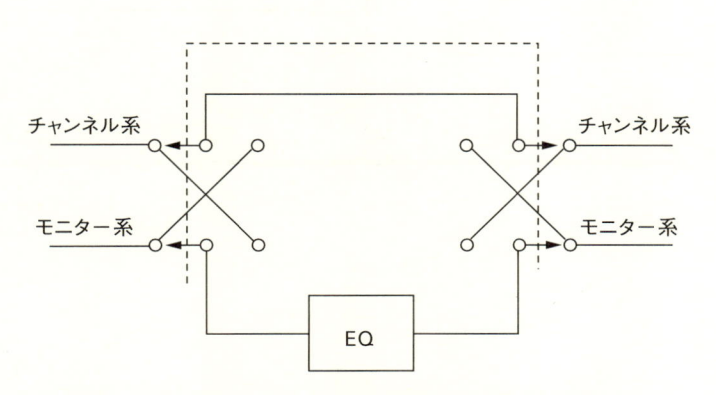

図11−19 I/Oモジュールの機能反転スワップ機能

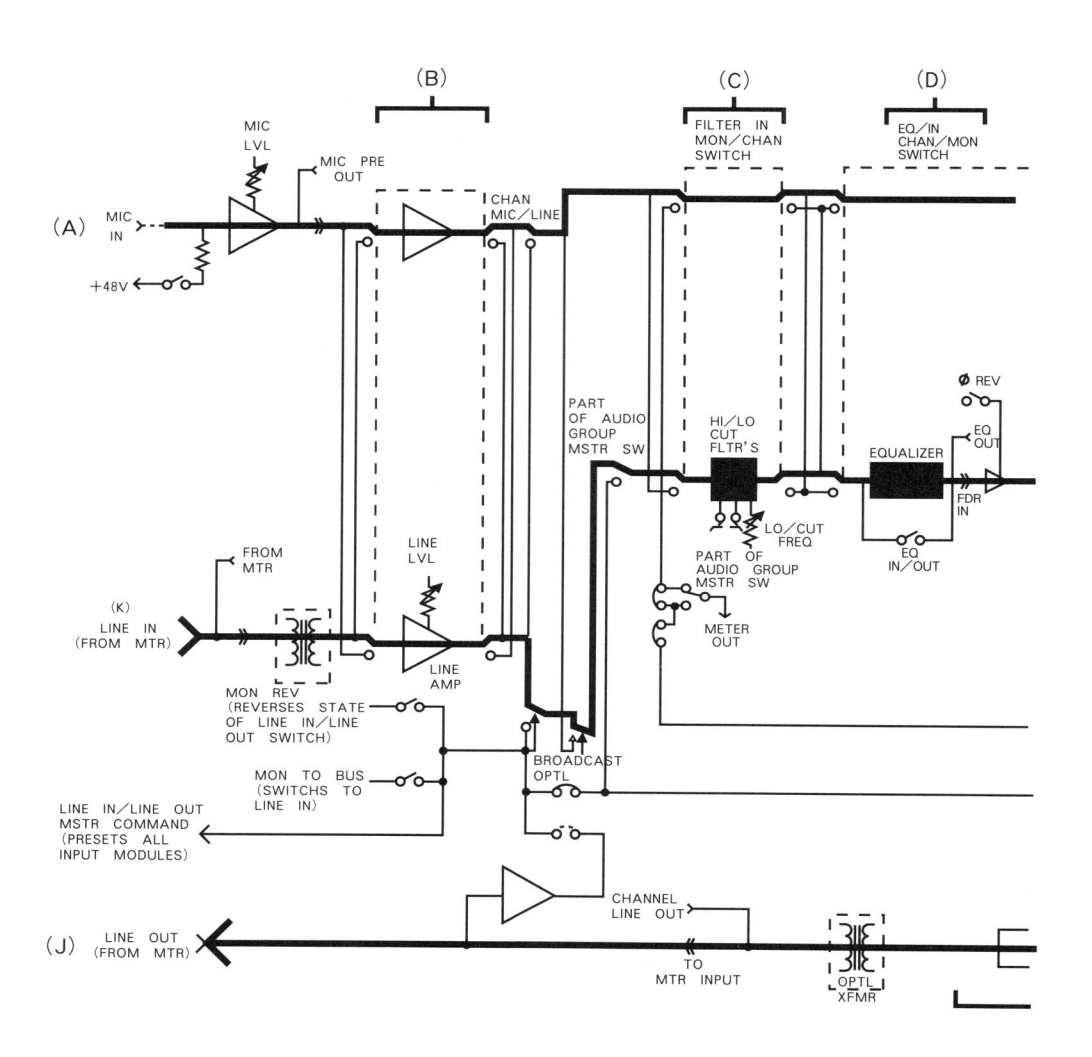

Section 4　録音システム—機器構成／メータリング／モニタリング

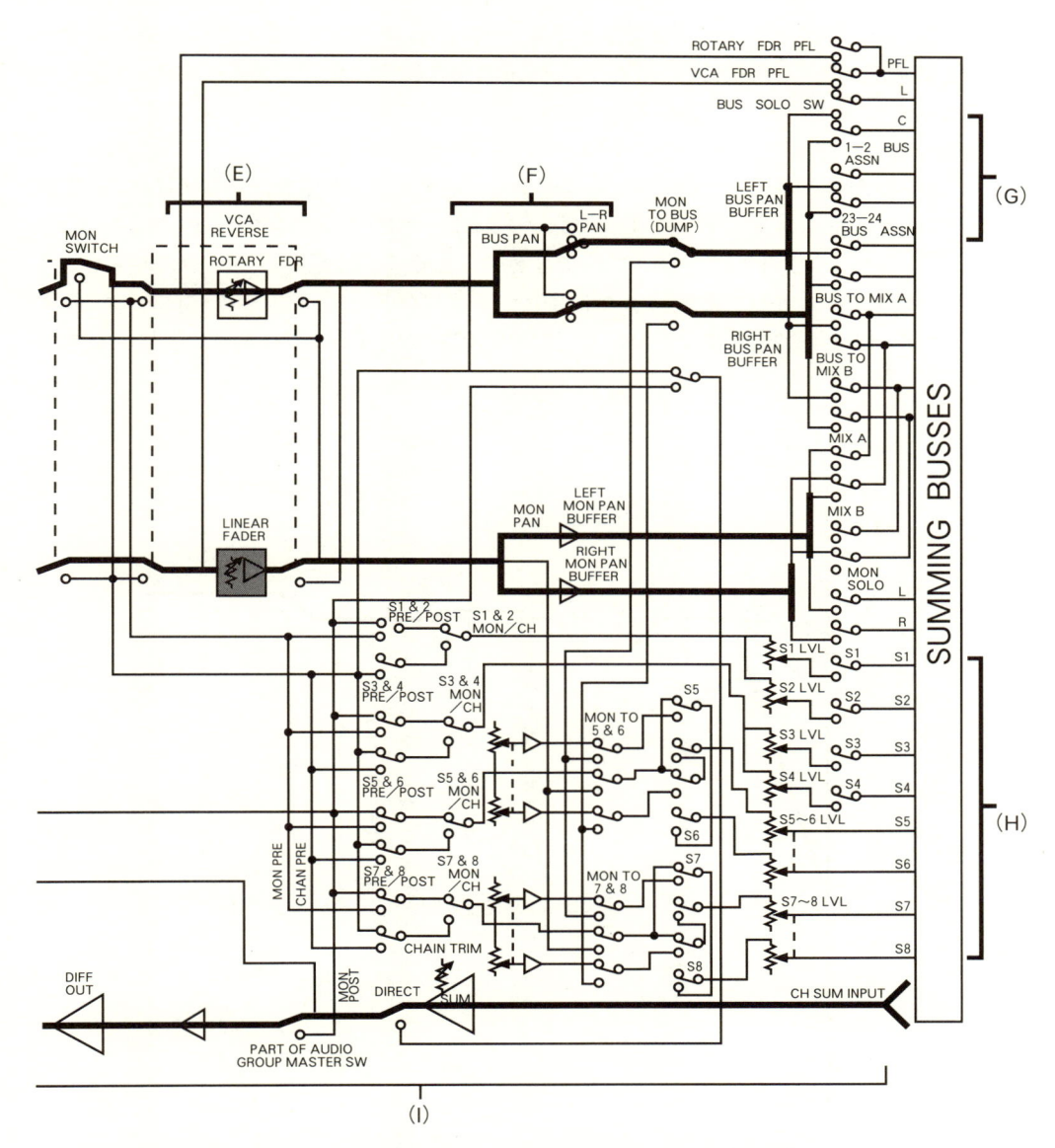

Section 4　録音システム—機器構成／メータリング／モニタリング

図11-20　インラインタイプ・コンソールの例（クォードエイト社提供）

Section 4　録音システム―機器構成／メータリング／モニタリング

8. コンソール内の信号をいかに損失なく保つか？

　今日のコンソール設計は、比較的容易に適正な信号レベルを確保することができます。基本はラージフェーダーを基準レベル（通常－10dB）にセットして、入力のトリムを最適レベルに調整、出力バスやグループは突き上げで、バス出力メーターのゼロポイントで記録テープの磁束密度に応じた最適入力がバランスよく調整されているはずです。フェーダーを－10dBに設定するわけは、録音時のレベル設定にゆとりを持たせておくためです。
　バス・メーターのゼロ設定については2つのポイントがあります。
　コンソールが持つ基準レベルから上の電子的ヘッドルームと磁気テープが持つ磁気変調度のヘッドルームのモニターです。コンソールは一般的に基準レベルから20dBのヘッドルームを持つよう設計されています。ですからここで適正な信号が送られているかどうか判断できます。しかし、磁気録音では別で、アナログテープ・レコーダーであれば最大出力レベル（MO＝全高調波歪み3％）までに12dBのヘッドルームしかありません。ですか

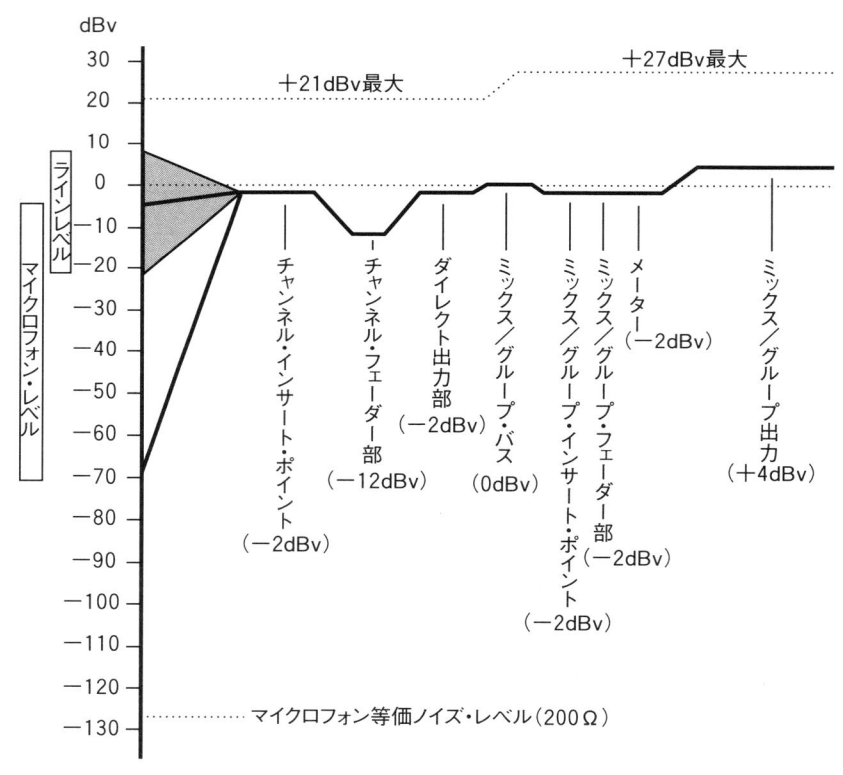

図11－21　図11－14〜16で述べたコンソール内レベルダイアグラム
　　　　　左側にマイク/ライン入力系のレベルを示し、これらは入力信号に
　　　　　応じて調整される太線で表示した箇所は標準的なレベルを示す
　　　　　これより上のヘッドルームは常に20dB以上を確保している点に注意
　　　　　また入力段階で一度適正レベルが決まれば、それ以降の段階での
　　　　　レベル可変は最小限に留めるのがよい（サウンドクラフト社提供）

ら両者の最適レベルを考えるとバス・メーターでゼロ付近または、たまに＋3〜4dB位のレベルにコントロールしておくのがふさわしいといえます。

　デジタル・レコーダーであれば、バスの基準レベルがレコーダーで−15〜−20の範囲で設定しておくのが一般的です。この場合は、コンソールのヘッドルームとレコーダーのヘッドルームは、一致していることになりますが、こうした関係は、エンジニアによって幾分設定が異なります。**図11−21**に示したのは、コンソールの適正運用レベルダイアグラムです。この例は、単一入力がコンソール内を経由して出力されるまでの流れを表わしていますが、多くの入力がまとめられてステレオ出力となる場合（ミックス作業など）は単一入力のレベル設定に比べて次に示す関係になるようなレベルの再調整が必要です。

レベル減衰＝10 logN

　N点は、出力に対して接続される入力数を表します。**表11−1**は、これら入力が1〜10まで増加した場合の減衰量を示しています。これから入力数が倍になる毎に3dBずつ減衰させると良いことがわかります。こうした関係を初段から保っておけば、どの段階でも適正なヘッドルームが維持され歪みも防止されます。セッションが始まりフェーダーのどれかが基準位置よりも、ずいぶん下にセットしなければならない場合は、その前段のどこかでレベルが高く設定されていると判断できます。セッションが進行するにつれて思わぬレベル変化も生じてきますので、経験豊かなエンジニアのコントロール法を観察するのも良い勉強になるでしょう。

入力数	ミックス・レベル（dB）
1	0
2	−3
3	−4.8
4	−6
5	−7
6	−8
7	−8.5
8	−9
9	−9.5
10	−10

表11−1　複数入力時の適正減衰量

9. スタジオ周辺機器

スタジオの中枢機器はコンソールですが、ここではそれ以外の周辺機材についても述べておきます。

(1) 入力系

マイクロフォン：マイクロフォン入力は、ローレベル出力ですから必ずバランス入力とします。ケーブルは、3ピンのXLRタイプのコネクターが使用されピン1はグランドで、2か3が信号線です。（ピン2を＋とするのが一般的）**図11−22**に示すのは、コンソールの接続チェック用に用いるテスターで発信器出力−40dBレベルに相当します。テスターが0.7Vの出力であればコネクターの出力は0.7mVとなります。このレベルは、音圧94dBLpにおけるコンデンサー・マイクロフォンの出力に相当します。ケーブルが長くなった場合の伝送ロスを見るのにも有効です。

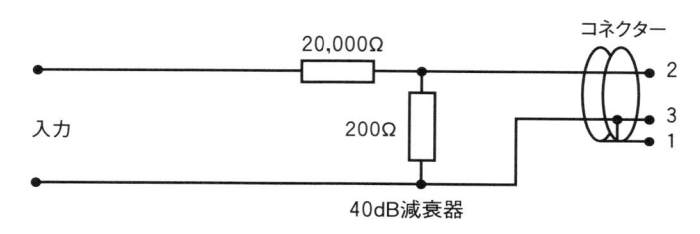

図11−22　マイクロフォン・シミュレーター回路構成

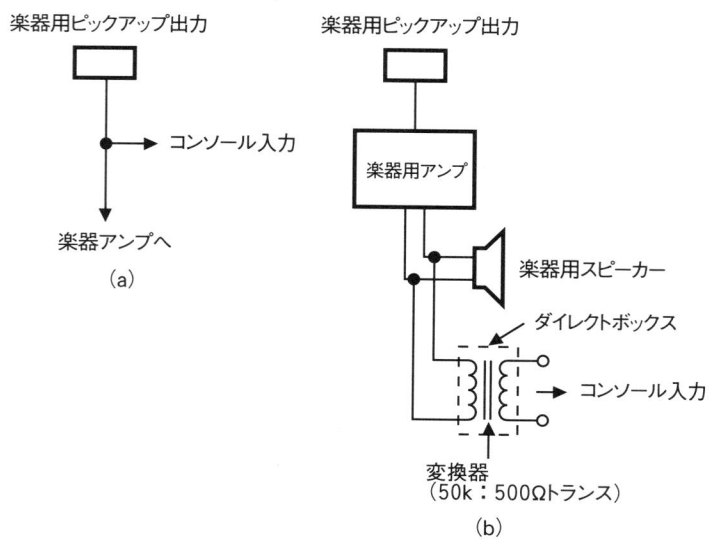

図11−23　楽器音の直接収録
　　　　　（a）ピックアップ端子収録、（b）スピーカー端子収録

ダイレクト・ピックアップ：ポップス録音では、電子楽器を多く使いますがそれらは、直接マイクロフォンを経由せずにコンソールに入力することが出来ます。**図11－23**に示すのは、DI(direct in conection)の例です。取り出すレベルは、マイクレベルも、ラインレベルも機種によって備わっています。コンソールに接続する場合楽器側とのグランドに注意しないと思わぬ電気ショックを受けることがあります。

(2) 録音系

図11－24は、マルチトラック・レコーダーとの接続関係を示しています。レベルは受け／送りともに1:1です(unity gain)。1:1の接続では多量のケーブルが往復し、大変煩雑ですのでマルチコネクターでまとめると整理出来ます。コンソールによってはモニター・リターンのヘッドルームが十分ではないものもありますのでエンジニアは、録音レベルにも注意を払わなくてはいけません。

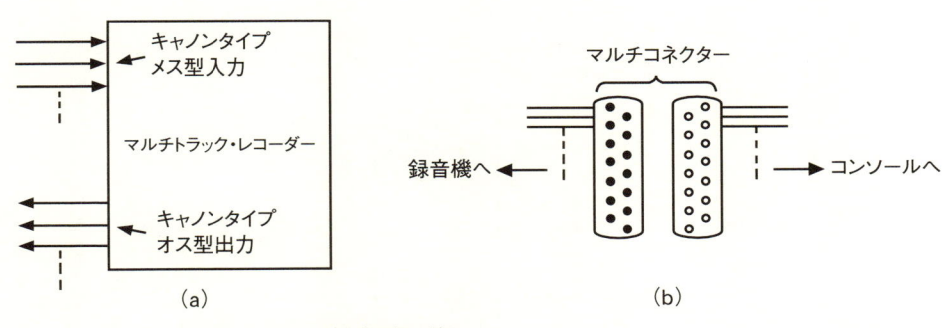

図11－24　録音系配線
(a)は単線配線、(b)は多重コネクター

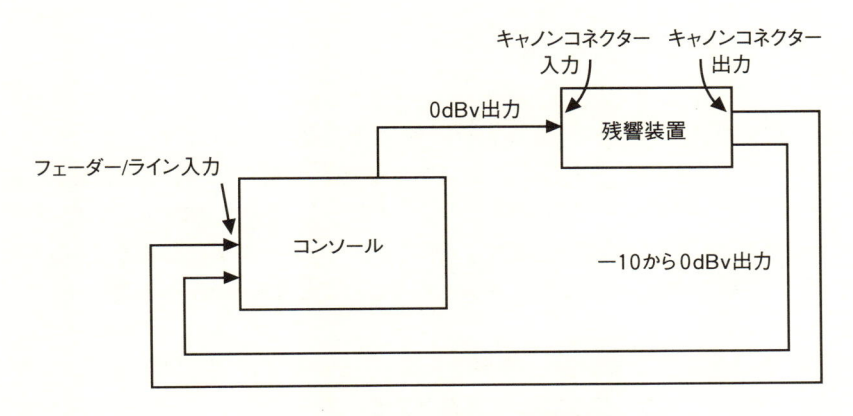

図11－25　リヴァーブ系配線

(3) リヴァーブ系

図11-25にはリヴァーブ系の接続を示しています。コンソールによってはAUXセンド・メーターが備わっていない機種もありますので送りのレベルを注意してください。最近は、リヴァーブ機器にLEDで動作クリップ表示が備わっていますので確認は容易です。リヴァーブ・リターンは必ずS/Nの最も良いレベルで運用して下さい。特にエコー・ルームなどの音響設備を使う場合は注意が必要です。

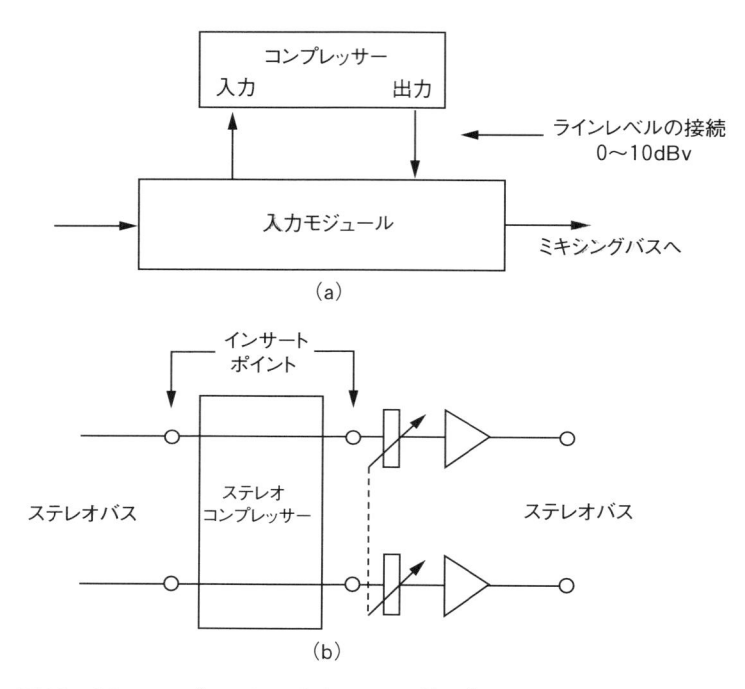

図11-26　コンプレッサー／リミッターの使用箇所
（a）単独使用の例、（b）ステレオ音全体に使用した例

(4) リミッター／コンプレッサー系

図11-26に示すのは、ダイナミックス系の信号処理機器接続例です。エンジニアは、これらをイコライザーの前後を選択して使いますが、それは動作が信号の周波数分布に左右されるからです。ですからどの段階でイコライザー処理をするのが最も良いかを判断出来るような構成が望ましいといえます。ベテラン・エンジニアになると、どのように使えば効果的かを経験で身に付けていますが、こうしたことは後の信号処理の章で詳しく述べます。

ステレオ動作を必要とする場合は、必ずステレオ・モードで使用して下さい。

トータル・リミッターとして使う場合は、マスターフェーダーの前にインサートしますが、機器自体がハイレベル領域でも十分な性能を持っているかもチェックしておくと良いでしょう。

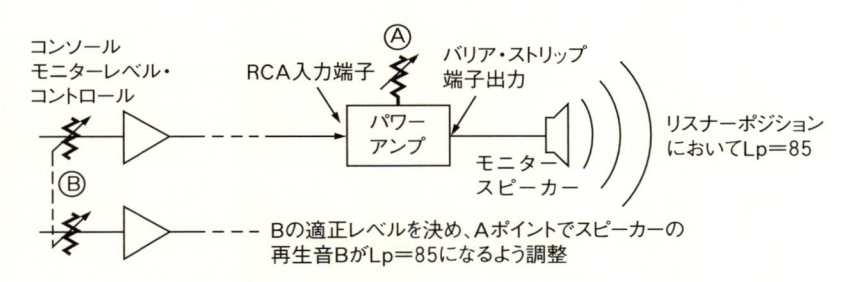

図11-27 モニターシステムのレベル更正

(5) モニター系

図11-27に示すのは、モニター系の例です。コンソールのモニター・レベルコントロールのほかにパワーアンプにも入力レベルコントロールがあります。多くのエンジニアは、コンソールの基準レベル付近でスピーカから85dBLpの音圧が再生されるよう調整しています。またそれ以外にも基準となるレベルを把握しておきスタジオ相互で違和感のないモニタリングが出来るようにしています。

(6) スタジオ内ヘッドフォン系

どのコンソールでも最低AUXバスの1組は、スタジオヘッドフォンへの送りとして使用します。今日の録音ではミュージシャン同志が離れて演奏するといったことが日常的に行なわれますので、お互いの演奏を聞くためのヘッドフォン・モニターは、重要です。**図11-28**にそうした例を示します。最近の機器は、個別に好みのレベルで演奏者自身が調節できたり、さらに個別のバランス調整が可能となった機器もあります。このためには専用のヘッドフォンモニター系を設置しなければなりませんが、個別の要求にきめ細かく対応出来るという長所はあります。

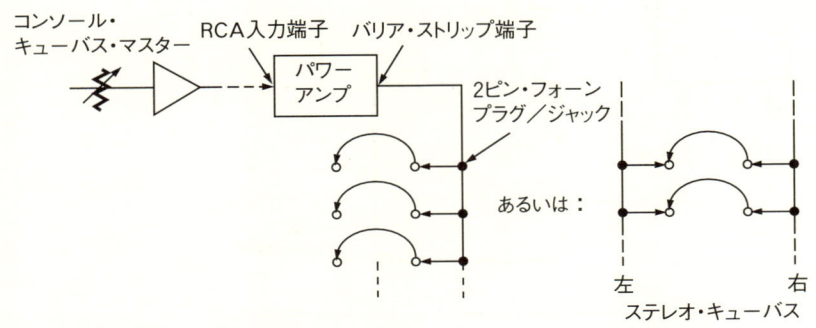

図11-28 ヘッドフォン・モニター
ヘッドフォンは1mwの入力でLp=94dBの感度が一般的

10. コンソール・オートメーション

　1970年代初期にコンソールのオートメーションという概念が生まれました。初期システムは、データをマルチトラック・テープの空きトラックに1対で記録する方式で図11—29に示すような構成でデータの記録、再生、修正が行なわれていました。中心となるのは、VCA（voltage controlled amplifier）でフェーダーのコントロールが行なわれました。今日のオートメーションは、コンピュータ支援を受け、動作も正確で扱いやすいシステムとなりました。基準となるアドレス情報は、テープに記録したSMPTEと呼ばれる信号で、動作情報は、コンピューター側のフロッピーなどに記録されます。現在、動作方式としてVCAタイプとムービング・フェーダー・タイプがあります。VCAタイプはデータの再生時フェーダーが動きませんが、そのかわりディスプレイで確認できます（最近のモデルはVCAでもフェーダーが動く方式も実現しています）。一方のムービングタイプは、動作中にフェーダーが動いていますので、直接確認することが出来ます。

　後者の方式は、エンジニアには、使いやすいのですが、迅速かつ正確な動作をするためのサーボ技術が必要で経済的には安くありません。

　近年のオートメーションは、コントロールできる機能がさらに拡大され、パンニングやイコライジング、多くのミックスデータからベストデータを編集したり、修正するといった機能も加わり複雑なミックスダウンでもオートメーションのおかげで効率よく作業できるようになりました。こうした例を図11—30に示します。

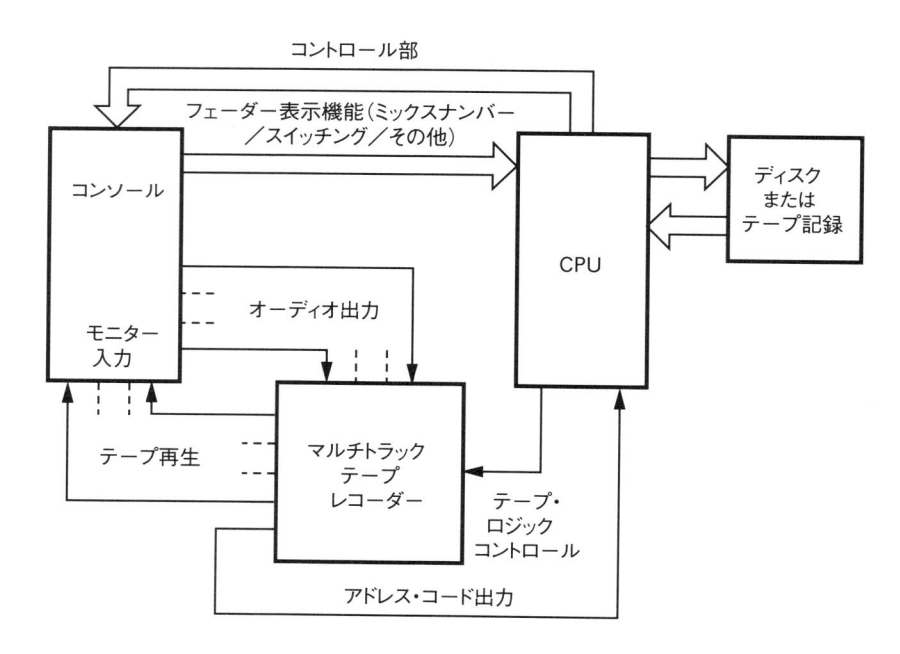

図11—30　非同期方式コンソール・オートメーション

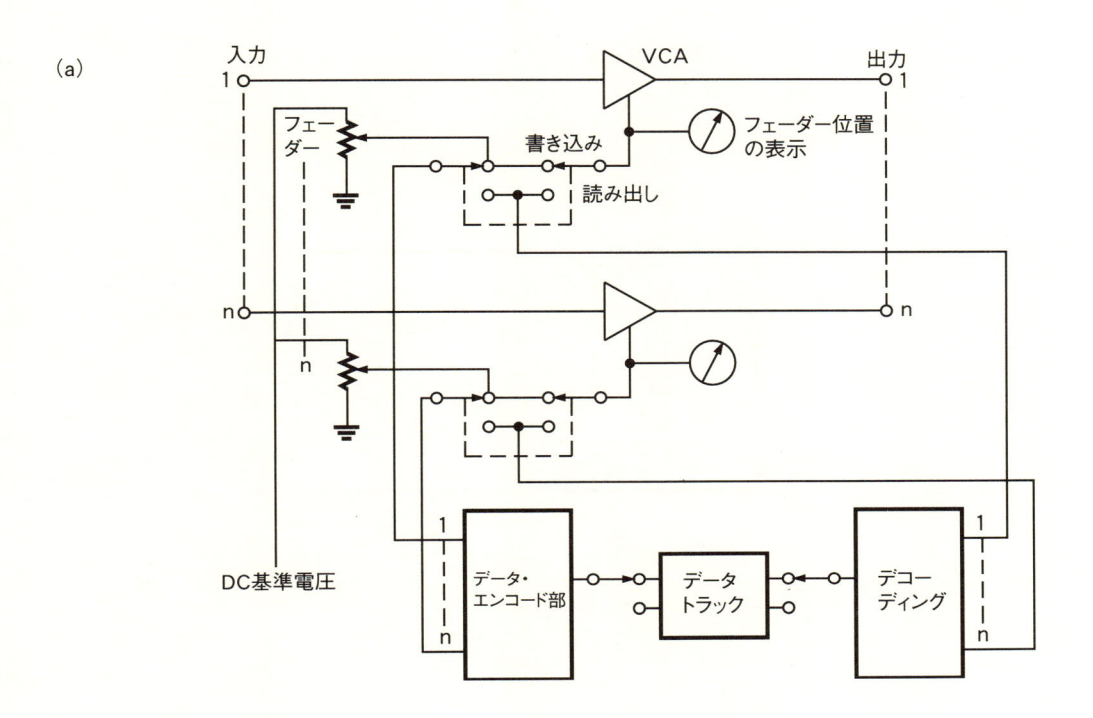

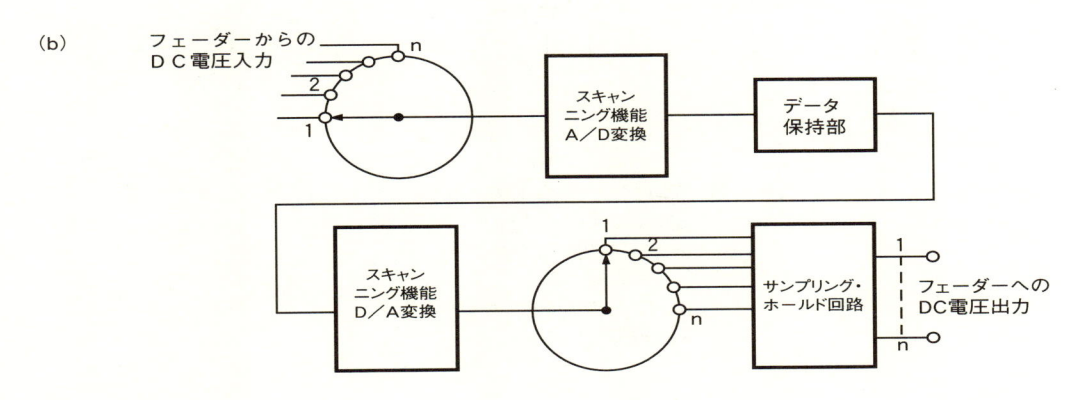

Section 4　録音システム―機器構成／メータリング／モニタリング

図11―29

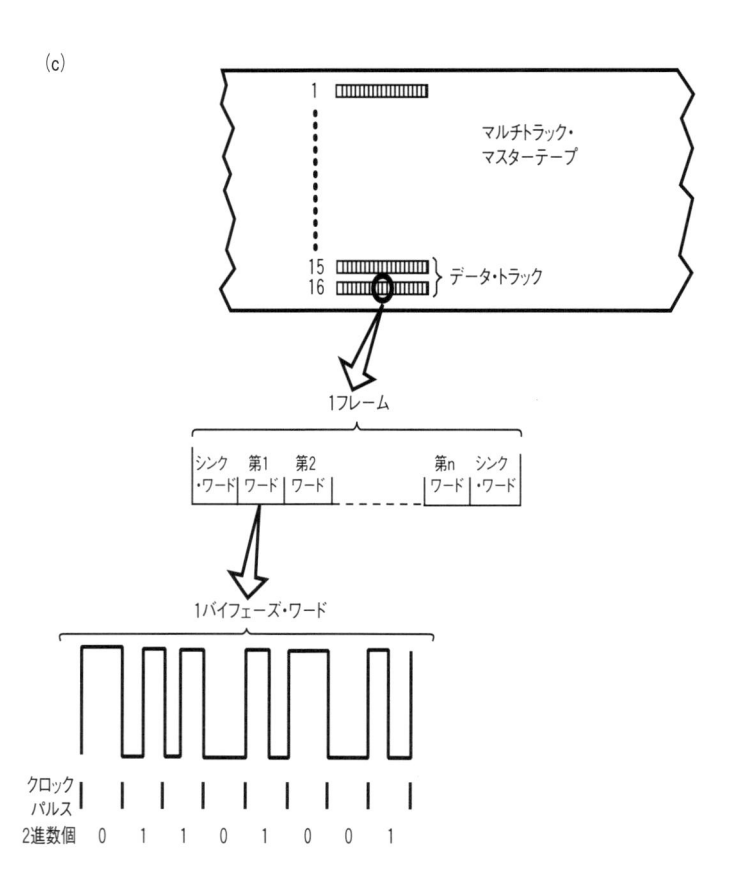

Section 4　録音システム―機器構成／メータリング／モニタリング

図11-29　初期のコンソール・オートメーション
　(a)レベルのオートメーション
　(b)サンプル／ホールド回路
　(c)データトラック構成
　各バイフェーズのワードはレベルか
　スイッチ機能をコントロール

〈第11章〉　［参考文献］

1. J. Borwick (ed.), *Sound Recording Practice*, Oxford University Press, New York (1987).
2. J. Eargle, *The Microphone Handbook*, Elar, Plainview, N.Y. (1982).
3. J. Frayne and H. Wolfe, *Sound Recording*, Wiley, New York (1949).
4. W. Jung, *IC OP-AMP Cookbook*, H. Sams, Indianapolis (1974).
5. J. Woram, *Sound Recording Handbook*, H. Sams, Indianapolis (1989).
6. J. Woram and A. Kefauver, *The New Recording Studio Handbook*, Elar, Commack, N.Y. (1989)
7. *Motion Picture Sound Engineering*, prepared by the Research Council of the Academy of Motion Picture Arts and Sciences, D. Van Nostrand, New York (1938).

第12章　信号のメータリングと適正運用レベル

1. はじめに

　コンソールやテープレコーダーには各種のレベルメータが備わっています。エンジニアは、これらを目安にして適正な信号の記録、伝送を行なっています。ここでは、エンジニアに有用な各種メータリングと記録との関係について述べます。

2. ダイナミックレンジ、ヘッドルームと運用レベル

　音声系におけるダイナミックレンジとは、その系で得られる最少レベルと最大レベルの差です。最大レベルは、歪みで規定され最少レベルは、A-ウェイトをかけたノイズレベルで規定出来ます。例えばマイクロフォンは、この規定で120dB前後のダイナミックレンジがあり、コンソール内を伝送する信号系では、これよりさらに大きなレンジを持っています。録音というシステム全体を見た場合、最もこのレンジが少ないのは、アナログテープ・レコーダーで、単体では、68〜72dB程度で、デジタル・レコーダーでも90dBをわずかに上回る程度です。
　レコーディング・エンジニアには、記録や伝送媒体に応じた適切なレベル配分を行なうという大切な役目があります。これは、平均レベルを高く維持しながら、ピークでも歪まないゆとりを持たせるということになります。
　図12-1には、こうした関係を示しています。この中の平均運用レベルとピークレベルとの差を"ヘッドルーム"と呼びます。両者は、正確なピークレベルを確保すれば、平均レベルは減少しS/N的にも不利になるという関係にあります。どちらも適正レベルを規定しており、通常は、歪みを発生する最大レベルから9〜10dB下を基準レベルに設定しています。
　平均レベルは、内容にもよりますが、この基準レベルより低いのが通常です。

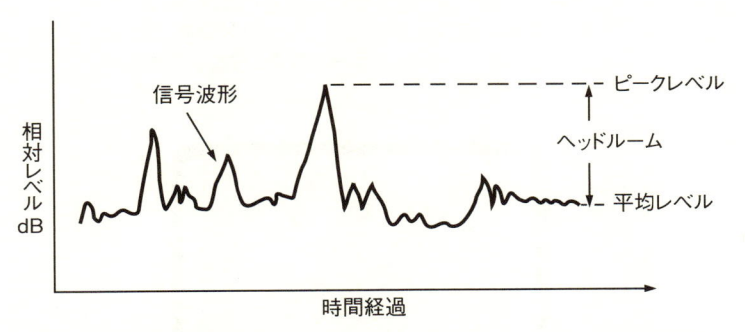

図12-1　音声信号のピークレベル、平均レベル、ヘッドルームの関係

Section 4　録音システム—機器構成／メータリング／モニタリング

3. VU(Volume Unit)メーター

600Ω系でのメータリングは、古くからVUメーターが使われてきました。
これは、600Ω負荷で0.775vを与えた場合0VUを表示します。
実際の使用では、3.6kΩの抵抗が加わり、0VUで1.23v(+4dBv)を示します。**図12-2**に実例を示します。指針の動きは、**図12-3**に示すように約300msecで100%表示になります。
　この動作は、**図2-2**で説明したような人間の聴覚のラウドネスの逆特性を模しています。こうした我々の感覚に近似した指針であることが今日もVUが使われている理由です。復帰時間も立ち上がりと同様に300msecです。

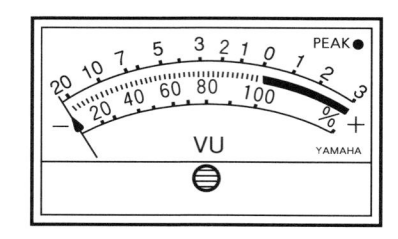

図12-2　VUメーターの外観(ヤマハ提供)

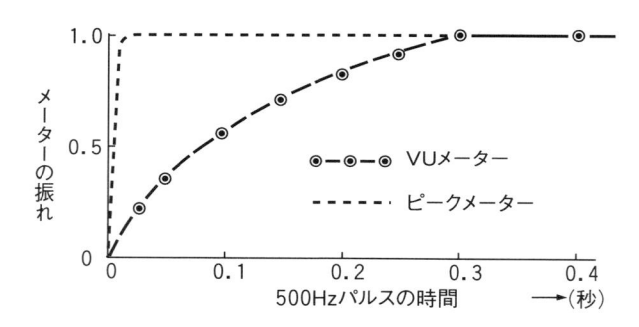

図12-3　500Hzのパルス波形を入力した場合の応答特性
　　　　下段の弓状曲線は0.3秒以下では100%の表示に達していないが
　　　　上段のピークメーターは短い期間でピーク値を表わすことができる

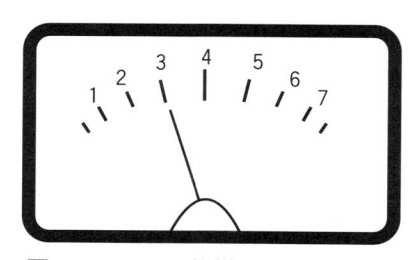

図12-4　BBC仕様のピークメーター

4. ピーク・プログラム・メーター（PPM）

　図12-3で点線表示したのがピーク・メーターの動作例です。ピーク・メーターは、VUメーターが受動回路であるのに比べ電子回路で構成されます。立ち上がりは、約10msecで100%表示に達しVUにくらべて大きな振れとなります。ピーク・メーターにはいくつかの種類があり、図12-4に示したのはイギリスの「BBC」のタイプです。7ポイントの表示で1目盛4dB間隔です。目盛りの4が0VUvに相当し、立ち上がりは 10msec、復帰は 3secで急激な信号の立ち上がりも十分監視できます。IEC（International Electrotechnical Commission）では、いくつかのピーク・メーターを規格化しており図12-5にスケールを示しました。すべて立ち上がりは 10msecです。
　"タイプ1"と"タイプⅡb"は1secで13dB下がる特性です。基準レベルのマークは、+4dBvを表わしています。

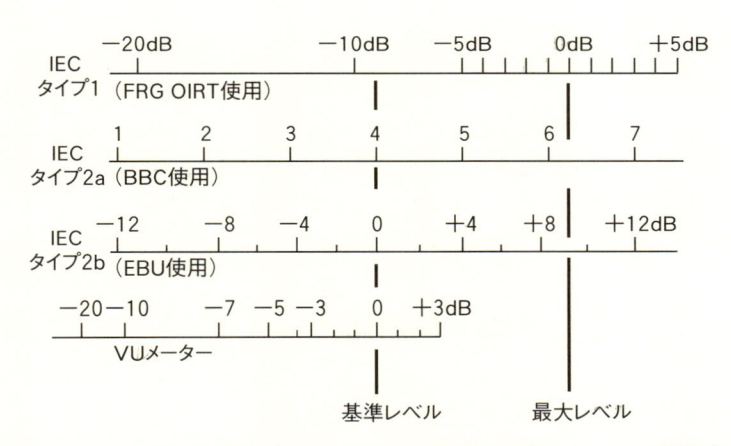

図12-5　VUメーターと各種ピークメーターの基準と表示（ティール社提供）

磁束密度（ナノウェーバー／メーター）	仕　様
185nWb/m	旧タイプアンペックス　（0dB）
200nWb/m	改良型　（+0.68dB）
250nWb/m	新US規格　（+2.6dB）
360nWb/m	旧DIN規格（欧州）　（+5.8dB）
510nWb/m	新DIN規格（欧州）　（+8.8dB）

表12-1　磁気テープ録音の基準レベル

5. 反応時間、指示の相違、テープ基準レベル

　VU計と"タイプⅡa"のピークメーターに＋4dBvを与えると両方とも0を指示します。しかし、音声信号を指示させると異なった振れ方をし、ピーク・メーターのほうが（その信号にどれくらいピーク成分が含まれているかにもよりますが）たいてい6～10dB高く指示します。この指示の相違をリード・ファクター（lead factor）と呼びます。同じ磁気テープに一方はアメリカ、他方はドイツのエンジニアが同じ音声を同じレベルで記録したとすると、VUとPPMのメーターの相違から振れ方は6～8dBほどドイツのテープが高くなります。もし、テープの基準磁束密度を同じに更正して記録したとすると、ドイツの振れは、逆に6～8dB低くなります。これは両者が使用している標準テープの磁束密度が異なるからです。表12－1に示したのは、磁束密度と基準レベルの関係です。ドイツ規格は常にアメリカ規格より6dB高いことが分かります。アンペックス（Ampex）を基準とした場合、ドイツのDIN規格では360nWb/mで5.8dB高いのです。最近アメリカも高出力規格にしましたが、依然6dBのレベル差があります。

6. 電子メーター

　今日、コンソールにはバーグラフ・タイプのメーターが多く使用されています。これらは、まだメーカー独自の規格で国際標準の仕様に至っていませんが、エンジニアには便利なメーターです。しかし、動作がそれぞれ異なりますので使用にあたっては、十分その特徴を把握して使うことがエンジニアに求められます。

7. 信号波形のピーク、平均、実効値

　図12－6には信号波形とそのピーク、平均値、実効値を示しています。
　VU計は平均値表示であることは述べましたが、ピーク計といえども10msec以内の瞬間的な信号には十分追従していません。図12－6(a)のような波形であればVUでは、実際のピークから13dB程低い表示となるでしょう。このように様々な規格によって表示が異なることを十分認識してください。

8. デジタルレコーダーの基準レベル

　アナログレコーダーと異なりデジタルレコーダーは、信号のクリップ点が明確です。一般にコンソール出力を＋4dBv基準とすると、デジタルレコーダーは、フルビット0点から－20dBを基準としています。言い替えればコンソール出力は、24dBのヘッドルームまでは歪まず記録出来ることになります。デジタルレコーダーのメーターは、A/D変換され、そのままが表示されていますので、ピーク・メーターよりも優れたスーパー・ピーク・メーターといっ

Section 4 録音システム―機器構成／メータリング／モニタリング

ても良いでしょう。VU計は最大で＋3表示しかないのに比べてもデジタルメーターはフルスケール表示である点が特徴です。

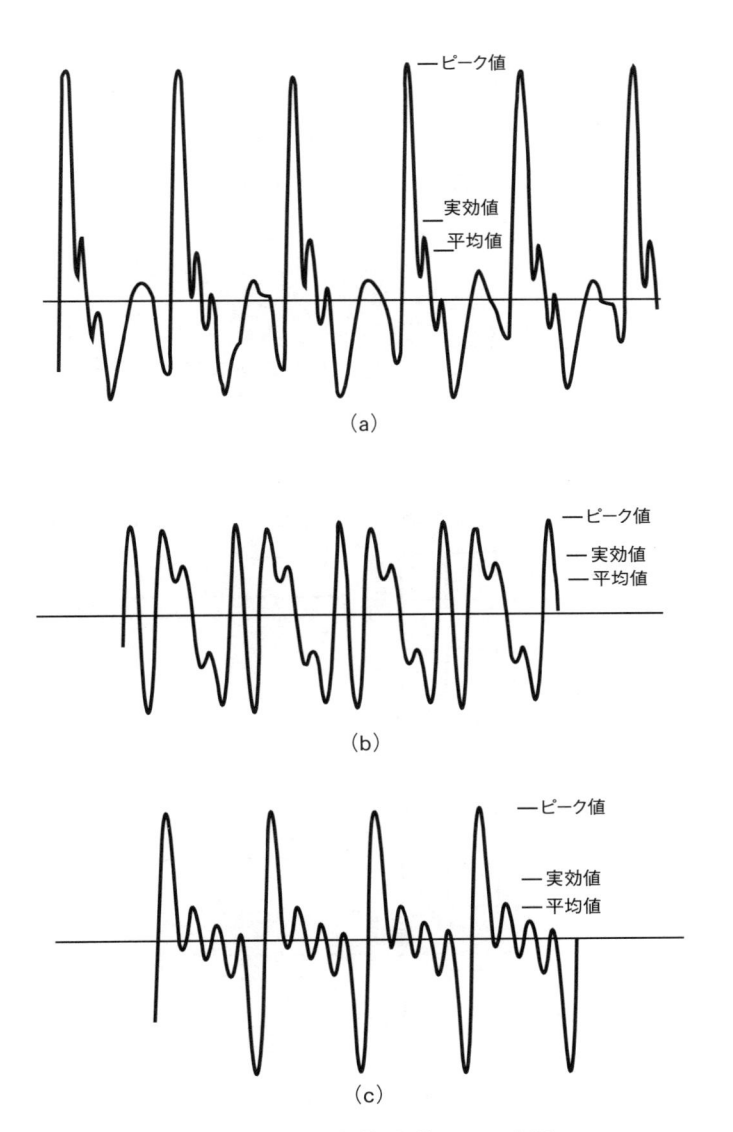

図12－6　各種音源でのピーク、実効、平均レベル表示
　　　　（a）は400Hzトランペット波形、（b）は4倍音までを含んだ電子合成音
　　　　（c）は（b）と同じ音源で第2、3、4高調波を逆相とした場合
　　　　ピーク値はこのように位相関係で変化することに注意

9. ステレオ・メータリング

(1) ステレオ相関計(stereo correlation metering)

　ステレオの録音を行なう際、エンジニアは、そのレベルのみでなく相互の位相関係もモニターする必要があります。コリレーション計はそうした目的のためのメーターで**図12-7**に詳細を示します。このメーターは、(＋)領域であれば位相関係が正相を、(－)領域であれば逆相であることを示します。

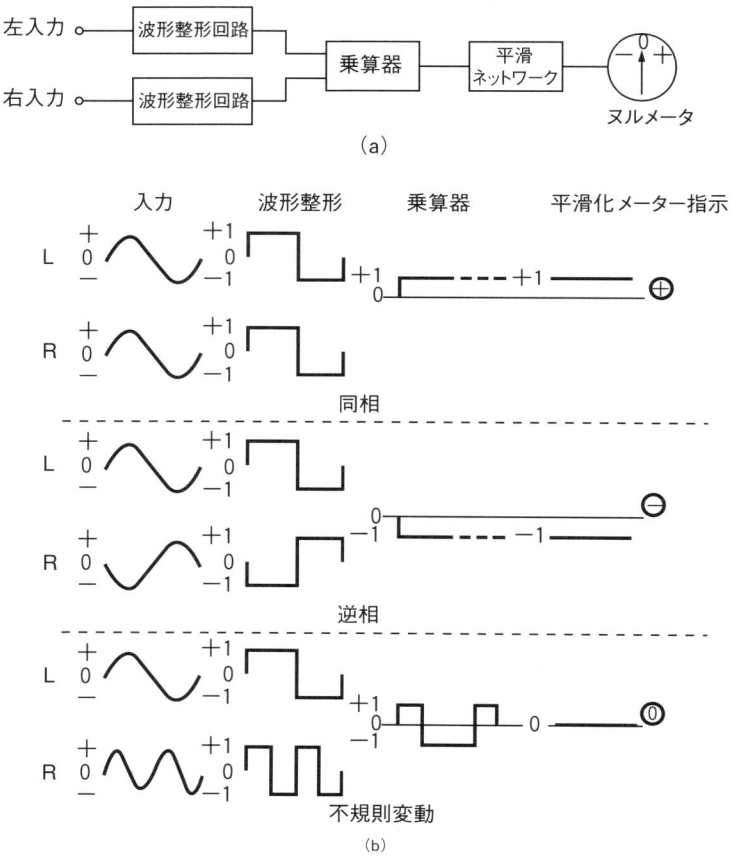

図12-7　ステレオ位相計
　　　　(a)は構成、(b)は同相、逆相、不規則変動している場合のメーターの動作を示す

(2) オシロスコープによるリサージュ表示

エンジニアにとってステレオ信号の瞬時表示は、良い目安となります。オシロスコープによるステレオ表示は、この点で優れています。

オシロスコープはブラウン管の蛍光面に水平／垂直の入力信号を電子ビームの走査として表示する測定器ですが、ステレオ信号の表示には、水平垂直の入力に直接ステレオ信号を接続します。表示波形は、**図12−8**に示すような波形となります。**(a)** は左チャンネルを垂直入力に接続した例を、**(b)** は水平入力に右チャンネルを接続した例、**(c)** は同相、同レベルの左右信号の例、**(d)** は同レベル、逆相の信号を、**(e)** では90度位相反転した例、**(f)** では拡がり感の多いステレオ信号を、**(g)** は左右の相関の強い信号またはセンター成分の多いステレオ信号の例を、**(h)** は逆相成分の多いステレオ信号の例をそれぞれ表わしています。

(3) 和差信号計

放送に携わるエンジニアには、ステレオメーターとならんで和差信号を表わすメーターを好む傾向があります。これは、高周波変調された場合の目安を捉えることが出来るからです。一般に和信号より差信号が6〜8dB低い傾向にありますが一概にはいえません。

しかし差信号がいつも和信号より高いということは避けなければなりません。このメーターの更正は、単一ステレオ信号をマトリックスを経由して与えた場合に同レベルの振れが得られるようにします。

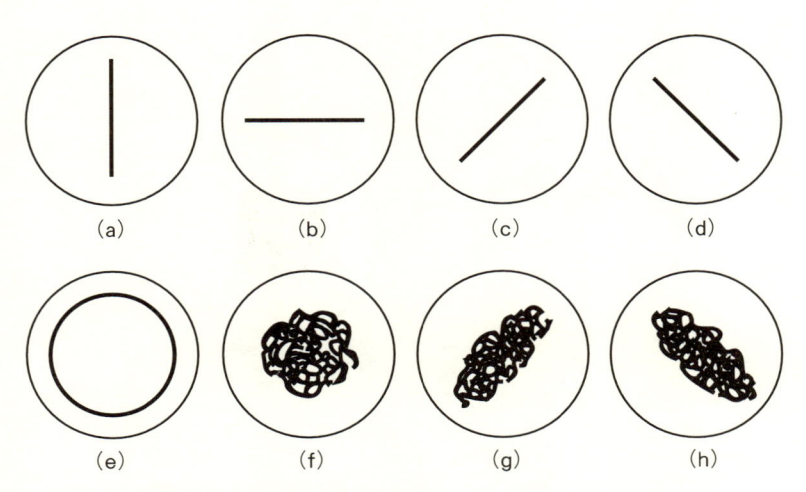

図12−8 オシロスコープによるステレオ波形
(a)左入力、(b)右入力、(c)同相ステレオ、(d)逆相ステレオ
(e)90度の位相差ステレオ、(f)実際の音源
(g)同相成分が多く拡がりの少ない音源、(h)逆相成分が多く拡がりが少ない音源

Section 4　録音システム―機器構成／メータリング／モニタリング

10. クオドラフォニック・メーター

　4チャンネルのクオドラフォニック信号を表示するには、**図12-9**に示すような抵抗ダイオード・ネットワークをオシロスコープの水平／垂直入力に接続することで実現出来ます。この特徴は、それぞれの信号方向がリスナーを中心としてベクトル表示出来ることです。

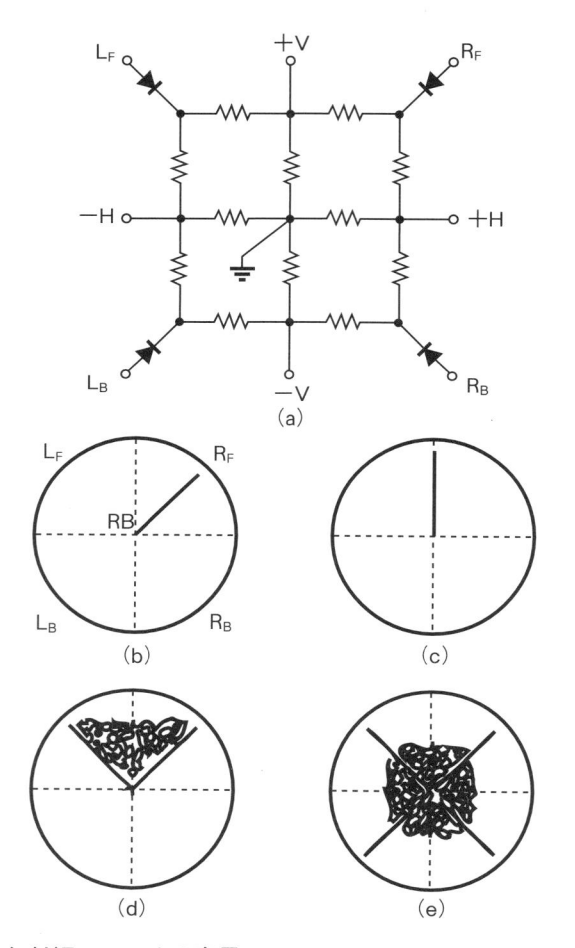

　図12-9　4chクオドラフォニックの表示
　　　　（a）は抵抗ダイオード・ネットワークで4ch入力はネットワークにより
　　　　各々＋／－H、＋／－Vのバランス・オシロスコープに入力される
　　　　（b）はR_F信号のみの表示、（c）はセンターにパンニングした場合
　　　　（d）は2chステレオ入力の場合、（e）は一般的な4chクオドラフォニック信号の場合

〈第12章〉　　［参考文献］

1. G. Ballou (editor), *Handbook for Sound Engineers*, H. Sams, Indianapolis (1987).
2. J. Borwick (ed.), *Sound Recording Practice*, Oxford University Press, London (1987).
3. N. Thiele, "Three-level Tone Signal for Setting Audio Levels," *J. Audio Engineering Society*, vol. 33, no. 12 (1985).
4. J. Monforte, "A Dynamic Phase Meter for Program Material," *J. Audio Engineering Society*, vol. 36, no. 6 (1988).
5. H. Tremaine, *The Audio Encyclopedia*, H. Sams, Indianapolis (1969).
6. J. Woram and A. Kefauver, *The New Recording Studio Handbook*, Elar, Commack, N.Y. (1989).

第13章　モニター・スピーカー

1. はじめに

　今日モニター・スピーカーとして用いられている高品質のスピーカーは、その原型を1920年代後期の映画音響技術に見ることが出来ます。
　1930年代に開発された高域再生用ハイコンプレッション・ドライバーや、ホーン・システムも半世紀以上その基本が今日まで受け継がれてきました。
　現在の家庭における高品質音響再生は著しく発展をとげ、さらにモニター・スピーカーの領域では高出力、高信頼性、低歪みを可能とした「ダイレクト・ラジエーター方式」が登場しました。測定技術もここ10年で多岐に及ぶようになり以前に比べ、モニタースピーカー設計を見直すことが出来るようになりました。
　モニター・スピーカーの設計には、唯一絶対という方法があるわけではありません。多くの考え方が、音楽的な要求に応じて登場しています。しかし、多くのエンジニアが重要だと思う共通の性能も存在しますし、目的によって多くの異なった製品群も存在しています。
　図13-1(a) には、代表的なモニター・スピーカーの構成を示しました。ディバイディング・ネットワークは、入力信号を各々高域、中域、低域に分割しスピーカーユニットが受け持つ最適帯域に供給する役目を受け持っています。レベル調整は、そのスピーカーが設置された環境での帯域バランスを微調整するためのオプションです。**(b)** 以下の写真には、様々なクラス別のスピーカー例を示しました。

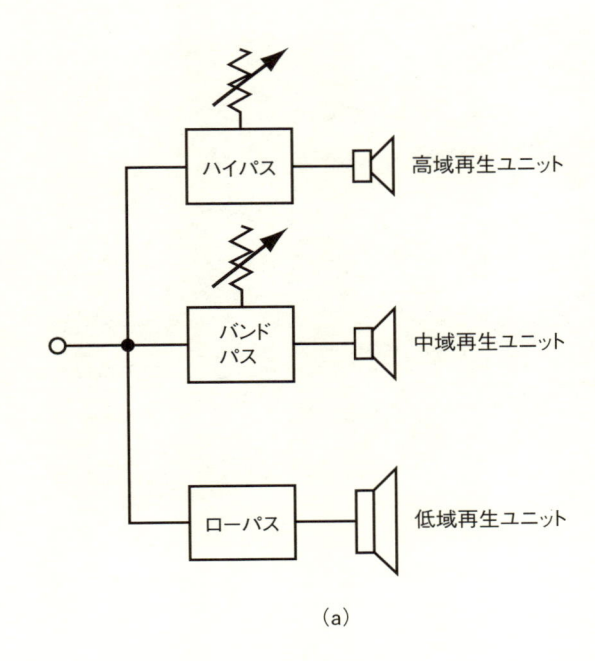

(a)　図13-1

Section 4　録音システム—機器構成／メータリング／モニタリング

(b)

(c)

図13—1

Section 4 録音システム—機器構成/メータリング/モニタリング

(d)

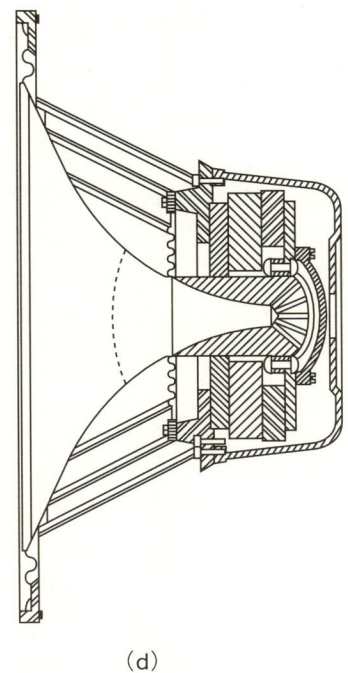

(e)

図13-1 レコーディング・モニター・スピーカーの例(JBL、UREI、タンノイ社提供)
(a). 3wayシステムの構成
(b). 3way小型スピーカー
(c)(d). 2way同軸スピーカー
(e). 高域にコンプレッションドライバーとホーンを使用した2wayスピーカーの例

Section 4　録音システム―機器構成／メータリング／モニタリング

2. モニター・スピーカーに必要な諸元

(1) フラットな周波数特性

　周波数特性を把握する上で、私たちは軸上特性と出力特性の2つを捉えておくことが大切です。軸上特性は、スピーカーの正面または決められた方向での周波数特性を示し、通常は、0°(正面軸上)の特性を表わします。出力音圧特性は、周波数ごとの出力音圧レベルを測定したものです。理想的には、これら両者ともにフラットか一定の特性であることが望ましい性能です。

(a)　軸上特性

　図13-2にはモニター・スピーカーの軸上特性の例を示しています。測定は、軸上から1mで1Wの入力を行ない、一般に"半空間(half space)測定"と呼ばれます。これは測定スピーカーを無限大バッフル近傍に置き、スタジオのコントロール・ルームに設置するのと似た条件で測定を行なう方法です。±3～4dBの変動は、許容誤差範囲内です。スピーカーの能率は、軸上 1mの距離で1Wの入力で再生される音圧Lpで示し87～94dBの範囲が一般的な性能です。軸上特性は、エンジニアの耳にまず入ってくる判断材料として重要な特性ですので、フラットであればあるほど音源の持つ特質を正確に表わすことが出来ます。

(b)　出力音圧特性

　この特性は、図13-3に示すように、-6dBビーム幅プロットという測定でデータを得ます。(a)に示すデータでは、軸上から-6dB下がった音圧点は1kHz以上で比較的一定していますが(b)のデータはかなり変動していることがわかります。(a)のような特性は、壁面か

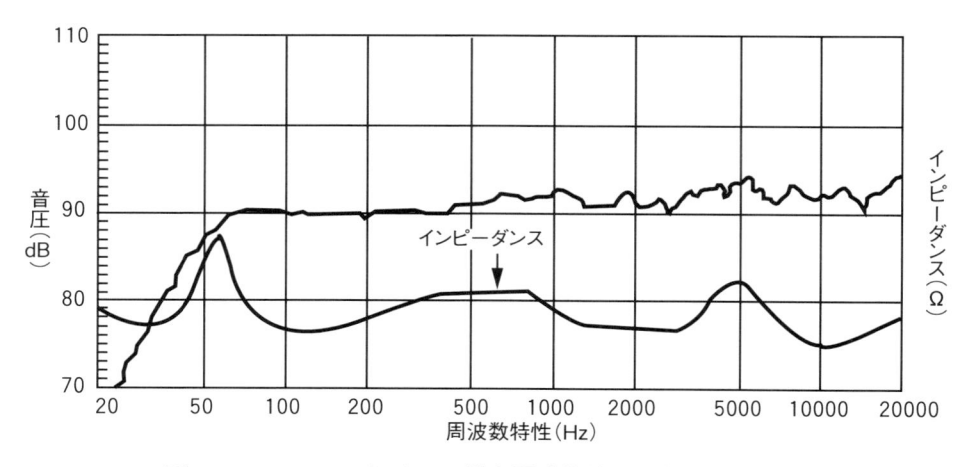

図13-2　3wayスピーカーの軸上周波数特性例(JBL社提供)

ら反射を多く発生するような環境のコントロール・ルームでも良好な特性を発揮でき、(b)のような特性は、エンジニアやプロデューサーの近くで壁面の影響を受けない設置方法がお勧めです。出力音圧特性を表わすもう1つの方法に1章8(1)で述べたDI(Directivity Index)を利用する方法があります。**図13-4(a),(b)**は、**図13-3**で示したモデルをDI表示した例です。DI値が高いということは、部屋の反射の影響が少ないモニターが出来ることを示します。ダイレクティヴィティー指数QとDIは、-6dBビーム幅プロットで得たデータから以下の式で求めることが出来ます。

$$Q = \frac{180°}{\arcsin[(\sin\alpha/2)(\sin\beta/2)]}$$

$$DI = 10\log\frac{180°}{\arcsin[(\sin\alpha/2)(\sin\beta/2)]}$$

αは、-6dB水平指向範囲　βは、-6dB垂直指向範囲を示します。

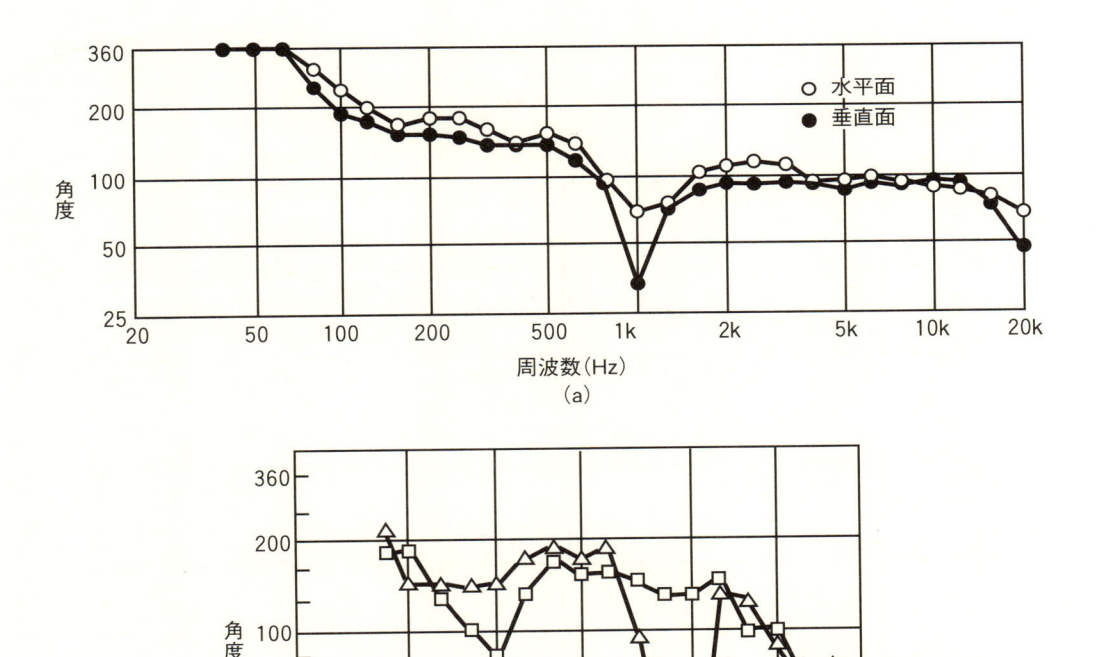

図13-3　モニター・スピーカーの指向特性例(JBL社提供)
　　　　(a)ホーンドライバーを使った2wayタイプの高域特性
　　　　(b)3way小型スピーカー

Section 4　録音システム—機器構成／メータリング／モニタリング

またこれらと1m、1W軸上の感度、効率との間には以下の関係が成り立ちます。

$$感度(sensitivity) = 109 + DI + 10\log(efficiency)$$

感度とDIが分かっている場合、システムの効率もこの式から求めることが出来ますが、一般的なモニター・スピーカーの中域で1％を越えることはありません。

(2) 広帯域出力特性

軸上特性をフラットで、滑らかな出力音圧特性に設計することは、比較的容易です。しかし、高出力でも常に全帯域にわたって一定の音響出力を出すことは、容易ではありません。出力帯域幅(Power band width)は、システムのこうした特性を示す指数です。スピーカーの特性として、高域と低域に比べ中域の出力が高いという傾向があります。また楽器も一般的には、中域にピークがあり、さほど広帯域ではありません。しかし、キーボード・シンセサイザーのような電子楽器は、広帯域の出力を出すことが出来ます。**図13-5**には、38cmのウーファーと高域ホーンロードの2wayタイプのモニター・スピーカーが持つ電気入力特性を示します。

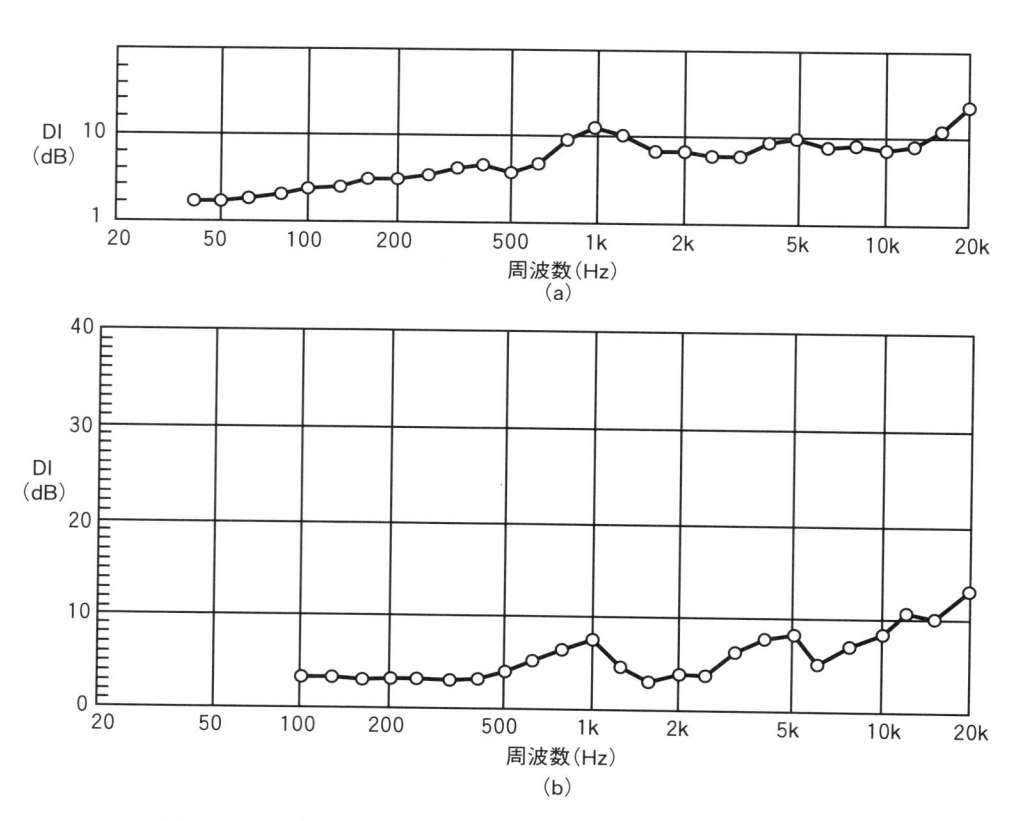

図13-4　DI特性（JBL社提供）
　　　　(a) 2 wayホーンスピーカー、(b) 3 way小型スピーカー

30Hzから1kHzまでは、150Wの入力も受け入れますが、それ以降の周波数では、ホーンドライバーの限界から耐入力が下降しています。同じスピーカーの出力特性を**図13-6**に示します。アコースティック楽器の、高域特性はこの程度で十分です。しかし、低域は、オルガンのような録音を大音量モニターしようとすると十分な特性を必要とします。

こうした目的を実現する方法は、2 wayより3～4 wayのようにマルチチャンネル化するのが近道です。

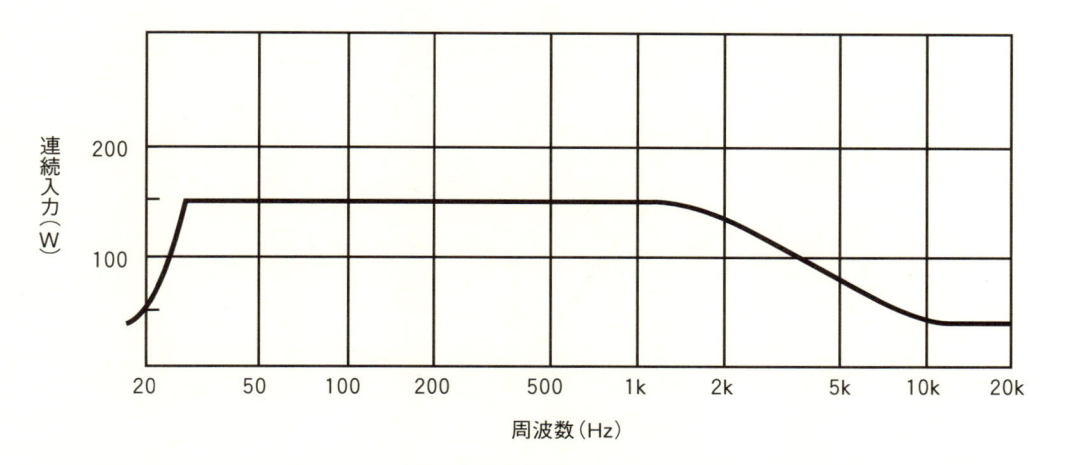

図13-5　対周波数最大入力特性（JBL社提供）

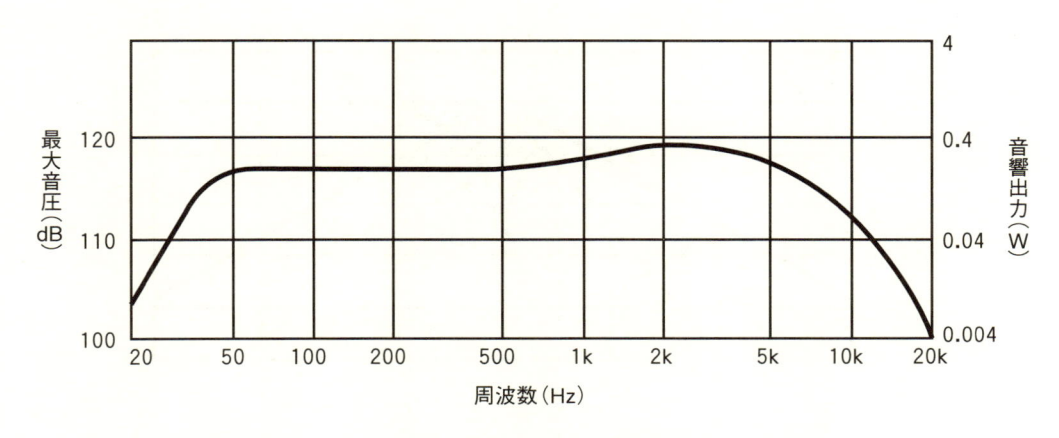

図13-6　図13-5で示す特性の最大音響出力特性（JBL社提供）
　　　　データは18.6m² の残響のある音場で測定

(3) 時間領域特性

　ここ15年ほどで、モニター・スピーカーの時間領域に対する特性の重要さが認識されるようになりました。これは、スピーカーのユニット間の位相特性を周波数別に測定することで観察出来ます。ブラウエル／ローズ(Blauert/Laws)は、この周波数軸上の位相差検知限について研究し、**図13—7**に示すような遅延検知限特性を示しました。今日のモニター・スピーカーの多くは、この検知限領域より下にあり問題ないといえ、わずかに中域にロングホーンを使用した古い設計のスピーカーが検知限を越えています。

　さらに遅延補正用ネットワークを加えることで、時間軸の特性向上を計る方法を「UREI」社の製品では取り入れ、「タイムアライン・シリーズ」と名付けています。

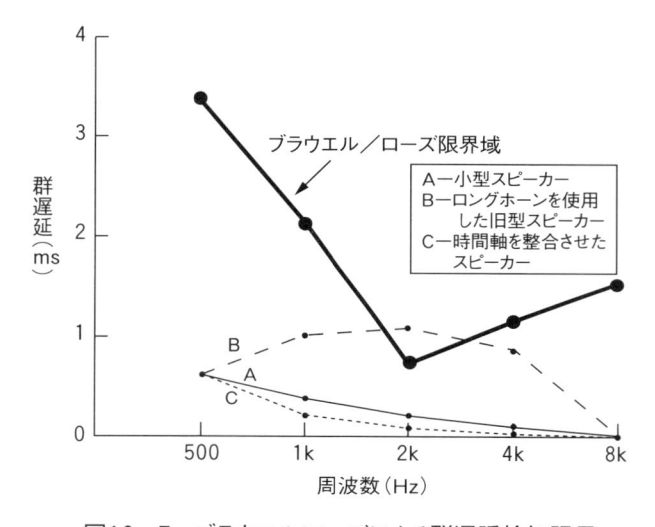

図13—7　ブラウエル/ローズによる群遅延検知限界

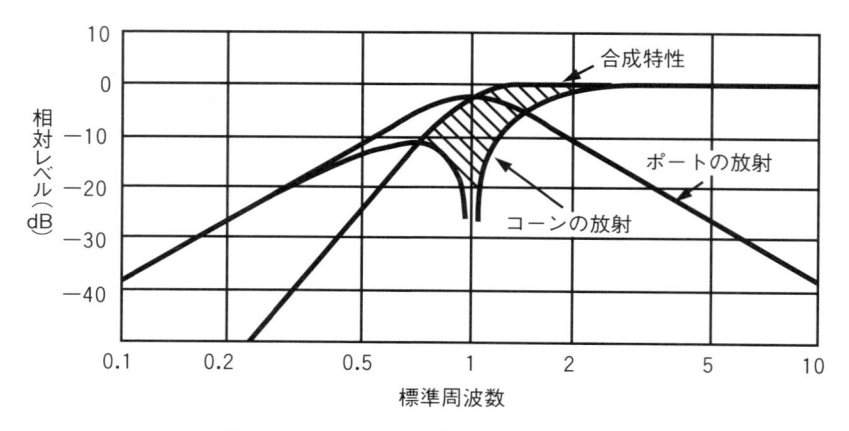

図13—8　ポートタイプスピーカーのポートと
　　　　　コーン・ウーファーの関係（ベンソン社提供）

(4) 低歪みとシステムの信頼性

レコーディング・スタジオでのモニター・スピーカーの使用環境は、極めて過酷であり突然の過大入力にも耐えられるだけの信頼性が求められます。

こうした点から設計者は、高域に能率の高いホーンとコンプレッション・ドライバーを使用してきました。これらは、電気-音響変換効率が15～20%と高く、さらにドライブレベルを下げることで、高域の耐入力10～15Wを実現しています。低域については、エンクロージャーを密閉型ではなくポート式とすることで30～40Hzまでの再生を実現しています。

図13-8にポートとユニットの関係を示します。適正な設計がなされたシステムでは両者の相互作用により低域再生限界が拡大していることがわかります。エンクロージャーの共振周波数付近では、ユニットの振動を押さえることが出来、結果歪みも少なくなります。

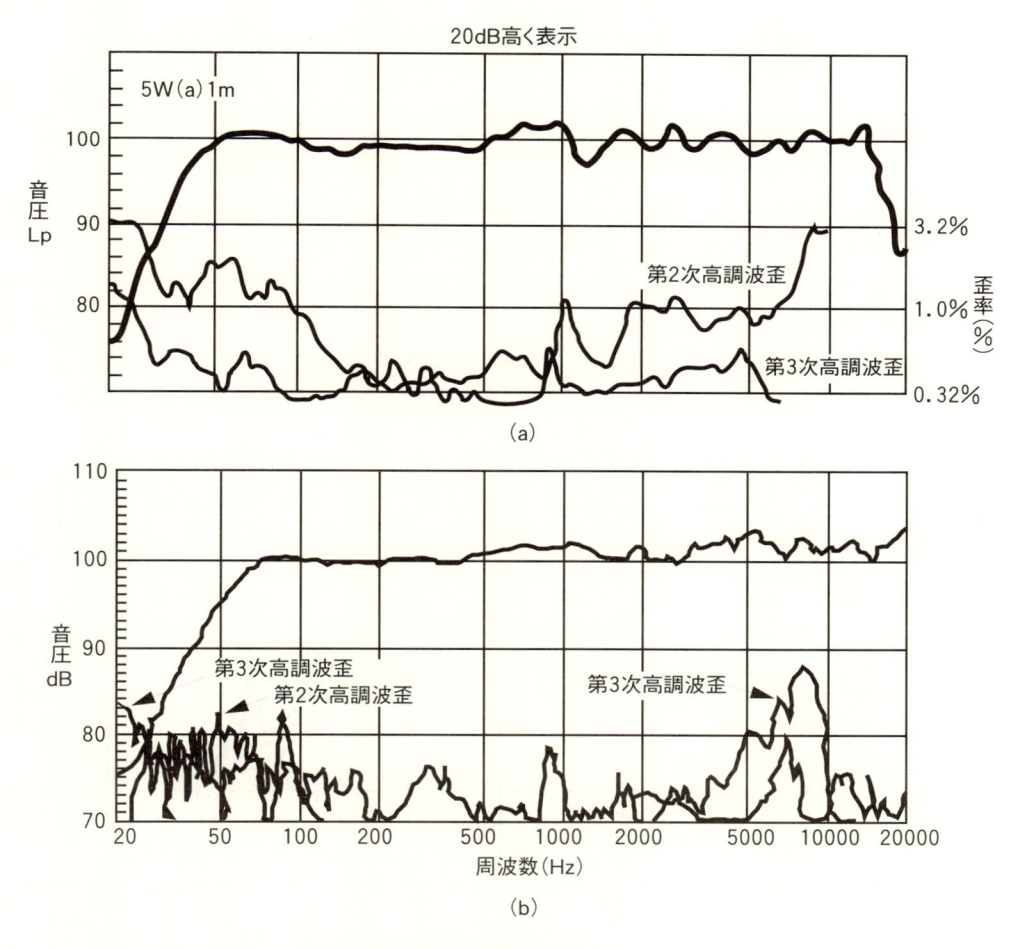

図13-9　スピーカーの歪み特性（JBL社提供）
(a) 2wayホーン部で100dBの音圧を軸上1m地点で測定した基本、2次、3次高調波歪み
(b) 3way小型スピーカーで同様に測定した値（便宜上20dB高く表示）

エンクロージャーの低域出力はヘルムホルツ共振点で最大となり、これ以下では24dB/octのカーブで下降します。密閉型では、このカーブが12dB/octです。

図13-9には、システムの歪み特性の代表例を示しました。測定は、常に100dBLpの出力が得られるよう設定し、1mのポイントで測定しています。出力が100dBLp以下の場合高域2次高調波歪みは、ブックシェルフ・タイプが有利ですが、出力がこれ以上となるとドーム・タイプの高域特性の限界が生じホーンタイプが有利となります。スピーカーの耐入力設計は、平均レベルより、8～10dB高い入力でも大丈夫なように設計されており、機構的にも温度的にも問題はありません。低域用ユニットが過大入力にさらされた場合、ダイナミック・コンプレッション作用が生じます。図13-10にその例を示しますが、オーバードライブされたボイスコイルは、温度上昇し、直流抵抗が増加します。そのため感度低下を生じますが、ベテランのエンジニアやプロデューサーは音でその現象をすぐ確認できます。

(5) ステレオ音像

ステレオ音像の形成については、2章3項で述べました。対称性と言う条件が必要で、リスナーは、両者から等距離にある正三角形の頂点で聞くことにより虚音像イメージがきけるわけです。モニタリング環境についても、同様にスピーカーの設置と音響出力に対称性が保たれなければなりません。

スピーカー・メーカーの多くは、左右の対称性を考慮したペアのスピーカーを用意し垂直軸方向のミラーイメージが保たれています。こうして適切に設置されたモニタリング環境では、きめ細かなパンニングでも正確なモニターが可能となります。再度強調しておきますがあくまで虚音像は、スピーカーから等距離の頂点でのみ可能です。

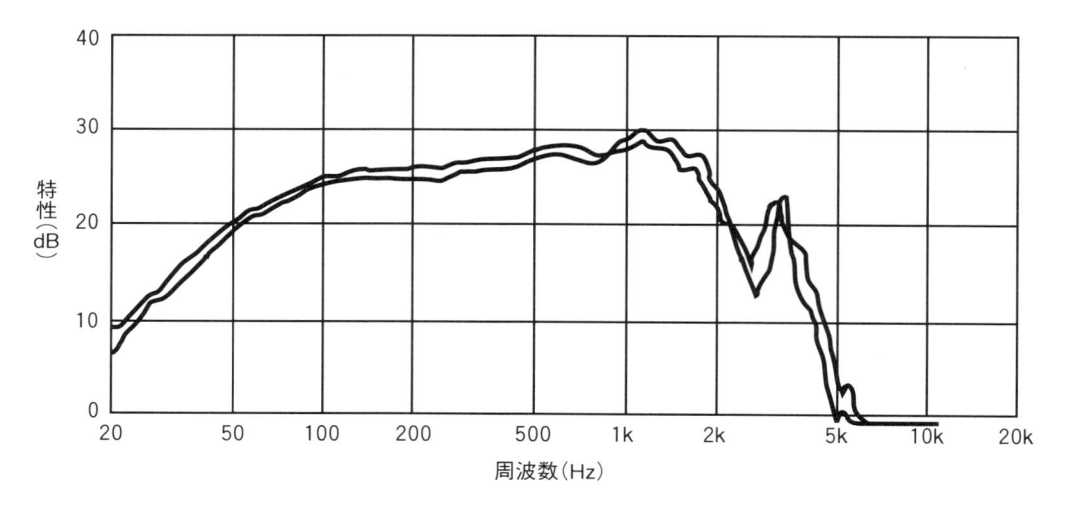

図13-10 38cm(15インチ)ウーファーを1Wで駆動した場合(上部)と100Wで駆動した場合(下部)(JBL社提供)
図では両者を重畳して表わしているが実際は20dBの差がある

3. 適切なスピーカー選択

(1) ポップス／ロック音楽

　録音スタジオの多くは、ポップスやロック音楽制作を目的にしています。こうしたスタジオでは、2〜3wayで高域にはコンプレッション・ドライバーを使ったスピーカーが良いといえます。これらは1m 1W軸上の感度が93〜95dBLpと高く、連続許容入力も300Wはあるのが一般的です。3m地点でこうしたスピーカー単体からは、113dBLpの出力が得られ、ペアで116dBLpが得られます。低域は、35Hz付近まであれば大抵の楽器で十分ですが、キックドラムのようにヘッドに近づけた収音方法をした場合は、さらに低い成分があります。超低域再生が必要な場合は、サブウーファーの設置が効果的で20〜25Hzまでの再生を受け持つことが出来ます。

　ハイレベル・モニターには、**図13—11**に示すようなバイアンプ駆動が効果的です。これは、低域と高域をそれぞれ専用の2台のアンプで駆動する方法で、入力はその前段におかれるディバイディング・ネットワークで分割されます。この利点は、単独の場合に比べ混変調歪みが減少し、駆動パワーも少なくて済む点です。

(2) クラシック音楽

　クラシック録音は、全体のアンサンブルを重視し、モニタリングもコンサートホールの一部で行なうなど現場密接度の高い条件にあります。

　エンジニアやプロデューサーによっては、内容の詳細な確認のため高レベルモニタリングを好む場合もありますが、たいがいは、現場での機動性を重視したスピーカーとなり、時には家庭用で性能の優れたモデルを利用する場合もあります。最近の録音では、平均的モニターレベルで低歪み、音像の正確さがスピーカーに求められています。クラシックは、オーディオファンに聞かれることを前提に録音していますので、音の傾向もこうした人々が家庭で聞く場合を想定したモニター・スピーカーを選択しています。高品質家庭用スピーカーは、さきほどのホーンとコンプレッションドライバーを組み合わせたスピーカーとは音質的に大きな相違があります。特に音のアンサンブルを重視しているので、音の輪郭が粒立つことはなく、出力も桁外れに大きい必要はなく録音時のモニター・レベルも比較的静かなのが一般的です。

(3) 近接モニタリング

　ニアフィールド・モニターとは、コンソールのメーター部などエンジニアの近傍に設置してモニターする場合を指します。たいがいは、1m以内の距離しかなくダイレクトフィールド・モニターと呼ぶのが適当です。この特徴は、その設置位置にあるのではなく、エンジニアやプロデューサーが、車や家庭の小型ステレオで聞いた場合のバランスを想定出来ることにあります。スピーカーは15〜20cmのウーハーを備えた2way規模で、特別に標準モ

Section 4　録音システム―機器構成／メータリング／モニタリング

デルといったものはありません。小型でウーファーが小さいため十分な低域特性モニターは出来ませんが、周波数特性は大変フラットです。

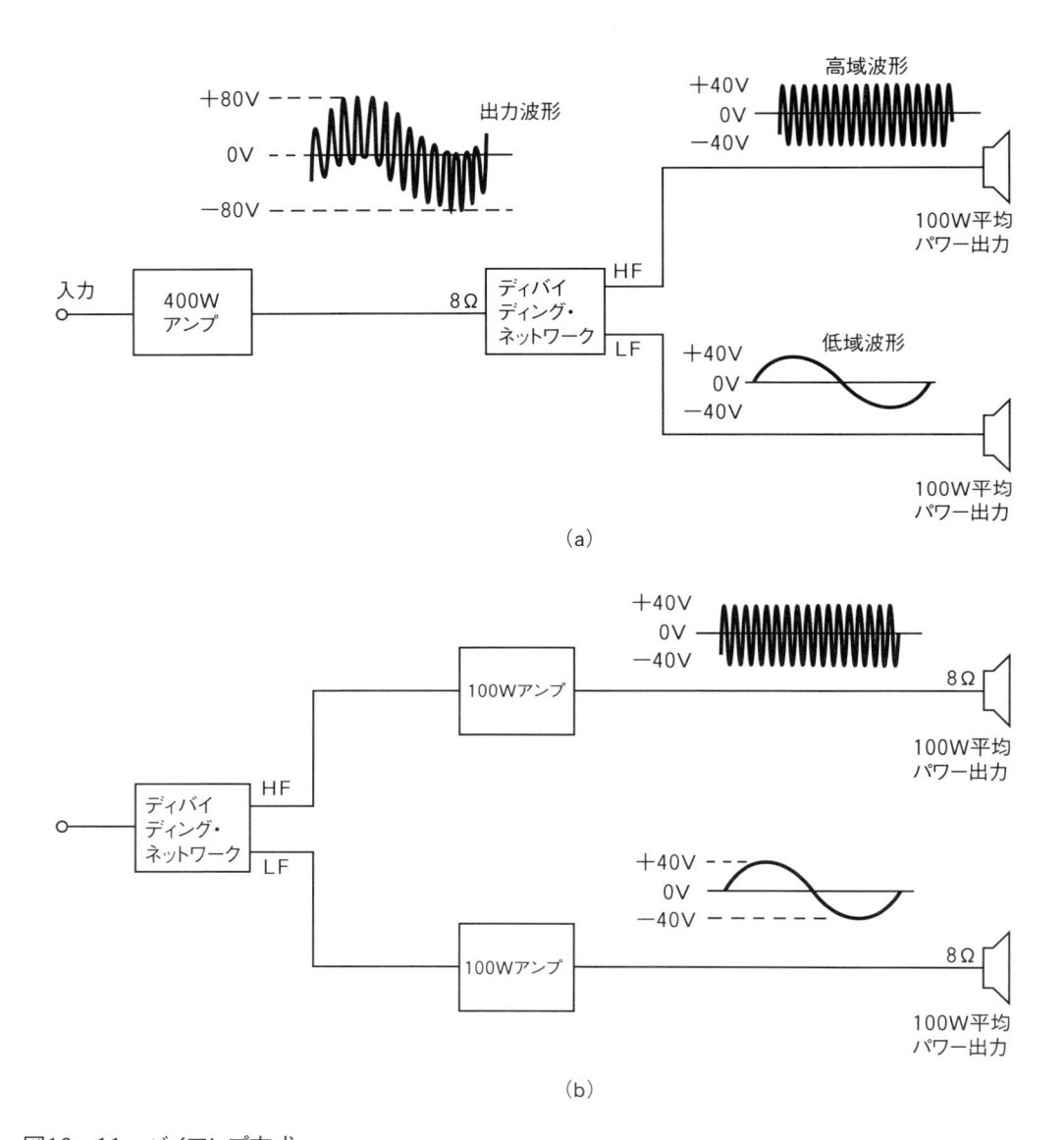

図13-11　バイアンプ方式
　　　　（a）では駆動アンプが低域高域ともに歪みなくドライブするのに
　　　　　　十分なパワーがなくてはならずこの場合±80Vとなる
　　　　（b）はバイアンプの場合で低域と高域信号はアンプの前段で分離されている。
　　　　　　この方法で（a）同様のパワーを得るには各アンプが±40Vのドライブ能力で充分となる

(4) ヘッドフォン・モニター

クラシック録音では、ヘッドフォンによるモニターを好む多くのエンジニアやプロデューサーがいます。録音現場での音響条件が十分でない場合でもヘッドフォンは正確なモニターが可能だというのがその長所です。その場合でも最初のバランスは、スピーカーで行なうことが大切です。

(5) 各種モニタースピーカー諸元

表13－1には、各モニター・スピーカーの種類別特徴をまとめています。目的に応じた性能を把握するのに利用して下さい。

種類	ユニット数	ウーファー径(mm)	感度(1W,1m)	入力パワー	用途
小型モニター	2～3	150～200	86～89	50～100	近接モニター
放送局	2～3	200～300	89～93	100～150	標準レベルで標準距離
コンシューマ用高品質モニター	3～4	300～380	86～91	150～300	クラシック用と適度なレベルと距離
シングル・ウーファーとコンプレッション・ドライバー	2～3	380	93～97	200～400	ポップ／ロック
ダブル・ウーファーとコンプレッション・ドライバー	2～3	380	95～99	250～500	ポップ／ロック

表13－1　各種モニター・スピーカーの諸元

4. モニター・システムとイコライザー

(1) 必要となった背景

モニター環境に十分な配慮をして設計したとしても、エンジニアがモニター位置で必ずしも満足のいく音質にならない場合もあります。こうした場合の補正として1/3octのイコライザーなどでトータルの音質を補正する場合があります。またこうした補正で、他のスタジオとの音質の統一を計ることも可能です。しかし現実はそう理屈通りでもありません。

(2) 補正に必要なシステム構成

図13－12に示す方法がイコライジングに必要なシステムです。
　信号源は、ピンクノイズで、出力はリアルタイム・アナライザーにより測定し、モニタリング位置に設置します。アナライザーは、1/3octごとの周波数特性がリアルタイムで表示できる測定器で、これにより必要な特性を調整していきます。図13－13には、目的別のモニター周波数特性を示しました。この中で(d)の特性が最も一般的な特性です。補正に用

いるイコライザーは、振幅特性のみならず、位相特性にも優れていなければ実用的な音響特性補正器とはいえません。

(a)

(b)

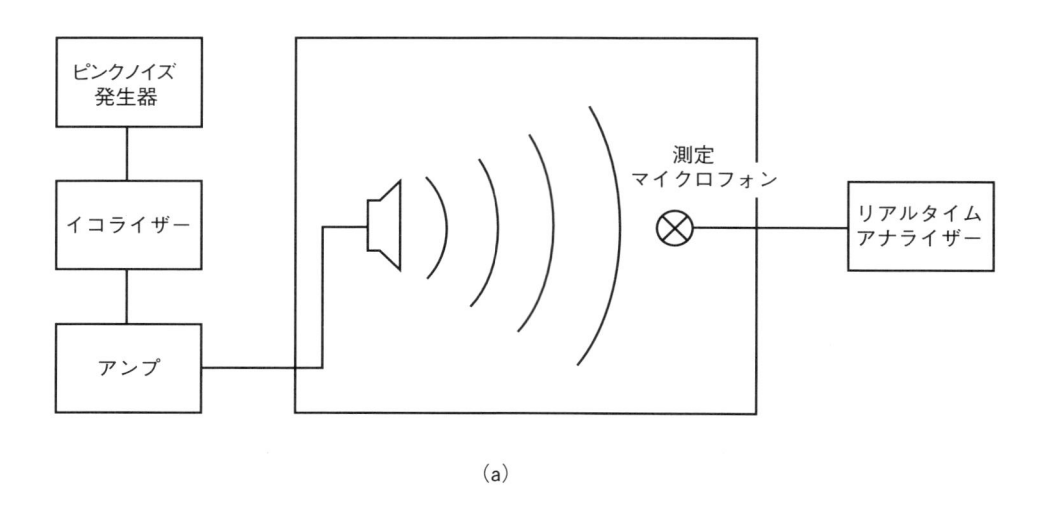

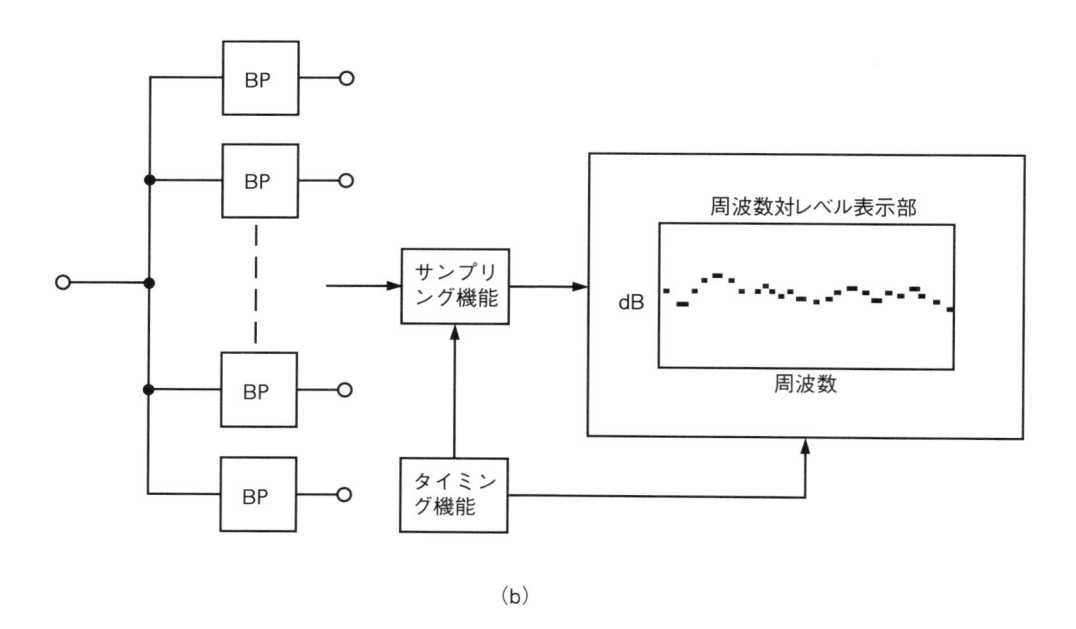

図13-12　イコライザーによる補正例
　　　　(a)ピンクノイズをスピーカーに与え測定をリアルタイム・アナライザーで
　　　　　測定し必要な特性にイコライザーで補正する
　　　　(b)リアルタイム・アナライザーは入力を1／3octバンド毎に分割し
　　　　　その各々の周波数のレベルをリアルタイムで測定

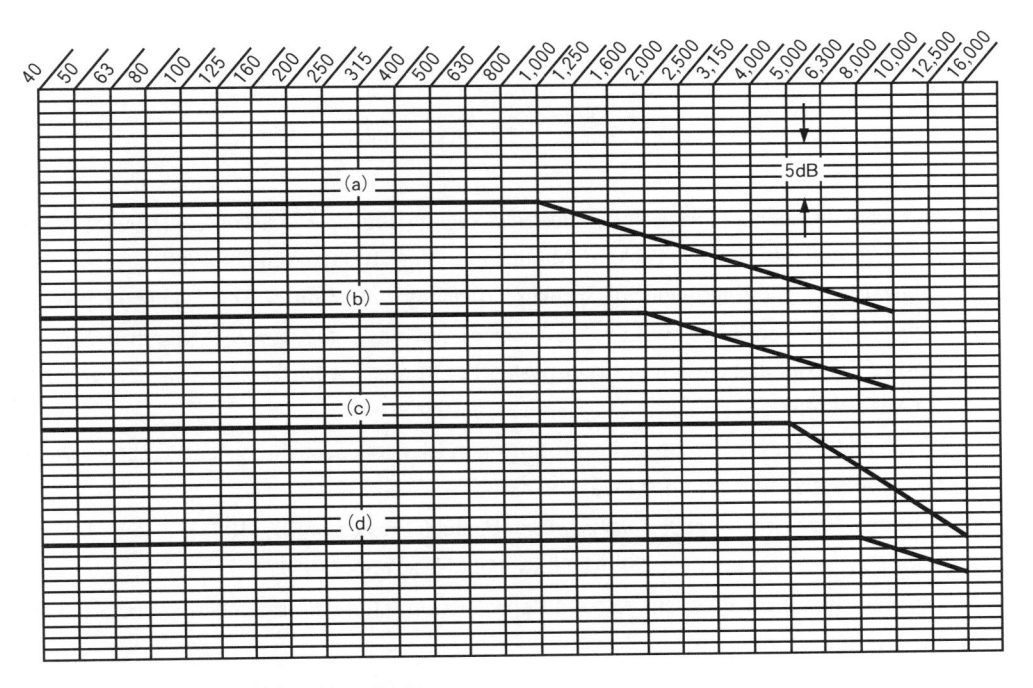

Section 4　録音システム—機器構成／メータリング／モニタリング

図13−13　イコライザー補正の推奨範囲
　　　　(a)の特性はSRでの例
　　　　(b)は映画館での例
　　　　(c)(d)はレコーディング・スタジオのモニター例で200Hz以上で±1.5dB、200Hz以下
　　　　　では＋2〜−4dBの許容範囲が認められているが適切に設計されたコントロール・ルーム
　　　　　では200Hz以下の特性も大変平坦な特性が得られる

〈第13章〉　　［参考文献］

1. "Symposium on Auditory Perspective," *Electrical Engineering*, pp. 9-32, 214-219 (January 1934).
2. *Acoustics Handbook*, Hewlett-Packard Applications Note 100 (November 1968).
3. G. Augspurger, "The Importance of Speaker Efficiency," *Electronics World* (January 1962).
4. G. Augspurger, "Versatile Low-Level Crossover Networks," *db Magazine* (March 1975).
5. J. Benson, "Theory and Design of Loudspeaker Enclosures," *AWA Technical Review*, vol. 14, no. 1 (August 1968).
6. J. Blauert and P. Laws, "Group Delay Distortion in Electroacoustical Systems," *J. Acoustical Society of America*, vol. 63, no. 5 (May 1978).
7. M. Collums, *High Performance Loudspeakers*, Pentech Press, London (1978).
8. L. Beranek, *Acoustics*, pp. 313-322. McGraw-Hill, New York (1954).
9. M. Engebretson, "Low Frequency Sound Reproduction," J. Audio Engineering Society, vol. 32, no. 5 (1984).
10. J. Eargle, "Equalizing the Monitoring Environment," *J. Audio Engineering Society*, vol. 21, no. 2 (1973).
11. J. Eargle, "Requirements for Studio Monitoring," *db Magazine*, (February 1979).
12. J. Eargle, and M. Engebretson, "A Survey of Recording Studio Monitoring Problems," *Recroding Engineer/Producer*, vol. 4, no. 3 (1973).
13. C. Molloy, "Calculation of the Directivity Index for Various Types of Radiators," *J. Acoustical Society of America*, vol. 20, pp. 387-405 (1948)
14. C. Davis and G. Meeks, "History and Development of the LEDE Control Room Concept," Preprint number 1954; paper delivered at the AES Convention, Los Angeles, 1982.
15. D. Smith, D. Keele, and J. Eargle, "Improvements in Monitor Loudspeaker Design," *J. Audio Engineering Society*, vol. 31, no. 6 (1983).
16. Loudspeakers, an anthology of articles appearing in *J. Audio Engineering Society*, 1953 to 1983.

第14章　コントロール・ルームとモニター環境

1. 基本的な条件

　レコーディング・スタジオは、録音機材、オペレーター、プロデューサー、ミュージシャン、そしてゲストなどが仕事の出来る空間を持っていなければなりません。コントロール・ルームとスタジオは見通しが良く、各ブースとコントロール・ルーム間は、十分な遮音性能を確保し、空調は十分静かでなくてはなりません。こうした条件が整った上で、音響的な設計が十分なされていることが必要となります。今日のコントロール・ルームは、かつての狭苦しい部屋というイメージから脱皮しデザイン的にも機能的にも使いやすい設計が行なわれるようになりました。設計によっては、機材は別室にあり、あたかも普段の居間で仕事をしているような空間もあります。

　現在のコントロール・ルームについて述べる前に、モニター・スピーカーと空間の境界領域の性質について基本的な概念を述べます。これは、コントロール・ルーム内の音響設計を行なう上で大切な要素となるからです。

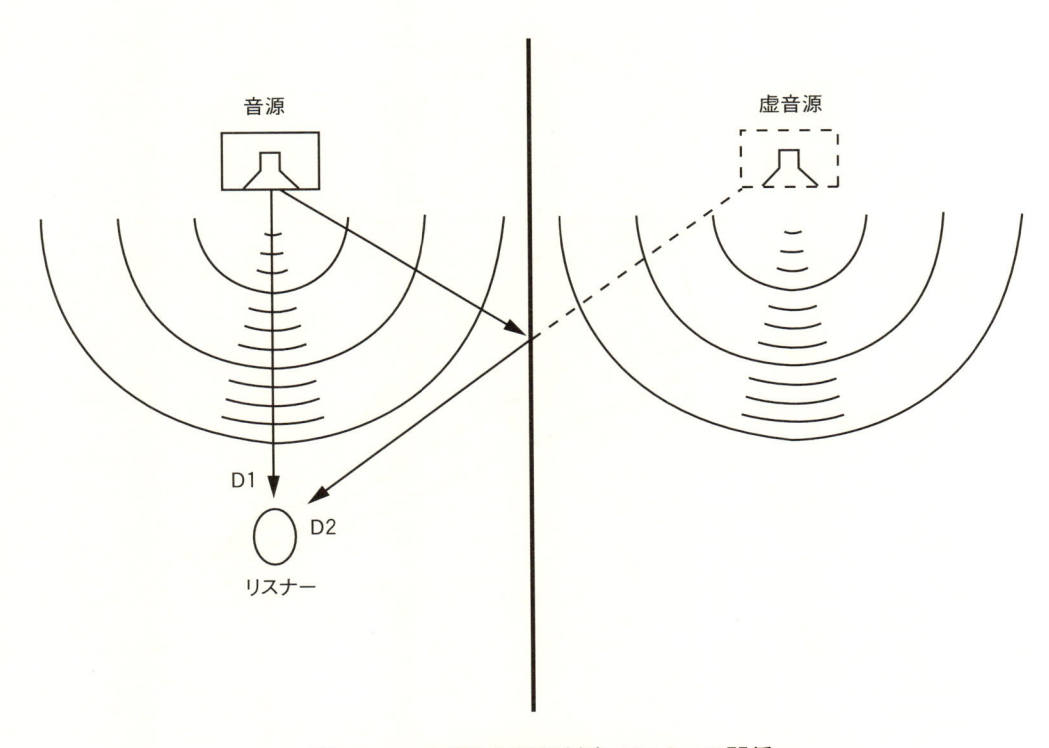

図14-1　音源と初期反射音、リスナーの関係

Section 4 　録音システム—機器構成／メータリング／モニタリング

2. スピーカーとその境界条件

　図14−1は、堅い表面に反射した音の性質を示しています。反射音は、仮想音源となり直接音とこの仮想音の合成音がリスナーには聞こえることになります。この影響は、周波数が低いほど指向性が全指向となる影響で顕著となり、逆に高域は、仮想音源になりにくいため軽減されます。**図14−2**には、コントロール・ルームのガラス面にスピーカーを吊り下げた場合の仮想音源の発生を示した例です。この方式は、1970年代までのスタジオでは良く用いられた方法です。ここでは、2つの第一次仮想音源と1つの第2次仮想音源が見られます。

　1次成分は中域で強く、2次成分は低域で強い影響をもたらします。これらが合成されてリスニング位置に到来すると、低域と中域は凸凹の変動が出て、高域は薄い音として聞こえます。

　天井部分からの高域の反射は、吸音材によって制御出来ますが、低域については良い方法がありません。次にスピーカーを**図14−3**に示すように窓と天井の交差部分にマウントしたとするとどうなるでしょうか？ 反射成分と直接音成分は、ほぼ同軸線となり反射成分との干渉は、少なくなります。

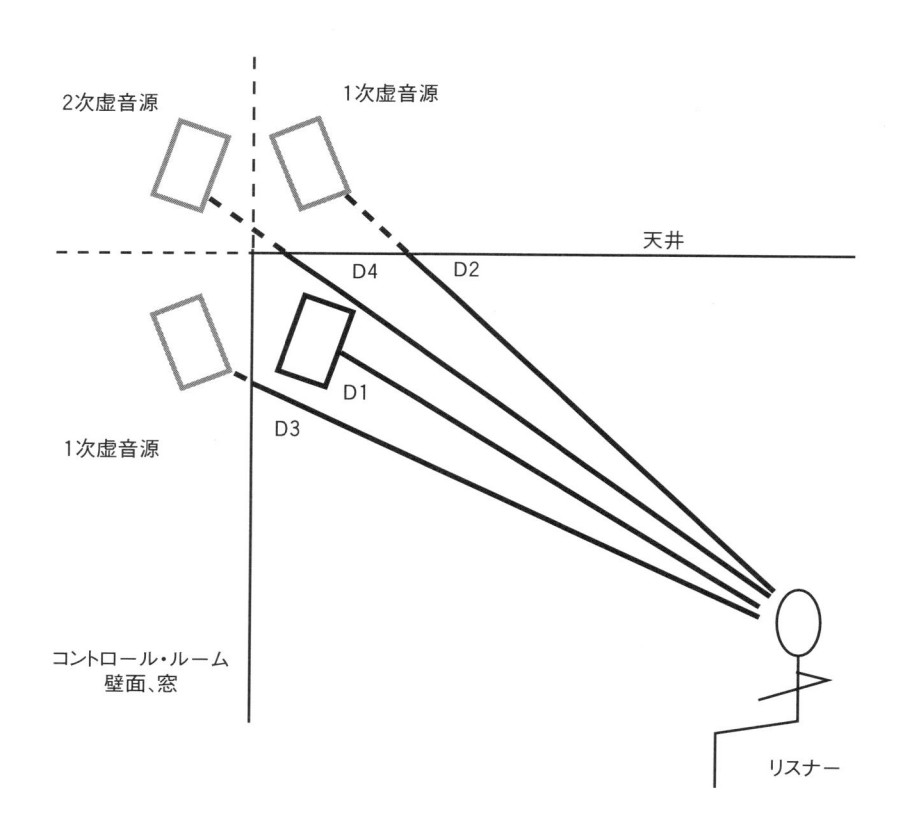

図14−2　音源と初期反射音、第2次反射音、リスナーの関係

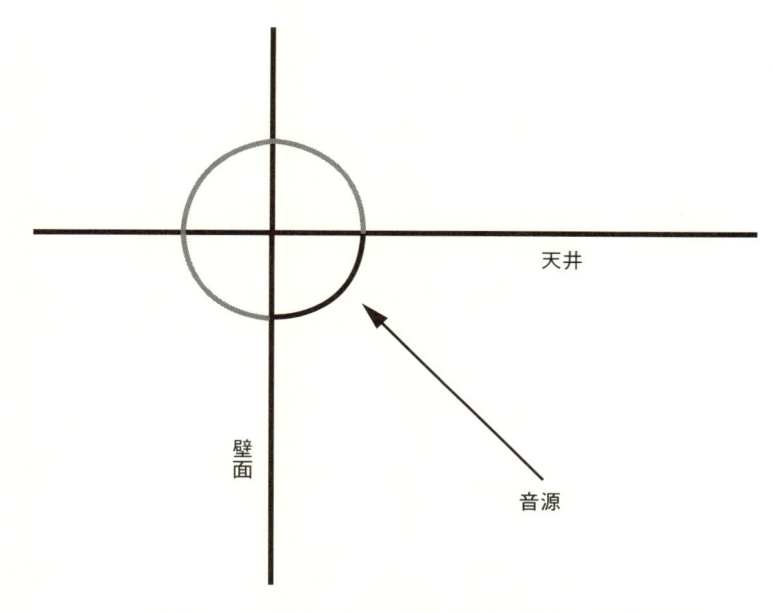

図14−3　スピーカーからの反射を最少にする設置

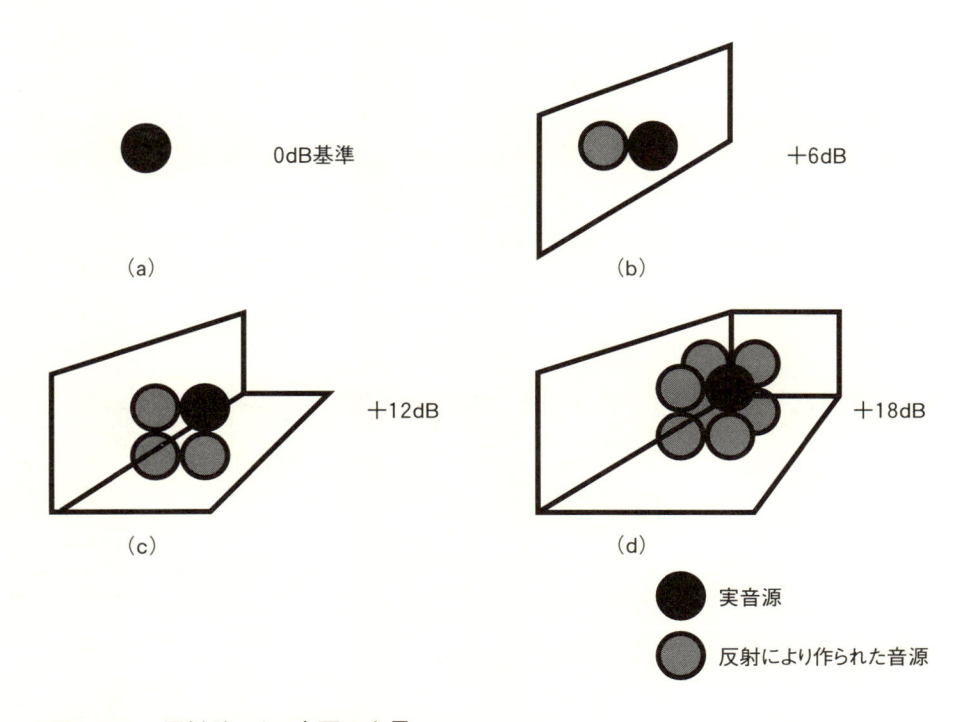

図14−4　反射壁による音圧の上昇
　　　　（a）自由空間においたスピーカー（4π空間）、（b）反射壁が1面の場合（2π空間）
　　　　（c）反射壁が2面の場合（π空間）、（d）反射壁が3面の場合（$\pi/2$空間）

(1) 低域の音圧倍加現象

図14—4(a)に示すように低域音源を自由空間において測定した出力を0dB基準音圧とすると、(b)のような単一反射面を付加することで、6dBの音圧上昇が見られます。これは、反射成分が直接音とちょうど（＋）に合成されるため2倍の音圧ベクトルとなるからです。DIで示すと、直接音と反射音は3dBずつの相互結合をした新しい境界面を作ったともいえます。

さらに(c),(d)のように反射面が増加するにつれて6dBずつ音圧上昇が見られます。3面で囲まれたコーナーに設置したとすると、18dBの音圧増加となるわけです。この方法は、コーナー設置専用に設計されたスピーカーを除いて大変"ブーミー"な音になってしまいますので良い設置位置とはいえません。

3. 反射成分のコントロール法

反射は、コントロールし、決して取り除こうとしないことです。スタジオ音響デザイナーは、次のような各種音響コントロール手法を利用しています。

a. ベーストラップ

これは低域吸収トラップでかなり大きなものになります。寸法はコントロールしようとする低域周波数の1/4波長の奥行きが最低必要で十分な表面積をもっていなければなりません。100Hz成分を吸音しようとすると、0.8mの奥行きが必要でコントロール・ルームの側面や後壁部を利用します。ベーストラップは、部屋のなかに低域の定在波を抑え平坦な低域特性を得るため使用し、かなり低域を吸収しますので、その分スピーカーは十分な低域再生能力が求められます。

b. 中域、高域の吸収

直接音成分と反射成分がリスニング位置で同等となる程度にコントロールします。

c. 反射成分の拡散

反射した中域、高域成分は、十分拡散する必要があります。図14—5に示すような拡散方法があり、(a)は凸凹の表面をした石材を利用した例で、(b)は均等な周波数拡散が考慮されたディフューザーの例です。

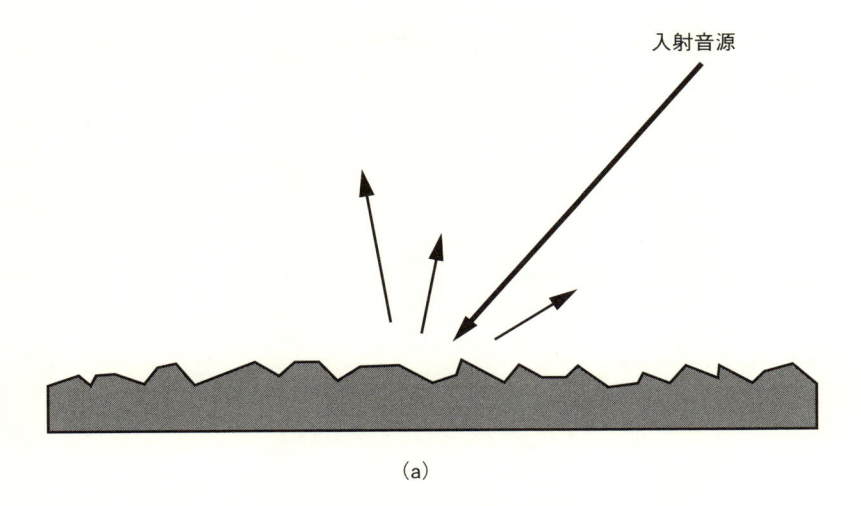

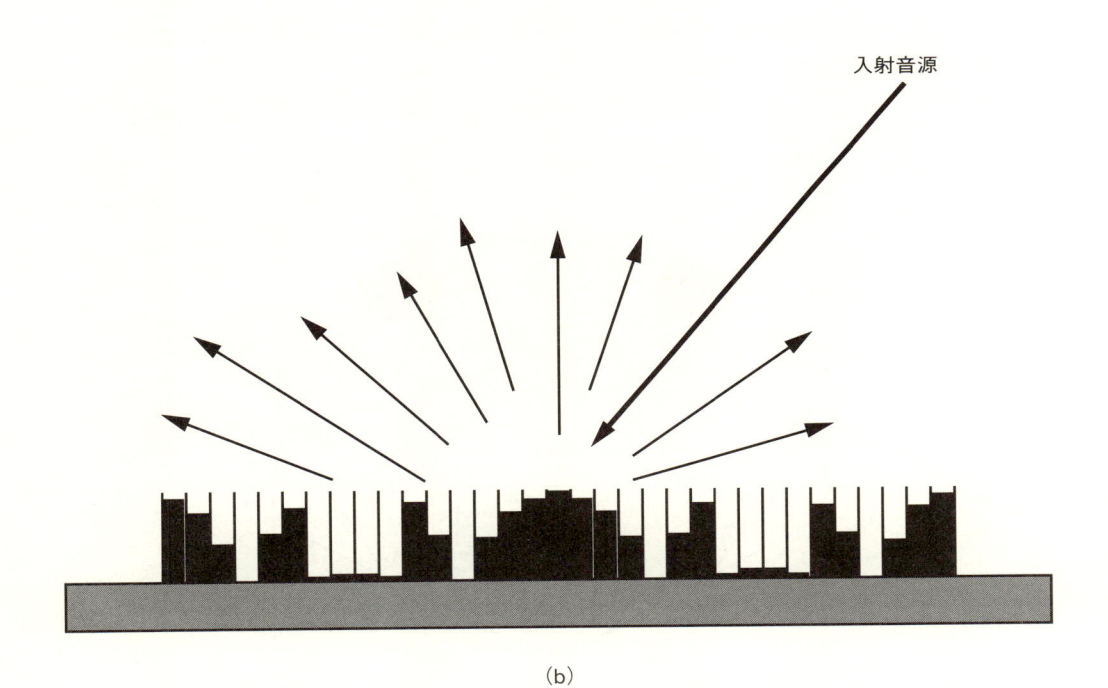

Section 4　録音システム—機器構成／メータリング／モニタリング

図14-5　拡散反射
　　　　(a)は粗い表面からの反射
　　　　(b)は多方面拡散板からの反射

Section 4　録音システム―機器構成／メータリング／モニタリング

4. コントロール・ルーム設計の基本

　かつては、コントロール・ルームに吸音材と拡散材を適当に組み合わせれば十分といった思想が通用していました。1970年代後半からは、コントロール・ルームの前方を吸音に後方を反射性とする手法が行なわれていました。
　ライブ・エンド／デッド・エンド(live end－dead end [LEDE])手法は、コントロール・ルームの初期反射音を測定し解析した結果生まれた手法で、部屋の前半分を吸音性、後方を反射性としました。
　設計にあたっては以下のような観点が考慮されています。

1. 壁面や天井からの初期反射音レベルは、スピーカーからの直接音レベルに比べリスニング位置で12dB低くなければならない。
2. 後壁からの強い反射成分は、直接音より15msec以上遅れており、拡散音成分より6dB強いレベルであること。
3. 初期反射後の減衰特性は、なだらかであること。

　実際の音でこうした要件を表すと、エンジニアが側壁や後壁からの反射音によってモニター音に凸凹が聴こえないような特性で、後壁から目立つ反射がない状態といえます。いわば特定の色付けのない音といえるでしょう。
　床や機材と言った表面からの初期反射にも注意しなければなりません。「LEDE手法」

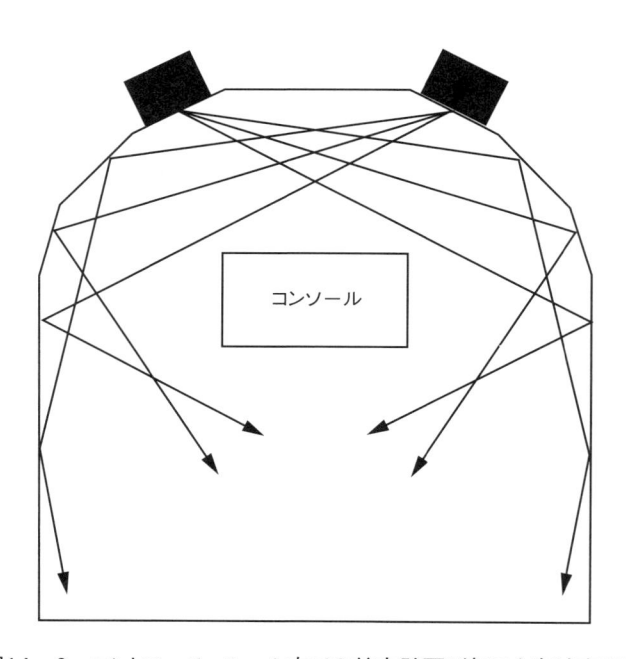

図14－6　コントロール・ルーム内での前方壁面が起こす高域空間反射

を実現するには、奥行きが十分ある空間を用意しなければなりませんが、一般的にコントロール・ルームはどこも狭いのが難点です。

　自由反射音場(reflection－free zone[RFZ])の設計手法は、多くのデザイナーから提唱されています。**図14－6**に基本的な考えを示しました。鏡面反射と同じような現象が音でも応用でき、光と同じような行程で音を捉えることが出来るという前提に基づいていますが、実際の音波は、反射面で発散や拡散をしています。このことを考慮にいれた設計が行なわれなければ効果的な「RFZ手法」とはなりません。

5. コントロール・ルーム設計の実際

　図14－7には、平面と立面の設計例を示しています。この例では、後方にもスピーカが設置され、部屋はほぼ正方形にレイアウトされた例です。ベーストラップが前方両側面と後壁と天井に設置され奥行きは1mあり、これで約86Hzまでの低域をコントロールすることが出来ます。

　リスニング位置で直接音と反射音がちょうど均等になるよう配分された音響材処理がなされ、モニター・スピーカーは、天井の梁から取り付けられちょうどリスニング位置を見下ろす角度になっています。後方のスペースは、機材や備品の設置に割り当てられています。

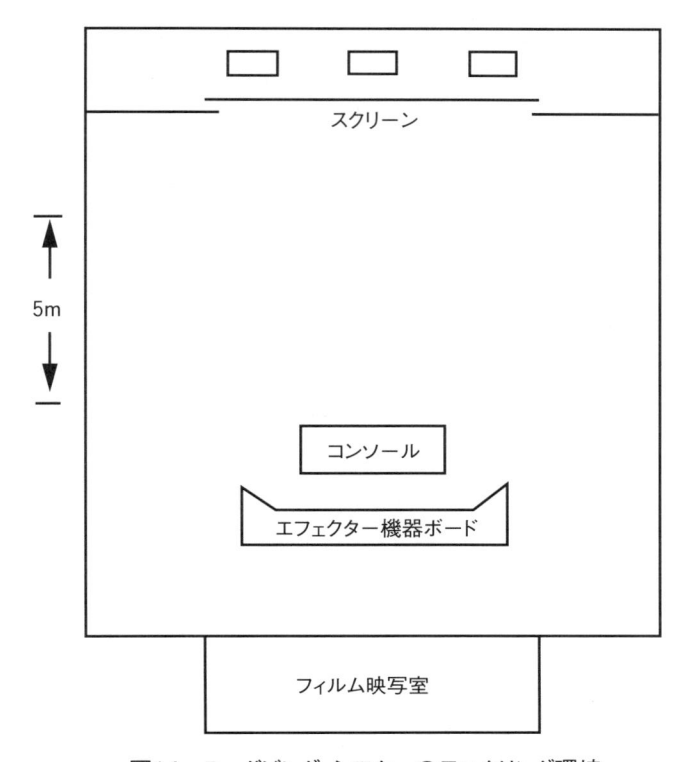

図14－7　ダビング・シアターのモニタリング環境

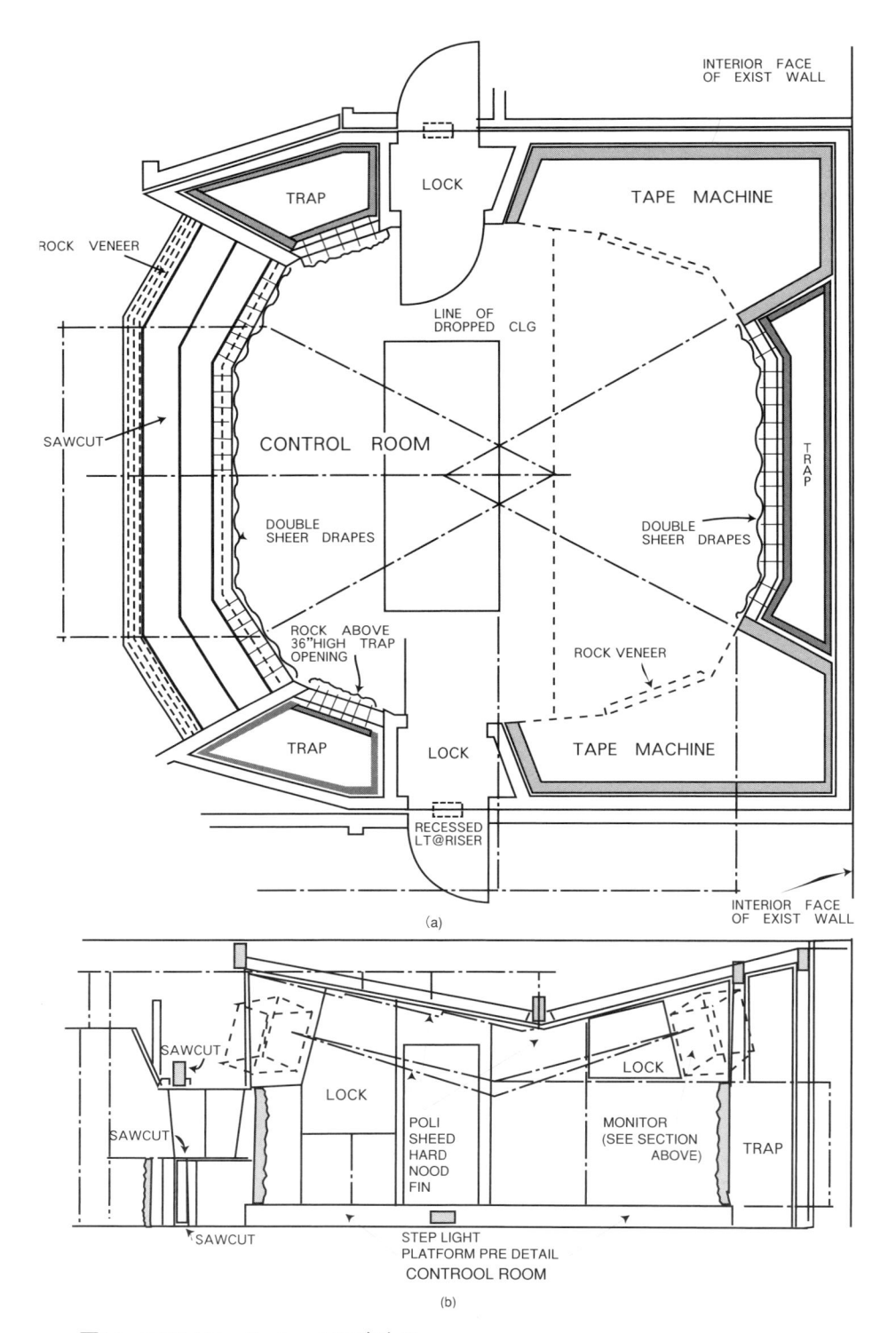

Section 4　録音システム—機器構成／メータリング／モニタリング

図14—8　コントロール・ルームのデザイン
　　　　4チャンネル・モニタリングを考慮したコントロール・ルームの平面図(a)と側面図(b)

Section 4　録音システム―機器構成／メータリング／モニタリング

　図14—8は、映画のダビング・ステージの平面構成を示しており、ちょうど小型の映画館を思わせるため"ダビング・シアター"とも呼ばれます。ここでは、映画の音響要素である、台詞と音楽、効果音などがバランスよくミキシングされます。
　音楽録音のモニター・ルームに比較して大変広く、前方には、50〜60席のシートも用意されています。音響的には、劇場を想定した響きでスクリーン後方に指向性の強い3つのモニター・スピーカーが設置されています。ミキシング位置での直接音と反射音の比は、ほぼ同等です。
　図14—9に示すのは、キーボード楽器の録音制作に使うMIDIルームの例です。ここは主にミュージシャンがMIDIによって各種キーボードをコントロールし、すべてライン出力録音する目的の部屋で演奏とモニターが同一場所ということになります。先ほどのコントロール・ルームほど十分な音響設計はなされず、機材も市販のスピーカーを設置した簡易な構成です。
　どの条件でも共通の項目は、モニタリング位置で直接音と反射音が同等のバランスとなる音響条件をつくることです。これは録音車などの音響条件が十分でない環境でも必ず押さえておかなければならない項目です。

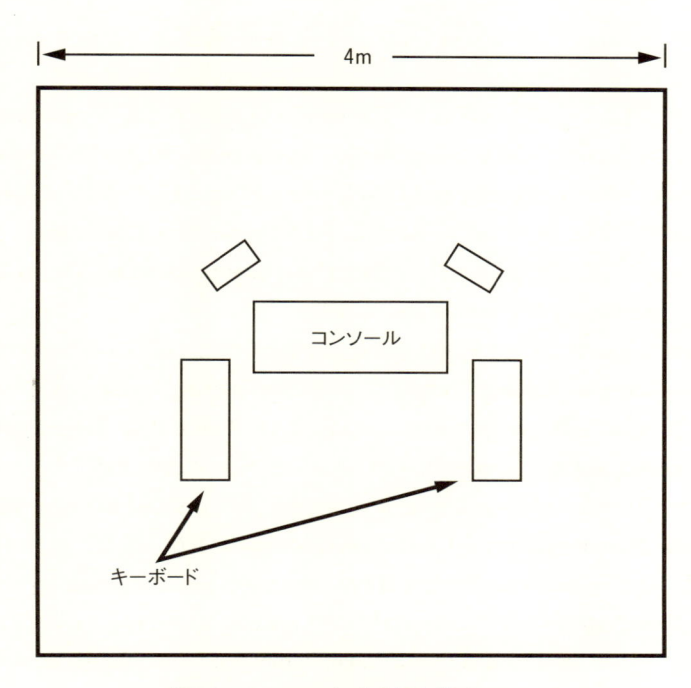

図14—9　MIDIによる打ち込みルーム

6. 部屋の大小と音色

　一般的な測定法を用いて、異なる容積間で同一モデルのスピーカーによりモニター音を統一しようとしても、うまくいきません。H.スタッフェルド（H.Staffeldt）は、こうした音色を近づけるためには外耳道入り口で、スペクトラムが同じとなるようイコライジングをすべきだと提唱しました。この実験では、マイクロフォンのかわりにダミーヘッドが用いられています。異なる部屋でも同一の音色を必要としたのは映画音響で、これらは映画館はもとより、家庭のVTRやLDでも鑑賞されるからです。

〈第14章〉　　［参考文献］

1. G. Augspurger, "Loudspeakers in Control Rooms and Living Rooms," Proceedings of the AES 8th International Conference, "The Sound of Audio," Washington, DC, 3-6 May 1990 pp. 171-178.
2. C. Davis and G. Meeks, "History and Development of the LEDE Control Room Concept," preprint number 1954; paper delivered at the AES Convention, Los Angeles, 1982.
3. P. D'Antonio and J. Konnert, "The Reflection Phase Grating Diffusor: Theory and Application," *J. Audio Engineering Society*, vol. 32, no. 4 (1984).
4. D. Davis and C. Davis, "The LEDE Concept for the Control of Acoustic and Psychoacoustic Parameters in Recording Control Rooms," *J. Audio Engineering Society*, vol. 28, no. 9 (1980).
5. F. Everest, *Acoustic Techniques for Home & Studio*, TAB Books, Blue Ridge Summit, Pa. (1973).
6. H. Olson, *Acoustical Engineering*, D. Van Nostrand, New York (1957).
7. M. Schroeder, "Progress in Architectural Acoustics and Artificial Reverberation: Concert Hall Acoustics and Number Theory," *J. Audio Engineering Society*, vol. 32, no. 4 (1984).
8. H. Staffeldt. "The Subjectively Perceived Frequency Response in Small and Medium Sized Rooms," *J. Society of Motion Picture and Television Engineers*, vol. 91, no. 7 (1982).
9. H. Staffeldt, "Measurements and Prediction of Timbre of Sound Reproduction," *J. Audio Engineering Society*, vol. 32, no. 6 (1984).

Section 5　信号処理機器（エフェクター）

第15章　イコライザー／フィルター
1．はじめに
2．イコライザーの基本構成
3．フィルター
4．イコライザー／フィルターの使用例
5．コンソール内蔵イコライザー
6．イコライザーの位相、振幅特性
7．ISO規格の周波数分布

第16章　コンプレッサー／リミッター／ノイズゲート
1．はじめに
2．コンプレッサー
3．リミッター
4．コンプレッサー／リミッターのパラメーター
5．コンプレッサー／リミッターの使用例
6．ノイズゲート／エキスパンダー
7．コンソール内でのダイナミック・コントロール

第17章　リヴァーブ／ディレイ
1．はじめに
2．エコー・ルーム
3．機械式リヴァーブ
4．デジタル・リヴァーブ
5．リヴァーブの使用例とディレイ

第18章　その他の特殊効果
1．はじめに
2．位相効果（phasing / flanging）
3．VCA素子と応用
4．エキサイター
5．ピッチとテンポの制御
6．コーラス効果
7．ボコーダー
8．音像制御
9．旧録音素材の復元とノイズ除去
10．信号の復元技術
11．オールパス位相シフト・ネットワーク

Section 5　信号処理機器

第15章　イコライザー／フィルター

1. はじめに

　録音に使われる信号処理機器としてイコライザーとフィルターは、最も歴史の長いエフェクターといえます。1800年代の電話技術で使われた頃は、入力と出力を等しくするための等価器として使われていました。今日でも周波数をコントロールするエフェクターとしてその名が継承されています。
　フィルターは、入力信号の周波数から特定周波数成分だけを取り除く働きを持ったエフェクターで、イコライザーと同じような働きをしています。

2. イコライザーの基本構成

　図15-1には、映画の初期に台詞の補正用として使われた3バンドのイコライザー特性を示します。主な目的は、映像の各カットによって録音された台詞の音色が異なるため、これらを補正するために使用されました。
　LF, MF, HFという表示は、LFとHFが周波数ポイントのカットとブーストが可能で、MFは、2段階のブーストのみが可能でした。このような特性を我々は、シェルビング特性と呼んでいますが、その名は特性が台地型をしているところから由来しています。ハイパス／ローパス・フィルターは、**図15-5**に示すようなロールオフ特性をしています。初期のイコライザーは、受動素子で構成され、接続すると12～15dBのレベルの低下を生じました。その後、能動素子が使われ始めIC回路などの利用により、1:1のゲインの変動がない回路となりました。開発が進むと**図15-2**に示すようなプログラム・イコライザーと呼ばれるタイプが登場し、大型のためコンソールではなくラックに収納されて使用されました。LFとHF

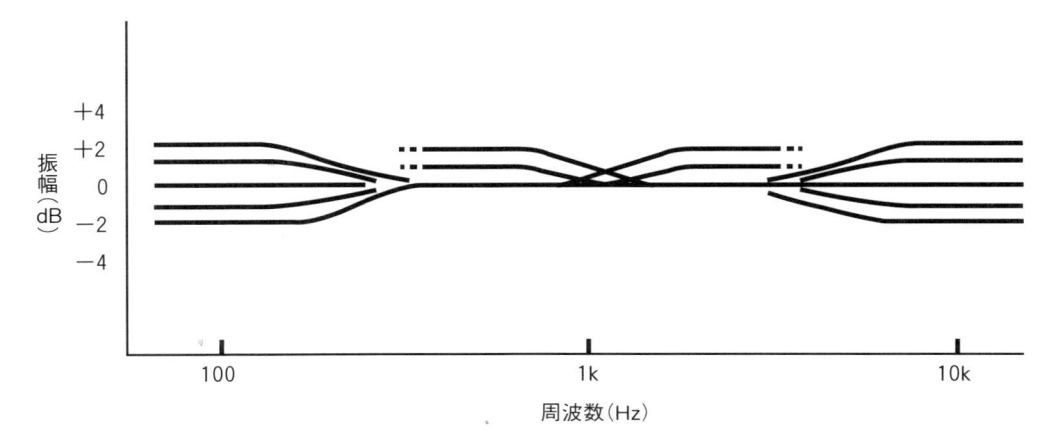

図15-1　映画のミキシングで使われた低域、中域、高域の3バンド台詞用イコライザーの特性

は、シェルビング・タイプでしたが、MFは、ブースト量が可変出来るピーキング・タイプとなりました。

さらに**図15-3**に示すようなグラフィック・タイプが登場し、周波数毎にブーストとカットが出来るようになりました。この名前は、コントロールしたノブの形がそのまま周波数スペクトラムを表わしているところから由来しています。さらに近年は、パラメトリック・イコライザーが開発され、周波数とゲイン、Qのそれぞれのパラメーターを可変出来るところから、この名前が由来しています。パラメトリック・タイプは3〜4バンドのコントロールが可能で**図15**

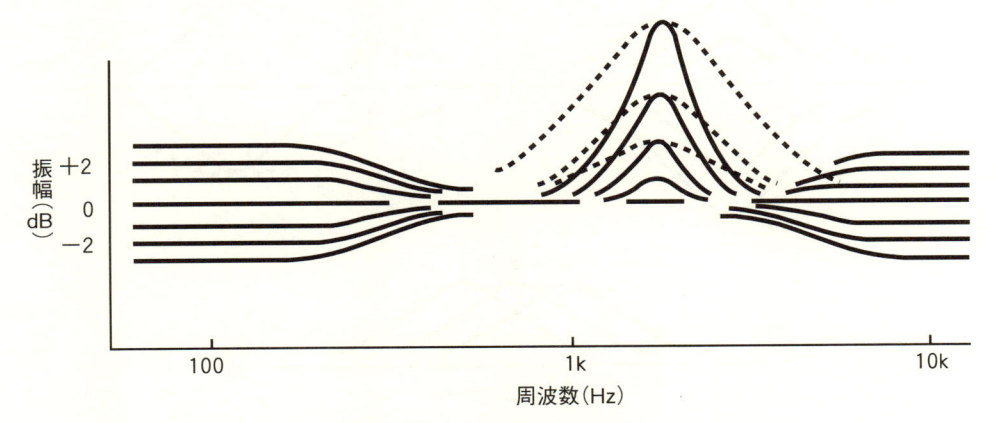

図15-2　プログラム・イコライザーの特性
　　　　　高域と低域はシェルビング特性可変
　　　　　中域は周波数可変でピーキング特性可変

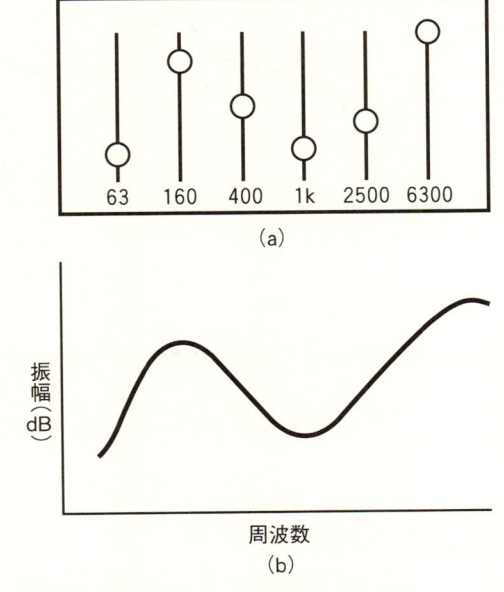

図15-3　グラフィック・イコライザー
　　　　　(a)は外観、(b)は特性を示す
　　　　　コントロール・ノブの位置が特性に近似している

Section 5　信号処理機器

(a)

レベルの増減
バンド幅のコントロール
周波数のコントロール

(b)

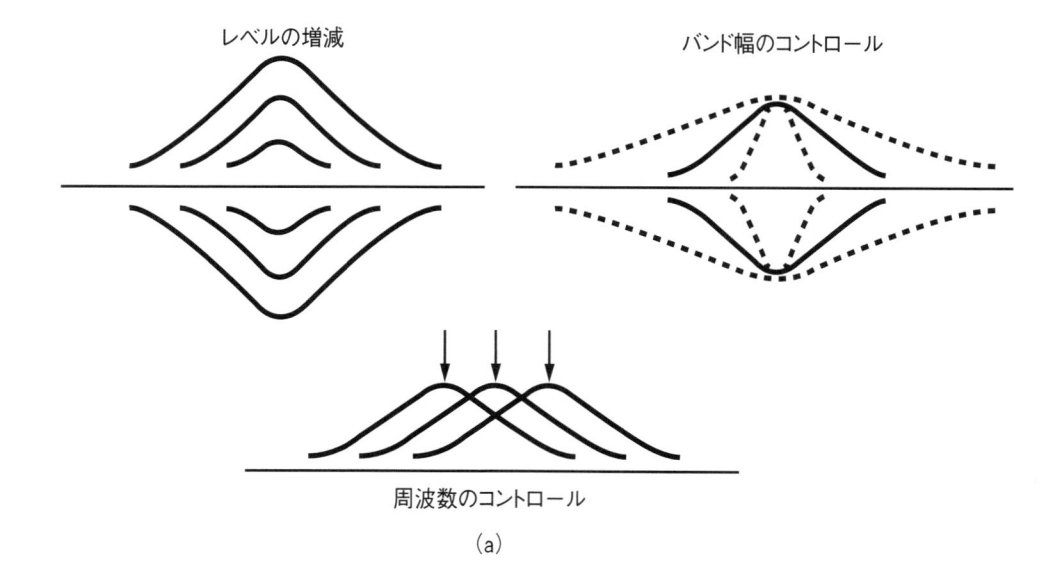

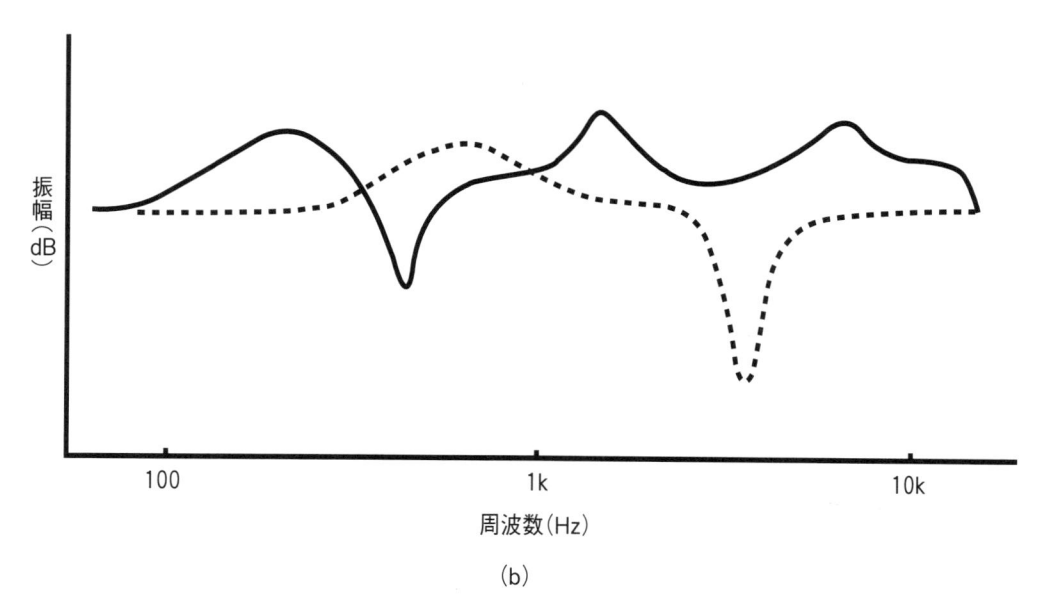

振幅(dB)
周波数(Hz)

図15-4　パラメトリック・イコライザー
　　　　(a)はコントロール可能なレベル、バンド幅、周波数の変化を示す
　　　　(b)は各種イコライジングの特性例を示す

Section 5　信号処理機器

—4に示すような自由度の高いコントロールが可能です。

3. フィルター

現在、一般に使用されているフィルターは、ハイパス、ローパス、バンドパスの3タイプで**図15—5**に示すような特性をしています。(b)の特性は特定の周波数のみを取り除くフィルターでノッチ・フィルターと呼ばれます。フィルターの減衰特性は18dB/oct程度が一般的です。

フィルターはランブル・ノイズやヒス・ノイズの低減に使い、特定の周波数にノイズがある場合には、ノッチ・フィルターを使用します。ノッチ特性は最大60dBもの減衰特性を持つモデルもありますが、極端に使用すると原音が変化してしまいます。使い方の詳細については、18章でさらに述べます。

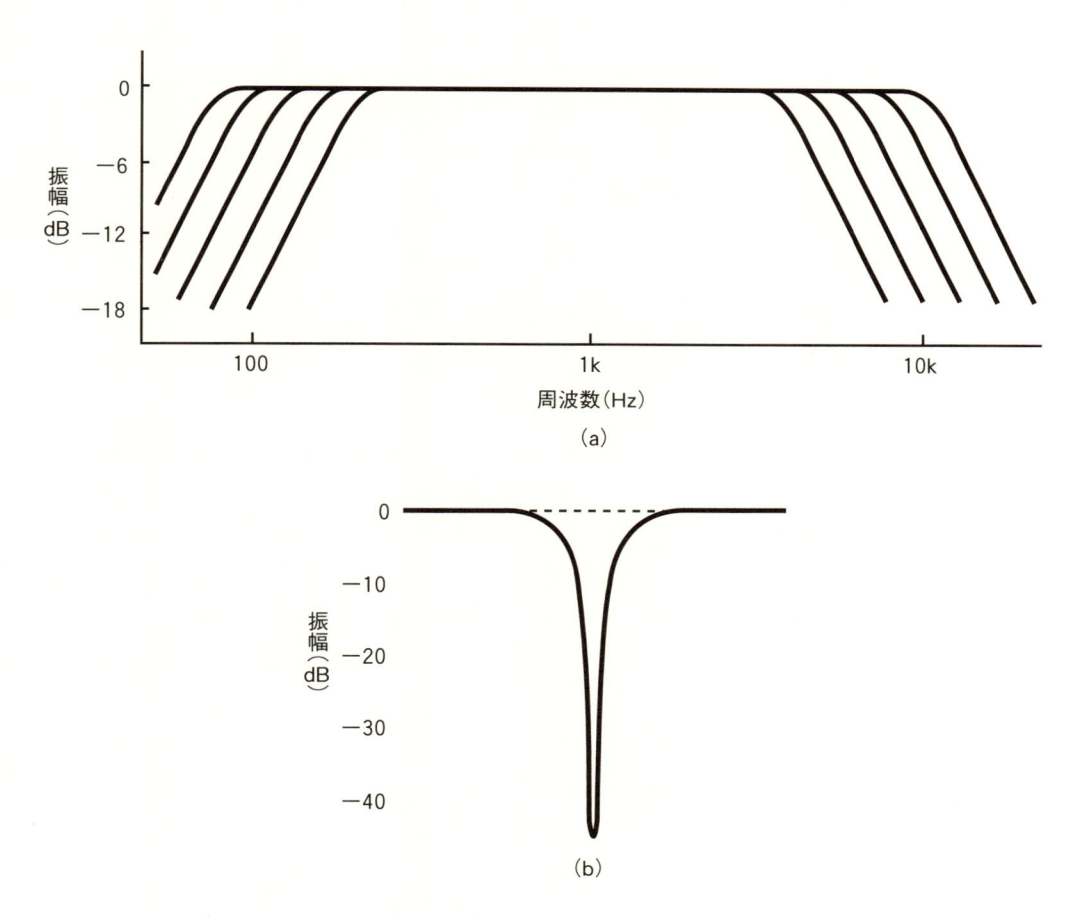

図15—5　フィルター特性
　　　　(a)はハイパス、ローパスフィルターの特性
　　　　(b)はノッチフィルターでノッチの深さや周波数が可変

4. イコライザー／フィルターの使用例

　今日のイコライザー／フィルターの使い方は、補正というよりさらに積極的に音を創る目的で使用されています。以下に応用例を述べます。

　音の厚みを出すには100～300Hz帯をブーストし、アコースティック・ギターやチェレスタのような細身の楽器などに使うと効果的で、ブースト量は、4～6dB以内とします。逆に奥に引っ込んだ感じを出すには、800Hz～2kHz帯にゆるやかなピークをもたせブースト量は4～6dBとします。

　音の抜けを強調するにはその楽器が持つ特定の帯域を持ち上げてやります。弦楽器の1つであるウッド・ベースでは、40～200Hzが基音ですが、倍音は2kHz帯にあり1～2kHz帯を強調することで明瞭度を高めることが出来ます。アコースティック・ギターでは、2～4kHz帯を強調すると弦の粒たちがはっきりします。

　パーカッションなどの歯切れの良さを出すには、1～2kHz以上の高域をシェルビングで持ち上げます。ボンゴやスネアではこうしたイコライジングが効果的で4～6dBの範囲が適正といえます。

　近接効果によって上昇した低域補正には、シェルビング特性でのカットが効果的で周波数ポイントは、使用したマイクロフォンと収音距離によって変化します。

　次には使用上の注意点をまとめてあります。

a：ピーキングによるブーストは、できるだけ必要最小限にすること。過度の使用は、キンキンした金属音になってしまいます。楽器の場合は、アナログテープによる高域損失分を補う程度で十分です。

b：マイクロフォン・セッティングよりイコライジングを優先しないこと。こうした習慣は、なまけもののエンジニアになる近道以外の何者でもありません。

c：マルチトラック録音の場合、異なるトラックで同様な周波数帯域をブーストしないよう。全体でみると音楽的にバランスの悪いスペクトラム分布になります。ポップス録音では、50Hz～8kHz帯が凸凹のない分布となるのが良い録音といえます。

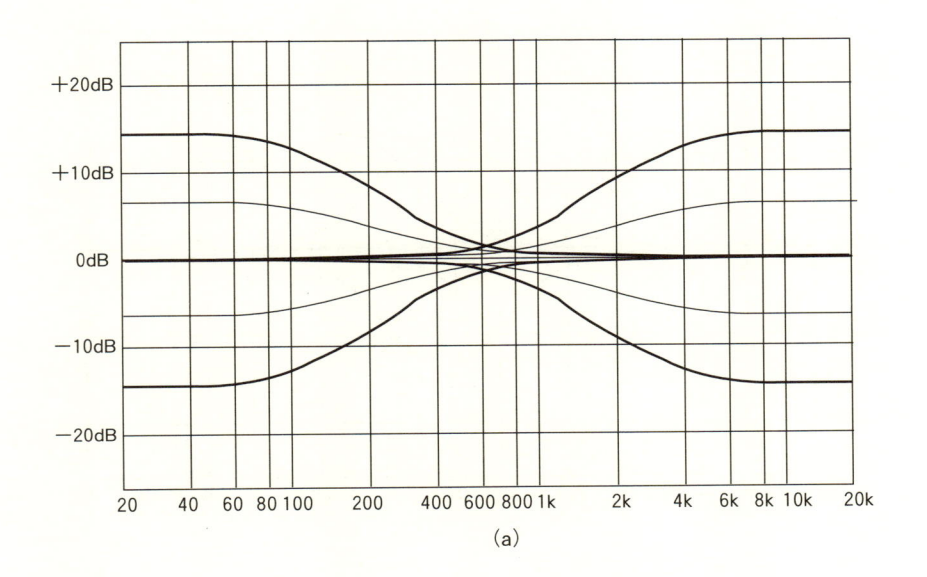

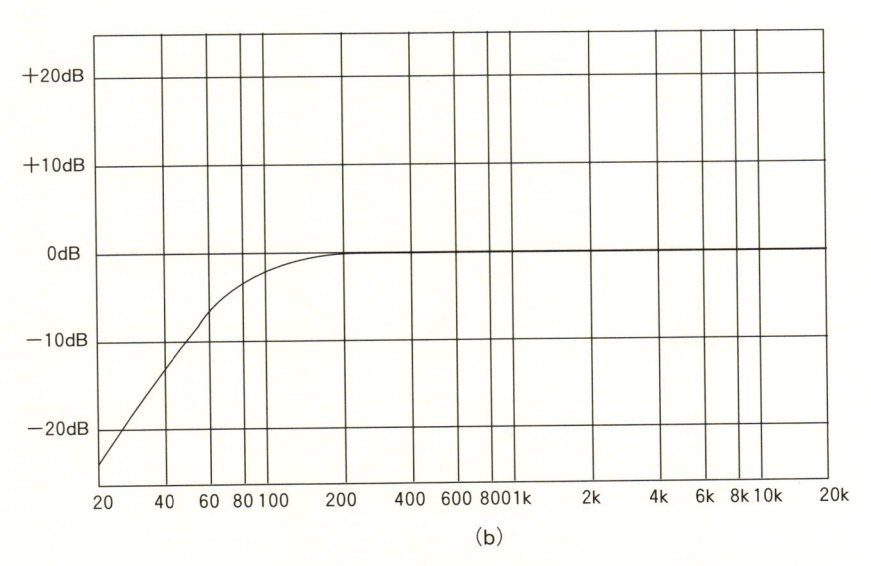

図15-6　コンソール内蔵イコライザーの特性例(サウンドクラフト社提供)
　　　　(a)高域低域シェルビング特性
　　　　(b)100Hzのハイパス・フィルター

Section 5　信号処理機器

(c)

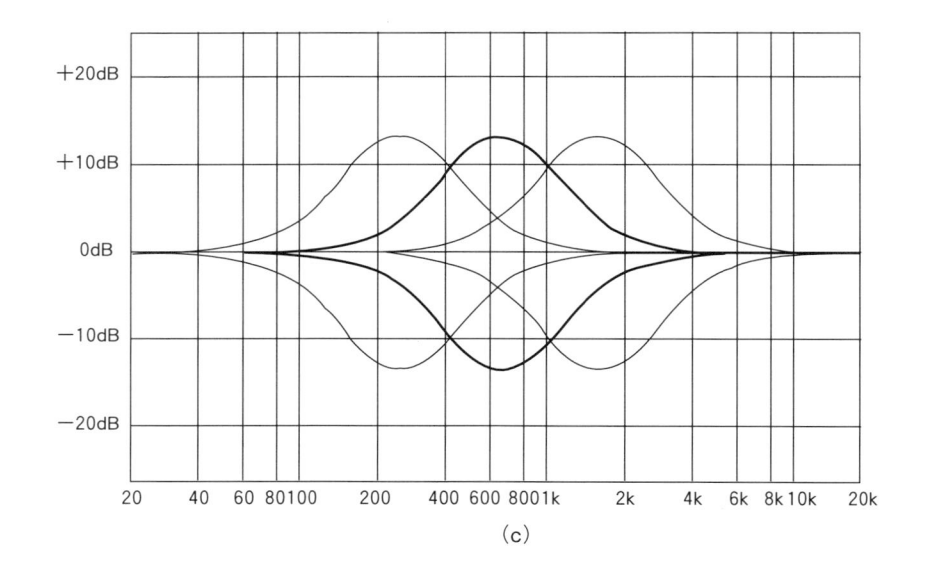

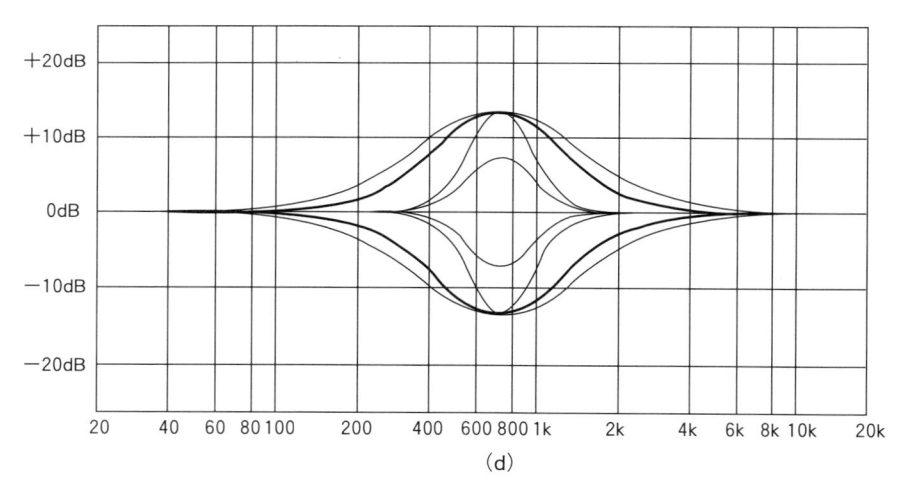

(d)

図15－6　(c)パラメトリック周波数連続可変イコライザー
　　　　(d)パラメトリック帯域連続可変特性

5. コンソール内蔵イコライザー

現在の多くのコンソールは、イコライザーを内蔵しており、録音やリミックスに幅広く利用しています。モジュール内蔵のため操作性は限られ、目印も小さく読みづらい場合が多いので、エンジニアは頻繁に使用するコンソールについては操作に習熟しておくのがよいでしょう。図15―6にはコンソール内蔵のイコライザーの特性例を示しました。

6 イコライザーの位相、振幅特性

今日のイコライザー回路は、位相特性も優れた設計が行なわれています。これは、ゲイン変化をしても位相特性が大幅に変化せず、また on/off でも変化がないことを表わします。図15―7には、同量のブースト、カットを行なった場合の位相変化特性を示しています。位相は、時間領域と以下のような関係式で示すことが出来ます。

$$相対遅延 = \frac{-d\phi}{d\omega}$$

ϕ は、ラジアン角で示した位相変位、ω は、$2\pi f$ で示した角周波数です。

この例では、4dBのブーストで20度の位相変位を生じています。1kHz信号では360度で1周期ですから、$(20/360)(0.001)$ secまたは、5.5×10^{-5} secのディレイを生じていることを示しています。

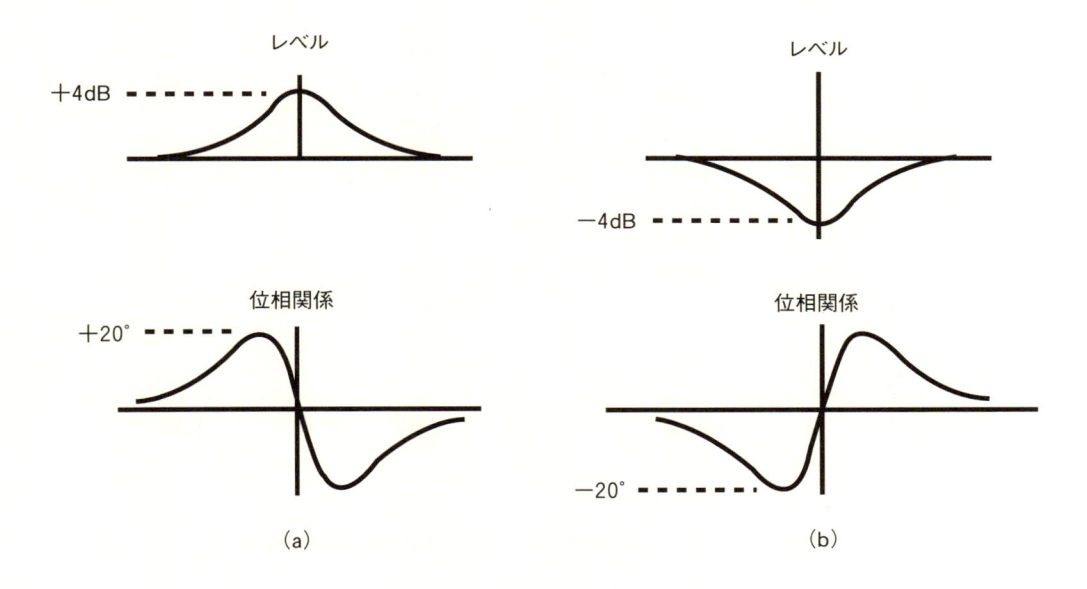

図15―7 イコライザーの位相特性
　(a)は4dBのピークを作った場合のレベルと位相関係
　(b)は―4dBのディップを作った場合のレベルの位相関係

7. ISO規格の周波数分布

ISO（International Standards Organization）では、均等な割合で分割した周波数分布を制定しています。日頃馴染みがあるのは1/3octバンド分割ですが、これは$10^{0.1}$間隔で算出した周波数分布です。$10^{0.05}$間隔で算出した分布は、1/6octの周波数分布となります。**表15-1**には1:10の間隔で定めたISO周波数（100Hz～1kHz）と1oct、1/3oct、1/6octの分布を示しています。今日のイコライザーに使われている周波数は、これらの中から選択されたものが多く使用されています。

ISO周波数	1/6オクターブ	1/3オクターブ	1オクターブ
100	100	100	100
112.2	112		
125.9	125	125	
141.3	140		
158.5	160	160	
177.8	180		
199.5	200	200	200
223.9	224		
251.2	250	250	
281.8	280		
316.2	315	315	
354.8	355		
398.1	400	400	400
446.7	450		
501.2	500	500	
562.3	560		
630.9	630	630	
707.9	710		
794.3	800	800	800
891.3	900		
1000	1000	1000	

表15-1　1/6、1/3オクターブ分布のためのISO周波数

〈第15章〉　　［参考文献］

1. G.Ballou, (ed.), *Handbook for Sound Engineers*, H. Sams, Indianapolis (1987).
2. J. Borwick, *Sound Recording Practice*, Oxford University Press, New York (1987).
3. J. Woram, *Sound Recording Handbook*, H. Sams, Indianapolis (1989).
4. J. Woram and Kefauver, *The New Recording Studio Handbook*, Elar, Commack, N.Y. (1989).

第16章　コンプレッサー／リミッター／ノイズゲート

1. はじめに

　この章では、信号の振幅をコントロールする、いわゆるダイナミックスの信号処理機器について述べます。こうした機器を使う意味は、限られた規格の中でいかに有効にダイナミックレンジを活用するかと言い換えてもいいでしょう。

　最近までの記録メディアは、その限られたダイナミックレンジのため、音楽が必要とする要求に十分応えられなかったといえます。このため録音技術としても、音楽的観点からもいかにダイナミックスを有効に活かすかが大切なポイントでした。今日、技術の進展で、記録メディアが余裕を持てたとしても、家庭における限られた再生条件は、やはりダイナミックレンジのコントロールを必要としていますし、自動車の中の再生を考えればなおさら必要です。

　経験豊かなレコーディング・エンジニアであれば、自らの手で適切なダイナミックレンジ・コントロールを行ないますが、それとて、一瞬のフレーズとなればなかなか的確に反応出来るものではありません。放送プログラムとなれば、いつもマニュアル・コントロール出来るわけではありませんし、様々な内容のプログラムを常に適正聴感レベルに近似させておかねばなりません。電波の法規制の観点からも、極端なオーバーレベルは許されません。

　ここでは、各種信号レベルのコントロールと音声周波数分布のコントロールについて述べます。

2. コンプレッサー

(1) 信号系統

　図16-1に示したのは、コンプレッサーの信号系統例です。入力と出力の間にパラメーター可変機能を持ったVCA電圧制御型アッテネーター素子が入っているという構成です。入力信号はレベル検出回路で検出され、レベルが高ければ出力を下げる方向のDC電圧をVCAに与えます。機種によっては、入力と出力にアッテネーターがあり、入力側では、サイドチェーンに流れるレベルをコントロールし、出力側は、単なる出力アッテネーターの役割を持っています。メーターは、出力レベルメーターとしても、サイドチェーンのゲイン・リダクション・メーターとしても機能します（スケールは dB 表示で校正）。

(2) 動作特性

　図16-2には、コンプレッサーの動作特性曲線を示しています。
　表の対角線は、左が低レベル、右にいくにつれて高レベルとなっており、45度の傾きが、入出力1:1のユニティーゲインを表わします。

Section 5　信号処理機器

　レベルがスレッショルド点以下の場合、コンプレッサーは、リニア・アンプの動作をし、スレッショルドを越えた入力信号は抑えられます。この境界点をスレッショルドまたは、ニーポイントと呼びます。カーブの変化は、レシオと呼ぶパラメーターでコントロールされ、例えばレシオ2:1であれば、入力信号が2dB増加しても、出力は1dBの増加としてコントロールされることを意味し、4:1であれば入力4dBの増加でも、出力は1dBの増加となることを示します。

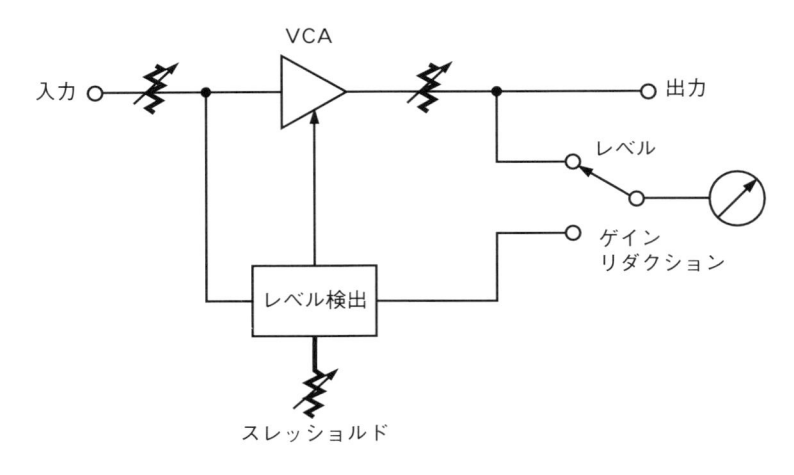

図16-1　コンプレッサーの動作

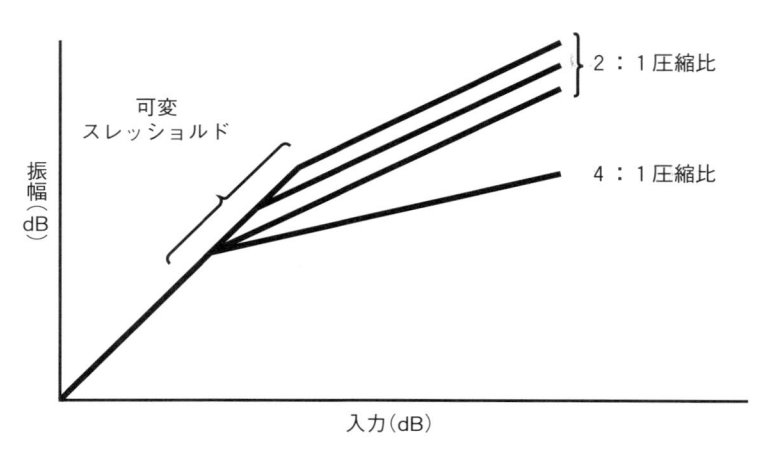

図16-2　コンプレッサーの各種圧縮特性

(3) アタックとリリースタイム

　コンプレッサーが動作している時、常に入力信号は変化しており、変化は瞬時に行なわれているわけではありません。変化に対応するための時間が必要になります。レベルの変化にすばやく追従するためには、速い反応が必要で（アタックタイム）、逆に変化をもとに戻すには、比較的ゆっくりした反応が好まれます（リリースタイム or リカバリータイム）。この模式を図16－3に示します。入力信号が、t_1のポイントで突然大きくなり、コンプレッサー

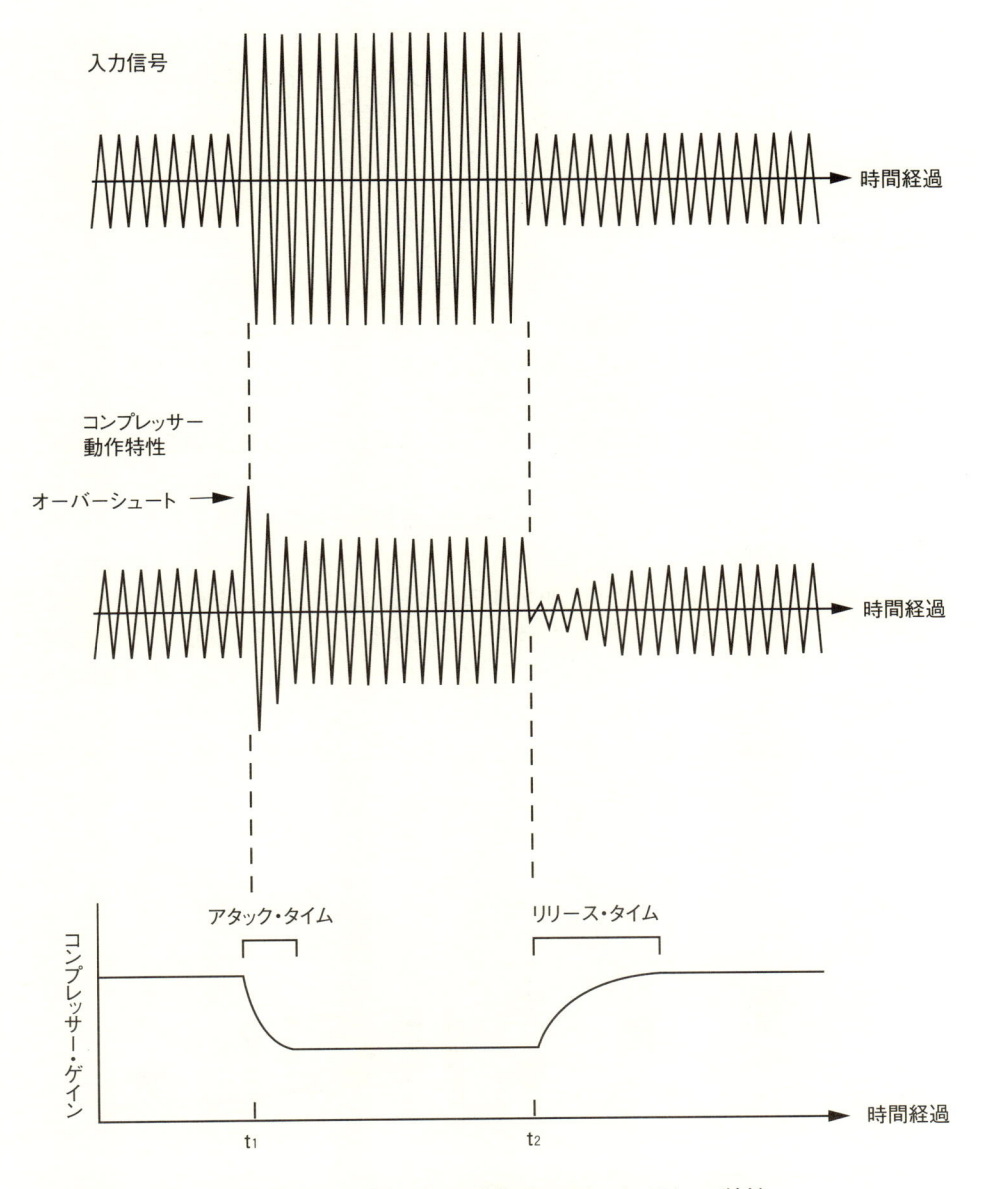

図16－3　コンプレッサー動作時のアタック、リリース特性

が動作領域になったとします。ゲインの圧縮が始まり、出力は少しオーバーシュートしてから小さくなります。t_2でまたもとのレベルに戻り、コンプレッション動作域から外れたとしますと、瞬時に戻るのではなく、いくらかのオーバーシュートを伴って復帰します。

コンプレッサーにはこうしたパラメーターを調整するためのアタック・タイム、リリース・タイムをコントロール出来るタイプと内部で固定値になっているタイプがあります。パラメーターは、アタックタイムが 100 msec～1 msec、リリースタイムは0.5sec～3secといったレンジで設定されています。アタックタイムは速ければ効果があるというものではなく、時に聴感上違和感を生じる場合もあります。しかし、最近の回路では、こうした違和感を感じさせないゼロクロス検出方式が導入されています。

これは、ゲインが変化する瞬間レベルをゼロとすることで違和感を低減しようという考えに基づいています。このほか入力信号本線にはわずかのディレイ回路を入れて、検出用のサイドチェーンは、そのままでレベル検出し、より正確でオーバーシュートを低減する方法もあります。

3. リミッター

リミッターは、コンプレッサーの機能と基本部分は同一ですが、レシオが10：1以上と高く、アタック／リリース・タイムとも速い動作を行なうものを総称し、動作レベル以上の入力信号レベルを設定レベル以上に増加させません。

応用分野は、伝送系などでの突発的なピークによる放送機の過変調を防止するといった点で、放送システムの最終段に挿入されます。またLPレコードのマスタリングでは、ピークによるカッティングの負担を防止し、再生時の正確なトレースを確保するため、高性能の高域リミッターが使用されます。

コンプレッサーが積極的な音作りに使用するのと対照的に、リミッターは動作による音質変化の少ないことが求められます。リミッターの1種である、ディエッサーは、ヴォーカルやアナウンサーの声に含まれる耳障りな子音成分である 6～8kHz 帯域のみを低減する働きをします。これは高域成分のみを検出するサイドチェーンを持ったリミッターといえます。現在使用されている多くは、図16－4に示すようにコンプレッサーとしてもリミッターとしても動作できる範囲のパラメーターを備えています。

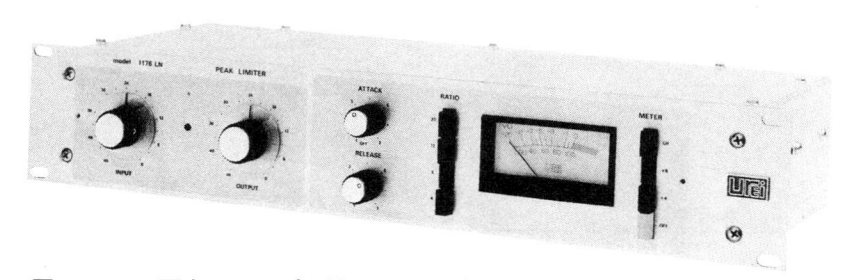

図16－4　可変スロープを持ったコンプレッサー／リミッターの例（UREI社）

4. コンプレッサー／リミッターのパラメーター

　コンプレッサー／リミッターを適切に使用するためには、次に述べるようなパラメーターを適切にコントロールすることが必要です。

　入力レベル：これをコントロールすることで動作開始点であるスレショルドを設定します。コンプレッションを深くしたい場合は、開始点を低く、浅くしたい場合は、高めに設定します。

　スレッショルド・コントロール：入力レベルが固定されたモデルでは、その前段にスレッショルド・コントロールを設けることで動作開始点を設定をします。
セッティングはかなり厳密さを必要とし、信号レベルがちょうど大きくなるポイントを注意深く選択しなければなりません。

　圧縮比：信号成分のダイナミックレンジをどれくらいコントロールするのかを決めます。レシオが低い場合は、目立った音質変化はありませんが、高めのレシオとなると、注意が必要です。入力信号に合わせてどういったセッティングが最適かを判断するには、訓練された耳を必要とします。

　アタック・タイム：設定の基本は、音質変化が感じられない範囲で十分速くすることです。音楽が速いテンポで変化している場合にはこうした設定が有効です。

　リリース・タイム：この設定は、もっとも主観的な判断にゆだねられる部分と言えます。音がシャックリ現象を起こさずにスムースな連続性を保つ範囲で設定します。

　出力レベルコントロール：ここで最終的な出力レベルを設定します。

　メータリング：通常メータによるモニタリングは、2種類の選択をします。
1つは、出力レベルの監視で、最終レベルを決める場合に有効です。もう1つは、圧縮動作の監視で、ゲイン・リダクション・メーターとなります。
ベテランエンジニアが味のある動作設定を行なうためにはこれだけで十分です。

　ステレオ連動（サイド・チェーン）：機種によっては、ステレオ動作に対応しています。両チャンネルVCAには同じコントロール電圧がかけられるため動作中も音像の変位を生じることはありません。

Section 5　信号処理機器

5. コンプレッサー／リミッターの使用例

以下に列記したような様々な応用が考えられます。

a: 演奏者がマイクロフォンから外れるために生じるレベル変動を均一化する。特にヴォーカル録音では、フェーダーの前段に入れておくことで、よりトータルのレベルコントロールが容易になります。コンプレッション・レシオは、各自の好みですが、なるべく低めのほうが良いでしょう。

b: エレクトリック・ベースの電気出力の均一化。リカバリー・タイムは、ベース・ラインの自然な減衰より長めに設定すれば、本来の質感を損なうことはありません。

c: 逆に本来の減衰より短めのリカバリー・タイムを設定すると**図16−6**に示すような持続時間の長いサスティーン効果を出すことが出来ます。

d: シンバルに短いリカバリー・タイムで深いリミッターをかけると、(c)と同様なサスティーン効果が得られ、シンバルがテープを逆回転させたような不思議なサウンドが得られます。深いリミッター動作とは、常にリミッターがかかっているような設定の場合を示します。

e: ボイス・オーバー・コンプレッションというのは、BGM音楽や背景音がナレーションの間音量が抑えられ、ナレーションが終わると元に戻るという動作で、構成は**図16−5**に示します。

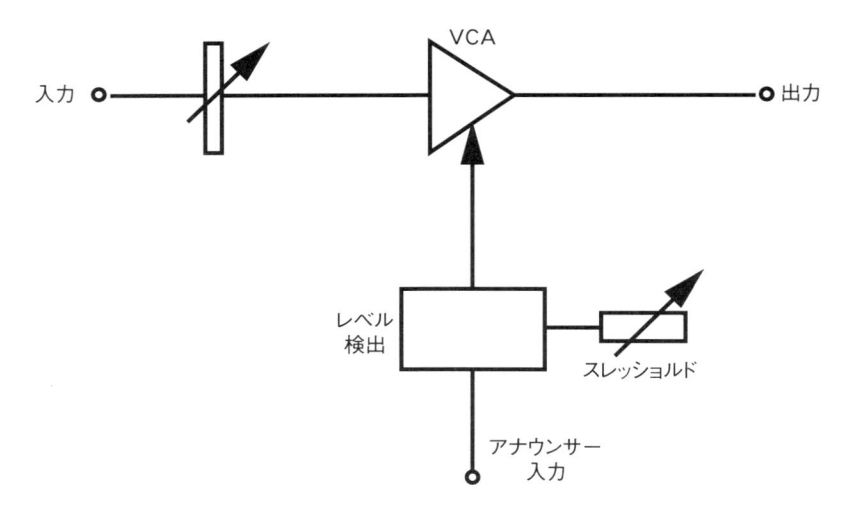

図16−5　ナレーションへの応用例
　　　　　アナウンサーが話すと背景の音楽レベルが抑えられる

Section 5　信号処理機器

f： プログラム・コンプレッションとは、放送番組間のレベルや聴感を均一化するための設定で、あらかじめ各番組の基準レベルを揃えておかなければ効果的な動作となりません。

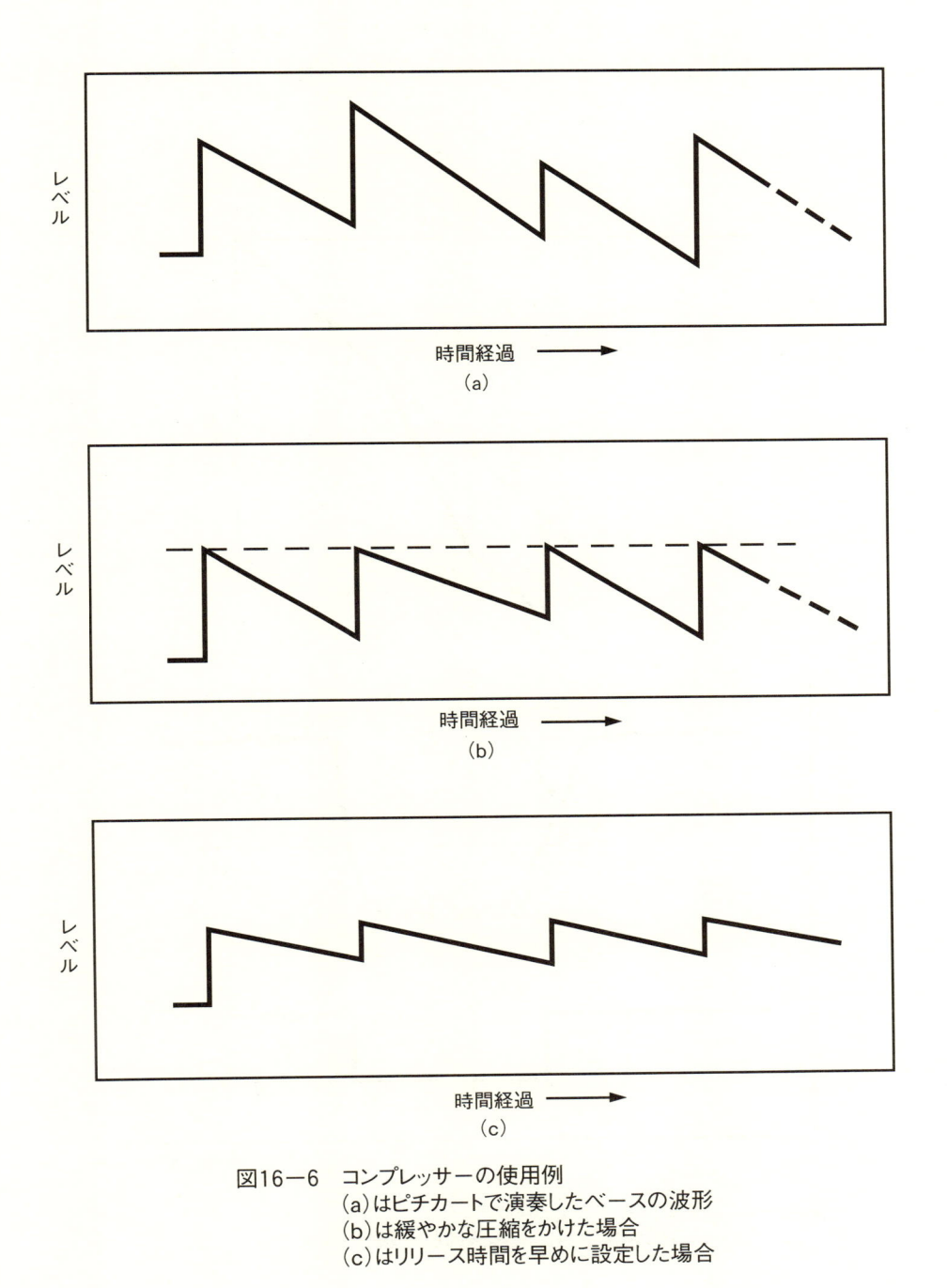

図16－6　コンプレッサーの使用例
　　　　　(a)はピチカートで演奏したベースの波形
　　　　　(b)は緩やかな圧縮をかけた場合
　　　　　(c)はリリース時間を早めに設定した場合

Section 5　信号処理機器

6. ノイズゲート／エキスパンダー

　マルチトラック録音された各素材が持つダイナミックレンジは、せいぜい15〜20dB程度です。これ以下の信号は、ノイズ成分として後の作業にプラスとなることはありません。例えば譜面をめくる音、楽器相互のカブリ、きしみやノイズなどが当てはまります。理想でいえば、それぞれの楽器が演奏している間だけマイクロフォンが動作するのが好ましいでしょう。こうした動作を行なうのがノイズゲートと呼ばれる機器です。**図16-8**に動作原理

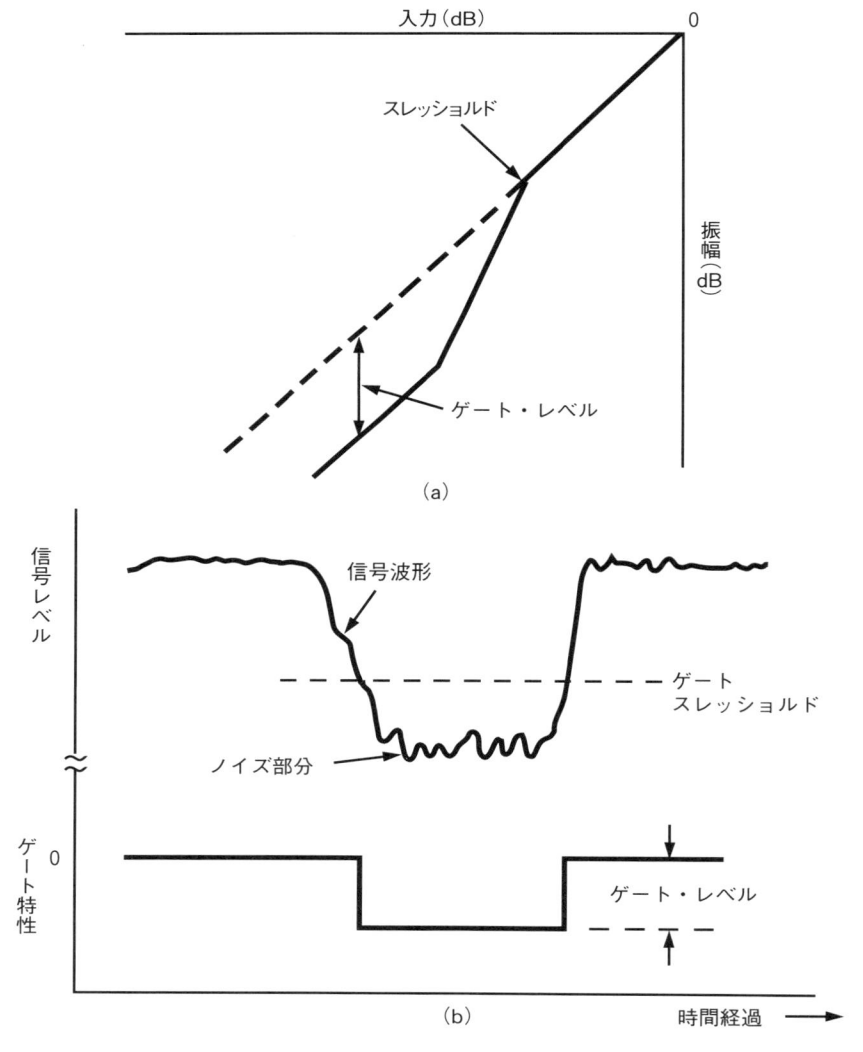

図16-7　ノイズゲート
　　　　（a）は動作特性、（b）は実際の動作特性を示す

を示しました。(a)に示したのが動作特性カーブで、設定ポイントより信号レベルが高い場合、1:1のユニティーアンプとして動作し、信号レベルが設定ポイントより低い場合、入力レベルが下がります。ゲート・スレッショルド、ゲート・レンジ、アタック・タイム、リリース・タイムというパラメーターがあります。

不要なノイズレベルを減少させるということは、実質のダイナミックレンジを拡大したことになります。モデルの中には、ゲートのトリガー信号を外部から受けるキー入力を持ち、ほかの信号の動作によってゲート機能を働かせることが出来ます。伝統あるモデルは、「アリソン・キーペックス(Allison Kepex)」で、"keyable program expander"という由来に基づいています。

7. コンソール内でのダイナミック・コントロール

最近のコンソールは、こうしたダイナミクス系機能を各モジュール自身で備えており、以前に比べて、エンジニアは、外部機器をモジュールに接続する労力が軽減されました。こうした動作をどの信号系で行なうのが良いかは大変微妙で、例えばイコライザーの前後での接続が可能なように**図16-8**の例にみられる切り替えが可能となったコンソールもあります。

例えば、ヴォーカル録音で低域の吹かれがあったとし、これがコンプレッサー動作を働かせることは、音楽的に好ましいことではありません。

まず、吹きを発生しないよう対策した上で、コンプレッサーが動作するようにすべきです。またヴォーカリストがブレスコントロールに優れていれば、浅めのコンプレッションで十分な成果を得ることが出来ますしイコライザーを使っていたとしても、その影響がコンプレッサーの動作に大きく及ぶこともありません。

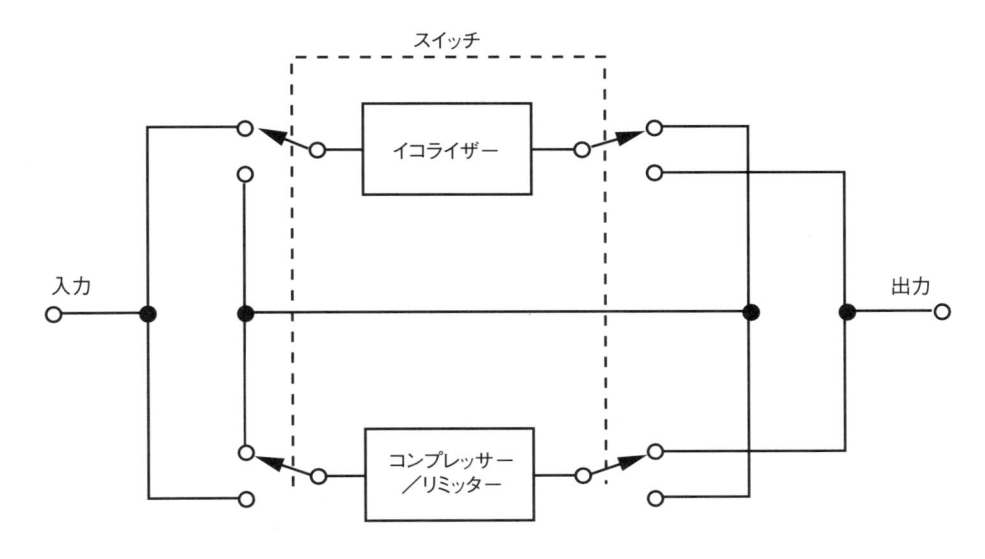

図16-8　コンソール内蔵イコライザーとコンプレッサーの接続を入れ替えるための反転機能

Section 5　信号処理機器

〈第16章〉　　［参考文献］

1. W. Aiken and C. Swisher, "An Improved Automatic Level Control Device," *J. Audio Engineering Society*, vol. 16, no. 4 (1968).
2. J. Borwick (editor), *Sound Recording Practice*, Oxford University Press, New York (1987).
3. D. Connor and R. Putnam, "Automatic Level Control," *J. Audio Engineering Society*, vol. 16, no. 4 (1968).
4. J. Woram, *Sound Recording Handbook*, H. Sams, Indianapolis (1989).

第17章　リヴァーブ／ディレイ

1. はじめに

　エコー・ルームと呼ばれる残響付加のための専用空間は、1930年代から映画音響の音つくりに利用されてきました。1940年代からは、音楽録音産業にも取り入れられるようになります。初期のエコー・ルームは、モノーラル残響のため、たとえ2室をステレオ対応として使用したとしても自然な拡がりを得るのは容易ではありませんでした。1960年代後期になるとデジタル技術が発展し、小型でリヴァーブやディレイを得ることの出来る画期的な製品が登場してきました。1970年代には、音質的にも実用的となったデジタル・リヴァーブが登場し、現在はさらに多くのモデルが、コストと中身のプログラムの豊富さを競っています。
　遅延技術（タイムディレイ）は、あらゆるエフェクターの基本となり、ディレイやピッチ、テンポ、コーラス効果といった多くの信号処理を作り出すことが出来ます。
　本章では、これらについて述べていきます。

2. エコー・ルーム

(1) 技術的側面

　前章でも述べたように、録音における空間情報は、直接音と初期反射音、そして残響音のバランスによって成り立っています。一般的な録音では、その場の自然な残響成分だけでは響きが不足するため、人工的な手段でそれらを補うという方法をとってきました。
　例えば容積$V=16,500m^3$のホールを考えてみましょう。ここのパラメーターは、

$S=5,000m^2$
$\bar{\alpha}=0.2(500Hz)$

としてT_{60}は、中域で2.6secとなります。直接音と側壁初期反射音の時間差は、リスナーがどの席で聞いているかによりますが、平均自由工程（MPF）で、

$$MFP = \frac{4V}{S}$$

以上の式から、ここでは13mとなり時間換算で、

$T=13/344=38msec$

となります。

Section 5　信号処理機器

同じような残響を得るためのエコー・ルームとしては、以下のようになります。

　　$V = 70m^3$
　　$S = 100m^3$
　　$\bar{\alpha} = 0.04$
　　MFP＝3m　時間差＝8msec

　この残響を源音に付加したとすると、先ほどの実際のホールで得られる響きと残響時間は同じでも、初期反射が同じではありませんから全体の拡がり感は異なっていることがわかります。このように容積の小さいエコー・ルームでホールのような響きを得ることは簡単にはいかず、第1章11(6)で述べたシュローダー周波数も先ほどのホールでの25Hzに対し、エコー・ルームでは、385Hzとなります。25Hz以上の特性がスムースであることは音楽の基本周波数帯域にとって十分低いことを示し、エコー・ルームでは、385Hz以下の周波数成分はなんらかの変動を受けることになり、ピアノのキーでいえば中域 "C" から上の "G" あたりとなります。

　聴覚はこうした相違を検知し、どうも不自然だと感じるのです。この相違を埋めるためエコー・ルームの信号にディレイを付加する方法が行なわれました。50年〜60年代は、そのためにテープを76cm/secで走行させるテープ・ディレイを使用しましたが、今日はデジタル・ディレイがその役目を果たしています。

　エコー・ルームでのシュローダー周波数の不均一性は、音源に特定の色付けを生じる原因ともなっています。エコー・ルーム内で1分間で1回転するような大きな羽根車をまわすことで、エコー・ルーム内の音響特性の均一化を計る方法があり、リヴァーブ音はより自然で特有のピーク、ディップから生じるカラーレーションも低減されます。

　エコー・ルームは今日その役目をデジタル・リバーブに譲ろうとし、現存するものも30年の歴史を経ています。60年代のかたり草としては、ニューヨーク7丁目799番地にある現在の「CBS－SONYレコード」の非常階段エコーがジョニー・マチスとトニー・ベネットのレコーディングで使用されましたし、西海岸では1950年代半ばのハリウッドの「キャピトル・レコード」のエコー・ルームが有名でした。

(2)　エコー・ルームの構造と使用方法

　図17−1に示すのは、典型的なエコー・ルームの構造です。こうした部屋は建物の地下室や隔離された場所に作られるのが普通でした。壁面材は、コンクリートブロックや堅牢な材料でつくり、表面は、石膏などで仕上げます。露の発生を防ぐため表面はニス塗りとし、形状は、直方体を避けた多角形とします。

　初期のエコー・ルームは、1スピーカーに1マイクロフォンでしたが、ステレオ録音に対応するため、後期は2マイクロフォンとなりました。

　1スピーカーでは、完全なステレオ・エコーとは言えませんが、2つのマイクロフォンを不均一に配置することで拡がり感を得ています。

Section 5 信号処理機器

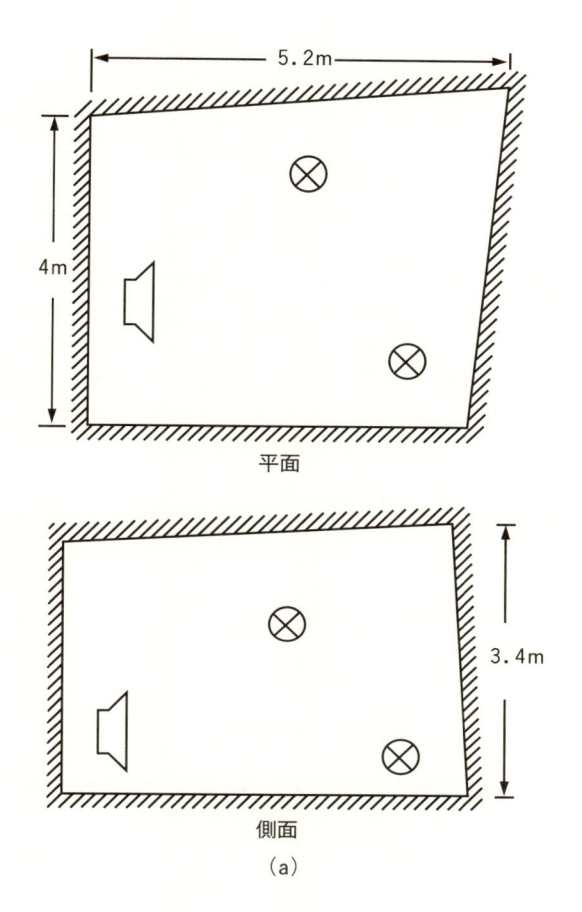

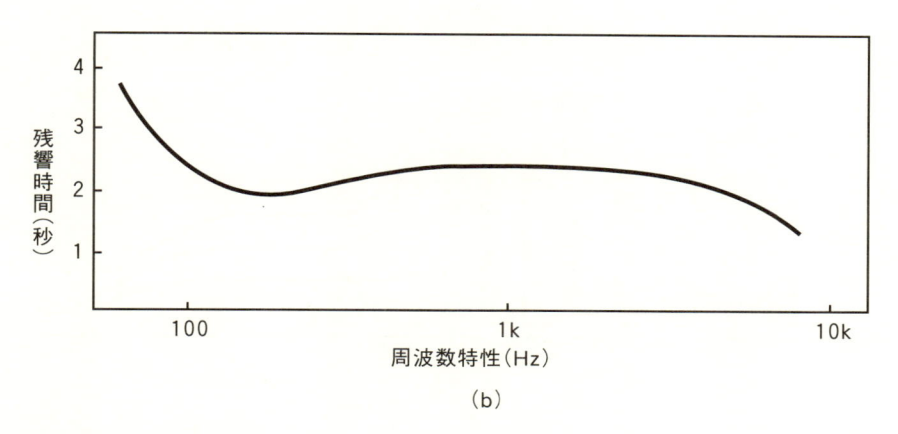

図17−1　ルーム・エコー
　　　　(a)は平面、(b)は側面図を示す。このようにスピーカーとマイクロフォンの配置を
　　　　参考にするのが望ましい
　　　　(b)は得られる残響時間周波数特性を示す部屋の比率は縦横高さで1：1.25：1.6
　　　　の関係で低域のルームモードでも十分な効果が得られる比率である。内装は
　　　　コンクリートや石膏仕上げで小さい容積でも長い残響が得られる。壁面は平行面と
　　　　ならないように角度が付けられている

Section 5　信号処理機器

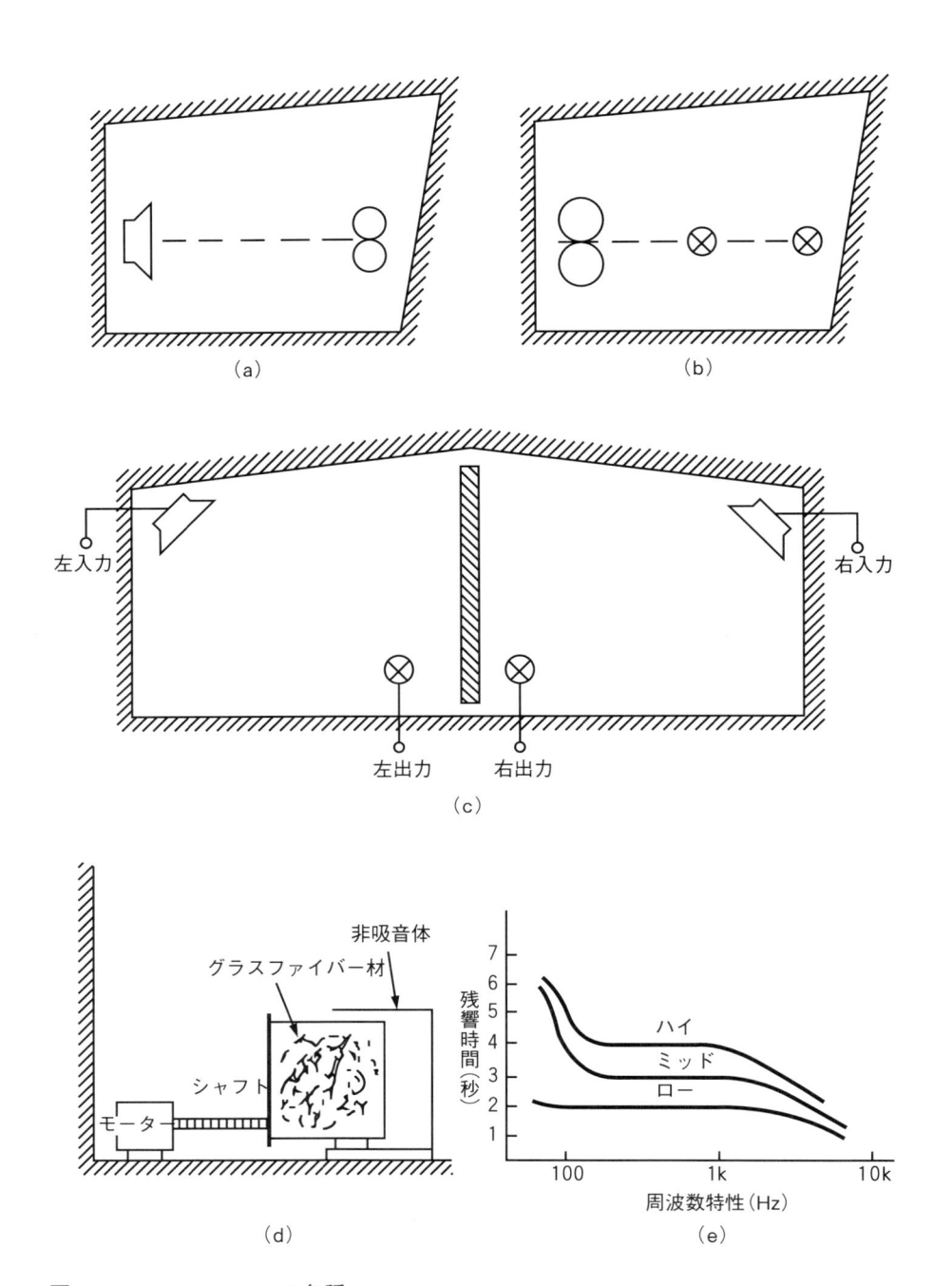

図17-2　エコー・ルームの各種
　　　　(a)はスピーカーからの直接音を最小にして残響成分を収音するための
　　　　　両指向性マイクロフォンの配置例を示す
　　　　(b)はスピーカーを両指向配置とし直接音を最小にした例、(c)はステレオ対応の例
　　　　(d)は日本の「ビクター」社が行なった可変残響の構造、(e)はその周波数特性を示す

配置の際の注意点は、スピーカーからの直接音を抑え反射音を多く拾うマイクロフォン配置とすることです。**図17-2(a)** の例は、両指向性マイクロフォンの一番感度が低い部分をスピーカーに向けることで直接音を抑制した例です。
　(b) の場合は、両面駆動のスピーカを使用して、逆に感度の最低部分にマイクロフォンを配置しています。**(c)** の配置は、J.デイヴィス（J. Davis）が提唱したステレオ・スピーカー、ステレオ・ピックアップの例です。ここでは、エコー・ルームの中央に仕切り板が設けられ、上部から漏れるステレオ音が豊かな空間をつくり出しています。B.バウアー（B. Bauer）は、エコー・ルームに使用する同軸マイクロフォンについて考察しています。この方法は、正確なステレオイメージの再現には有効ですが、響きが、中央よりになる傾向があります。エンジニアによっては、MS方式の同軸マイクロフォンを用いて、S成分を多くすることにより拡がり感を作ると言った方法を採用している場合があります。
　エコー・ルームは、一度建設すれば、得られる残響時間は一定となりますが、部屋の吸音を変化させることで、可変時間対応とするエコー・ルームも可能です。**図17-2(d)** に示すのは、「日本ビクター」社が開発した方法で、リモートコントロールによるグラスファイバー吸音材の増減により、エコー・ルーム内の収音特性を可変しています。**(e)** に可変時間特性を示します。

3. 機械式リヴァーブ

　1950年代、「EMT」社が開発した、鉄の板を利用した、「モデル140」は、現在まで愛用される機械式リヴァーブとなりました。鉄板は、1m×2mでフレームに吊り下げられた構造をしています。鉄板プレートの一方には、可動コイルの振動ユニットが取り付けられ、2個の圧電素子が信号のピックアップ用に取り付けられています。プレート内部では、境界線部で多重反射を生じる横振動モードが発生し、リヴァーブ音となります。プレートのテンションを調整することで、高密度反射が得られ、高域特性の優れた残響音を得ることが出来ます。リヴァーブ・タイムの調整は、プレートとフレームの間にいれたダンプ材をプレートに近付けるか、離すかによって広範囲な変化を得ることが出来ます。
　図17-3 に構造と得られる時間特性を示します。「EMT140」の優れた残響時間可変特性を利用して、短いリヴァーブを楽器に付加すると、音の深みと豊かさを加えることが出来ます。
　このタイプは、遮音された部屋に設置し、テンション調整を綿密に行なわないと、均一な装置間特性を得ることが出来ません。こうしたメンテナンスの煩雑さを解消したのが、「モデル240」です。サイズは、より小型化され、材質も鉄プレートから金合金箔になりました。**図17-3(c)** に特性を示します。
　スプリング式リヴァーブは、ギター・アンプやオルガン・アンプに使用されています。しかし、その独特の音質からレコーディング用のモデルは少なく、「AKG」社の「BX-20」が唯一の製品です。**図17-4** にその構成を示すように、スプリング臭さを防ぐための工夫がされています。リヴァーブ・タイムは、電子機械回路構成のフィードバック・ループをコントロールすることで得ています。

Section 5 信号処理機器

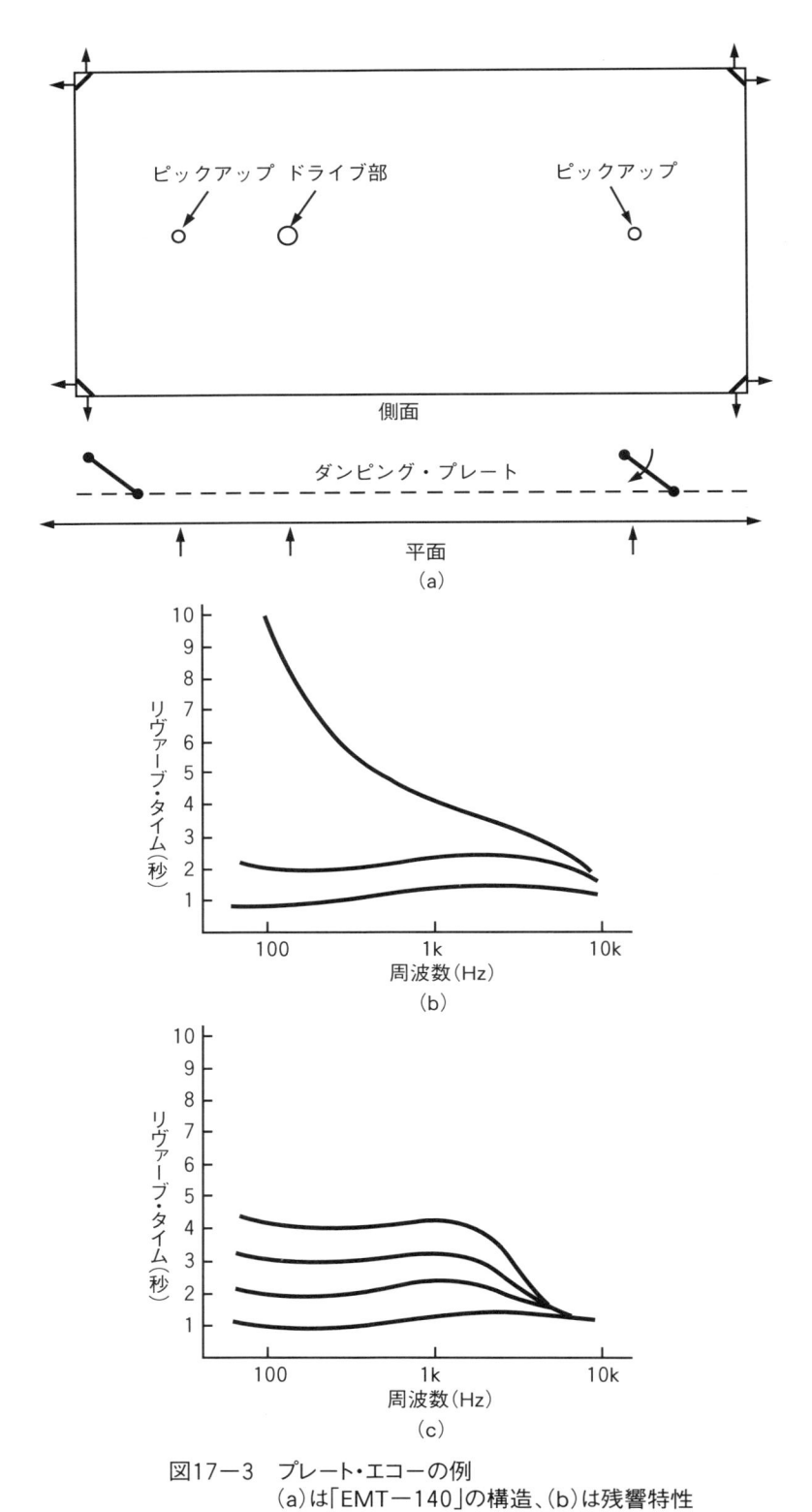

図17-3 プレート・エコーの例
(a)は「EMT-140」の構造、(b)は残響特性
(c)は「EMT-240」の残響特性を示す

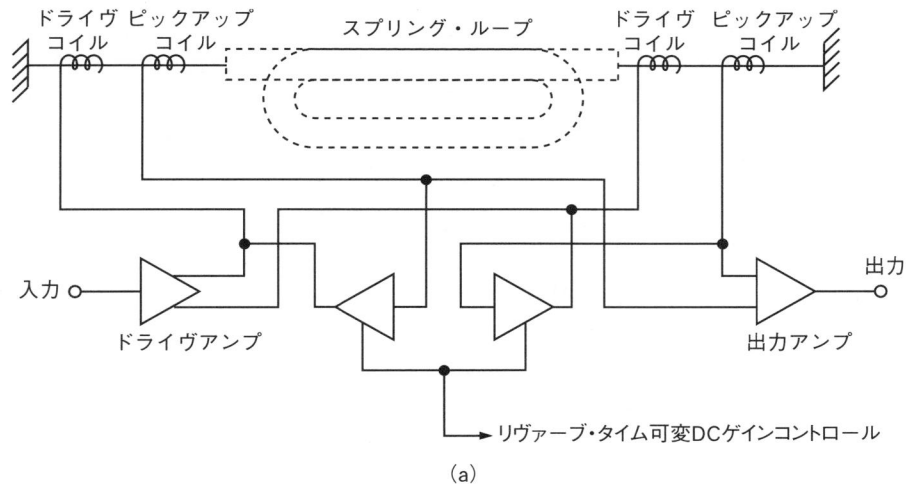

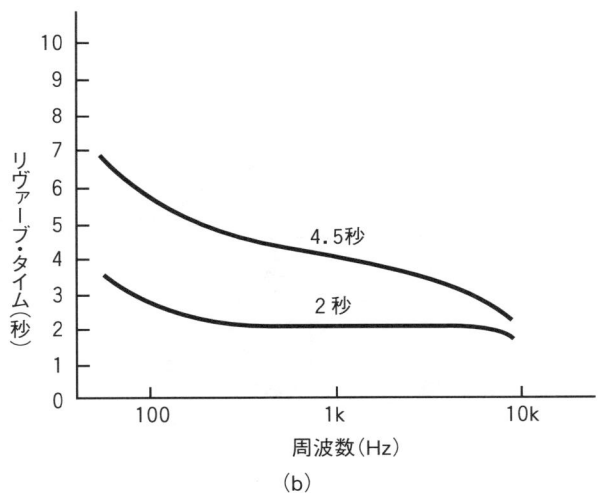

図17-4 「AKG」「BX-20」スプリング・リヴァーブ
(a)は構造、(b)は残響特性を示す

4. デジタル・リヴァーブ

　図17-5に示すのは、デジタル方式のリヴァーブ発生原理です。アナログ入力は、デジタル変換され、RAMメモリーに記録再生され、アナログ変換されて出力されます。デジタル方式の利点は、CCDを使用したアナログ方式に比べて、入力信号の劣化が少ないことです。
　リヴァーブをつくり出すためには、膨大なディレイ回路構成が必要で、これにより実際の反射音響状態をシミュレーションしています。ディレイ信号の組み合わせ方により様々な残響特性を作ることが可能で、今日のモデルは2入力2出力、4出力対応でモノーラル入

Section 5　信号処理機器

力でも、ステレオ・リヴァーブ出力となります。
　ユーザがコントロール出来るパラメーターには、以下のような項目があります。

プログラム選択：これは、様々な残響をコンサート・ホールや教会、小型エコー・ルーム、プレートといったプログラム名で選択でき、さらに同一プログラムの中でも部屋のサイズなどのパラメーターを変えることが出来ます。

初期ディレイ：実際の音場に近付けるためリヴァーブにディレイ・タイムを設定することが出来、0〜100msecといった範囲が一般的です。

初期ディレイ・レベル可変：ユーザーが初期反射のレベルをコントロール出来ます。

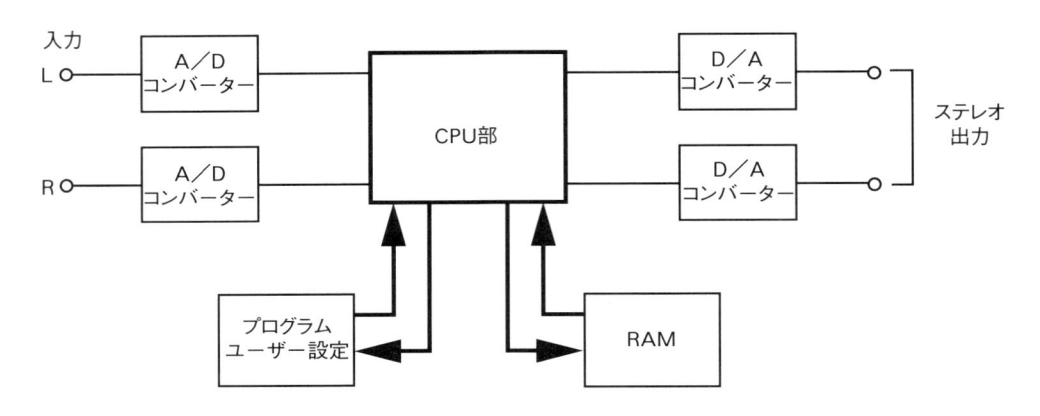

図17－5　デジタル・リヴァーブの構造

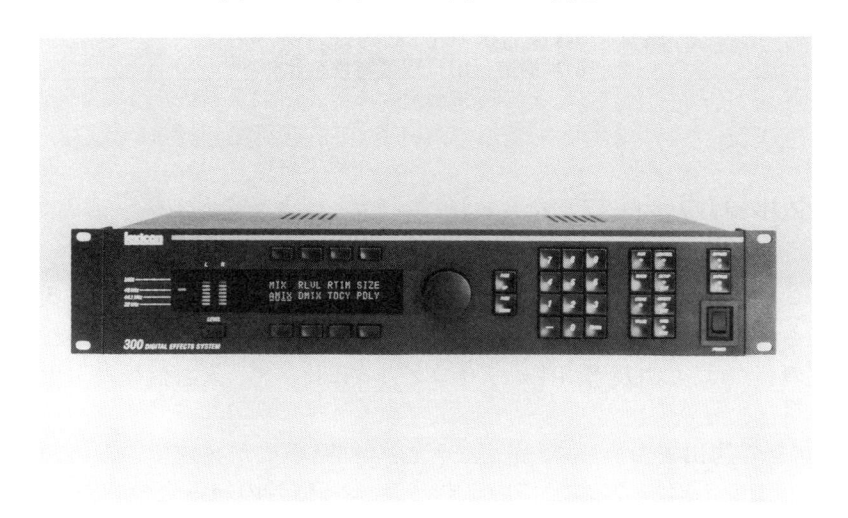

図17－6　デジタル・リバーブの例（レキシンコン社）

低域、中域リヴァーブ・タイム可変：低域と中域で異なった減衰特性をコントロール出来ます。

高域特性可変：残響の高域特性をコントロールします。

ディケイ・シェープ：通常減衰の形は、自然対数ですが、この減衰の仕方をコントロールします。ポップスやロックの録音の特殊効果として有効です。

モード密度：ルーム・サイズを変更することで、モード発生密度をコントロールします。

ダイレクト音／エフェクト音出力比：原音とリヴァーブ音のバランスをコントロールします。通常は、リヴァーブ出力のみで、原音とのバランスは、コンソールで行ないます。

図17-6にデジタル・リバーブの製品例を示します。

5. リヴァーブの使用例とディレイ

図17-7に示したのは、ステレオ・リヴァーブの使用例です。図の中で示すD1～D3は、ディレイ回路でRは、モノーラル入力ステレオ出力のリヴァーブです。より複雑な使用例を図17-8に示します。これは、4チャンネルのクオドラフォニック対応です。D1～D6がディレイ回路でこれらの調整により左前方にある直接音の定位を損なうことなくリヴァーブを作ることが出来ます。図17-9(a)には、直接音、初期反射、リヴァーブの関係が示してあります。これらを簡略化してシミュレーションしたのが(b)の例でこうした各パラメーター

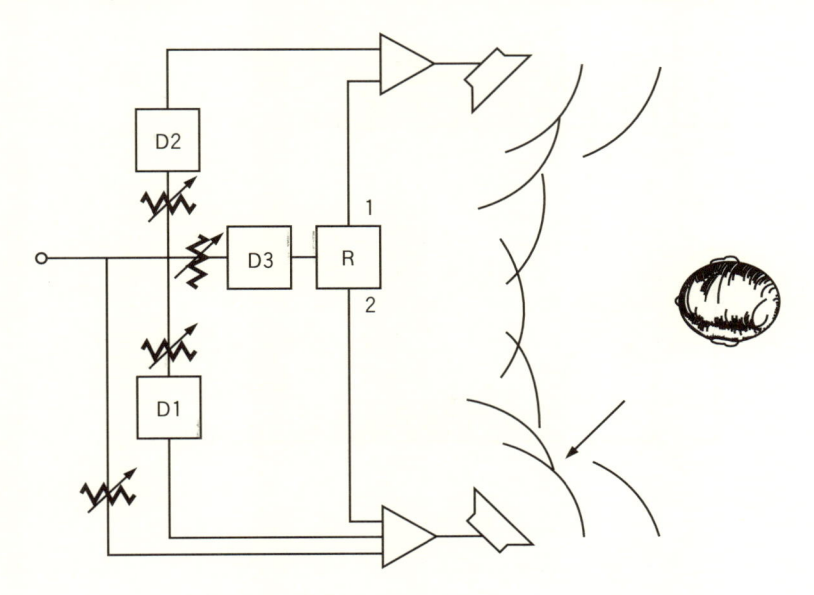

図17-7　モノーラル入力ステレオ・リヴァーブの応用例

Section 5　信号処理機器

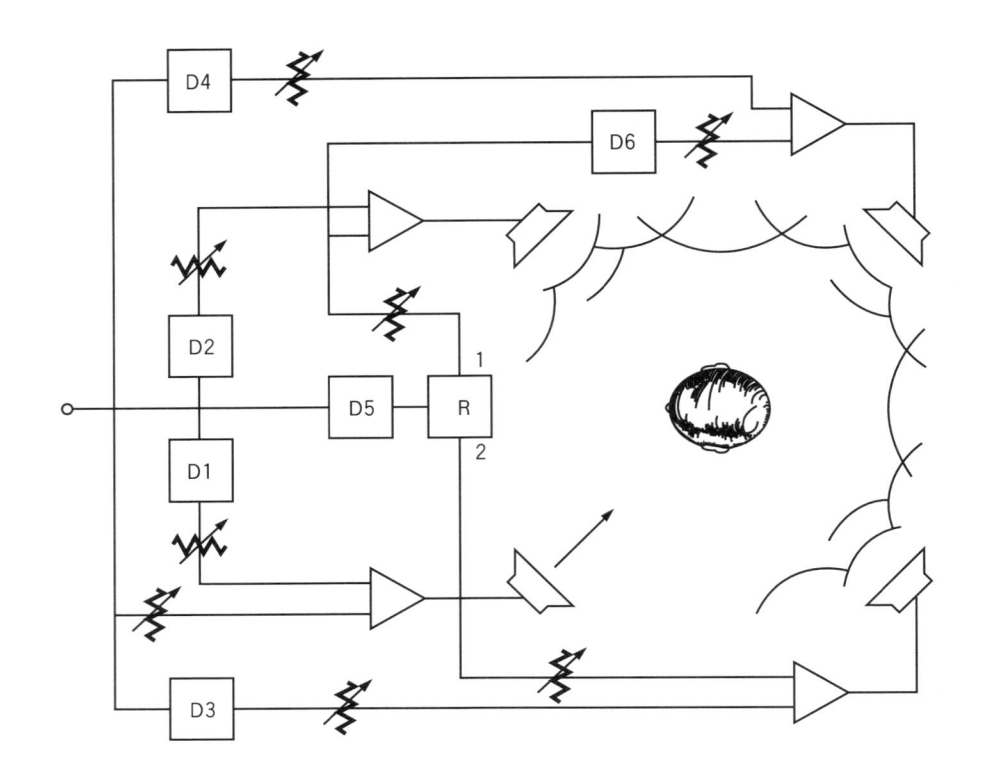

図17-8　4chクオドラフォニック対応残響装置

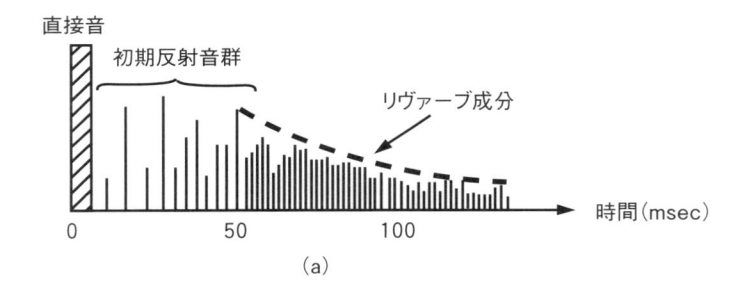

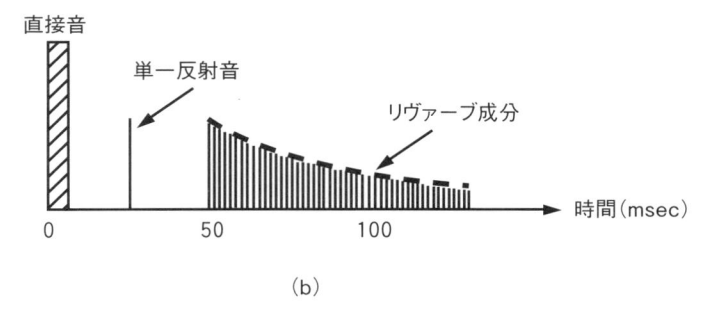

図17-9　初期反射音場
　　　　（a）は実際のホールでの初期反射音構造
　　　　（b）はデジタル・リヴァーブでの初期反射音構造

相互関係をコントロールすることで、先ほどのような回路でも残響を作ることが出来るのです。

複雑なミックスダウンでは、複数台のリヴァーブを使用しますが、これは、例えばパーカッションでは短く、ストリングスでは長く豊かに、と言った具合に楽器によって最適残響特性が異なるからです。

録音現場で、その場の残響音だけでは十分な残響が得られない場合があります。

図17-10には、こうした場合のリヴァーブ付加の方法を示しています。実際のホールの自然なバランスをそのままリヴァーブに送ることで、わざとらしくない残響を得ることが出来ます。

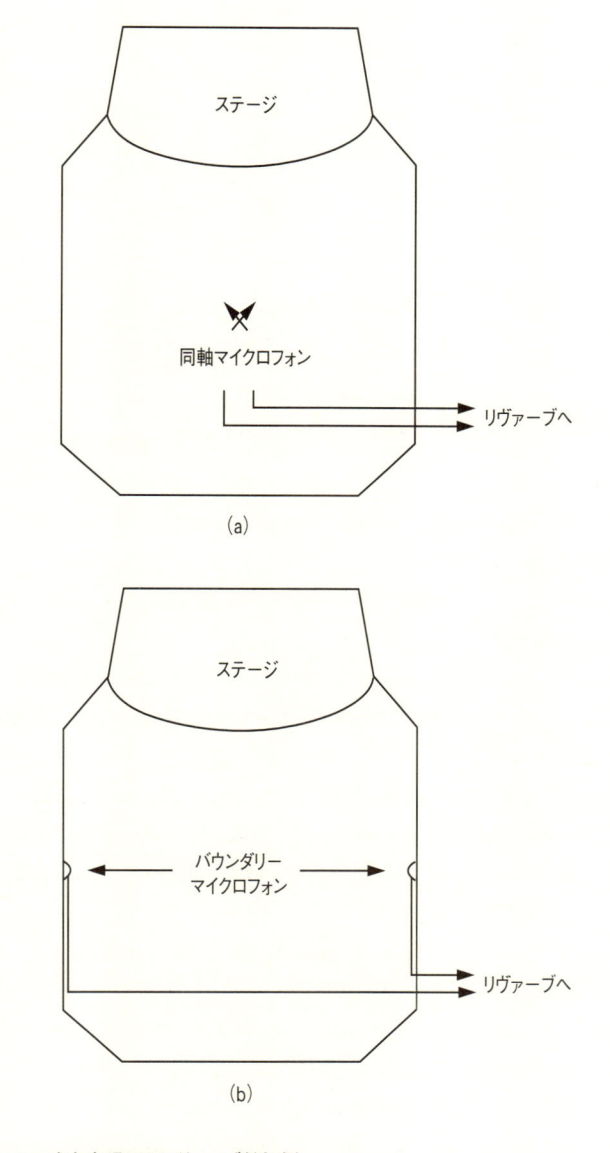

図17-10　演奏会場でのリヴァーブ付加例
　　　　(a)同軸マイクロフォンを使用、(b)バウンダリー・マイクロフォンを使用

〈第17章〉　　［参考文献］

1. B. Bauer, "Some Techniques Toward Better Stereophonic Perspective," *J. Audio Engineering Society*, vol. 17, no. 4 (1969).
2. B. Blesser and F. Lee, "An Audio Delay system Using Digital Technology," *J. Audio Engineering Society*, vol. 19, no. 5 (1971).
3. J. Borwick (ed.), *Sound Recording Practice*, Oxford University Press, New York (1987).
4. J. Davis, "Practical Stereo Reverberation for Studio Recording," *J. Audio Engineering Society*, vol. 10, no. 2 (1962).
5. M. Dickreiter, *Tonmeister Technology*, Temmer Enterprises Incorporated, New York (1989).
6. J. Eargle, "The Record Industry in Japan," *Recording Engineer/Producer*, vol. 5, no. 2 (1974).
7. J. Eargle, "Evolution of Artificial Reverberation," *Recording Engineer/Producer*, vol. 18, no. 2 (1987).
8. H. Meinema et al., "A New Reverberation Device for High Fidelity Systems," *J. Audio Engineering Society*, vol.9, no. 4 (1961).
9. M. Rettinger, "Reverberation Chambers for Broadcasting and Recording Studios," *J. Audio Engineering Society*, vol. 5, no. 1 (1957).
10. J. Woram, *Handbook of Sound Recording*, H. Sams, Indianapolis (1989).
11. J. Woram and A. Kefauver, *The New Recording Studio Handbook*, Elar, Commack, N.Y. (1989).

第18章　その他の特殊効果

1. はじめに

　ここでは、信号処理とその使い方について述べます。この中には高度な技法から、めったに使われない手法などもありますが、エンジニアは多くの動作原理や最適な使用方法を修得しておくことも必要です。
　ここでは、位相効果、VCA、エキサイター、ピッチとテンポ、コーラス効果、ボコーダー、イメージ効果、ノイズの除去、信号再形成などについて述べます。

2. 位相効果（phasing / flanging）

　1960年代から使用されているエフェクトの方法が、位相差を利用した、フェイジング（phasing）と呼ぶ手法です。もともとは、同一信号を2台のテープレコーダーに録音し、それをわずかに異なるスピードで再生しミックスすると、広範囲な周波数にわたったクシ型フィルター効果を生じるところから由来しています。図18−1に原理を示します。Tは、テープレコーダーの録音／再生ヘッド間で生じる固定ディレイタイムを、Δtは2台のレコーダー間の時間差で、これがクシ型フィルター効果を生じる基本値となります。1台のレコーダーのスピードを外部から可変すると、このΔtを変えることが出来ますし、より原始的には、走行しているテープレコーダのリールの端（リールフランジ）を親指で押さえてスピードをコントロールする方法です。フランジングという名前の由来はここから来ています。電子回路でこの効果を作るには、ディレイ素子を使用します。
　インスタント・フェージングと呼ぶエフェクターは、可変ディレイ回路や可変位相シフトネットワーク素子を利用しています。図18−2(a), (b)に原理を示します。(c)に示したのは、電子オルガンのスピーカーに用いられているレズリー回転スピーカーの原理ですが、ここでは物理的にフェイジング効果を作り出しており、2カ所に置かれたマイクロフォンには、位相差による干渉と増強によるうねりが捉えられます。フェイジングの音はどのようなものかを言葉で表わすのは、なかなか難しいのですが、例えば音がまさにうねりを生じているように聞こえ、シンバルやスネアドラムといった広い周波数成分を含んだ音源で効果的です。ヴォーカルでは、幽玄的なサウンドを作ることが出来ます。

Section 5　信号処理機器

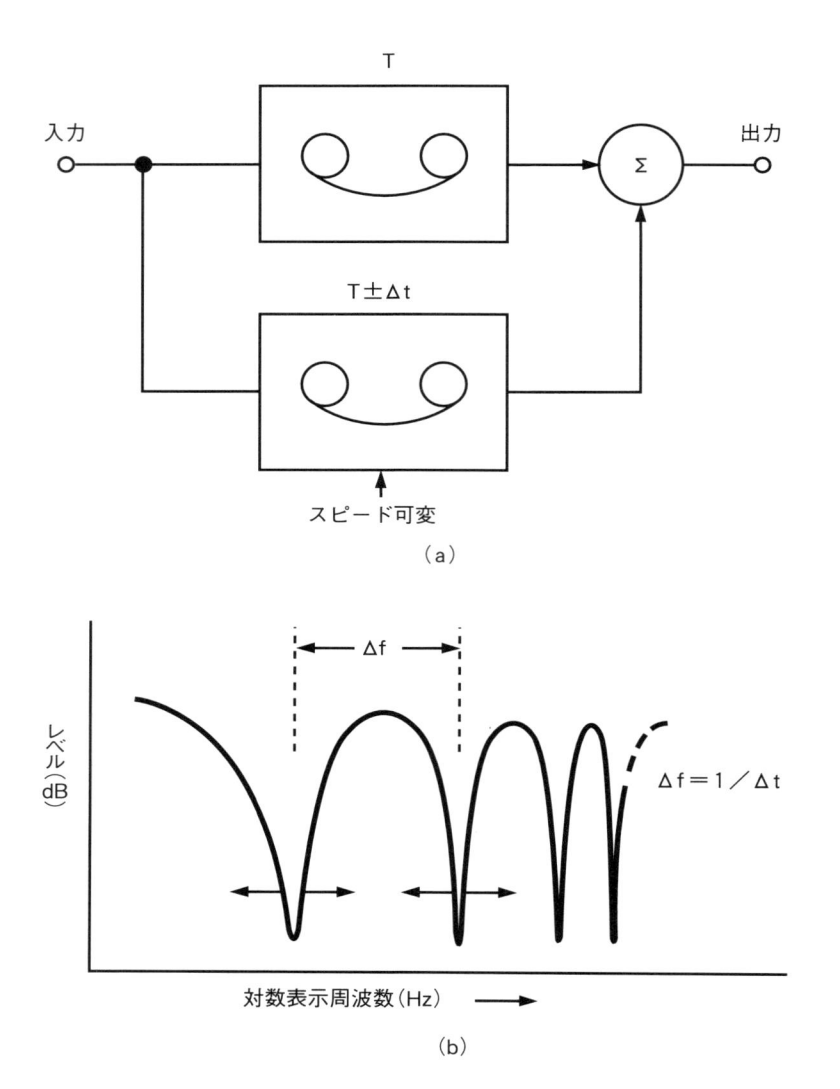

図18-1　フェイジングの原理
　　　　（a）のように2台テープレコーダーを使用し1台のスピードを僅かに変化させ両者の出力を合成すると（b）に示すようなクシ型フィルターが形成される

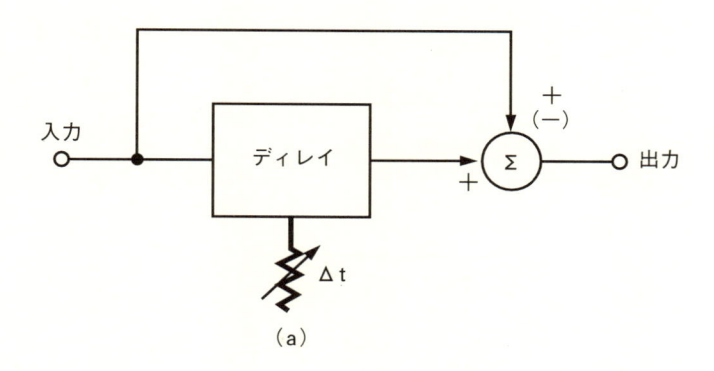

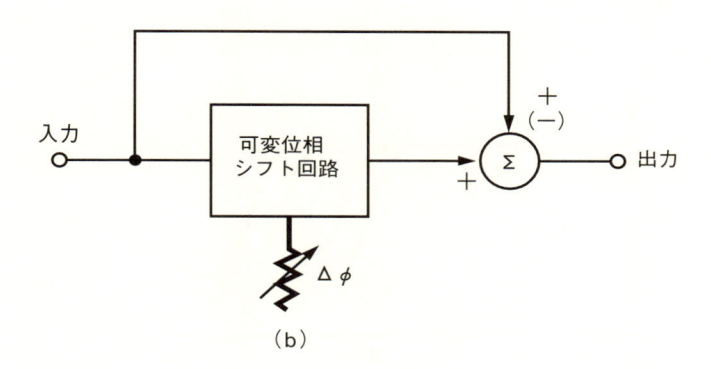

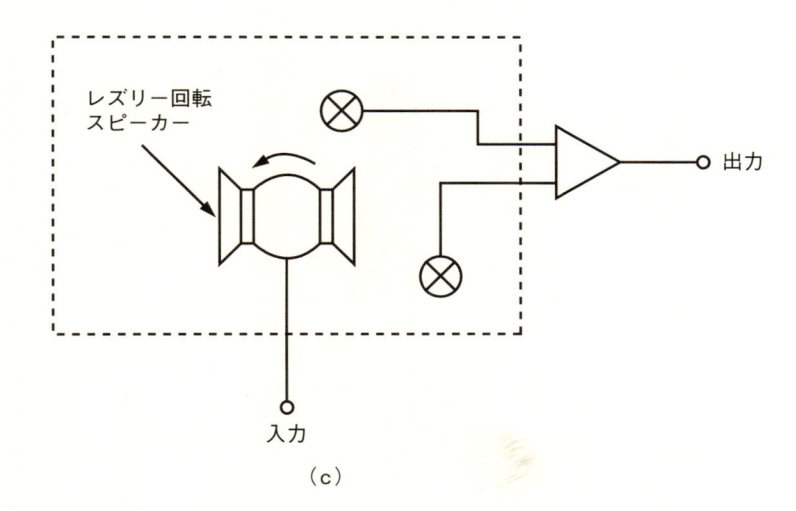

図18-2　その他のフェイジング
　　　　(a)は2台のテープの代わりにディレイを使用
　　　　(b)は可変位相シフト回路を使用
　　　　(c)はレズリースピーカーを使用してフェイジング効果を得ている

Section 5 信号処理機器

(a) 入力 → 電圧制御ローパスフィルター → 出力
　　　　↑　　　　　　　↑
　　周波数　　　　リジェネレーション
　　コントロール(DC)　コントロール(DC)

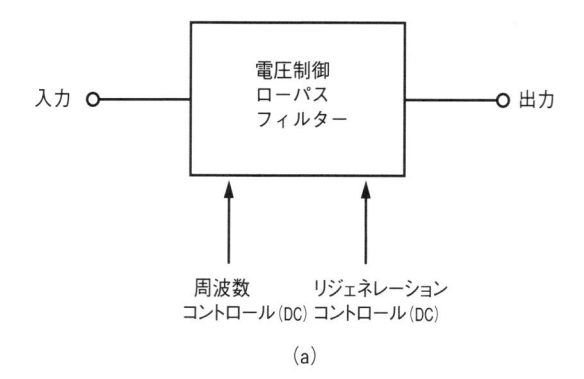

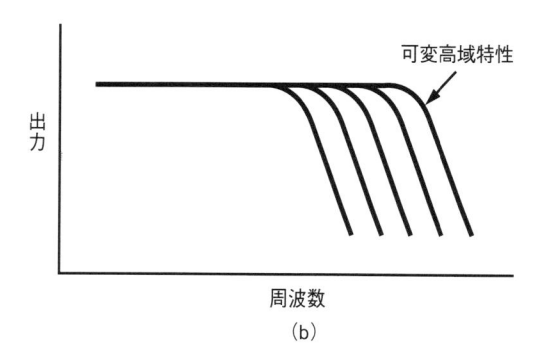

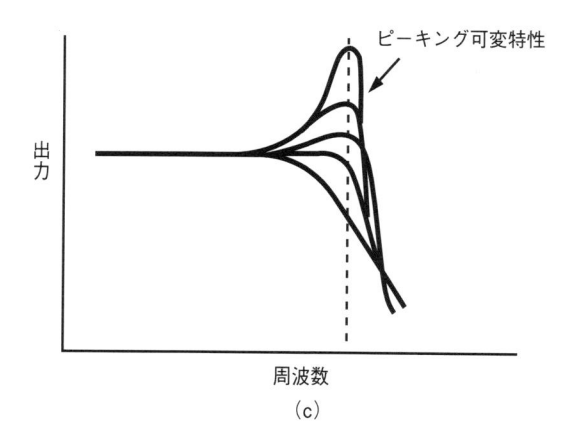

(b) 出力 vs 周波数 — 可変高域特性

(c) 出力 vs 周波数 — ピーキング可変特性

図18-3　電圧制御ローパスフィルター回路
　　　　(a)は基本構成、(b)はリジェネレイション一定の場合の周波数特性
　　　　(c)は周波数コントロール一定の場合の周波数特性を示す

Section 5　信号処理機器

3. VCA素子と応用

　多くのエフェクトは、電子音楽とレコーディング技術が作用しあいながら発展してきました。この中でも電圧制御型フィルター、エンベロープ形成、リング変調器は有効な技術です。VCAタイプのフィルターは、**図18-3**に見られるような構成で、カットオフ点やその付近でのピークの発生を電圧によってコントロールすることが出来ます。このフィルターは、電子音楽を構成する際の音源となる発信器やノイズや平板な音源に音楽的な抑揚を加えるために開発され、的確な使用をすれば、大変魅力的で、不思議な音色を作り出すことが出来ます。

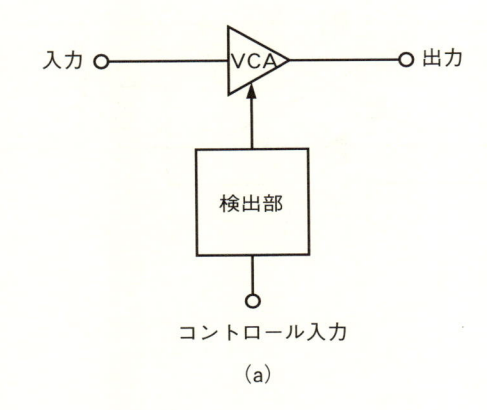

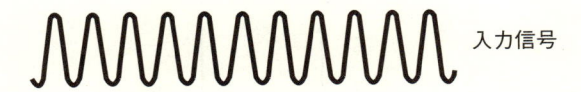

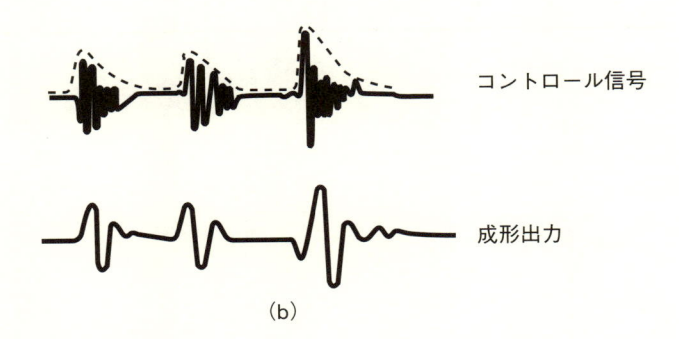

図18-4　波形成形器
　　　　(a)は入力信号をコントロール信号の波形によって成形する回路を示す
　　　　(b)の例は一定のサイン波を入力に、コントロール入力にパルス性の
　　　　信号を加えた場合の出力成形波形例を示す

Section 5　信号処理機器

　エンベロープ形成器は、コントロール信号を伴ったVCAアンプで、入力波形をコントロール信号波形と重畳することが出来ます。**図18−4**に例を示します。ここでの、入力源は、一定の信号で、これにパーカッションをコントロール信号として入力すると、波形検出回路がこのエンベロープを検出し、入力信号を変調します。
　リング変調器は、**図18−5**に示すような信号乗算器で、2つの入力信号から和と差信号成分が作り出されます。複雑な入力波形になるほど、出力は両者の倍音構成から外れた音が得られます。例えば一方の入力を楽音信号とし、他方を5〜20Hzの低周波とすると、ブツブツつぶやくような音となります。ランダム信号音源であれば、短波受信のような音になったりと多彩な効果が作り出されます。

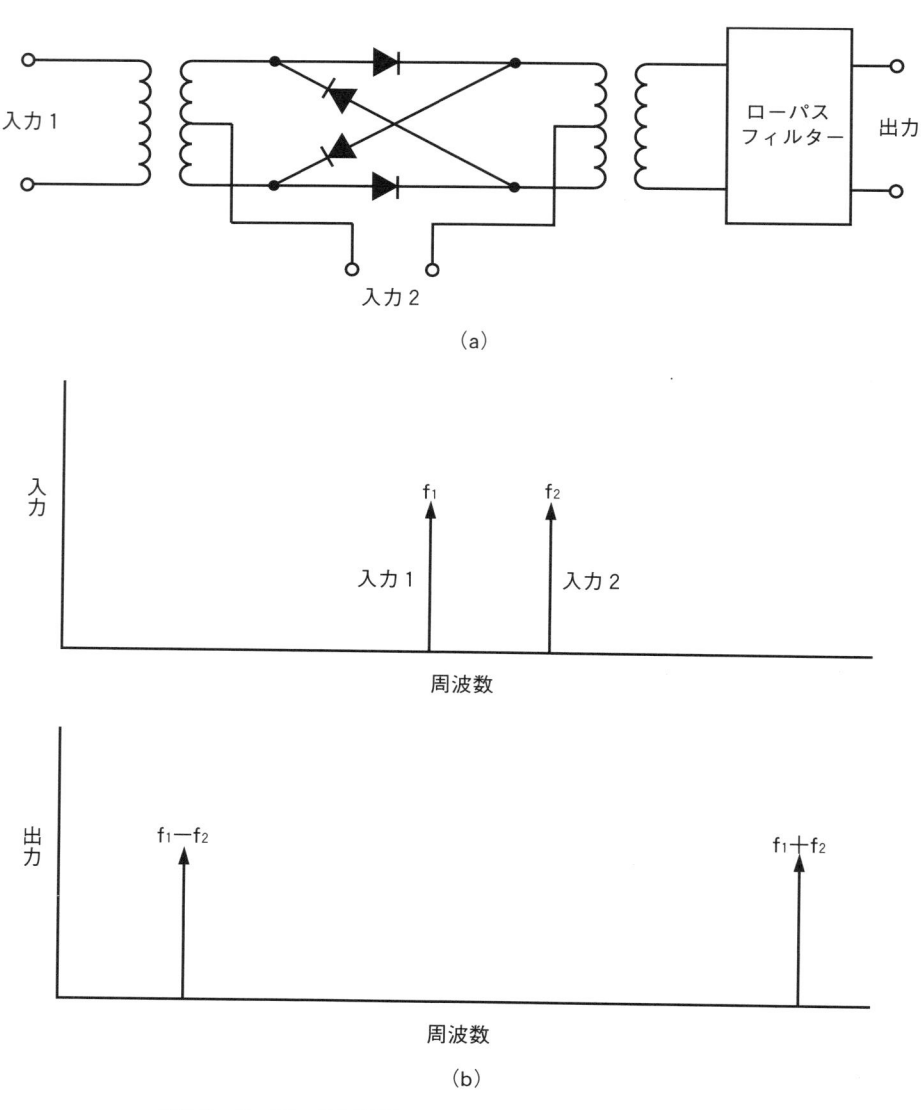

図18−5　リング変調器
　　　　（a）は基本構成、（b）は入力と出力の関係を示す

4. エキサイター

　信号源が持つ帯域のさらに下限や上限に信号源が持っている情報と連携した新たな音声信号を付加することができます。こうした目的に使用する装置は比較的新しく登場し得られる効果も十分実用性があります。

(1) 高域周波数の付加

　マルチトラック・レコーディングされた音声の多くは、限られた周波数帯域成分しかありません。例えば、ヴォーカル録音では、子音成分を除けば、4〜5kHzを越えた周波数は多くありませんので、さらに高い周波数を持ち上げたとしてもあまり効果がないといえます。同様のことが低域成分についてもいえます。人間の聴覚は、通常の周波数帯域からさらに下限や上限について、ピッチ変化に鈍感なため、音源からさらに高域や低域成分を作り出すためにこの性質が利用されています。こうした方法は比較的簡単な手法ですが、今までのイコライザーでは出来なかった新たな効果といえます。図18-6に示すのがその一例です。この回路では、7.5kHz以上の周波数を信号源に応じて作り出すことが出来、音源に含まれる3.5〜7.5kHzの成分から、オクターブ上の7〜15kHz帯成分が付加出来ます。図の中の歪みネットワーク回路は、付加成分の発生量とメイン信号への加算量をコントロールしています。ここでは同時に低域成分も派生しますが、これは我々の耳で大変検知しやすい帯域となるためフィルターでカットします。

　こうしたエフェクターはポップス音楽のヴォーカルに使用される場合が多く、どんな楽器にでも万能というわけではありません。

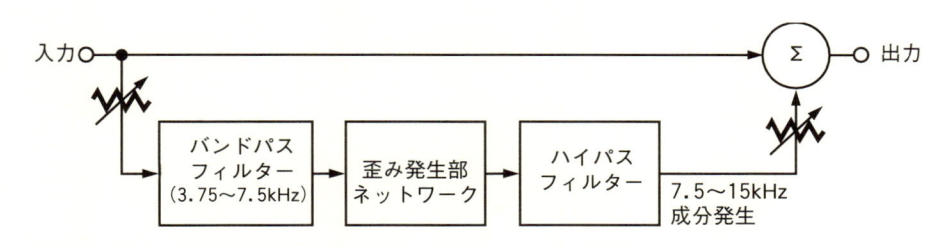

図18-6　帯域外高調波発生器
3.75〜7.5kHzの信号成分からオクターブ上の周波数を発生させ不要な低域成分をカットした信号を原信号に付加することで高域成分を加える

Section 5　信号処理機器

(2) 低域周波数の付加

　低域を付加する場合は、高域にくらべ容易とはいえません。低域の感じを出すため音源のオクターブ下ではなく、その半分の周波数帯があればそうした感じを出すことが出来ます。「ブーム・ボックス」と呼ばれる「dbx」社の製品はこうした目的のために開発されました。**図18—7**にその構成を示します。サブハーモニック成分の発生には、波形成形、フィルタリング、ゲインコントロールといった複雑な要素をコントロールしており、高域の信号付加に比べて複雑となります。応用分野はディスコなどでの音楽再生に使われています。

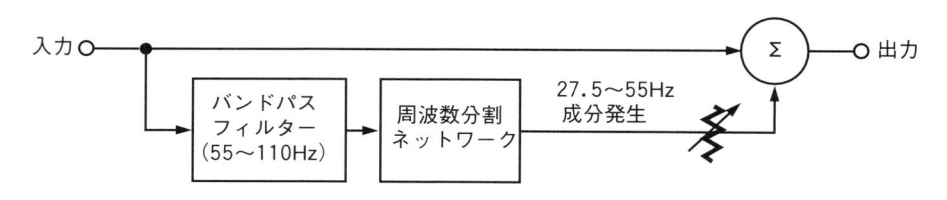

図18—7　「dbx」社ブーム・ボックス
　　　　50〜110Hz帯の低域からさらに1オクターブ下の成分を合成する

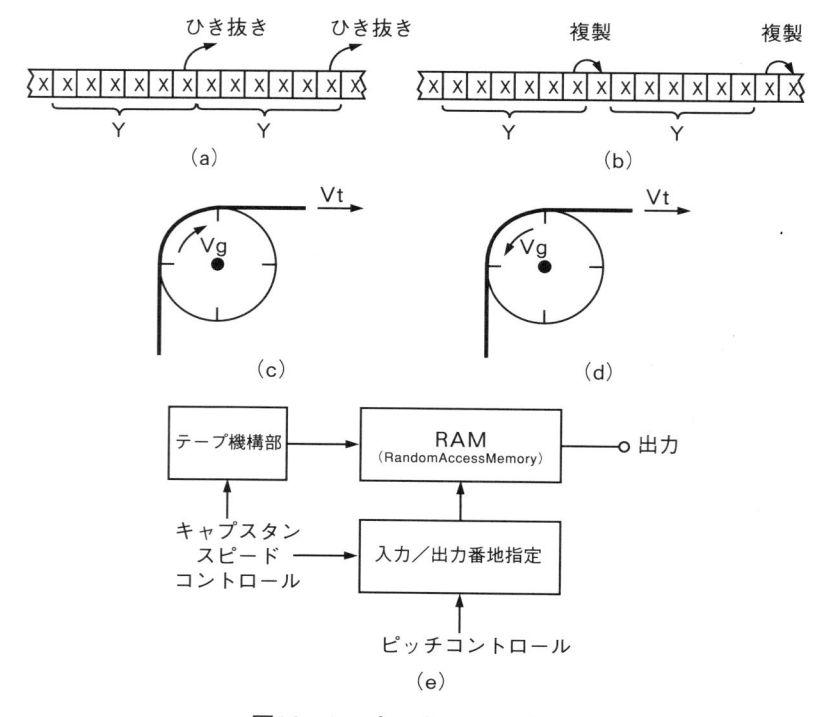

図18—8　ピッチとテンポ調整器

5. ピッチとテンポの制御

　人間らしい音楽録音の特徴は、微妙なピッチと演奏時間の揺れにあります。時間軸が早くなったり遅くなった場合の全体の時間軸の合わせ方は、音楽録音と映画音響制作ではアプローチが異なります。音楽録音でのピッチと演奏時間はどちらも時間領域で関係しており、ピッチは単位時間あたりの周波数で、演奏時間は時間軸そのものです。音楽の場合1秒間で8～12サイクル以内の変動または時間軸領域で、20～25サイクル以上の変動は、ピッチ変化として周波数領域で検知されます。難しいのはこの中間の変化12～20サイクル領域が明確な規定で捉えることの出来ない領域なのです。12サイクル以下の時間領域のコントロールでは、フレームという概念を利用して時間軸をコントロールすることが出来、テンポの制御器を形成することが出来ます。ピッチの制御ではこのテンポの制御と連動したスピードの変化を利用することで実現出来ます。

　図18－8(a) に示すのは、テープ編集の概念を発展させたテンポとピッチの制御回路です。1秒間に1～2サイクルといったゆっくりした間隔で一定のユニット単位信号を抜き出し、これを元の演奏スピードで再生すれば、抜き出した数とスピードの関係Y－X/Yに応じて演奏時間が短くなりますがピッチは変わっていません。次にテンポをY/Y－Xの関係で増加し、録音をY－X/Yの関係で遅くして録音したとすると、得られる音はY－X/Yに応じてピッチが下がり演奏時間はオリジナルと変わらない音を得ることが出来ます。すなわち時間軸を変えずにピッチのみが変えられたことになります。

　具体的な数字を入れて考えてみましょう。X＝0.1とし1/10のユニットがテープから取り出されるとします。演奏時間は、定常スピードで再生した場合0.9と短くなります。式にあてはめていくとY/Y－X＝10/9＝1.11だけテンポが上がります。もしこれを0.9のスピードで再生するとテンポはオリジナルと同じでピッチが0.9の要素だけ下がった音が得られます。

　テンポを早めるかピッチを下げるためには、この図のような方法で実現出来、X/Y－Xがその割合を決める式となります。テンポを遅く、ピッチを高くするには、**図18－8(b)** に示す方法となります。Y期間にXを複製追加してやります。X/Y＋Xの関係は、独立して変化するピッチとテンポを作り出すための関係式となります。

(1) 物理的な機構で実現する方法

　テープを細切れに切り張りして、先ほどのピッチやテンポを変えることは、現実に不可能です。このためテープレコーダーの走行系に特殊な工夫を施した方法が考えられました。これは、各々90度の角度毎に回転機構を持った再生ヘッドが取り付けられています。テープは90度毎に取り付けたヘッドにより、常に途切れることなくどれかのヘッドと接触しています。テープスピード V_t とヘッドギャップ V_g は、独立して可変されます。V_t が一定であればテンポは一定となり、ピッチ・コントロールは、$V_t－V_g/V_t$ の関係で**図18－8(c)** にみられるように低くすることも、逆方向にこの関係を保つことで**図18－8(d)** に示すようにピッチを高くすることも出来ます。

　テンポは、テープ再生スピードを早めたり遅くすることで変化出来ます。

Section 5　信号処理機器

一定のピッチを確保しておくためには。常に Vt−Vg がオリジナルの録音スピードと一致していなければなりません。

(2)　電子回路で実現する方法

1970年代に入ると、デジタル技術のおかげで、図18−8(e)に示すような電子回路による実現が可能となりました。この考えは、先の(c),(d)で行なった方法を電子回路に置き換えたといえるものです。回路の中のランダム・アクセス・メモリー(RAM)部は、先の機械式でいう90度毎に取り付けた回転再生ヘッドに接するデータと同じ働きをしています。Vtは直接コントロール可能で、Vt±Vg成分は、コントロールする内容に応じてメモリーから取り出されます。

(3)　ピッチとテンポを保つために生じる欠点

理論的にはこうした方法でピッチとテンポが無限に変化できるように述べましたが、今日の技術レベルでは、万能というわけではありません。

原理的に信号の切り張りをしていることから生じる不連続性をどの程度まで許容出来るかに左右されます。特に一定の持続音では耳に検知されやすくなります。逆に速射砲のように早口でしゃべっている音声をさらにテンポアップしても不自然さは感じませんし、楽音信号の1音が長い持続音であった場合にピッチ可変を行なうと検知されやすくなります。

テンポの変化は、さらに検知されやすく使用範囲が限定されてしまいますが、CMや特殊効果での使用は、十分な威力を発揮します。逆に純音楽での使用は、容易ではありません。しかし、大いなる挑戦はいつの場合も価値のある行為です。

ピッチコントロール性能をチェックする簡単な方法は、500Hzの信号を装置に入力し、ピッチコントロールしてみて、不連続点で聴かれる"Blips(ブツブツというノイズ)"が少ないほど優れた機種と判断出来ます。

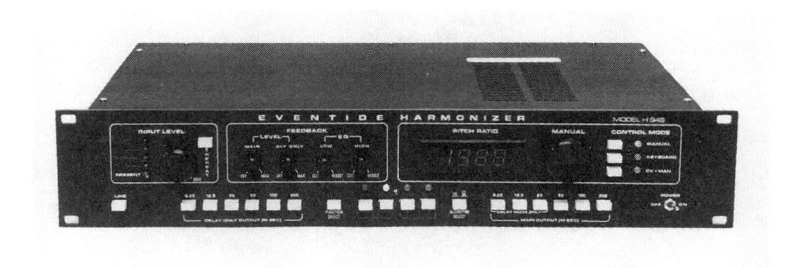

図18−9　ハーモナイザーの例（イーヴンタイド社）

(4) ハーモナイザー

ハーモナイザーは、ピッチ可変を行う目的に開発されたエフェクターです。
これは、リアルタイムで音楽的なピッチ関係を処理できることが特徴です。
図18-9に「イーブンタイド」社の製品例を示します。

6. コーラス効果

このエフェクターは、1つの音源からより多くの音源に聴こえる効果を作り出す目的を持っています。現実の演奏は、それぞれにわずかながらピッチや時間の遅れ、レベル差などが生じた結果、豊かな音に聴こえています。これを電子的に作り出そうというのがコーラス効果です。

図18-10に回路構成例を示します。1つの入力信号をいくつもの系に分割し、各々に異なったディレイ、レベル変調を与えて微妙な不規則性を作り出し、それらを再合成して出力しています。

この効果も万能というわけではなく、単一音源で大勢の演奏のような効果を作り出すことは出来ません。効果を得るためには、少なくとも音源自体が、グループで行なわれてある程度のコーラス効果成分を含んでいることがポイントです。電子オルガンにはこの効果が適しており、よく応用されています。

ここでは示していませんが、出力をステレオ対応とすると一層明確な効果が得られます。

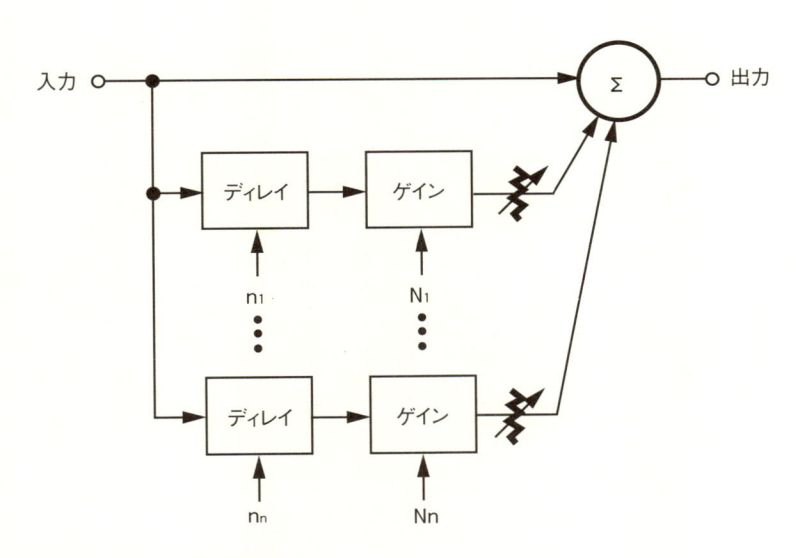

図18-10 コーラス発生器
　　　　入力のnとNは、5〜8Hzの周波数のランダム・ノイズ発生器
　　　　4〜5個のディレイ群は、各々のゲインを変化させることで、
　　　　一層現実感を出している

7. ボコーダー

ヴォイス・コーダー（Voice Coder）をもじったボコーダーは、音声信号を一度分解し、再合成する構成のエフェクターでその途中の系でさまざまなプロセスを適応させることが出来ます。

話声信号は比較的情報量が低いということは、以前から知られていました。話声信号を基本成分に分解し、狭い伝送帯域で送り受信後再合成するといったことができます。

図18−11に基本構成を示します。入力信号は、スペクトラム・フィルター群によって最適なフィルター系に分類されDCコントロール信号に変換されます。フィルターバンクは、母音やその他のフォルマント周波数によって分類されており、ピッチや抑揚の分析は話声信号に含まれている基本周波数やノイズ（ヒス、バズ、破裂音・・・）成分から行なわれます。

出力が再合成される場合には、各基音が再発生されフィルター群が入力信号に含まれていた周波数に応じて再合成されます。また抑揚成分も入力信号のなかのノイズ情報をもとに再合成されます。自然な話声を再現するためのポイントは、どのくらい細かくバンドパス・フィルターを持っているか、ピッチの再現性能がどのくらいか、抑揚のニュアンスをどれくらい分析できるかに左右されますが、優れたボコーダでは実に自然な話声が再現出来ます。

さらに発達した機種は、電子音楽制作に使用出来るように機能が充実し、ピッチオフセット機能により、男性の声が子供に変換されたり、話声信号をオーケストラ音楽で変調することによりオーケストラが話しているような効果を得ることが出来ます。

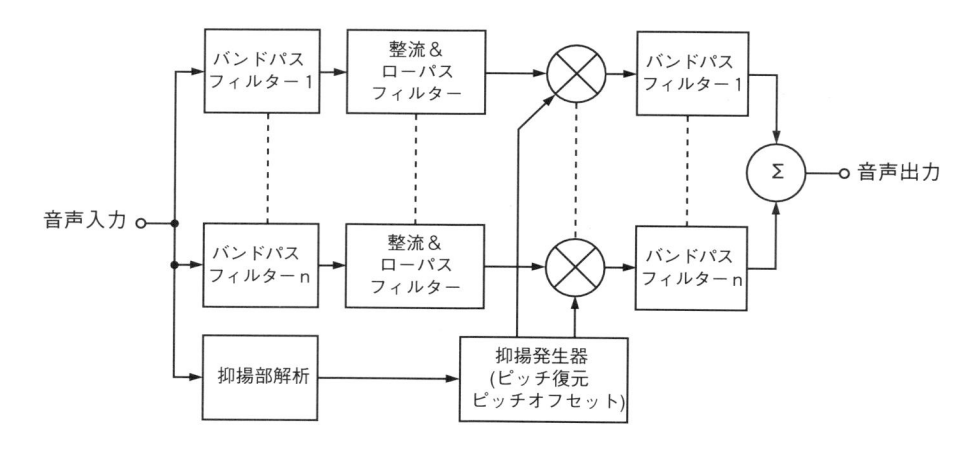

図18−11　ボコーダーの基本構成

8. 音像制御

(1) 簡易音像拡大法

　昔に録音された素材のステレオ感を高めることは出来ないものだろうか？
　これは多くのエンジニアが幾度となく繰り返した問いです。しかし、エンジニアは、モノラル音源を疑似ステレオで拡げるよりも、ステレオ音源をさらに拡大することの方が意味があると考えるようになりました。ステレオ録音でソロ用にセンター・マイクロフォンを立てミックスした結果、ステレオ感が狭くなりすぎた仕上がりになるといった例があります。こうした場合に**図18-12**に示すような回路構成で音像を拡大再生することが出来ます。
　メインL-R信号とそれを分岐し、L-R逆相で反対チャンネルに合成します。ここでの注意点は、以下の通りです。

1. 必要以上に逆クロス信号成分のレベルを上げないこと
2. ファンタム・センターのレベルは、3dB以上、下げないこと

　これで得られる出力は、L-Rのセパレーションを損なうことなく音像を左右スピーカーの幾分外側まで拡大することが出来ます（**図2-4(e)**のフェイザーの関係を参照）。またオリジナルに復元する場合は、正相で逆クロスに接続すれば得られます。これらの関係を

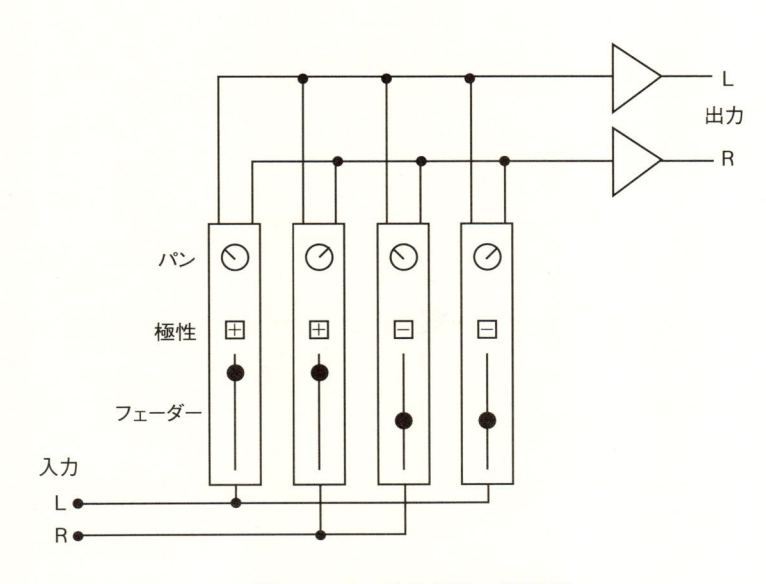

図18-12　逆相信号の利用例

Section 5　信号処理機器

以下にまとめてあります。

	左チャンネル	右チャンネル
オリジナルの音源	L + 0.7C	0.7C + R
正相入力成分	+ 0.3 (0.7C + R)	+ 0.3 (0.7C + L)
加算音成分	L + 0.91C + 0.3R	0.3L + 0.91C + R
逆相入力成分	− 0.3 (0.3L + 0.91C + R)	− 0.3 (L + 0.91C + 0.3R)
合成出力	0.91L + 0.637C	0.637C + 0.91R
基準化係数	× (1.099)	× (1.099)
最終合成音	L + 0.7C	0.7C + R

(2) ディレイ・クロストーク成分をキャンセルしてスピーカーの外側に音像を拡大する方法

　先の逆相クロス接続では、左右のスピーカーのほんのわずか外側に音像を拡大することが出来ましたが、これをさらに外側まで定位させるために耳が受ける自然な左右のクロストー

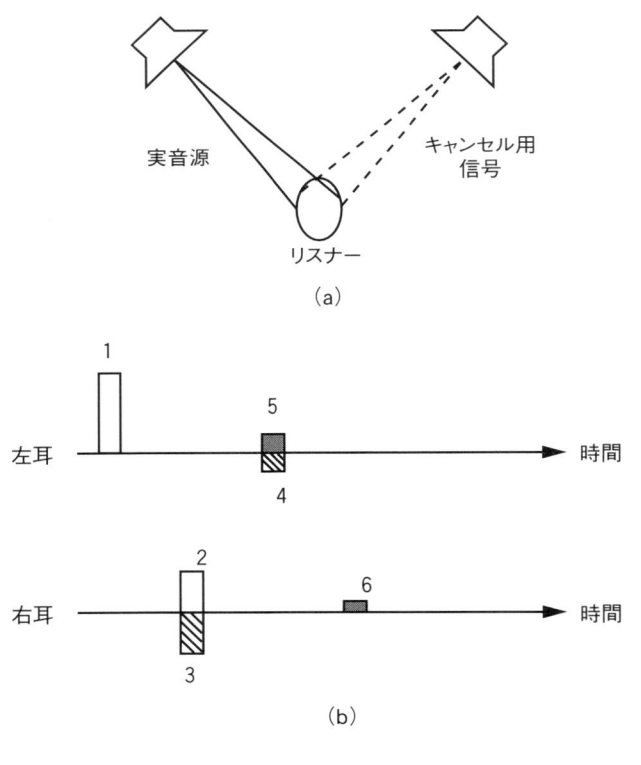

図18−13　音場の拡大
　　　　　(a)は両耳受聴のクロストークキャンセル
　　　　　(b)は逆相遅延信号を用いた例

クを打ち消す方法があります。しかし、最大の効果を得るにはリスナーの受聴点が限定されます。

図18-13(a)に示すのは、左右1対のスピーカーで、この場合左からのみ再生されています。耳では、再生信号1として左の耳で検知され、遅れた成分が再生信号2として右側の耳で検知されます。ここで右側スピーカーに左と同レベルで逆相とした成分を加えたとします。このタイミングは、図18-13(b)に示すように左スピーカーの再生音が右耳で検知されるタイミングに正確に一致させる必要があります。新しい成分を再生信号3、4とします。信号3は信号2を打ち消すように働きますが、信号4は左側の耳で検知されます。このため同様の手段を繰り返し、信号5、6を作ります。ここでも信号6は残りますが、実際上は影響のないレベルとなります。

こうして得られる再生音は、左再生スピーカー音は左耳で、右再生音は右耳でのみ検知されスピーカーの外側まで音像が拡大されます。しかし、リスナーはクロストークの位相関係を正確に保つためスピーカーを一辺とする正三角形の頂点でのみ効果が得られます。

私たちは、バイノーラル・システムで、ダミーヘッドで録音した音源を周波数補正し、再生すると、一般のマイクロフォン収音よりも多くの音源が識別出来ます。全体の雰囲気音（アンビエンス）の再現は大変自然で、リスニングエリアを選ばず広がることが出来ます。モノーラル音源にこのバイノーラル手法を用いて、クロストークキャンセルとディレイ、イコライジングを行なうと優れた空間定位をつくることが出来ますが、これもリスナーの聴取位置が限定されます。

また、同一空間で録音した音源であれば左右のスピーカをはるかに拡大した空間を再現することが出来、前後や上下の再現も可能です。このためのダミーヘッドは、人の耳たぶで生じる周波数特性の変化を考慮に入れたものが必要です。図18-14に示すのがシステム構成です。

エンジニアは、こうした処理を行なった場合、モノーラルとの両立性をチェックしなが

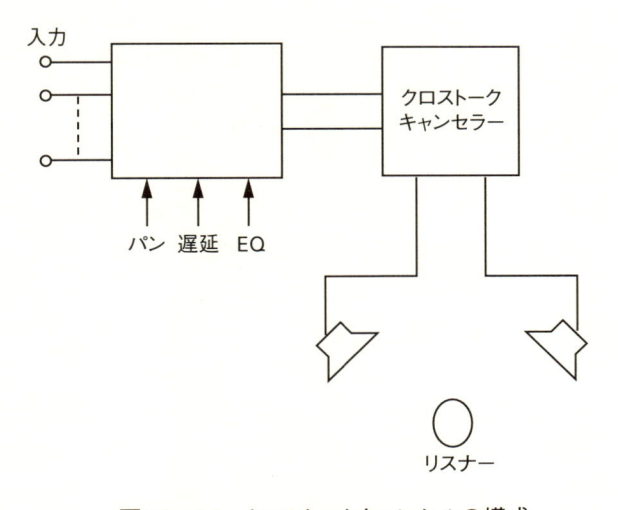

図18-14　クロストークキャンセルの構成

Section 5　信号処理機器

ら作業を進めなくてはなりません。

(3)　失敗を防止するために

1990年代になるとさらに様々な手法で音像の拡大が実現出来るようになりました。しかしエンジニアは、すべてを信用せず、再生条件は、左右スピーカーを一辺とする正三角形の頂点で聞くことです。スピーカーは間隔が狭いほど効果があり、テレビの左右に内蔵されたスピーカーなどでは効果的です。しかし映画館のような広い空間とスピーカー間隔では、満足する結果が得られません。

9. 旧録音素材の復元とノイズ除去

CDの脅威的な進展は、新しいソフトのみでなくかつての名盤を復刻し、CD化するという機会を提供してくれました。レコード各社は、昔のマスターから音楽的要素を損なわず、いかにクリーンな音が復刻出来るかに努力しています。ここではそうした例を紹介します。

(1)　パルス性ノイズ除去

マスターがメタル原盤で保存されていると復刻も容易ですが、その場合、どの再生針が最適かを入念に調べなくてはなりません。これをテープにコピーし、パルス性ノイズを除去していく作業をしなければなりません。

(2)　アナログ変換でのノイズ低減

アナログ系でのノイズ低減には、**図18−15**に示す回路が利用されます。入力信号は遅延を伴った本線出力系とハイパス・フィルターにスレショルド検出部を持ったサイドチェーン系に分かれます。サイドチェーンはパルス性ノイズを検出し、スレショルド検出部がそのパルスの発生する手前の信号を保持するように働きます。この長さは聴感上違和感のない時間が調整出来ます。
　図18−15(b)に示すのがパルスを含んだ入力信号で、(c)が処理後の波形です。今日こうした処理はデジタル領域で行なうことが出来ます。

(3)　デジタル・ノイズ低減方式

パルス性のノイズは、波形表示機能で容易に確認することが出来ます。アナログ方式の場合単純にパルスを取り除くことしか出来ませんでしたが、デジタル方式では、波形の前後関係からパルス雑音のないオリジナル信号を復元補正することが出来ます。**図18−**

Section 5　信号処理機器

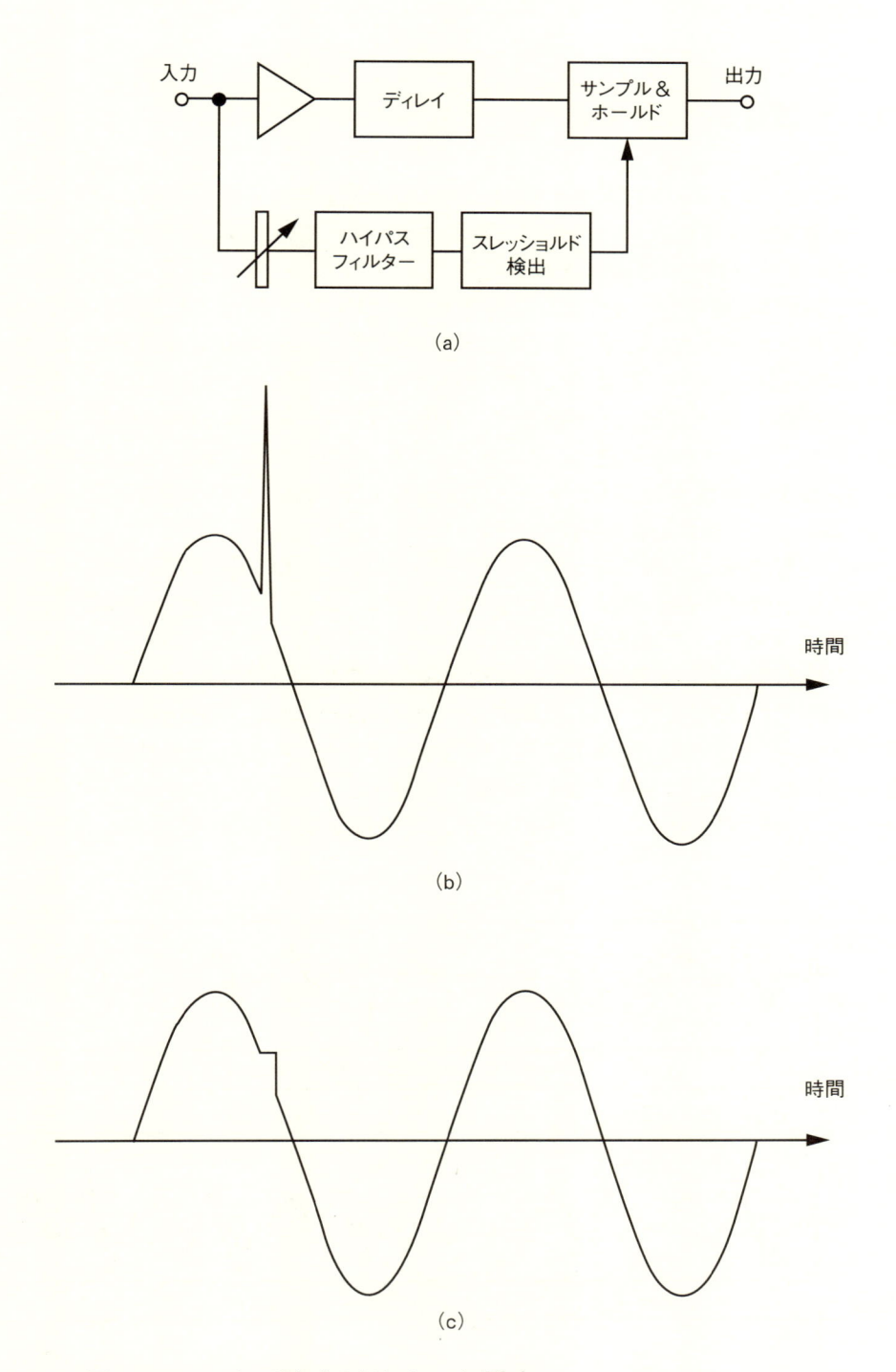

図18−15　アナログ方式のクリック・ノイズ除去
　　　　　(a)基本回路、(b)ノイズを含んだ入力信号、(c)除去後の出力波形

Section 5　信号処理機器

16に示す例は、「ソニック・ソルーションズ(SonicSolutions)」社の「ノーノイズ・システム(NoNoise System)」です。ここでは、5msecの信号欠落部を隣接信号から推測し、復元しています。

(4)　広帯域ノイズの低減

　テープヒスやディスクの再生ノイズのように周期性を持たず広い範囲に分布したノイズの低減方法は可能なのでしょうか? 一般的に用いられているのは可変スレショルドを持ったローパス・フィルターの組み合わせです。
　ここでは信号成分レベルが低い箇所で高域をロールオフすることで聴感上ヒス成分を目立たないようにしています。しかしこれも万能ではなく複雑な楽音信号では、スレショルドの急激な変化からくるポンピングや高域が甘くなると言った現象が派生します。逆に効果的なのは、ノイズレベルが高くなく、信号レベルも一定であるような信号の場合です。ポイントは、派手にかけず控えめにすることです。「バーウェン(Burwen)」社のダイナミック・フィルターや民生用の「カーバー(Carver)」社の「ノイズ・コリレイション(Noise Correlation)」などは実用的な性能を持っています。
　「RCA」社の中心人物であったハリー・オルソン(Harry Olson)は、広帯域ノイズの低減に帯域分割型回路を提唱しています。この方法は、入力信号を10の周波数成分別に帯域分割し、その各々で設定値以下の信号をノイズとみなし、再合成するという考え方です。当時の技術でいえば大変複雑で高度な回路を必要としました。
　1984年の「AESコンファレンス(Audio Engineering Society Conference)」で、このアイデアをデジタル技術で実現したのは、ロジャー・ラガデック(R.Lagadec)です。この時は、256の帯域分割で、信号解析が行なわれています。「ソニック・ソルーションズ」社の「ノーノイズ・システム」では、これを2,000分割し、きめ細かなノイズ対策を行なっています。

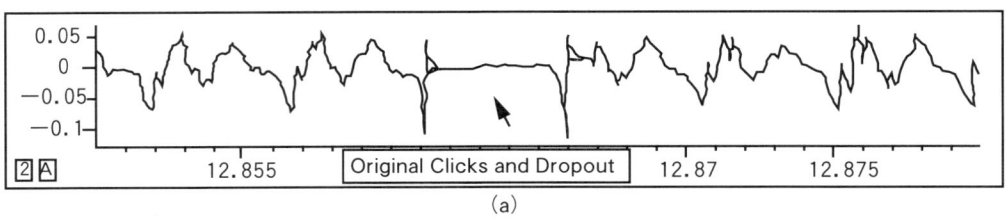

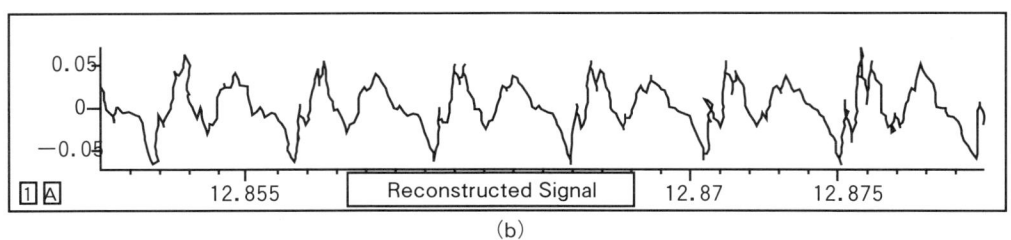

図18-16　「ソニック・ソルーションズ」社のノーノイズ・システム
　　　　　(a)源信号が消失している波形、(b)それを復元した波形

こうしたプロセスで多くの名盤が復刻CD化されていますが、「フィリップス・レーベル」のCDを初め、こうしたCDをお聴きになれば、プロセッサーによるノイズ低減処理能力がどのくらいの性能であるのかお分かりになると思います。

しかし、SP盤に含まれるすべてのノイズが完全に取りきれるわけではありません。

10. 信号の復元技術

信号の復元は、大変長い歴史があります。代表的な業績としては、1970年代にトーマス・ストックハム（Thomas Stockham）が行なった1906年録音の『カルーソ（Caruso）電気吹き込み録音』の復元でしょう。電気吹き込みの特徴は、10～20dBにも及ぶ特性の変動と200Hz～3kHzという狭帯域の音、さらには帯域外のノイズの多さにあります。

復元にはまずシステムの持つ欠点を取り除き、カルーソの声を取り出さなくてはなりません。ストックハムの記述によると2つの解決のためのポイントがありました。

1. カルーソの声の周波数特性はどれくらいか？
2. 録音システムの周波数特性はどれくらいか？

ストックハムはデジタル技術を用いて丁寧な解析を行ない、当時の録音システムの特性を解析しました。図18−17に特性を示します。

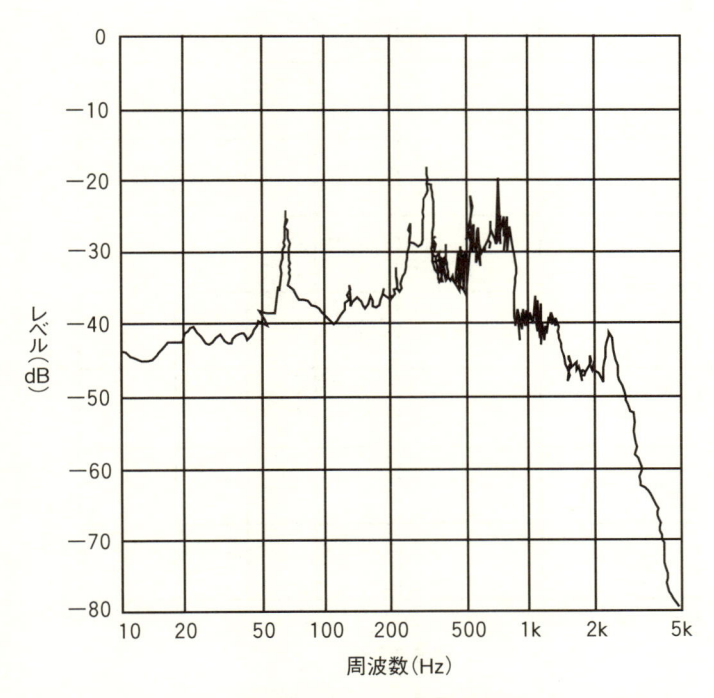

図18−17　ストックハム法による電気音響録音音源のオリジナル、カルーソの復元特性（ストックハム提供）

Section 5　信号処理機器

　カルーソの声は、現代で彼と同じ様な歌い方をする歌手の特性を分析すれば推測できると考え、ジュジー・ビヨルリング（Jussi Bjoerling）に白羽の矢をたてました。**図18−18**に示すのがその特性です。この両者の差が当時の録音系の特性と考えられます。ストックハムは、全特性の逆特性をしたデジタル・フィルターをかけ独自に録音しました。そして狭帯域とノイズと言う制約の中から、まるで今日の最新録音がポータブル・ラジオから流れているような声で、カルーソが復元されました。

11. オールパス位相シフト・ネットワーク

　信号の変換時になんらかのミスが有った場合、このオールパス位相シフト・ネットワークを介することで修正出来ることがあります。例えばあまりこうしたことは考えられませんが、センター定位したベースだけが逆位相で、他は正相で録音されていたとします。片チャンネルを位相反転させれば、ベースは解決出来ますが、もう片方の成分が逆位相になります。
　図18−19に示す回路は、片チャンネルの位相を90度シフトさせる回路です。L−Rが正相入力の場合、出力はLが90度進んだ出力となり、逆相入力の場合は、Rが90度進んだ出力となります。この回路を通すと聴感上は、第9章7(1)で述べたようにセンターがやや拡散した音として聞こえます。

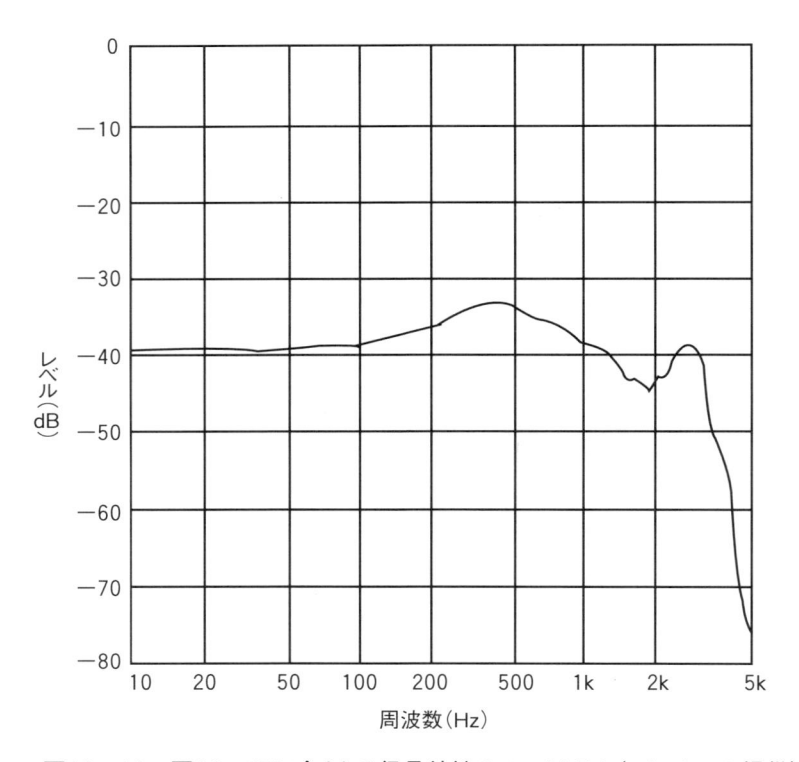

図18−18　図18−17に含まれる信号特性のスペクトラム（ストックハム提供）

もう1つの応用例は、信号にピーク成分が多く含まれている入力を和らげる場合です。**図18-20**に波形を示しますが、周波数特性は変わらず、低域は位相シフトせず、高域で180度のシフトが生じます。これによりピーク成分を和らげることができます。放送への応用では、話声の子音などピーク成分により放送機が過変調を起こすのを防ぐことができます。

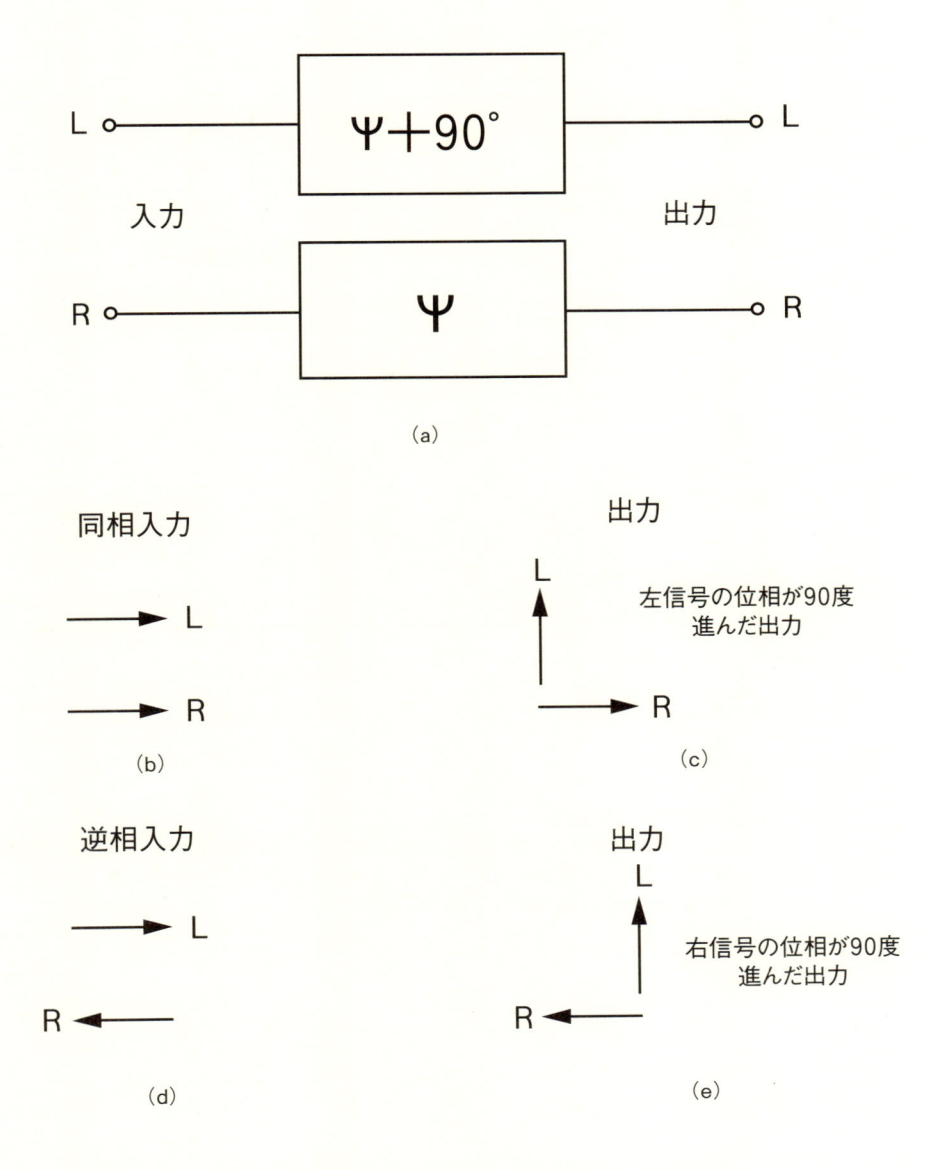

図18-19　オールパス位相シフト・ネットワークを利用した位相補正
　　　　　(a)基本構成、(b)オリジナル信号、(c)90度位相シフトさせた出力
　　　　　(d)逆相関係のオリジナル信号、(e)90度位相シフトさせた出力

Section 5　信号処理機器

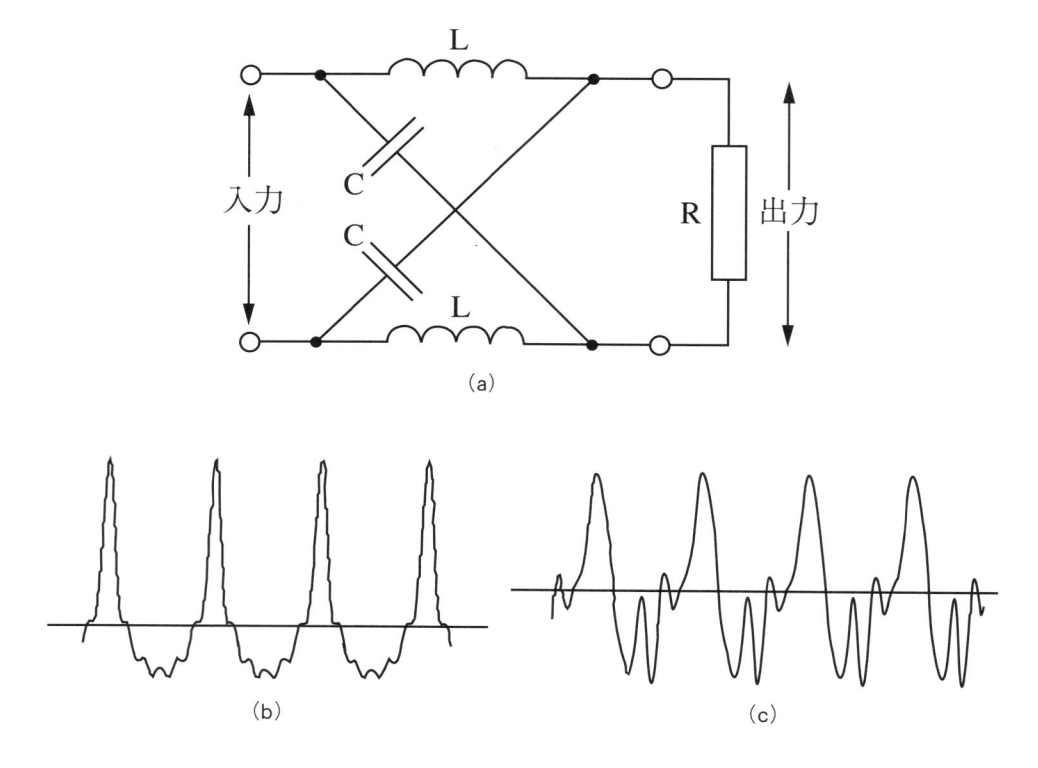

図18−20　オールパス位相回路
(a)この回路はレベルが一定で高域の位相が180度まで変化する働きをする
(b)の入力信号波形は(c)のように変化する。この場合波形係数は減少しているが全体の実効値、平均値は変わらない

〈第18章〉　　［参考文献］

1. B. Bartlett, "A Scientific Explanation of Phasing," *J. Audio Engineering Society*, vol. 18, no. 6 (1970).
2. J. Blauert, *Spatial Hearing*, MIT Press, Cambridge, Mass. (1983).
3. D. Cooper and J. Bauck, "Prospects for Transaural Recording," *J. Audio Engineering Society*, vol. 37, no. 1/2 (1989).
4. M. Gerzon, Stabilizing Stereo Images," *Studio Sound*, vol. 16, no. 12 (1974).
5. D. Griesinger, "Equalization and Spatial Equalization of Dummy-Head Recordings for Loudspeaker Reproduction," *J. Audio Engineering Society*, vol. 37, no. 1/2 (1989).
6. D. Griesinger, "Theory and Design of a Digital Audio Signal Processor for Home Use," *J. Audio Engineering Society*, vol. 37, no. 1/2 (1989).
7. A. Oppenheim, *Digital Signal Processing*, Prentice-Hall, Englewood Cliffs, N.J. (1978).
8. M. Schroeder, "Progress in Architectural Acoustics and Artificial Reverberation," *J. Audio Engineering Society*, vol. 32, no. 4 (1984).
9. A. Springer, "A Pitch Regulator and Information Changer," *Gravesano Review*, vol. 11/12 (1958).
10. A. Springer, "Acoustic Speed and Pitch Regulator," *Gravesano Review*, vol. 13 (1959).
11. T. Stockham, et al., "Blind Deconvolution Through Digital Signal Processing," *Proceedings of the IEEE*, vol. 63 (April 1975).
12. J. Sunier, "Binaural Overview," *Audio Magazine* (December 1989).
13. T. Wells and E. Vogel, *The Techniques of Electronic Misic*, University Stores, Inc., Austin, Tex. (1974).
14. M. Wright, "Putting the Byte on Noise." *Audio Magazine* (March 1989).

Section 6　録音メディア

第19章　アナログテープ録音
1. はじめに
2. 磁気録音の基礎
3. 録音
4. 再生
5. 磁気ヘッドの構造
6. 磁気テープ
7. 高周波バイアスとノイズ、歪みの関係
8. 高域損失と再生特性
9. アラインメント調整用テープ
10. 標準磁束
11. 電子回路による直線性補正
12. テープ機構系
13. 同期とロケート
14. トラック幅
15. テープレコーダーの調整法
16. レコーダーのダイナミックレンジ

第20章　ノイズリダクション・システム
1. はじめに
2. エンコード／デコード方式の原理（コンパンダー）
3. Dolby Aタイプ・ノイズリダクション
4. Dolby SRタイプ・ノイズリダクション
5. dbx ノイズリダクション
6. BURWEN ノイズリダクション
7. TELECOM c4
8. EMT NOISEX
9. スタジオでの運用
10. ノイズリダクションと音質

第21章　デジタル録音とDSP信号処理
1. はじめに
2. 入力信号のサンプリング
3. 量子化
4. 録音システムの概要
5. テープへの記録
6. テープ録音での2進符号技術
7. 信号再生技術
8. プロ用機器の規格
9. デジタル音声信号の圧縮技術
10. トータル・デジタル・スタジオへの展望

Section 6　録音メディア

第19章　アナログテープ録音

1. はじめに

　磁気録音がもたらした功績は、マルチトラック・レコーディングと容易な編集にあるといえ、これらの利点が、現代の創造的なレコーディングを可能としたといえます。

　磁気録音の原理そのものは、一世紀以上前から知られていましたが、ノイズと歪みの点で、スタジオ録音での使用に耐えられるクオリティーではありませんでした。

　1920年代に高周波バイアス法が発見され実用化が進んだと言えます。それでもどんな媒体に記録することが取り扱い方も含めて良いのかは見い出せず、鉄線やリボン状鉄線が用いられていました。1930年代になると品質と取り扱いの双方を満足する材料が、ドイツにおいてマグネトフォンとして発明されました。このマグネトフォンは、第2次大戦後アメリカに持ち帰られ、それまでアメリカで主流であった円盤直接録音をまたたくまに駆逐し、放送局やレコード会社の主流録音媒体となりました。テープ自体の改良も急速に進みテープ製造メーカーは、次々と新製品を市場に送り出しました。1950年代には、完全にテープが録音の主流となったのです。

　今日、デジタル・レコーディングが主流となる中でもレコーディング・エンジニアは、アナログ録音を好んで行なっています。

2. 磁気録音の基礎

(1) ヒステリシス曲線

　磁化特性は、極めて非直線特性であり、ある材料に外部磁界をかけて磁化させた場合の磁界の強さと磁化される力は、比例しません。**図19−1**に示すのは、代表的な磁化特

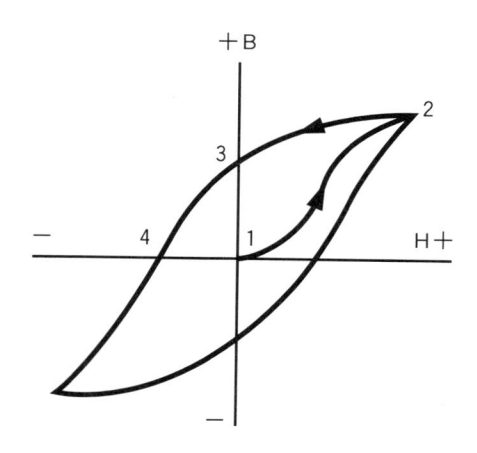

図19−1　磁性体が持つヒステリシス特性

性曲線です。Hは与えられる磁力線の強さで、単位は、A/m（アンペア/メートル）で表わします。初めに磁化されていない材料は、グラフ上のポイント1にあり磁化されるにつれて、磁束密度Bが非直線的に増加していきます。Bの単位は、テスラス（T）または、Wb/m^2で示します。ポイント2は、磁束密度が飽和点に達したポイントです（Saturation）。磁化力をゼロにすると磁束密度は、先程と異なった経路をたどりポイント3に変化します。この特性を我々は、ヒステリシス（ギリシャ語で反応が遅れる）と呼びます。

　この状態を磁化されたといい、保磁力Bは、Brで表わします。飽和磁化よりも残留磁化が大きい場合その材料は、ハード（Hard）な材料であるといい、逆の場合は、ソフト（Soft）な材料であると呼びます。逆方向の磁界Hを与えていくと磁化力は、だんだん減少していきますが、図中のポイント4の値がそれに相当し、減磁反発力（Coercivity）として表します。磁界Hが（＋）方向と（－）方向に一定周期で飽和点まで与えられた場合、**図19-1**で示す対称型のヒステリシス曲線が得られます。

　磁気録音に用いる材料は、保磁力の高いハードな磁性材料が適しており、その値が高いほどS/Nが良い録音が可能となります。

(2) 高周波バイアスによる特性改善

　磁気テープは、プラスティックのリボンに塗布した磁性体微粒子で構成されています。このテープを単純に円弧状に変化する磁界Bを通しても、テープ上に記録されるヒステリシス磁界の変化は、先程と同じになりません。**図19-2**に示すような特性かさらに劣化した特性が得られるだけとなります。

　ここに高周波を加えた信号を記録すると、その特性は大きく改善され、入力対出力の関係は1：1を保つことができます。**図19-3(a)**は、音声信号に高周波バイアスを加えた波

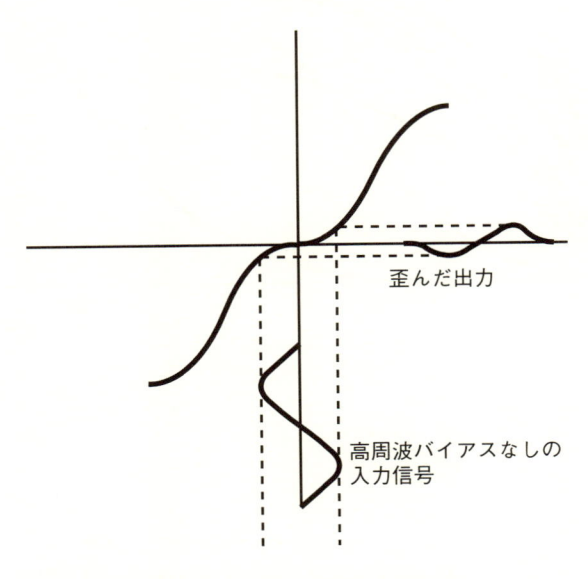

図19-2　バイアスをかけず記録した場合の歪み

Section 6　録音メディア

形を示し、(b)には高周波の量と直線性の改善度を示しています。

　バイアス量が低い場合、変換特性は、**図19-1**に示すようなもともとのヒステリシス曲線と同じですが、バイアスを増やすにつれて直線性が改善され、さらに増やすと逆に出力は減少していきます。300～350 Oe/mの値が適正バイアス量といえます。この特性からも高周波バイアスと磁気録音特性の直線性の関係が良く理解出来ると思います。

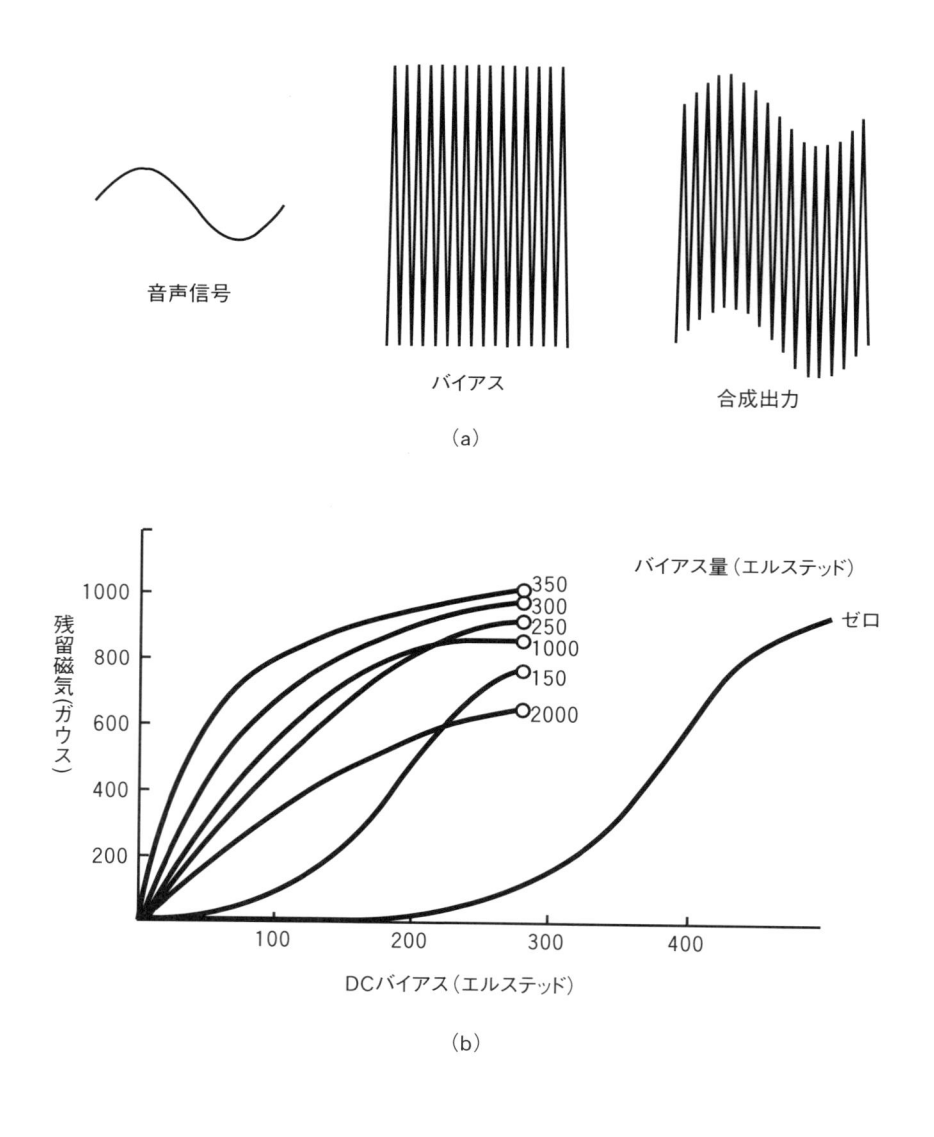

図19-3　高周波バイアス
　　(a)は音声信号にバイアスを加えた波形
　　(b)は高周波バイアスを変えた場合の変換特性

3. 録音

高周波バイアスにより直線性が得られた信号は、**図19-4**で示すようにそのまま記録されます。テープは、まず消去ヘッドで録音時にかけるバイアスよりも低い周波数の消磁が行なわれ、次に音声帯域の5～10倍の周波数の録音バイアスがかけられた音声信号が記録ヘッドに流れます。次の再生ヘッドで記録された音声信号がモニターされます。

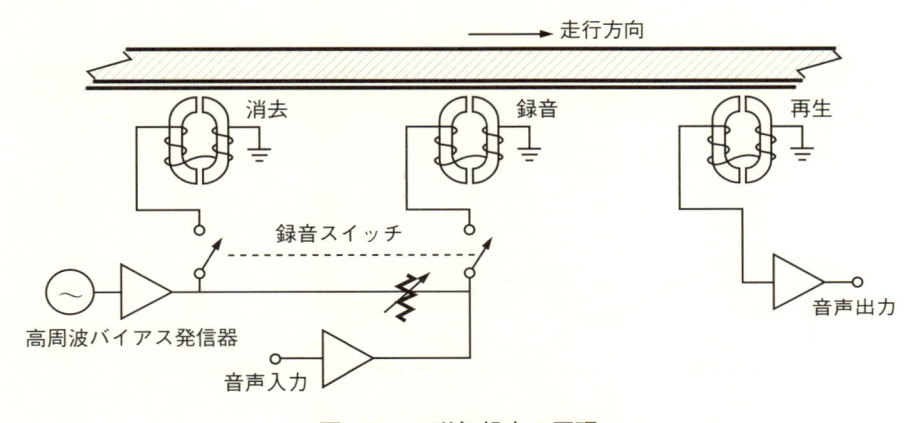

図19-4　磁気録音の原理

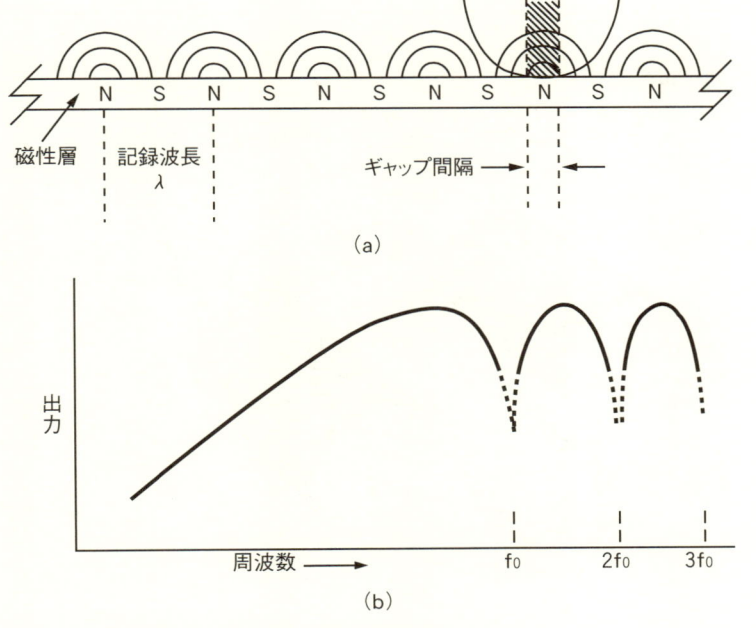

図19-5　再生ヘッドのギャップと高域特性
　　　　（a）は記録波長とヘッドギャップの関係
　　　　（b）は波長とギャップが一致（倍数関係）した場合に生じる落ち込み

Section 6　録音メディア

4. 再生

図19—5には、再生ヘッドと記録されたテープの関係が示されています。テープ上に塗布された酸化鉄磁粉層は、録音ヘッドにより音声信号に応じた磁化が行なわれています。この様子を(a)に示します。入力信号が高い周波数の場合、その波長が再生ヘッドのギャップと同じくらいになる場合があり(b)に示すような谷間を生じます。ヘッドギャップと音声信号の波長が一致した場合や整数倍の関係となった場合、出力はゼロとなります。高域まで優れた特性を記録するためには、再生ヘッドギャップは極力狭いことが必要になります。

今日の再生ヘッド技術では、最初の谷間を生じる周波数で70kHz(38cm/sec)ですから問題はありません。図19—6に示したのは、再生ヘッドで得られる周波数特性とそれを逆補正するイコライザー特性で結果的にフラットな特性が得られています。

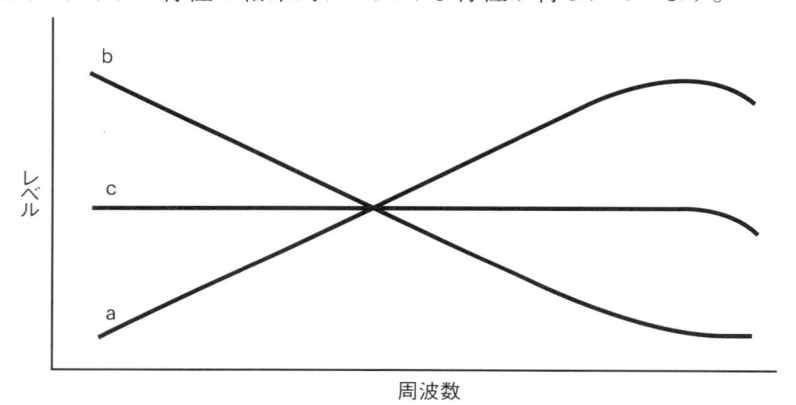

図19—6　再生等化特性
　　　　再生ヘッド出力は a のように高域が上昇するのでこれを
　　　　イコライザー回路bで補正し得られる特性は cのように平坦となる

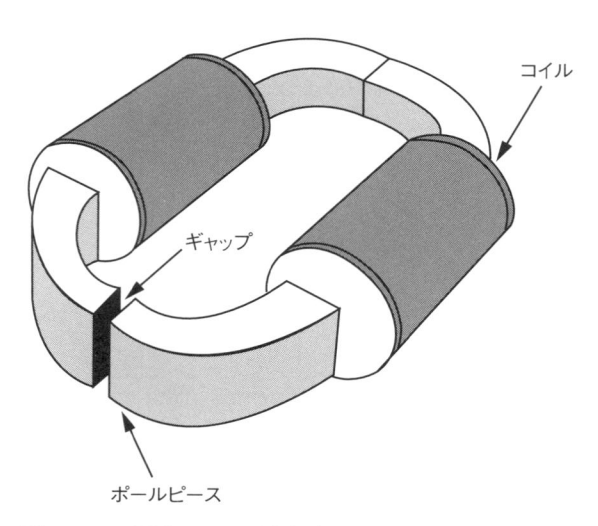

図19—7　再生ヘッドの構造(アンペックス社提供)

5. 磁気ヘッドの構造

図19-7には、一般的な再生ヘッドの構造が示されています。消去ヘッドと録音ヘッドは、ギャップとコイルの巻き数が異なるだけで、同じような形状をしています。ヘッド材は、磁気的にソフトな積層材を使用し、この中での渦巻き電流の発生損失を押さえる役目をしています。ギャップとその均一性がヘッドの性能を左右するポイントで、**表19-1**に各種ヘッドのギャップをまとめてあります。表からは再生ヘッドのギャップが大変狭いことが分かります。これは先に述べたように高域再生特性を十分確保するためです。

録音時は、高周波バイアスで変調された音声信号が、コイルを流れヘッドギャップに磁界を生じます。これがテープ上の酸化磁性粉を磁化させるわけです。再生は、この逆で磁化されたテープが再生ヘッドのギャップに接すると電流を生じコイルに信号に応じた電流が流されます。

ヘッド	ギャップ
消去ヘッド	125〜25 μm
オーディオ録音ヘッド	12〜2.5 μm
オーディオ再生ヘッド	6〜1.5 μm

表19-1　各種ヘッドのギャップ

6. 磁気テープ

初期にドイツで使用されたマグネトフォンのテープ材は、プラスティック・ベースに酸化鉄を塗布したものでした。録音は、片方向または両方向可能でした。後に高密度コーティング技術が発達し、得られる出力も高まりました。

アセテート材が初期のベースでしたが、これは伸びやすく湿気に弱い性質なので、のちにポリエステル材となり大変安定した強度となりました。

テープにコーティングする磁性体は、酸化第2鉄(Fe_2O_3)で、gamma ferric oxideと呼ばれ、このガンマー(gamma)は結晶体の構造を示します。磁性粒子は、針状結晶構造で、0.5〜0.7μmの長さをしています。磁性粉は、バインダーや可塑剤とともに混合され均一なペースト状になります。これをテープベースにコーティングし、感度を高めるための磁化方向の均一化をして、乾燥され表面処理がなされた後、必要な幅で切断されます。磁性粉の層は12.5μm、ベース材が40μm程度です。

図19-8に示したのは、ここ30年の間のテープ特性の進展です。基準には、「スコッチ111」を用いていますが、後期になるほど優れた高域特性が得られていることが分かると思います。この分、最小限のプリ・エンファシスで済み、低歪みとなります。**図19-9**には同一系統のテープでのダイナミックレンジの変遷が示されています。ダイナミックレンジの拡大につれてテープの転写(print through)が問題となってきました。転写は、磁気が他の部分も磁化する現象のことで、その大小は磁性体粒子の配分に関係しています。磁性粉、可塑剤の混合比が適切でない場合、微粒子粉が浮きあがり、これが隣接テープベースの磁気により磁化され転写となります。転写は長期保存したり温度の上昇があると生じやすくなります。

Section 6　録音メディア

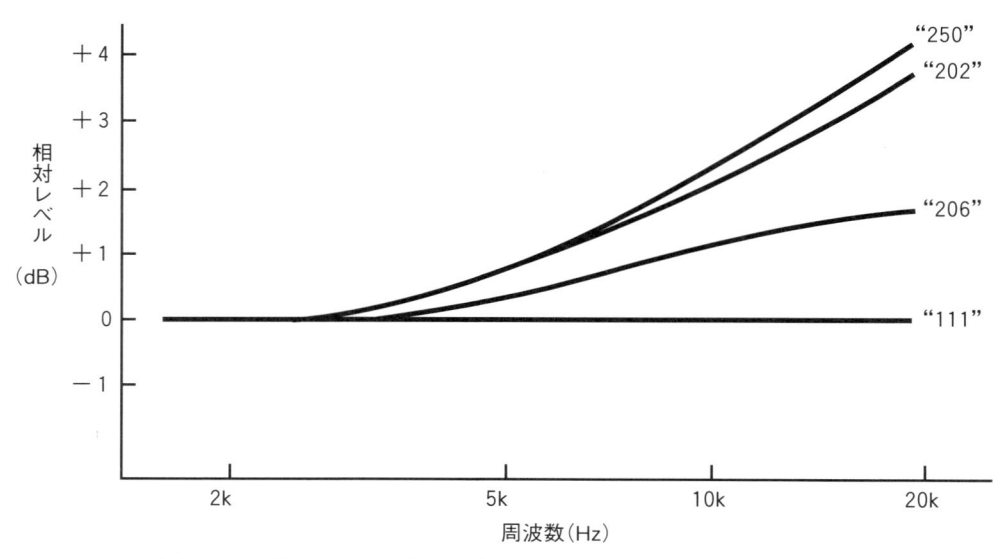

図19−8　「スコッチ111」テープを基準とした場合の相対高域感度特性

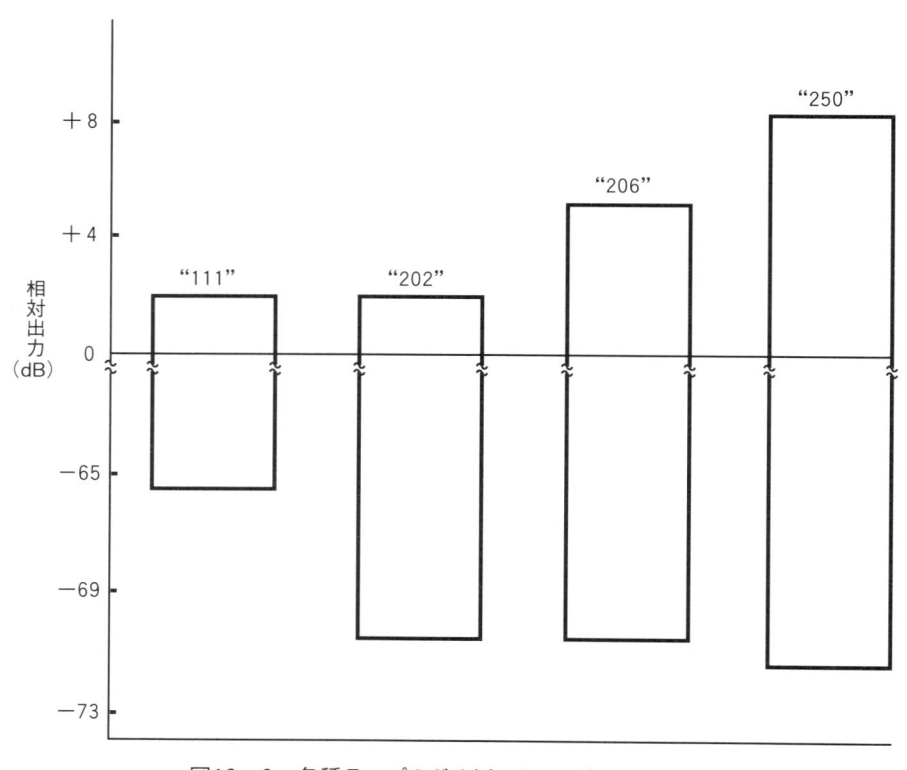

図19−9　各種テープのダイナミックレンジ
　　　　　図19−8で示したテープのダイナミックレンジを示す
　　　　　「202」がローノイズタイプであることがこの特性からも分かる
　　　　　さらに「206」では高出力となり「250」ではさらにレンジの拡大が図られている

この大きさは、最大レベルで記録したテープに隣接した場合で−55〜−60dBです。テープは長期保存での耐久性や高速巻き戻しでの乱巻き予防といった対策も大切です。裏面を2.5μm厚で、ざらついた仕上げにするのはこうした面での改良の結果といえます。

(1) テープの取り扱いと保存

テープの長期保存については、以下のような注意点が必要です。

a. 保存は、マスター巻きで適度なテンションで保存する
b. テープを取り扱う場所は、空気を清潔にする
c. 保存場所の環境は温度5〜32度　湿度20〜60％に保つようにする
d. テープはリールに巻いて保存し、直接テープのみを巻いたハブのままで保存しない
e. 2年に一度の割合で保存テープをチェック、巻き直しをしたり、損傷がある場合は新たにコピーする

7. 高周波バイアスとノイズ、歪みの関係

図19−10には、周波数別のバイアス変化と出力の関係が示してあります。500Hzでは、バイアスが9mAで出力最大となり、15kHzでは、5mAで最大値が得られています。記録波長によって最適バイアスが異なると言うことは、どこかで両者の妥協点をバイアス値にしなければならないということになります。最適バイアスの設定は、歪みが最少でノイズも少ない量が設定されるのが一般的で、出力レベルは第2次的に考えます。

バイアス値は、高い周波数で最大出力が得られるポイントからさらにバイアスを深くして、

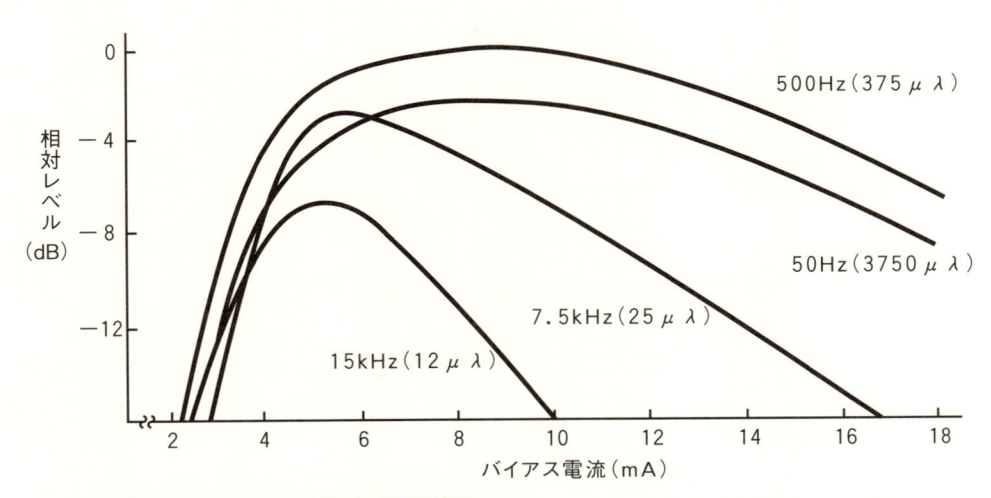

図19−10　バイアス電流と記録波長
　　　　　高域の特性は5mAで最大、低域は9mAであるがバイアスは一般的に低域で
　　　　　最大出力となる設定が行なわれ高域についてはオーバーバイアスとなる

出力が3dB下がった値を最適バイアスとします。

この周波数ポイントは、録音スピードとも関係し、76cm/secでは20kHz、38cm/secでは10kHz、19cm/secでは5kHz、で記録波長はすべて38μmです。3dBのオーバー・バイアス法によるデータを**図19-11**に示します。

これから10kHz、3dBオーバーポイントで、歪みとノイズが最少になっていることが分かると思います。

8. 高域損失と再生特性

録音場所や録音機器に関わらず、常に最良の特性を維持するために、再生特性が規定される必要があり、このための調整用標準テープが用意されています。

もしも全周波数帯域に渡って、常に定磁束密度で録音がなされたとすると、その再生特

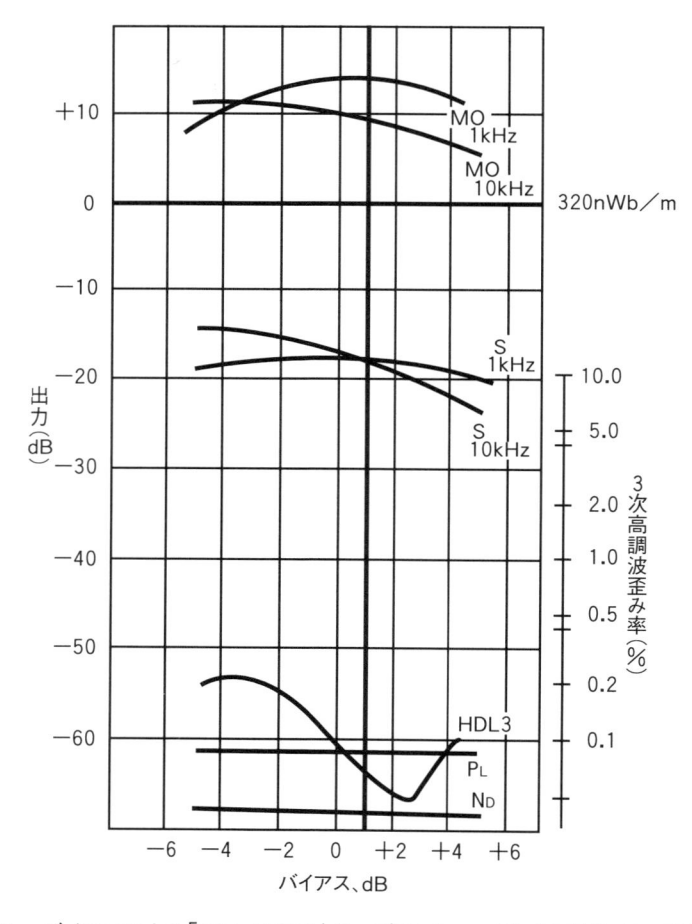

図19-11 バイアスによる「スコッチ996」テープの38cm／秒での特性（3M社提供）
　　　　 最大出力（MO）は1kHzと10kHzで示す。バイアスは10kHzで3dBの
　　　　 オーバーバイアスとし、3次高調波歪みが最小となっている。テープ感度
　　　　 （S）は1kHzと10kHzで転写レベル（PL）と換算レベルノイズ（ND）も示す

性は周波数が倍になるにつれて磁束密度の変化率に比例して6dB上昇する特性になります。ですから、再生特性は、周波数が倍になるにつれて6dB下がる特性としなければ、フラットな再生特性を得ることが出来ません。

図19-12に示すのは標準特性です。IEC/AESでは、録音スピードごとにこの特性が規定されています。NABでは38cm/secと19cm/secの再生特性は同じでその分スピードが遅い録音では高域の持ち上がった録音特性になります。

すべての標準特性に共通しているのは、高域でレベル一定になるポイントがあることです。これは以下のような原因で生じる高域損失を補正するためです。

a. 再生ヘッドギャップ損失

録音スピードが遅いほど波長によって生じる損失で以下の式で与えられます。

$$\mathrm{Loss(dB)} = 20 \log \left[\frac{\sin(1.11 \pi g / \lambda)}{1.11 \pi g / \lambda} \right]$$

gは ギャップ λは記録波長です。

b. 磁性体膜厚損失

低域での出力を高めるため、磁性体の塗布厚は厚めにしますが逆に高域は劣化します。これも記録波長によって変化し、38cm/secの場合20kHzで12〜15dBの損失となり以下の関係があります。

$$\mathrm{Loss(dB)} = 20 \log \left[\frac{1 - \exp(-2\pi d / \lambda)}{2\pi d / \lambda} \right]$$

dは、塗布膜厚 λは記録波長です。

c. ヘッド接触損失

テープがヘッドに接触する距離は大変微細ですが、接触時の損失がいかの関係式で生じます。

$$\mathrm{Loss(dB)} = 20 \log [\exp(-2\pi d / \lambda)]$$

dは、平均接触間隔　λは記録波長です。

Section 6　録音メディア

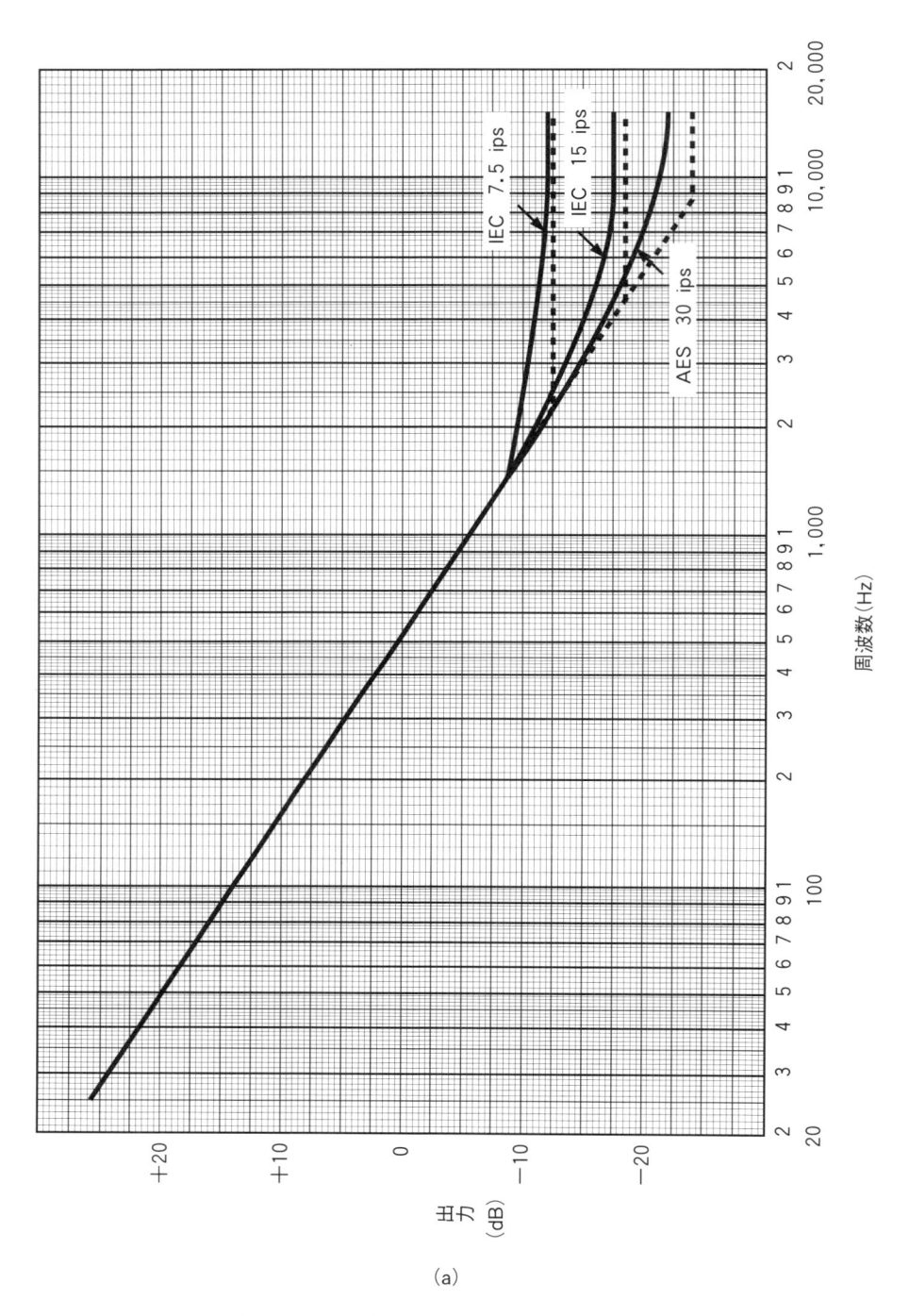

図19−12　基準再生特性
　　　　　(a)は76、38、19cm/secでのIEC特性

Section 6 録音メディア

(b)

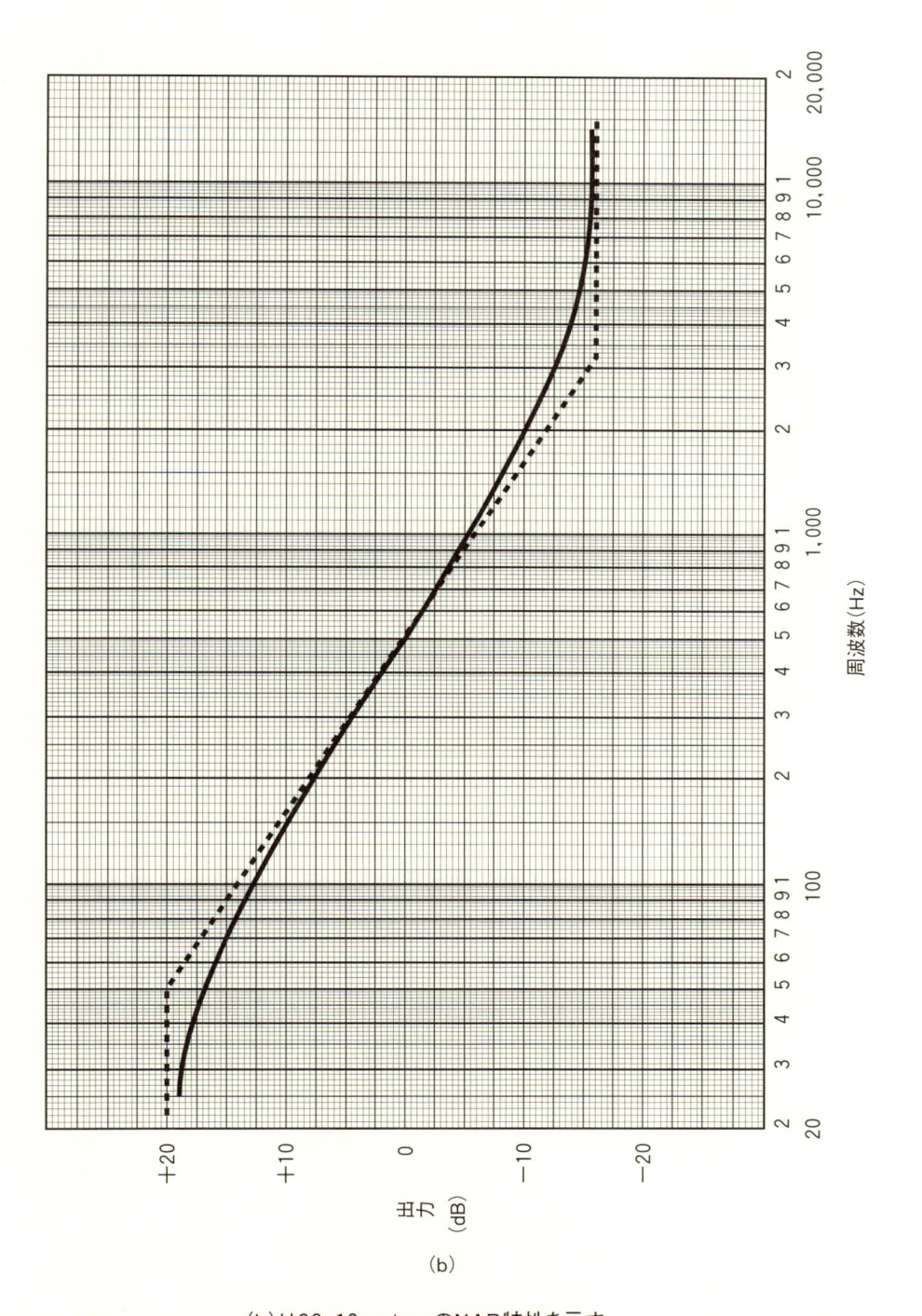

(b)は38、19cm/secのNAB特性を示す

Section 6　録音メディア

d. ヘッド・アジマス損失

これは、録音ヘッドと再生ヘッドの調整誤差によって生じ以下の式で算出されます。

$$\text{Loss(dB)} = 20 \log \left[\frac{\sin([W \tan \theta]/\lambda)}{[W \tan \theta]/\lambda} \right]$$

Wはトラック幅 θ は録音、再生ヘッドのズレ角 λ は記録波長です。

9. アラインメント調整用テープ

アラインメント調整用テープは、厳格な環境条件で正確に作られたテープで、取り扱いも注意が必要です。また永久的に使える訳ではありませんので特性に異常の出た場合は、交換しなければなりません。アラインメント・テープには、再生特性調整、システムゲイン、ヘッドギャップ・アジマスを調整するための信号が記録されています。

エンジニアがこうした調整でしばしば時定数（Time constant）ということばを使いますが、これは周波数と $1/2\pi f$ の関係にある周波数の特性変化点で抵抗とコンデンサーにより構成されます。**表19－2**に各標準特性での時定数と周波数変化点を示します。

$$\text{時定数} = \frac{1}{2\pi f}$$

再生特性についてはこうした規定がありますが、録音特性についてはなんらの規定がありません。これは多くのテープと録音ヘッドがあり、それぞれにイコライジングをしているからで**図19－8**で示したように変化の激しい部分です。

標　準	LF時定数（周波数）	HF時定数（周波数）
NAB	3180 μsec（50Hz）	50.0 μsec（3180Hz）
IEC（19cm/sec）	No transition	70.0 μsec（2275Hz）
IEC（38cm/sec）	No transition	35.0 μsec（4550Hz）
IEC（76cm/sec）	No transition	17.5 μsec（9100Hz）

表19－2　テープレコーディングのための時定数と再生周波数変化点

磁束密度（nwb/m）	適用	レベル	基準周波数（Hz）
185	旧アンペックス基準	0	700Hz
200	改良タイプ	+0.7	1kHz
250	新アメリカ規格	+2.6	1kHz
360	旧DIN規格	+5.8	1kHz
510	新DIN規格	+8.8	1kHz

表19－3　アナログテープ運用レベル

10. 標準磁束

　記録する場合の磁束の大きさは、磁束密度ではなく表面磁束レベルで規定し、単位はnWb/m（ノナウェーバー/メートル）です。長年、アンペックスの規定が業界標準となり、700Hzで1％の全高調波歪みを発生するレベルとされてきました。その後、閉回路法で表面磁束を測定する方法が提案され、185nWb/mとなりました。これを開回路法で測定すると200nWb/mとなり、ほかにも様々な提案が出された時期がしばらく続きました。**表19－3**に現在の運用値を示します。

　アメリカにおいては、185nWb/mは、VUメーターとの運用を前提に規定された値で、ヨーロッパでのDIN規格 360nWb/mは、ピークメーターとの運用から規定された値です。

　それぞれの値に6dbの差があるのは、VUメーターとピークメーターの読みとり差にあたります。両者が同じテープでこの運用レベルで録音すれば、結果的に同じレベルで録音したことになります。70年代に新しいテープが各国で登場し、いずれの規格でも3dB運用レベルが上昇しています。

11. 電子回路による直線性補正

　ディスク・カッティングのヘッドとアンプでは、フィードバック回路により逆特性補正を行なうことで、直線性の改善と歪みの低減を行なっています。出力と入力を比較し、誤差を検出すれば、その逆極性特性を入力し誤差を改善します。テープ録音では、こうしたフィードバックループが形成できません。

　フィードバックを利用したシステムは、ある一定限界までは大変優れた補正効果を表わしますが、その限界を越えると多量のクリップと歪みの発生を伴います。一方テープ録音は、この状態が徐々に表われるため「穏やかな歪み（overloads gently）」と言われます。**図19－13**は、磁気テープ録音の代表的な特性を示しています。ここに予め非直線特性となるような回路を入れて録音すると、全体の系で直線性の保たれた録音再生が可能でその効果は低域で有効です。しかし実際のプロ用レコーダーは、様々なテープや機器の特性差があるため応用されませんでした。

12. テープ機構系

(1) 物理的要因

　現在のレコーダーは、オープンリール・タイプが主流で**図19－14**に示すような構造をしています。機構系の役目は、録音再生時に常に定速走行を維持し、必要な個所に早送り巻き戻しが早く確実に行なわれることにあります。こうした目的を達成するための変遷は、テープ幅の変化として、0.635、1.27、2.5、5cm（1/4, 1/2, 1, 2 inch）の変化を遂げてきました。

　19cm/secや38cm/secのスピードで、テープ幅が狭い場合、テープパスの機構系は大変

容易ですが、ワウ・フラッターが起こりやすくなります。これは機構系の均一な配置が難しいためで、またヘッドに接触した際に擦れて"テープ鳴き(violin bow)"が起こることもあります。

これを改善するためヘッド周囲で、アイドラーやローラーを配置し一定のヘッド接触を保つ工夫がなされています。また薄いテープのために駆動モーターの立ち上がり力なども抑えなければなりません。 **図19—14**で機構系を説明しますと、左から供給リールがあり、これには録音再生時に逆トルク力がかけられています。(**a**)地点のアイドラーは、供給リールからの走行変動を吸収する働きで、(**b**)地点では変動のないヘッド接触が行なわれなくてはなりません。

各ヘッド間に小さなアイドラーが置かれますが、これはヘッド接触する毎に生じる変動を吸収するためです。テープ自身の表面やヘッド材の表面の研磨度も重要な要素です。(**c**),(**d**)にはキャプスタンとプレッシャーローラーがあり、キャプスタンは安定走行を実現するため、サーボコントロールDCモーターの軸が直接立ち上がり精密な駆動が可能です。プレッシャー・ローラーは間にテープを挟みキャプスタン・モーターの走行をテープに伝えます。材料は合成ゴムで、精密なベアリングを内蔵した安定走行機構でできています。電子制御のキャプスタン・モーターは、テープスピードも切り替えて使えますし、バリ・スピード機能もあります。ここを過ぎると(**e**)でバネ式のガイドアームを経由して受け側リールにテープを渡します。このアームは、テープが切れたときに、キャプスタンモーターを止めたりテープが絡まるのを予防する役目を持っています。

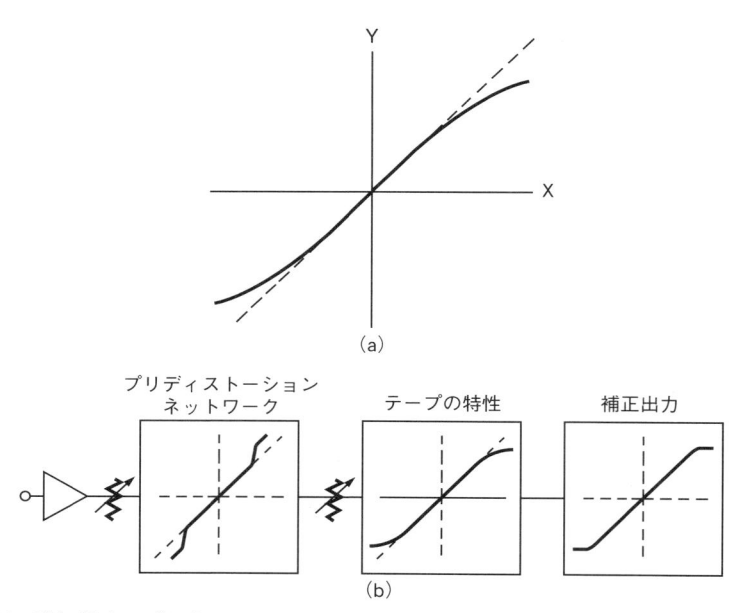

図19—13 磁気録音のプリディストーション
磁気録音での変換特性は、(a)に見るようにかなり広範囲なリニアリティを確保している ここに極端に過大な入力が入ると、テープの飽和による非直線部分が生じる。プリディストーターと呼ばれる回路はこのような場合の非直線部を補正する作用がある(b)参照。しかしこれによって信号系全体の使用上限がのびるわけではない

Section 6 録音メディア

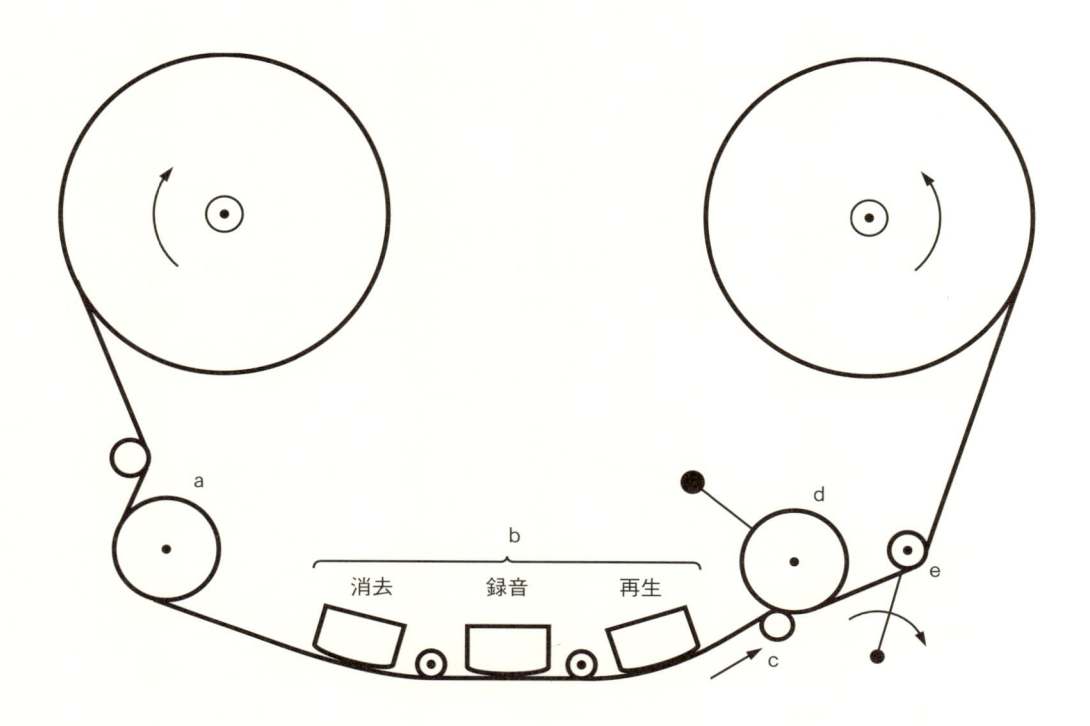

図19—14 オープンリール・タイプの機構部

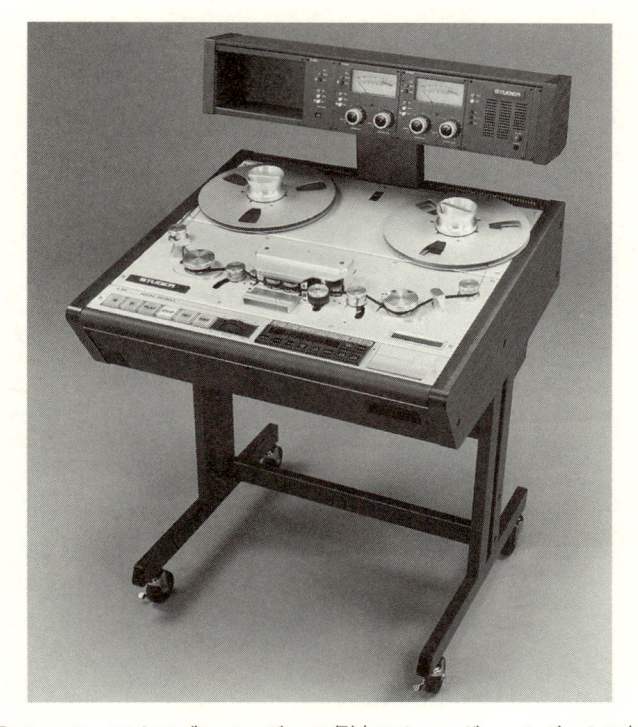

図19—15 アナログレコーダーの例(スチューダー・ルボックス社)

Section 6　録音メディア

　図19－15,16には2トラックと24トラックの具体例を示しました。昔のレコーダーは、機構系の不均一精度からワウ・フラッターを生じることがよくありましたし、テープの必要個所に正確にロケートできないといった変動要素もありましたが、今日の機構系はまったく問題ありません。

　24トラックレコーダーのように2インチもの幅のテープを走行させるとなると2トラックレコーダーとは異なった機構技術が必要になります。まず、巨大な駆動モーターが必要で、走行のガイド機構も一層の精密さが要求されます。幅広のテープでは、ワウは逆に心配ありません。ですから変動吸収用のアイドラーは2トラックレコーダーに比べ少なくて済みます。

(2)　操作コントロール

テープレコーダーには、以下の様な動作をコントロールする機能が備わっています。

録音/再生（Play/Record）

　定常速度での再生と録音をコントロールします。録音は、再生機能と組み合わせて行なわれるのが一般的で、これによりオペレータの操作ミスを防止しています。また録音を受け付けないようにするスイッチもあり、万一誤って録音モードに入った場合でも消してしまうことがないように対策されています。

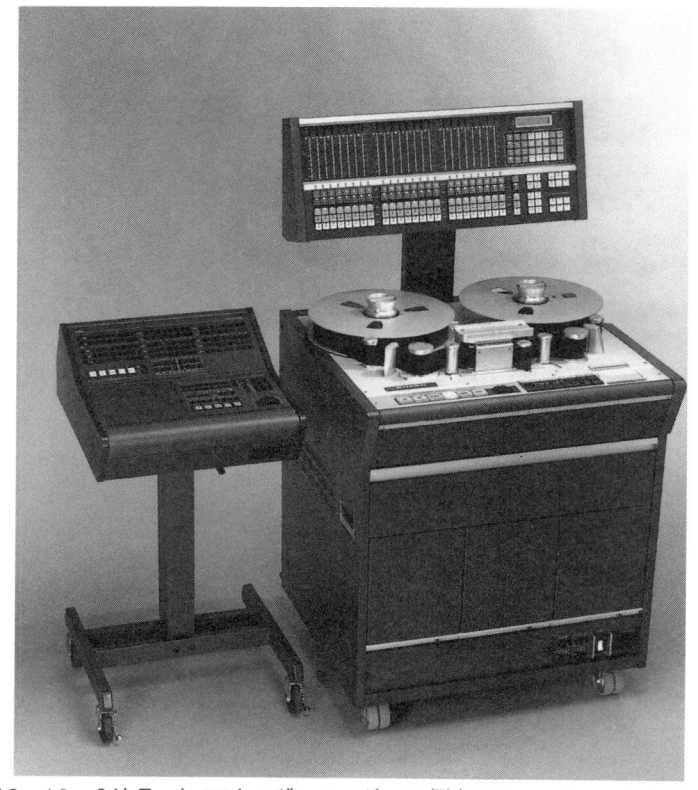

図19－16　24トラック・アナログレコーダーの例（スチューダー・ルボックス社）

停止(Stop)
　独立したモードで、テープがどのようなモードにあってもコントロールできます。

巻き戻し(Rewind)
　巻き戻しモードでは、受け側モーターにわずかの逆トルクをかけ、高速で巻き戻しが行なわれます。

早送り(Fast Forward)
　巻き戻しと逆の動作で、両者ともこのモードでは、テープ・リフターによりテープは、ヘッドに接触しません。これは、ヘッドの磨耗を予防するのと、モニターから不要な音が出ることでスピーカーが損傷することを防ぐ役割を果たします。
　新しい機構系は、送り出し側モーターも専用にコントロールされ、巻き戻し、早送りでも一定のテープ・テンションが保持できます。

　以下の機能は、編集のために有益な機能です。

シャトル(Shuttle)
　テープを左右方向に自由な速度でコントロールするツマミで、音の頭出しが容易に行なえます。

ジョグ(Jog mode)
　シャトルモードのより精密な動作モードで、正確な編集点を見つけることが出来ます。

編集用再生モード(Edit Play Function)
　編集時に不要となったテープを送りだし、取り除くためのモードで受け側モーターを動作させていませんので、テープは垂れ流し状態となります。

その他にリールサイズ選択、テープスピード選択などの機能があります。

13. 同期とロケート

　磁気録音テープの出現はミュージシャンが別々な時間や場所で、別々のトラックに録音することの出来るマルチトラック録音を可能としました。ここでは、それらの技術について述べます。

(1) セル・シンク

　この用語は、アンペックスが先に録音した音にさらに追加して新しい録音を別のトラックに行なう方法を開発した際の商標で、セル・シンク(Sel-Sync)はSelective Synchronization

Section 6　録音メディア

の略語です。

　それ以前の方法は、録音した素材を再生して新たな音を加えてダビングすると言った方法で、これは、古くは"トスカニーニ"のための電気録音初期から行なわれた手法でした。

　「アンペックス」は、録音ヘッドを仮の再生ヘッド（シンク・ヘッド）として録音と再生ヘッドの時間差をなくすという**図19—17(a)**に示す方法を開発しました。再生回路に入る入力は、再生ヘッド、録音ヘッド、録音入力の選択が行なわれます。この場合トラック1、2、3は、録音ヘッドで再生され、トラック4で、新たに追加録音されます。演奏者は、トラック1～3をモニターしながら演奏することになります。初期の録音ヘッドは再生特性が良くありませんでしたが、モニターするには十分な特性でした。最近のヘッドは再生特性も改善され再生ヘッドと同質の特性が得られるようになりました。このためトラック・バウンスや"ピンポン"とよばれるトラック間の移動も可能となりました。

(2)　パンチ・イン録音

　オーバーダビング録音を行なうには、たびたび録音モードに入らなければなりませんが、そのたびにクリック・ノイズが出たのでは役に立ちません。

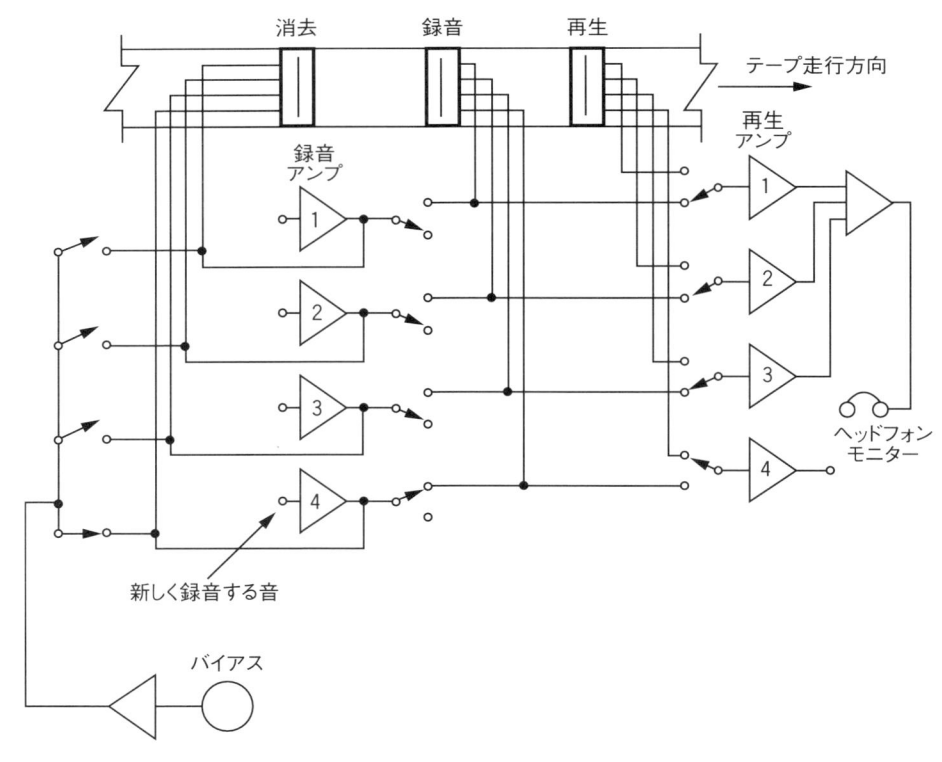

図19—17　セル・シンクの基本構成
この例では、すでに1～3トラックへ収録した音にタイミングを合わせ、4トラックへ新たな音を録音する場合を示す

Section 6　録音メディア

　消去と録音のバイアスがスムースにイン／アウト出来る必要があります。このため消去ヘッドと録音ヘッドのヘッドギャップに相当する時間だけ消去ヘッドバイアスを先行させ、逆に録音を止める場合は、早めに消去バイアスを切るという方法が考えられました。**図19－18**にこの関係を示しています。

(3)　オートロケートとリハーサルモード

　新たに録音を追加する場合演奏者は自分のパートをリハーサルするため、その区間を何度か再生する必要があります。このポイントを入力すればマシンは自動的に必要な区間を繰り返し再生することが出来ます。このためのアドレス情報としてはテープカウンターやより正確なSMPTEタイムコードがテープに記録され利用されます。**図19－19**に系統図を示します。

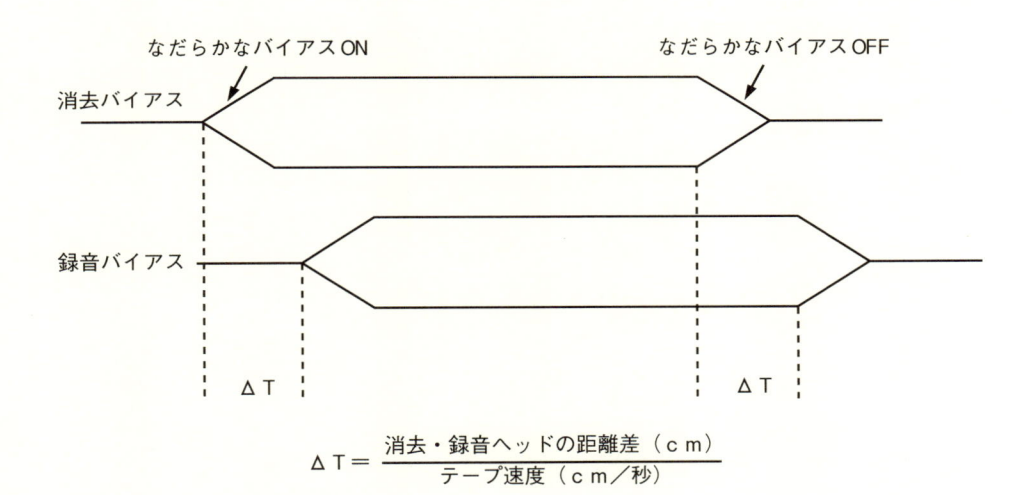

$$\Delta T = \frac{消去・録音ヘッドの距離差（cm）}{テープ速度（cm／秒）}$$

図19－18　インサート録音
インサート録音ではその入り切りでクリック音が聞こえないように高周波バイアスをなだらかにON－OFFしなければならない

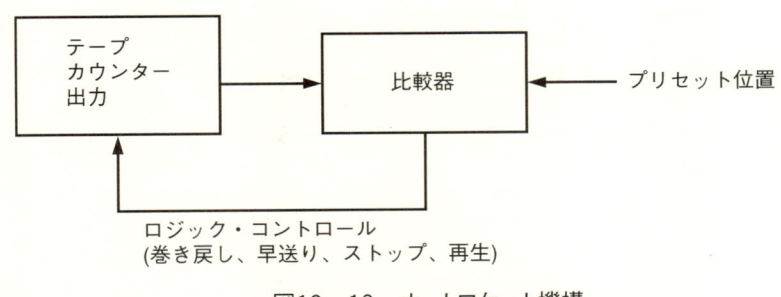

図19－19　オートロケート機構

Section 6　録音メディア

　リハーサルモードは、録音モードに入っても実際には録音されず入力がモニター出来る機能です。こうして十分なリハーサルが行なわれると今度は実際に録音バイアスがかけられ録音されます。こうしたコントロールは、録音機本体ではなくリモート・コントローラによって操作されます。

(4)　SMPTEタイムコード

　このタイムコードは、映像機器の同期をとるために全米映画TV技術者協会(SMPTE：Society of Motion Picture and Television Engineers)によって規格化されたタイムコードですが、音声機器の同期やコンソール・オートメーションのためにも広く応用されています。
　コードは、1秒間に30フレームで更新され、秒、分、時が記録出来ます。コードは、2進化10進コード(BCD)でバイフェーズ変調記録されます。図19−20に構造を示します。0〜9の数字は、(a)に示すような0/1を組み合わせた4つのグループで構成したコード列により記録されます。(b)に示すのは、8ビットのワードとその波形です。0はクロックパルスの1クロックで、1回のパルスとして1は2回のパルスとして、80ビットで1フレームを、30フレームで1秒を構成しますから2,400ビット/secの情報量となります。(c)に示すのが1フレームを構成する情報です。

2進数	10進数
8421	—
0000	0
0001	1
0010	2
0011	3
0100	4
0101	5
0110	6
0111	7
1000	8
1001	9

(a)

(b)

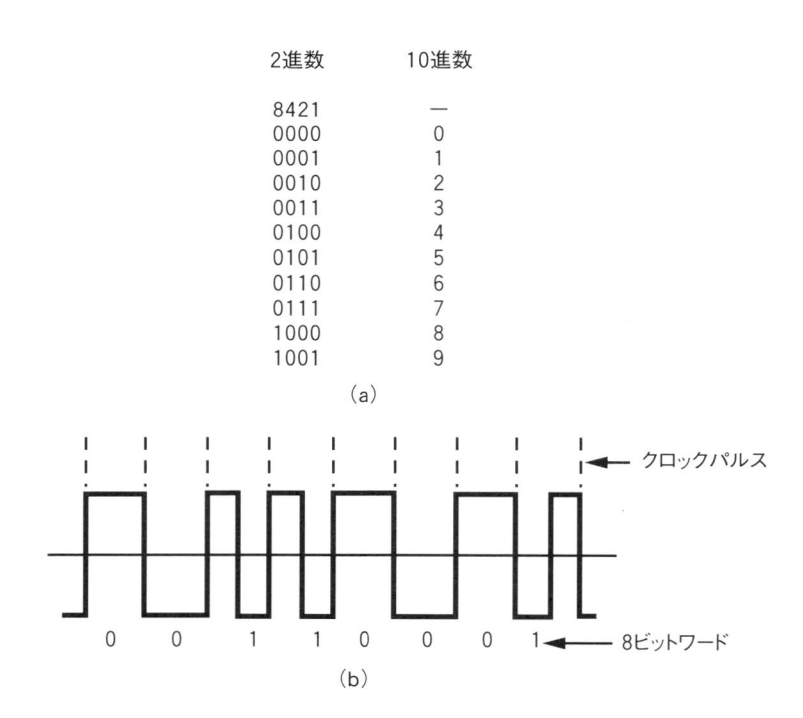

図19−20　SMPTEタイムコード
　　　　(a) 2進法と10進法の表記、
　　　　(b) バイフェーズワードの構成

このフォーマットは32ビット分の空きがありますが、これはユーザーが利用できるスペースで日付や作品名などの記録に利用できます。 図19-21の例は、2台のマシンを同期走行させる場合のシステムでタイムコード発生器と読み取り器が組み合わされます。片方のマシンをマスター、もう一方をスレーブと呼び、あたかも2台を1台のマシンのようにコントロールすることが出来ます。

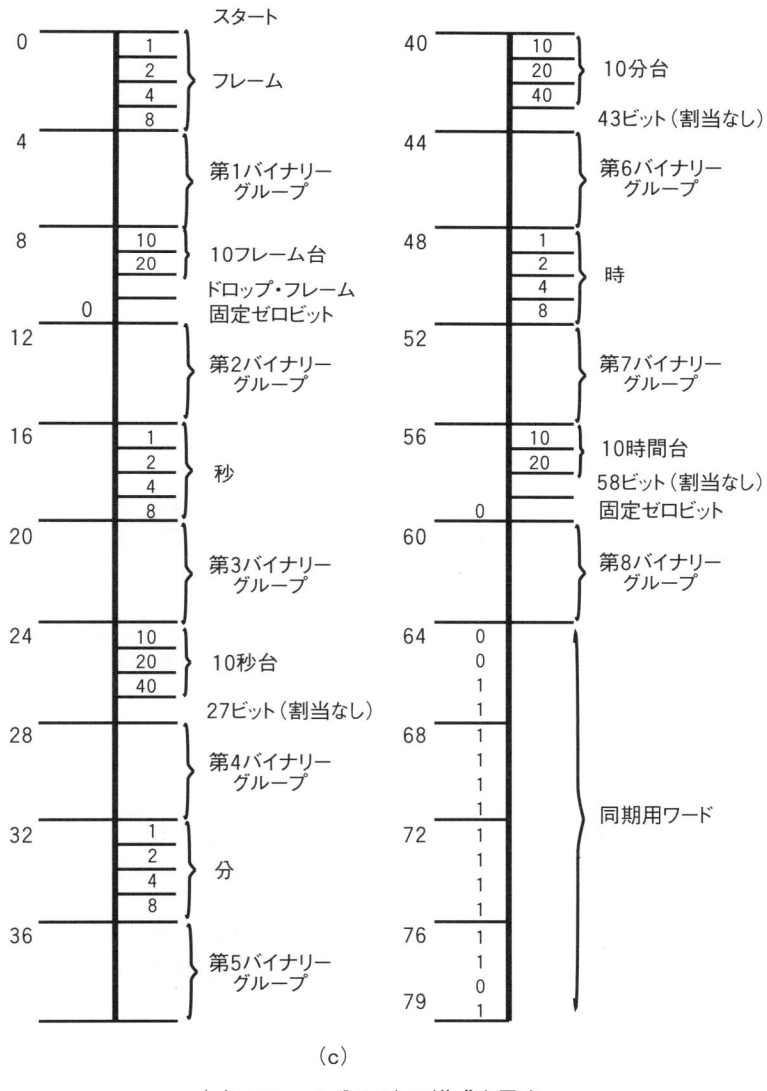

ビット	内容
0	スタート
1, 2, 4, 8	フレーム
4	第1バイナリーグループ
8	10, 20 10フレーム台
	ドロップ・フレーム
	0 固定ゼロビット
12	第2バイナリーグループ
16	1, 2, 4, 8 秒
20	第3バイナリーグループ
24	10, 20, 40 10秒台
	27ビット（割当なし）
28	第4バイナリーグループ
32	1, 2, 4, 8 分
36	第5バイナリーグループ
40	10, 20, 40 10分台
	43ビット（割当なし）
44	第6バイナリーグループ
48	1, 2, 4, 8 時
52	第7バイナリーグループ
56	10, 20 10時間台
	58ビット（割当なし）
	0 固定ゼロビット
60	第8バイナリーグループ
64	0,0,1,1
68	1,1,1,1
72	1,1,1,1 同期用ワード
76	1,1,0,1
79	

(c)

(c) 1フレーム分のビット構成を示す

Section 6　録音メディア

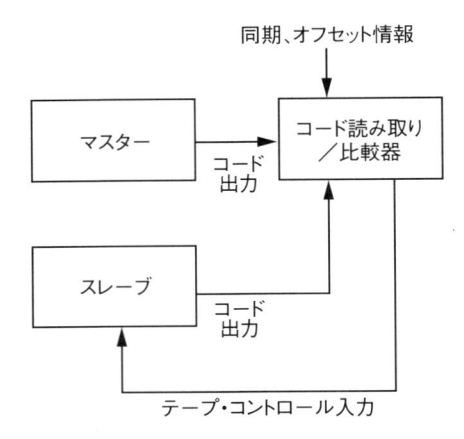

図19－21　2台のテープレコーダーをアドレスコードにより同期走行
複数台のテープレコーダーは1台をマスター、他をスレーブとしてアドレスコードにより同期走行でき、各オフセットを付けて走行させることもできる

14. トラック幅

図19－22に現在の各種プロ用テープレコーダのトラック幅についてまとめてあります。

フルトラック

モノーラル双方向　2トラック
トラック幅は 0.075
2トラック・ヘッド使用
2トラック

2トラック双方向　4トラック
すべて各トラック幅は 0.043
4トラック・ヘッド使用

4トラック
1/4インチテープ（0.244～0.248）

(a)

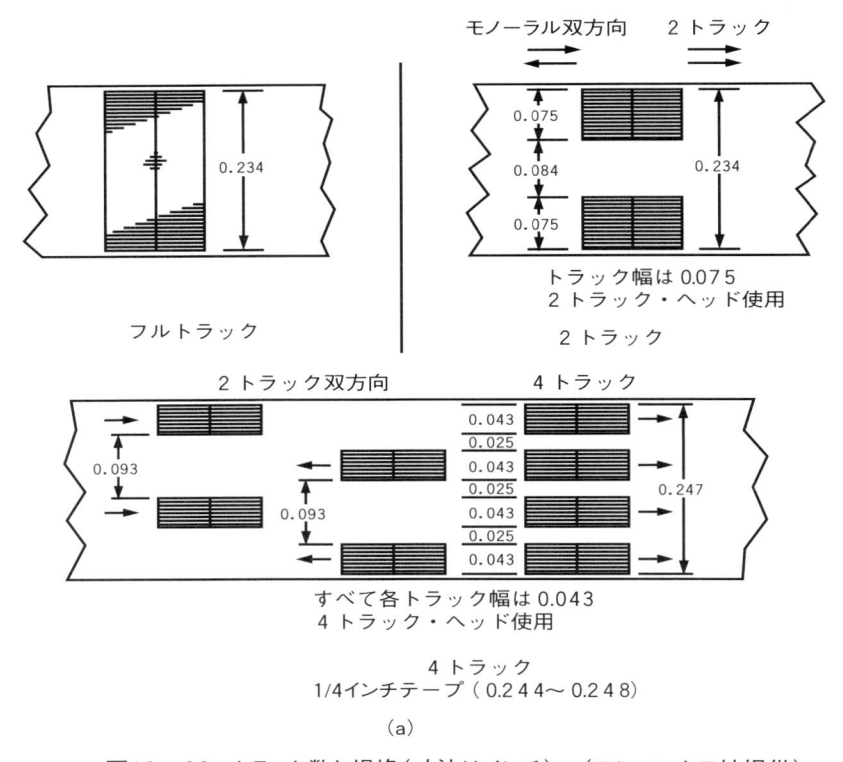

図19－22　トラック数と規格（寸法はインチ）　（アンペックス社提供）

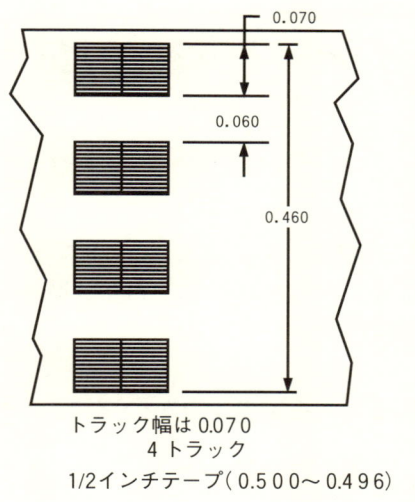

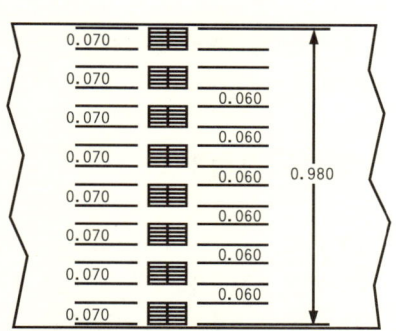

Section 6　録音メディア

トラック幅は 0.070
4トラック
1/2インチテープ(0.500〜0.496)

トラック幅は 0.070
8トラック
1インチテープ(1.000〜0.996)

(b)

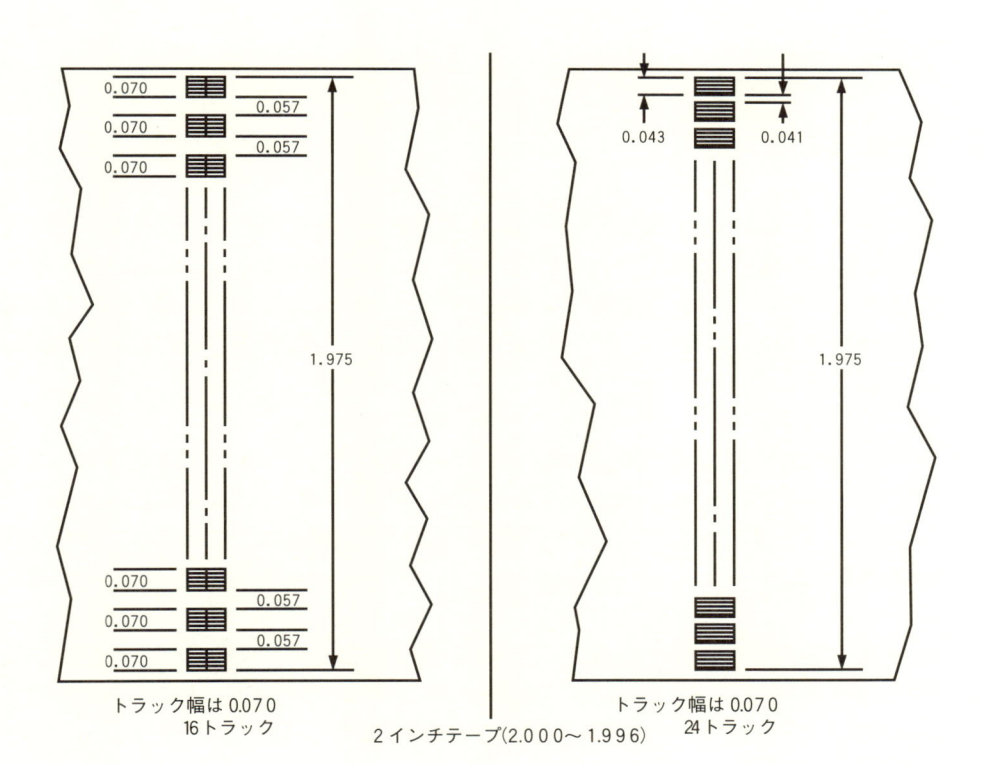

トラック幅は 0.070
16トラック

2インチテープ(2.000〜1.996)

トラック幅は 0.070
24トラック

(c)

Section 6　録音メディア

15. テープレコーダーの調整法

　テープレコーダーは、各社設計の相違から機構系の調整方法も一定ではありませんが、以下に述べる点は調整の基本としてエンジニアが理解しておく必要があります。これは、2チャンネル・テープレコーダーについて述べたものです。

(1)　機構系の調整

1. アライメント・テープに損傷を与えないためにも調整しようとするテープレコーダーのテンションが適正値であることを確認して下さい。テンションは、再生、早送り、巻き戻しのそれぞれで測定しておくことが必要です。

2. 再生モードでのキャプスタン・ローラーの圧着力が指定の圧力かどうかチェックする。

3. 不要テープをかけて、各動作モードが適正かどうかをチェック。テープがヘッド周辺で変動せず走行しているかをチェックする。

4. 機構系に汚れやテープのかすがないよう清掃する。

(2)　再生動作チェック

1. トランスポート系は、帯磁しないよう機器電源OFFの状態で定期的に消磁して下さい。帯磁していた場合、録音にノイズが混じったり、高域の減衰を生じます。消磁方法は、ベテランから手ほどきを受け適切な消磁を行なうようにして下さい。消磁器は、先端部がカバーされているので万一テープヘッドに触れても傷をつけるようなことはありません。

2. ヘッドの角度調整は、アジマス（垂直性）にヘッドの高さ、前後の要素を加味して行なわなければなりません。新しい機器はこうした要素をあらかじめ固定して変わらないようにしています。全てのヘッドが同様の条件で調整されていなければ性能を発揮できません。

　ヘッドの高さの調整は、信号の損失に関係し、前後の調整はドロップアウトの要因に関係します。長く使用してくるとヘッドは、図19−23に示すような垂直性と傾きの誤差を生じるようになります。垂直性は、ヘッドの上部と下部で傾斜を生じる度合いを指し、(a)のようなテープのヘッドタッチにムラを生じます。
　ヘッドの傾きは、垂直軸からどのくらい回転したかを角度で表わし、調整の良い場合は、ヘッドギャップ部が、テープの中央に接触していますし、悪い場合は、(b)に示すように非対称にテープと接触します。

Section 6　録音メディア

　アジマスは、ヘッドギャップの垂直性を示し、テープの走行方向を0度とした場合、90度の角度が最良調整角度です。**図19−24**に示すような調整不良があった場合、ステレオ音声をモノーラルに合成するとその傾き具合に応じた周波数の劣化を生じます。これは、ズレ角を α とすると $\lambda/2$ の周波数偏移を生じ、その整数倍の周波数でも劣化を生じます。38cm/secの速度で、0.23度のアジマス・ズレがあった場合、15kHzとその倍数の周波数が劣化します。

　マルチトラック・テープであれば、そのズレはテープの両端でさらに大きな影響を及ぼします。これは録音ヘッドでも再生ヘッドでも生じ、性能を大きく左右するので、両方のアジマス調整は重要なポイントになります。

　アジマスの再生ヘッド調整には、オシロスコープを用いてL−R出力を垂直／水平入力

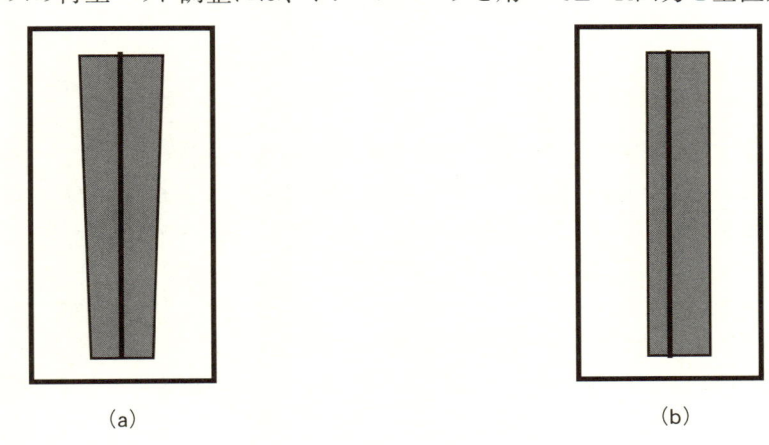

図19−23　ヘッド面の調整
　　　　　（a）垂直軸の調整不良、（b）ヘッドの平行面不良

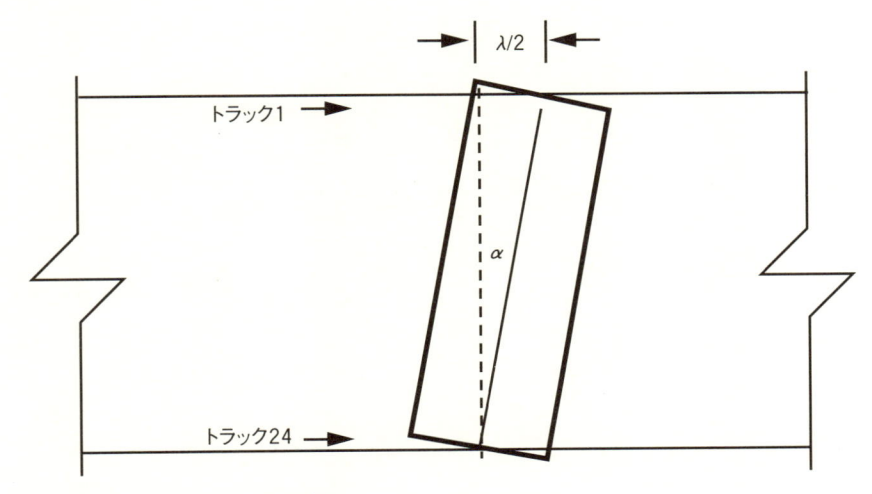

図19−24　アジマス調整
　　　　　アジマス・ズレがあると高域が減少しトラック間で内周と外周トラック
　　　　　を加算した場合、打ち消し現象を生じる

Section 6　録音メディア

に接続し、リサージュ波形をモニターします。アジマス点検用の高域信号を再生し波形が直線になり出力も最大となるようアジマス角度を調整します。マルチトラック・テープでは、両端のトラックで調整をします(図12-8参照)。

   3. 再生特性の点検
      再生特性は、標準テープに記録された31.5〜20,000Hzまでの信号を再生し、どのポイントでもフラットな再生特性が得られるようイコライザーを調整します。

   4. 再生特性の最終調整は、250nw/mであればこれで出力が0dBになるよう調整し、そのスタジオの適正運用レベルを統一しておきます。

(3)　録音調整

   1. 再生特性の調整が終了すれば、つぎに高域周波数を録音し、録音ヘッドのアジマスを最大出力となるよう規正します。また最近の録音ヘッドがシンクと録音用に切り替えられるモデルでは、シンクヘッドに切り替え直接録音ヘッドのアジマスを調整することが出来ますのでこの方法がより確実です。

   2. 録音バイアスの調整は、高周波信号をいれて録音し、再生レベルが最大出力を超えて3dB下がったオーバー・バイアスのポイント(テープの規定による)に設定します。

   3. レコーダーの機種によっては、バイアス波形の整形調整が付属しています。これは、録音信号のノイズレベルに関係しますので、マニュアルをみながら慎重に調整してください。調整後は、すべてのヘッドを消磁しておくことを勧めます。

   4. 録音イコライザーの調整は、入力に発信器信号をいれ録音して再生レベルを見ながら、平坦な出力が得られるよう調整します。

   5. 録音レベルの規正は、2台の機器の入力/出力をチェックし、どちらも同じレベルが得られればレベル規正は正しい設定になっています。

(4)　バイアス消去電流の調整

   マニュアルを参照し、調整します。

(5)　オート・アラインメント

   今までの調整を24トラックのレコーダーで行なうとすると大変な手間です。最近のレコーダーは、こうした調整を電子的に自動化していますので調整が大変容易になりました。

16. レコーダーのダイナミックレンジ

　録音スタジオでの作業では、VUメーターで瞬間的なレベルが10〜12dB高い録音レベルでエンジニアが録音しますが、通常は0VUを超えるようなレベル設定にはしていません。

　現在の録音テープは3％高調波歪みで1,000nwb/mまで記録できます。これは250nwb/mを基準レベルとした場合、12dBのヘッドルームがあることになり、アナログ録音として十分な値です。

　またノイズ特性は、**図19—25**に示すように全体域に渡って均一な分布をしています。この特性のゼロレベルは、中域周波数での3％歪み点を示し、ノイズ特性は1/3oct毎に測定したものです。レコーダーの固有ノイズは、ゼロレベル以下で包括的に約68dB、A特性補正で72dBです。今日のデジタルレコーダーと比較した場合20dBの差があり、そのため次章で述べるノイズリダクションのようなシステムが利用されます。

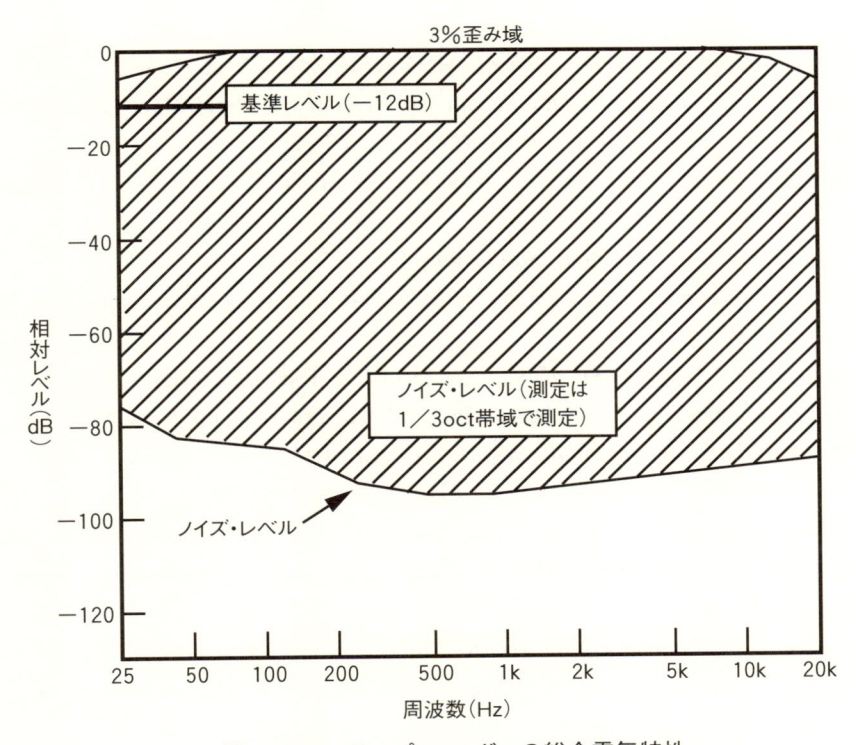

図19—25　テープレコーダーの総合電気特性

〈第19章〉　　［参考文献］

1. K. Benson, *Audio Engineering Handbook*, McGraw-Hill, New York (1988).
2. M. Camras, *Magnetic Recording Handbook*, Van Nostrand Reinhold, New York (1988).
3. W. Carlson et al., U.S. Patent 1, 640,881 (1927).
4. D. Eilers, "Development of a New Magnetic Tape for Music Mastering," *J. Audio Engineering Society*, vol. 18, no. 5 (1970).
5. H. Ford, "Audio Tape Revisited," *Studio Sound*, vol. 21, no. 4 (1979).
6. D. Griesinger, "Reducing Distortion in Analog Tape Recorders," *J. Audio Engineering Society*, vol. 23, no. 2 (1975).
7. F. Jorgensen, *The Complete Book of Magnetic Recording*, TAB, Blue Ridge Summit, Pa. (1980).
8. S. Katz et al., "Alignment," *Recording Engineer/Producer*, vol. 6, no. 1 (1975).
9. J. Kempler, "Making Tape," *Audio Magazine*, (April 1975).
10. C. Lowman, *Magnetic Recording*, McGraw-Hill, New York (1972).
11. C. Mee and E. Daniel, *Magnetic Recording*, Volume III, McGraw-Hill, New York (1988).
12. D. Mills, "The New Generation of High Energy Recording Tape," *Recording Engineer/Producer*, vol. 5, no. 6 (1974).
13. C. O'Connell, *The Other Side of the Record*, Alfred A. Knopf, New York (1948).
14. V. Poulsen, "The Telegraphone: A Magnetic Speech Recorder," Electrician, vol. 46, pp. 208-210 (1900).
15. O. Smith, "Some Possible Forms of Phonograph," *Electrical World*, vol. 12, pp. 116-117 (1888).
16. P. Vogelgesang, "On the Intricacies of Tape Performance," *db Magazine*, vol. 13, no. 1 (1979).
17. J. Woram, *Handbook of Sound Recording*, H. Sams, Indianapolis (1989).

第20章　ノイズリダクション・システム

1. はじめに

　ここでは、録音時に何らかのエンコード処理をし、再生時にデコード処理をするシステムについて述べます。このような処理が音声信号に加えられることでオリジナルのダイナミックレンジを損なうことなく、ノイズレベルを軽減することが可能ですが、録音機の固有ノイズも変調されてしまいます。
　この考え方は、以前から知られていましたが、圧縮／伸張の正確さと固有ノイズレベルの変調が音に及ぼす影響から、プロ用には長らく適応されませんでした。しかし、「Dolby A-タイプ」と呼ばれるノイズリダクション方式が1960年代半ばに登場し、「ｄｂｘ」や「Burwen&Telecom」と言ったシステムが加わり、さらには「Dolby SR」に及んでいます。民生用では「Dolby B,C タイプ」がカセット・レコーダーに適用されています。

2. エンコード／デコード方式の原理（コンパンダー）

　図20−1には、コンパンダーの基本を示しています。テープレコーダーのダイナミックレンジを60dBとして、入力信号は、10dBの圧縮を、出力では10dBの伸張をしたと仮定した場合の動作特性が(a),(b),(c)で示してあります。
　ダイナミックレンジの広い入力を10dB圧縮し、録音機に送ったとして機器が持つ固有ノイズを−60dBとすると、伸張側では10dBのダイナミックスを保持しつつ、信号の低レベル域では固有ノイズが−70dBになります。信号レベルが高い場合は、この一連の動作をせず、設定値より低い信号のみが圧縮／伸張動作をします。このことでS/N比は60dB以上とれなくても、ダイナミックレンジは70dB確保したことになります。

3. Dolby Aタイプ・ノイズリダクション

　ドルビーは、図20−2(a)に示すような構成で帯域を4分割し固有ノイズの変動を最少に抑える方式を実現しました。(b)には圧縮／伸張回路構成を示します。圧縮時は、−40dB以下の信号を持ち上げるための動作をし、それ以上の信号では何等の圧縮動作が行なわれません。(c)に示すように4バンドでそれぞれ独自の動作が行なわれ、その動作特性は(d)に示すような曲線で行なわれます。ドルビー・ユニットは、単独にエンコード動作かデコード動作かを選択出来るようになっています。

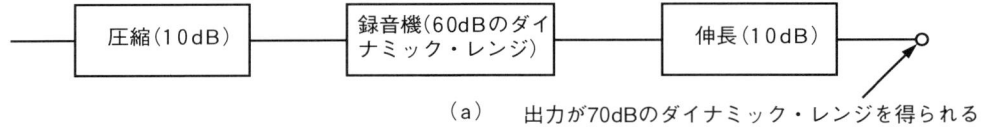

Section 6 録音メディア

(a) 出力が70dBのダイナミック・レンジを得られる

圧縮(10dB) → 録音機(60dBのダイナミック・レンジ) → 伸長(10dB)

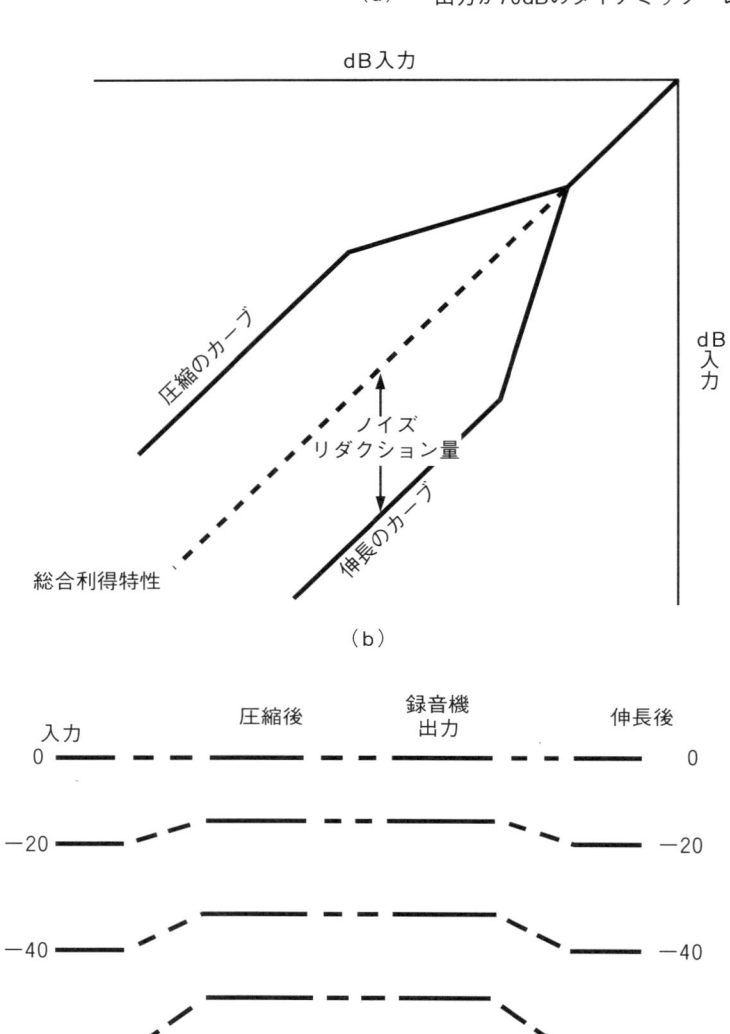

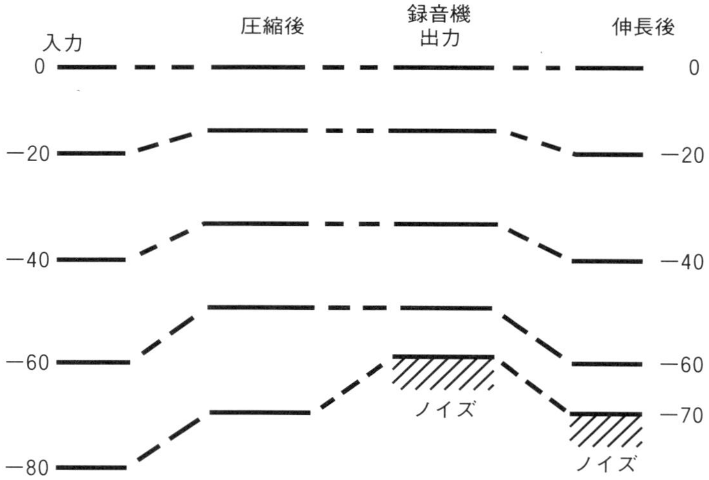

(b)
dB入力
圧縮のカーブ
ノイズリダクション量
伸長のカーブ
総合利得特性
dB入力

(c)
入力 / 圧縮後 / 録音機出力 / 伸長後
0 ─── 0
−20 ─── −20
−40 ─── −40
−60 ─── −60
ノイズ
−80 ─── −70
ノイズ

図20−1 ノイズリダクションの原理
(a)は録音系における圧縮／伸張の使用例
(b)は圧縮／伸張特性、(c)はシステム全体のレベル関係を示す
ここでテープレコーダーで生じるノイズ成分が聴感上検知限以下に抑えられることがわかる

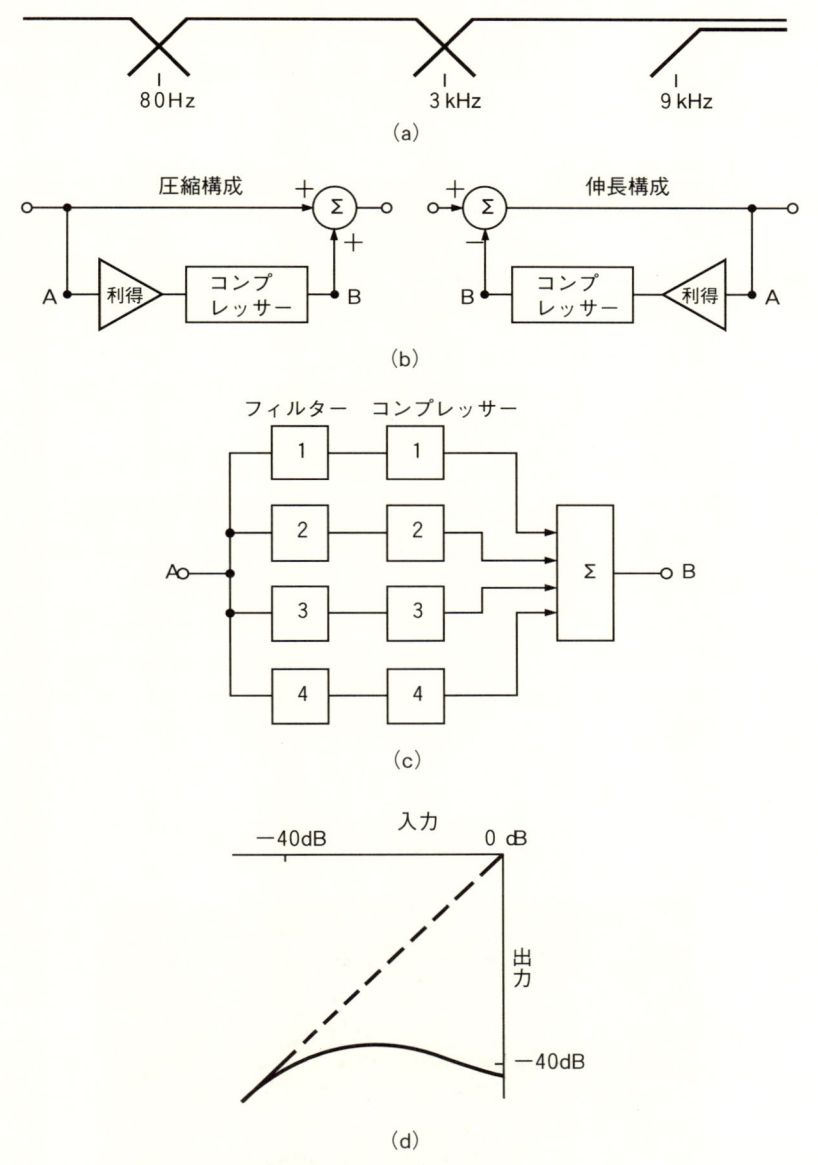

図20-2 ドルビー方式ノイズリダクション
(a)は帯域分割構成を、(b)は圧縮/伸張構成を
(c)は全体構成を、(d)は圧縮動作特性を示す

Section 6　録音メディア

(1) 必要最小限の動作

　ドルビーのノイズリダクションが実用的なのは、信号レベルが一定値以上の場合、圧縮／伸張回路を経由することなく直接信号が録音される。一方分割帯域のそれぞれで−40dB以下の信号が検出された場合のみ、圧縮／伸張動作が行なわれる点にあります。我々の聴覚は、低レベル信号の変化や変動には感度が鈍いため音質劣化が最小限に抑えられることになります。

(2) Dolbyシステムの調整

　システムは、エンコード／デコードで常に同一レベルを保つよう調整されていなければなりません。ここがずれていると再生時の動作スレショルドがずれて音色が変化します。内部には、電気的な基準レベルがあり、これをドルビー・レベルとよび、ツマミで調整できます。内部信号発信器は、850Hzの基準信号を発生し0.75秒間隔で発信するため鳥が"チュンチュン"と鳴いているような音がします。

　調整は、以下の手順となります。ドルビー・ユニットの信号を出し、基準のドルビー・レベルにセットし、録音テープに録音します。再生時は、録音されたドルビー信号を再生して、やはりドルビー・レベルになるようセットします。これでエンコード／デコードの動作が一致したことになります。このようにテープの基準レベルの違いに関わらず、ドルビー信号レベルを基準として1：1の動作が維持されます。万一ドルビー信号が入っていないテープが持ち込まれたとした場合は、それがアメリカ録音であれば、185nWb/mか250nWb/mであると仮定し、そのテストテープの基準信号で調整します。またヨーロッパ録音であれば、360nWb/mか510nWb/mと仮定し、その基準で調整し最後は自分の耳で判断します。**図20−3**には、24chマルチトラック用モジュールを示します。

図20−3　24チャンネル・ノイズリダクション（ドルビー研究所提供）

Section 6 録音メディア

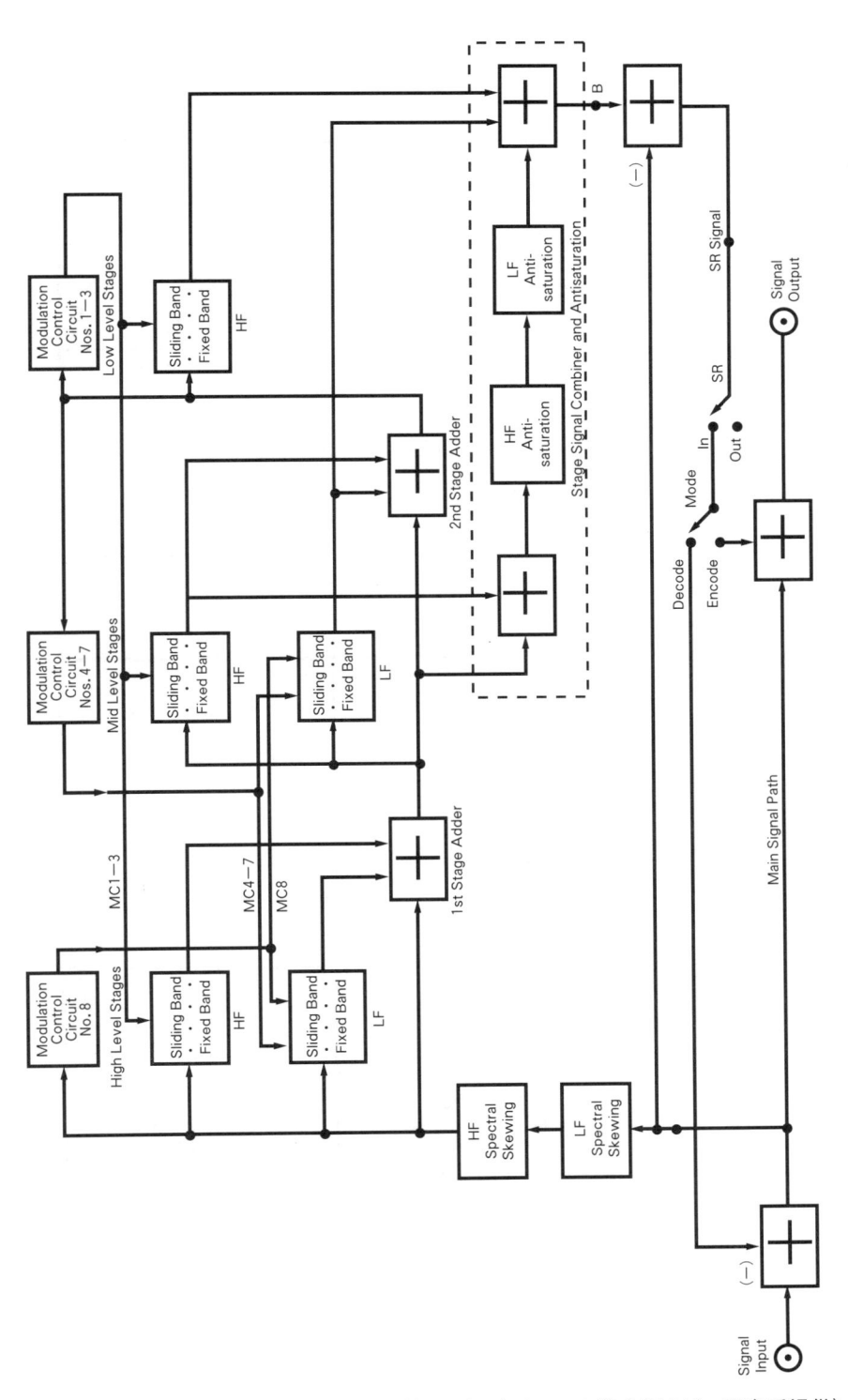

図20−4 「ドルビーSRタイプ」ノイズリダクションの構成(ドルビー研究所提供)

Section 6　録音メディア

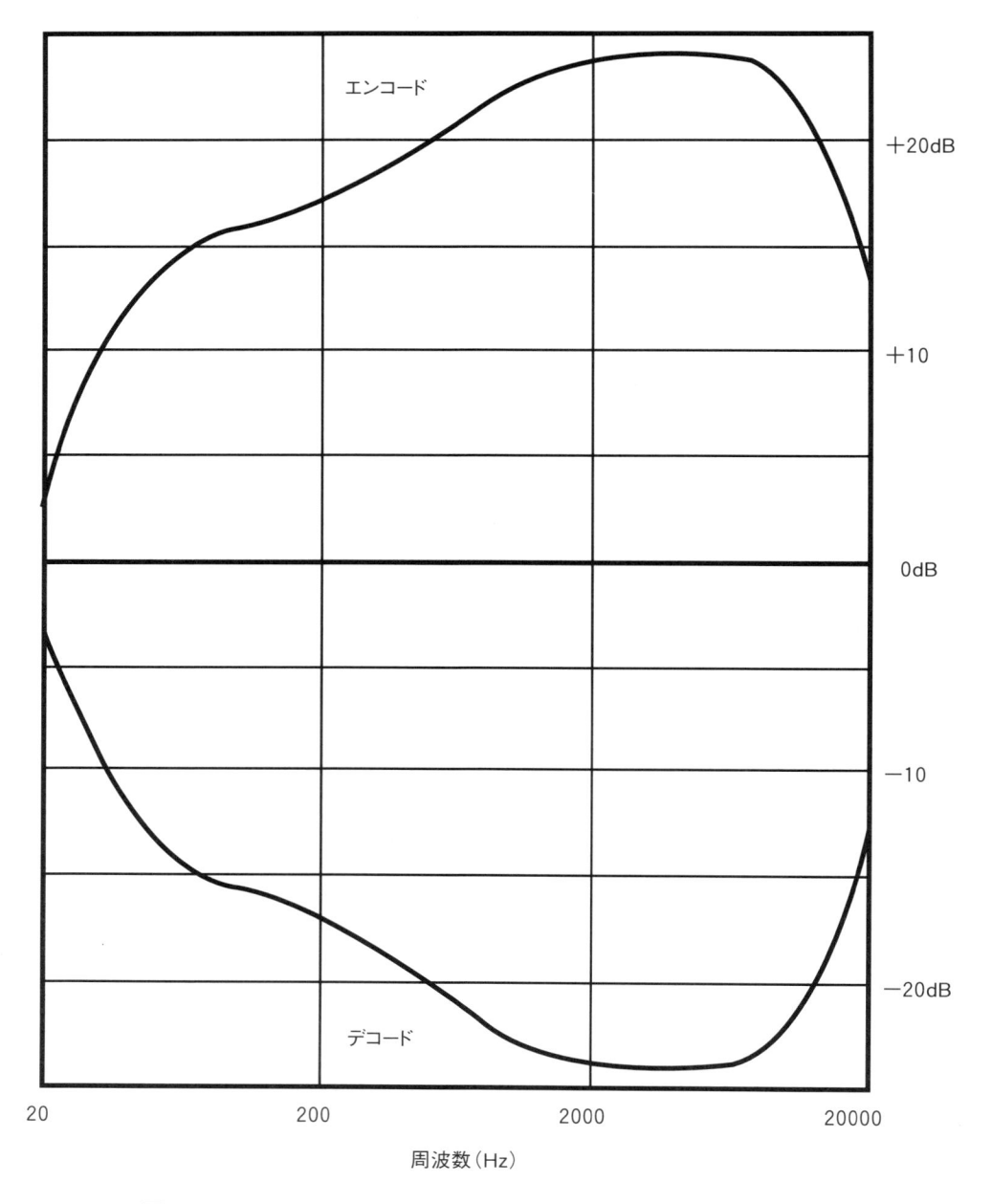

図20-5　0レベル入力に対するSRタイプの動作特性（ドルビー研究所提供）

4. Dolby SRタイプ・ノイズリダクション

　Aタイプのリダクション動作をさらに改良したのがSR（スペクトラル・レコーディング）システムです。これは**図20-4**に示すようなエンコード／デコード構成で大変複雑な動作をします。また**図20-5**にはその動作特性を示します。中域では、24dBにおよぶ動作が可能で**図19-26**に示すような録音機のノイズ特性に近似しています。「SR」は、純音に近い帯域の狭い信号に対して**図20-7**に示すような複雑なエンコード動作が行なわれます。ここでは200Hzの信号で、レベルが+20、0、-40dBの信号を例にしています。

　+20～0では、ほとんど動作せず、その両側の低域と高域で20dBにおよぶレベルの上昇が行なわれ再生時のノイズを強力に抑える動作となります。

　信号が-20dB減少するとエンコード動作では14dB上昇し、-40dBでは更に10dB上昇します。-40dB以下では最大23dB上昇します。「SR」は、内部に3段階の動作レベルと固定帯域、可変帯域の信号処理により対応しています。また低域と高域についてはテープレコーダーがレベルオーバーしないようロールオフ回路が設けられています。

　再生特性は、デコーダの逆特性をしており、結果としてフラットな信号が得られます。「SR」の基準信号は、20msecのピンクノイズが2秒間隔で出力され、再生時の調整では、4秒間隔で同じピンクノイズ特性になるように自動で調整されます。

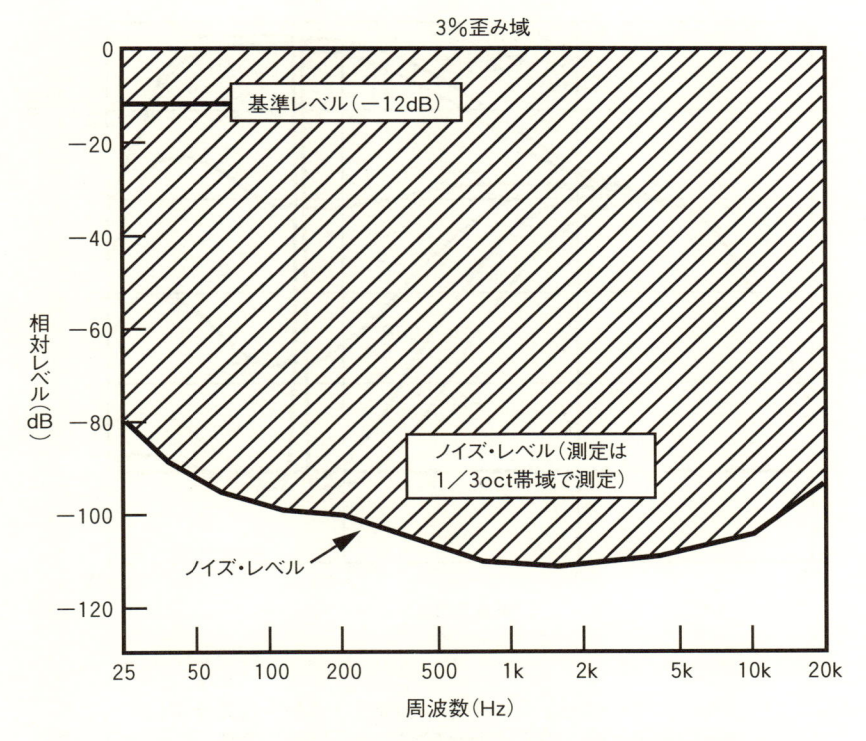

図20-6　アナログ録音機にSRタイプ・ノイズリダクションを用いた場合のダイナミックレンジ

Section 6　録音メディア

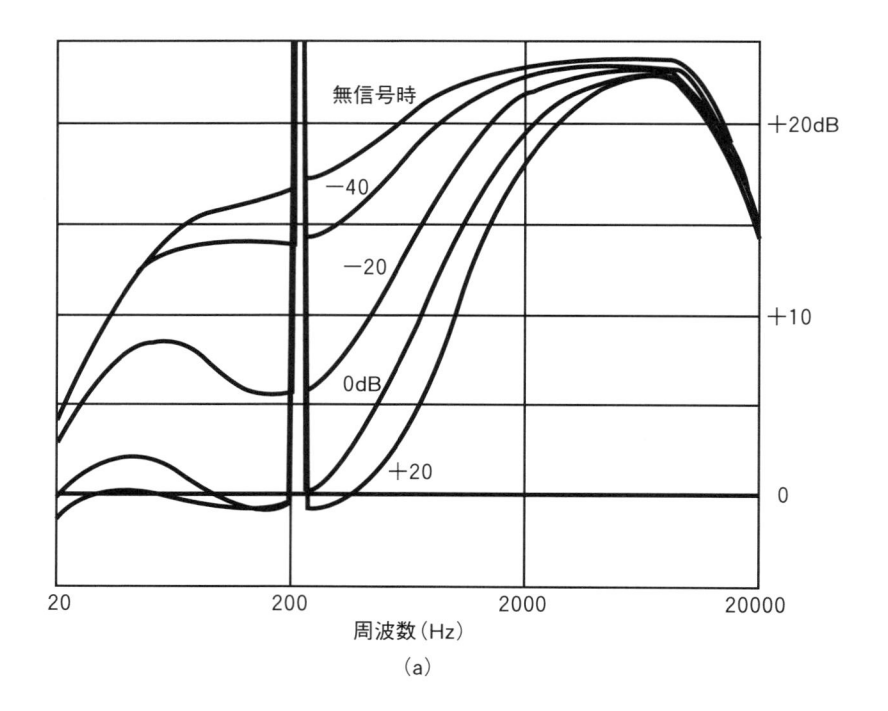

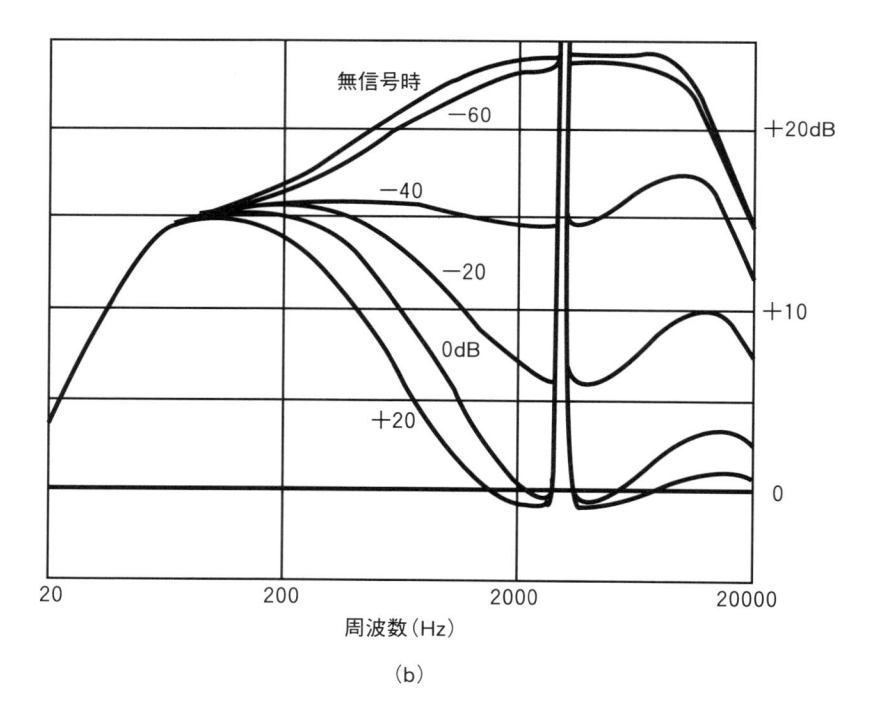

図20-7　SRタイプを狭帯域信号に応用した動作（ドルビー研究所提供）
　　　　（a）は200Hz信号のエンコード特性、（b）は3kHz信号のエンコード特性

Section 6　録音メディア

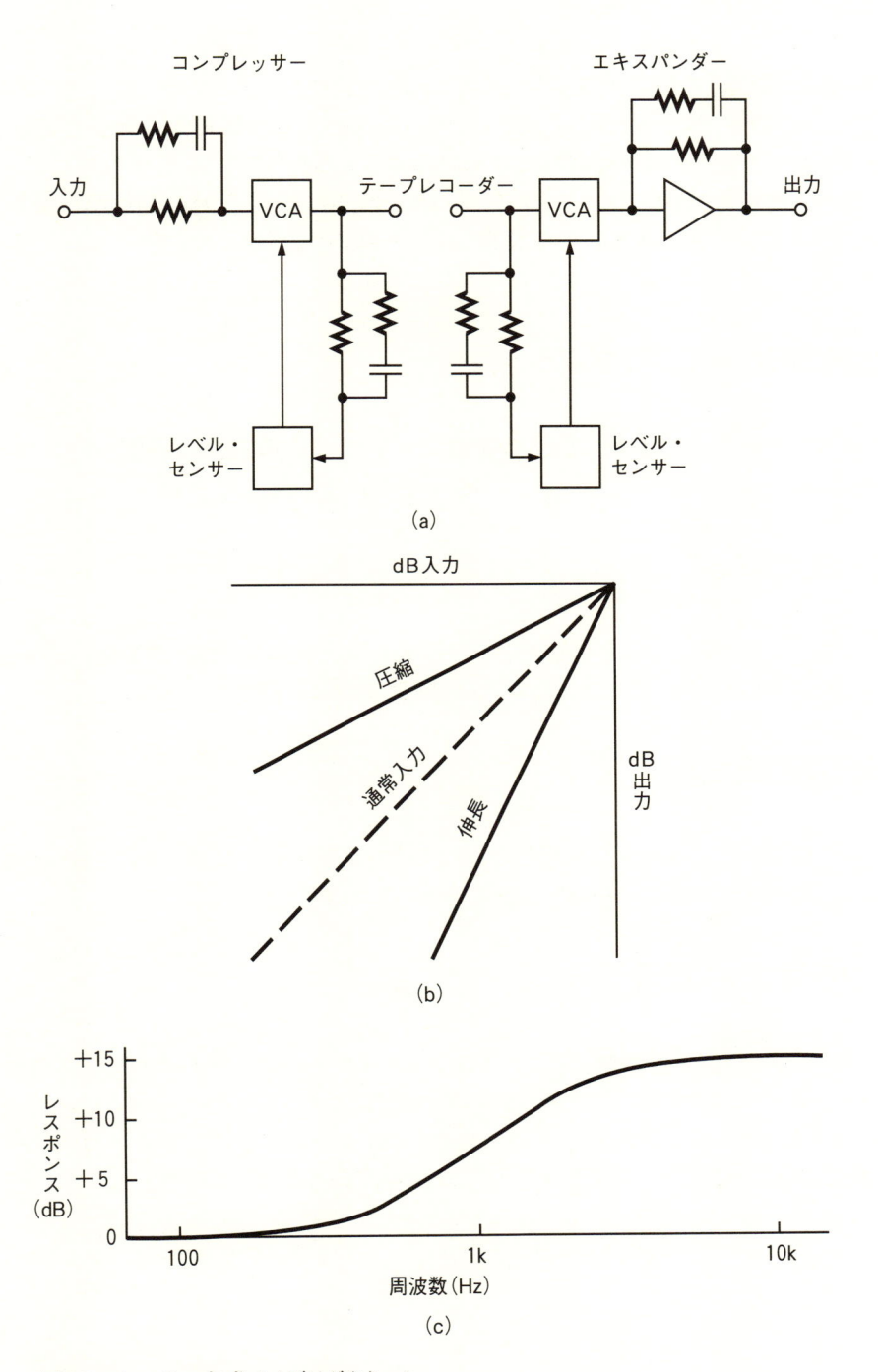

図20-8　dbx方式ノイズリダクション
　　　　(a)は圧縮／伸張回路、(b)は2:1圧縮／伸張特性
　　　　(c)はエンコード時のプリエンファシス特性
　　　　（デコード時にはこれと逆特性のプリエンファシスとなり平坦な出力が得られる）

5. dbxノイズリダクション

　図20-8には、dbxノイズリダクション回路が示してあります。入力信号は、(c)に示すようにプリ・エンファシスされ、VCA回路で2:1の圧縮が行なわれます。録音信号は、高域が強調され、2:1の圧縮が行なわれた形で録音されるわけです。再生動作では、2:1の伸張動作と高域のデ・エンファシスが行なわれ復元されます。1対の動作関係にあるため動作の誤差が生じず、基準レベル調整も特別必要ありません。「タイプ-1」がプロ用、「タイプ-2」が民生用です。

6. BURWENノイズリダクション

　今日存在しない方式ですが、dbxとの相違はエンファシスの特性と圧縮比が3:1であるという点です。

7. TELECOM c4

　この方式は、「Dolby-A」のように4バンドの帯域分割と全体域1:1.5の圧縮／伸張動作を行ない多くの利点を持っていましたが、今日使われることがなくなりました。

8. EMT NOISEX

　1960年にDolby方式よりも先に登場した初めてのプロ用ノイズリダクションで動作は先の「Telecom c4」と同様でしたがやはり今日姿を消しています。

9. スタジオでの運用

　24トラックのマシンは、通常24チャンネルのノイズリダクションと合わせて使用されます。エンコード／デコード動作は、マルチレコーダの録音、再生、シンク・モードにリンクしていなければなりません。レコーダーのメーカーによっては予めノイズリダクション・ユニットを内部に収納できるように設計されており運用性の改善が行なわれています。

10. ノイズリダクションと音質

　ノイズリダクションを入れることで、音質に関しては何も変化がないように想われるかもしれませんが、実際には我々の耳が、ある一定検知限以下の変動に鈍いという性質が寄与し、また実用的なシステムは、エンコード／デコード動作が十分検討され有効に機能していると言えるのです。詳細を見れば、Aタイプでは低域100〜200Hzと中域80〜3kHz帯のバンド分割によりノイズレベルの変動がみられます。モニターレベルを上げて、ティンパニーのような楽器を聴くと分かると思います。また「dbx」でも低域成分の多いオルガンなどでこうした現象を見ることが出来ます。「SR」になるとこうした現象は見られなくなりました。

〈第20章〉　　［参考文献］

1. D. Blackmer, "A Wide Dynamic Range Noise Reduction System," *db Magazine*, vol. 6, no. 8 (1972).
2. R. Burwen, "Design of a Noise Elimination System," *J. Audio Engineering Society*, vol. 19, no. 11 (1971).
3. R. Dolby, "An Audio Noise Reduction System," *J. Audio Engineering Society*, vol. 15, no. 4 (1967).
4. R. Dolby, "The Spectral Recording Process," *J. Audio Engineering Society*, vol. 35, no. 3 (1987).
5. J. Eargle, "Hands on: The Dolby Cat. 280 Spectral Recording module," *Recording Engineer/Producer*, vol. 18, no. 2 (1987).
6. J. Wermuth, "Compander Increases Dynamic Range," *db Magazine*, (June 1976).
7. J. Woram, *Sound Recording Handbook*, H. Sams, Indianapolis (1989).

第21章　デジタル録音とDSP信号処理

1. はじめに

　音楽のデジタル録音は、1972年、「日本コロムビア」社が8チャンネルのデジタル変換器とロータリーヘッド式VTRを利用して商業制作したのが始まりです。1970年代の終わりには、これ以外にも多くのデジタル記録方式が登場し、1980年からの10年間で、事実上の2チャンネル・マスターとして使用されるようになりました。一方マルチチャンネル・レコーダーは、2つの方式が並立しました。しかしデジタルに比べて経済的な点から、アナログ方式も広く使用されています。

　デジタル録音は、その周波数特性が使用するサンプリング周波数によって限られている点を除けば、アナログ録音より優れた性能を持っています。アナログ録音の持つ周波数特性は、20Hz～30kHzの範囲を記録できますが、一方のデジタル記録は、低域はDCまで延びているものの、サンプリング周波数が48kHz以下では、高域が20kHz付近までしか記録出来ません。こうした原理から、オーディオの愛好者(Audiophiles)の中には、デジタル録音を受け入れない傾向が見られます。

　今日のアナログ・レコーダーで、最高の状態を得た場合(6mm幅、76cm/sec、A-特性補正)得られるダイナミックレンジは70～72dBです。プロ用デジタルレコーダーでは、90dBを上回るダイナミックレンジを得ることが出来ます。クラシック音楽をノイズリダクションを使わず、アナログ録音した場合、アナログ録音の持つレンジでは、微少部分でテープヒスノイズが聞かれますが、デジタル録音では、ほとんどそうしたことはありません。時にノイズが聞かれた場合は、テープではなく録音されたマイクロフォン自体が持っているノイズを聞いていることになります。

　時間軸の変動率(ワウ・フラッター)においてはどうでしょう。アナログレコーダーで、最高速録音の場合、0.04%以下となります。デジタル録音では、測定検知限以下となります。また録音された信号の転写値をみてみると、アナログでは－55～－60dB、デジタルでは転写はゼロです。さらに変調ノイズは、アナログでは、入力信号から55～60dB以下ですが、デジタルでは、存在しません。

　テープコピーによる劣化の度合いは、アナログの場合、1度のコピーでもノイズや歪み、時間軸変動に劣化を生じますが、デジタルでは、デジタル領域でコピーを行なう限り、何度でもオリジナルと同等なコピー(clones)を作ることが出来ます。保存についてみてみると、アナログ・テープは、時間の経過とともに劣化し、復元出来なくなりますが、デジタル・テープでは、慎重な取り扱いこそしなければなりませんが、長期の安定性があります。例えば、劣化が始まりそうなテープを新しくコピーしておくことで、再度長期保存が行なえます。

　編集という点ではどうでしょうか。アナログ・テープの手切り編集は、簡単で、すぐに出来ます。デジタル編集は、専用の編集器と時間が必要です。しかし、正確で、アナログ編集では不可能だった編集も可能となります。

Section 6　録音メディア

　総じて言えるのは、周波数特性の高域限界特性を除けば、デジタル録音は、アナログに比べて高い性能を持っていると言えます。
　本章では、デジタル録音の原理、方式変換、デジタル・スタジオ、デジタル・プロセッサーなどについて述べます。

2. 入力信号のサンプリング

　アナログ記録では、音声信号は、その記録媒体に1:1の関係を保って残されます。例えばLPレコードに刻まれた溝の形が、ステレオ信号そのものを表わしているわけです。一方のデジタル録音は、音声信号がそのままの形で記録されません。
　ここでは、一定時間軸毎に信号が切り取られ、量子化されて、ある数値化された値として記録されます。この数値が再生時に正確に再生される限り元の音声信号が復元されます。サンプリングの間隔(サンプリング周波数)は、システムの最高記録周波数を決め、量子化率、または分解能が、システムのダイナミックレンジを決める要素となります。
　サイン波では、少なくとも半波長毎にサンプリングが行なわれないと、元の波形が復元出来ません。サンプリング率fsは、ナイキスト率と呼ばれ、サンプリングの半分の周波数fs/2がナイキスト周波数と呼ばれます。
　例えば、我々が、20kHzまで記録したいとした場合、サンプリング周波数は、最低でも40kHzが必要になります。実際には、入力帯域制限フィルターの関係で、これよりもさらに高めの周波数が使われます。現在CDに使われている44.1kHzと言う値は、周波数の上限を20kHzに想定して決められたサンプリング周波数です。
　ナイキスト周波数を超える入力信号は基本的に排除しなければなりません。もし、これを超える信号が入った場合、「折り返し」とよばれるノイズが、音声周波数帯域に飛び込んできます。**図21-1**に示すのは、その例です。
　別の例を**図21-2**に示します。ここでは、入力信号のスペクトラムが fn:ナイキスト周波数以下にあることが示されています。サンプリングによって、fsの倍数成分が発生しますが、ここにfnよりも高い周波数成分 f_1, f_2 が加えられたとしますと、$fs-f_1$、$fs-f_2$ の周波数成分が折り返されて音声周波数帯域に生じます。
　こうしたことを予防するためには、帯域制限用ローパス・フィルターを入力段で入れておく必要があります。**図21-3(a)**に示すのは、その例です。フィルターの非直線群遅延特性があると矩形波は、(b)に示すような「リンギング」を生じます。これを改善したのが、(c)に示すフィルターで、群遅延特性が平坦化され(d)に示すような矩形波特性が得られるようになりました。

3. 量子化

　量子化は、数値化されたどんなシステムにも応用できますが、コンピューター技術の応用や特別なハードウエアーを設計しなくてもデジタル・レコーダーが実現出来るという点で、2進法では、特に有効です。2進法では、0と1の2値しかなくそれらをビットと呼びます。

Section 6　録音メディア

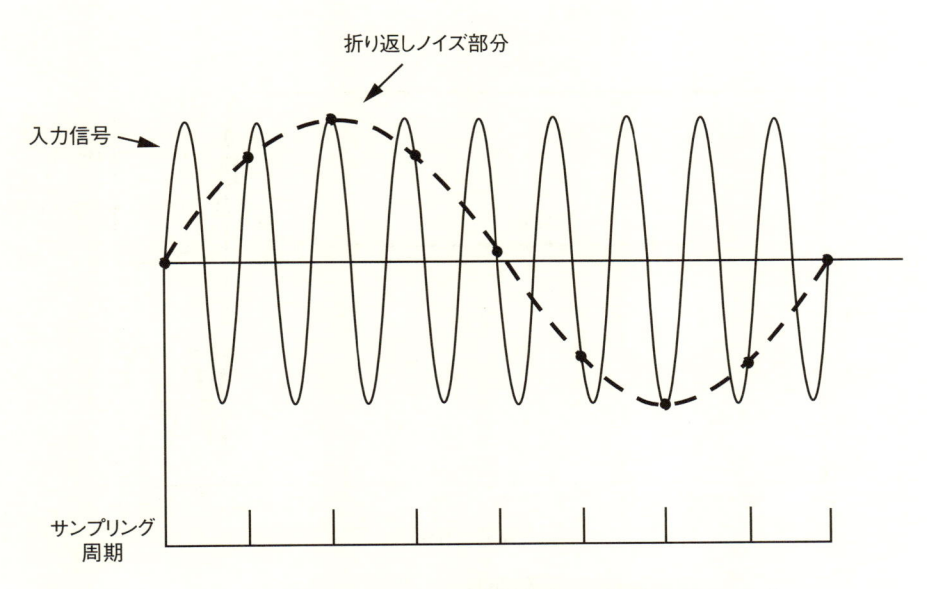

図21-1　ナイキスト周波数を越えた折り返しノイズ
　　　　点線部分が折り返しノイズとなる

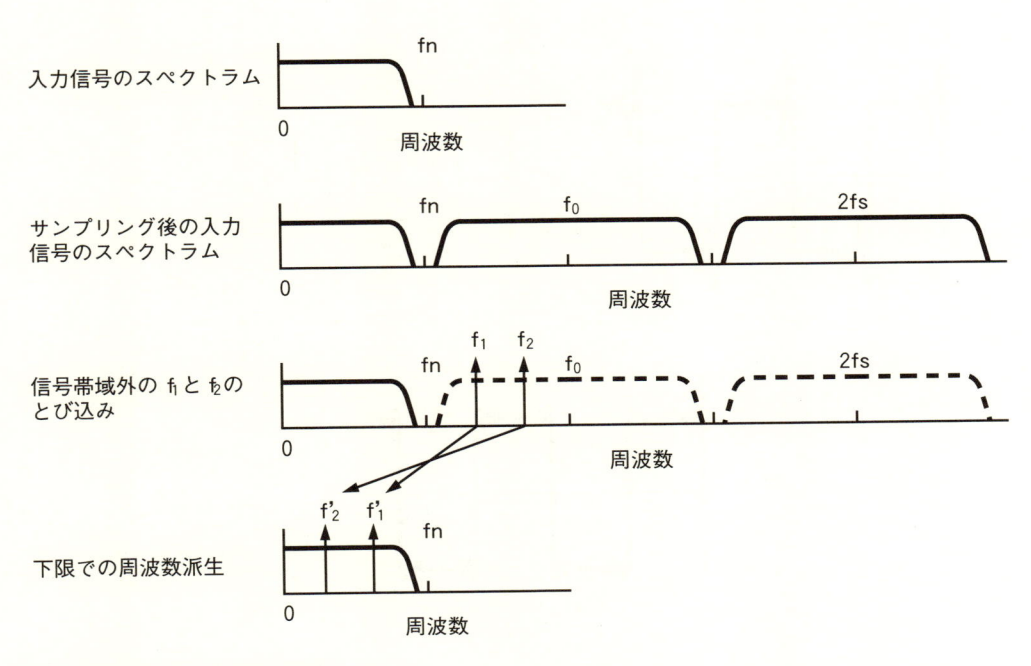

図21-2　折り返しノイズの発生
　　　　デジタル化を行なう場合ナイキストサンプリング周波数で割り切れる周波数までが記録できる
　　　　($fn=1/2fs$)。ここにそれよりも高い周波数のf_1、f_2が混入したとするとその折り返し成分が
　　　　可聴帯域に漏れてくる

Section 6　録音メディア

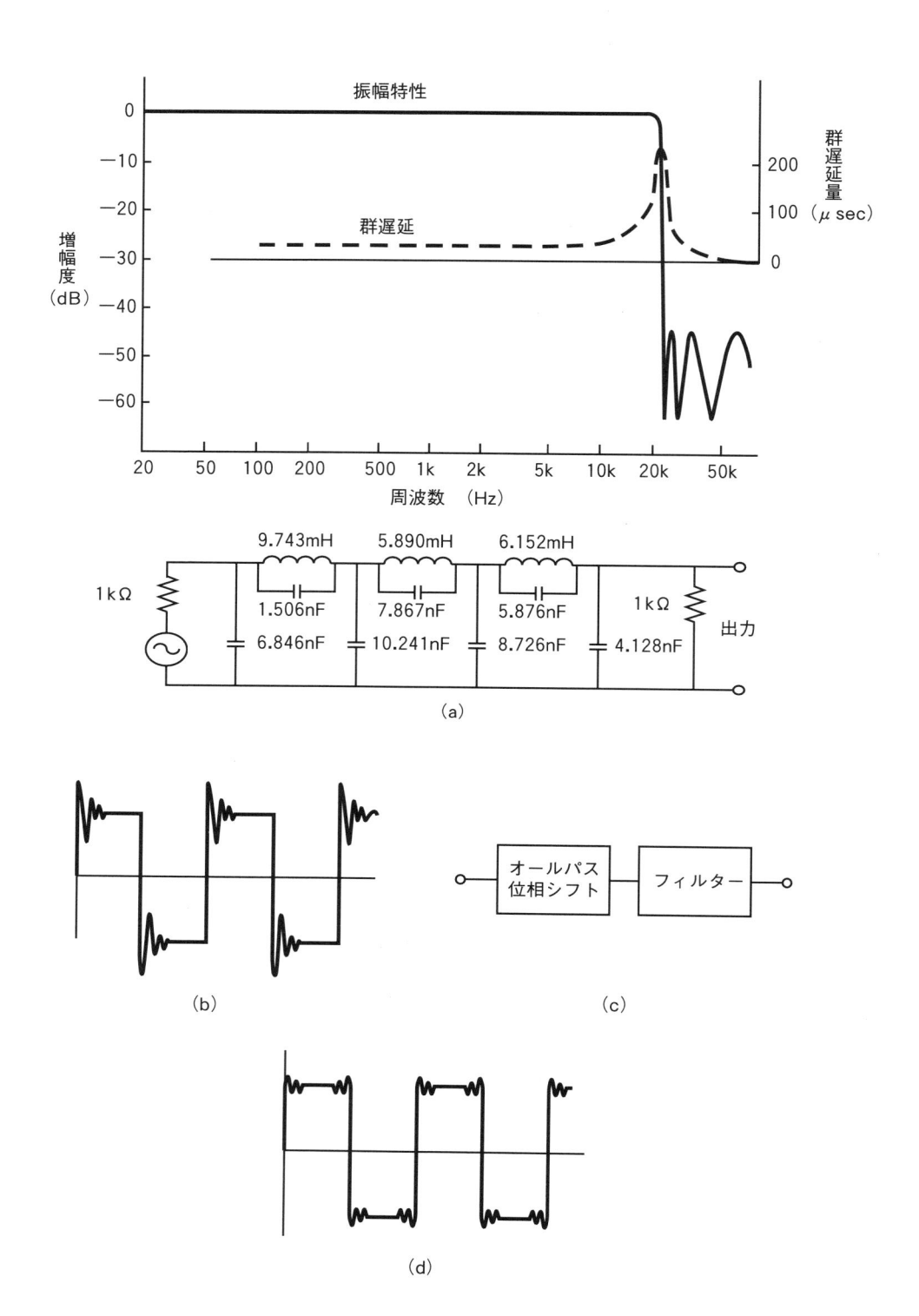

図21-3　第7次チェビシェフ型フィルターによる帯域制限（日本ビクター社提供）
　　　　（a）は得られる特性と回路、（b）は矩形波入力した場合の特性
　　　　（c）は位相補正回路、（d）は補正を行なった矩形波出力

2進法	10進法
0000	0
0001	1
0010	2
0011	3
0100	4
0101	5
0110	6
0111	7
1000	8
1001	9
1010	10
1011	11
1100	12
1101	13
1110	14
1111	15

表21-1　2進法と10進法

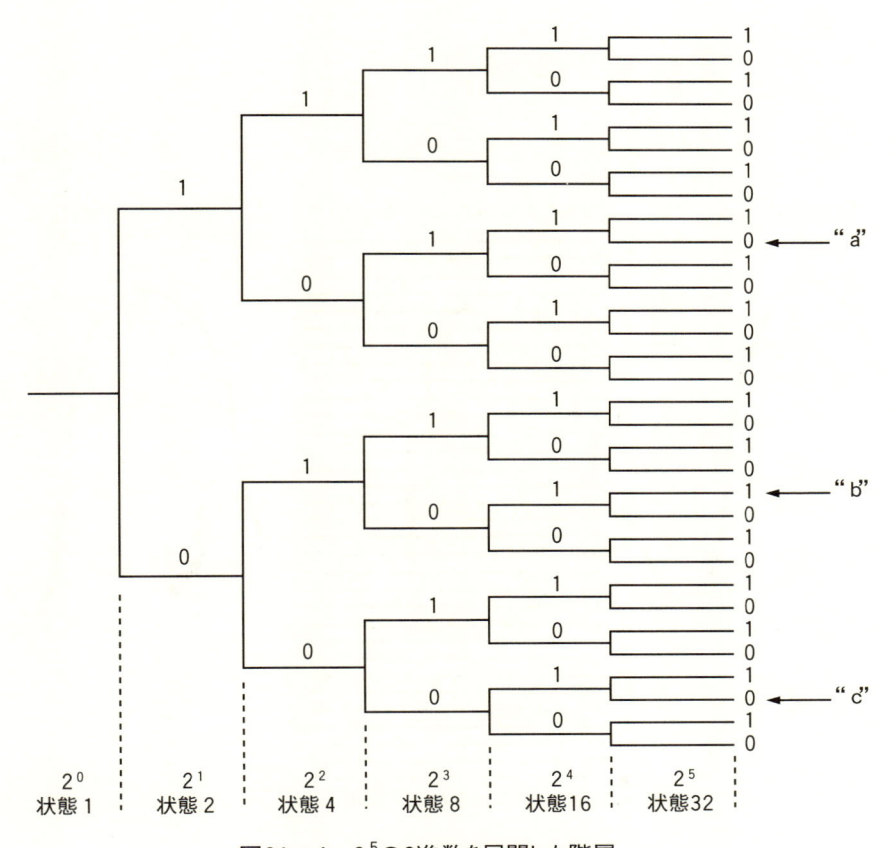

図21-4　2^5の2進数を展開した階層

Section 6 録音メディア

　表21−1には10進法と2進法の比較を示しました。2進値は、算術的に扱うことが出来、かつコンピューターの基礎になっています。10進法が10を土台にしているのと同様に2進法は2を土台にし図21−4に示すような5ビットで計32の2進値の階層構造をつくることが出来ます。2の1乗は、最上位ビット(MSB)、2の5乗レベルは、最下位ビット(LSB)と呼ばれます。

　(a)の状態は、10110で示され、(b)は、01011、(c)は、00010と示されます。この状態は5ビット表示といわれ図21−5に示すような録音再生時の信号波形ユニットとして使われます。実際には5ビット32の量子化状態で信号を表わすのでは不十分で、再生信号はとてもノイズの多い音にしかなりません。5ビットで録音された信号は、ワードと呼ばれる一連の情報列となり、各ワードは、先程の(a),(b),(c)で示したような0と1の組み合わせで示されています。

　我々が現在プロ用に使用しているビット率は、16ビットですが、これは2の16乗すなわち65.536段階のレベルに入力信号を量子化しています。各状態1段毎に6dBのダイナミックレンジがあり、16ビットでは、16×6=96dBのダイナミックレンジを理論上、維持することが出来ます。実際は、この理論値よりも低くなります。

4. 録音システムの概要

(1)　ディザーと帯域制限フィルター

　図21−6には、デジタルレコーダーのダイアグラムを示します。ここでは、入力に±1/2

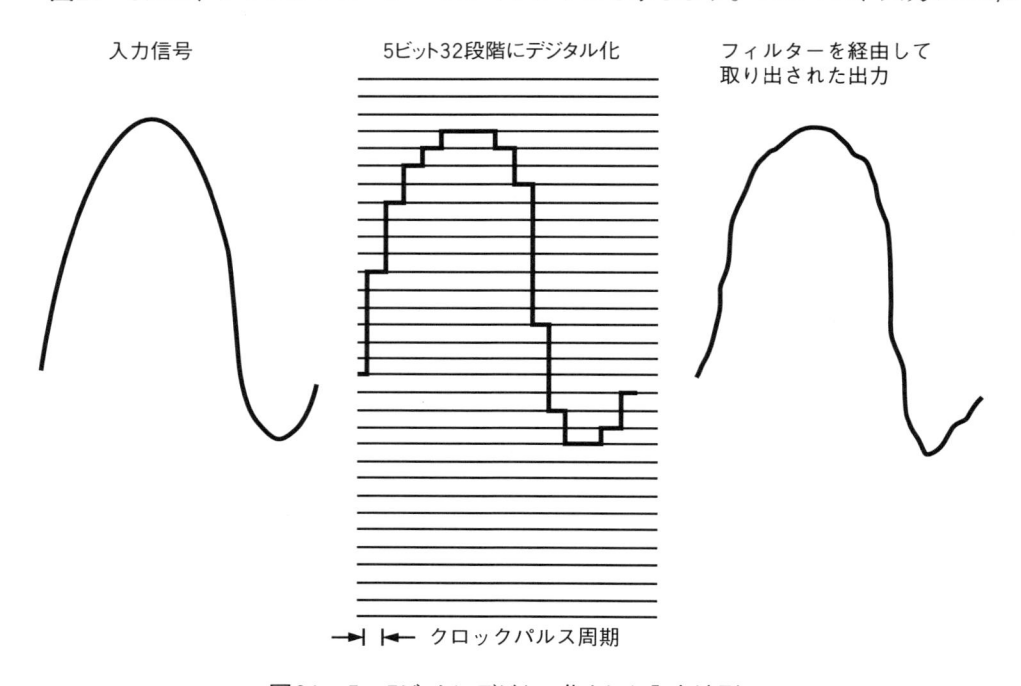

入力信号　　　　5ビット32段階にデジタル化　　　　フィルターを経由して取り出された出力

クロックパルス周期

図21−5　5ビットにデジタル化された入力波形

LSBのディザー・ノイズが付加されています。このディザーの効果を**図21-7**に示します。ディザーがない場合、LSB以下の信号レベルは、±1/2 LSB値（fall in the cracks）の間を前後して大きな歪みの原因となります。ディザー・ノイズを加えると、信号は1ビット以下にはならず、最少でもこの値を維持する役目を果たします。

　再生時には、1ビット以下の信号レベルであっても、ディザー・ノイズのおかげで正しい値に復元されます。これは人間の聴覚が高帯域ノイズより12dB以下の中帯域サイン波信号でも検知出来るという性質として以前から知られていました。

　ノイズを加えるわけですから、S/N比は低下しますが、信号の波形が連続して存続していることが大切です。入力段で加えるこうしたディザーは、信号の微少レベル成分を適切に維持するための手法といえます。

(2) A／D変換

　アナログ信号をデジタル変換する精度は、デジタル録音の最も大切な心臓部といえます。16ビット、44.1kHzの場合、700,000ビット以上の信号データが1秒間に1チャンネルあたりで作られています。

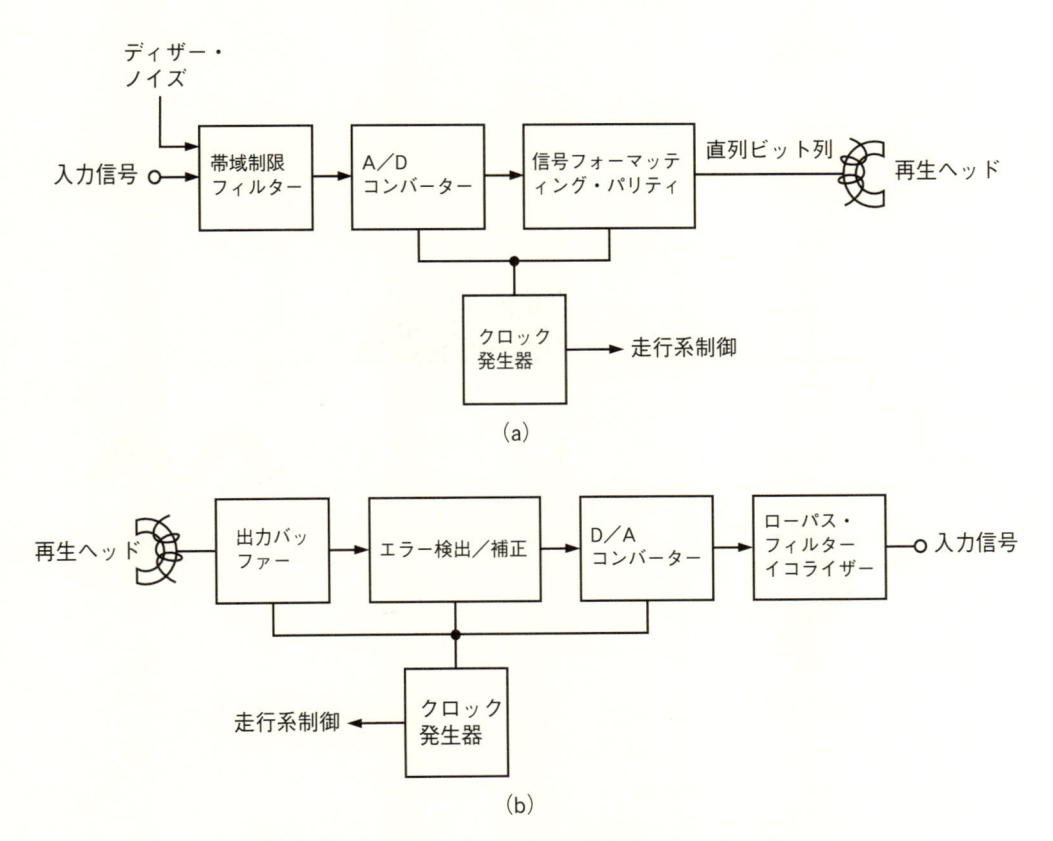

図21-6　デジタルレコーダーの構成（1チャンネル分）

Section 6　録音メディア

図21−8には、A/D変換器の構成を示しました。入力信号は、サンプル・ホールド回路に入りここでは、クロック発生器で作られたクロックに基づき22.7μsec毎に信号をはきだしていきます。この期間に、デジタル変換が1サンプル毎レジスターによってMSBから計測されていきます。

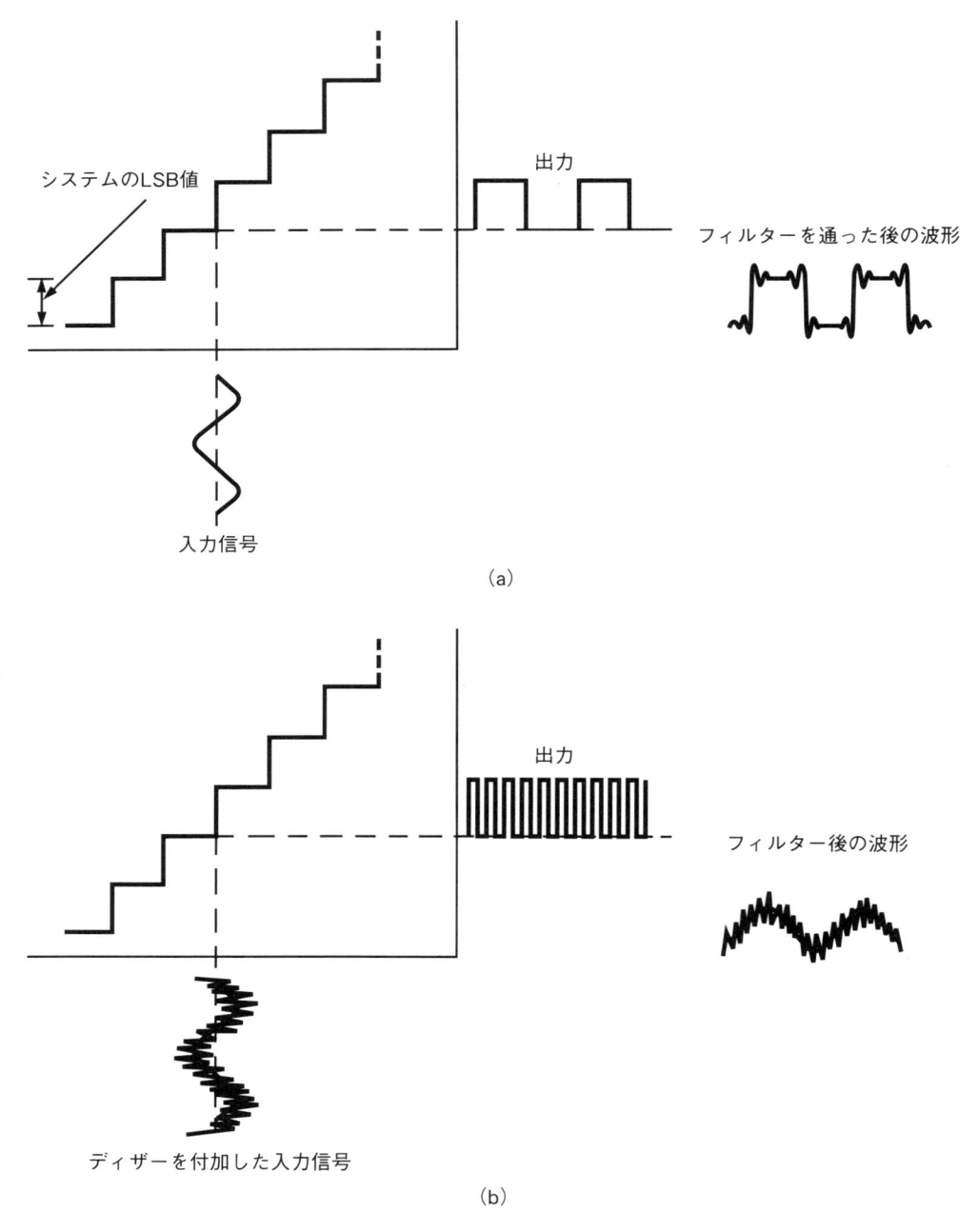

図21−7　ディザーの効果
　　　　　(a)はLSB以下のレベルの信号はデジタル化されない
　　　　　(b)はこれにLSBの1/3のディザーを加えると信号が忠実にデジタル化される

デジタルからアナログに復元するためには、D/A変換が行なわれ、比較器で、ビットの大きさが計測されます。この間に要する時間を変換時間(Settling time)とよび、現在の優れた16ビット変換器で、$10\mu sec$程度です。デジタル録音用のA/D変換で用いる変換系はリニア・スケールで、2のn乗に分割したアナログ信号のスケールは等間隔で分割されています。

5. テープへの記録

量子化が行なわれた後、デジタルデータは、テープの記録方式に応じた形でエンコード処理が行なわれます。同期のための信号や、エラー訂正のためのデータが付加されます。これは、録音から再生までのシステム全体を通して発生したエラーを検出し、訂正するための信号です。信号の記録密度は、アナログに比べデジタル記録の方が高密度のため、ドロップアウトの影響を受けやすい傾向にあります。アナログ記録の場合、小さなドロップアウトが生じても音として検知されませんが、デジタル記録の場合、小さな欠落でもそこに含まれるデータ量は膨大なため無視できません。そこでエラー検出と訂正によってノイズとなることを予防しているのです。

(1) エラーの検出と訂正

デジタルデータを正しく訂正するには、エラーが発生したどうかを検出することが大切です。そのためのもっとも有効な方法は、各ワード毎にパリティ・ビットと呼ぶデータを付加し、

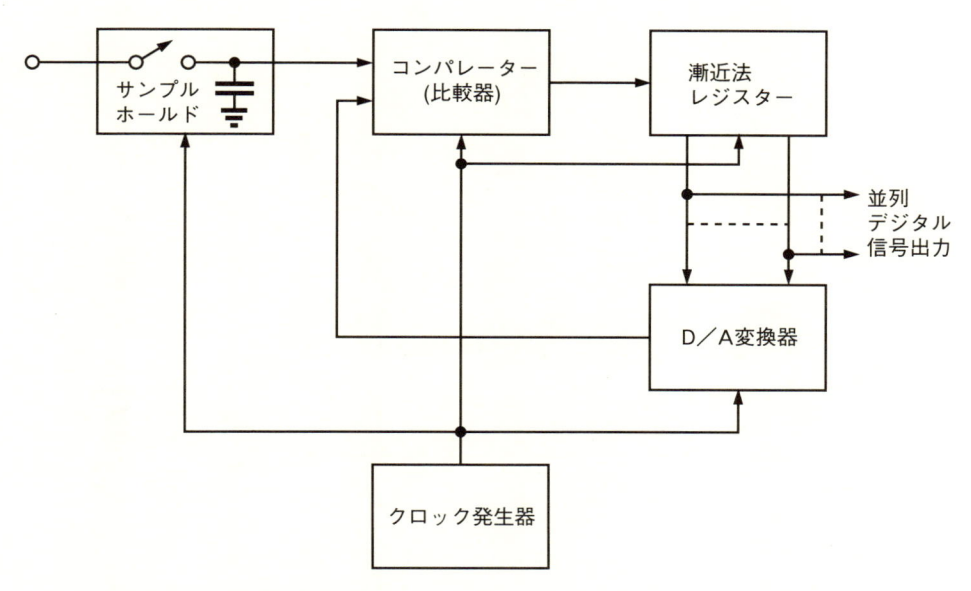

図21-8　A／D変換器
　　　　　D／A変換されるまでは信号はパラレルのデジタル信号にデジタル化

Section 6　録音メディア

それをテープ上で別の場所に記録することです。**表21-2**には、音声信号以外に8ビットのパリティ・ビットを付加した例を示します。各ワードで1が偶数個の場合、パリティ・ビットをゼロ、1が奇数個の場合、パリティ・ビットを1とします。この関係が記録、伝送系で何らかのエラーを生じたとすると、統計上の関係が崩れてきます。

　パリティ・ビットとデータが元の関係と合っていた場合、ワードデータは、正しく伝送されたと考えます。しかし、ワードデータの中の2つがエラーを生じた場合、それでも結果は元と符合しますので、我々はデータがエラーを起こしたことを知ることは出来ません。さらにパリティ・ビットそのものがエラーを生じている場合、ワードが正しいのにエラーと判断されます。こうした状況を考えるとパリティ・ビットが1つでは、精度が完璧とは言えないことが分かります。

　デジタル録音の初期は、テープ上の物理的に離れた場所に2重に録音しそれぞれのワードは、それぞれのパリティ・ビットを付加し、エラーが検出された場合、いずれかのトラックに瞬時に切り替える方法を採用していました。この方法は、実際的な記録方法でしたが、100%の確実性までは保証出来ませんでした。

　単一パリティ・ビット方式では、エラーがあった場合の検出は可能ですが、それを訂正することが出来ませんので、今日ではさらに高度な方法が採用されています。**図21-9**にこの考え方を簡略化して示してあります。ここでは16ビットのワードが4つのサブワードを形成し、サブワード1は、メインワードの最初の8ビットで作られ、サブワード2は、ビットの1から4までと9から12で作られます。こうして作られたサブワードには、表の右

4ビット・バイナリー数	パリティ・ビット
0000	1
0001	0
0010	0
0011	1
0100	0
0101	1
0110	1
0111	0

表21-2　パリティ・ビット

図21-9　パリティ・ビットによるエラー補正

端に示すパリティ・ビットが付加されます。4つのパリティ・ビットは、メインのデータとテープ上で別な場所に記録されます。

次にこれを再生した際、ビット9が本来0なのに1と検知されたとします。単一パリティ方式では、単にエラーがあったということしか分かりません。ここで4つのパリティ・ビットが先程作られましたが、これによりエラーを検出し、さらに訂正することが出来ます。もしビット9が1として検出されたとするとサブワード2と3がエラーを示します。他の例では、15ビット目が1と検出されたとするとサブワードの4がエラーを検出します。このワードを使っているのは15しかありませんので、これで15ビット目がエラーであることがわかります。

さらに複雑になると、パリティ・ビット同志の様々な組み合わせで別のパリティを作り、クロスチェック機能を高度化していきますが、その分付加データも増えますのでどこまでやるかは設計者の考えによります。

(2) 記録データのインターリーブ

先程の訂正方法はエラーがランダムに発生した場合に有効でしたが、あるブロック全体がエラーを起こしたときの対策には、これから述べるインターリーブが有効です。バーストエラーは、テープのドロップアウトや、傷、テープとヘッド間のゴミの付着と言ったことが原因です。インターリーブは、バースト・エラーを**図21−10**に示すように分散させ訂正が可能なようにする手法です。

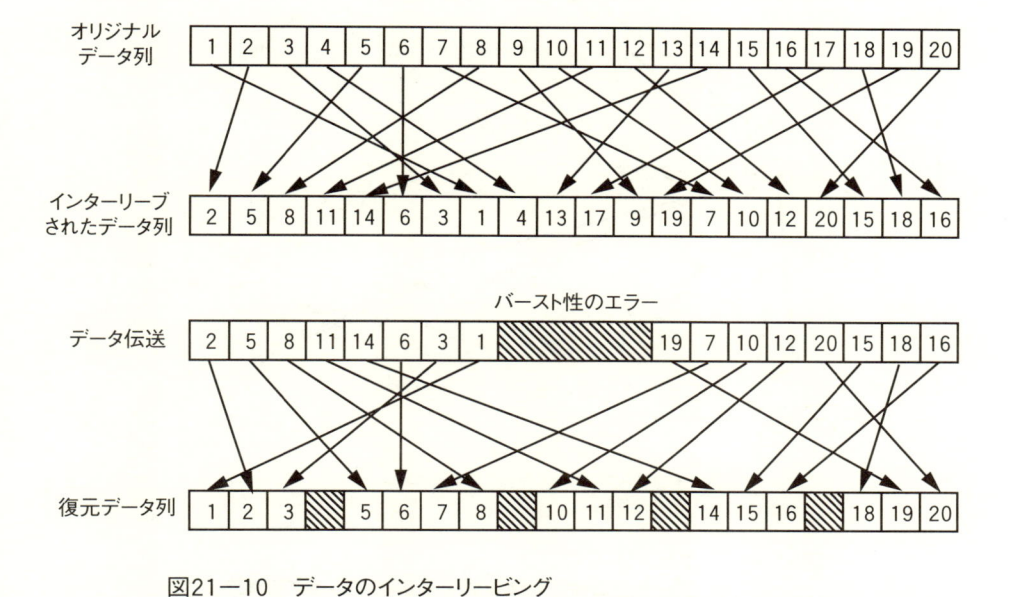

図21−10　データのインターリービング
　　　　　バースト性のエラーに対してエラーが分散され補正が容易となる

Section 6　録音メディア

(3)　エラーの補間

　エラーが連続的に生じた場合、今までの方法では信号を復元出来なくなります。この場合は、データの補間をするか、その部分のデータを出さなくする(ミュート)するしかありません。**図21-11**には、代表的な2つの補間方法が示してあります。1つは平均値補間で、もう一方は前値補間です。
　さらに高度な補間では、波形の連続性を予測して原波形に近似した補間を可能とする方法もあります。
　データの喪失が膨大な場合は、データを無音にするミュート動作が行なわれます。

6. テープ録音での2進符号技術

　記録帯域で表わすと、デジタル録音には、2.5〜3MHzの帯域が必要です。これを満足する記録機器として回転ヘッドを持ったVTRが利用でき、44.1kHz、で16ビットの音声を2チャンネル記録する十分な性能を持っています。

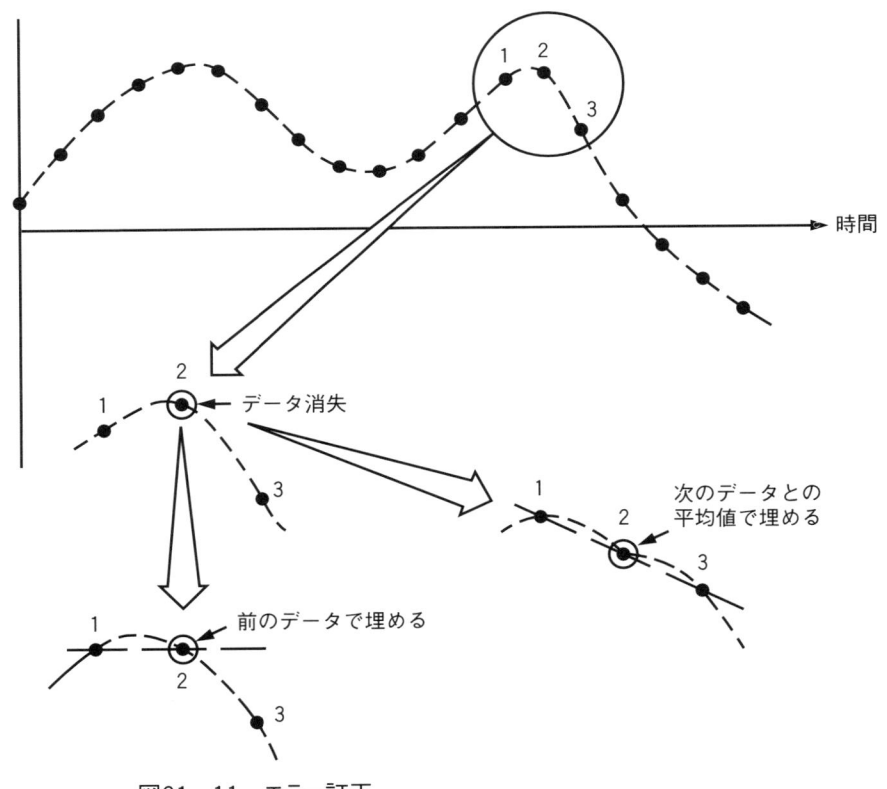

図21-11　エラー訂正
データが消失した場合ひとつ前のデータで置き換えるか、その前後のデータから平均値をとって復元する

このためのプロセッサーが組み合わされて、デジタル・オーディオ・レコーダーとして、最大4チャンネルの記録が出来ます。

マルチチャンネル・レコーダーでは、オーバー・ダビングやパンチ・インを可能とする固定ヘッドのオープンリール・テープ方式があります。デジタル録音用のテープは、アナログ・テープに比べ薄く、高密度ですが、記録方式はon/offの飽和記録なので、テープの持つノイズ特性そのものはアナログほど重要ではありません。

テープの表面鏡度は、滑らかさが必要でドロップアウトは最少でなければなりません。記録変調方式は、NRZ（Non Return to Zero）が一般的で、その働きを**図21－12**に示します。再生波形はエッジが鈍っていたり、時にまるくなっているため、イコライザーで波形整形が行なわれ、この時にデータのエラー補正や訂正も行なわれ原波形が復元されます。

7. 信号再生技術

デジタル信号が元波形として復元されると、バッファー部でデータが蓄積され、基準発信器から作られた正確なクロックによって読み出しが開始されます。蓄積保持期間は、テープの時間軸変動を十分吸収できる位の容量で、次に同期信号の抽出とエラー訂正が行なわれ音声データのみがD/A変換されます。

デジタル・レコーダーの最終段にあるフィルターは、再構成フィルターと呼ばれるローパスフィルターでD/A変換された信号を精確な時間訂正し、原信号を復元する役目を持っています。この働きを示したのが**図21－13(a),(b),(c)**です。

図21－14には、D/A変換の構成図を示します。

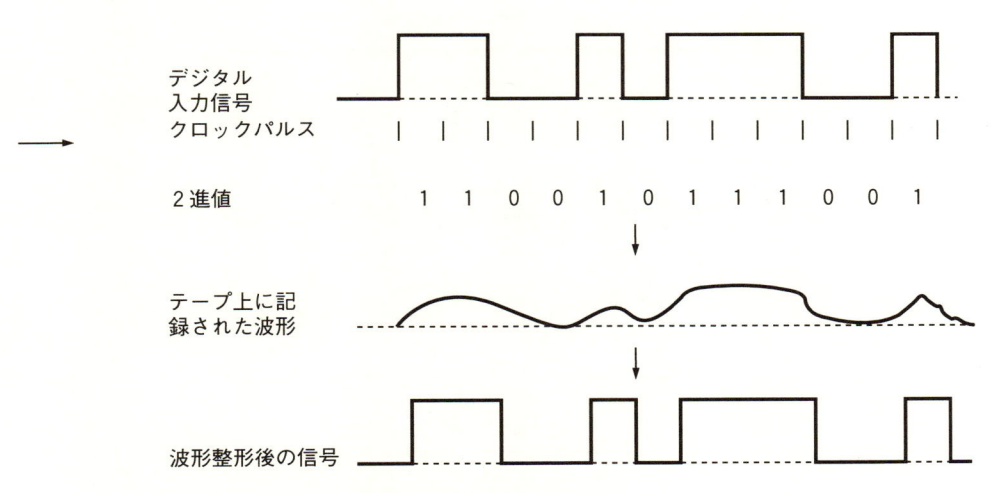

図21－12　テープに記録されたデータの再生
　　　　　記録されたデータはドロップアウトがない場合正確に再生される

Section 6　録音メディア

単一サンプル

(a)

Sinx／xの構成

太線の曲線は各Sinx／x出力を合成した波形で
44.1kHzサンプリングした2.2kHzまでの波形

(b)

Sinx／xの構成

44.1kHzサンプリングした
17.6kHzまでの高域合成波形

(c)

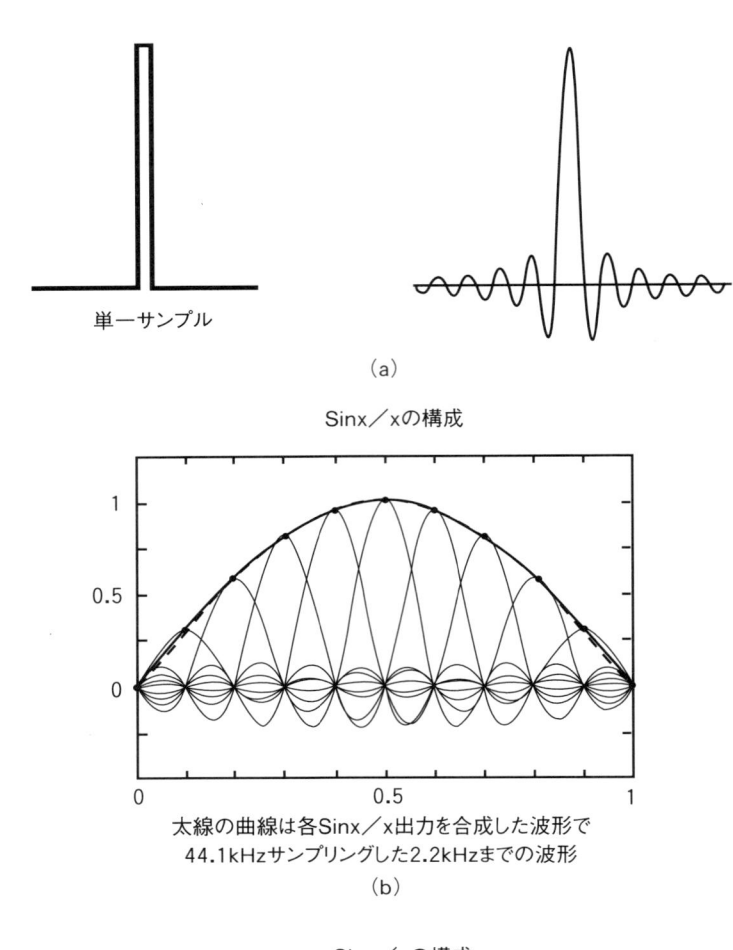

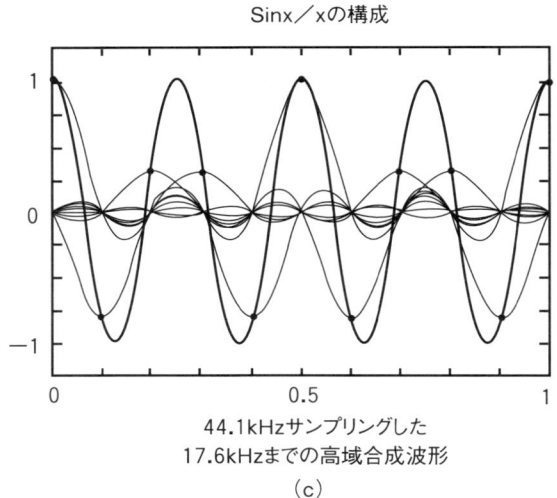

図21－13　Sinx／X復元法
(a)はD／A変換器出力の後に入れたフィルターにより信号は
Sinx／Xの出力となる、(b)は再生低域波形、(c)は再生高域波形

8. プロ用機器の規格

　1990年代のデジタル・マルチレコーダーでは、「SONY」の「DASH方式」と「三菱」の「PD方式」が併存しておりましたが、両者とも2chのオープンリール・レコーダーも製品化していました。

　現在のレコーディング・マーケットを考えた場合、16ビットの量子化で十分と考えているようですが、24ビットも使用されるようになりました。サンプリング周波数は、44.1kHzから44.056、48kHz、96kHzと用途に応じて多様化しています。しかし、最終的にCDとする場合は、始めから44.1kHz録音をするのが後でサンプリング変換するより合理的だと考える人もいます。マスターの保存用として24ビット、96kHzの方式もあり、これは120dBのダイナミックレンジと40kHzを超える周波数特性を可能としています。

　コンピューターのマーケットでは、異なる方式同志が相互にデータの互換性をとれるイン

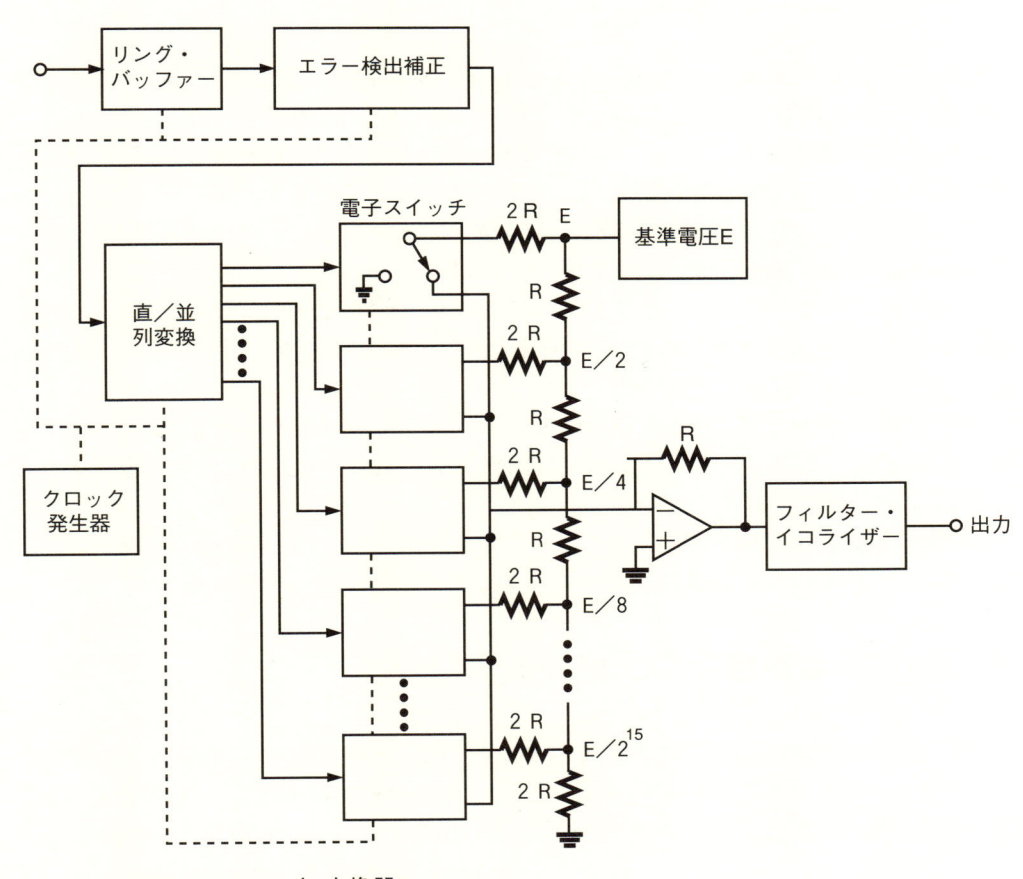

図21-14　D／A変換器
　　　　　アナログ出力は電子スイッチによる各ビットに応じた出力が合成される

Section 6　録音メディア

ターフェースがあります。デジタル録音ではAES/EBUの2チャンネル・デジタル・インターフェースがあり、これは3ピンXLRキャノンコネクターによるシリアル・データ伝送で、最大24ビットで様々なサンプリング周波数をデジタル伝送出来ます。SDIF2（SONY DIGITAL INTERFACE）は、「ソニー」社の機器に使われるデジタル伝送方式で、チャンネルあたり1回線とワードシンク用に1回線が必要になります。

Pro Digital（PD）フォーマットでは、「三菱」社と「オタリ」社の機器間で、A／B／C-Dubによりデータのやりとりができ、一部DASHフォーマットとも接続出来ます。

MADI（Multichannel Audio Digital Interface）は、マルチチャンネルのデジタル信号を最大56チャンネル、32kHz〜48kHzのサンプリングで最大24ビットで伝送するための規格です。データはシリアルで、1回線で済みます。「ソニー」のCDマスタリング用1630（初期モデルは1600/1610）は、VTRを応用した2チャンネル仕様で、レコード会社とCD制作工場との受け渡しに開発されたレコーダです。機構部は、U-マチックテープを使いサンプリング周波数は、44.056/44.1kHz、16ビット仕様です。これは、同じ編集器「DAE-3000」と直接接続でき、さらにAES/EBUやSDIF-2とのインターフェースも備えています。

「JVC」の「900」シリーズのデジタル・レコーダーと編集器は、その使いやすさと音質面から1980年代初期には、広く使用されました。最近はあまり積極的な展開をメーカー自身が行なっていません。

EIAJ（Electric Industries Association of Japan）日本電子機会工業界規格は、ベータやVHSテープを利用した家庭用VTRでのデジタルレコーダー規格です。

1980年代の初期には、「ソニー」の「PCM-F1」モデルがプロの業界でも支持され、当時数え切れない位のCDが、この機器によりマスタリングされています。

これと「ソニー」の編集器を接続するインターフェースは、「ハーモニア・ムンディ（Harmonia-Mundi Acustica）」社が制作していました。

最近の低コスト2チャンネル・デジタルレコーダーといえば、DATです。小さなカセットを用いたこの機器も元々は家庭用として開発されましたが、コンパクトで低コストである特質から、今日ではプロ業界で利用されています。

100％の信頼性を確実に保証するわけではありませんがその利便性は、大きなメリットです。CD制作では、レコーダも44.1kHzで録音し、AES/EBUやSDIF-2を利用してデジタル接続でき、編集器で操作出来ます。

図21-15（a）,（b）には、2チャンネルとマルチチャンネルのデジタル・レコーダーの例を示しました。操作性は、従来のアナログ・レコーダーと変わりなく操作出来ます。

9. デジタル音声信号の圧縮技術

音声信号の圧縮技術は、限られたデジタル・チャンネル容量の中で、最適な周波数特性とダイナミックレンジで音声信号を伝送しようとするための技術です。応用範囲としては、放送や限られた伝送容量の有効利用、将来の家庭でのデジタル・フォーマットなどが

Section 6　録音メディア

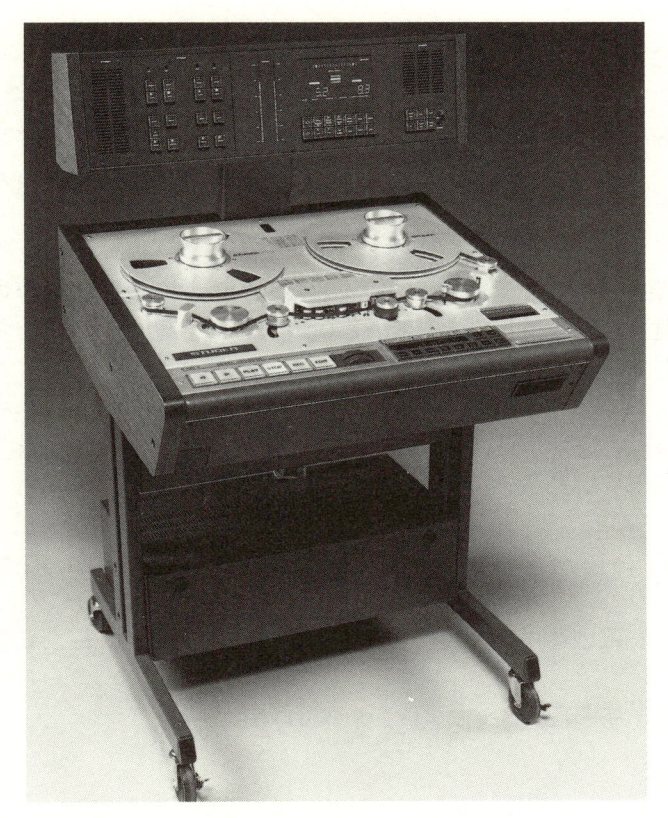

(a)

(b)

図21-15　(a) 2トラック・デジタルレコーダー(スチューダールボックス社)
　　　　　(b) 48トラック・デジタルレコーダー(ソニー社)

考えられています。
　現在実用化されている例としては、以下のような応用があります。

　a．ADM（適応差分変調）は、信号の相互差のみをエンコードし、その分容量を節約しようという変調方式で、差分の抽出期間は、信号のレベルによって規格化されています。

　b．帯域分割量子化は、量子化を均一に行なうのではなく、周波数帯域を分割し、人間の聴覚特性を考慮してその帯域毎に最適な量子化を行なうことで容量を節約しています。

　c．直線予測化技術は、話声や楽音のスペクトラムが、その予想可能な連続性を持っていることから、結果を予測することで記録容量を節約しています。

　こうして圧縮したデータ量は、大変な節約となり16ビットであれば1/4圧縮をすると4ビットの容量で済むというメリットがありますが、反面アナログのノイズリダクション動作でも聞かれたような音質変化も伴うので、この分野は、さらに進歩改良が待たれます。

10. トータル・デジタル・スタジオへの展望

　デジタル・レコーディングは、優れたデジタル機器を生み出しました。次の課題は、すべての系統全体をデジタル化することにあります。デジタル信号内での合成やダイナミックス・コントロール、イコライジング、リヴァーブ処理がたちどころに可能となり、録音もすべてデジタルとなることでシステムの統一が図られます。こうなれば、アナログとして残る部分は、入り口のマイクロフォンと出口のモニタースピーカーのみとなり唯一音響とデジタルの境界線となります。現在はDAW（デジタル・オーディオ・ワークステーション）システムとしてPC上で実現しています。
　オペレーションを行なう立場でいえば、トータル・デジタル・スタジオが実現した場合でもその環境は、今日の最先端スタジオの環境と大差ない様子であって欲しいものです。そのうえで、複雑な現在のコンソールが、シンプルな操作性と合理的なサイズに収まっているのが望ましい姿だと考えます。
　今日のすぐれたコンピューター・アシスト・コンソールには、そうした予兆を感じさせるモデルがすでに登場しています。
　最終的なリスナーにとってのメリットは、スタジオで一度A/D変換された信号が家庭でD/A変換されるまで、同じデジタル領域の中で処理されるという点にあるでしょう。今日それを可能にしているのはダイレクト2chステレオ録音のディスクですが、まだマルチチャンネル録音では多く実現していません。
　図21－16に示すのは、イギリスのルパート・ニーヴ（R. Neve）が発表したデジタル・オー

ディオ・コントロール・システムの例です。スタジオの音声信号は、極力早い段階でデジタルに変換し、以降デジタル信号のままで製品が出来上がる流れです。スタジオ・モニタリングと家庭での再生のみがD/A変換されています。

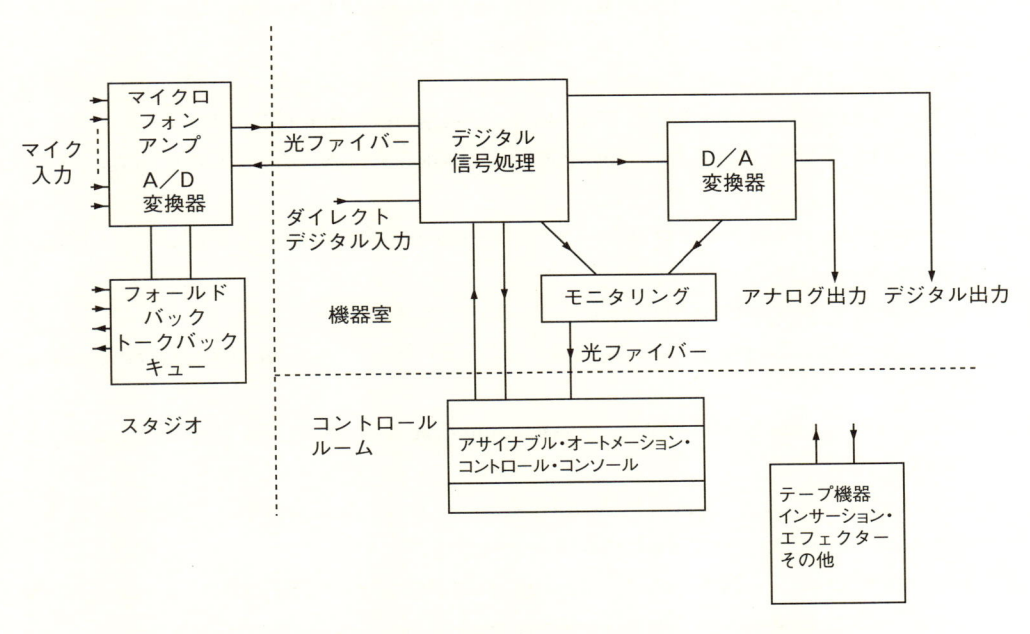

図21-16 トータル・デジタル・スタジオ（ルパート・ニーブ氏提供）

〈第21章〉　［参考文献］

1. B. Blesser, "Digitization of Audio," *J. Audio Engineering Society*, vol. 26, no. 10 (1978).
2. J. Bloom, "Into the Digital Studio Domain," *Studio Sound*, vol. 21, no. 4/5 (1979).
3. J. Borwick, *Sound Recording Practice*, Oxford University Press, New York (1987).
4. M. Camras, *Magnetic Recording Handbook*, Van Nostrand Reinhold, New York (1988).
5. E. Engberg, "A Proposed Digital Audio Format," *db Magazine*, vol. 12, no. 11 (1978).
6. R. Ingebretsen, "A Strategy for Automated Editing of Digital Recordings," presented at the 58th AES Convention, New York, 4-7 November, 1977.
7. M. Lambert, "Digital Audio Interface," *J. Audio Engineering Society*, vol. 38, no. 9 (1990).
8. H. Nakajima et al., *Digital Audio*, TAB Books, Blue Ridge Summit, Pa. (1983).
9. H. Nyquist, "Certain Topics in Telegraph Transmission Theory," *Transactions of the AIEE* (April 1928).
10. A. Oppenheim, *Applications of Digital Signal Processing*, Prentice-Hall, Englewood Cliffs, N.J. (1978).
11. K. Pohlmann, *Principles of Digital Audio*, H. Sams, Indianapolis (1985).
12. H. Rodgers and L. Solomon, "A Close Look at Digital Audio," *Popular Electronics* (September 1979).
13. C. Shannon, "A Mathematical Theory of Communication," *Bell System Technical Journal* (October 1968).
14. K. Tanaka, et al., "A 2-Channel PCM Rate Recorder for Professional Use," presented at the 61st AES Convention, New York, 3-6 November, 1978.
15. Y. Tsuchiya et al., "A 24-Channel Stationary Head Digital Audio Recorder," presented at the 61st AES Convention, New York, 3-6 November, 1978.
16. J. Vanderkooy and S. Lipschitz, "Resolution Below the Least Significant Bit in Digital Systems with Dither," *J. Audio Engineering Society*, vol. 32, no. 3 (1984).
17. R. Warnock, "Longitudinal Digital Rcording of Audio," presented at the 55th AES Convention, New York, 24 Octover-2 November, 1976.
18. J. Woram, *Sound Recording Handbook*, H. Sams, Indianapolis (1989).
19. J. Woram and A. Kefauver, *The New Recording Studio Handbook*, Elar, Commack, N.Y. (1989).
20. *Digital Audio*, Collected papers from the AES Conference, Rey, N.Y. 3-6 June, 1982.
21. *High Quality Four Bit Digital Audio*, product bulletin produced by Audio Processing Technology Ltd., Oxford, UK.

Section 7　スタジオ制作

第22章　クラシック録音と制作
1．はじめに
2．音楽録音制作にまつわる事柄
3．スタジオ録音と現場録音
4．ステレオ録音とマルチチャンネル録音
5．楽器が持つ音響特性
6．ソロ楽器の録音
7．室内楽の録音
8．室内楽オーケストラの録音
9．大編成オーケストラの録音

第23章　ポップス録音と制作
1．はじめに
2．スタジオ
3．ステレオ空間の創出
4．マイクロフォンの選択と配置
5．残響と空間表現
6．ジャズ録音
7．大編成スタジオ・オーケストラの録音
8．ロック音楽の録音
9．録音の段取り

第24章　スピーチ録音
1．はじめに
2．一人の場合の録音
3．対談形式の録音
4．ドラマ録音

Section 7　スタジオ制作

第22章　クラシック録音と制作

1. はじめに

　ここでは、クラシック音楽を制作する上で必要な音楽的、技術的な知識について述べます。例えば録音に最適な場所の選定、セッションの計画、その音楽に最適なマイクロフォン・アレンジ、機材、スタッフ構成といったことが含まれます。

2. 音楽録音制作にまつわる事柄

(1)　制作コスト

　アルバムを録音するに先だって、以下のような経済性を考えておく必要があります。

1. 人々に受け入れられる内容か。アルバムの独自性、また同様な内容のものがすでにあった場合十分対抗できるか。アーティストやオーケストラの名前は、一般に良く知られているか、または一定の評価が得られているか？

2. 録音から完成マスター制作までにかかる費用と期間の配分は適切か？ オーケストラ録音にかかる費用は、数百万円にもなるのでバランスの良い予算配分になっているか？

　これらの項目を検討し、満足出来る回答であれば、次の課題は、実効責任者となるプロデューサーを決めなくてはなりません。

(2)　プロデューサーの役割

　プロデューサーは、次に述べるような仕事の責任者です。

1. セッションのための予算を用意し、赤字を出さない範囲で遂行する。

2. どのようにセッションを進行するのが良いかアーティストや指揮者と話し合う。例えば時間配分、内容は、実際の演奏のままで良いのか、またそれらをうまくまとめて短いほうがいいのか‥‥。

3. どのようなサウンドとして捉えるか？ これをエンジニアと検討し、優れたエンジニアの経験と助言を得る。例えばステレオ録音で、どのような楽器配置が最適か？ 直接音と間接音の配分は？ など。また優れた作品制作を行なうためにはプロデューサー

とエンジニアの間で方向性を統一し、共通コンセプトに基づいて進行することが大切です。

4. セッション中の音楽監督、アドバイザーとしての役割。良い録音のためには、予めスコアを勉強し、実際の録音現場では、録音テープにクレジットを入れたり、トークバックでスタジオと話したり、演奏時間のラップを取るという細々した仕事と、各章毎のスコアを入念にチェックする必要があります。
   音楽上の要求を満たすために、相手とスムースな交渉を行ない、進行につれて臨機応変な対処をしなければなりません。そうして限られた録音時間を有効に使い切ることが大切な役割です。

5. 編集、ポスト・プロダクションでの音楽監督としての役割。プロデューサーは、すべてのプロジェクトの代表であり、その資格と責任に十分値する人でなくてはなりません。どのような状況でも冷静で、明確な判断と的確な指示が出せ、時に厳格な威厳で振る舞わなくてはなりません。

(3) エンジニアの役割

エンジニアは、次のような責任を持っています。

1. 録音現場の下見と状況分析。
   録音場所を選定する際、周囲の騒音の程度、内部の音響条件、演奏条件などをチェックします。

2. 技術関係のスタッフの取りまとめと、録音機材の安定運用。
   特にセッションの間でトラブルが発生した場合の適切な対処。

3. プロデューサーが考えるアイディアやイメージを具体的な音に具現化する能力。マイクロフォン選択、配置、数量など音楽上プロデューサーが要求することを十分実現するプランの策定。プロデューサーはこの部分の多くをエンジニアに委ねているので綿密な策定が必要です。

4. セッションでのミキシングと音声機器のコントロール

5. ポスト・プロダクションでのプロデューサーとの共同作業。
   これは、各段階で専門のエンジニアが担当しますが、特にプロデューサーが求めた場合は、その限りではありません。

何か問題点が生じた場合、プロデューサーと同様にエンジニアも技術的な立場から解

決のための方法や判断を示さなくてはなりません。そのためには自分が扱う機器を熟知しておかなくてはなりませんし、多くのセッションをまとめた場合の音質統一にも神経を配らなくてはなりません。

(4) スタッフ構成

小さいレコード会社では、プロデューサー／エンジニア兼務と言う場合もありますが、それでも機器の準備や操作にはアシスタントが必要です。ソロの録音で、スケジュールにもゆとりのある場合を除き、オーケストラ録音やオペラでは、プロデューサーもエンジニアにもそれぞれをサポートするアシスタントが必要です。

3. スタジオ録音と現場録音

クラシック音楽では、豊かな残響と十分な空間が求められます。しかし、こうした条件を満たすスタジオは、アメリカを例にしても限られており、録音には、さらに人工的な響きの付加をして補正しなければならない場合がほとんどです。このため録音は、スタジオではなくホールなどの外部で行ないます。

オーケストラのミュージシャンは、通常の演奏会場での録音を好みますが、そこが録音に最適とは必ずしも言えません。残響が2.0〜2.5秒と言った最適値ではないからです。張り出し舞台(proscenium)や反響板(deep orchestra shell)が大きい場合も条件として最適ではなく、演奏には良くても録音には不必要な場合があります。

アメリカでは、録音に教会、ボール・ルーム、大きな会議室などが利用され、おおむね建立年代が古く内装がコンクリートや石膏といった材質です。

しかし、立地条件からすると、時に周囲騒音が多く、季節による寒暖の差の多い等、やりにくい場所であったりします。逆に新しい建物は、環境条件は快適ですが、音響条件は、デッドで響かないと言ったケースが多く、いずれにしても良い録音現場を見つけるのは容易ではありません。

以下に場所の選定で注意すべきポイントを述べます。

1. 十分な空間があり、もし響きすぎの場合は、布やシートなどで残響を抑えることができ、逆に少ない場合は、客席に反射板を置くなどしてコントロール可能か（エンジニアによっては、客席にプラスティック・シートをかぶせ高域の反射を増強するといった方法を取る場合があります）。

2. ホールにステージ部分がある場合、音響的にプラスに作用しているかまたはさらに拡張する必要があるか。

3. 空調騒音は支障のない程度かまたは、録音中は停止可能か。

4. 演奏者が演奏しやすい条件を備えているか。

5. コントロール・ルームと演奏場所の距離はどれくらいか。これは、指揮者やアーティストが何度も足を運ぶ上で負担にならない距離か。

6. 空調騒音以外の騒音源があるか。外部騒音については、少なくとも1週間はチェックしどんな変化があるのかをチェック。
建物内の騒音源については、録音期間中どんな催しがあり、それは録音に支障があるのかどうか。こうした騒音対策では、時に公共機関の協力を求めることも必要。

7. 電源事情のチェック。容量は十分か、多少の電圧変動に耐えられるか。

現場録音では、外来ノイズの防止にスタジオとは比べものにならないくらい注意を払う必要があり、またその解消もエンジニアの大きな責任です。
録音現場とコントロール・ルームを映像回線で結んでおくのもスムースな進行の上で有効です。両者の動きが分かりますし、小編成であればアーティストの動きを見ることで録音に役立ちます。また大規模なオーケストラやオペラでは、指揮者とプロデューサー間に専用の連絡系統を準備することで、さらに細やかなニュアンスの打ち合わせが可能となります。例えばソリストのイントネーションや演奏法(diction)について、どのような方向が良いかといったことを能率良く打ち合わせ、進行することが出来ます。
スタジオ録音であれば、こうした悩みは、問題なく進行出来るよう設備されていますが、反面十分な容積が取れないため響きの補正にリヴァーブ付加と言った人工的な処理を加えなくてはなりません。ですからスタジオ録音は、比較的小規模な編成の録音に適しています。

4. ステレオ録音とマルチチャンネル録音

クラシック音楽の多くは、録音時に2chステレオに直接ミキシングすることが出来ます。しかし、ポスト・プロダクションで、微妙なバランスの修正を行なう場合は、マルチチャンネルで録音します。今日でも多くのプロデューサーやエンジニアは、オーケストラのような大編成録音でも直接ステレオ録音しますが、それは、録音以前の元々のバランスが確立し、よく練られている場合です。こうした録音では、少ない数のマイクロフォンで十分対応出来ます。
プロデューサーによっては、ポスト・プロダクションで、微妙なバランスの変更をしたいと考える人もいますが、そのためのコストは、決して安くはなく、またアーティストや指揮者との間で意見の相違が出る場合もあり、我々は何が一番重要かを常に考える必要があります。
オペラのような音楽では、時間の有効利用とバランスの完璧さのためにマルチトラック録音が有効です。
このようにして最適なポイントを押さえた録音が可能となります。

Section 7　スタジオ制作

5. 楽器が持つ音響特性

　楽器からでるエネルギーの大部分は前方、または頭上に放射されます。しかし放射特性は、周囲環境と密接な関係があり、特に床からの反射を考慮することが必要です。エンジニアは、こうした反射をうまく利用しなければ良い録音が実現出来ません。楽器の指向特性は、低中域で全指向性、高域で楽器に応じた高域指向特性を持っています。金

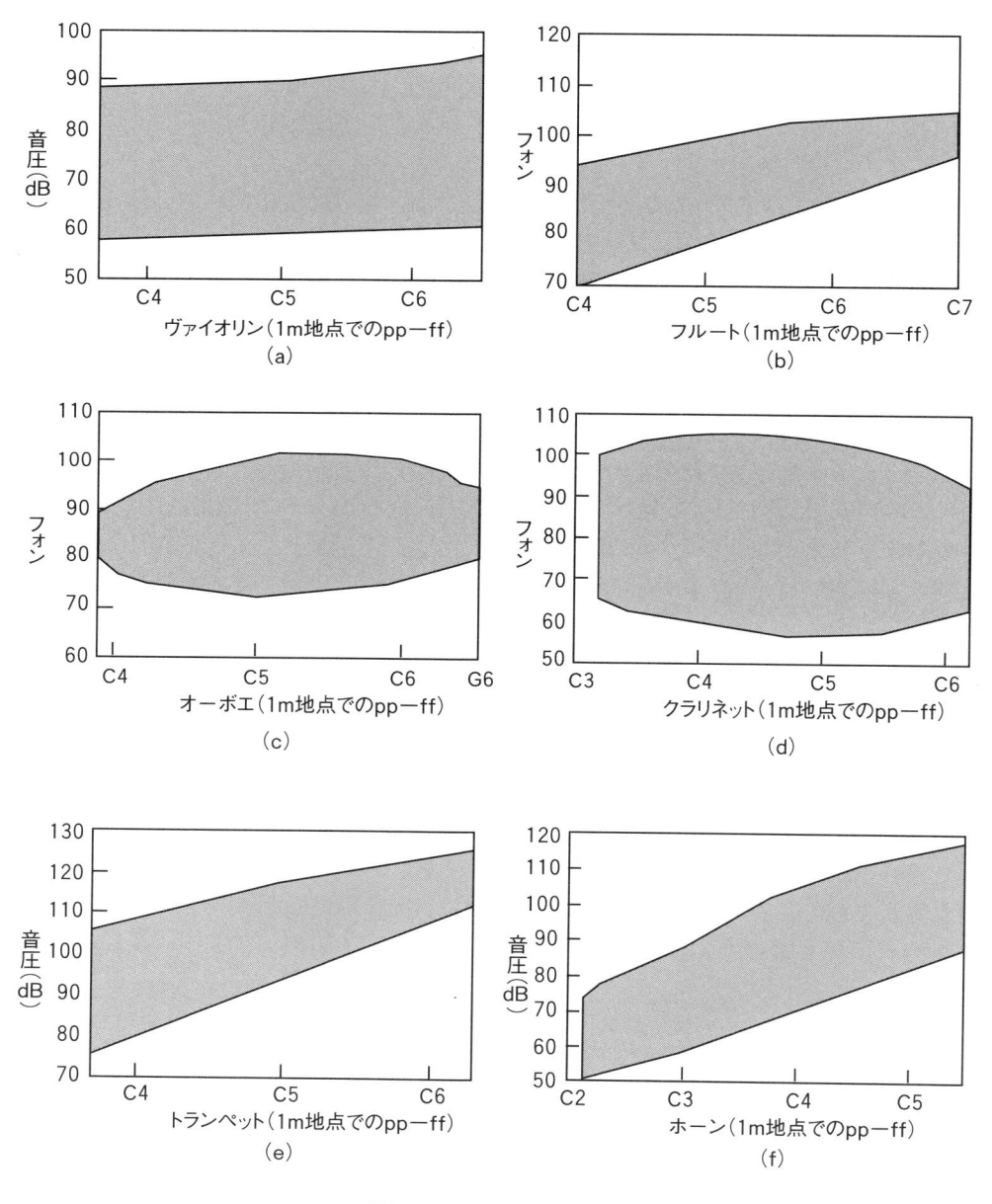

図22-1　楽器別周波数分布

管楽器はベルの向いている方向に沿ってエネルギーが放射され、弦楽器ではさらに複雑な放射特性となります。弦楽器録音では、頭上にマイクロフォンをセットするよりやや前方にセットする方が弦の艶やかさを捉えることが出来ます。低域を受け持つ弦楽器は、壁面に対向させたり、奏者の後ろに反射板を立てることで豊かな音を捉えることが出来ます。ピアノやハープシコード系楽器では、明確な存在を確保する上で専用のマイクロフォンを用意することを勧めます。

各楽器が持つダイナミックレンジは、図22−1に示すように我々が考えるよりもはるかに低い値です。弦楽四重奏を例にすると、30dB程度であり、90dBのS/N比を持つレコーダーであれば問題なく録音出来ます。

ピアノは、ハンマーがキーを打った瞬間のみ大きく、35〜40dBです。

これがオーケストラとなると、静かな部分からすべての楽器が鳴った場合のレンジが30Wからマイクロ・ワット以下まで幅広いレンジとなり、ダイナミックレンジで70〜75dBに及びます。ピアニシモ部分はS/N比が低くなるため、アナログレコーダーでは何らかのノイズリダクションが必要となり、デジタルレコーダーの優位性が発揮されます。しかし残念なことに家庭のおける聴取条件は、こうした広いダイナミックレンジをそのまま再生できるほどの環境ではありません。表22−1には様々な楽器、楽器群が持つ音響出力を示しています。

クラシック録音では、レベルコントロールの可否について議論がありますが、現実にはそうしたコントロールはあまり行なわれませんし、必要もありません。

すべての場合にこれが当てはまる訳ではありませんが、例えばFM放送プログラム等では、ダイナミックレンジを最低レベルと最高レベルで3dB位圧縮していますが、録音の段階では、コンプレッサーを用いずにより微妙なコントロールが行なわれています。これは言うまでもなくマニュアル・コントロールに勝るコンプレッサーはないからです。ダイナミックレンジを広いまま家庭で再生した場合の問題は、どこに平均聴取レベルを持っていくかです。あまりレンジを広く取りすぎてもリスナーからは、聴きにくい音楽として受け入れられにくくなります。プロデューサー、エンジニアは、こうした再生環境にも十分考慮しながらバランスの良い録音を行なう必要があります。

音源	最大出力（W）	3.3m地点でのレベル（dB）LP＊①
男性話声	0.004	73 dB
女性話声	0.002	70
クラリネット	0.05	83
ベース	0.16	89
ピアノ	0.27	91
トランペット	0.31	92
トロンボーン	0.6	95
ベースドラム	25	110
オーケストラ	70	105 ＊②

＜注＞　＊①DI=0として測定
　　　　＊②10m地点での測定　　　　　　（クヌードセン＆ハリスによる）

＊Acoustical Designning in Architecture, Americsn Institute of Physics, New York,

表22−1　各楽器の最大出力とレベル

Section 7　スタジオ制作

6. ソロ楽器の録音

　ソロ楽器の録音は、一定の法則といったものよりも、プロデューサーやエンジニア独特の録音手法が多く見られる分野です。

(1)　演奏の環境作り

　ソロ楽器録音は、スケジュール的にかなり余裕のあるセッションです。十分なスケジュールとそれに適した内容を入念なリハーサルの上で行ないます。アーティストとプロデューサーは録音に際し綿密な録音計画を詰めておきます。アーティストが完璧主義者であれば、プロデューサーは、その分編集のスケジュールを多く考えておかなくてはいけませんし、再録音ということも想定しておかなくてはなりません。

　ソリストの多くは、NG部分でやり直して続けていくインサート録音を好む場合が多く、全編を1〜2テイク録音し、プレイバックでどのテイクが最良かを判断します。こうした場合アーティストもコ・プロデューサーとしての責任を担っています。一方でセグメント毎に、短く録音していく方法を好むアーティストもおり、この場合は、常に同一の気分や考え方を保てるかがプロデューサーの大切な役目となります。

　大切なのは、いかにアーティストが気持ちよく、集中しながら演奏できる環境を整えるかにあるといえます。

(2)　楽器の調整

　自分の持つ楽器の音質をすばらしい状態にしておくことも大切なポイントです。ピアノやハープシコードといった大型の楽器では、レンタルする場合が一般的で、この場合、録音に適した特性をしているかどうか良く検討しなければなりません。コンサートであれば一定水準の楽器であれば十分ですが、録音の場合はより厳密な要求を満足した楽器でなくてはなりません。

　ピアノの調律、チューニングは完璧に行なっておくこと。多くのピアニストは自分が使うピアノを選択できる機会が少なく、勢いが良く、コンサートで鳴りの良いピアノを選ぶ傾向がありますが、このタイプは、スタジオ録音に不向きでギラギラしたきつい録音になりがちです。また調律の直後は、良い音でも録音が進むにつれてチューニングのズレを生じる場合もあります。不測の事態に備えて調律師を待機させるなど、ゆとりがあるほうが安心です。またクラシックのエンジニアは最低ユニゾン弦の調律が出来るくらいの知識と工具を優秀な調律師から学び備えておくことを勧めます。

(3)　空間の録音とステレオ・イメージの作り方

　ステレオ録音の基本方向はエンジニアとプロデューサーが事前に検討しておきますが、その時に考慮すべき項目を次に述べます。

1. ステレオ音場の中でソロ楽器をどのくらいの音像として位置づけるか？
ギターなどの小型の楽器をステレオ音場いっぱいに拡げることはお勧めしませんが、ピアノなどの大型楽器ではそうした配置も不自然ではありません。

2. 楽器の直接音と間接音をどのようにバランスさせるのか？残響時間は、どのくらいが最適か？こうした検討要因には、作品の歴史的経緯やリスナーがどのように受け止めようとしているのか、例えばギターはクリアーなバランスなのか、またリストのピアノ作品であればコンサートホールのような音が必要だといった予測も必要です。

シンプルなマイク・セッティングで十分ソロ楽器録音が出来ますが、多くのマイクロフォンを用いて綿密な予測と優れたバランス・テクニックがあれば、すばらしいレコーディングが可能です。しかしポイントは、マイクロフォンの数ではなく、それらをどのように使いこなしているかにあります。

(4) 演奏形式と楽器の扱い

録音のために自分の演奏スタイルを変えるべきだろうか？という質問が演奏者からよく出されます。録音だからといって表現のためのダイナミックスを変えると演奏者自身が持っている楽器に対する演奏感覚を乱す恐れがあります。しかし、以下の点は、録音時に変更することがあります。

1. ピアニストは、アナコーダと呼ぶ軽量ペダルを使い、ダイナミックスや音質を変えることが出来ます。

2. 調律を変化させるための器具の使用。オルガンやハープシコードでは、録音内容に応じて調律を変えます。

3. パーカッション奏者が録音内容に応じて叩くマレットやハンマーの硬さを変えます。

こうした判断は、音楽的な理由に基づいて行なわれ、大きなコンサートホールでも行なわれますが、近接マイクロフォンで録音する場合との音響条件の相違を把握しておかなければなりません。プロデューサーやエンジニアは、楽器の撥音原理や楽器の製品別、年代別の特徴などについて十分な知識を持っていることが必要です。

(5) ピアノの録音

クラシック音楽のソロピアノを録音するのは容易ではありません。現代の録音は、ピアノが持つワイドレンジと空間性を誇張しすぎるあまり、良いコンサート・グランドピアノの選択という基本を軽視しているといえます。
　良いコンサート・グランドピアノは、決して派手でギラギラした音をしていません。

Section 7 スタジオ制作

図22-2には、ピアノのステレオ空間の適切な拡がりを示しています。音像は左右スピーカの両端まで一杯に広がらず全体の1/2～1/3の空間を占める程度が適切で、響きの成分は、空間全体に響きわたるバランスが適切です。一般的にピアノの高域成分は、スピーカ中心から左側に、低域成分は、右側に分布するような定位が好ましいといえます。

録音に使うマイクロフォン・セッティングは、同軸または同軸に近い形態のセッティングで、**図22-3**に示すような距離と高さで配置します。**図22-4**には、各種同軸マイクロフォンが持つ直接音と間接音成分の捉え方を示しました。マイクロフォンの指向性パターンを変えると音源との前後収音関係が変化するため、直接音と間接音の比率を変化させることが出来ます。単一指向性や両指向性に加えその中間の指向性を持つマイクロフォンは、より自由度の高いセッティングを行なうことが出来ます。

最適な音響空間を捉えるためのポイントは、マイクロフォンの開き角、ピアノとの距離、そしてマイクロフォン自体の指向性パターンにあります。

基本に忠実なセッティングだけが最善というわけではありませんが、新しい試みを行なう場合は、録音に先だって予備実験を行なっておくのがよいでしょう。

エンジニアやプロデューサーは、録音に特別なマイクロフォン・セッティングを行なう場合がありますがその時は、響きの量がどれくらいになるかを判断し、場合によっては普段

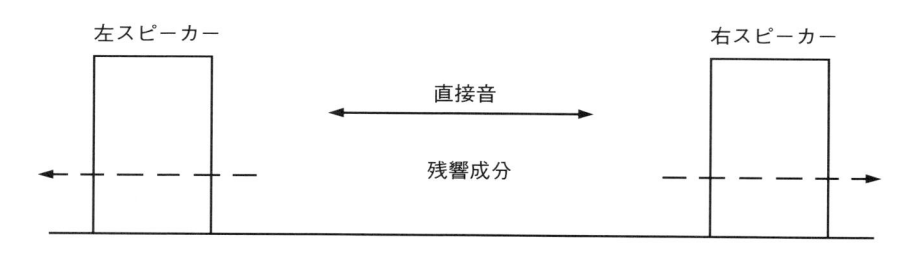

図22-2　ピアノの音像配置

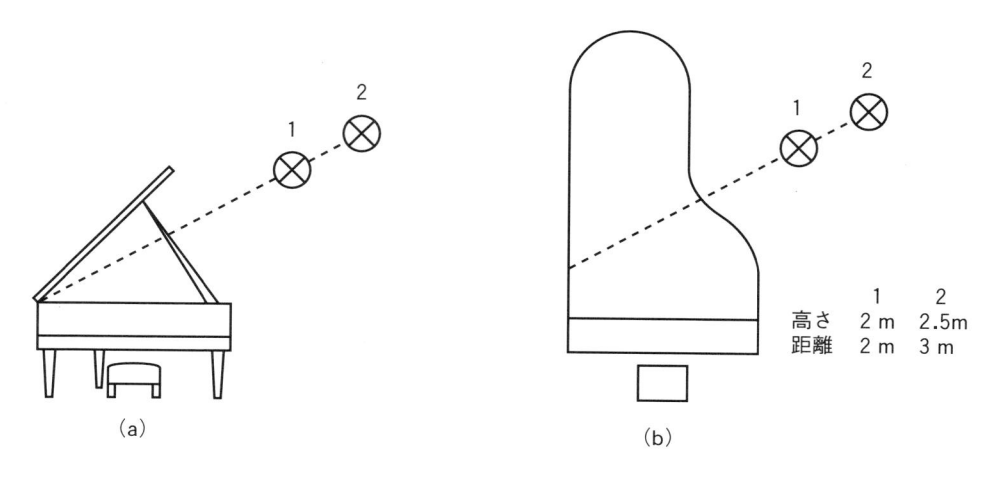

	1	2
高さ	2 m	2.5 m
距離	2 m	3 m

図22-3　ピアノ録音のマイキング

より後ろにマイクロフォンを下げるとか、またはもう1本の響き専用のマイクロフォンを立てて、補うといった方法等も必要です。

　L－C－Rの3ポイント・マイクロフォンによる録音をピアノに使用するときは、音像が実際よりも大きくならないように注意して下さい。センター・マイクロフォンのレベルが上がりすぎると音像も残響感も狭くなります。逆にセンターレベルが少ないと、ぼけて広がった音像となります。ペア・マイクロフォンを1m以内にセットした場合は、大変存在感のあるピアノを捉えることが出来ますが、全体の音域を正確に捉えることが難しくなります。こうした録音は、印象派の音楽録音などでは効果的です。

　エンジニアによっては、ピアノの上蓋を外して録音することがあり、ピアノが反響の多いステージ等にセッティングされた場合は、有効な方法です。その場合、マイクロフォンはピアノの響板から2～3m上から下向きに配置し、得られる音は大変豊かですが、やや空間性に乏しくなります。

　ピアノ録音では、サウンド・チェックのために正確なモニター環境を用意することが不可欠です。様々な音楽的要素は、その空間が鳴っている演奏の場で決められるわけですから、微妙な残響成分を検知し注意深く演奏を聞くことがまず第一優先です。ピアノはとてもダイナミックレンジが広いので、適切なレベル設定をしないと録音がオーバーレベルとなります。デジタル録音では、そのダイナミックレンジの広さから、あまり心配することはないですが、アナログ録音では、ノイズリダクションを併用したり、注意深いレベルコントロールが必要です。

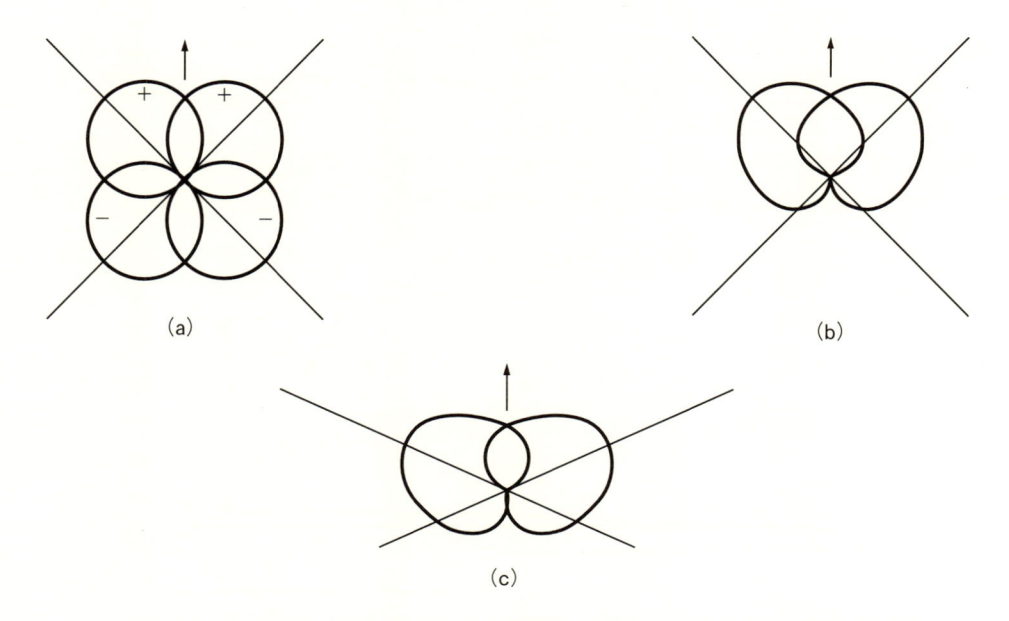

図22－4　音像幅と響きをコントロールするための同軸マイクロフォンの開き角と指向性
　　　　　(a)は90度角で組み合わせた両指向性マイクロフォン。音像は平均的で残響は多い
　　　　　(b)は90度角の単一指向性マイクロフォン。音像は狭く残響も少ない
　　　　　(c)は131度角の単一指向性マイクロフォン。音像は平均的で残響は少ない

Section 7　スタジオ制作

(6)　ハープシコードの録音

　ハープシコードの録音には、先程のピアノ録音手法がそのまま当てはまります。多少の相違点は、ピアノが比較的現代に制作された楽器で、機構的に静かで調律も容易であるのに比べ、歴史の長いこの楽器は機構部のノイズが高いという点に注意しなければなりません。マイクロフォンを近接するにつれて、アクション・ノイズも多くなり、指向性が強まるにつれて増大します。
　これを軽減するには、50～80Hzで急峻なカットオフ特性を持つハイパス・フィルターが有効です。
　良い録音を得るためには、響きの優れた18世紀の建物などが適しており、ピアノに比べて高域とアタック音が多い分だけこうした響きの多い場が適しています。

(7)　ギターとリュートの録音

　ギターやリュートは小型の楽器のためのマイクロフォン・セッティングは近接配置となります。音像幅は、ステレオ空間の1/3程度が適切で、同軸かそれに類した収音が行なわれます。リヴァーブは、音場と楽器がうまく融合でき、楽器の深みをだす程度で十分で、時間で言えば1.0～1.5secと言った短めのリヴァーブ・タイムで使用します。
　ギターの最低弦は、"E"で82Hzです。**図22—5**には、ステレオ録音の配置例を示します。単一指向性のマイクロフォンを使った場合低域での不要な音の上昇が認められる場合は、少しシェルビング・カーブのイコライザーなどでカットします。
　録音は響きの少ないスタジオで録音しても、品質的に十分なリヴァーブによる残響がうまく作用する楽器なので問題ありません。この場合リヴァーブ成分は、5～6kHz以上を落とした特性にしておくと馴染みやすいでしょう。
　演奏中に弦を引っかくタッチ・ノイズが出ますが、あまり神経質になることはありません。マイクロフォンを離すことで軽減出来ますが、他の楽器とのバランスも考えて加減して下さい。

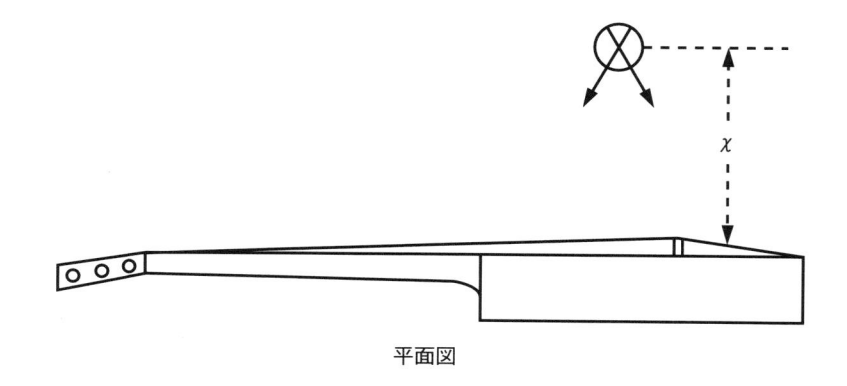

平面図

図22—5　ギター、リュートの録音
　　　　　マイクとの距離は1～1.5m

これらの楽器は、適度なダイナミックレンジを持つ楽器ですから、大変録音しやすい楽器といえます。

(8) ハープの録音

よく調律されたハープと優れた演奏者がいれば、この楽器からは不快な音など出るはずがありません。ですから、マイクロフォンの配置も無限の手法があるといえます。注意点があるとすれば撥音が小さく、距離を離す割には、ノイズが減らないと言う点です。

図22—6には、録音の一例を示します。適度な音像幅が得られますが、その心地よい音は、時としてプロデューサーにステレオ音場いっぱいに拡げた音像を思い起こさせるほどです。録音では、楽器の持つ減衰特性の性質上、リヴァーブを少し付加するのが適当といえます。

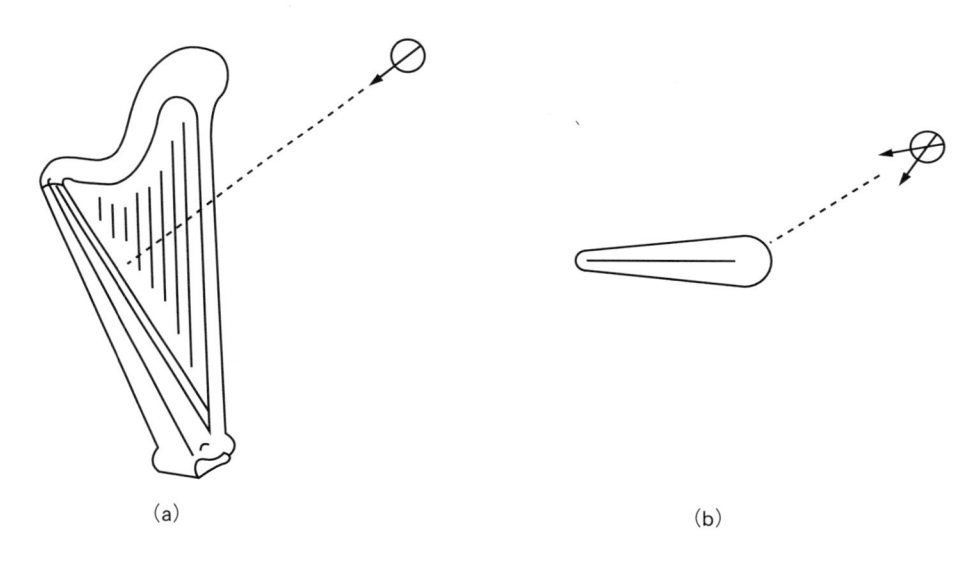

(a) (b)

図22—6　ハープの録音
(a)マイクロフォンはどちらか一方よりねらい距離は1～2m、(b)は平面図

(9) パイプ・オルガンの録音

パイプ・オルガンの形態は、持ち運び出来る小型のものから、多層構造で空間を埋め尽くすまでの巨大なものまで様々なタイプがあります。パイプ・オルガンが設置されている場所は、礼拝堂である場合が多く、その建物の作り出す長い響きは効果的な音色を作り出すのに適しています。この残響時間は、2.5～4.0secの範囲で時に6.0secを超える長い響きを持った大聖堂や教会もあります。

こうした長い残響は、宗教的な厳かさを醸し出すには有効ですが、録音となると逆の要因になります。

現代のオルガンの多くは、18世紀北ドイツのオルガンにその原型があり**図22—7**に示す

Section 7　スタジオ制作

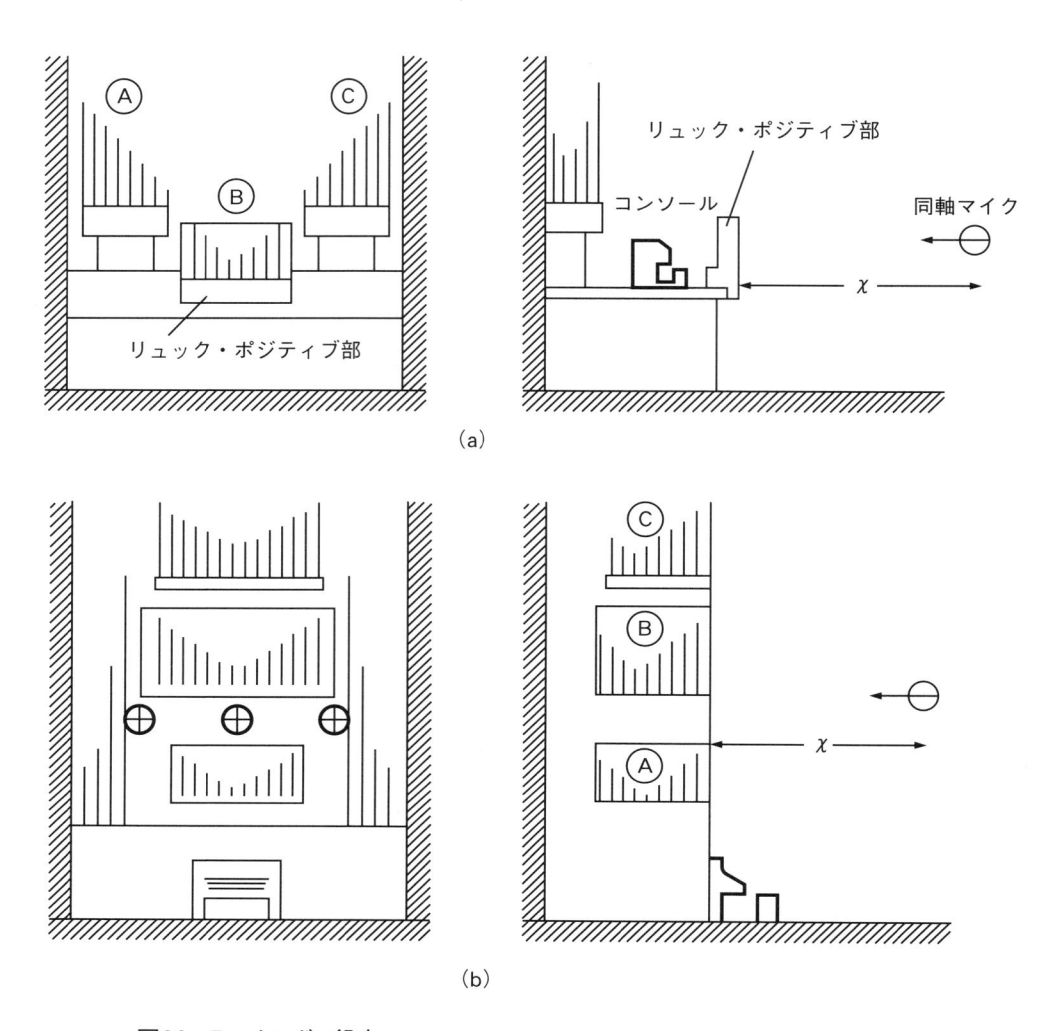

図22-7　オルガン録音
（a）は後部客席からのマイキングオルガンユニットは左から右に配置
（b）はオルガンユニットが垂直に配置された場合

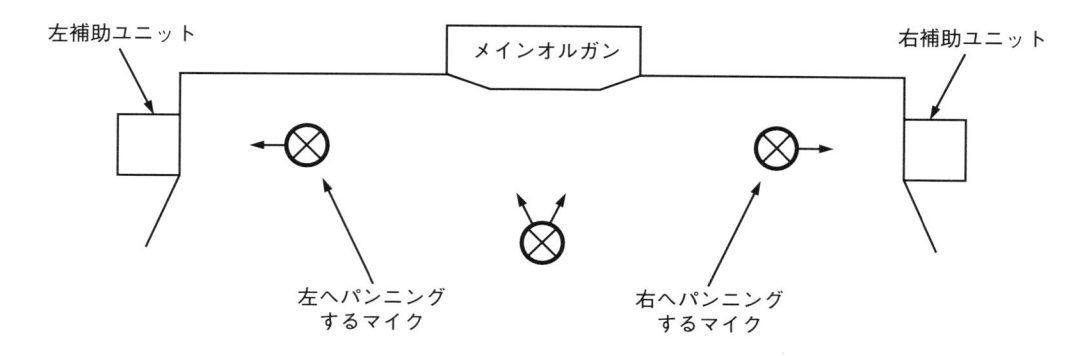

図22-8　大規模オルガンの録音

2通りの配置があります。

　(a)の配置は、教会の回廊に置かれる場合。デザイン上重要なのは、他の部分から切り放されて設置されているリュック・ポジティブ(ruck-positiv)、これは演奏者の上方に設置されている鍵盤1段分のパイプ部です。この部分はステレオ収音の場合にステレオ感がよく録音出来ます。同軸のステレオ・マイクロフォンをここに設置すると、ちょうどセンターにくる位置となり、左右のパイプ部よりも前に出ていますので、空間の奥行きも出ます。この関係を分かった上でマイクロフォンの位置を決めると効果的で、ここから3〜6m(x)離れた付近がポイントの目安となります。エンジニアによっては、第5章5項で述べたようなラインタイプのマイクロフォンを追加して、高域まで録音する方法もあります。響きが十分でない場合は、響き専用のマイクロフォンを設置して、追加すると良く、その場合オルガンの高さの平均を目安にセッティングします。

　(b)に示したのは、教会の正面に設置されるときの配置です。各パートは縦に重層構造配置されています。こうした配置はステレオ録音では効果的とは言えずマイクロフォンのセッティングを工夫することでステレオ感を出さなくてはなりません。6m間隔で設置したL－C－Rの3定位方式は、有効な結果を得ることが出来ます。この場合センター・マイクロフォンのレベルを上げすぎると巨大なモノフォニック音像となるので、くれぐれもレベル配分には注意して下さい。マイクロフォンの指向性は、響きの多い場合に、指向性の強いマイクロフォンにすると言ったように状況に応じて選択します。

　マイクロフォンを上下縦方向に配置すると言った方法も特殊ですが行なわれます。この場合はステレオ的な音の拡がりを優先した配置ではなく、あまり一般的ではありません。

　パイプ・オルガン自体が巨大で水平方向に大きく広がっているようなときは、一対のマイクロフォンだけで十分カバーすることが出来なくなります。こうした場合、補助マイクロフォンを追加して、それらはパンニングにより定位を決めます。この例を**図22－8**に示します。

　パイプオルガンの醍醐味は、超低域の録音にあるといえますが正確な録音のためにはこうした低域を十分再生できるモニターを用意しなければなりません。周波数的には25〜30Hzまで伸びていますので、エンジニアはそうした音が正しく録音できる位置にマイクロフォンがセッティングされているかどうかを注意する必要があります。

7. 室内楽の録音

(1) 室内楽の定義

　ここで述べる室内楽は、2人から最大12人編成で行なわれる楽曲です。楽曲のみのソナタやピアノ歌唱曲もこの中に含まれます。また各パートを1人で受け持ったオクテットや大きな編成の演奏もこの範囲に含まれます。

(2) 室内楽の演奏形式

プロデューサーやエンジニアは、様々な時期の音楽的な背景に関心を持っていなければなりません。例えば、バロックや古典派の音楽は、現代の音楽に比べて豊かな響きが必要です。19世紀の音楽には、音楽の構成上豊かさが求められ、それは言い換えれば、中低域の量感がなくてはならないといえます。演奏形式がこうした要素を再現するポイントであることに加えて、録音会場や適切なマイクロフォンの選択も大切な要素です。宗教音楽では、一般音楽に比べて特に豊かな響きが求められます。

(3) 室内楽の演奏者の配置

コンサートの演奏では、ソロ演奏者は聴衆の方に向かいますが、録音では必要に応じて最適な配置を取ることが出来ます。配置は、お互いの視線が見え、かつバランスの良い配置を心がけ、演奏者は、いつもと異なった配置に早くなれるよう心がけなくてはなりません。エンジニアは録音の前に、最良な録音のための様々な可能性について検討するとともに、プロデューサーとも緊密な打ち合わせを行なっておきます。こうすることでミュージシャンが十分受け入れられる配置が決まります。

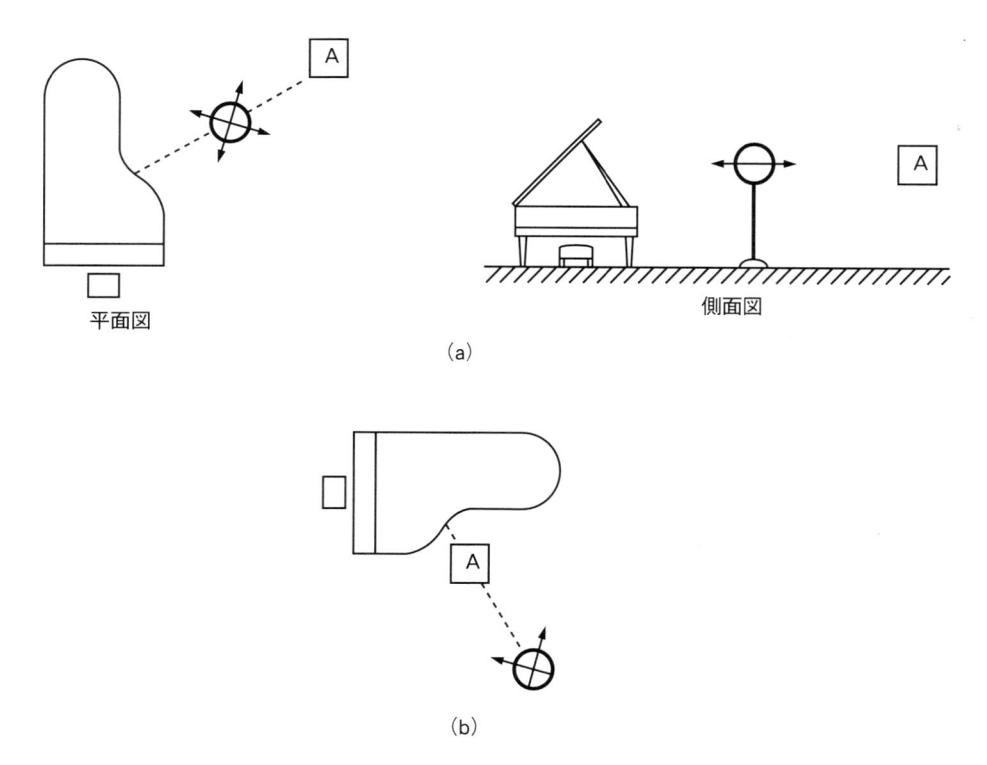

図22－9　ピアノとソロ楽器の録音
　　　　（a）は両指向同相マイクロフォンの例、（b）は単一指向性同軸マイクロフォンの例

（4） ピアノとソロ楽器またはヴォーカル

図22−9(a)には録音上のバランスも良く、演奏者の呼吸も合う配置の一例を示しています。ピアニストはピアノの蓋を一杯に開き両者のバランスは、マイクロフォンとの距離で決めます。こうした場合、両指向性のマイクロフォンが適していますが、マイクロフォンの正極性をどちらの向きにするかという疑問については、エンジニアが多くの経験から決めており、両者の音質差もあまり問題になるほどではありません。

図22−9(b)に示すのは、最も典型的な録音配置です。木管楽器とピアノと言う構成の場合ピアノに近づいた方が演奏しやすく、楽器からの放射特性が広いため図のようなマイクロフォン配置でも問題なく、演奏者の目線も確保出来ます。バランスは、マイクロフォンとの距離で調整します。

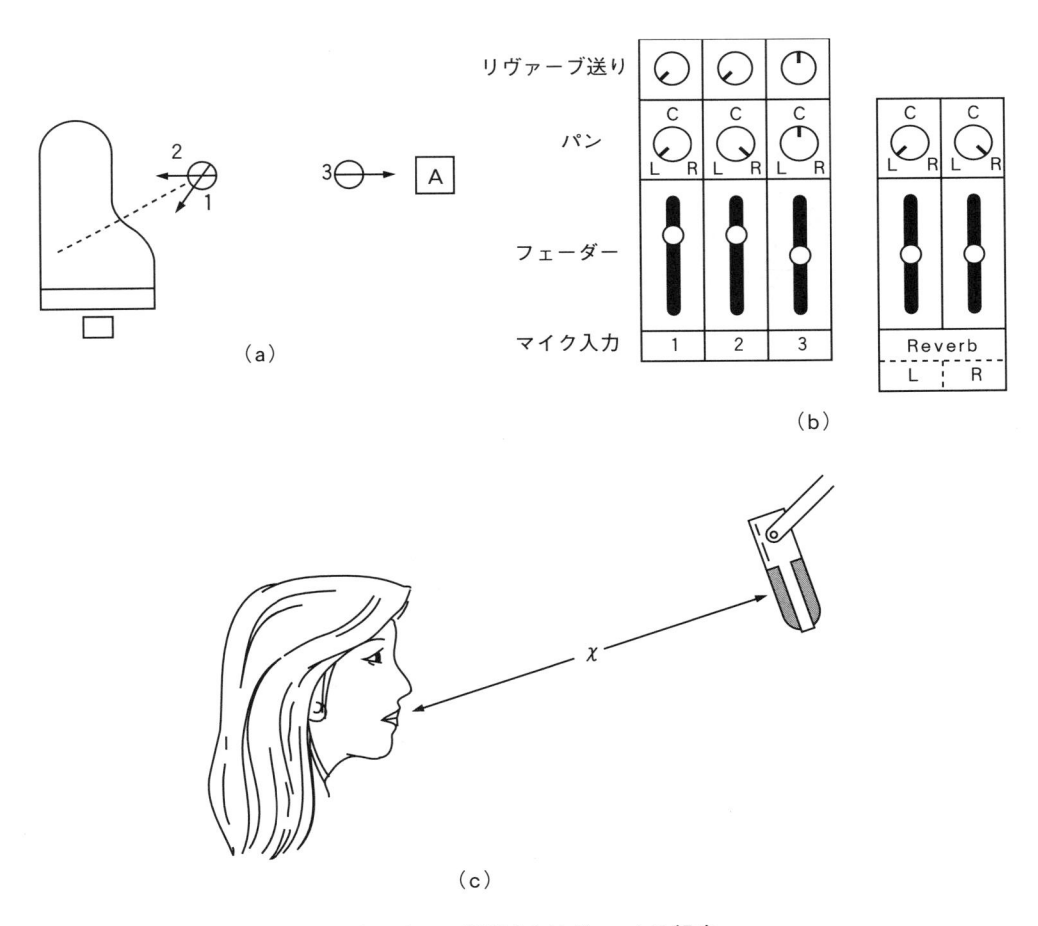

図22−10　ピアノとソロ楽器またはヴォーカル録音
　　　　　(a)は配置例、(b)はコンソールのレイアウト
　　　　　ピアノは左右にパンニングしリヴァーブは付加はしない
　　　　　ソロはセンターにパンニングしリヴァーブを適度に加える
　　　　　(c)はヴォーカルのマイクロフォン配置例、距離 χ は0.5〜1.5m

Section 7　スタジオ制作

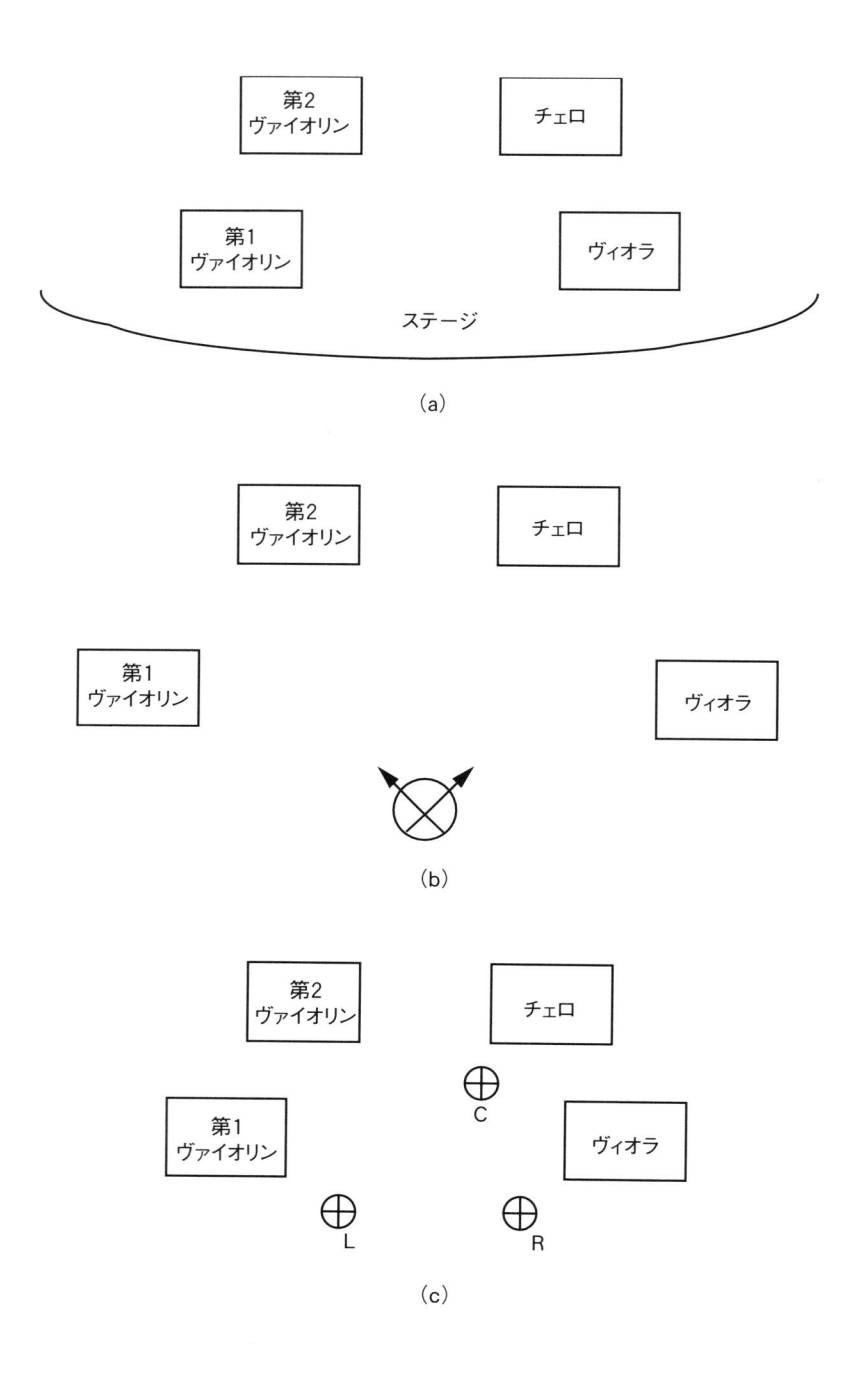

図22－11　弦楽四重奏の録音
　　　　　(a)演奏時の一般的な配置、(b)録音時の適正配置
　　　　　(c)3本の全指向性マイクロフォンを用いた録音例

こうした録音での注意点は、音場の中に適度な音像で配置することです。仮にピアノとソロ楽器が全然別の音場の中で演奏しているように聴こえたとすればこれは、配置に問題がありますし、適正なマイクロフォンとの距離を取っていなければ楽器の音同志が干渉することになります。

　スタジオ録音での配置例を**図22-10(a)**に示します。リヴァーブなどは、ピアノに付加せずソロ楽器にのみ加えますが、それもほんのわずかで十分です。

　このための録音構成を**図22-10(b)**に示します。注意点は、ピアノとソロ楽器があくまで同じ音場の中で演奏している感じを失わないようにすることです。録音を優先するあまり、ソロリストに無理な注文を強いるのは避けなくてはなりませんが、適切なバランスのためにエンジニアが出す要望については最大限尊重すべきです。

　唄とピアノの組み合わせで、歌手がハンド・マイクを使うことはありません。それはレベルに大幅な変動をもたらすからです。0.6m四方くらいの範囲を指定し歌手はその範囲で歌うようにします。マイクロフォンは、**図22-10(c)**に示すように口元やや上方からのセッティングとします。多くの歌手は大変ダイナミックレンジが広く、この場合は、エンジニアがマニュアルでレベルコントロールをしなければなりません。時にプロデューサーの適切な助言が不可欠となります。

(5) 室内グループ演奏の録音

　室内楽のグループ演奏は、大変録音の難しい編成です。弦楽四重奏では、**図22-11(a)**に見られるような演奏配置が取られますが、これはお互いの目線が大切なための配置であり、録音と言う観点からは、お互いが近接しているため十分なステレオ感が得られません。そこで録音では、**図22-11(b)**に示すような横並びの配置として、床上2.5～3mの地点においた同軸または準同軸タイプのステレオ・マイクロフォンによる録音が適しています。マイクロフォンの背面特性は、音場の直接音と反射音の兼ね合いで判断し、調整します。音の融合はとても大切でステレオ感を左右する大切なポイントといえます。

　スタジオ録音の場合、中域で、1.5sec以下のリヴァーブを付加します。弦楽四重奏に1～2の弦パートを加えたような録音についても同様の録音が適用出来ます。

　小編成グループの録音では、全指向性のマイクロフォンを間隔をおいてセットする録音方法も好まれています。しかし、ステレオ・イメージと言う点からは問題もあります。

　図22-11(c)に示す配置が取られますが、3本の全指向マイクロフォンがセットされ、それぞれL-C-Rへとパンニングされています。LとRは、第一ヴァイオリンとヴィオラに向けられ、Cはチェロに向けられています。第二ヴァイオリンはやや中心よりとなるので、適切なステレオ.・イメージを得るためには椅子の配置に十分配慮しなければなりません。

Section 7　スタジオ制作

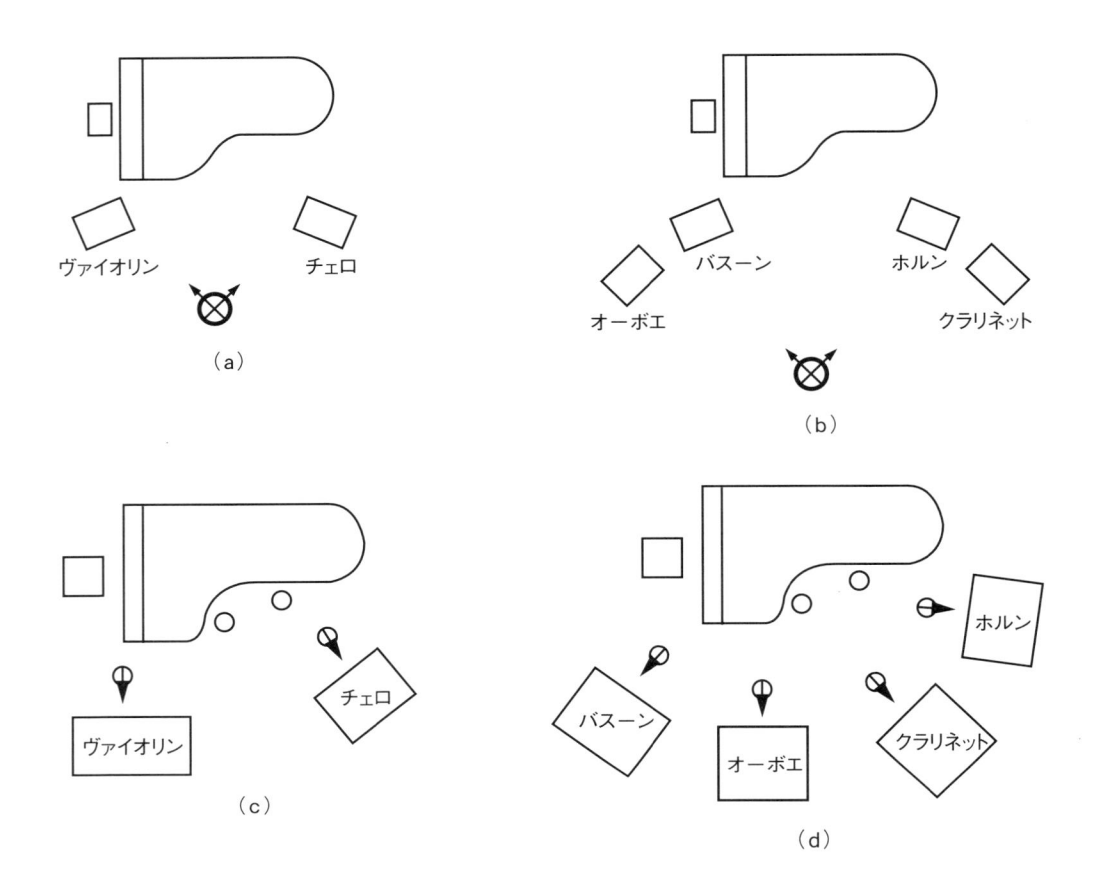

図22−12　ピアノと室内楽録音
(a) ピアノトリオ。マイクは2mの高さでピアノから2mの位置
(b) 木管四重奏。マイクは2mの高さでピアノから2.5mの位置
(c)、(d)はスタジオでの録音配置例

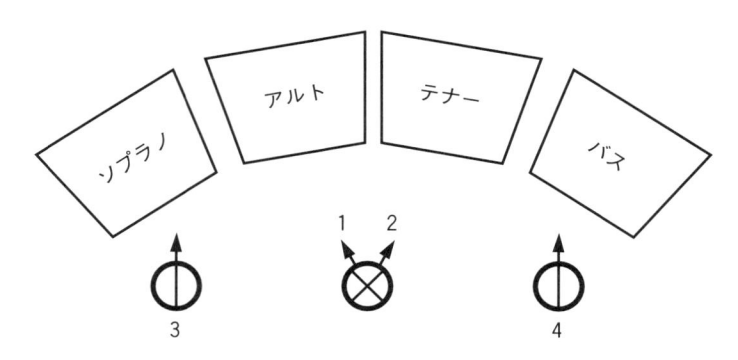

図22−13　合唱の録音
　　　　　左からソプラノ、アルト、テナー、バスと並び台に上る

(6) ピアノと小編成楽器の録音

　この範囲には、ピアノ、ヴァイオリン、チェロによるピアノトリオ、ピアノと弦楽四重奏によるピアノ・クインテット、ピアノとオーボエ、クラリネット、バスーンやホルンによるピアノ木管クインテットが含まれます。

　この場合、楽器の配置は、いずれもピアノを中心として、他の楽器が左右に配置されるのが一般的です。また左右の並びは左から高音楽器、右に行くほど低音楽器と言う配置をとります。

　この配置では、同軸または準同軸ステレオ・マイクロフォンによる録音が適しています。条件が許せばピアノの蓋は全開とし、楽器の音量によって前後に配置を変えバランスを取ります。**図22-12(a), (b)**には、コンサート形式の場合の配列例を示します。**図22-12(c)(d)**には、スタジオ録音の場合の配置を示します。演奏者は、それぞれ目線が合うような関係で並び、マイクロフォンもバランス設定が容易なように多く使われていることが分かります。バロック音楽では、ハープシコードが加わりますが、チェロやバズーンといった低音楽器と組み合わされ通奏低音形式となります。

　コンサートでは、ハープシコードの音量感を調整するため「ラウダー・ストップ」という器具が使われますが、録音では逆に弱音用の「ユニゾン・ストップ」を使ってバランスを整えるのが良いでしょう。このようにハープシコードは、オルガンと同様に様々なストップを使い分けることで適切な音量を得ることが出来ます。

(7) コーラスの録音

　コーラスは、18～40人編成で**図22-13**に示すような配置を取るのが一般的です。録音では、同軸／準同軸ステレオ・マイクロフォンから始めるのがよいでしょう。さらにバランスを整えるためと、ステレオの奥行き感を補強するために、補助マイクロフォンを左右に追加します。ソロパートがある集団で歌われる場合は。特にそのためのマイクロフォンを用意する必要はありませんが、1人でソロパートを歌いコーラス隊が絡むといった場合は、専用のマイクロフォンを設置しなくてはなりません。また別の方法では、ソリストを専用の台に乗せコーラスの中心に配置することで、メインのマイクロフォンで十分カバーすることも出来ます。

　コーラス録音では、リヴァーブ感は大変重要で、教会のような会場では自然の残響を十分利用し、スタジオ録音では2.0～2.5sec程度のリヴァーブを適切に付加するのがよく、あくまで自然な感じを大切にして長すぎるよりは短めのリヴァーブ・タイムが適しています。

7—第1ヴァイオリン	2—フルート	2—ホルン
7—第2ヴァイオリン	2—クラリネット	2—トランペット
5—ヴィオラ	2—バスーン	2—パーカッション
4—チェロ	2—オーボエ	
2—ベース		

表22-2　室内楽オーケストラの構成

Section 7　スタジオ制作

8. 室内楽オーケストラの録音

　この編成は、40名規模で、**表22−2**に示すような楽器が使用されます。こうした編成は、18世紀後半から19世紀初頭にかけてみられましたが、今日の編成はさらに少なくなっています。

　過去150年の間に様々な作品が発展してきましたが、最近の作品では、内容に応じて楽器が追加され、編成も大がかりとなる作品もあります。古典派の時代に作曲されたコンチェルトは、楽器のバランスが室内楽の編成で自然になるように考えてあるので、現代のオーケストラでこれを演奏する場合、編成を減らす必要があります。

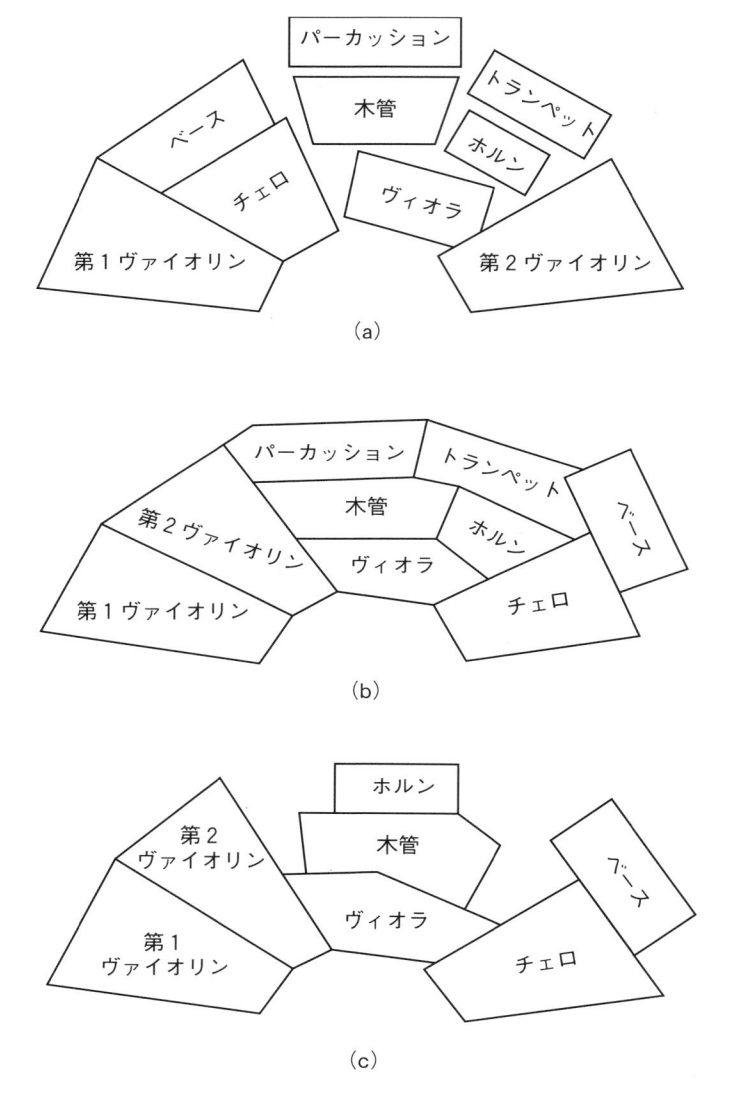

図22−14　室内オーケストラの各種配置
　　　　(a)は旧形式、(b)は現代形式、(c)は変形小編成

(1) 室内楽オーケストラの自然なバランス

　室内楽オーケストラは、もともと自然なバランスが取れているため録音は大変容易です。18世紀から19世紀初頭の室内楽は、金管楽器アンサンブルが含まれておらず、軽いまろやかな金管が含まれるだけです。初期の金管楽器は、シンプルで演奏もソフトな吹き方でした。図22－14(a)に示すのは、初期の配置で、今日でもこうした配置を行なうオーケストラもありますが、図22－14(b)に示すのが現代の配置例です。編成にティンパニーやトランペットが加わるとステレオ感を損なわないように、ホルン・セクションは木管セクションから離れて配置されます。逆にティンパニーやトランペットがない場合は、ホルンは木管セクションの一部として同じ位置に配置されます。この場合の例を図22－14(c)に示します。
　こうした配置の検討は、録音の前に指揮者やプロデューサーが検討し、録音の最中に配置替えを行なうような状況を決して作ってはいけません。

(2) 録音会場の選定

　こうした大編成の録音を行なうには、スタジオの広さもかなりの大きさを必要とします。そのため、どうしても録音会場を選定しなくてはなりません。これらには教会や演奏会場、大きなボール・ルーム等が選定されてきました。
　この場合残響時間が、中域で1.8～2.5secの間にあるような録音現場が不可欠で、さらに言えば、250Hz以下の残響が短い会場が理想的です。これはこの帯域が長いと音が、"もやもや"としてしまうからです。また状況によって、響き専用のペア・マイクロフォンを設置するといった方法も有効となり、注意点としてはあくまで控えめに付加します。

(3) マイクロフォンの配置

　図22－15(a)に室内楽オーケストラの典型的なマイクロフォン・アレンジ例を示します。ここではL－C－Rという3点収音が使用されています。しかしエンジニアによっては、同軸や準同軸マイクロフォンによるステレオ収音を好む場合もあり、また左右に補助マイクロフォンを追加すると言った方法を好む場合もあります。マイクロフォンの1～4は、通常全指向性で、響きの多い会場では、単一指向性の場合もあります。メイン・マイクロフォンの指向性は、単一か両指向で「ORTF方式」も好まれています。こうしたマイクロフォン配置は、アンサンブルを重視した弦楽器の演奏に適し、重量感はやや薄まる傾向にあります。しかし、演奏者の配置によらず弦楽器の空間再現には適した方式です。最適なステレオ空間を作るためにはオーケストラ全体が物理的にも十分拡がりを持った配置となることが重要ですが、さらに木管楽器の配置を前後に移動して最適なバランスを得ることに努力を惜しんではいけません。
　ピアノ・コンチェルトの録音では、図22－15(b)に示すようなマイクロフォンの設定が用いられます。これはオーケストラとピアノのバランスを独立にコントロール出来るというメリッ

Section 7　スタジオ制作

トがあります。もしもピアノが指揮者の前に配置された場合は、普段よりも控えめな演奏方法としなければオーケストラとのバランスが難しくなります。ソロの弦楽器奏者や歌手が加わる場合は、**図22―15(c)**に示すように指揮者の下手に配置され、それは指揮者と十分な目線の確認が出来るという理由からですが、録音上からはソリストがセンターからやや下手に位置するということになります。

　録音上ソリストをセンターで安定した定位とするには、ソロ用の補助マイクロフォンをセットしセンター定位とします。また、このマイクロフォンの役目はソリストの演奏をオーケストラより強調するという役割もあります。ただし、あくまで補助マイクロフォンですので、控えめなバランスを心がけて下さい。別の方法では(d)に示すようにソリストを指揮者の前にに配置することも出来ますが、状況に応じてソロ用マイクロフォンをセットするか不必要かを判断しなければなりません。

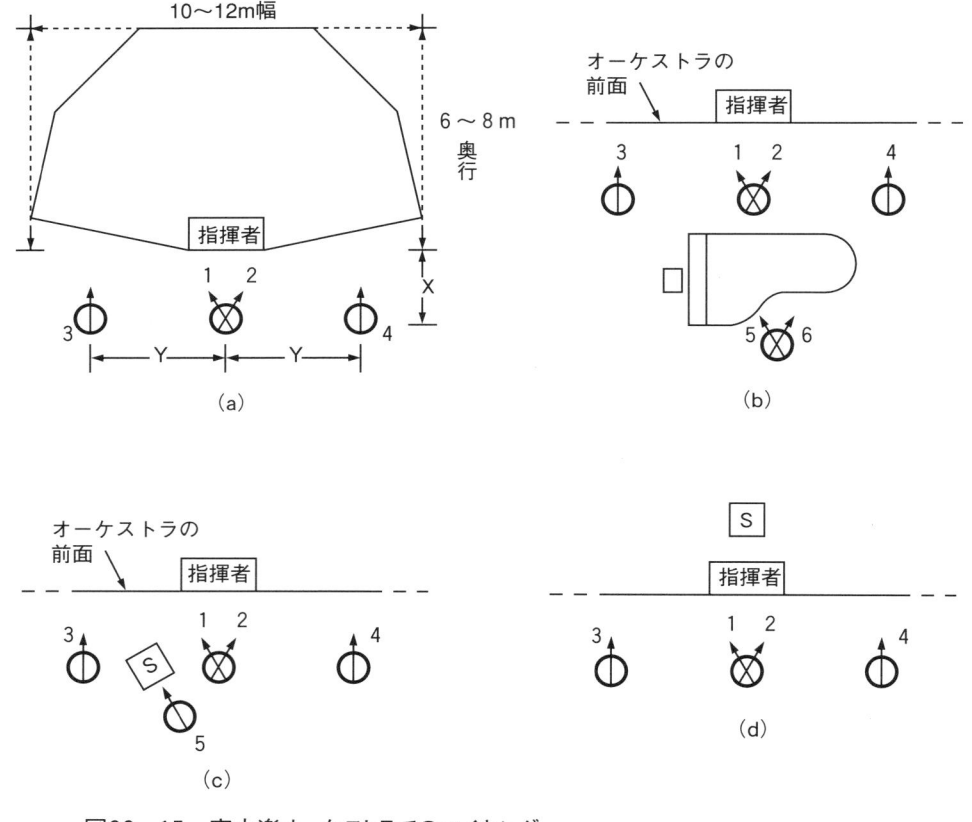

図22―15　室内楽オーケストラでのマイキング
　(a) 基本型、Xは2～2.5m、Yはオーケストラ幅の1/3
　　　マイク1、3は左へパン、2、4は右へパン、3、4は1、2に比べて6～8dB低め
　　　マイクの高さはオーケストラの中心より3～4m
　(b) オーケストラとピアノソロ
　　　マイク1～4は(a)と同様、5、6は高さ2m、距離3mのところで適当なレベル
　　　を決める。5は左へパンニング、6は右にパンニング
　(c) ヴォーカル、楽器ソロとの組み合わせ
　　　マイク5は単一指向性でセンター定位とする
　(d) Sにソリストを配置した例

9. 大編成オーケストラの録音

　19世紀後半から20世紀のオーケストラは、90～105名という編成になりました。**表22－3**に使用楽器を、**図22－16**には配置例を示します。編成が大きい割には、金管や打楽器の演奏に較べて弦楽器の人数が少ないため、ロマン派や現代の作品では、"トゥッティ"部分で弦が聴こえ辛くなります。

　この傾向は、コンサートホールで顕著となり、現代のオーケストラになるほど強く表われます。エンジニアやプロデューサーは、そのためマイクロフォンを弦セクションに近づけたり、補助マイクロフォンをペアで弦セクションに追加すると言ったバランスの補正を行なわなければなりません。

16	第1ヴァイオリン	3	フルート	4	トランペット
16	第2ヴァイオリン	1	ピッコロ	6	ホルン
12	ヴィオラ	3	オーボエ	3	トロンボーン
10	チェロ	1	イングリッシュ・ホルン	1	バストロンボーン
9	ベース	3	クラリネット	1	チューバ
1～2	ハープ	3	バスーン	4	パーカッション
		1	コントラバスーン		

表22－3　シンフォニー・オーケストラの構成

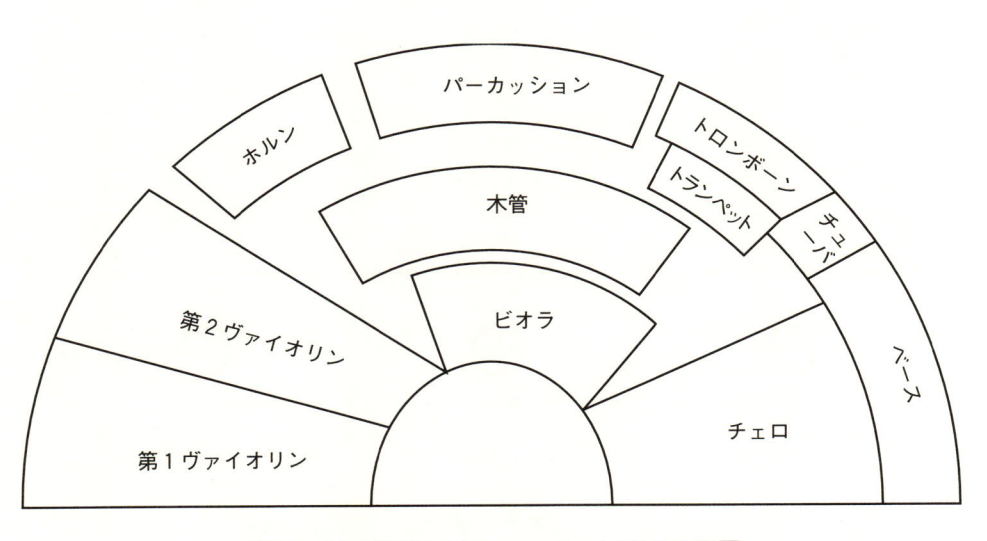

図22－16　現代シンフォニー・オーケストラの配置

Section 7　スタジオ制作

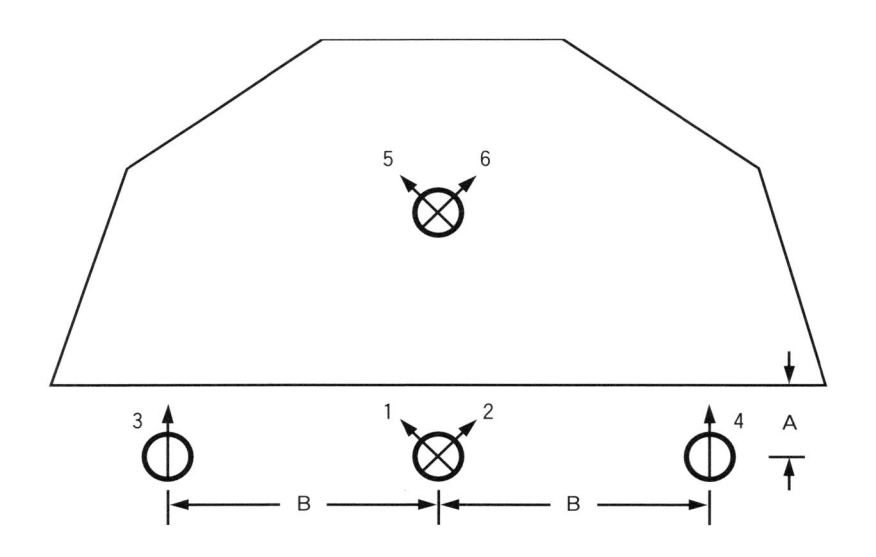

図22−17　シンフォニー・オーケストラの録音
　　　　　マイクの高さは4〜4.5mでオーケストラの中心に向けて
　　　　　設置する。A＝3m、B＝オーケストラの1/3の幅

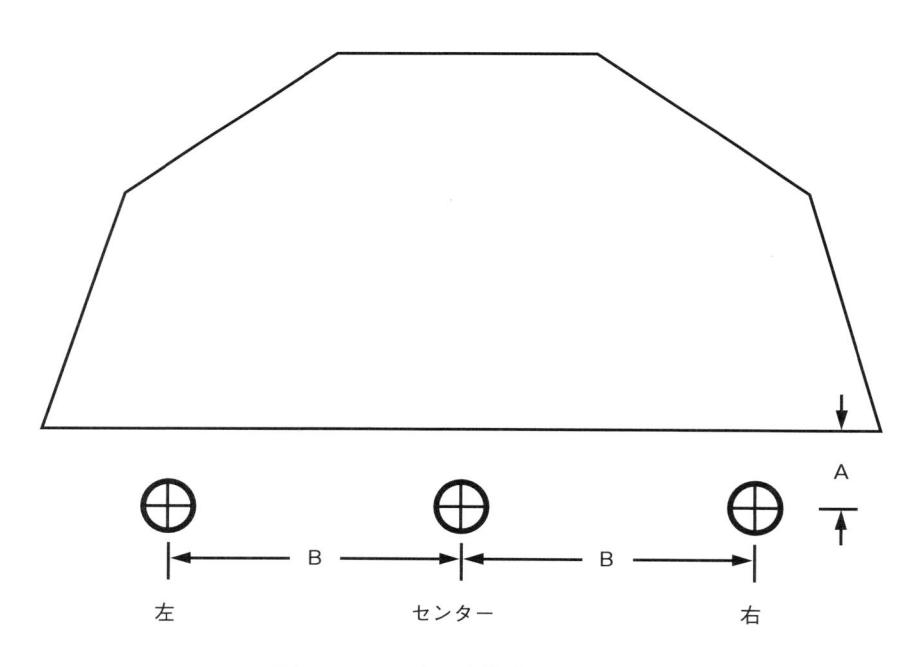

図22−18　3本の全指向性マイクによる録音
　　　　　A、Bの距離は図22−17に準ずる

(1) マイクロフォン・アレンジ

図22-17には大編成オーケストラ録音のマイクロフォン配置例を示しています。可能であればオーケストラの配置は、演奏に支障のない範囲内で通常よりも広めに配置し、ステレオ空間の音場を有効に使います。また打楽器セクションもオーケストラの後ろに広く散らばる配置とするとステレオ感がさらに高まります。そのために打楽器奏者を追加しなくてはならないとしてもその効果は十分努力に見合うといえます。バスドラムは、ヘッド面を指揮者側に向けると迫力ある本来の音が録音出来ます。マイクロフォン1-2は同軸または準同軸タイプとし高さは床面から2.5〜3m、舞台からの距離Aは、2mを基準とします。マイクロフォン3-4は、メイン・マイクロフォンと同じ指向性でいいのですが、エンジニアの多くはこれらを全指向性にすることを好みます。距離Bは、オーケストラの長辺の1/3とし、マイクロフォンの角度は30度とします。

マイクロフォン5-6は、1-2のマイクロフォンと同じ指向性とし、木管楽器群の上に1-2のマイクロフォンと同じ高さで角度は45度として配置します。

バランスの取り方は、以下のようにします。

メイン・マイクロフォンを立ち上げ弦楽器があまり飛び出さないようであれば適正とします。直接音と間接音のバランスに注意して、必要であればマイクロフォンを前後に動かして修正します。これはほんの少しで十分なはずです。メイン・マイクロフォンだけを聴いていると、ステレオ感が狭く感じますが、さらに3-4マイクロフォンを立ち上げてみます。これらのレベルは、メイン・マイクロフォンのレベルに比べて6dBほど低いレベルとします。これで第一ヴァイオリンとチェロ・セクションが粒立ち、ステレオ空間が向上するようにします。オーケストラの定位を補強し、音を豊かにすることが3-4のマイクロフォンの目的です。

ここで述べている方法は、同軸マイクロフォンの持つ定位の正確さと、3-4の補助マイクロフォンが十分な空間を捉えるという理想的な組み合わせを行なっている例です。最後に5-6のマイクロフォンを立ち上げ、木管と金管楽器が少し粒立つ程度に味付けします。ホールによっては、そこの響きを専用に録音するため、ハウス・マイクロフォンを客席側に設置する場合があります。この時には、メイン・マイクロフォンとの距離を10m以内とし、同軸系のマイクロフォンよりも、間隔を2〜4m離したマイクロフォン配置が有効です。

ハウス・マイクロフォンを活用するもう1つの方法は、録音するホールが後壁からの反射を生じているような場合、中間にハウス・マイクロフォンがあることで、30〜60msecの反射音をマスキングすることが出来ます。

(2) 補助マイクロフォンの使い方

補助マイクロフォンまたは、アクセント・マイクロフォンは通常楽器に近接して設置し、楽器の"ディテール"や特定の"フレーズ"を強調するために使われます。

ソロ用マイクロフォンではなく、あくまで補正用のマイクロフォンと考えて下さい。ハープ

やチェレスタは元々音量のない楽器で、無理に大きく音を出せば不快な音になるだけの楽器です。こうした場合に補助マイクロフォンが有効となります。コントラバスは補助マイクロフォンを活用できるセクションで、力強いベースラインを強調するために置かれた補助マイクロフォンは、その近接効果で低域が強調出来ます。

またシロフォンなどのパーカッション楽器は、響きと音量豊かな楽器ですがメイン・マイクロフォンから遠くにあるため音像が遠くなります。これを補正するのに補助マイクロフォンは有効となります。補助マイクロフォンの定位は、メイン・マイクロフォンの中の同一楽器の定位に正確に一致させるようパンニングして下さい。（第9章5−2 参照）

(3) 同軸マイクロフォン以外の録音（スペース・マイクロフォン）

図22−18に示すようなL−C−Rと3本のマイクロフォンをオーケストラのメイン・マイクロフォンとして使うプロデューサーやエンジニアもいます。これらは全指向性で時に会場が響きの多い場合は単一指向性が使われます。

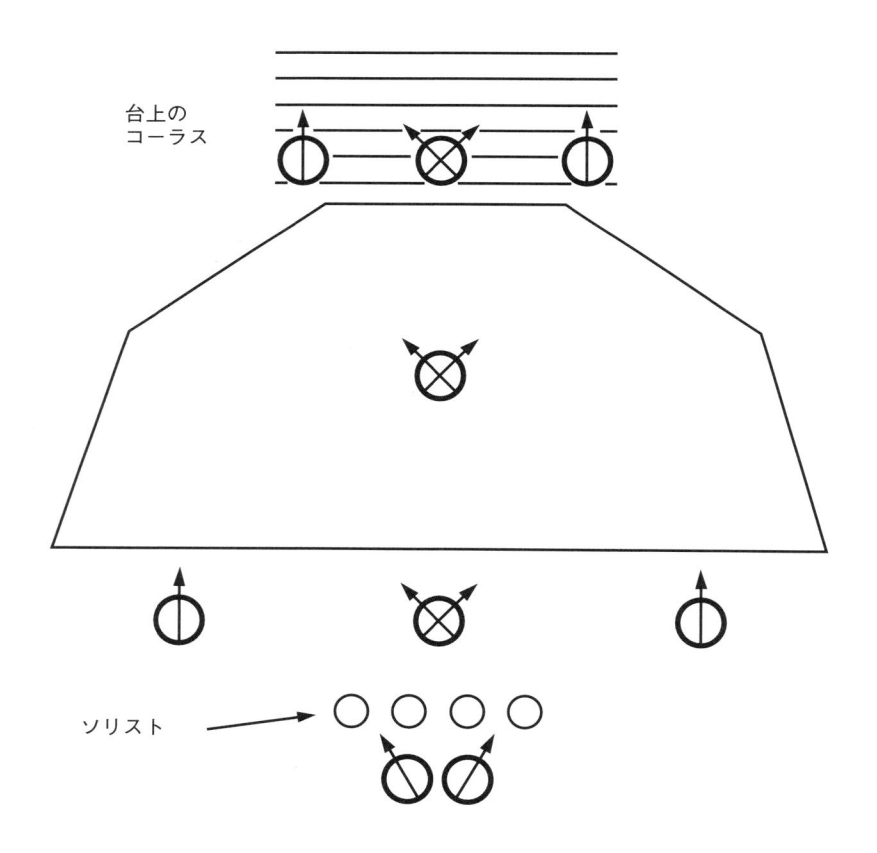

図22−19　ソリスト、コーラスが加わった場合の録音

この方式の注意点は、センター・マイクロフォンのレベル・セッティングにあります。あまり上げすぎると音像がモノーラルぽくなり、少なすぎると中抜け現象となるからです。ステレオ空間が水平面上で均一に連続するようなバランスにしてください。目安はセンター・マイクロフォンのレベルが6dB程低いバランスにあります。配置間隔は、先程の**図22－17**と同じかやや広めの間隔となります。

(4) オーケストラとソリストの録音

先に室内楽オーケストラとソリストの録音方法で述べた事柄は、ここでも適用できます。相違点を上げれば、ソリストとオーケストラの距離がはるかに広い点です。ソリスト用のマイクロフォンが必要でないことはまれで、普通録音では、ソリストはオーケストラから広めに離してしまいます。

これはレコードの商業性とソリストの"ワガママ"からくることで、ソロ楽器用には、普通ステレオ・マイクロフォンが設置され距離は1m程度と近接されます。これはアクセント・マイクロフォンと考え大部分はメイン・マイクロフォンで録音します。

ソリストがオーケストラに比べて弱い場合はこの限りではなく、ソロ用のマイクロフォンからのレベルを多く付加しなければなりません。この場合ソリストの音は、直接音が多くなりますので、オーケストラとの補正をするには、リヴァーブを付加する必要があります。加える量は、ほんのわずかの補正で十分で、その方がオリジナルの空間情報も残ります。

(5) 大規模編成の録音

ソリストやコーラスも加わったオペラや大オーケストラ作品の録音は、まさにエンジニアの腕の見せ所となります。こうした録音では、ダイレクト2チャンネル・ステレオ録音は不可能で、マルチトラック録音が行なわれます。

その理由は、リハーサルのための十分な時間がとれず、同一セクションも何度と異なるテイクを録音し、その度に歌い手の状況も変化しますので、何らかの統一性を後で加えなくてはなりません。

こうしたマルチトラック録音の特質に着目して実行していたのは、1950年後半から60年代初期のワーグナーの「リング」を録音しているイングリッシュ・デッカ（**The English Decca**）とジョン・カルーソー（**John Culshaw**）のチームです。

基本的なマイクロフォン配置は、今まで述べた大編成オーケストラの手法と大きく変わるものではありません。これらの録音で最も大切なのは、後のポスト・プロダクションのためにいかに有用で、自由度のある素材を録音しておくべきかを判断することです。**図22－19**に配置例を示します。コーラスはオーケストラの後方に台に上がって配置され、ソリストはオーケストラの前に立ちます。

オペラのような場合、コーラスの編成は大きくなく、もし録音場所に余裕があれば、オー

Section 7　スタジオ制作

ケストラの前方に位置すると良いでしょう。ソリストには、実際の舞台での動きを再現したほうが良い場合もありますが、これも録音場所にかなりの広さがある場合にのみ可能です。こうした例を**図22−20**に示します。

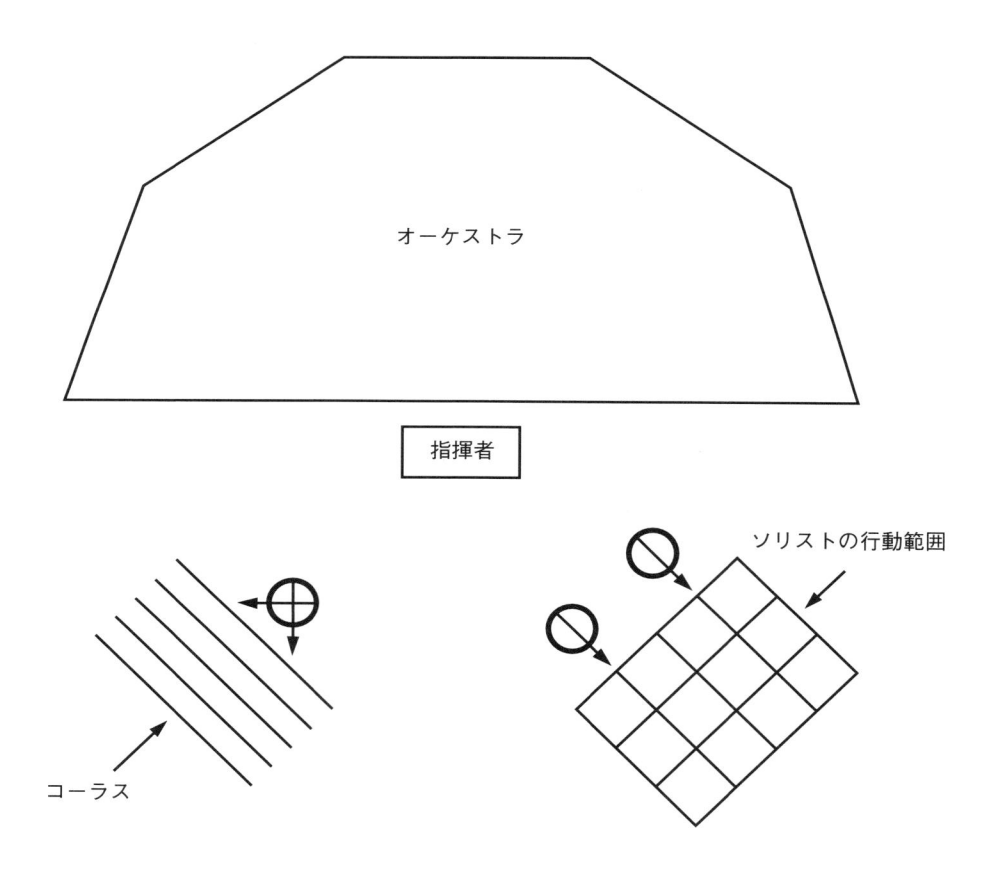

図22−20　オペラの録音

〈第22章〉　　［参考文献］

1. J. Backus, *The Acoustical Foundations of Music*, Norton, New York (1969).
2. A. Benade, *Fundamentals of Musical Acoustics*, Oxford University Press, New York (1976).
3. A. Benade, "*From Instrument to Ear in Room*: Direct or Via Recording," *J. Audio Engineering Society*, vol. 33, no. 4 (1985).
4. L. Beranek, *Music, Acoustics & Architecture*, Wiley, New York (1962).
5. J. Borwick, *Sound Recording Practice*, Oxford University Press, New York (1987).
6. R. Caplain, *Techniques de Prise de Son*, Editions Techniques et Scientifiques Francaises, Paris (1980) (in French).
7. C. Ceoen, "Comparative Stereophonic Listening Tests," *J. Audio Engineering Society*, vol. 20, no. 1 (1970).
8. J. Culshaw, *Ring Resounding*, Viking Press, New York (1957).
9. J. Culshaw, *Putting the Record Straight*, Viking Press, New York (1981).
10. N. Del Mar, *Anatomy of the Orchestra*, University of California Press, Los Angeles (1983).
11. M. Dickreiter, *Tonmeister Technology*, Temmer Enterprises, New York (1989).
12. J. Eargle, *The Microphone Handbook Elar*, Commack, N.Y. (1982).
13. J. Eargle, *Music, Sound, & Technology*, Van Nostrand Reinhold, New York (1990).
14. F. Gaisberg, *The Music Goes Round*, Macmillan, New York (1942).
15. R. Gelatt, *The Fabulous Phonograph*, Lippincott, new York (1955).
16. J. Jecklin, "A Different Way to Record Classical Music," *J. Audio Engineering Society*, vol. 29, no.5 (1981).
17. S. Lipschitz, "Stereo Microphone Techniques: Are the Purists Wrong?" *J. Audio Engineering Society*, vol. 34, no. 9 (1986).
18. J. Meyer, *Acoustics and the Performance of Music*, Verlag Das Musikinstrument, Frankfurt (1978). Translated by Bowsher and Westphal.
19. C. O'Connell, *The Other Side of the Record*, Knopf, New York (1941).
20. H. Olson, *Musical Engineering*, McGraw-Hill, New York (1952).
21. J. Pierce, *The Science of Musical Sound*, Scientific American Books, New York (1983).
22. A. Previn, *Andre Previn's Guide to the Orchestra*, Macmillan, London (1983).
23. O. Read and W. Welch, *From Tinfoil to Stereo*, H. Sams, Indianapolis (1959).
24. E. Schwarzkopf, *On and Off the Record*: A Memoire of Walter Legge, Scribners, New York (1982).
25. D. Woolford, "Sound Pressure Levels in Symphony Orchestras and Hearing," presented a the 1984 Australian Regional Convention, Audio Engineering Society, 25-27 September 1984, preprint number 2104.
26. The Phonograph and Sound Recording After One Hundred Years (Audio Engineering Society, New York) *J. Audio Engineering Society*, vol. 25, no. 10/11 (1977).
27. *Stereophonic Techniques*, an anthology published by the Audio Engineering Society (1986).

第23章　ポップス録音と制作

1. はじめに

　ポピュラー音楽の範囲は広範で録音手法もステレオ・マイクロフォン1本から多くのマイクロフォンを使う方法までが、オーケストラやロック・グループの録音に応用されています。この分野の大きな特徴は、自然に存在しない音響空間をプロデューサーやエンジニアのイメージとして作り上げることが出来る点にあります。

　ですから、ステレオ空間の創造性と言う点で、エンジニアに委ねられた責任は大変大きいといえます。しかし自然の音響をどれだけ経験しているかどうかは、そうした空間を創造する場合に大変有効な知識となります。第22章で述べたような知識をポピュラー音楽録音に携わるものも勉強しておくことが大切です。

　マルチトラック録音が前提の場合、バランスを決める最終段階は、ミックスダウンの場まで自由度が残されており、ジャズや小編成のポップグループ録音では、ダイレクト2チャンネル録音が行なわれています。

2. スタジオ

　ポピュラー音楽の録音スタジオは、ボーカルやソロ楽器のオーバーダビングを行なうだけの小さなスタジオから、30～40名のオーケストラを録音出来る大規模なスタジオまで幅広くあります。

　多人数が録音できるスタジオは、容積4,200m^{3}程度あれば十分ですが、外部騒音から隔離されていることが必要でそのための建築音響上の構造に経費を費やさなくてはなりません。

　空調や通風ダクトは静かで、隣接したスタジオから騒音が漏れないようにしなければなりません。

(1)　音響処理

　ポピュラー音楽の録音スタジオは、楽器や楽器群を分離よく録音するため、吸音性の音響処理が行なわれています。

　残響音を少なくするのもその1つですが、楽器の音の自然な空間音をしっかり捉えるためには、十分な初期反射音が必要で、音響可変構造としているスタジオもあります。

　図23-1に一例を示します。

Section 7　スタジオ制作

(2) 遮音性能

　大音量楽器の音を隔離するには、衝立や遮音板が使用されます。遮音量はその大きさによって異なり**図23-2**にその効果の一例を示します。

　遮音板は表面が吸音性の構造で移動できるようキャスターが下部にあり、吸音材としてはウレタンフォームなどが利用されています。

　強音楽器や弱音楽器は、カブリを防ぐ意味で遮音ブースの中に入れて録音することがあります。

　強音楽器のブース録音の一例としては、ドラムキットがあり、弱音楽器の例としてはヴォーカル・ブースがあります。

　ブースの設置で注意することは、ブースからコントロール・ルームやスタジオを見渡せる視界を十分確保することです。また音響的には、低域の吸音が十分行なわれている必要があります。

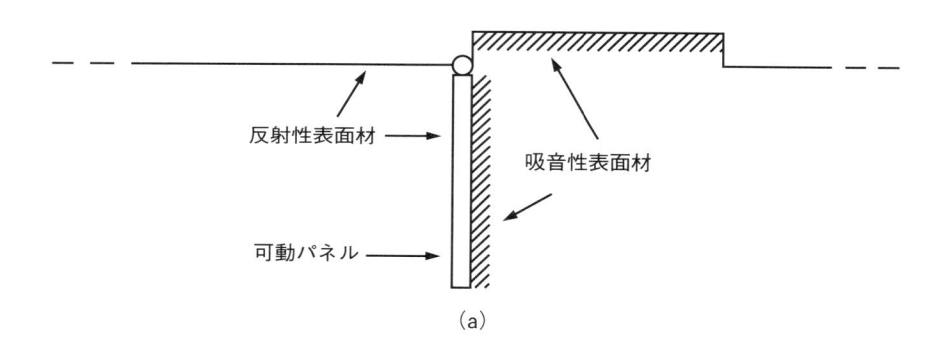

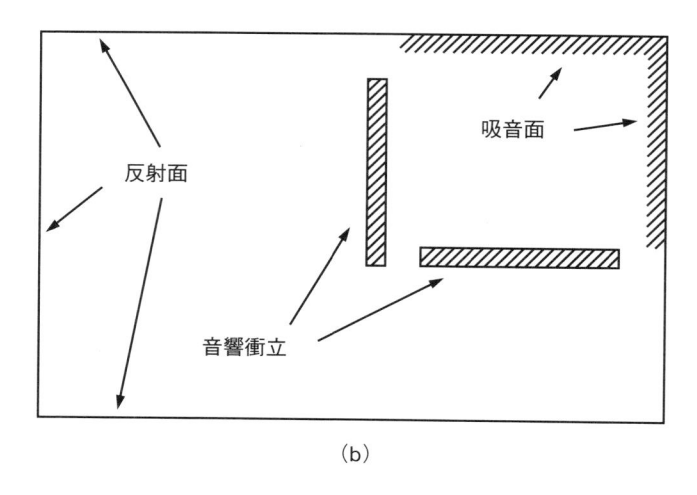

図23-1　スタジオの吸音、反射面
　　　　（a）は可動音響パネル、（b）スタジオでの吸音および反射エリア

3. ステレオ空間の創出

ポピュラー音楽では、エンジニアがいかに創造的なステレオ空間を作り出すかがポイントであり、そのための基本的な道具は、楽器の音を捉えるマイクロフォン、パンポットによる定位、空間を作るためのリヴァーブやディレイで、これらに自然な空間を組み合わせて創造的な空間をエンジニアが作り上げています。

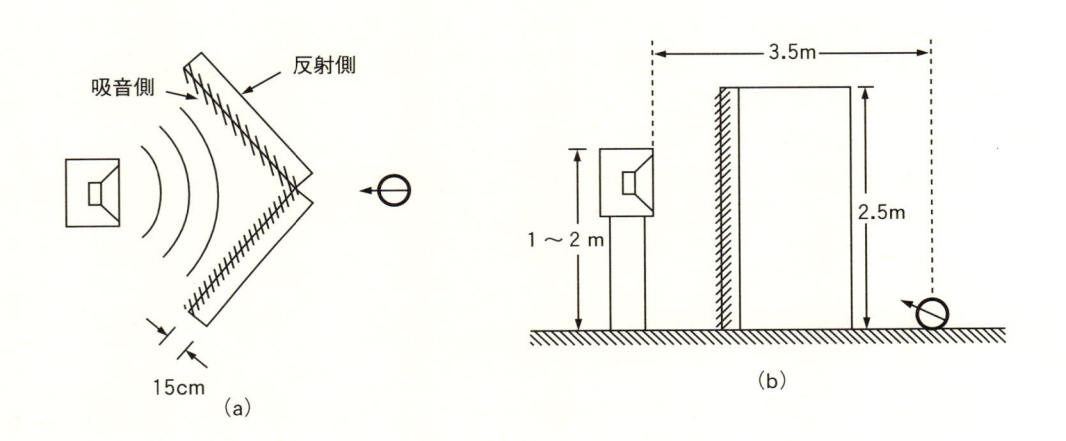

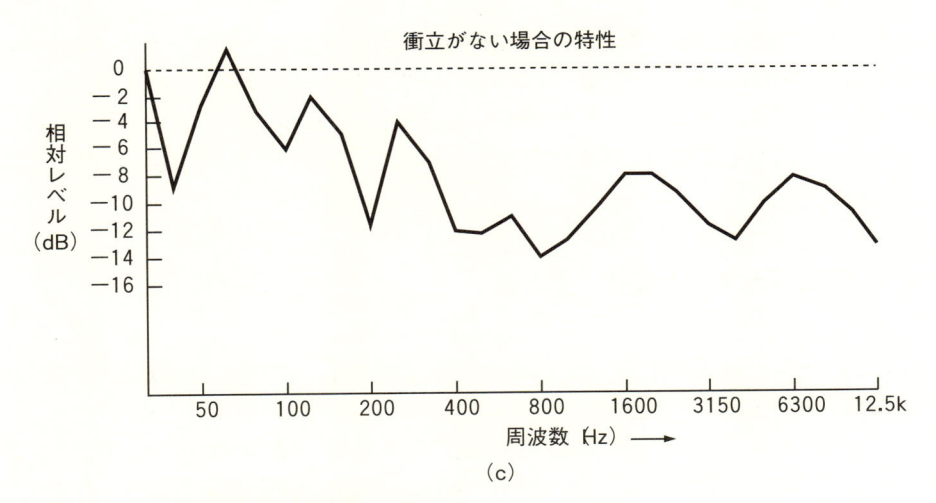

図23－2　遮音衝立特性
　　　　（a）には平面図、（b）には側面図、（c）にはその特性を示す

(1) パンニングとステレオ録音

　ポップスの録音では、様々な音量差のある楽器が使用され、自然なままでバランスをまとめるのは基本的に不可能です。エンジニアは最終的なバランスや空間を考えて個々の楽器を別々に録音し、あとでステレオ空間の中にまとめていくという手法を使います。規模が大きくてもピアノとヴォーカル、そしてバンドグループと言った場合には、自然のステレオ空間を活かした、録音も可能で奥行きや定位もそのまま録音することが出来ます。またビッグバンド・ジャズなどでは、クラシック同様に同軸ステレオ・マイクロフォンで録音することもでき、加えてピアノやギター、ウッドベースにはその音量を補うための補助マイクロフォンが追加されます。

　こうした録音はポップスでもマルチマイク録音に比べて自然なステレオ録音ができ、音にうるさいオーディオ・マニアの人たちに支持されています。しかし、これらは例外的で、大部分の録音は、こうした方法では納得されず、ミュージシャンや聞き手、そしてプロデューサーからも支持されません。

　最良の解決方法は、こうしたマルチマイクによる近接録音と自然なワンポイント録音の両者をうまく活かした録音手法が必要で、明確な定位と自然なステレオ空間をいかに最終リスナーに届けるかが、エンジニアの使命といえます。

(2) 多様な音源のコントロール

　演奏者は、いつも一定のレベルで演奏するわけではありませんから、エンジニアは、録音時に適正なレベルを保持しなければなりません。バランス・エンジニアとか、ミキサーと称される言葉は、こうした仕事の中身に由来した言葉です。特に楽器のソロパートと伴奏とのバランスには細心の集中をし、スコアーや進行チャート、またはプロデューサーからの指示をもとにソロのフレーズを理解してコントロールしなければなりません。

　ポピュラーやジャズではエンジニアが±3dB以内でのレベル・コントロールする場合が多く、ヴォーカルになると実際のマイクロフォン・テクニックにもよりますが、10〜12dBにも及ぶ場合があります。

4. マイクロフォンの選択と配置

　ここでは、楽器や楽器群を録音する場合の適切なマイクロフォンの選定とどのように配置すればよいのかについて述べます。

　通常は、マイクロフォン相互の"カブリ"を避けるため単一指向性のマイクロフォンが使われ、加えてこれらの指向性が持つ近接効果が楽器の特徴を表現するのに有効です。

(1) パーカッション系楽器の録音

始めは、ドラムセットの場合について述べます。ドラムキットとも呼ばれるこれらの楽器は、以下のようなパーツから構成され一人で演奏されドラムキットの構成や配置は、演奏するプレーヤによって千差万別です。

1. キックドラム：右足で踏む
2. スネアドラム：スティックまたはワイヤブラシで演奏する
3. ハイハットとシンバル：スティックまたはワイヤブラシで演奏し、左足で踏む
4. ライドシンバル2枚：スティックまたはワイヤブラシで演奏する
5. 2個またはそれ以上のタムタム：スティックで演奏する

ジャズの録音では、**図23−3(a)**に示すような比較的シンプルな3本のマイクロフォンによる録音が行なわれます。キックドラムは、激しい音を録音するため、ダイナミック系マイクロフォンが、頭上のオーバーヘッドのマイクロフォンは、広い周波数レンジをカバーするためコンデンサー系マイクロフォンが使用されるのが一般的です。キックドラムの出力はパンニングによりセンターに定位され、オーバーヘッドは適切なステレオ空間に定位されます。

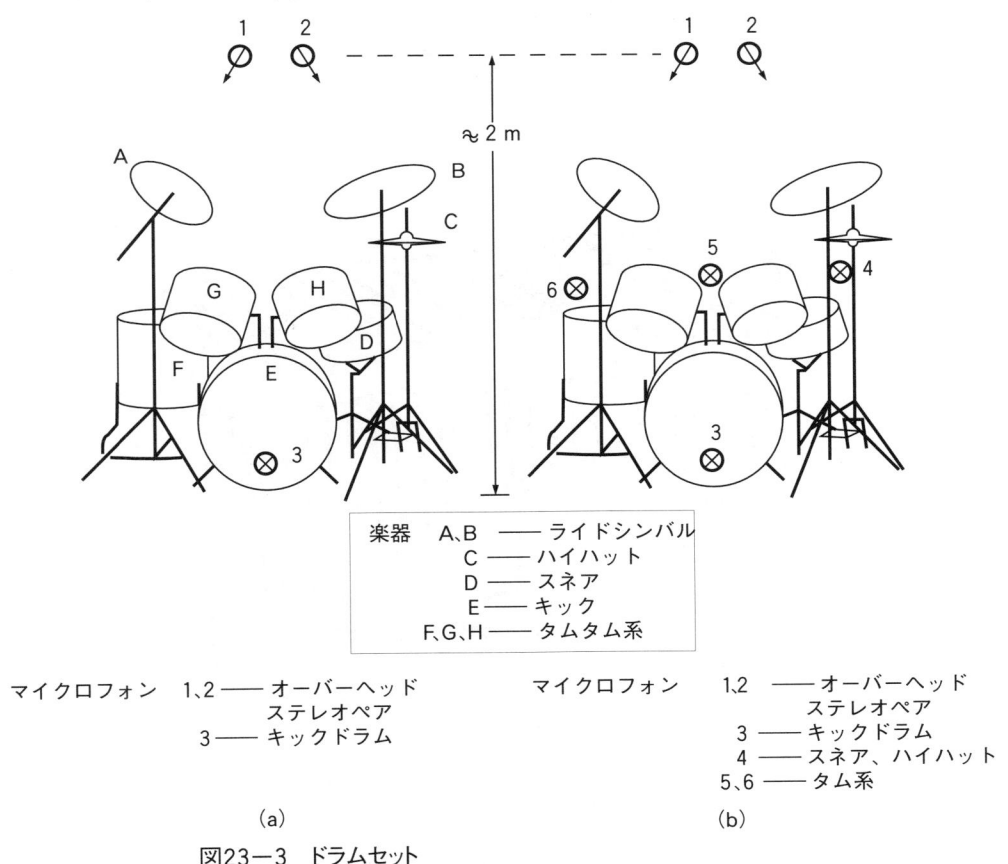

図23−3　ドラムセット
　　　　　(a)一般的な録音を正面より見る、(b)変則的な録音例

Section 7　スタジオ制作

パンニングは左右目一杯まで拡げずに中心よりにするかセンターから左、またはセンターから右部分に定位させます。

　録音でドラムが重要な場合**図23－3(b)**に示すような各キットごとにマイクロフォンを加えます。この時の注意点は、マイクロフォンが演奏者の妨げとならない場所にセットすることで、時に空気振動から吹かれを生じる場合は、風防等で予防して下さい。こうしたセット方法では、ヘッドに近接している分、マイクロフォンが受ける音圧は非常に大きくなります。各キットのマイクロフォン出力は、ステレオ音場のなかに適切な定位で配置します。

　ロック音楽では、ドラムを左右の音場一杯に拡げることが好まれます。近接収音の場合、キット同志の不要共振が発生することがありますが、一度プレーヤーがコントロール・ルームで録音を聴けば、どのようにコントロールするか彼らが判断してくれます。ロックの録音では、他のマイクロフォンにドラムのカブリがないようにドラム専用のブースで録音するのが一般的です。

　図23－4に示すのは、音階を持ったパーカッション楽器としてのマリンバ、ヴィブラフォン、シロフォンの録音例です。

　ポップス録音に用いられる音階のないパーカッション楽器は、大抵小型で指向性も全指向性のため、楽器から0.6～1m離した単一指向性マイクロフォンで十分な結果が得られます。パーカッションプレーヤーは、一人で多くの小物を演奏することがありますが、そうした場合は、録音の注意点を確認しておくことが必要です。

1、2－ステレオペア

図23－4　マリンバ、ヴィブラフォン、シロフォン

多くのラテン系パーカッションは、大音量で演奏しない限り近接収音が良い結果を得られます。特別な効果を必要とする場合を除けば、一般にパーカッションにはリヴァーブを付けることはありません。パーカッション・プレーヤーは、録音に応じて、その演奏スタイルやテクニックを柔軟に適応出来るので色々な経験を積むことをお勧めします。

(2) 金管楽器の録音

図1-22に示した放射特性からベルの形状を持った楽器からどのように音が放射するかを予測することが出来ます。金管楽器全般に言えるのは、その基本周波数が楽器のベル径よりかなり長い波長で、この基本波は全指向で放射されています。大きな音量で演奏すると多くの倍音成分を発生し、高域倍音成分は、ベルの放射角に沿って強い指向性を示します。トランペットのベルから1mの位置にマイクロフォンを設置した場合、耳で聞いている以上に高域の強い音がします。高域をロールオフすることで補正出来ますが、多くのエンジニアは、高域のなだらかな特性をしたマイクロフォンを選択することで解決し、旧型のリボン・マイクロフォンが使われるのはこうした理由からです。

プレーヤー自身もこうした方法を歓迎しており、彼らが日頃聞いている音が録音される

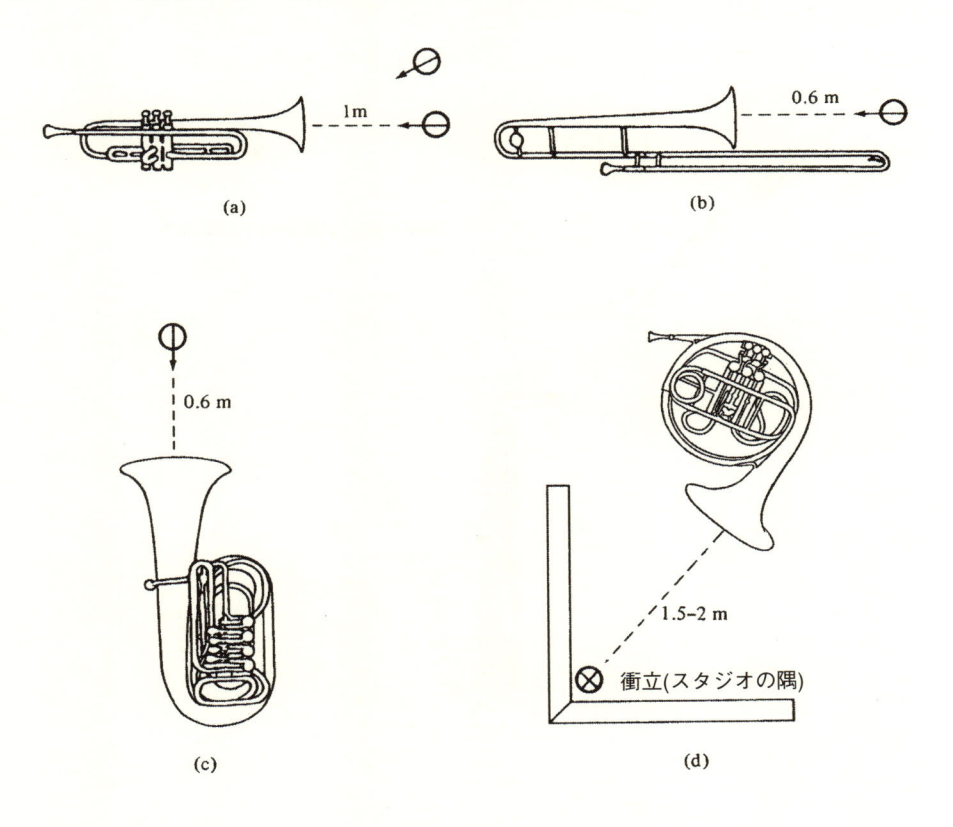

図23-5　金管楽器(単独の場合)
　　　　(a)トランペット (b)トロンボーン (c)チューバ
　　　　(d)フレンチホルン(上より見た例)

ことを望んでいます。エンジニアは、1つの手法にこだわらず、様々なマイクロフォンを用いて多くの経験を重ねることがとても大切です。

波長とベルの口径の簡単な計測から、それ以外の金管楽器の放射特性を推測できます。チューバやフレンチホルンが大編成オーケストラの一部であった場合は、補助マイクロフォンを1本立てるだけで十分カバー出来ます。

実際の演奏では、プレーヤーが演奏中に多少の動きを伴います。このためマイクロフォンの軸上を外れやすくなりますが、これは極自然な現象で、特段予防策もありません。どうしても必要な場合は楽器に取り付けることの出来る小型マイクロフォンがありますので、これを利用するのがよいでしょう。**図23-5**には、代表的な金管楽器の録音例を示します。

大編成の場合、ペア・マイクロフォンで録音したり、グループを1本でまとめて録音することもあり金管楽器には、リヴァーブを加えることが一般的です。

(3) 木管楽器の録音

図23-6に代表的な録音例を示します。サックスフォンは、放射特性が前方で、スタジオでもライヴでも音量が大きくなるにつれて、高域が強調された音になります。金管楽器の場合はベルに小型マイクロフォンを取り付けることが出来ましたが、木管楽器は、放射音がベル部ではなく"キー"の開口部すべてから出ているためそうした方法が有効ではありません。

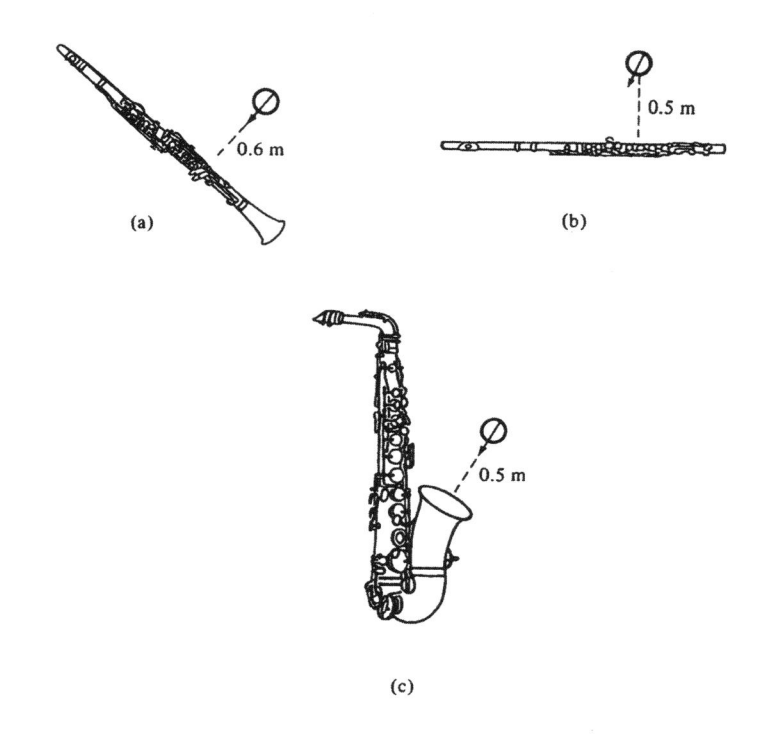

図23-6　木管楽器(単独の場合)
　　(a)クラリネット、オーボエ
　　(b)フルート　(c)サックスフォン

Section 7 スタジオ制作

低音楽器だけは、ベル部分から放射されていますので、こうした録音が可能です。その場合、ベルよりも外側で、低域キーから15cmの場所に取り付けるとバランスの良い収音が出来ます。木管楽器も通常リヴァーブを加えます。

(4) 弦楽器の録音

弦楽器は、大きな音量を出す楽器ではなく、通常何人かのアンサンブルで演奏されます。録音はワンポイント・ステレオといった正統的な録音が行なわれます。ポピュラー音楽の録音でも、大編成オーケストラとしてステレオ空間全体を活かした録音が行なわれます。こうした場合の編成は、次のようになります。

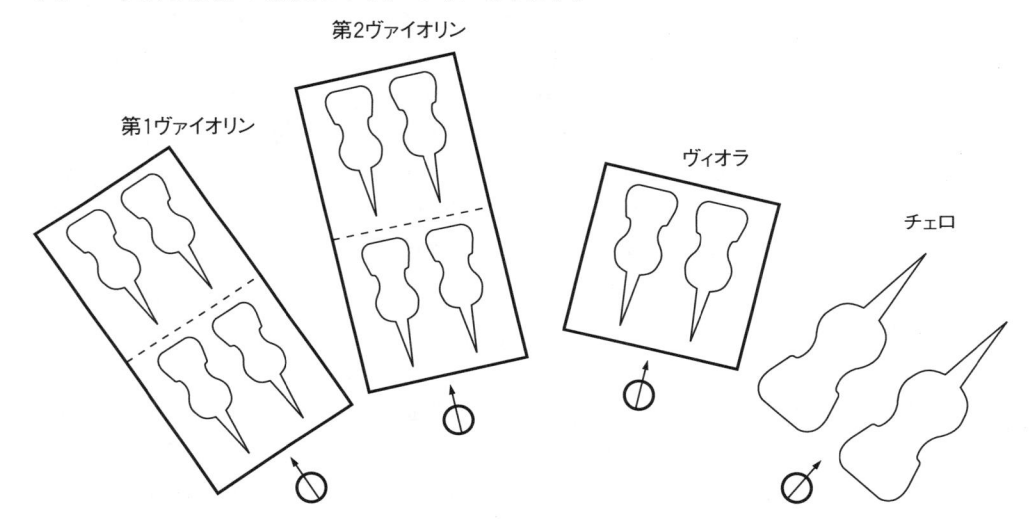

〈注〉 1. 4～6人の各セクションで1本のマイクロフォン
2. 定位は第1ヴァイオリン ― 左、第2ヴァイオリン ― やや左、ヴィオラ ― やや右、チェロ ― 右

(a)

(b)

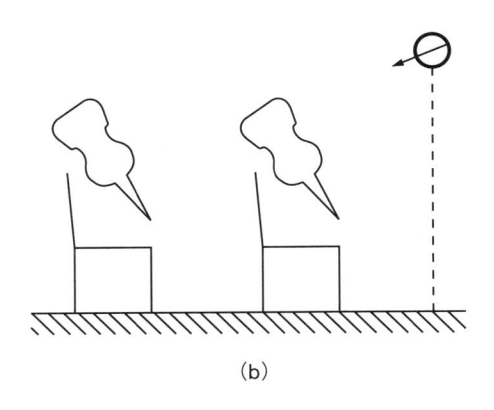

図23―7　ストリングス
　　　　(a)平面図、(b)側面図(代表例)

363

Section 7　スタジオ制作

　　　　　第1ヴァイオリン　　6〜8人
　　　　　第2ヴァイオリン　　6〜8人
　　　　　ヴィオラ　　　　　　4〜6人
　　　　　チェロ　　　　　　　4人

　これにベースが加わる場合は、別ブースに隔離して録音するのが一般的です。**図23－7**に録音例を示します。配置は、各セクション毎に1.5mの間隔をとりチェロについては2mの間隔を取ります。

　マイクロフォンの高さは、弦楽器の音色に微妙な影響を与えます。あまり近接しすぎると、ギスギスしてしまいますし、離れすぎても他の楽器からのカブリを受けてしまいます。こうした現象はアレンジの面から生じており、ストリングス・セクションが大音量のブラスやパーカッションと同等に録音される必要があるときに問題となります。この解決方法は、マルチトラック・レコーディングにより、別々に録音するか、同時録音であれば演奏していないときの弦セクションのフェーダを下げてカブリを防ぐことができます。

　設備の整ったスタジオでは、ストリングスセクションを専用のブースで録音出来る広さが用意してあり、大音量楽器と目線の届く範囲で配置するか、モニター用のヘッドフォンを用意します。こうした例は第23章7(3)でも示していますので参照して下さい。

(5)　鍵盤楽器の録音

　鍵盤楽器の代表は、ピアノといえます。録音はステレオやモノーラルに関わらず1組のマイクロフォンで録音します。ピアノの弦から30cmのところに設置されたマイクロフォンを見ると、だれしもビックリするでしょうが、この方法は大変有効です。**図23－8**には、録音

〈注〉1のマイクは、やや左
　　　2のマイクは、やや右に
　　　定位させるのが一般的

マイクロフォンは弦より30cm上

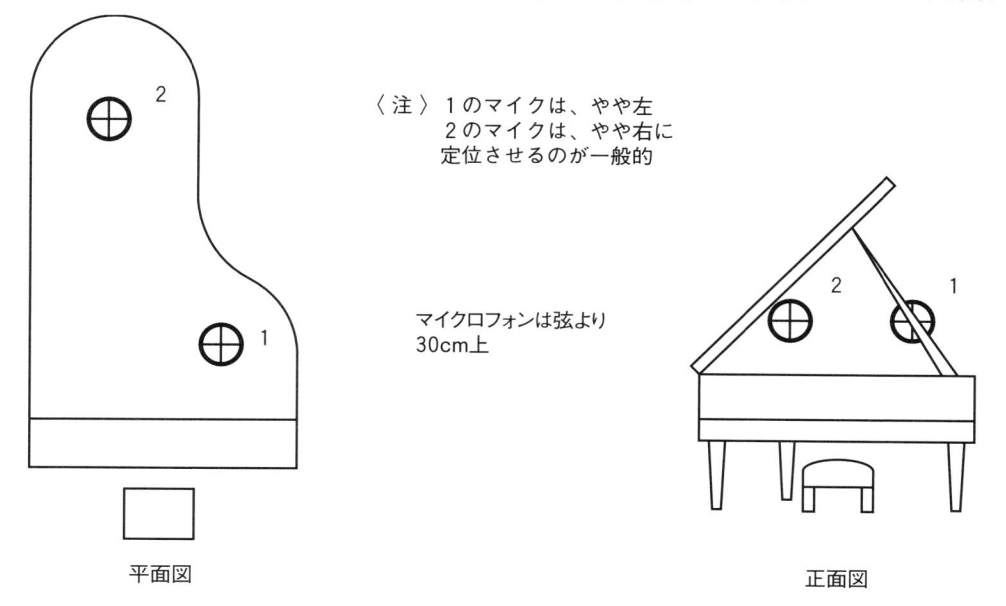

平面図　　　　　　　　　正面図

図23－8　ピアノのステレオ録音

例を示しています。楽器の調律の良否は、優れた録音を左右するポイントで、ピアノがメインの録音であればピアノから1.5m以内で正統的なステレオ収録を行なえば良い結果が得られます。

　ハープシコードやチェレスタと言った楽器では特別な効果を狙って使われる場合が多く、近接録音した際には、低域のアクション・ノイズを低減するため80〜100Hz以下をハイパス・フィルターで押さえておくと良いでしょう。

(6) アコースティック・ギターの録音

　アコースティック・ギターの音量も大きくありません。録音は近接マイキングとなります。ギター・アンプを経由して録音する場合もあり、オプションでダイレクト・ピックアップ信号も録音します。**図23−9**に代表的な録音例を示します。

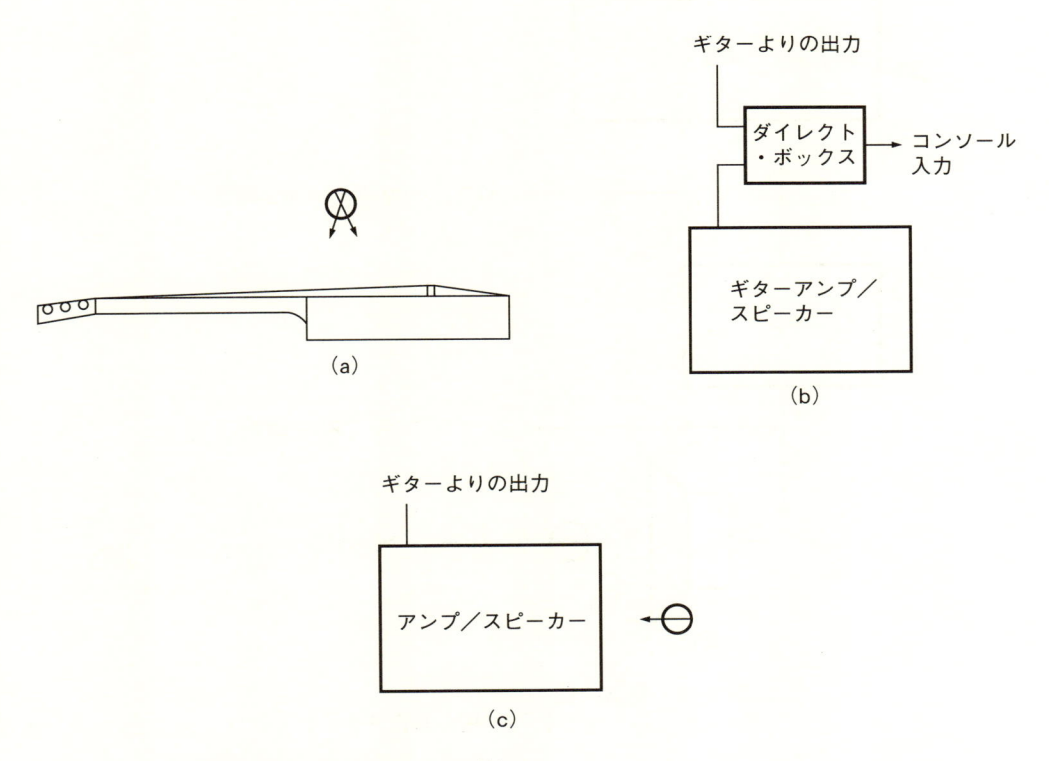

図23−9　アコースティック・ギター
　　　　(a) ステレオ収音（平面図）、(b) 楽器からのダイレクト収音
　　　　(c) 楽器スピーカーからのマイク収音（スピーカーより約30cm）

Section 7　スタジオ制作

(7) 電気楽器の録音

　ここではスピーカーを経由して音が出る楽器について述べます。**図23-10**に示すようにアンプに送る前のライン出力でピックアップしたり、ダイレクト・ボックス(**DI**)と呼ばれる分配器やスピーカーに近接したマイクロフォンで収音出来ます。この場合のポイントは、いかに自然な音を取り出すかに努力を惜しまないことです。

　シンセサイザーのような電子楽器では、ステレオ出力を備えているのでそれを積極的に利用し、ステレオ空間に定位させるのが良いでしょう。これらの楽器では、周波数分布を整える意味でイコライジングを行なうこともあります。電子楽器をラインで録音した場合、スピーカー再生の音に比べ、低域が多く含まれ、レベル管理も慎重に行なう必要があります。

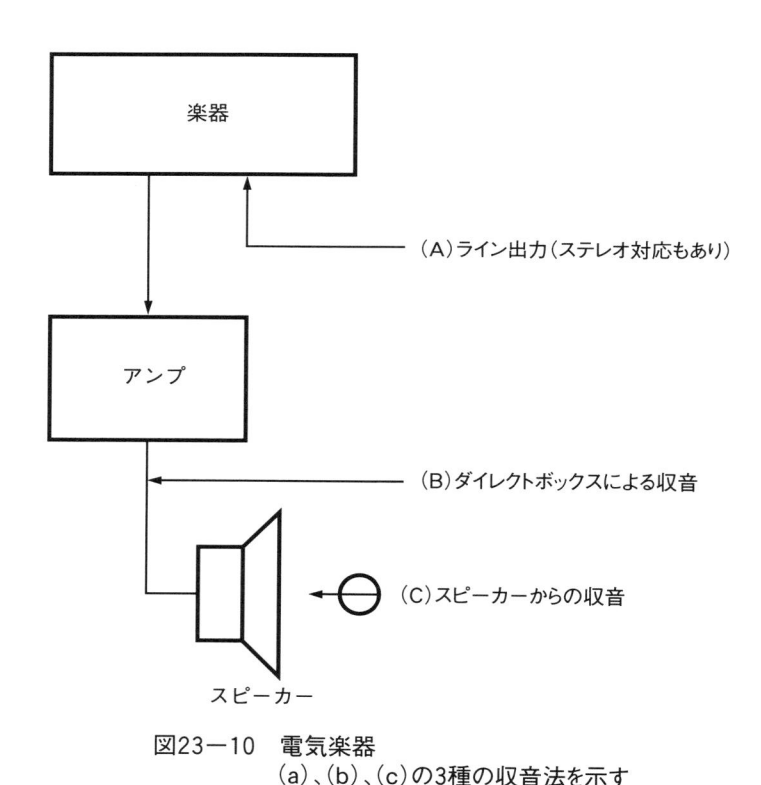

図23-10　電気楽器
　　　　(a)、(b)、(c)の3種の収音法を示す

(8) ヴォーカル録音

ヴォーカル録音のポイントは、適切な録音レベルのコントロールにあります。ヴォーカリストが前後に動いたとするとその距離の2乗に反比例してレベル変動が起こります。可能であれば腰掛け等に座り口元よりやや上にセットしたマイキングが良い結果を生みます。こうした例を**図23-11**に示します。

マイクロフォンは単一指向性タイプが一般的で近接効果により低域が強調される傾向になります。マイクロフォンの選択は、ヴォーカル録音では特に重要で旧型のダイアフラムの大きなコンデンサー型では、ヴォーカリストの存在感をとても良く表現できるモデルもあります。

しかし、声質との兼ね合いでいつも良い結果になるとは限りません。子音の強調されやすいヴォーカリストでは、旧型のダイナミックやリボン・マイクロフォンを用いた方が適度な高域のロールオフ効果により良い場合があります。"プ"や"ブ"といったことばで「吹かれ」を生じる場合は風防を取り付けるのも良いでしょう。ヴォーカリストの声量が広いレンジに及ぶ場合は適度な圧縮をコンプレッサーにより行ないます。

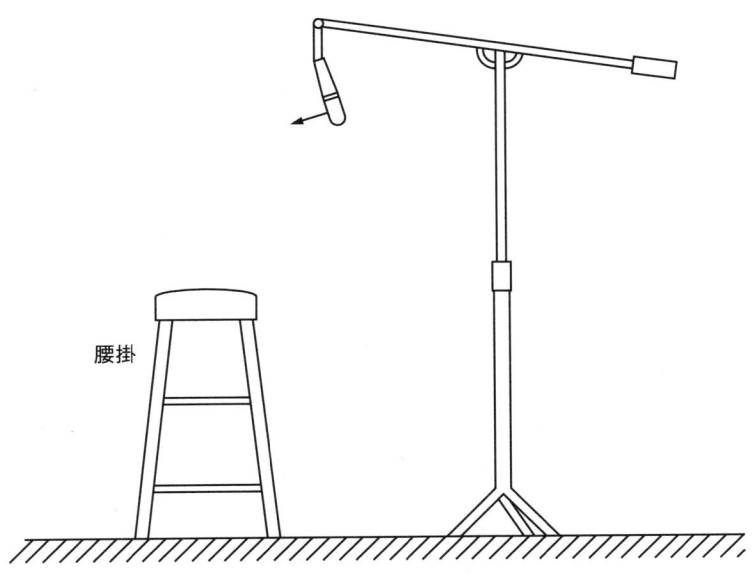

図23-11 ヴォーカルの収音
マイクロフォンは口元より約0.5m

Section 7　スタジオ制作

(9) ベースの録音

ポピュラー音楽ではベース演奏者は、通常一人でアコースティックよりは、電気ベースの使用が多いのが特徴です。バランスと音色は微妙で望む音を得るまでは努力と時間が必要な楽器でもあります。ベース録音には、以下のような方法があります。

1. 図23-12(a)に示すように、ベースから0.5m付近にマイクロフォンをセットし、遮音板でベースを囲います。この方法はジャズ録音に適しており、またジャズでは

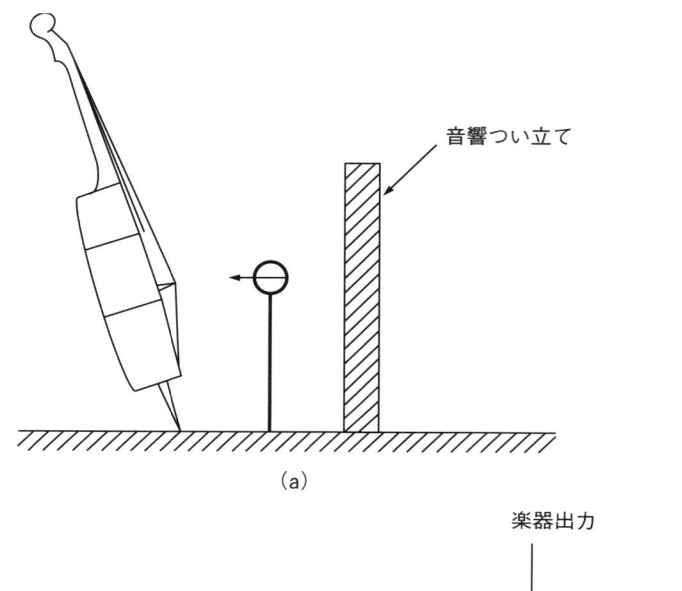

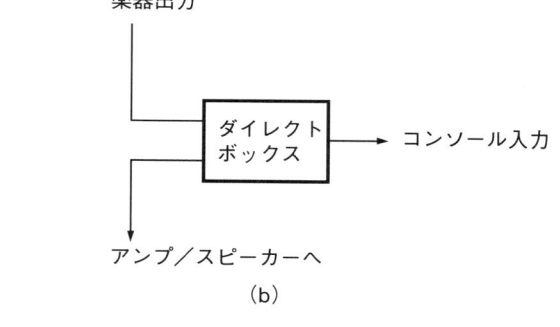

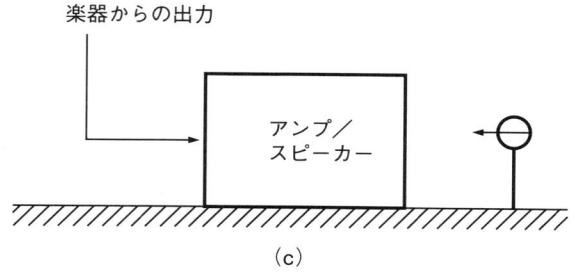

図23-12　ベース
　　　　（a）マイクロフォンによる収音（b）ダイレクト収音
　　　　（c）楽器スピーカーからの収音

ベースソロも重要なため、指運板から発する音もアクセントとして重要な要素です。他には駒の部分に小型コンデンサー・マイクロフォンをクッションなどで防震し取り付けることもあります。このメリットは、常に一定の出力が得られる点にありますが、反面、指が弦を引っかく音が薄れてしまいます。

2. **図23-12(b)** に示すように、ダイレクトピックアップ出力を利用する方法です。
今日、ほとんどのベースプレーヤーは、駒のブリッジにピックアップを取り付けていますので、これを分岐してコンソールへと立ち上げます。アクティブ・タイプのダイレクト・ボックスであれば、ラインレベルでコンソールまで立ち上げることが出来ます。

3. **図23-12(c)** に示すように、アンプのスピーカーにマイクロフォンを設置して録音します。
2および3の方法は、主にエレクトリック・ベースで使用します。

5. 残響と空間表現

ポピュラー音楽録音では、クラシック録音に比べて、録音音場の音響条件が音楽に大きく影響を与えることはありません。空間情報としてのアンビエンスは、1種の味付けとして音楽を構成する特定の楽器にのみ加えられると考えられています。こうした目的のためのリヴァーブは、2.0～2.5sec位の設定が一般的ですが、その量は控えめです。リヴァーブをどう扱うかは今日に至るまで一定した考え方の上で使われており、多くのプロデューサーは、一般のリスナーが期待する以上のリヴァーブを付加していません。

ポピュラー音楽のリヴァーブには、1950年代から「エコー・チェンバー」と呼ばれるエコー・ルームが使われてきましたが、今日でも装置の変化に関わらず、同じ土台の延長線上で使っています。実験を試みる姿勢は大切にしなければなりませんが、一方で古くからの手法も今日十分通用する場合があります。

リヴァーブは、モノーラル入力ステレオ出力で十分で、ステレオ出力はミックスのL／Rに振り分けられます。この方式では、リヴァーブの拡散度はどの入力信号でも同じで、信号のステレオ定位は無相関となります。**図23-13(a)** にこの様子を示します。初期の録音では、**図23-13(b)** に示すような2台のモノーラルのリヴァーブを使用し、出力をL／R反転することで空間の奥行きを表現していました。

最近のデジタル・リヴァーブでは、ステレオ入力もあり、**図23-13(c)** に見られるような接続が容易にできるようになりました。この特徴は、モノーラル入力に比べて、より豊かな空間残響が得られる点にあります。リヴァーブの付加についても様々な試みを行なう意欲が大切です。

図23-14には、リヴァーブ音の減衰時間とレベルについて様々な組み合わせを示しました。**図23-14(a)** に示すパターンがポピュラー音楽では一般的で、2.5～3.0secの時間と控えめなレベルで、ちょうど音楽の無音部分を埋めるような働きをします。**図23-14(b)** の例は、送りと受けのリヴァーブ・レベルが同じくらいのパターンでリヴァーヴ音がより明確に

Section 7　スタジオ制作

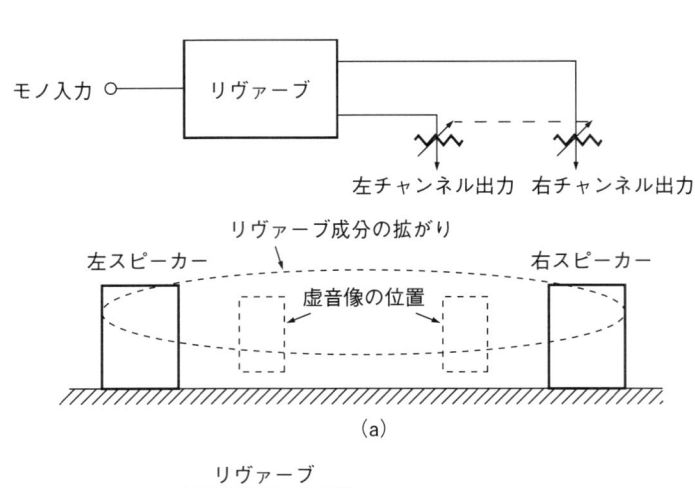

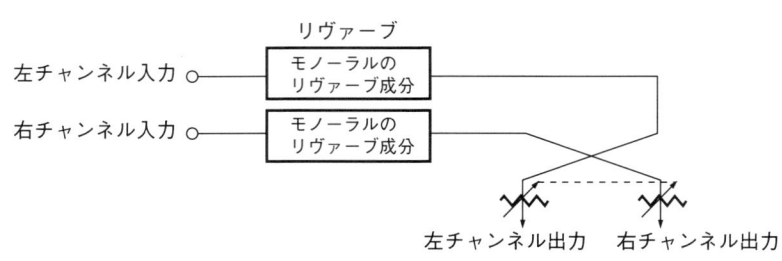

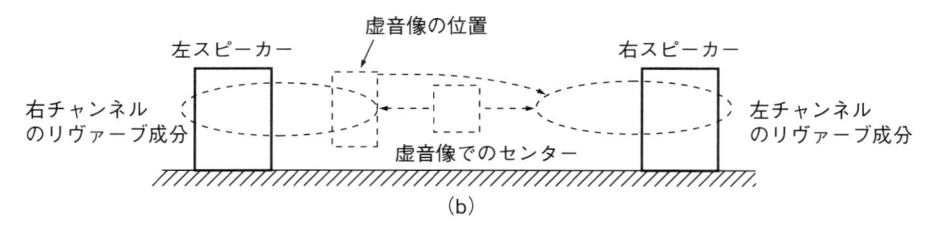

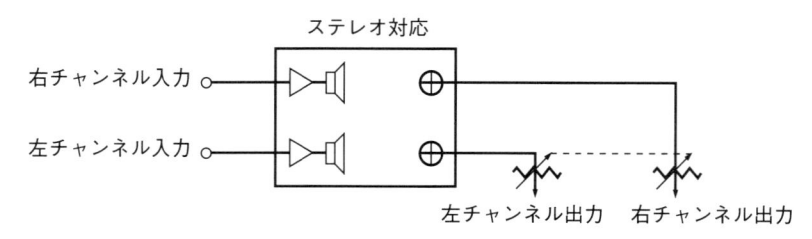

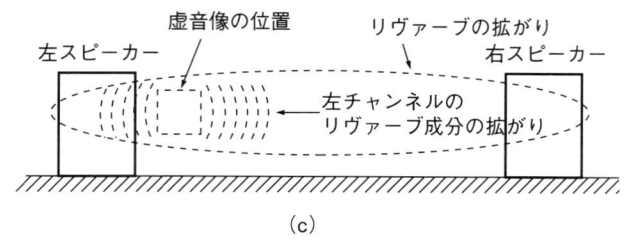

図23-13　リヴァーブ成分の定位例
　　　　(a)モノラル入力、ステレオ出力のリヴァーブ成分
　　　　(b)2モノーラル2式を用いて、出力を各々反対接続
　　　　(c)ステレオ入力、ステレオ出力のリヴァーブ

なります。**図23-14(c)** のパターンは、1.0 sec以内の短いリヴァーブと控えめなレベルの場合で、リヴァーブ音として確認することは難しい範囲です。**図23-14(d)** は、この組み合わせでレベルを大きくした場合の例ですが、こうした使い方はブラスやパーカッション楽器を引き立たせる効果があります。録音の段階で自然にスタジオの響きとして収録される場合もありますが、積極的に活用するためエンジニアは、全指向性マイクロフォンを適切な場所に設置して収音することもあります。

6. ジャズ録音

　ここでは、音楽録音を行なう場合に必要なスタジオ環境について、音楽的、技術的な視点から述べることにします。

　ジャズ音楽は、基本的に演奏している実際の場を重視する音楽ですから、録音のための努力は、その空間をいかに再現できるかにあるといえます。また録音は、極力素直に人工的な手を加えない形で行なうのが望ましい形です。ジャズはビッグバンドからソロピアノまで、音楽的に奥の深い形式ですので、そのあらゆる細部が捉えられなくてはなりません。ジャズ録音の目的は、リスナーが演奏会場に出かけて聞いているのではなく、演奏者がリスナーの場で演奏しているイメージを再現することだと断言するエンジニアもいます。

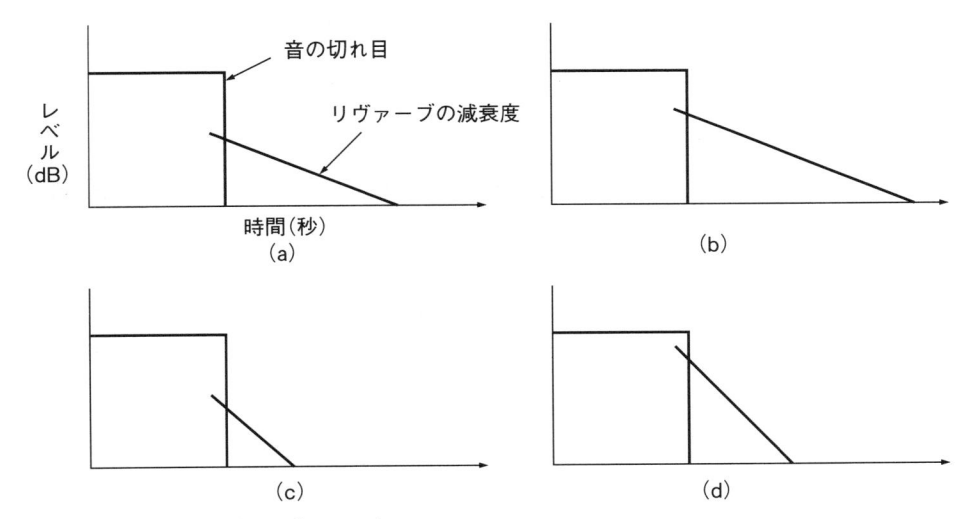

図23-14　リヴァーブ・タイムとレベル
　(a) 時間は長くレベルは低い（この場合は自然さはないが、存在感があり主にジャズやポップス向き）
　(b) 時間は長くレベルも高い（残響過多で音楽には邪魔になる）
　(c) 時間も短くレベルも低い（現実には存在しない残響で多用されない）
　(d) 時間は短くレベルは高い（ライヴ感がありブラスやパーカッションに適す）

Section 7　スタジオ制作

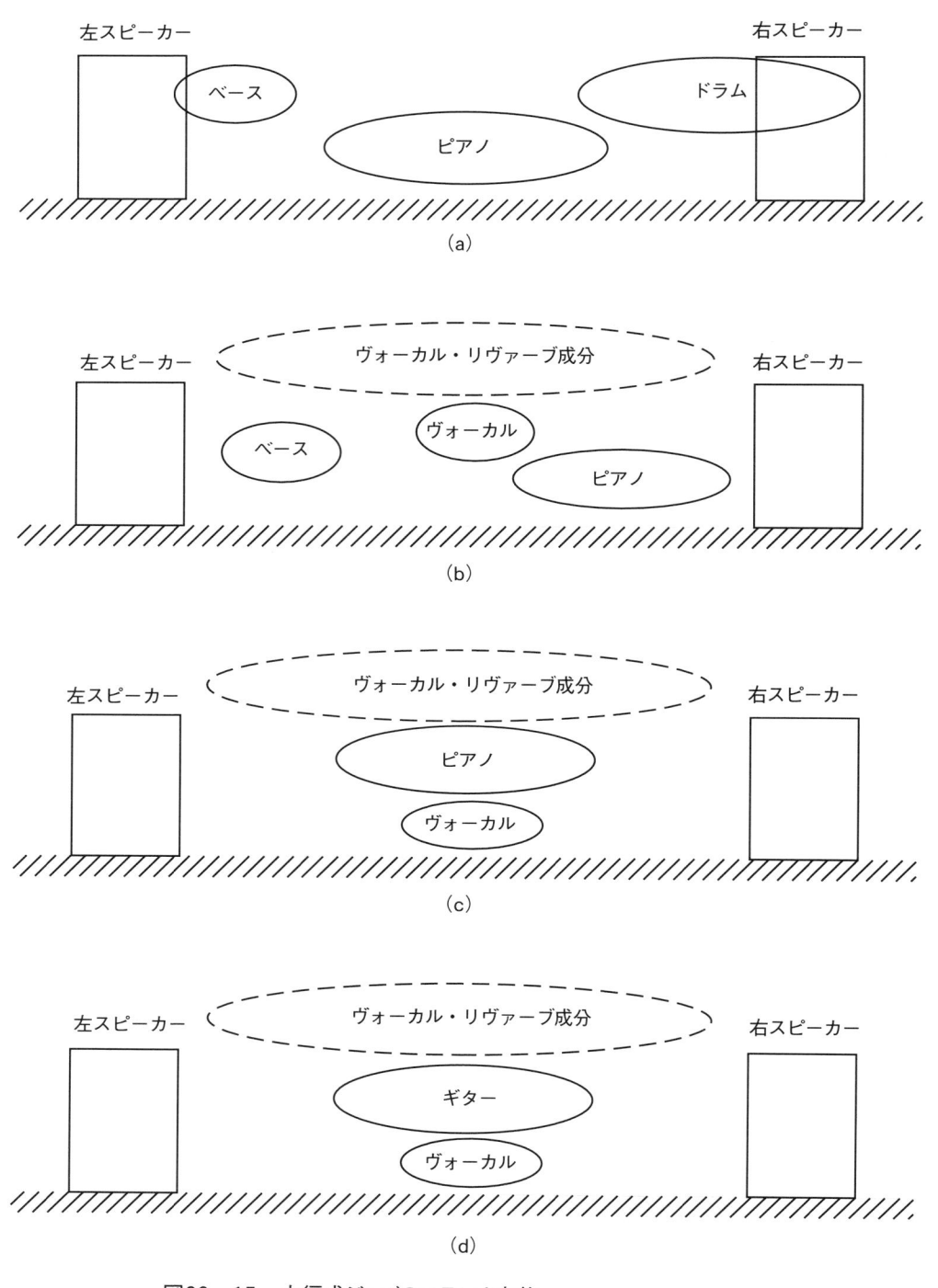

図23-15　小編成ジャズのステレオ定位
　　　　　（a）ピアノ、ベース、ドラムス、（b）ピアノ、ヴォーカル、ベース
　　　　　（c）ヴォーカル、ピアノ、（d）ヴォーカル、ギター

Section 7　スタジオ制作

(1)　小人数ジャズ

　ピアノ・トリオの典型的な編成は、ピアノ、ベース、ドラムの構成で、この3者をステレオ音場の中にどう配置するかがポイントです。一般的には最も中心となる楽器を中央に配置し、残りの楽器をその周辺に配置すると言った構成がとられます。
　図23—15(a) に一例を示しますが、ピアノはステレオ収録して、必要な音像幅でパンニングし、ステレオ音場の半分から1/3程度を占めるようにします。ドラムは、オーバーヘッドに設置したステレオペアとキックドラム用マイクロフォンで録音し、ステレオ音場の右側を占めるような定位とし、キックドラムはモノーラル再生やFM放送との両立性を考慮し中央よりとします。ベースは、ピックアップやマイクロフォンで録音し左寄りで定位させます。ピアノがメインの場合はドラムとベースは補助役となります。
　録音時に注意しておくことは、ステレオ空間での定位と実際の演奏配置を一致させておくことです。こうしておくことで実際の演奏空間で生じる相互のカブリがよりリアリティーを醸し出します。リヴァーブが必要な場合は、ソロパートが引き立つような付加の仕方が効果的です。
　図23—15(b) にはヴォーカルとピアノ、ベースの組み合わせ例を示しました。この場合、ヴォーカルが主体ですから、センターにヴォーカルを、その周辺にピアノ、ベースが配置されます。ピアノはステレオ収音し、ヴォーカルには、奥行き感を付加する程度のリヴァーブを加えます。**図23—15(c)** にはヴォーカルとピアノのデュオの例を示しました。この場合ステレオ録音したピアノもセンター定位とします。ヴォーカルとギターと言う組み合わせの場合も、**図23—15(d)** に示すように(c)と同じ定位でよいでしょう。

(2)　小編成ジャズ

　小編成のジャズでは、ピアノ、ベース、ドラム、ギターの4リズムがリズムパートを担当します。このリズム陣の上に最大3管でフロントを形成したりヴォーカルのバックを受け持ちます。**図23—16** にはこうした例を示します。
　メロディーを受け持つ楽器を左右の対話形式に配置するとステレオ効果を活用した音場設定ができます。**図23—16(a)** の例ではオルガンとギター、テナー・サックスとアルト・サックスがその例に当てはまります。
　図23—16(b) では、ドラムが中心となった例で、左右のステレオ空間を活用した定位となっています。**図23—16(c)** は、ピアノを中心とした例で、**図23—16(d)** では、ヴォーカルをメインとしたやや編成の大きな場合の定位を示しています。
　こうした例で見られるように、定位はワンポイント収録による自然な定位の他に、エンジニアがいかにステレオ音場を活かしたパンニングによる設定を行なうかがポイントとなります。基本設定が終わると、エンジニアは以下のようなポイントに神経を集中してミキシングを行なう必要があります。
　初めに、ドラムとベースで最良のバランスが取れているか？ 次にピアノとギターを加えさらにサックスを加えてみます。再度、微調整した後でヴォーカルを加えてみます。サウ

Section 7　スタジオ制作

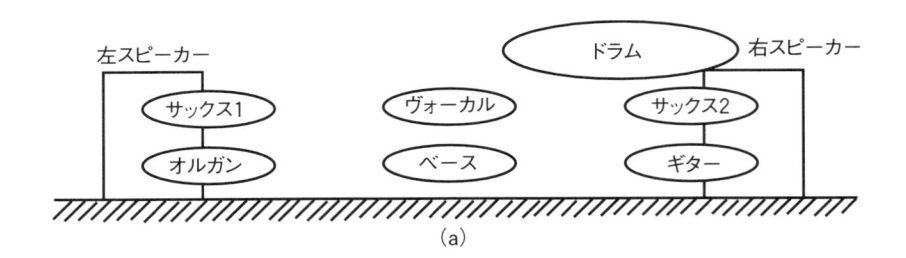

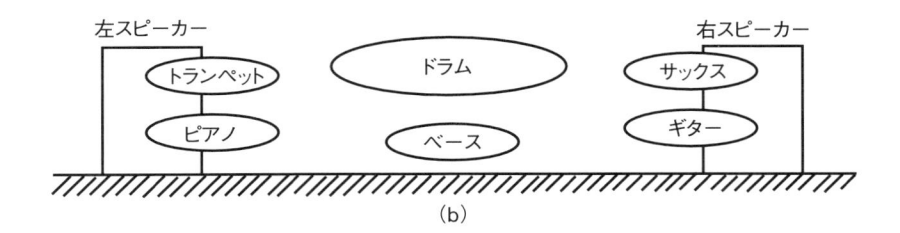

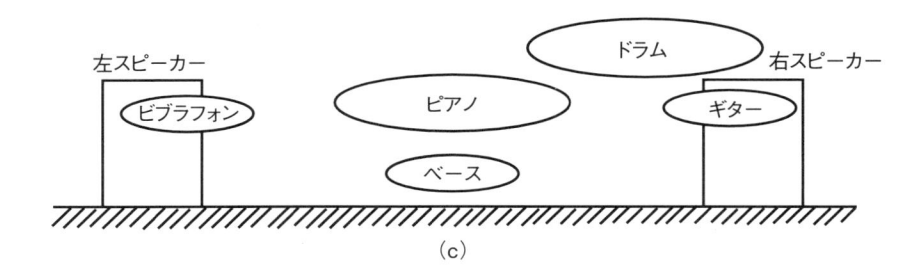

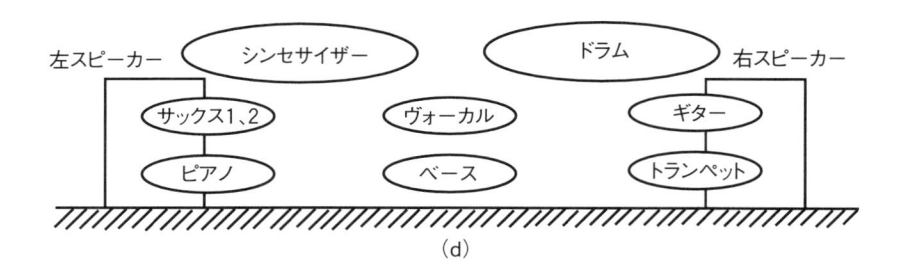

図23-16　小編成ジャズでのステレオ定位例
　　(a)ヴォーカルを主体としたジャズ・グループ
　　(b)ドラムスを主体としたジャズ・グループ
　　(c)ピアノを主体としたジャズ・グループ(木管は含まない)
　　(d)ヴォーカルと8人編成のジャズ・グループ(ドラムとシンセサイザーはステレオ収音)

ンドチェックの間は、ミュージシャンに軽く流す程度の演奏をしてもらいトータル・バランスと個々の音源がどれだけ聞き取れるかに神経を集中し、どこでどの楽器がメインとなるのかを把握し、レベル調整を行ない音楽の持つエネルギーが失われない様に心がけます。

　図23-16(a)の録音例に戻りますが、ここで正統的なステレオ収録をしているのは、ドラムスのオーバーヘッドのペア・マイクロフォンだけであることに気付かれたと思います。

　しかしパンニングしたマイクロフォンには他の楽器からのカブリが入ることで、あたかも自然なステレオ録音のような音場が形成されます。録音時に物理的な配置と定位を一致させるような演奏形態としておけば、さらに自然な空間が再現されます。サックスとヴォーカルにリヴァーブを加える場合は、こうした配置に効果的な処理が必要です。

(3) ビッグバンド・ジャズ

　ビッグバンド・ジャズの基本編成は、次のようになります。

　　　　　　　　　トランペット×4
　　　　　　　　　トロンボーン×4
　　　　　　　　　サックス×5(バリトン×1、テナー×2、アルト×2)
　　　　　　　　　ベース
　　　　　　　　　ドラム
　　　　　　　　　ギター
　　　　　　　　　ピアノ

　これに、パーカッション、フレンチホルンや電子オルガン、シンセサイザー、各管楽器に1名増員と言った編成が取られることもあります。

　サックスのプレイヤーは、持ちかえでクラリネット、フルート、オーボエなどを必要に応じて演奏します。ここでは、基本編成時の録音について述べることにします。

　図23-17に示したのが、スタジオ録音での配置例です。ステレオ音場を有効に使いバランスの良い定位を行なうため、各楽器は図中に述べたようなパンニングを行ないます。各楽器がソロ演奏を行なうときは、マイクロフォンに近づいて演奏しますが、プロデューサーはそうした動きをエンジニアに的確に指示して、エンジニアのレベル・コントロールを容易にします。

　トランペットとトロンボーン・セクションは、セクション全体をステレオペアで収録し、ソロパートを補助マイクロフォンで押さえます。こうすることでブラス楽器全体の量感を出します。エンジニアによっては、サックス・セクションのような録音、すなわち各パートに専用のマイクロフォンを立てて録音する場合もあります。

(a) 適切なバランスのとりかた

　レコーディング・エンジニアに不可欠な要素は、必要にして十分なバランスを手際よく行なうことです。ビッグバンドのように編成が大きくなれば録音経費も大きくなるので、時間

Section 7　スタジオ制作

を有効に使わなくてはなりません。

　バランスをとるには、リズムセクションから始め、次にサックス・セクションさらにブラス・セクションを加えていきます。並行して各プレイヤーで、ヘッドフォン・モニターを必要とする人のため、キュー送りの音声を適切なバランスで送り出さなければなりません。ヘッドフォン送りのバランスは、リズム・セクションの弱音楽器やヴォーカルを大きめに返すと演奏し易くなります。エンジニアは、このキュー送りもヘッドフォンでモニターし、演奏者がどんなレベルとバランスで聞いているのかを把握しておくとよいでしょう。

　長時間のモニターでも疲れないためにステレオでキューを送り出すことが大切です。また演奏者が個別に別のバランスを要求する場合に備えて複数のキューバスを備えておくと便利です。現在のコンソールは、そうした要求に応えるため4系統またはそれ以上のキューバスが備わっています。

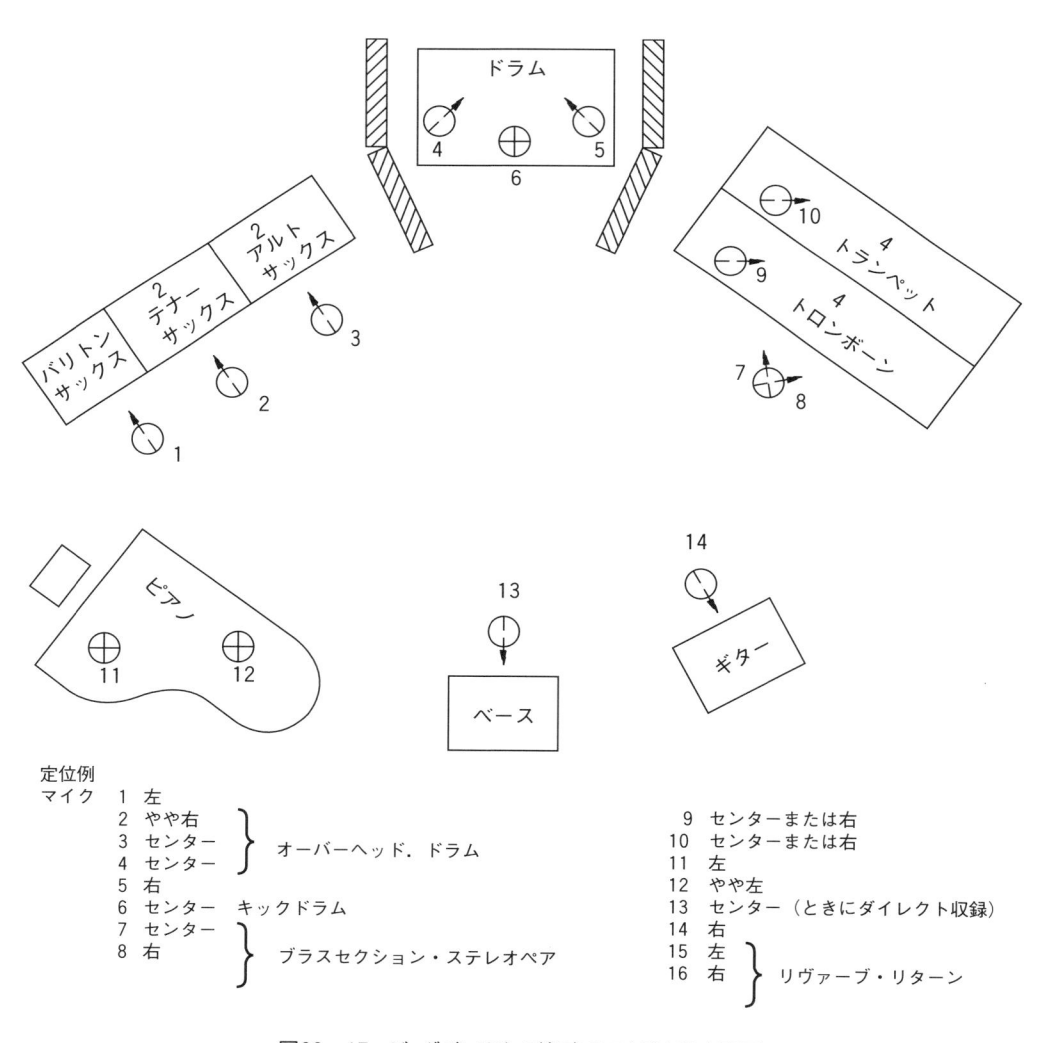

```
定位例
マイク　1　左
　　　　2　やや右
　　　　3　センター  ┐
　　　　4　センター  ├ オーバーヘッド．ドラム
　　　　5　右　　　　┘
　　　　6　センター　　キックドラム
　　　　7　センター  ┐
　　　　8　右　　　　┴ ブラスセクション・ステレオペア

　　　　9　センターまたは右
　　　10　センターまたは右
　　　11　左
　　　12　やや左
　　　13　センター（ときにダイレクト収録）
　　　14　右
　　　15　左　┐
　　　16　右　┴ リヴァーブ・リターン
```

図23－17　ビッグバンドジャズ収音のスタジオ録音配置

(b) カブリのコントロール

スタジオで必要以上に分離度をとるための隔離をする必要はありません。その方が演奏者にとってもヘッドフォン・モニターなしで演奏を聴けるためバランスの良い演奏ができます。逆にあまり固まりすぎてもオンマイクのサウンドになり音に一体感が出ません。一方、弱音楽器のギター、ベース、ピアノなどは、カブリを極力おさえてクリアーな収録をしなければなりません。

ベースはダイレクト・ピックアップをすれば問題ありませんが、その場合はアンプをベースプレーヤーの側に置き、他の演奏者には、ヘッドフォンで送り返してやる必要があります。ギターについても同様で、またアンプのスピーカから録音する場合は、正面に設置し、ときに音色を補正しなければならない場合はイコライザーを使用します。

アコースティック・ギターであれば、ギター本体の前にマイクロフォンをセットして録音します。ピアノは、他からのカブリを極力避けて直接音が録音出来るような配置にセットし、通常スタジオの左に設置します。これはステレオ音場の中でピアノも左に定位させるため音場の一致を得るためでもあります。

(c) 視認性について

レコーディング・エンジニアは、スタジオでリーダーとなるべき人と視線で合図の取れる関係を作っておかなければなりません。こうすれば誰がソロを取り、どんなコントロールをしなければならないかが容易に分かります。

ビッグバンドのソロは立ち上がって演奏しますが、すべてそうとも限らず、ソロ用マイクロフォンの高さは、予めチェックしておくことが必要です。

(d) エフェクターについて

録音形態がダイレクト2チャンネル・ステレオの場合、バランス、イコライジング、リヴァーブなどをその場で決めてしまわなければなりません。「後のミックスダウンで」がないからです。モニター・システムが忠実であることは当然として、レコーダーに送り込む音がここで左右されるからです。最大レベルはコンプレッサーによってコントロールできますが、それよりも経験に基づいたマニュアルのレベルコントロールのほうが良い結果を生み出します。リヴァーブは、リズムセクションにはあまり使用しませんが、ここでも例外はあります。リヴァーブを後から付加することは得策ではありませんので、録音時に適正なバランスで付加します。

録音時にマルチ・レコーダーを利用すれば両者の利点を最大に活かすことができます。マスターテープはダイレクト録音で、バックアップに各素材をマルチ・テープに録音することができます。こうすれば、後日何らかの理由で、マスターに修正を必要とした場合、リミックスすることで完成度の高いマスターを作ることができます。この方法は、制作コストが高くなりますが、より確実な録音が保証されます。

ダイレクト2チャンネル・ステレオ録音は、難しいと考えているかもしれませんが、多くの

エンジニアはこのように数多くのビッグバンドをダイレクト録音しています。

　こうしたテクニックは、当然一夜漬けの知識で得られるわけではなく、日々の学習の積み重ねや優れたベテラン・エンジニアと仕事をする中から蓄積され、進歩していくものです。同時に音楽に対する限りない愛情を持ち続けることが録音技術の修得に不可欠です。多くの入力をステレオにまとめる場合、オートメーション機能のあるコンソールで、サブグループを活用し、またオートメーションは動きの見えるムービング・フェーダー・タイプが有益です。

7. 大編成スタジオ・オーケストラの録音

　ここで述べるスタジオ・オーケストラは、TVや映画の音楽"劇伴"を録音する編成です。これらは規模で見るとシンフォニーのようですが、音楽性は時にジャズ的で、時にクラシックのようなストリングスであったり変化に富んでいます。シンフォニーのような豊かなストリングスの饗宴ではなくスタジオでのみ演奏され、響きはリヴァーブによって付加される音楽です。

(1)　スタジオ・オーケストラの編成

　編成は、先程のビッグバンドジャズに以下のようなストリングスを加えています。

　　　　　　　　　第1ヴァイオリン×8
　　　　　　　　　第2ヴァイオリン×8
　　　　　　　　　ヴィオラ×6
　　　　　　　　　チェロ×5
　　　　　　　　　ベース×1

　ベースはエレクトリック・ベースもあり、さらにハープ、チューバ、木管楽器、フレンチホルン、パーカッション、ヴォーカルなどが参加、シンセサイザーなど電子楽器も加わることがあります。

(2)　録音トラックの選択

　"劇伴"音楽は、通常マルチトラック録音され、ポスト・プロダクションでさらにきめ細かなバランスの追い込みがなされます。映画等のサウンドトラックは、音楽以外に効果音と台詞のパートが分かれてミキシングされます。音楽はマルチトラックに分かれており、その際に場面に応じたきめ細かなバランスが取られます。

　表23−1にトラック・アサインの例を示します。注意点は、ポスト・プロダクションで有効なコントロールが出来るようなアサインを用意しておくかにあります。例えばポスト・プロダクションでストリングスをコントロールしたいとした場合、ストリングス・セクションは、まとめ

てステレオ録音しておけばコントロールが容易ですし、リード・ヴォーカルは、コーラス・パートと別チャンネルに分け、リズムセクションでもポイントとなる楽器は別トラックに分けてあればそれだけコントロールが容易となります。

　音楽が台詞と効果音のバックとなった場合にある部分はマスクされることを考慮して強調したり、またある部分は聴こえ過ぎてしまうためレベルを押さえなければなりません。

　こうしたコントロールが容易にできるためのトラック分けをしておくことが必要です。ライヴ・コンサートの録音では、聴衆の歓声などをまとめて2チャンネルのステレオに分けておくことも大切です。ポスト・プロダクションでの自由度と限られたマルチトラックのアサインをどのようにバランスさせるかは、エンジニアの熟慮とプランニングが不可欠です。録音時のモニター・バランスを上手にとるためには、VCAグループやオートメーションのサブ・グループを活用します。ストリングス・セクションの多くのフェーダーをまとめてコントロールできますし、リズムセクションも同様です。この場合、各個別のバランスは各々の入力で適切なレベル設定を行ないます。

(3)　バランスの設定

　バランスを取る上でスタジオ・オーケストラの難しい点は、ブラス・セクションのような強音楽器からストリングスのような弱音楽器までをどのようにコントロールするかです。エンジニアは、ストリングスなどのような弱音楽器には近接マイクロフォンを強音楽器からカブリを避けるための方法を考えなくてはなりません。しかし反面ストリングスの近接収音は、

基本的な24トラック・アサイメント		ミックスダウン時のサブ・グルーピング	
1	ストリングス（左）	1	ストリングス
2	ストリングス（右）	2	ブラス
3	コーラス（左）	3	サックス、リード楽器
4	コーラス（右）	4	コーラス
5	ヴォーカル・ソロ	5	リズム
6	サックス、リード楽器	6	ヴォーカル
7	〃	7	ピアノ、ギター
8	〃	8	マスター
9	ブラス（左）		
10	ブラス（右）		
11	ブラス・ソロ		
12	ブラス・ソロ		
13	パーカッション		
14	ドラム（左）		
15	ドラム（右）		
16	キック・ドラム		
17	ベース		
18	ギター		
19	ピアノ		
20〜24	スペア・エフェクト、リヴァーブ他		

表23-1　オーケストラ収録時のトラック・アサイメント例

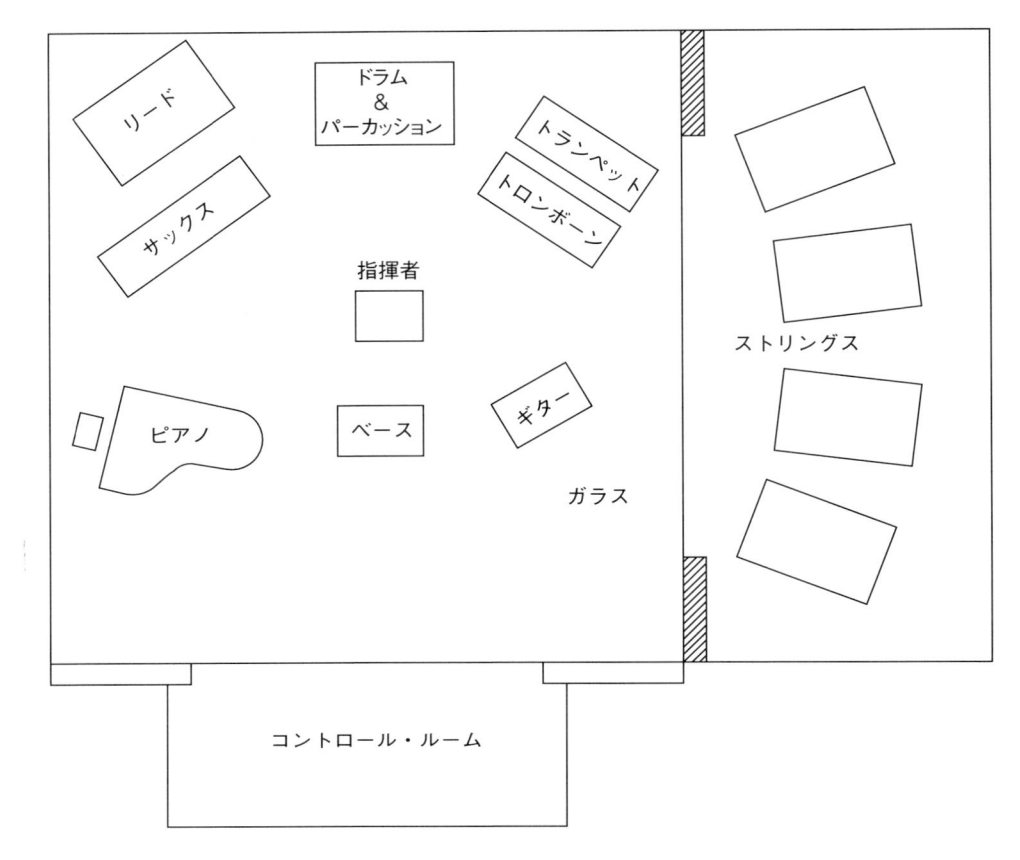

図23－18　ストリングス・セクションが独立したスタジオ配置

本来のストリングス音とはならず、ギスギスしてしまいますし、コンタクト・マイクロフォンを取り付ければカブリからは逃げられますが、やはり本来のサウンドは捉えられません。設備の整った大規模なスタジオでは、隔離ブースが設置してあります。**図23－18**にその一例を示します。こうしたスタジオでは視認性が大切で、ビデオ・モニターやヘッドフォン・モニターの設備が不可欠となります。

　しかし、こうした設備がどのスタジオにでもあるわけではなく、プロデューサーと常に緊密な意志疎通を行ないながらエンジニアは録音を進めなくてはなりません。こうした環境では、アレンジャーがブラス・セクションの"トゥッティ"に対抗したストリングス・アレンジを書いてこないことを祈るのみです！

8. ロック音楽の録音

　ポピュラー音楽録音の中で、今日のスタジオ機能を最も有効に活用して制作しているのがロック音楽といえるでしょう。実際、ロック音楽は、コントロール・ルームのモニタースピーカーから生まれたといえ、アーティストたちは、同じサウンドがコンサートで再現出来る

ことを望んでいます。ロック音楽はロックン・ロールにその由来を持ち1950年代より台頭した新しい音楽です。

　1960年代には、「ビートルズ」や「ローリング・ストーンズ」に代表されるロック・グループがさらにこれらを大きく発展させました。今日では、こうしたジャンルに留まらず、より広い音楽を取り込みエレキ・ギターやシンセサイザーと言った電子楽器が従来からの楽器に加えて使用されています。ジャズ・ロックやクラシカル・ロック、カントリー・ロックと呼ばれるジャンルの融合が今日のポピュラー音楽の中核を形成しています。

　ロックの編成は、最大でも8人程度と大きくありません。しかし、少人数で作り上げる音楽は、多くのオーバーダビングを重ね、曲想を検討してセッションを繰り返し作られていきます。

　ロック音楽録音の要請から録音技術も様々な技術開発が行なわれ、特にエフェクターの分野は大きな発展を遂げました。16～24トラック録音は、純粋にロック音楽のミュージシャンやプロデューサーから出された要求で、録音技術やエフェクターの表現に多大な貢献をした音楽といえます。

(1) 小人数ロックグループ

　この分野のバンドは、3人以下のギター、キーボード、ドラム、ベースにヴォーカルとソロ楽器からなりヴォーカルは演奏も兼用する場合もあります。ドラムスの録音には、8本程度のマイクロフォンを用意し、2本がオーバーヘッド、各ドラムのキットやシンバルに1本づつが割り当てられます。ギターはダイレクト収音がメインで、ギタープレーヤー自身が作ったエフェクター処理出力をダイレクトボックスで分岐して録音します。演奏形態は唄によって変化し、時にシンセサイザーやパーカッションが加わる場合があります。

　この程度の編成であれば24トラックをどう使うかで悩むことはありません。演奏中にどこかパートのミスがあれば、そこからパンチ・イン／アウトして修正し録音を進めます。このためスタジオは、カブリの少ない構造にしておかなくてはなりません。エンジニアとプレイヤー、プロデューサーの役割は、相互に融合しており、常に同じ波長で録音を進めなくてはなりません。こうした創造的な録音が、唯一スタジオからのみ生まれるからです。リヴァーブやエフェクター処理は、プロデューサーが望む特定のサウンドとなるまで試行錯誤が繰り返されます。これらは音楽の作曲の一部だからで、目的のサウンドが得られるまでは、多くの失敗が繰り返されるプロセスです。

(2) マルチトラック・レコーダーのアサイン

　表23—2に見られるようなトラック選択が一般に行なわれます。ここでは、6人のプレイヤで21トラックを使い、残りが有効に使えるゆとりがあります。すでに録音したトラックでも消去して別な音に差し替えたりします。

　ミックスダウンを有効に進めるために、ドラムとベーストラックを2チャンネル・ステレオにまとめ、空いた残りの4トラックに新たな音を追加することも、あるトラックのエフェクト処理し

Section 7　スタジオ制作

た音を別にしておくことも出来ます。

24トラックでも不足した場合は、新たにもう1台のレコーダーを追加して、タイムコードにより同期走行させることが出来ます。このための費用は、トータルの制作費に比べて影響がないほどの額です。

(3)　ミックスダウン

プロデューサーやアーティストが、その表現に十分な素材を録音したと考えれば、それらを最終的には2チャンネル・ステレオに仕上げなくてはなりません。この段階では、コンソール・オートメーションが有効になります。楽器別にグループ分けし、例えばリズム・セクションをサブグループにまとめ、OKであればメモリーしておきます。これらに他のパートを加えていき、満足のいくまで修正と記録を繰り返すことが出来ます。すべてがOKであればマスター・レコーダーへと録音します。オートメーション機能が無かったとすればミックスダウンの作業は、完成まで膨大な時間と労力、そして幾度となるテストが費やされることになります。

各音楽が出来上がれば、それらをまとめて1本化し、コンポジット・マスターが出来上がります。これらは、アナログまたはデジタルの形でマスタリング・ルームへと送られます。

9. 録音の段取り

スタジオでの録音が気持ちよく順調に進行するためには、多くの事前準備と明確な役割分担が行なわれていなければなりません。プロデューサーは音楽的な責任の中心であり、エンジニアはコンソールと機材のやりとりを含めた技術面の責任者となります。さらにアシスタントがそれらをサポートし、レコーダーの操作やテープのトラック・シートの作成などを行ないます。両者の関係は、緊密でかつ明確でなくてはなりません。エンジニア間の意志疎通には言葉によるやり取りになり、それは明確で、あいまいさのない言葉が必要です。例

	楽　器		トラック数
1	リード・ギター		1
2	リズム・ギター		1
3	ベース		1
4	ピアノ		2
5	シンセサイザー		2
6	ドラム		
	オーバーヘッド		2
	キック		1
	その他		5
7	ヴォーカル	I	1
8	〃	II	1
9	〃	III	1
10	エフェクト		2

表23－2　小編成ロック・グループのトラック分けの例

えばレコーダーの操作では以下のような言葉による合図が行なわれます。
　エンジニアが「テープを回して」と指示すると、アシスタントは、テープを録音状態で走行し、「テープが回りました」と告げます。次にエンジニアまたはプロデューサーがテープにクレジットを録音し、録音が始まります。録音が終わる場合は、エンジニアの「テープを止めて」という合図で、レコーダーが停止します。試聴のためにアシスタントは、エンジニアまたはプロデューサーからの再生箇所の指示を待ちます。言葉は誰でもがミスなく理解できるような表現をして、エンジニアはプロデューサーの言葉をすべて聞き漏らさないように、アシスタントは、エンジニアからの言葉を受け止めなくてはなりません。

(1)　トラック・シート

　アシスタントは、レコーダーが回ると、以下のようなトラック・シートに曲に関するデータを記入していきます。

1. タイトル
2. テイクナンバー
3. 曲頭のタイムコード
4. 曲終わりのタイムコード
5. 曲中の目安となるタイムコード。例えばスタートのやり直し、NGテーク、曲の区切り、プロデューサやエンジニアが指示した箇所
6. トラックの内容

　レコーダーは、一度録音すると、失敗があっても止めないで回しますので、スタート時のミスは書き留めて、新たな曲頭のタイムコードを記入しておきます。録音データは、ログシートの冒頭に記入し、スタジオ名、日時、演奏者、プロデューサー、エンジニアやプロジェクトで必要なデータなどです。このシートは、テープと共に保管し公式の録音記録となります。
　エンジニアは、アシスタントにテープの残時間を尋ねる場合がありますが、そうした場合もアシスタントは、迅速に回答しなければなりません。
　各トラックにはどんな内容が入っているのか？ オーバーダビングを行なったか？ トラック間のまとめ（ピンポン）をしたか？ など細かく記入することが必要です。
　プロデューサーがいつもすべての内容を把握しているとは限らず、アシスタントの録音記録が唯一の詳細なデータとなります。

〈第23章〉　　［参考文献］

1. J. Borwick, *Sound Recording Practice*, Oxford, New York (1987).
2. M. Dickreiter, *Tonmeister Technology*, Temmer Enterprises, New York (1989).
3. J. Eargle, *The Microphone Handbook*, Elar, Commack, N.Y. (1982).
4. J. Eargle, "An Overview of Stereo Recording Techniques for Popular Recording," *J. Audio Engineering Society*, vol. 34, no. 6 (1986).
5. A. Nisbett, *The Technique of the Sound Studio*, Focal Press, London (1962).
6. R. Rundstein and D. Huber, *Modern Recording Techniques*, H. Sams, Indianapolis (1986).
7. M. Thorne, "Studio Microphone Techniques," *Studio Sound*, vol. 15, no. 7 (1973).
8. J. Woram, *Sound Recording Handbook*, H. Sams, Indianapolis (1989).
9. J. Woram and A. Kefauver, *The New Recording Studio Handbook*, Elar, Commack, N.Y. (1989).
10. W. Woszczyk, "A Microphone Technique Applying the Principle of Second-Order Gradient Unidirectionality," *J. Audio Engineering Society*, vol. 32, no. 7/8 (1984).

第24章　スピーチ録音

1. はじめに

　この章では、人の声の録音について述べます。これには、ナレーションとドラマでのマイクロフォンの使い方、設置、音響条件、エフェクター、モニタリングなどが含まれます。

2. 一人の場合の録音

(1)　マイクロフォンの設置

　この場合のマイクロフォンは、軸上特性がフラットなものを選択し、話し手との距離を頭上20〜25cm、口元から50〜60cm離して、軸は口元を狙うのが良い結果を得られます。この設置は、話し手の視界を邪魔せず、また話し手の発する声による空気擾乱からの影響を受けない距離です。話し手が原稿を見るためにスタンドを立てたい場合は、スタンドのやや上にマイクロフォンを設置すると良いでしょう。マイクロフォンの指向性は、単一指向性とし、近接効果のために低域がやや持ち上がった特性が得られます。モニターは、精確な特性のモニターを使用します。録音が初めてのスタジオであれば、日頃自分が聞き慣れた素材を再生し、特性を把握した上で、必要なイコライジングを行なうのが無難です。設置は話し手の正面か、もし指向軸が口元を狙うならやや横からでもかまいません。
　特性がフラットなマイクロフォンで、声がきつく聴こえる場合は、話し手の子音が多いと思われますので、高域のなだらかな特性のマイクロフォンに変更します。旧型のダイナミックタイプなどはこうした目的にあっており、話し手も自分の声にはどのマイクロフォンが適しているかを把握しています。

(2)　音響条件

　多くの話し声は、狭いブースの中で録音される場合が一般的です。こうした場合の音響処理は、声の最低域周波数付近が吸音性の内装を施しておかなくてななりませんが、中域から低域にかけて十分な吸音処理のなされていないブースが多く見られます。吸音性のスタジオがあれば迷わず使うべきです。
　状況によっては、スタジオではなく居間や、時には、ナレーターの自宅で録音すると言ったこともありますが、こうした場合は、周囲のモーターなどを切り、出来るだけ静かな環境を作ってやらなければよい録音となりません。また部屋は、絨毯やカーペットなど吸音性の材料を用いてデッドな音響をつくります。
　良い録音の基本は、部屋や窓などから直接音に比べて10dB低いくらいの反射がないかどうかチェックすることです。こうした状態は**図24−1**に見られるような、両者でクシ型フィルターを形成します。指向性の強いマイクロフォンを選択することで、こうした影響を軽減

Section 7 スタジオ制作

することができます。全指向性の場合、10dBの目安は、直接音と反射音の距離差が約1:3の関係となります。反射音による合成音の損失を算出するには、以下のようになります。

全体損失レベル=20 log(d1/d2)＋軸外損失

音響透過型のテーブルを使うと、マイクロフォンはどこに設置してもかまいません。**図24－2**にその構造を示します。テーブル自体が極普通のものであってもこうした処理をすることで反射を押さえることが出来ます。読み手の台本をめくる音はノイズの元凶です。台本は、綴じずに端をやや持ち上げて水平に置き、そのままずらして次に進むとめくりの音が少なくなります。

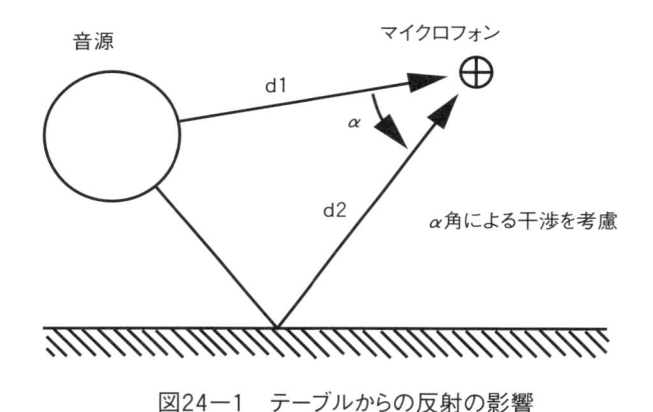

図24－1 テーブルからの反射の影響

図24－2 音響損失のないテーブル

(3) エフェクト

　適正なマイクロフォン設置が行なわれれば、特別イコライザーで補正すると言ったことは必要ありません。レベルのコントロールについては、コンプレッサーを使用することが録音の内容によって生じます。エンジニアは永年の経験と知識から判断して、その使用を判断すべきです。過大なコンプレッション設定は行なわず、復帰時間は早すぎないようにして、シャックリ現象の起きないようにして下さい。息使いについては、極めて自然な現象ですから、特別それを押さえるための処理をするといったことは必要ありません。

　声の平均レベルとピークレベルとの差は12～14dBとなりますが、音楽がバックに流れている場合は特別問題になるほどのレンジではありません。

　何らかのエフェクト処理が必要な場合は、音楽と合わせた最終ミックスの段階で行なうのが良いでしょう。リヴァーブの付加もナレーションの密度を高め音量感を出すのに効果的です。この場合、0.5sec以下のショート・リヴァーブをほんの少し加えるだけで十分です。典型的なリヴァーブ付加の場合は、もっと長いリヴァーブ時間を設定します。これも録音時にはドライで収録しないと編集でうまくつながりません。

　台詞録音の場合は、編集後で必要に応じて、イコライジングやコンプレッサー処理がなされます。リヴァーブも録音時はモニターにかけてナレーターが最終の出来上がりの感じを掴めるようにしておくのが良いでしょう。

(4) モノーラル録音とステレオ録音

　人の声は単一音源なので、録音は、1トラックあれば十分と考えるのは早計です。音楽録音ではエンジニアは、単一音源であるヴォーカルや、楽器でもステレオ・ペア・マイクロフォンで録音し、センターに定位させるという手法を用いてきました。この両者の違いは、空間を捉えるかどうかにあると思います。

　例えばソロの録音でも音場に拡がりや奥行き感がでる点に、ステレオ録音の優位性があります。ナレーション録音でもこうした手法が可能で、クラシック音楽のナレーションなどでは有効です。しかし、現在の映画やTVでは、このために録音トラックをもう1つ使うのは、有効ではないと考えられています。プロデューサーやエンジニアが声をステレオ録音する場合は、同軸タイプのステレオ・マイクロフォンが良いでしょう。定位は、左右一杯に拡げておき、もし話者の動きが気になるようなら、幅を半分程度に狭めることをお勧めします。

3. 対談形式の録音

　モノーラル時代のラジオ放送では、対談の両者が両指向性のリボン・マイクロフォンを真ん中に挟んで向かい合って収録するという形式が一般的でしたが、今日では、2人をステレオ録音する方が一般的になりました。このために1人に1本のマイクロフォンでカバーし、スタジオの反響を上回る程度のリヴァーブを味付けに使うようになりました。配置は、同じ

Section 7　スタジオ制作

ようにテーブルを挟んで両者が向かい合わせの配置をとります。

　ストリングス・カルテットなどで、演奏とその合間で話があるような場合は、音楽録音用のマイクロフォン以外に、スピーチ専用に小型のピン・マイクロフォンを取り付けて話を収録するのもよいでしょう。

4. ドラマ録音

　今日では、TVメディアが主流となりラジオ・ドラマ録音は減ってしまいました。ビデオ収録では、出演者がワイヤレス・マイクロフォンを付けて音声録音が行なわれます。これは、スタジオ内を自由に動き回るためと、TVスタジオはかなり騒音レベルが高いための手段です。劇場も音声録音の点では十分ではありません。劇場では、メインの台詞以外に派生する音が多くあり、出入口や床、衣擦れ音などで、肝心の台詞がぼやけてしまいます。ラジオ・ドラマは、すべての情報が音だけで表現しなくてはならないメディアですので、空間表現のための効果音や、ベース音の表現に特別配慮しなくてはなりません。

　スタジオ録音では以下に述べるような最適な方法が行なわれます。

1. 野外のシーンは、響きのないデッドなスタジオを利用。これに屋外を印象づけるベース音を付加します。

2. 屋内シーンは、逆に響きのあるスタジオで録音し、部屋の雰囲気をベース音として付加します。

3. 部屋の出入りやお茶を注ぐといった動きのある動作は、劇場でも慎重に行なわれますが、スタジオではさらに明確となるような適切な録音を行なわなければなりません。

4. 人物の定位については、それぞれの役者が目安となるような、升目を床に描き動きの再現性を確保します。定位はステレオ音場の中で、自然な間隔を取り、極端に左右に離れた定位のみを設定する必要はありません。

5. 劇場での所作の距離感に比べてスタジオ録音での動作はより近接した動きとなります。モニター・スピーカーの間隔以上に離れた演技はあまりないと考えるくらいのステージングをプロデューサーやエンジニアは考えておかねばなりません。

(1)　マイクロフォンの選択について

　ラジオ・ドラマ制作の経験豊かな役者であれば、マイクロフォンがどう音を捉えるかを知っており、あまり動かずに演技します。逆に劇場で演技している役者は、動きを付けることで、より演技がうまく表現出来ます。こうした場合のマイクロフォン設置例を**図24−3**に示します。天井から釣り下げたり、舞台の面前に設置しますが、ときにカバー範囲を超えた

動きがあるので注意しなければなりません。録音が1回ですべてうまく行くとは考えていませんが、エンジニアのミスで何度も演技することも良い結果を生みません。エンジニアは、注意深く計算した録音を行ない、ワイヤレス・マイクロフォンが多く使われている場合は、マルチチャンネル・レコーディングを行なうのが良い結果のために必要となります。

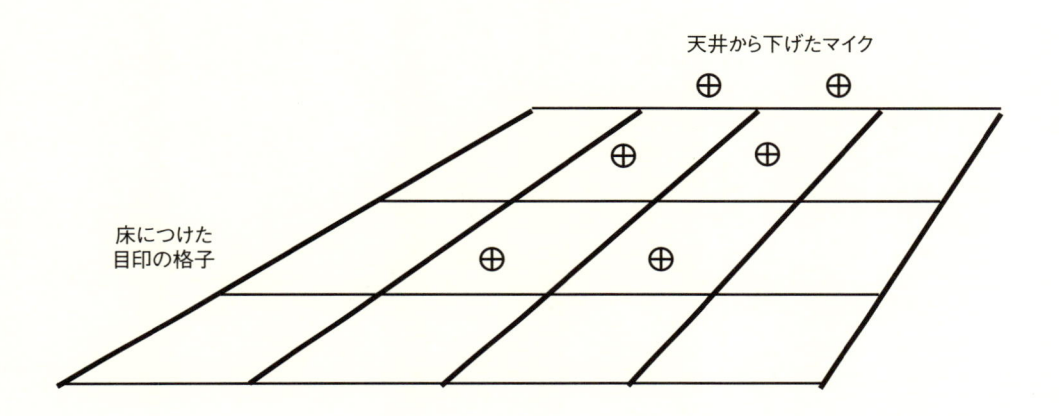

図24-3　役者の動きに合わせて収録可能な目印グリッドとマイク配置

〈第24章〉　　［参考文献］

1. S. Alten, *Audio in Media*, Wadsworth, Belmont, Calif. (1986).
2. A. Nisbett, *The Technique of the Sound Studio*, Focal Press, London (1979).
3. D. Taylor, "The Spoken Word," chapter 15 in J. Borwick, *Sound Recording Practice*, Oxford, New York (1987).

Section 8　ポスト・プロダクション制作

第25章　音楽、スピーチ素材の編集
　　1．はじめに
　　2．アナログテープ編集
　　3．音楽編集
　　4．スピーチの編集
　　5．デジタル編集

第26章　音楽マスタリング
　　1．はじめに
　　2．素材の確認
　　3．マスターテープの種類
　　4．永久保存のための複製

第27章　フィルム、ビデオの音声ポスト・プロダクション
　　1．はじめに
　　2．マルチチャンネル音声の構成
　　3．再生音響条件
　　4．ポスト・プロダクション・テクニック
　　5．最終ミキシング（Final Mix）
　　6．ドルビー光学録音
　　7．新しいポスト・プロダクションの方法
　　8．ビデオ制作での音声

Section 8　ポスト・プロダクション制作

第25章　音楽、スピーチ素材の編集

1. はじめに

　第二次世界大戦後に登場した、6mm磁気テープ録音は、編集という作業を可能とし、音楽録音に創造性を持ち込むことが出来るようになりました。
　音がはずれた部分は修正し、ノイズの部分は取り除き、最高の演奏テークをつないで、完成度の高い音楽にすることが出来ます。
　当初、音楽の完成度を高める為の編集という手段をすべての人が前向きに受け入れた訳ではありませんが、高度な編集が出来るにつれて多くのアーティストも編集という行為を受け入れるようになりました。この編集についての記述は、驚くほど少ないのが現状です。録音や編集という仕事の多くは、師弟関係のような一対一で学び、そのことが上達する唯一の方法だと考えられてきました。アナログテープの編集は、物理的にテープを切り張りして完成テープを作りますが、デジタル録音になってからは、テープを切り張りすることはなくなり、電子編集と言う方法にとって変わりました。編集者は、自在な編集が可能となり、アナログテープ編集時代には不可能であった編集技術が可能となりました。
　ここでは、アナログとデジタルの編集について述べます。

2. アナログテープ編集

　テープ編集の基本道具といえば、編集ブロック台、剃刀、編集テープとマーカーペンです。図25-1(a)に示すのは、J.トール（J.Tall）が考案した6mmテープ編集台です。真ん中が引っ込んでいる部分にテープを入れて固定し、45度の角度の切れ込みに沿ってテープを剃刀で切ります。もう1つ90度の切れ込みがありますが、こちらは、普段使わず、直結編集の時だけ利用します。
　編集用接着テープは、ネバネバしない接着剤が、薄いプラスチックベースに塗布されています。剃刀は、片刃で、いつも切れ味の良い状態の刃を使って下さい。また帯磁しない材料の刃を使わなくてはなりません。幅広のマルチチャンネル・テープも同様にテープ編集するための道具があります。ここでは、45度の編集角では、外側に行くにつれて再生ヘッドとの隙間が大きくなり音がつながらなくなりますので別の編集方法があります。
　図25-1(b)に示すのは、2インチ幅のテープの編集台で、図25-1(c)に示すような矢印型の編集が行なわれます。

3. 音楽編集

　図25-2(a)に示すようなノイズがマスターテープにあったと仮定します。ここで別テイク(b)にはノイズのない箇所があったとします。この場合編集担当のエディターは、(c)に

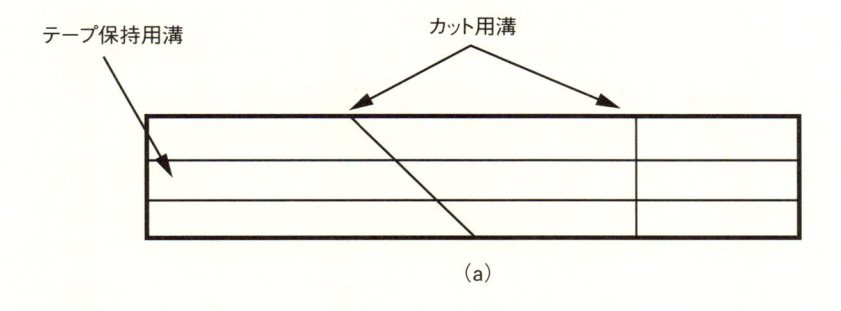

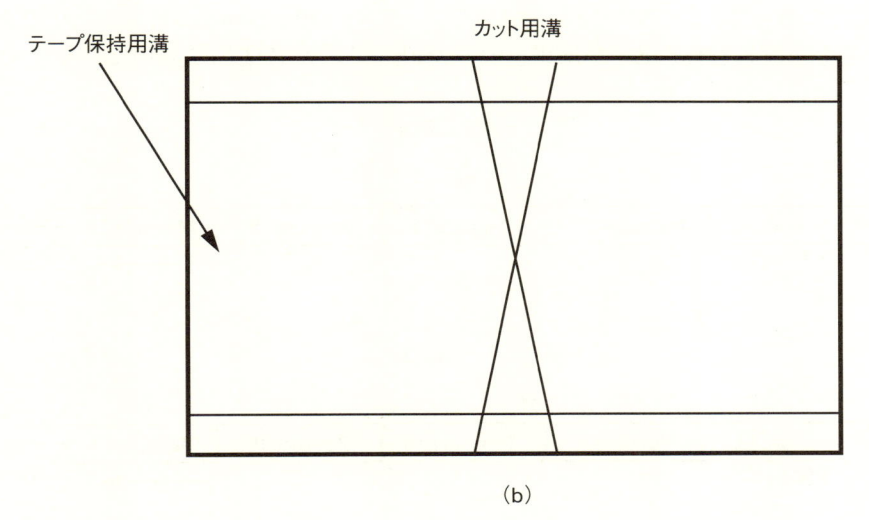

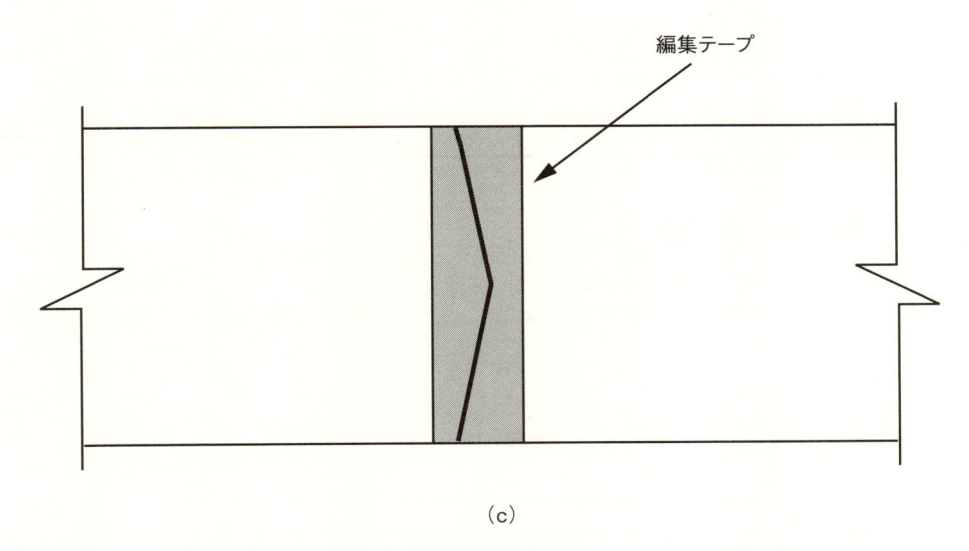

Section 8　ポスト・プロダクション制作

図25-1　テープ編集ブロック
　　　　（a）は6mm用、（b）は2インチ用、（c）は2インチテープの編集例

Section 8　ポスト・プロダクション制作

示すように別テープのOK部分をマスターの同じ部分と差し替えします。編集点は、すべての演奏が変化している、アタック点やコードの部分で頭出しをします。編集点にマーカーでマークを付け、マスターテープと同様な作業を差し替え用の別テイクでも行ないます。

　編集台に乗せて剃刀で切り別テイクの同じ部分と差し替えをします。接着テープでしっかり圧着して終了です。出来上がりは、**図25-3**のようになります。

　この斜編集によって、両者の編集点がうまくなじみ、38cm/secの6mmテープでは、16msec前後の長さのオーバーラップになり、19cm/secでは、ちょうど30msecになります。この長さになるとステレオの両チャンネル間での時間差を検知する限界なので、19cm/secではあまり精密な編集はお勧めしません。アンサンブル演奏で、1人だけ他より先行して演奏しているような場合は、この頭の音が欠けてしまいます。10～20msec以内のカットであれば、音楽的な連続性は保つことが出来ます。カットするのが音楽的に無理なときは、45

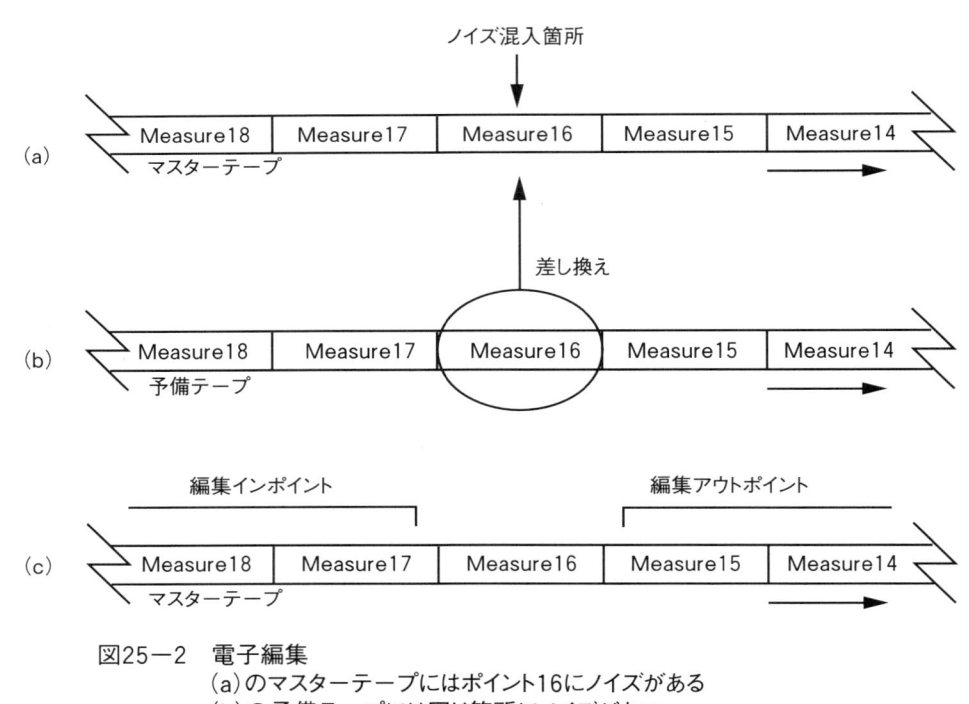

図25-2　電子編集
　　　　（a）のマスターテープにはポイント16にノイズがある
　　　　（b）の予備テープには同じ箇所にノイズがない
　　　　（c）ポイント16の頭で編集インポイント、終わりでアウトポイントを設定し編集する

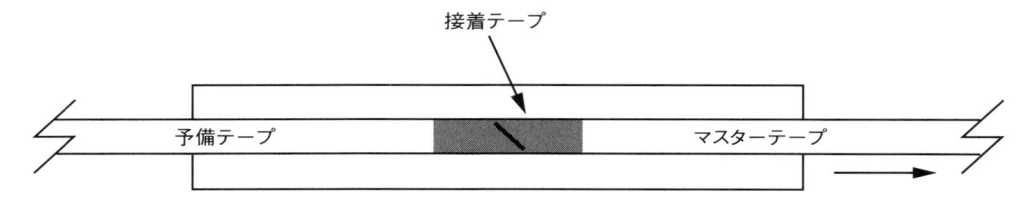

図25-3　接着テープによる編集

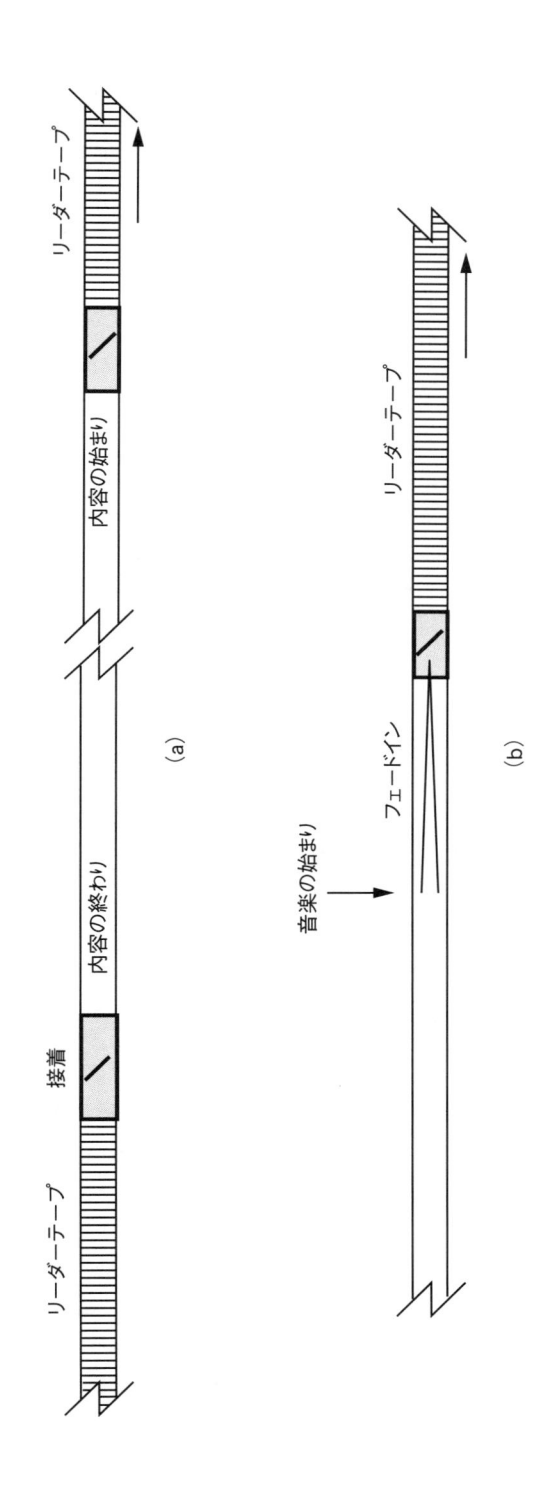

Section 8　ポスト・プロダクション制作

図25-4　リーダーテープ
　　　　（a）マスターテープの始めと終わりに付ける例
　　　　（b）ベースノイズをフェードインする場合

Section 8　ポスト・プロダクション制作

度カットではなく90度の直結編集がお勧めです。

　複雑な編集では、エディターは、いきなり本番用テープを切り張りせずに、コピーテープで試し編集をし、OKであれば本番テープを編集するのが安全です。また変更が生じた場合は、慎重に編集テープを剥がして、またやり直しをしなければなりません。

　リーダーテープは、磁気コーティングのしていないテープで、プログラムの頭と終わりに接続します。リーダーテープの頭や終わりにくるプログラム音は、テープノイズやスタジオノイズが目立たないようフェード処理をしてショックのないつなぎとします。**図25−4**にその例を示します。

(1)　編集を考慮した録音

　ベテランのプロデューサーになれば、録音セッションをどのようにしておけば、後の編集が容易に出来るかを考えたレコーディングが行なわれます。

　一般的には、スコアーの中に、OK/NGポイントを手短な目印として書き込んであります。編集で差し替えるためのリテイクは、どれくらいの部分演奏しておけば充分かもアーティス

図25−5　ブロックスコア
　　　　　縦線は編集を要する箇所を示し大文字の数字はテイクナンバーを小文字の数字は
　　　　　タイムコードを示す。またプロデューサーは個人的なメモを書き込む場合がある。
　　　　　Nはノイズ、＋はOK、−〜は要チェック、→はテンポが早いなど

396

トと検討します。スコアは、このため**図25−5**に示すようなブロック分けがなされエディターに渡されます。

　いくつか候補をあげておき、エディターは、それらのなかから一番スムースな編集ができるテイクを選んで編集します。プロデューサーは、ブロック毎に録音することが出来ますし、アーティストによってもブロック毎に録音する方を好む場合があります。ベテランプロデューサーは、後の編集がスムースに行なわれるための様々な工夫を録音時にしています。そのいくつかは、以下のような事項です。

1. スムースな息継ぎ演奏のための同一箇所のオーバーラップ。これは、歌手や、木管楽器では、息継ぎなしで、長い演奏を希望する場合がありますが、実際には音楽として無理なことが多いのです。テイク1をマスター、テイク2を別テイクとする代わりに、**図25−6**に示すように2つのマスター・テイクを異なった時間からスタートして編集します。

2. 譜面めくりのノイズ消去のために、演奏者には次の演奏を暗譜してもらいページをめくらないで、きりの良い箇所まで演奏してもらいます。次にページをめくり、前の部分を少し暗譜してもらい演奏を続けます。編集で両者をつないでページめくりのない演奏が出来上がります。同じ様な方法でストリングス・セクションが弦にミュートを付けたり、外したりする場合のノイズも出ないようにします。

　オルガン演奏などで、音栓を変更する場合の耳障りなノイズもなくすことが出来ます。こうしたことに注意をしないで録音をするプロデューサーは、編集の段階で、うまくつながらずに苦労することになります。例えば残響部分がうまくつながらないとか…、このような場合の対策としてリヴァーブを編集段階で加えてスムースな連続性を得る場合もあります。

4. スピーチの編集

　話しの編集は、スタジオ制作をスムースに進める上で大変有効な手段です。時に話し手自身が、自分のミスを間をとることで表わしたり、その部分を繰り返して話してくれます。

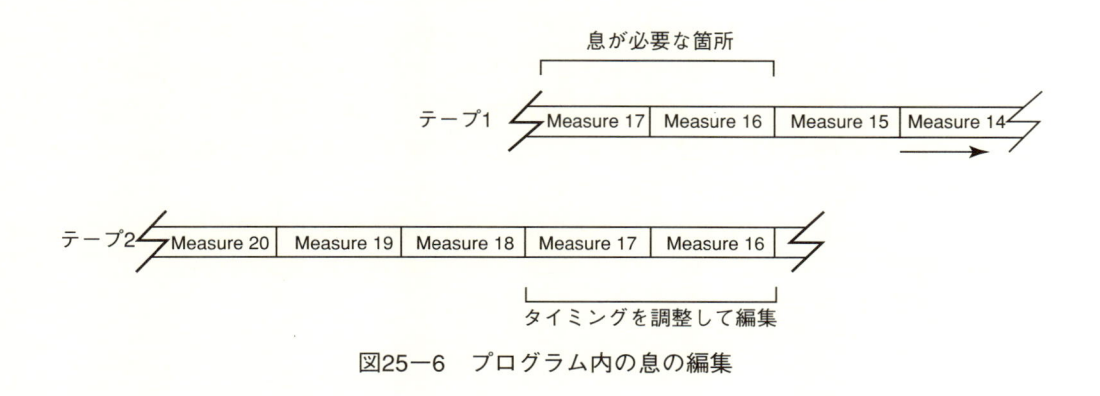

```
                        息が必要な箇所
              テープ1  Measure 17 | Measure 16 | Measure 15 | Measure 14

テープ2  Measure 20 | Measure 19 | Measure 18 | Measure 17 | Measure 16
                                    タイミングを調整して編集
```

図25−6　プログラム内の息の編集

Section 8　ポスト・プロダクション制作

このような場合は、エディターにとって大変能率的な編集が出来ます。ベテランのナレーターになるとそうした落とし穴に自ら入るような話し方はしませんが、多くの話し手は、訂正したことを何気なく強調したサインを出していますので、プロデューサーは、敏感にそのサインを感じて適切な修正をしなくてはなりません。エディターは、録音素材を再生ヘッド付近でリールロック再生した状態で、言葉の余韻が理解出来る訓練をしておくと編集が容易になります。母音や二重母音を低速再生で判断するには、永年の実践と訓練が必要です。

5. デジタル編集

DASHやPDのオープンリール・テープ録音は、アナログテープと同様に手切り編集が可能です。しかしここでは、"アッセンブル編集"とよばれるビデオ編集の方法を用いた電子編集について述べます。図25－7に示すのが、そのシステム構成です。素材テープは、マシン1で再生し、編集器で編集されて、結果がマシン2に録音されます。図25－7(a)に示すのは、リハーサルモードの状態で、編集点のつながり具合をリハーサルでチェックすることが出来ます。テープの中に記録されたアドレスによりエディターは、最適なタイミングt_0を決めることが出来ます。編集点が決まれば、録音モードにすることで(b)に示すように実際の編集が行なわれます。これを繰り返すことで、オリジナルのマスターは、そのままで編集されたマスターテープが出来上がります。

エディターは、次に述べるような機能を利用して様々な編集が出来上がります。

1. 素材のレベルやバランスの変更によるスムースな編集。

2. 可変クロスフェードは、剃刀による手切り編集と異なり、数秒単位までのクロスフェードをコントロールしてより完成度の高い編集が可能となります。

3. 編集点の確認。編集のイン点とアウト点が精確なデータとしてRAMメモリーに記憶されています。これを利用すればデータだけを利用したオフラインで、実際の音を出さなくても編集点が変更できます。

今日では、パーソナル・コンピューターにハードディスクを増設した小型で経済的な編集システムが多く登場しています。マルチチャンネル対応のディスクベース・システムの草分けとして1970年代に登場したのが「サウンドストリーム」社のディスクベース・システムでした。これらは後に「レキシコン」社や「ルーカスフィルム」へと継承されています。図25－8に示すのは、世界的に普及した2チャンネルのデジタル編集器「SONY DAE-3000」で、マルチチャンネル編集にも使用されています。

デジタルテープは手切り編集も可能と述べましたが、編集点付近の物理的な不連続性は、デジタル処理により図25－9に示すようにデータの連続性を保つことが出来ます。

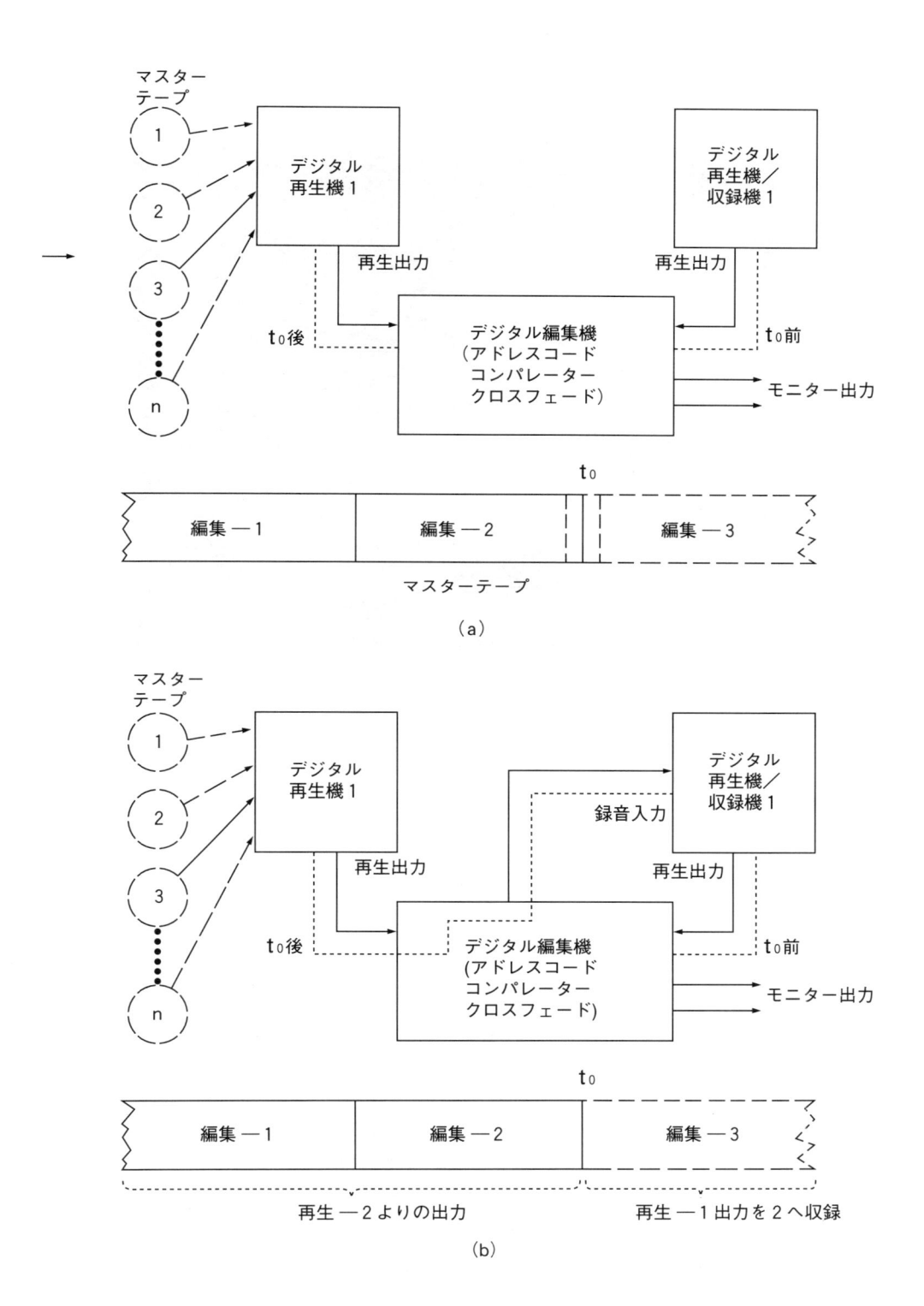

Section 8　ポスト・プロダクション制作

図25-7　2台の機器を使用した新しい編集システム
　　　　(a)はリハーサルモード
　　　　(b)は録音アッセンブル編集

Section 8　ポスト・プロダクション制作

図25－8　「SONY DAE-3000」編集器（ソニー社提供）

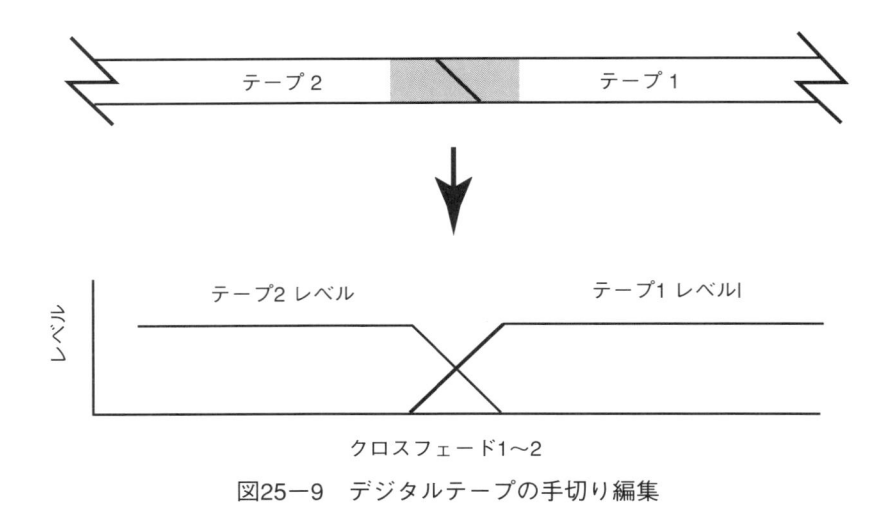

クロスフェード1〜2

図25－9　デジタルテープの手切り編集

〈第25章〉　　［参考文献］

1. J. Bloom and G. McNally, "Digital Techniques," Chapter 4 in *Audio Engineering Handbook* (edited by B. Benson), McGraw-Hill, New York (1988).
2. D. Davis and R. Youngquist, "Electronic Editing of Digital Audio Programmes," *Proc. Int. Conf. Video Data Recording*, Southampton, England (1979).
3. R. Ingebretsen and T. Stockham, "Random Access Editing of Digital Audio," *J. Audio Engineering Society*, vol. 32, no. 3 (1984).
4. J. Tall, *Tape Editing*, Editall Corporation, Washington, D.C. (1978).
5. K. Tanaka, et al., "On Tape-Cut Editing with a Fixed Head Tape PCM Tape Recorder," *IEEE Transactions ASSP*, vol. 27, no. 6 (1979).

第26章　音楽マスタリング

1. はじめに

　ここでは、すでに録音された昔の素材を1つにまとめて様々なパッケージソフトとして発売するために必要な処理、工程について述べます。
　ここでの主な内容は、素材のコピー、信号処理、内容の表示といった仕事が含まれます。ステレオLPレコードに比べて、CDでの再発売には、大きな期待が込められ、ユーザーも可能な限りオリジナルの正確な再現を、当然のように期待しています。

2. 素材の確認

　再発売のためには、エンジニアは、25年も前の録音と言った古い素材を扱うことになります。レコード会社は、そうした素材を、地下の保管室のような部屋で良い状態を保ちながら保存していますので、オリジナルテープを見つけることは難しくありません。しかし、それが持ち出されたり、他に売られている場合は、簡単にオリジナルを確認することが難しくなります。
　昔のテープは、信頼性の上で、安心とはいえず、また現在とテープの磁性体の成分が異なっています。同じ素材ということになれば、マスターから今と同じテープにコピーした2、3世代目を使うしかありません。
　オリジナルが一度に数分単位の再生が可能であれば以下のような注意をしながら再生を行なえます。この場合も古いテープが走行することで生じる「テープ鳴き」に注意しなければなりません。

　1. テープの状態の確認。走行してみてスムースな走行が得られるのであれば、急速な巻き戻しをせず、テープにダメージを与えないようにします。

　古いテープは、テープが圧着していることで磁性体が剥がれる恐れがあります。定常再生スピードで、テープ・リフターによりテープをヘッドに接触させずゆっくりと巻き取りテープに異常がないかどうかを確認します。
　同時に編集箇所もチェックし、おかしい箇所は新しく編集し直しておきます。
この時昔の箇所が粘るようであれば、タルカムパウダーをかけて粘りを取る場合もありますが、逆に粉がヘッドギャップに詰まることもありますのであまりお勧めしません。

　2. テープのイコライザー特性の確認。アメリカで録音されたテープであれば、ほとんどの19cm/sec、38cm/secのテープがNAB規格ですが、たまに1970年以前の76cm/secのテープでは、聴感での補正が必要となります。

ヨーロッパのIEC規格でも、電気的な特性を切り替えて最も最適なイコライザ特性となるカーブに合わせます。規格が分からない場合の目安としては、**図26－1**に示すイコライザー特性を参考にして下さい。

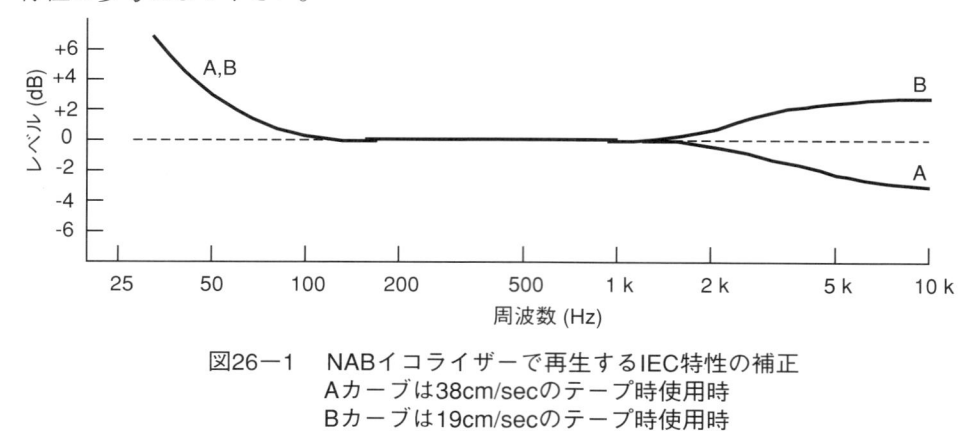

図26－1　NABイコライザーで再生するIEC特性の補正
　　　　Aカーブは38cm/secのテープ時使用時
　　　　Bカーブは19cm/secのテープ時使用時

　　3. トラックに入っている音のチャンネル確認とアジマス調整

　現在の標準規格以前のテープでは、マスターが奇数トラック録音されている場合があります。これを今の2トラック・レコーダで再生するとレベルやノイズの増加を生じますので、これがどんなフォーマットで録音されたテープかをチェックします。このためには、磁性粉末液をテープに塗布して磁気録音された軌跡を確認します。

　アジマスの調整は、基準信号が入っていない場合は、特別な治具がありませんので聴感で行ないます。ステレオ録音であれL＋Rを聞きながら最大出力レベルとなるポイントを調整しますし、フルトラック・モノーラル録音であれば、片チャンネル分で調整すれば十分です。

3. マスターテープの種類

　図26－2には、今日のレコーディングで作られるマスターテープの種類を示します。最も素材に近い順でいえば、Aのマルチトラック録音したテープで、アナログであれば24ch 2インチテープということになります。

　技術的にはこれをマスターと呼んでも間違いではありませんが、実際にすぐ利用したい場合には、これをマスターとは呼びません。この場合のマスターとは、Bに示す2トラックのテープがマスターとなります。これが完成した音楽の記録媒体であり、LP／CD／カセット／FM放送といったあらゆるメディアでの再生を考慮したすべての関係者が納得したマスターとなります。

　LPレコード制作の時代では、ここからディスク・マスタリング用、カセットテープ複製用、海外頒布用サブマスターなどが作られました。この段階は、多くの場合録音に関わった

プロデューサーやエンジニアとは別の専門の人々が作業を担当します。こうした多量複製マスターがCに示すマスターです。

　質の良い再発売を行なおうとしたら、このCレベルのマスターではなく、Bレベルのマスターを確保しなければなりません。

　ディジタル技術は、こうした点に変革をもたらしました。Bレベルのテープが変化なく全ての目的のために制作できるからです。しかし、プロデューサーのなかには、Bレベルのマスターをアナログ76cm/secで記録することを好む人々もいます。

4. 永久保存のための複製

　古いテープからのマスター化には、今日保存に十分な品質と内容のチェックが行なわれて複製がなされています。

　CDの初期は、Bレベルのマスターが、そのまま次でも安易にCDマスタリング用に使われました。しかし、今日「CBS」、「RCA」、「マーキュリー」といったレコード会社では、クラシック音楽の再発の場合、オリジナル録音を担当したプロデューサーに立ち会ってもらい、オリジナルのマルチテープから再度ミックスダウンを行なうとか、「EMI」では、ビートルズの4トラックマスターから当時のプロデューサーであるG.マーティンの立ち会いでマスターを作り直しています。

　再発を担当するプロデューサーやエンジニアがオリジナルをどうイコライジングし、信号処理すればよいか熟知していれば問題なくコピーが行なえますが、通常は期待できませんので、何も手を加えずにストレートにデジタル・コピーを行なうのが安全です。この際ノイズがあればコンピューター・ベースの処理で除去するなどの処理を行ないます。

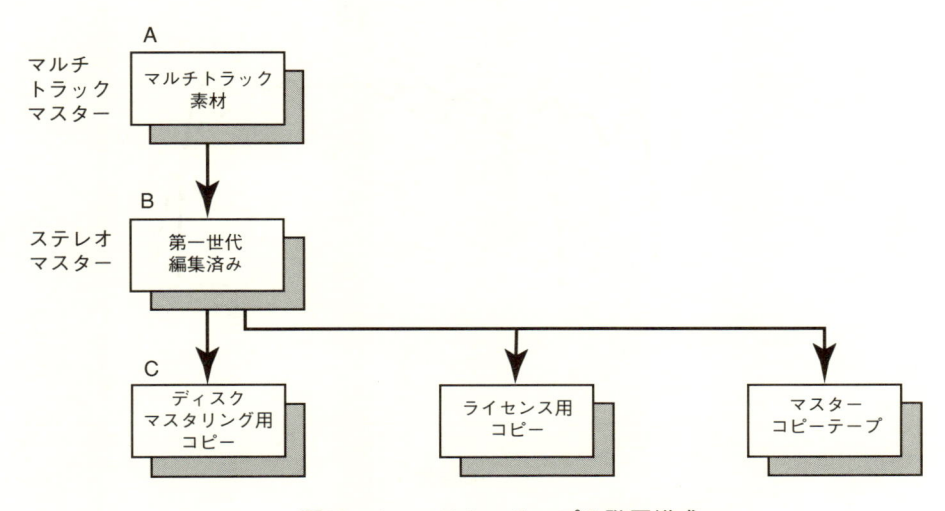

図26-2　マスターテープの階層構成

Section 8　ポスト・プロダクション制作

(1) 信号処理

　リマスタリングのためのコピーは、エンジニアやプロデューサーが正確なモニタリング環境のもとで行なわなければなりません。ここでは、様々な聴取環境に応じたモニターと判断が可能なようにモニター設備が置かれ、家庭での再生状況をチェックできるスピーカも必要です。コピーの段階では、あまりいじりすぎないように注意して下さい。素材の中で最もその時代の録音にふさわしいトラックを判断し、残りの素材をそのサウンドに近づけるための緩やかなイコライジングを心がけ、曲相互のレベルについては、違和感のないよう揃えます。これ以外にリヴァーブの付加やモノーラル素材の疑似ステレオ化といった処理が必要な場合は、慎重な検討の上で行ないます。多くのリスナーは、そうした加工を歓迎しないのが一般的だからです。

(2) 78回転SPレコードからの複製

　レコード会社が大手であればあるほど、保存している素材も古くからのものが多くあり、新しくプレスする場合でも、かつてのメタル原盤から再利用することが出来ます。こうした再発復刻版制作は、古い録音をどれくらいの人々がコレクションしているのか、どれくらいの非営利保存盤があるのかによります。SP盤の復刻には、芸術的センスと、様々な再生用針やトーンアーム可変再生器、レコードクリーナ、イコライザー、フィルターと言った道具を用意しておかなくてはいけません。

　再生周波数特性の幅は、録音年代によって変化し、図26−3に示すような幅が見られます。特性(a)は、1920年代後期の電気録音の特性で、(b)は、吹き込み式直接録音の時代の特性です。両者とも4kHz以上の帯域に記録再生能力を持っていません。ですから4kHzのローパス・フィルターを使っても支障ないといえますが、実際は、SP盤を再生した

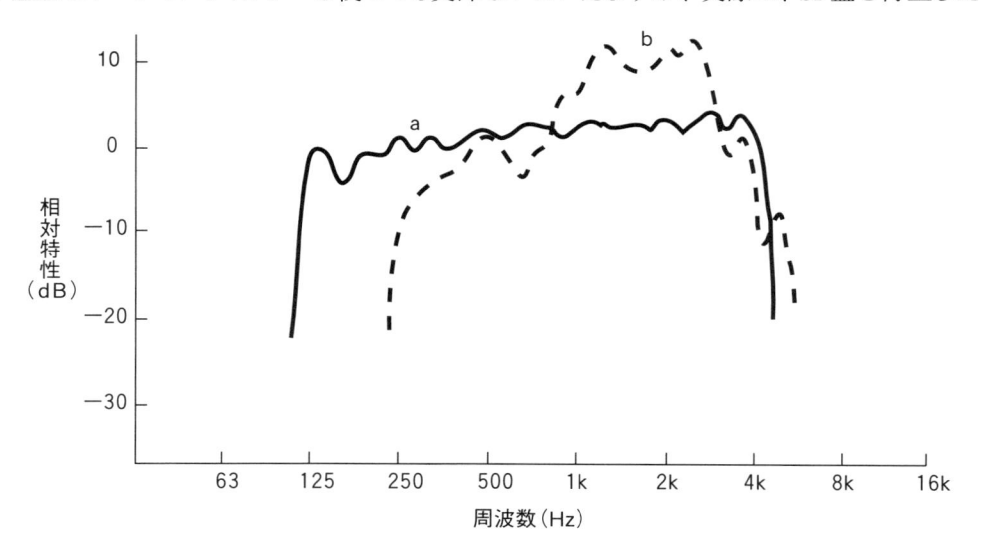

図26−3　電気録音と音響吹き込み録音時の特性
　　　　　(a)は電気録音、(b)は吹き込み録音（マックスフィールド・ハリソン提供）

際のノイズが返って目立つことになり不快となりますし、再生音に自然さがなくなることになります。

　7〜8kHzのローパス・フィルターであれば実用的なフィルターとなります。低域は、少し持ち上げることが出来ますが、不必要な低域まで強調しないように注意して下さい。

　覚えておくと有用な400,000の法則と言うのを紹介しましょう。これは、低域と高域の数字は、掛けて約400,000になるとバランスが良く聞こえるという法則です。この関係を崩れた高域のバランスは、リスナーが不快に感じるというもので、例えば低域限界が100Hzであれば、高域限界は4kHzを超えない方が良いと言えます。同様に低域が200Hzまでであれば、高域限界は、2kHzまでで良いとするものです。オルソン（H.F.Olson）がこの関係を音響心理の実験から導き出しました。吹き込み録音の時代は、システムの制約があり十分な高域録音が出来ませんでしたが、それにくらべれば低域は、少し低い帯域まで記録出来ていたといえます。

　SP盤が無事にコピーできたら、次は盤の両面の音を違和感なく連続したサウンドにするための処理を行ないます。これは、カッターヘッドが両面で異なっていたり、盤の内周と外周でことなったイコライジングをしてマスターの盤がカッティングされているための結果です。慎重な音色合わせを行ないまた盤面によるノイズレベルのマッチングも行ないます。**図26-4**に示すのは、こうしたSP盤からの復刻作業工程です。今日、こうした復刻技術を持つ人々は、大変限られており、こうした作業は、アメリカ国会図書館、ロジャース＆ハマースタイン記念館、リンカーンセンター資料館、スタンフォード大学資料館、シラキュース大学資料館などでの昔の音源保存にも活躍していますし、そうした人々は芸術活動のできるエンジニアとして評価されています。

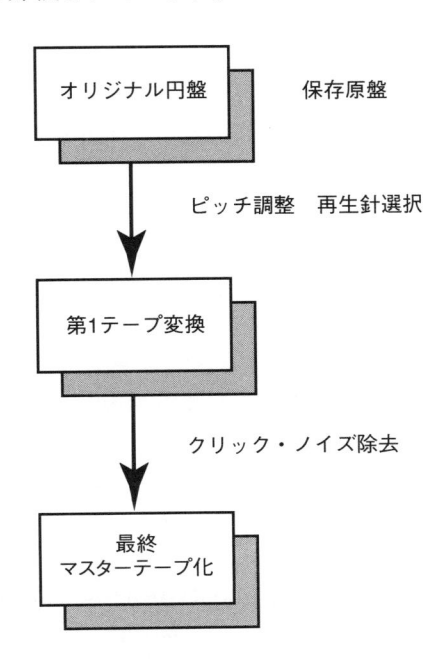

```
         ┌──────────────┐
         │ オリジナル円盤 │  保存原盤
         └──────┬───────┘
                │  ピッチ調整　再生針選択
                ▼
         ┌──────────────┐
         │  第1テープ変換  │
         └──────┬───────┘
                │  クリック・ノイズ除去
                ▼
         ┌──────────────┐
         │    最終        │
         │ マスターテープ化 │
         └──────────────┘
```

図26-4　円盤音源の復刻

〈第26章〉　　［参考文献］

1. S. Feldman, "Preparation of Master Tapes," *J. Audio Engineering Society*, vol. 34, no. 11 (1986).
2. F. Hoffman, *The Development of Library Collections of Sound Recordings*, Marcel Dekker, New York (1979).
3. H. Olson, *Acoustical Engineering* (Section 12.29), D. Van Nostrand, New York (1957).
4. O. Read and W. Welch, *From Tin-Foil to Stereo*, Howard W. Sams, Indianapolis (1958).
5. M. Stosich, "Archival Revival," *Audio Magazine* (November 1990).
6. *The Gramophone Jubilee Book*, The Gramophone, Middlesex, England (1973).

第27章　フィルム、ビデオの音声ポスト・プロダクション

1. はじめに

　TVや映画など動く映像を伴った音声制作は、以下の点でレコード産業と異なった性質を持っています。

1. 劇場での上映を目的とした映画では、アナログ方式の場合スクリーンの背面に3ch、客席後方に1chの4chサラウンド音声が一般的です。

2. 再生音場の音響処理の基準化。音楽ソフトが車や家庭や、ヘッドフォンなど様々異なった取聴環境にあるのに比べ、映画は最終ミックスが行なわれた環境と同様な条件下で楽しみます。

3. ポスト・プロダクションの広範化。映画音響は、音楽のみならず台詞、効果音で構成され、いずれも事前に別々に録音、準備が行なわれます。そして映像が編集された後の最終ミックスと呼ばれるミックスダウンの場で、それらがミキシングされます。

　フィルムでのマイクロフォンの使い方は、今まで述べてきた考えが適用出来ます。例えばブームの先端に取り付けたマイクロフォンは役者の動きに合わせて収音しますし、仕込みマイクロフォンは、役者の衣服の中に見えないように仕込まれて収音します。

2. マルチチャンネル音声の構成

　映画の場合、通常スクリーン側（フロント）にL－C－Rの3chを、また後方サラウンド・チャンネルには、スピーカーを8～12個設置します。このための音声方式は、70mmフィルムの場合、6chに磁気ストライプがフィルム上に塗布され、35mmではドルビー・ステレオと呼ばれる2chの光学録音が行なわれています。35mmも初期は、磁気ストライプで4ch記録が行なわれていました。これらを図27-1に示します。センター・チャンネルは、台詞がメインとなり、通常の2chステレオでのファンタム・センターと区別して、ハード・センター（Hard Center）と呼びます。これは、映画館などでの再生で台詞がどこの席でもしっかり聞こえる役目をしています。70mmの6ch音声は、初期にスクリーン側が5chの構成をしたときの名残りです。今日ではこの分をサブウーファー・チャンネルとして独立させています。またサラウンドをステレオ化するためのスプリット・サラウンドとして使用したこともありますが、今日ではそうした使い方をしません。第10章2(2)で述べたシネマ・デジタル・サウンド・フォーマットが、その役目を今日果たしているといえます。

Section 8　ポスト・プロダクション制作

3. 再生音響条件

　映画館の再生音響条件を一定にするため、制作時の最終ミキシングが行なわれたときの音響条件が常に再現できるような規格化が努力されています。最終ダビングが行なわれるミキシング・ルーム（ダビング・シアター）は、75～250席のシートを設置したきわめて映画館に近い状態でミキシングが行なわれています。ですから音響特性の優れた映画館では、ダビング・シアターでの音声バランスを再現することが可能となります。

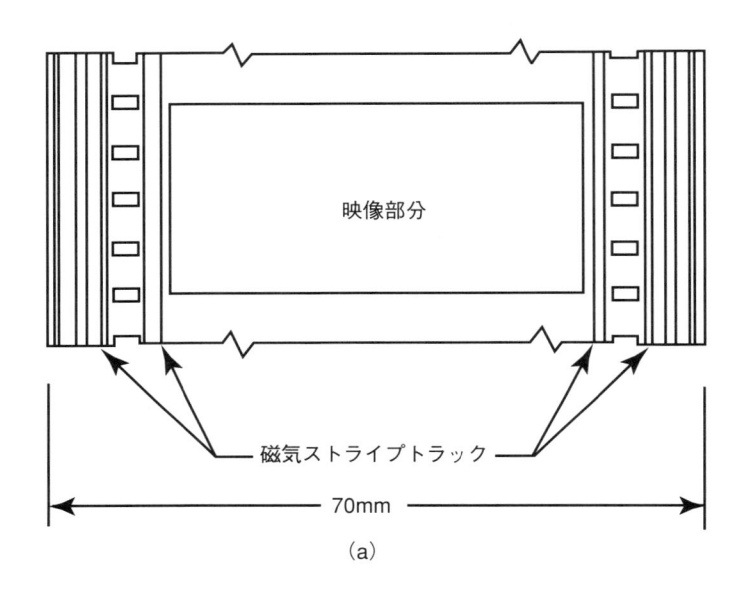

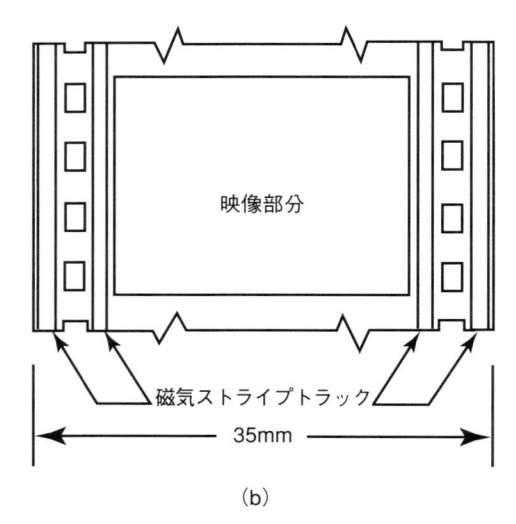

図27－1　フィルムのフォーマット
　　(a) は70mm
　　(b) は35mm

(1) 残響時間

図27-2(a)には、500Hzでの平均的な映画館の残響時間が示されています。

映画館は、1人当たり平均5.1m³の容積として1,000名の座席があれば5,400m³で、平均残響時間は0.7secとなります。コンサートホールでの時間と比較するとこの値は大変デッドだといえますが、これは空間の再現がそのいれものから発生するのではなく、映画の音声でミクシングされた意図がその空間を表わすための設計だからです。空間が大きくなると、低域は500Hzに比べて上昇し、高域は低下した特性となり**図27-2(b)**に示す傾向が表われます。

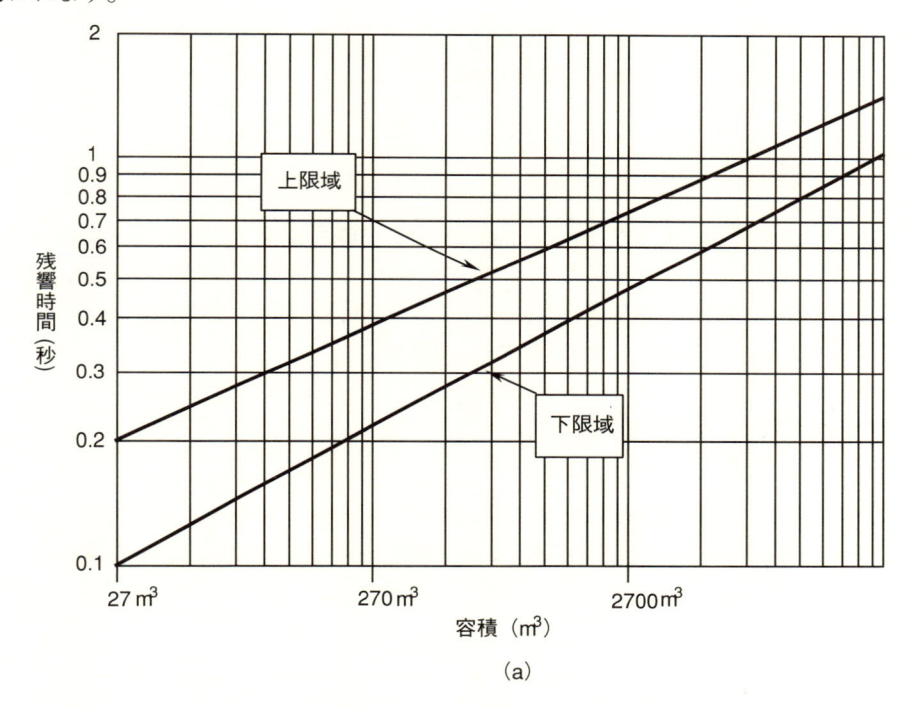

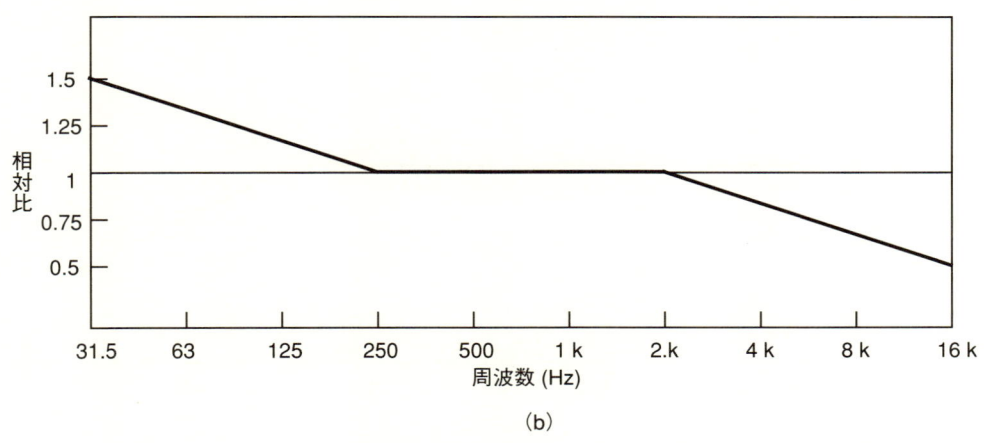

図27-2 映画館での最適残響特性

Section 8　ポスト・プロダクション制作

(2)　再生レベル

　映画の再生レベルは、磁気、光学ともに規格化されており劇場は、再生レベルの固定化が行なわれています。185nwb/mの磁束密度磁気録音では85dB／C-ウェイトが、同じように光学録音では50％変調で同様の値となるよう規定されています。こうした規格化により劇場の場所によって再生レベルに、ばらつきが出ないよう維持されています。

(3)　周波数特性

　図27－3に示すのが、再生周波数特性のガイドラインです。当初高域の最大は、10kHzまでと規定していましたが、今日では16kHzに拡大しています。

(4)　ダイナミックレンジ

　今日のミキシングで得られるダイナミックレンジは、実際の劇場で再現できる範囲を超えています。特に暗騒音の大きい劇場では、小さなレベルの音はマスクされて聞こえなくなります。これをミキシングの段階でチェックできるような暗騒音発生器を備え、ダイナミックレンジのチェックが出来るダビング・シアターもあります。

(5)　劇場の容積差による特性補正

　映画産業が検討している問題の1つに、映画館の大きさによる再生特性の差をイコライジングによって補正しようという動きがあります。**図27－4**に示すのは、この主観補正の例です。読者の皆さんで、この点をさらに詳しく知りたい方は、第14章5を参照して下さい。

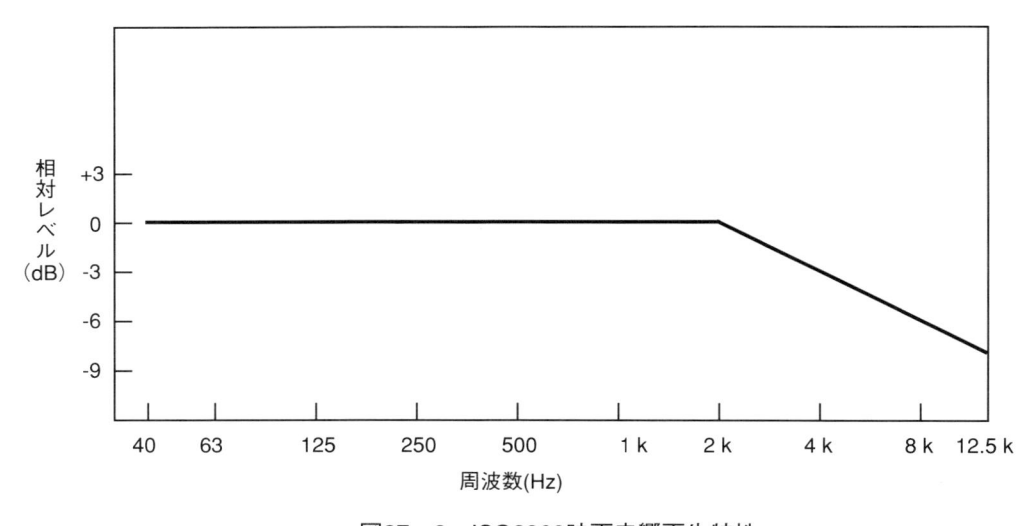

図27－3　ISO2969映画音響再生特性

(6) 最近の映画音響

1970年代にドルビー研究所がAタイプ・ノイズリダクションを映画音響に応用して以来、劇場での大規模音響再生技術に多大な貢献がなされ、80年後期には、**Dolby SR**タイプが登場し、市場を獲得しました。スピーカーの分野では、80年代の初期に、定音響出力という考え方が導入され、劇場の音響特性は、場所によらず均一化と低歪率特性が得られるようになりました。また独立したサブ・ウーファーが設置されることで、低域の再生特性は、25Hzまで広がりしました。

4. ポスト・プロダクション・テクニック

(1) 音楽録音

タイトル音楽を除いた"劇伴"用の音楽は、最終的な映像が編集された後、録音されます。これらは、映像の動きと密接な関連をもって作曲されるためです。

オーケストラ録音はマルチトラック・レコーディングされ、音楽録音のエンジニアとそれを最終的にミックスするエンジニアは、責任が分かれているのが一般的です。マルチトラック録音が必要なのは、最終的なポスト・プロダクションで、リミックスエンジニアがバランスの自由度を確保しておくためです。

(2) 台詞録音

台詞は、撮影現場で同時に録音されますが、その品質は、撮影条件によって異なります。優れた収音は、優れたブーム・オペレーターがいかに映像に映らない範囲で明瞭な役者の台詞を捉えられるかにかかっています。ブームが使えない場合は、役者に小型のワイヤレス・マイクロフォンを仕込んだり、それでも十分な台詞の品質が得られない場合は、**ADR**（Automatic Dialogue Replacement）と呼ばれる"アフレコ"が行なわれます。これは、一定のシーン毎に俳優が映像を繰り返し見ながら話し方や表現がマッチするまで録音をす

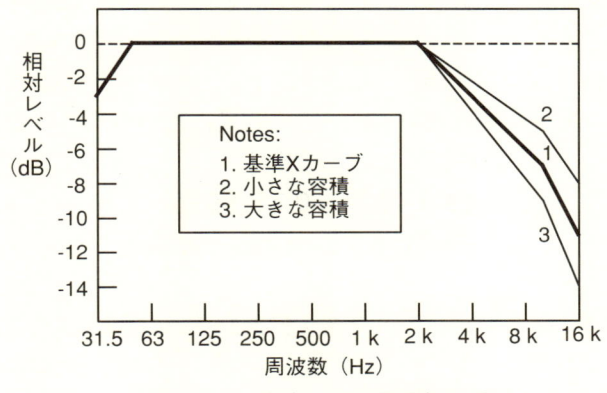

Notes:
1. 基準Xカーブ
2. 小さな容積
3. 大きな容積

図27-4　容積による最適伝送特性

る作業で、かつては"ルーピング(Looping)"とも呼ばれました。これにより品質の良い台詞が録音できますが、その分コストもかかりますので必要最小限のADRが行なわれます。

　台詞編集担当者は、全ての録音素材を、自然につなげていく責任があり、そのためには、イコライジングやフィルター処理も行ないます。また空間を表わすための残響なども加えます。こうしたときのエフェクターの使い方は、先の第15～18章でのべた知識が応用出来ます。

(3)　効果音録音

　ベース・ノイズや特殊なアクション・ノイズなどは、ステレオで録音され、MS方式の録音が行なわれています。これは、モノーラルとの両立性が良くその素材をモノーラルで使う場合も便利だからです。撮影現場で効果音を録音するのは、得策ではありません。例えば2人の俳優が話しながら廊下を歩いていたとして台詞は、収音できても足音だけを録音することは出来ません。こうした効果音はフォーリー・スタジオ(Foley studio)と呼ばれる専用のスタジオで録音します。ここには、異なった床材や土、砂、石、コンクリートなどが設置されており、フォーリー・ウォーカー(Foley Walker)と呼ばれる専門の効果音担当者がこのような音を作っていきます。

5. 最終ミキシング(Final Mix)

　台詞と効果音は、予め各シーン毎に仕込んであり、その段階をプリミックスと呼びます。例えばモノーラルからステレオの効果音がL／C／Rといった適切な定位とバランスで仕込まれていますし、台詞も同じように俳優毎にバランスが取れるよう独立したトラックで用意されています。こうした素材が、通常3人のダビング・ミキサーによって台詞/音楽/効果音を担当してミキシングされます。これは、各自が専用の入力フェーダーをコントロールすることで、ミキシングに専念するための方式です。ここでは、レベルコントロールやパンニング、そしてエフェクト処理などが行なわれます。

　70mmでの上映が予定されていれば、それに応じたモニターがなされ、完成ミックスは、6トラック・プリント・マスターとなります。また一般的なミックスは、ドルビー・ステレオと呼ばれる形式の光学録音となりますので、ドルビー・マトリックスの装置を経由してミキシングが行なわれ、マトリックスでの不自然さが出れば、修正しながらミキシングが進められます。このマトリックスのエンコードは、第10章3で述べた式が用いられています。

$$Lt = L + 0.7C + 0.7S (90度)$$
$$Rt = R + 0.7C + 0.7S (-90度)$$

　Lt／Rtは、記録チャンネルで、2チャンネルで記録することを表わし、LとR成分は独立しセンター成分は3dB低く同相で両チャンネルに分配、サラウンド成分はこれに、±90度の位相差をもって両チャンネルに配分します。デコード処理は、これを最もレベルの高い

チャンネルを出力とすることで、クロストークの軽減を行なっています。
　最終ミキシングは、2チャンネルで、プリントマスターとなり光学記録されます。

6. ドルビー光学録音

　ドルビー・ステレオ録音は、70mm磁気録音6トラック記録方式に比べ、約1/10の制作コストしかかかりません。マトリックスが起こす不自然さをなだめながらも業界標準となっているのはこのコスト的なメリットにあります。
　最近のデジタル光学記録方式の登場は、マトリックスをもはや必要としなくなり70mmの磁気記録も過去のものとなりつつあります。

7. 新しいポスト・プロダクションの方法

　従来映画のポスト・プロダクションでは、すべての素材の自由度とタイミングをとるのにスプロケット方式と呼ぶ磁気テープを使ってきました。しかしこの方式では、コピーを繰り返す度に、S/N劣化と歪みの増大をもたらしてきました。今日その制作手法には、デジタルでディスクベースのシステムが導入され始め、編集の自由度と品質の維持が容易に可能となりました。今後、こうした方式が映画制作のポスト・プロダクションでも普及し、優れた品質の作品が登場してくるようになります。

8. ビデオ制作での音声

　ビデオ制作は、フィルム制作に比べ効率的な制作が行なわれています。そのため映画制作のようなきめ細かなプリ・ミックスなどは行なわれませんでした。最近までビデオ音声は、モノーラルでしたが、ステレオのTV放送が普及し、ステレオ化への大きな変革がもたらされました。映画は、TVでも大きな番組の比重を占めていますし、ドルビー・ステレオで制作された番組も多く放送されています。
　そのため家庭でのドルビー・デコーダー再生が行なわれ、映画館のようなサウンドが楽しめるようになりました。このような番組をモノーラルTVで楽しんでいる視聴者は、L／C／Rの成分はミックスされて聞いていますが、サラウンド成分は、位相差により打ち消されています。

Section 8　ポスト・プロダクション制作

〈第27章〉　　［参考文献］

1. I. Allen, *Technical Guidelines for Dolby Stereo Theatres*: Updating for the Playback of Dolby SR Films, Dolby Laboratories, San Francisco (1989).
2. S. Alten, *Audio in Media*, Wiley, New York (1986).
3. L. Blake, *Film Sound Today*, Reveille Press, Hollywood, Calif. (1984).
4. M. Engebretson and J. Eargle, "Cinema Sound Reproduction Systems," *J. Society of Motion Picture and Television Engineers*, vol. 91, no. 11 (1982).
5. T. Holman, "Postproduction Systems and Editing," Chapter 14 in K. Benson, *Audio Engineering Handbook*, McGraw-Hill, New York (1988).
6. T. Holman, *THX Sound system Instruction Manual; Architect's and Engineer's Edition*, Lucasfilm, Ltd, San Rafael, Calif. (1987).
7. D. Huber, *Audio Production Techniques for Video*, H. Sams, Indianapolis (1987).
8. *Cinema Sound System Manual*, JBL Incorporated, Northridge, Calif. (1990).
9. *Motion Picture Sound Engineering*, D. Van Nostrand, New York (1938).

Section 9　ソフト再生機器

第28章　LPレコード
1. 歴史的経緯
2. LP盤の形状
3. ステレオ記録の原理と基準レベル
4. 記録／再生イコライザー特性
5. ディスク・システムの過負荷
6. ステレオ信号にかかわる歪み
7. カッティング・ヘッド
8. 再生針と音溝の関係
9. ディスク変換システム
10. 可変ピッチと深さのコントロール
11. 内周径損失
12. プレス工程
13. ディスク制作における最新技術

第29章　音楽テープ
1. はじめに
2. カセットテープの形状
3. 電気特性
4. 高速カセット・デュプリケーション

第30章　コンパクト・ディスク（CD）
1. はじめに
2. CDの物理特性と形状
3. 光学特性
4. CDの生産
5. P/Qサブコードの作成
6. CDのマスタリング

第31章　DAT
1. はじめに
2. DATの形状
3. 操作特性
4. 固定ヘッドDAT（S-DAT）への展望

Section 9　ソフト再生機器

第28章　LPレコード

1. 歴史的経緯

　ステレオLP盤は、コンパクトディスク(CD)の登場によりその地位を急激に失いつつあります。LP盤は、初期の78回転SP盤の時代を除いて、1947年から今日まで、常に製品と再生機の両立性が維持されながら家庭での音楽再生の役目を長い間果たしてきました。円盤録音技術はエジソンが1800年代四半期に発明して使われた円筒録音機から発達し、1900年代の初頭にベルリーナー(Berliner)の大量複製可能な円盤録音技術により発展してきました。
　1920年代までは、録音／再生とも機械音響録音技術が使われましたが、マックスフィールド(Maxfeild)とハリソン(Harrison)が電気音響方式を発明しそれまでの狭帯域と高歪みからも解放されました。再生時間の長時間化については、1947年のLP盤の発明を待たなければなりませんでした。ゴールドマーク(Goldmark)は、ノイズの少ないビニール材と音溝の構造を工夫することで$33\frac{1}{3}$回転で30分の再生時間を実現しました。
　ステレオLP盤の基本概念は、1930年代初期にブルムライン(Blumlein)によって考えられ円盤に±45度の角度で2チャンネルの信号を独立した変調で記録出来ることを公開実験しました。これは1957年のステレオ・ディスクの登場により商業化されることになります。そして1960年から85年のいわゆるステレオLP盤の黄金期には、カッティング・マスターや再生ディスクの品質向上に向けた電気機械系の改良改善がなされました。
　こうした点は一般のユーザーは見落としがちですが、高品質化への努力は、ディスクが持つプレス時のトラブルや再生時の傷といった面を除くとオーディオ愛好家という層を形成し、すばらしいオーディオ再生メディアとしての地位を確立するに至りました。

2. LP盤の形状

　図28-1にLPレコードの外形部を示します。直径は301mmで、中心部の最大厚は、3.8mmです。記録領域は、厚みが薄くなっています。最外周部が厚くなっているのは、記録面の保護と、レコードチェンジャーに重ねた場合の保護を考慮した結果です。記録部の範囲については、どれくらいのピッチでレコードを刻むかによって様々な規格があります。

3. ステレオ記録の原理と基準レベル

　図28-2にはマスター盤での記録/再生針の動きを示しています。(a)に示す水平方向の動きは、45度で、同レベルの信号が与えられた場合の動きを、(b),(c)は、Lch信号のみ、あるいはRch信号のみが与えられた時の動きを示しています。(d)には、左右信号間の180度までの位相関係が刻まれる動きを示しています。

Section 9 ソフト再生機器

図28-3には、ステレオ信号が実際に刻まれた場合の電子顕微鏡による拡大写真を示しています。各ピッチ間は、独立していることが分かると思います。ピッチの外周側がRchを内周側にLchが刻まれています。

ピックアップ針は、彫刻刀のような形状で、サファイヤかダイアモンドが使用されています。最少ピッチ間隔は 0.064mm です。刻みの形状は、先に述べた3つの要素によって決められ幅と厚さが記録レベルによって変化します。

上下の振動は、最少 0.025mm におよびます。ディスク記録の初期は、蝋が記録材として使用されていましたが、1940年代以降は、アルミ材にラッカーを塗布した材料が使用されています。これに刻むためには針をコイルによって暖め記録します。基準レベルは、針の水平方向ピーク速度が1kHzで7cm/secと規定され、これをチャンネルあたりで見ると5cm/secに相当します。

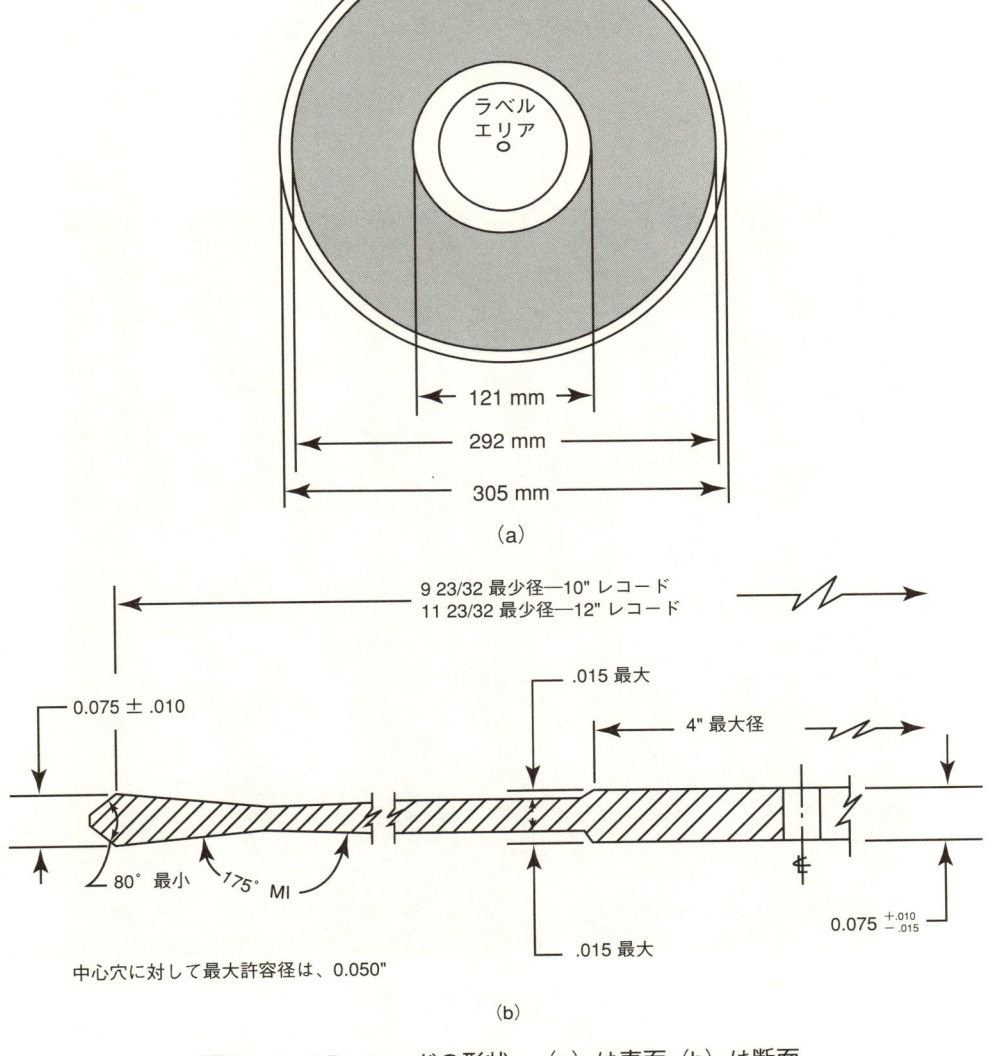

図28-1　LPレコードの形状　（a）は表面（b）は断面

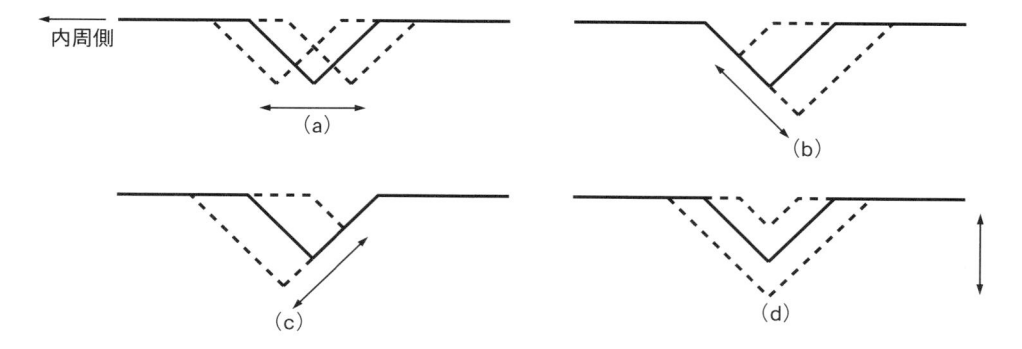

Section 9　ソフト再生機器

図28-2　音溝の針の動き
　　　　（a）はモノラル水平、（b）は右チャンネルのみ
　　　　（c）は左チャンネルのみ、（d）は垂直方向

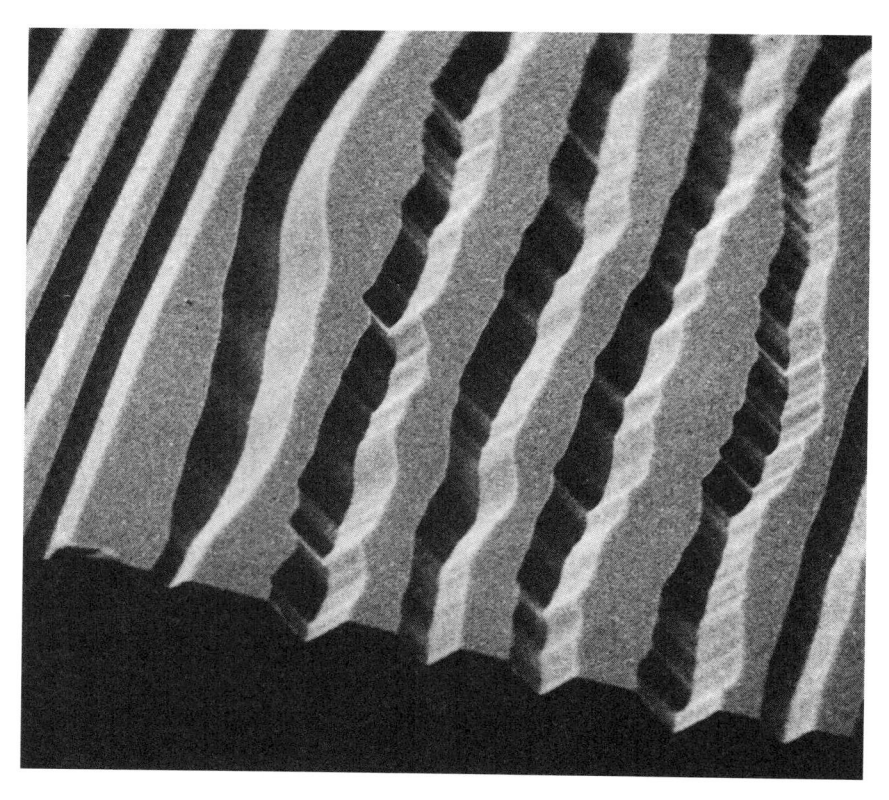

図28-3　ステレオ音溝電子顕微鏡写真
　　　　各音溝の変化の違いに注意（JVC提供）

4. 記録／再生イコライザー特性

　入力信号は、最大で34dBものプリエンファシスが20Hz～20kHz帯で行なわれます。これは低域成分でレベルが大きい信号は盤面の溝が切れなくなるためレベルに応じた可変ピッチを行ない、一方の高域成分では、ノイズに埋もれてしまわないようにするためです。その結果プリエンファシス特性は、低域成分を押さえ、高域成分が持ち上がった特性となります。

　ステレオLP盤では、記録時間とS/Nとの関係がバランスするような特性を考慮しなくてはなりません。LPの初期には、このプリエンファシス特性がメーカによって一定ではありませんでした。当時の様々な特性を図28-4に示します。また規格が統一されたLPのステレオ／モノーラル再生特性を図28-5に示します。この特性は世界標準で、アメリカではRIAA特性（全米レコード業界[Record Industry Association of America]）として知られています。

5. ディスク・システムの過負荷

　ディスクの記録/再生の動作は、極めて機械的な動作といえます。このため一定の限界があり、大別すると3つの要素にまとめることが出来ます。

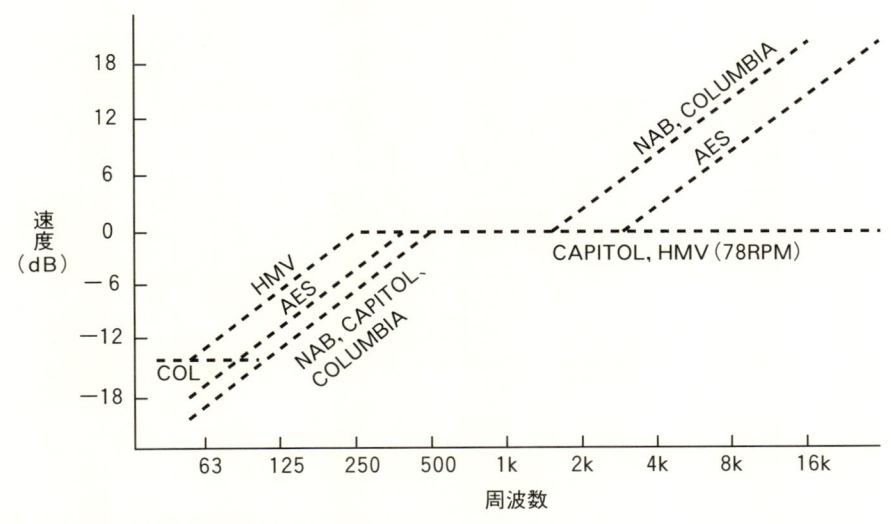

図28-4　50年代初期の記録特性
　　　　　初期LPレコード時代は、各種の記録特性があった。定速度域と定変位域との交差点は、250～500Hz付近にあり、2つ目の交差点は、1.6kHz～2kHz付近にあった。コロムビア社のみ100Hz以下の帯域をもち上げる方法を行なっていた。2kHz以上もそのままフラットにしているのは、HMVとキャピトル78回転盤のみであった

Section 9　ソフト再生機器

(1)　過大変位

　低域成分が過大入力となると音溝が振れすぎて隣接溝にまで、およぶことになります。これは"オーバーカット"と呼ばれています。これを防ぐにはレベルによって記録する音溝の間隔を変化させれば良いのですが、一方で記録時間の減少という結果を招きます。記録時間を多くとりたければ振れを小さく制限しなくてはなりません。過大変位となる最悪の場合は、カッター針が音溝から、飛び出すという"カッターリフト"が生じ、主に低域成分に逆相成分が多い場合に発生します。

(2)　過大スロープ

　中域成分でレベルが大きい場合左右の急速な動きを生じ、針の背面部が新しい音溝に傷を付けていまいます。

(3)　過大曲率

　高域成分が大きいと、音溝を刻む針をオーバードライブさせ再生時の針の曲率を超えた記録が行なわれます。これは再生時の歪みとレコードの寿命を減らす結果となります。この現象は、ディスクの内周にいくほど顕著となります。

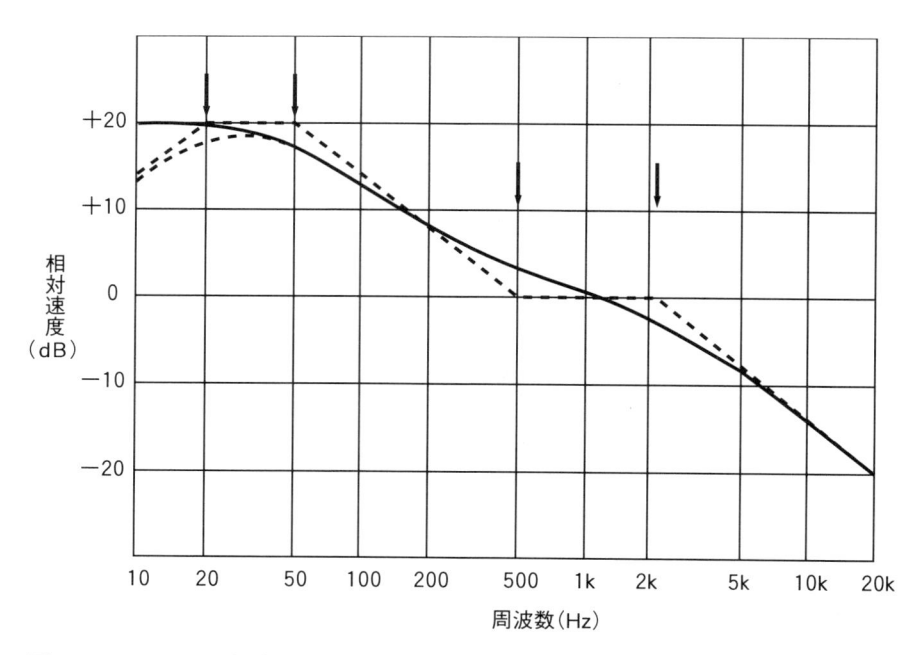

図28－5　RIAA再生特性
　　　　3ポイントの変換点があり各50Hz(3180μsec)、500Hz(318μsec)、
　　　　2120Hz(75μsec)である。20Hz以下のロールオフ特性はターンテーブルの振動カット

422

Section 9　ソフト再生機器

今日のカッティング技術では、これらの過負荷をうまくコントロール出来るようになっています。

6. ステレオ信号にかかわる歪み

マスター盤の制作は、複雑なカッティング・システムで行なわれ、ラッカー面が**図28－6**に示すように直接刻まれていきます。ここで生じる歪みとしては、カッティング針と再生時の針の垂直面の動きの不一致による歪みが考えられます。**図28－7**にこの様子を示しますが、針のチルト角は、20～25度の範囲にあります。記録／再生での角度の不一致があった場合に信号の自己変調を生じ、不快なノイズを発生します。

さらにカッティング用の針の形状と再生針の形状の相違は**図28－8**に示すような歪みを生じます。この図では、入力信号はサイン波です。再生針が球面形であればサイン波の正確な再現が出来ず歪みとなります。しかし、記録時にこの補正を行う処理をすることで記録／再生の再現性を保つことが出来ます。

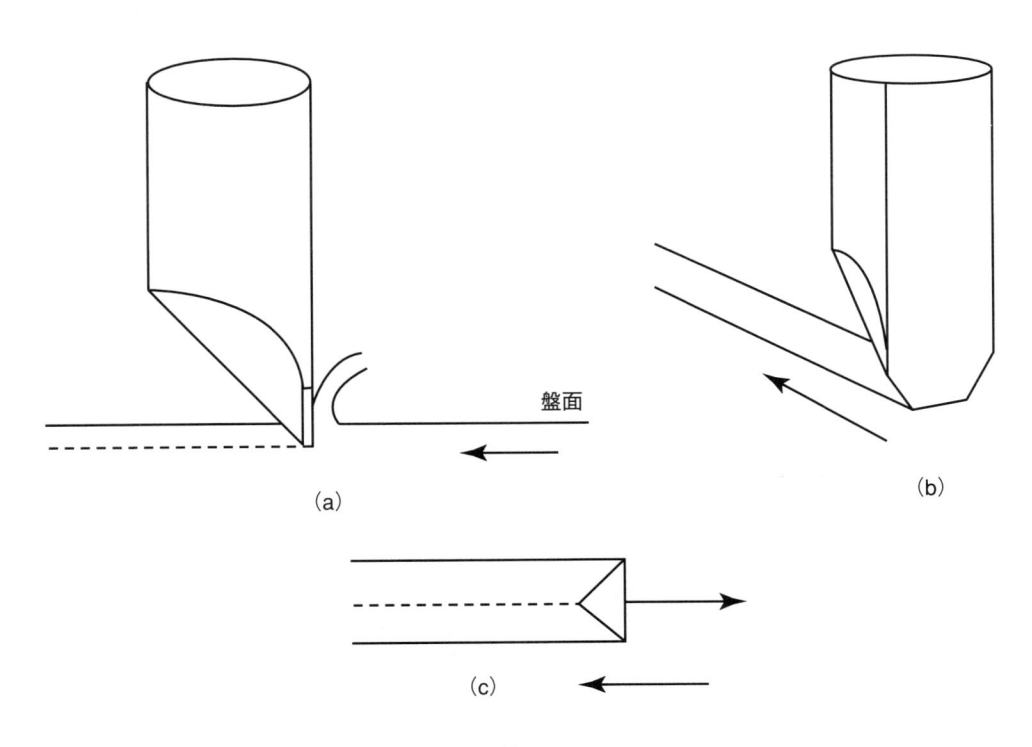

図28－6　カッター針
　（a）はディスク面を刻むを、
　（b）はカッティングの断面を、
　（c）は平面を示す

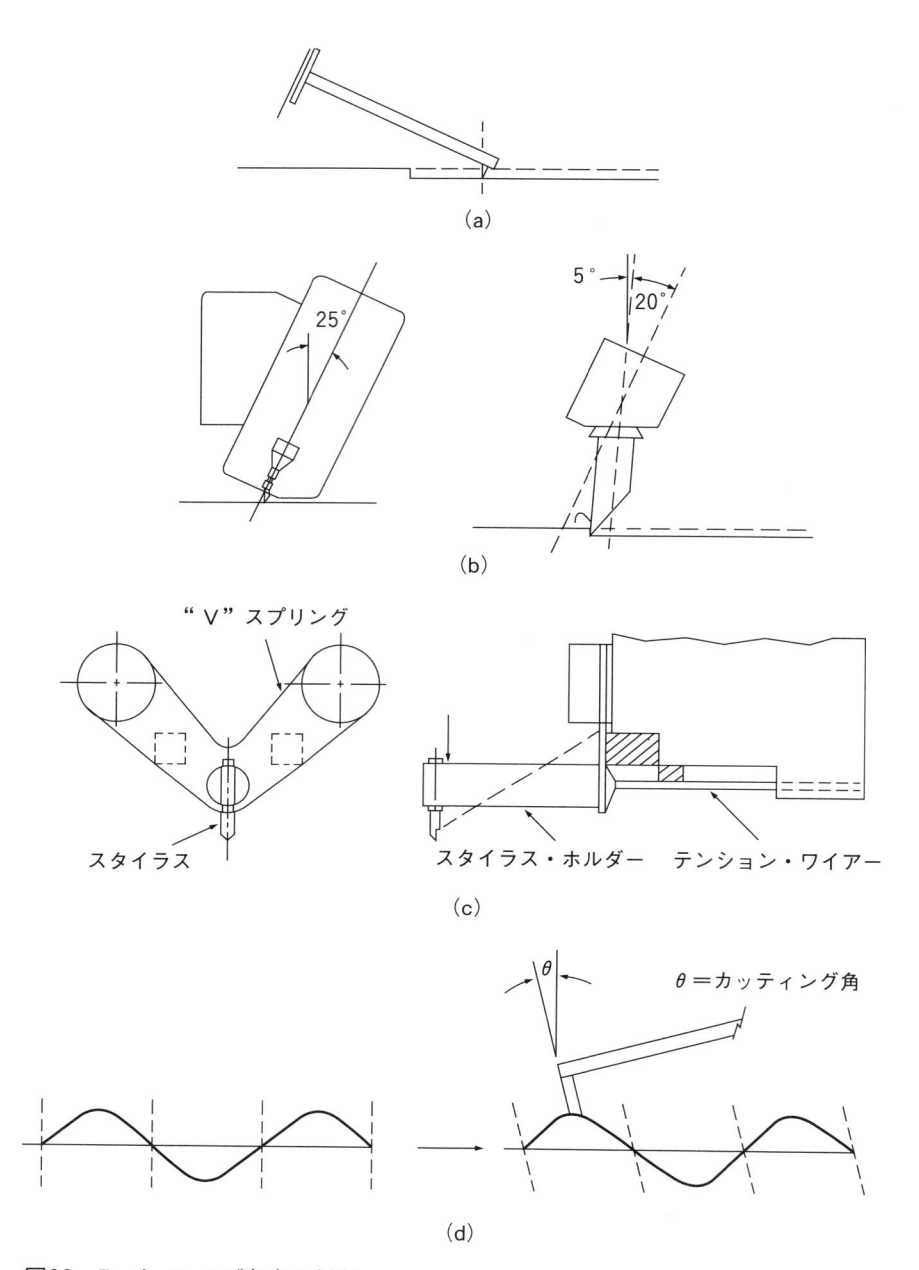

Section 9　ソフト再生機器

図28-7　カッティング角度の制御
　　　　カッティングの動作は再生時の針の動きと一致するよう盤面に対して0度となる。
　　　このためにはカッティング角は20度、25度に規定される
　　　（a）近年の再生カートリッジは、ディスク表面に対して20°の角度を保っている
　　　（b）「オルトフォン」のカッティング・ヘッドの角度を示した。ここでは25°である。
　　　ラッカー盤からの反作用で5°分を考え、実質的な角度は20°となる
　　　（c）「ノイマン」、「ウェストレックス」タイプではスタイラス・ホルダーがほぼ90°以下の
　　　角度で取り付けてあるので、ヒンジ角を付けることで、必要な角度をつくる
　　　（d）こうしたカッターヘッドのカッティング角により、入力波形は図のようなねじれた
　　　波形で刻まれるが、再生カートリッジも同一の角度を持っているため、再生出力は
　　　原波形と同様となる

7. カッティング・ヘッド

今日の最新カッターヘッドは、可動コイルタイプの針と負帰還回路の組み合わせによる低歪記録が可能です。図28-9にその構成を示します。

フィードバック回路がない場合には、(b)に示すような針の振動にf_0の共振が発生します。これに検出コイルからの逆極性信号を加えると、(d)にみられるように特性は平坦になります。この原理による信号の位相関係特性を(c)にドライブ信号電流を(e)に示します。図28-10(a)には、「ノイマン」社の「SX-74」カッターヘッドの断面構造を示しました。カッティング用針のカンチレバーは、マスター盤面に対して±45度の角度で取り付けられています。

一方の「オルトフォン」社の構造を(b)に示しましたがここでは垂直45度の動きをするために2等辺Tバーが2つのコイルに取り付けられています。

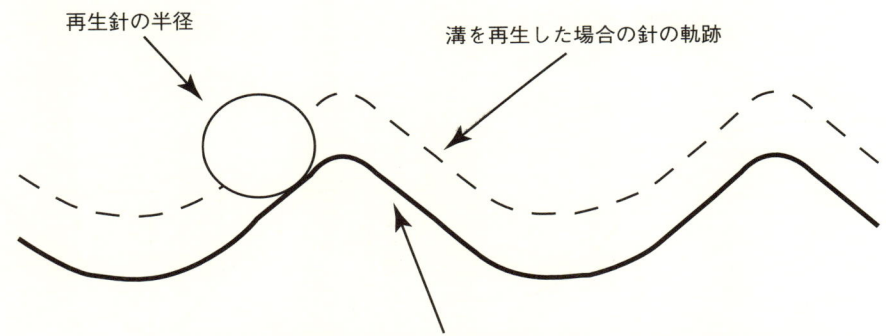

図28-8 トレース・シミュレーション

Section 9　ソフト再生機器

(a)

(b)

(c)

(d)

(e)

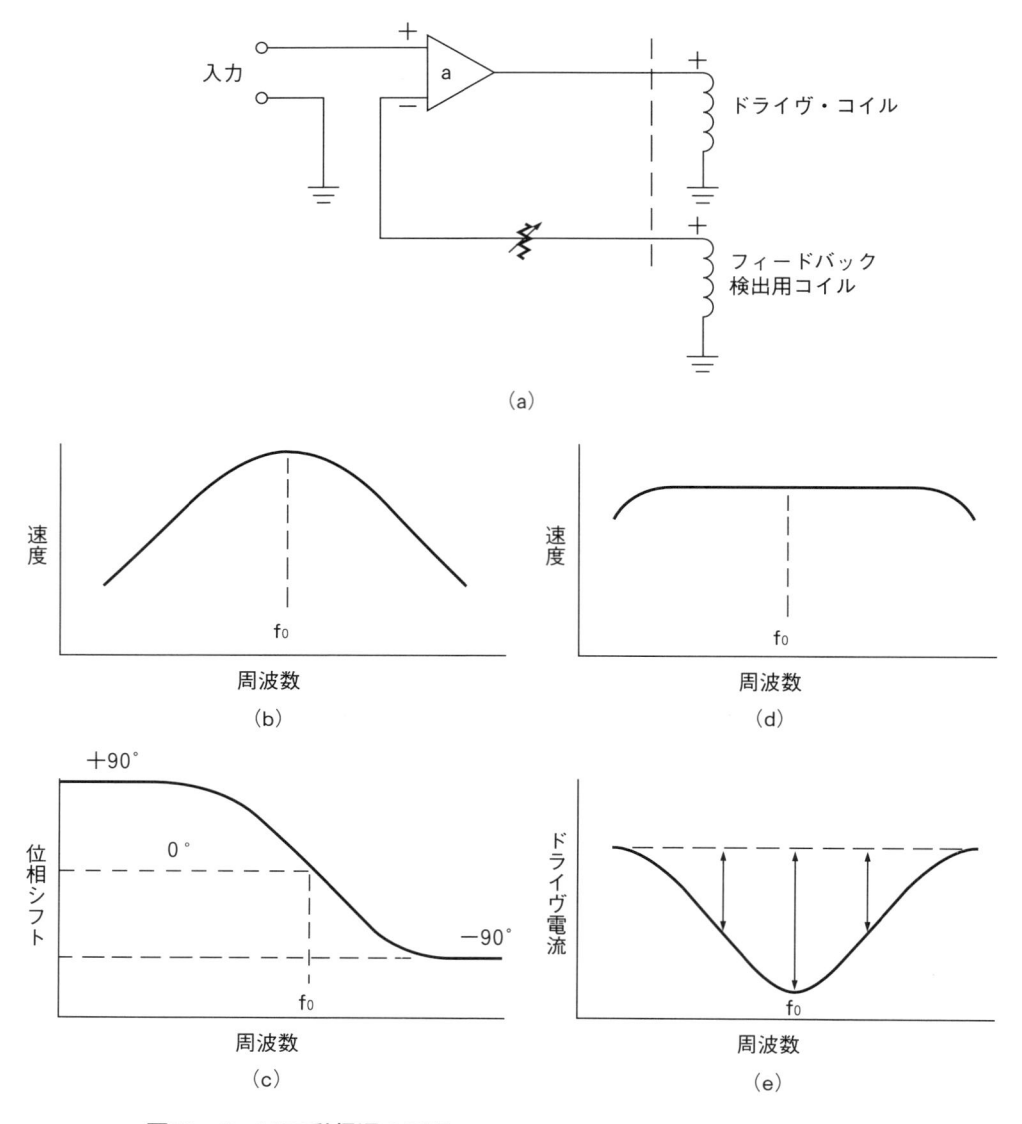

図28－9　MFB動帰還の原理
(a)に示すようにカッティングの動きはフィードバックコイルにより検出され、エラーがある場合は補正される
(b)はフィードバックがない場合に生じるピークを示す
(c)はフィードバックによりピークが抑えられた特性を示す
(d)はフィードバックがある場合の位相特性を示す
(e)はドライブ・コイルとフィードバックの関係を示す

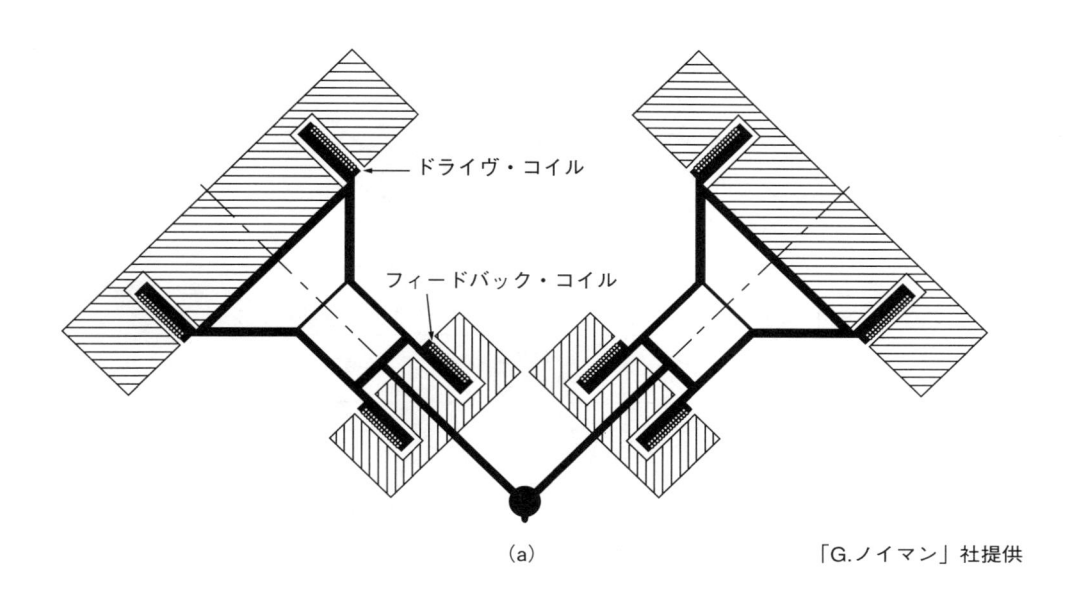

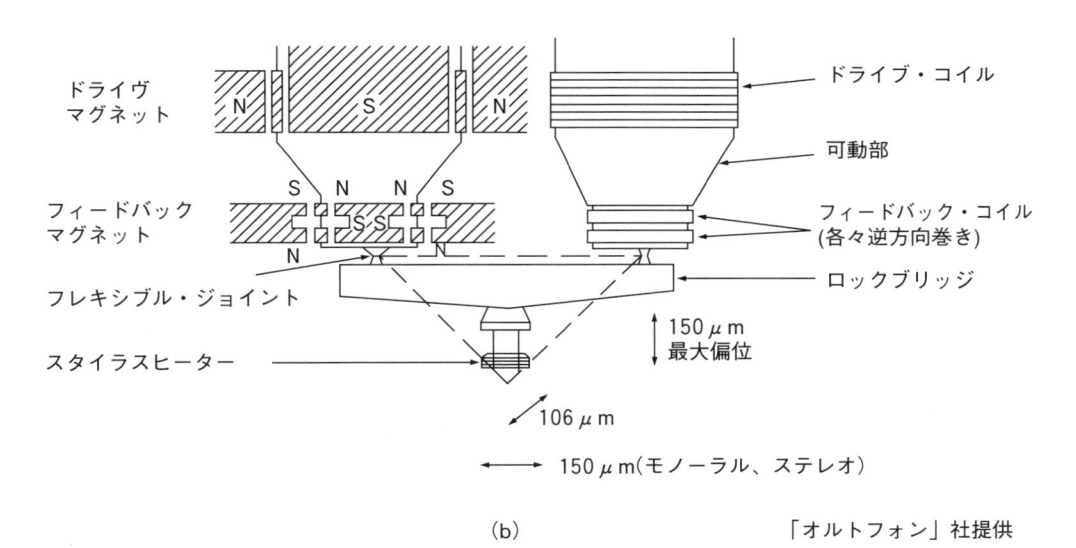

Section 9 ソフト再生機器

(a)　　　　　　　　　　　　　　「G.ノイマン」社提供

(b)　　　　　　　　　　　　　　「オルトフォン」社提供

図28-10　カッティングヘッドに取り付けたドライブ／フィードバック・コイルの位置
　　　　(a)には「ノイマン」SX-74、(b)には「オルトフォン」のスタイラスにおけるドライブ・コイルとフィードバック・コイルとの関係を示す。フィードバック・コイルは、スタイラスの動きを正確に検知するために、カッティング・スタイラスに極力近い方がよい
　　　　(a)に「ノイマン」と「ウェストレックス」を、(b)に「オルトフォン」の場合を示す。ここでフィードバック・コイルが逆方向に巻いてあるのは、ドライブ・コイルからの影響を減らすためである

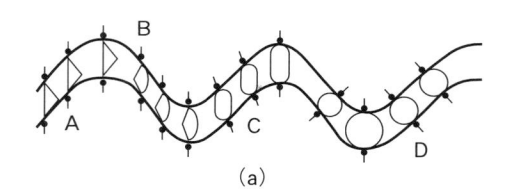

Section 9 ソフト再生機器

	点—接触型 1Mil＝0.01"		1μ＝0.01mm	線—接触型
	18ミクロン (0.7ミル)	13ミクロン (0.5ミル)	楕円	シバタ
正面	18μR	13μR	18μR	7.5μR
A−A'部	18μR	13μR	6μR	6μR
音溝との接触域	L2 3.8μ / L1 3.8μ	L2 3.3μ / L1 3.3μ	L2 2.5μ / L1 4.5μ	L2 1.5μ / L1 9μ
接触面積	30.5μm²	23.4μm²	20.6μm²	46.7μm²
L1／L2比	1	1	1.8	6

(b)

図28−11　再生針の形状と音溝
　　　　（a）はカッティング時の針の動きを示し、Aはシバタ針の再生、Bは楕円、
　　　　　　Cは円錐針の軌跡である
　　　　（b）は各種針の形状を示す（オーディオテクニカ社提供）

8. 再生針と音溝の関係

　図28-11(a)には、レコードの盤面を示しました。Aには、カッティング針の断面をB,C,Dには、再生用針の様々な形状を示しています。(b)に示すのは、これらの針が音溝を再生した場合のトレース範囲を示しています。再生特性が優れているためには、トレース接触面が大きく、音溝の運動方向に対して小さな範囲で接触していなければなりません。この要件を満たしている針の形状は、第一がシバタ針、次に楕円針、そして円錐針と続きます。接触面積が広いと、レコードの擦り傷が少なくまた音溝の運動方向に小さな範囲で接触していると高域特性が優れています。

9. ディスク変換システム

　ディスクに変換するためのオーディオ・システムは、それらに必要な信号処理を持った特別な装置が必要で、ここでマスターテープが、ディスク制作に必要な信号に変換されます。理想的には、マスターテープの段階で、以降何も手を加えなくてもディスクに変換出来れば良いのですが、現実はそうもいきません。このための変換装置は、次に述べるような様々な機能を備えています。

(1)　信号処理

　　a　イコライジングとフィルター
　　　　各パラメーターのセッティングは容易にリセット可能
　　b　コンプレッサー／リミッター
　　　　各パラメーターは、容易にリセット可能

(2)　信号経路

　　a　ステレオ入力ステレオ出力
　　b　ステレオ入力モノーラル出力
　　c　右または左入力をモノーラル出力
　　d　システムの主要部分がパッチングで入出力可能

(3)　モニタリング／メータリング

　　a　テープ出力
　　b　先行ヘッド出力
　　c　カッタードライブ入力
　　d　カッター・フィードバック信号
　　e　ディスク再生

Section 9　ソフト再生機器

(4)　信号状況

a　トレース・シミュレーション
b　スロープと曲率リミッティング
c　低域垂直リミッティング

(5)　更正機能

a　500Hz以上での定速度カッティングと再生機能
b　低レベル信号のノイズ検知用ゲイン可変とノイズ・ウェイティング・フィルター

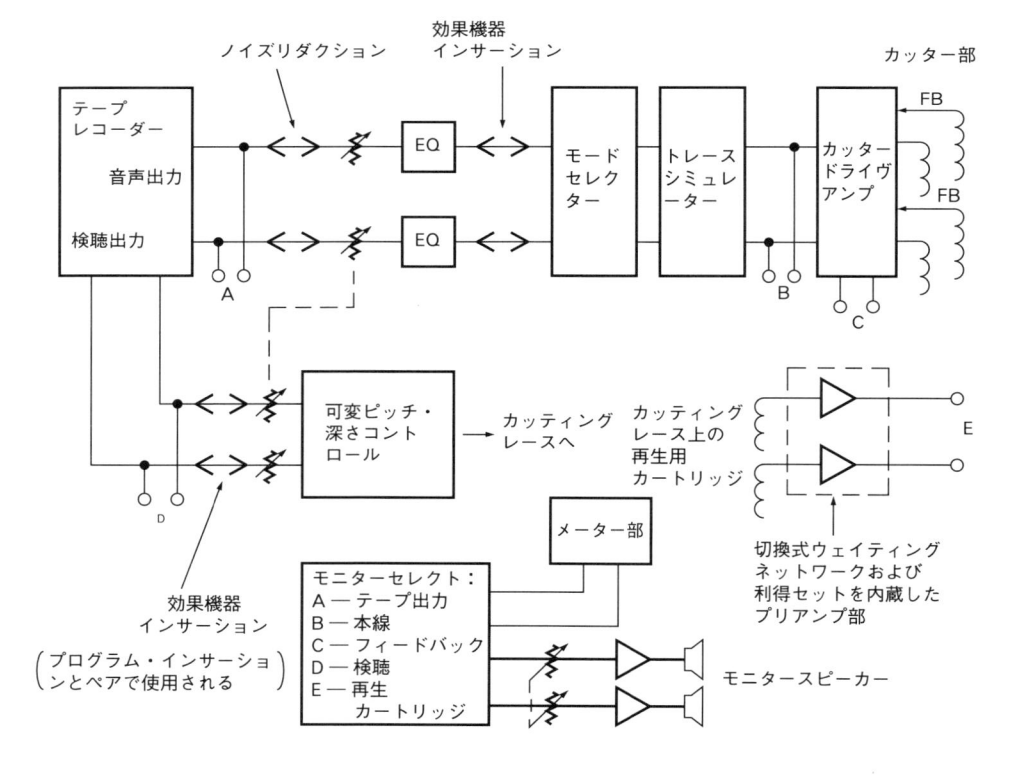

図28-12　ディスクカッティング・システム
　　　　　完全なシステムでは、カッティング用イコライザー、ノイズリダクションが本線系へ、また可変ピッチをコントロールする系の前段と本線系の各々には、効果機器を入れられるインサーション・ポイントがあり、カッティングの溝を有効に切るための機能をしている

(6) 機構系

　a 各種テープスピード対応、ディスク径、ディスク速度
　b 音溝のピッチとカッティングの深さのコントロール
　　先行信号モニターへのパラメーターのコピー機能

これらをまとめたシステムのブロックダイアグラムを**図28-12**に示します。

10. 可変ピッチと深さのコントロール

　可変ピッチと深さのコントロールは、レコード盤の記録時間と最適レベルの兼ね合いをコントロールし効率的なカッティングを行なううえで重要な機能です。
　レベルが小さいと音溝は狭く近接し、信号レベルが大きくなるにつれて、それらは大きくなります。これを効率的にコントロールすることは容易ではありません。初期のこうしたコントロール機能は粗く十分ではありませんでした。
　最近のシステムは、信号の垂直成分を解析して、たちどころに最適な深さを決めることが出来ます。これは再生信号に先行する検出ヘッドから取り出し半周期分データ化されます。ピッチの最適化のためには、次に述べる3つの要素が必要です。

1. Lch音溝のコントロール：このためにはLchの入力の決定とその情報が1周期分保存されます。これにより右chへの影響をなくすことが出来ます。

2. Rch音溝のコントロール：Rchレベルの先行ヘッドによる検出と決定によりコントロール出来ます。

3. 音溝の深さの変化によってピッチが変化します。先行ヘッドの垂直成分検出機能がこの役割を果たし、半周期分の情報が保存されます。

これらの動作は、**図28-13**に示しています。

11. 内周径損失

　ディスクの制作で、注意すべきもう1つの観点は、レコード盤の内周にいくほど高域成分が減少するという点です。内周にいくにつれて音溝の線速度が減少し、結果波長に依存した高域の損失が起きてしまいます。
　図28-14に示すのは、3種類のディスク材で、円盤の直径と周波数の関係を記録したデータです。この損失は、いくつかの現象から起きています。1つはカッティング針の切り口の形状に起因するカッティング・トレースの損失と再生時の針の接触幅の損失です。
　変形損失は、レコード盤の材料であるラッカー材やビニール材の可塑性に起因しています。

Section 9 ソフト再生機器

(a)

(b)

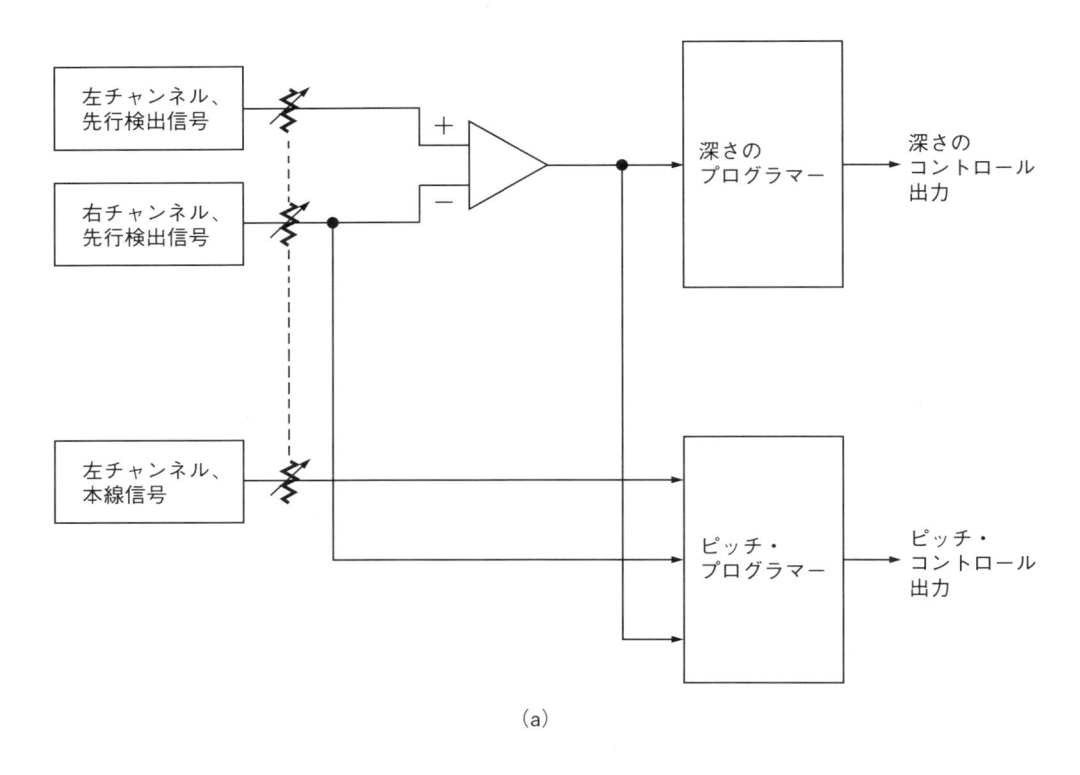

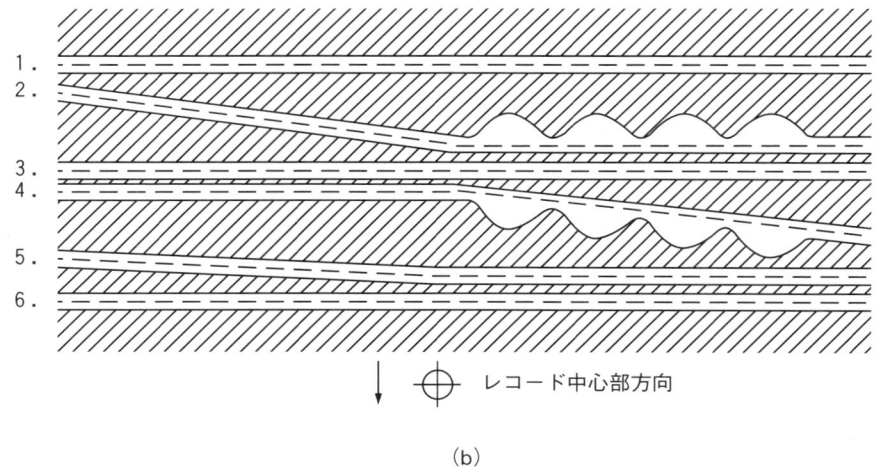

図28－13 可変ピッチと深さ
「ノイマン」社VMS－70では、(a)図に見られるような3つの信号により適正なコントロール出力を得ている。(b)には、その動作状況を示す。2番目の音溝の右チャンネルは、実際のカッティングが行なわれるに先立ち、必要なピッチ減少を行ない、1の音溝へのオーバーカットによるトラブルを予防している。その後、減少されたピッチは、1周分その状態を保ち、音溝3へのオーバーカットを防いでいる。音溝4の左チャンネルでのモジュレーションは、ピッチコントロールを先行検出信号から行なう必要はなく、単に左チャンネル本線系のみからの信号でコントロールが行なわれている。この場合も1周分コントロールが保たれ、音溝5との影響が生じないようになっている（G.ノイマン社提供）

マスター・ラッカーの記録とプレスの工程でも損失が起こります。しかし、メタル・マザーの制作工程では、こうした変形損失の心配はありません。

12. プレス工程

　マスター・ラッカー盤は、いくつかのメタル to メタル複製によって作られ、最終的にはビニール・レコード盤が複雑な工程と高度な技術によって大量生産されます。この基本工程を**図28－15**に示します。マスター・ラッカー盤は、入念な検査を経て、銀メッキが施されます。さらにこの上にニッケルメッキが施され、ちょうどラッカー盤と逆の凸凹が出来上がります。

　これがメタル・マスターと呼ばれます。これからメタル・マザーが作られます。このメタル・マザーにメッキ処理を行ないスタンパーが出来上がります。これがレコードを大量生産するために使われます。プレスの工程は、スタンパーの間にビニールが流し込まれプレス、加熱されてスタンパーの形が複製されます。これを冷却し、スタンパーから剥離し円盤外周に付着した"フラッシュ(flash)"とよぶクズを取り除いて出来上がりとなります。

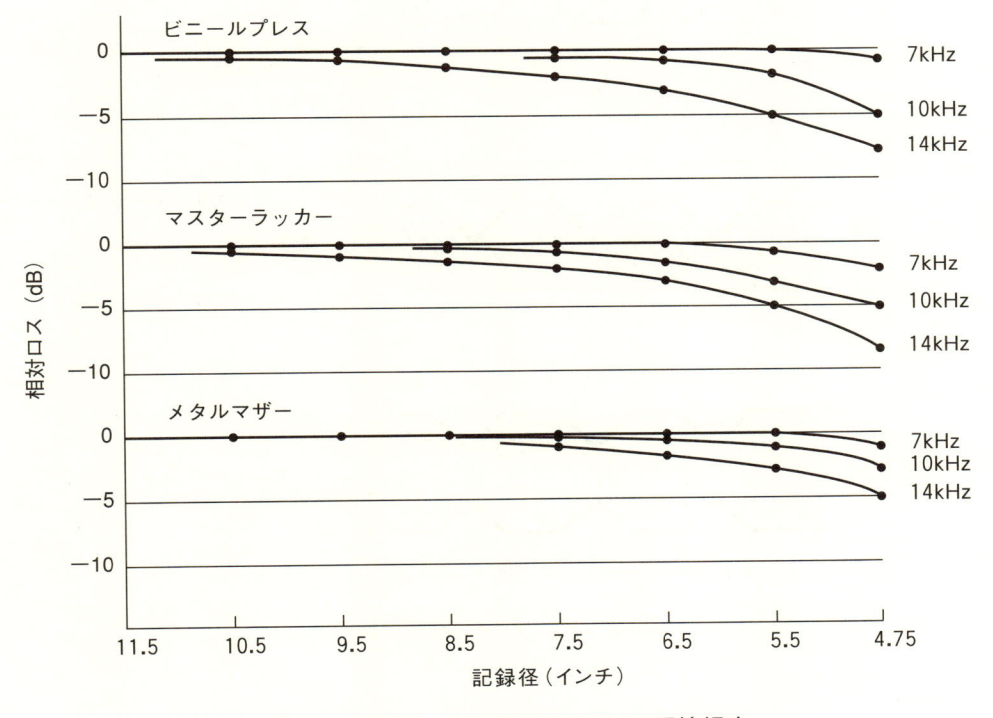

図28－14　ディスク記録の径による記憶損失

Section 9 ソフト再生機器

| ラッカー | マスター・ラッカー |

ゴミ、ホコリの除去、
感応増強化、銀メッキ

| マスター | メタル・マスター、電気メッキ法による銀メッキ |
| ラッカー | 膜上へのニッケルメッキ処理 |

ラッカー・マスターからメタルマスターを剥離（ニッケル処理したマスターラッカーとは逆の凹凸となる）

| マスター | メタル・マザー |
| マザー | （メタル・マザーにニッケルメッキ処理） |

マスターよりメタル・マザーを剥離（"ホーン"を剥がしてニッケルメッキ処理）

| スタンパー | スタンパー |
| マザー | （マザーにニッケルメッキ処理） |

マザーよりスタンパー部を剥離

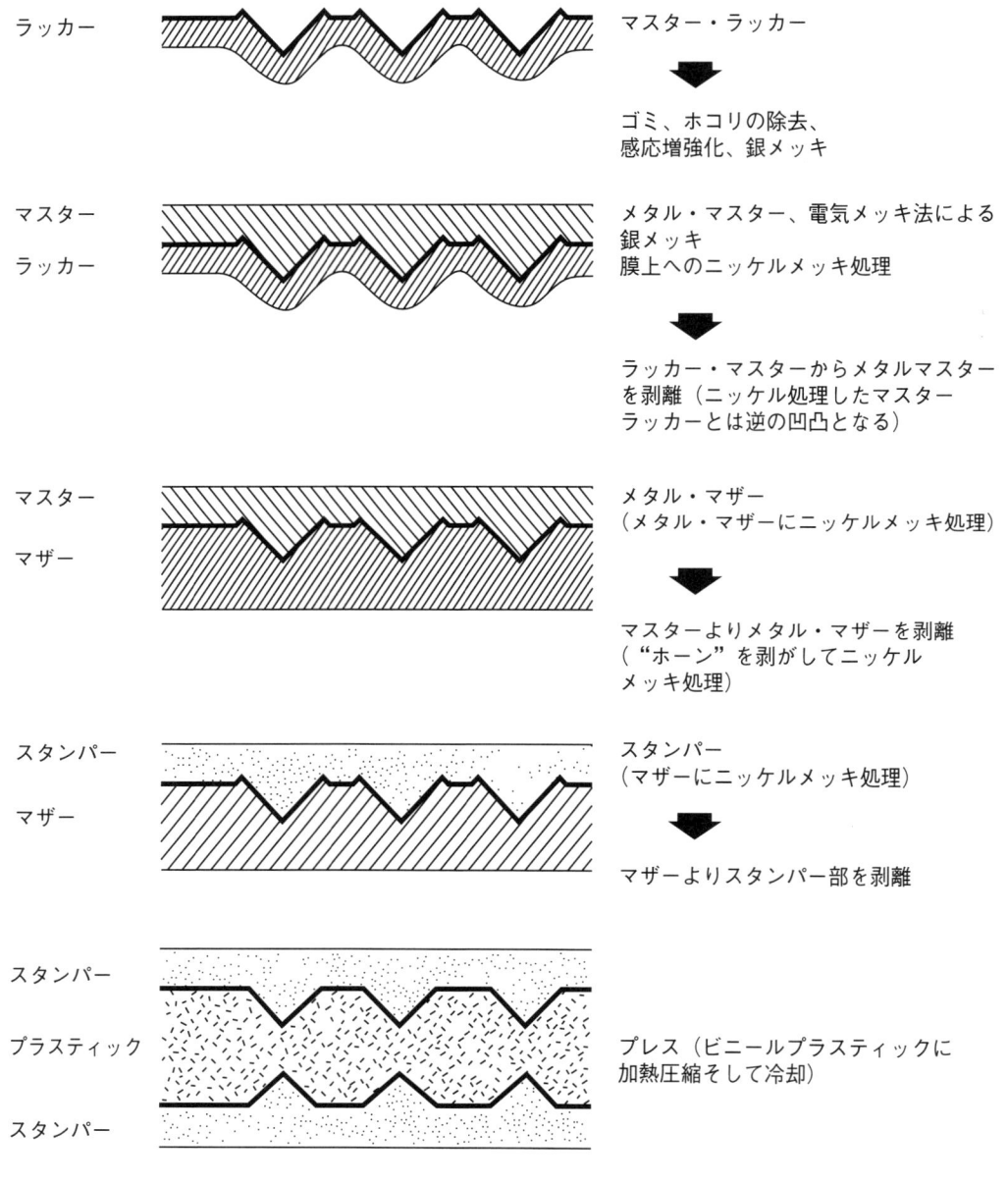

スタンパー	
プラスティック	プレス（ビニールプラスティックに加熱圧縮そして冷却）
スタンパー	

図28-15　ディスク制作行程

Section 9　ソフト再生機器

13. ディスク制作における最新技術

　ドイツの「テルデック(Teldec)」社が開発した技術はDMM(Direct Metal Mastering)と呼ばれ、通常のプレス工程を2工程スキップすることが出来ます。この技術はカッターヘッドメーカーである「ノイマン」社にとりいれられシステムが出来上がりました。このシステムは以下に述べる特徴を持っています。

1. カッティングは銅板マスターに直接刻まれこれがスタンパーを作るためのメタル・マザーとなります。**図28-16**に示すのはそのシステム例です。

2. メタル盤で生じる"反動効果(spring back)"がなくプリエコーも生じない。

3. ダイアモンドのカッター針は、その表面を滑らかにしておく必要がなく高域成分の減少も従来の工程に比べ少ない。

4. 信号を刻むためには、従来以上に強力なカッターヘッドが必要で、物理的な刻み角が5度となります。このため実効角20度とするためには、遅延変調によってステレオ信号に電子的な処理をしなければなりません。この動作を**図28-16**に示します。

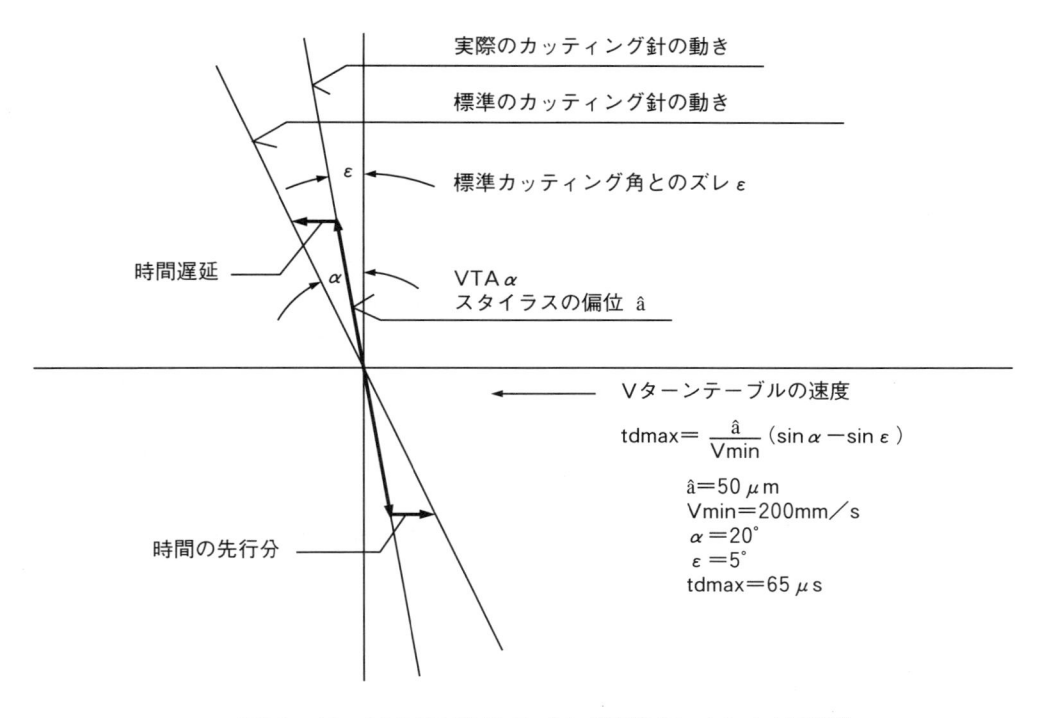

$$td_{max} = \frac{\hat{a}}{V_{min}}(\sin\alpha - \sin\varepsilon)$$

$\hat{a} = 50\,\mu m$
$V_{min} = 200\,mm/s$
$\alpha = 20°$
$\varepsilon = 5°$
$td_{max} = 65\,\mu s$

図28-16　DMM用垂直トラッキング変換(G.ノイマン社提供)

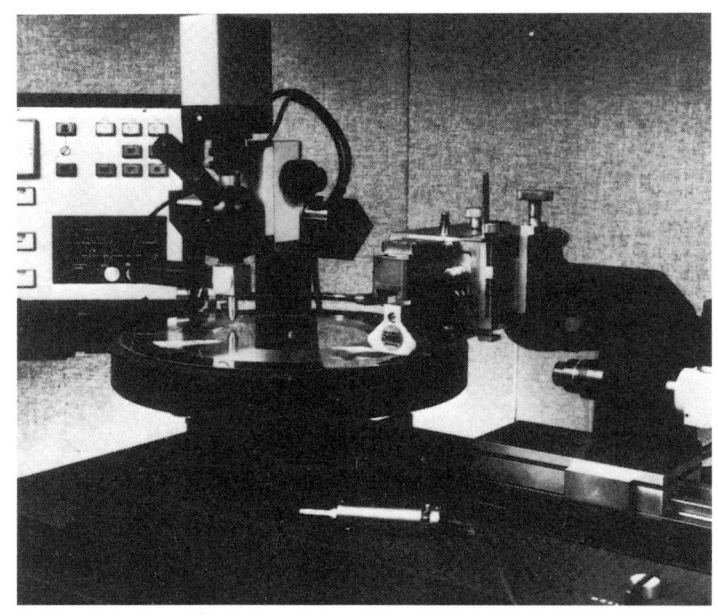

Section 9　ソフト再生機器

図28－17　DMM方式のカッティング（G.ノイマン社提供）

〈第28章〉　　［参考文献］

1. G. Bogantz and J. Ruda, "Analog Disk Recording and Reproduction," Chapter 8 in K. Benson, *Audio Engineering Handbook*, McGraw-Hill, New York (1988).
2. D. Braschoss, "Disc Cutting Machine—Computer Controlled," *Radio Mentor* (October 1966).
3. J. Eargle, "Record Defects," *Stereo Review* (June 1967).
4. J. Eargle, "Performance Characteristics of the Commercial Stereo Disc," *J. Audio Engineering Society*, vol. 17, no. 4 (1969).
5. E. Fox and J. Woodward, "Tracing Distortion—Its Cause and Correction in Stereo Disc Recording," *J. Audio Engineering Society*, vol. 11, no. 4 (1963).
6. F. Hirsch and S. Temmer, "A Real-Time Digital Processor for Disc Mastering Lathe Control," presented at the 60th Convention, Audio Engineering Society, May, 1978.
7. R. Narma and N. Anderson, "A New Stereo Feedback Cutterhead System," *J. Audio Engineering Society*, vol. 7, no.4 (1959).
8. C. Nelson and J. Stafford, "The Westrex 3D Stereo Disk System," *J. Audio Engineering Society*, vol. 12, no. 3 (1964).
9. O. Read and W. Welch, *From Tin-Foil to Stereo*, H. Sams, Indianapolis (1958).
10. J. Stafford, "Maximum Peak Velocity Capabilities of the Disc Record," *J. Audio Engineering Society*, vol. 8, no. 3 (1960).
11. J. Woodward and E. Fox, "A Study of Program-Level Overloading in Phonograph Recording," *J. Audio Engineering Society*, vol. 11, no. 1 (1963).
12. Disk Recording, Volumes 1 (1980) and 2 (1981), *Audio Engineering Society*, New York.

Section 9　ソフト再生機器

第29章　音楽テープ

1. はじめに

　民生用の録音済みテープが市販されたのは、ステレオ2トラック19cm/secの方式で1953年にオープンリールで発売されたのが始まりです。内容は、約1時間で、$20〜30の値段でした。当時ステレオで市販できる唯一のメディアがオープンリール・テープだったからです。1957年にステレオLPレコードが登場してからは、テープによるソフトは急激に市場から姿を消していきました。その後 6mmの4トラックテープが登場し双方向でステレオ録音されたソフトが市販されました。
　このフォーマットを19章の**図19-22**に示してありますので参照して下さい。テープソフトの大量生産は、コスト的にLPレコードに対抗出来ず、4トラックのフォーマットは、その後「フィリップス」社が提唱したコンパクトカセットに移行しました。コンパクトカセットは、当初聞き取りメモ代わりに使用さていましたが開発された1960年代後半では実現出来なかったような技術の改良が行なわれ、今日テープソフトといえばコンパクト・カセットを思い起こすまでになり、音楽ソフトを家庭にまたカーオーディオに普及させるまでになったと言えます。

2. カセットテープの形状

　オープンリール・テープのもう1つの煩雑さは、テープの装填にありました。その点コンパクト・カセットは、テープがケースに内蔵されているという手軽な取り扱いにありユーザーはレコーダーにポンと入れるだけで後は、テープの終わりになれば自動的に反転してくれます。**図29-1(a)**にはカセットの形状を、**(b)**にはカセットの機構を、**(c)**にはテープのトラックフォーマットを示します。テープ速度は 4.75cm/sec で、カセットレコーダーによっては、オート・リヴァース機能がなく、カセットを取り出して反転しなくてはならない機種もあります。オート・リヴァース機能は、デュアル・キャプスタンを備えた機種で可能です。

3. 電気特性

　再生特性は、基本的に2種類で、70と1,120μsecがテープの磁性体の種類によって規定されています。**図29-2**にはこの再生特性を示しました。カセット・レコーダーは、ノーマルタイプ、クロームタイプ、メタルタイプに対応して使用するテープに応じて最適の録音イコライザー特性となるようになっています。最良の性能を引き出すには、メタルテープの使用が適していますが、このためにはより強力な録音バイアスが必要です。再生だけでしたら標準タイプの機種でも可能です。「Dolby」のノイズリダクションは、すべてのタイプで適応でき、今日「Bタイプ」のノイズリダクションが最も広く普及しています。最近は「Cタイプ」のノイズリダクションも登場し、さらに「Sタイプ」も登場しています。**図29-3**にはこれらのエンコード特性を示しました。

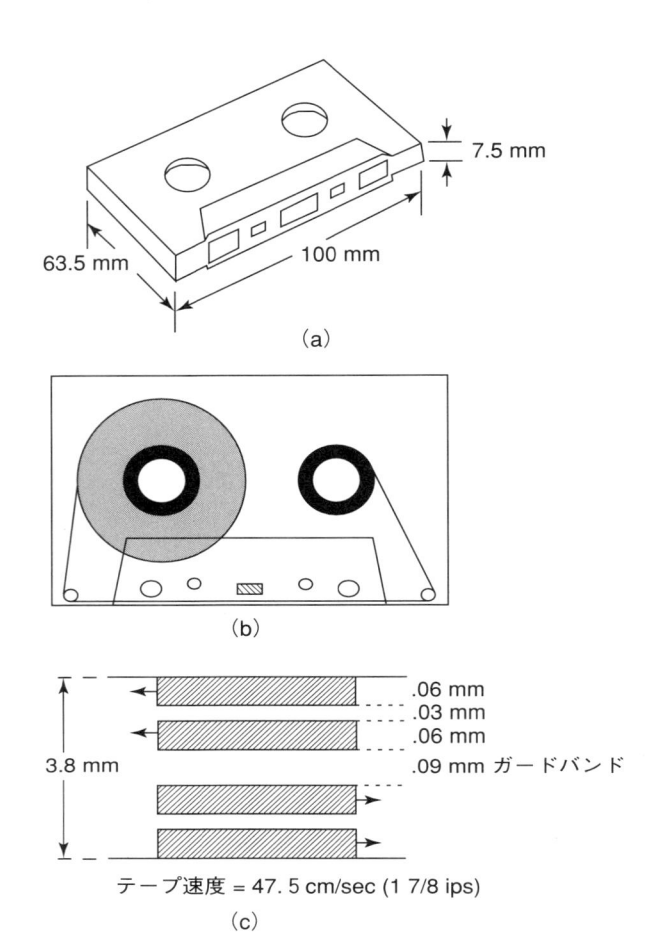

Section 9　ソフト再生機器

図29−1　カセットの形状
　　　　（a）は物理形状、（b）は内部構造、（c）はトラック配置を示す

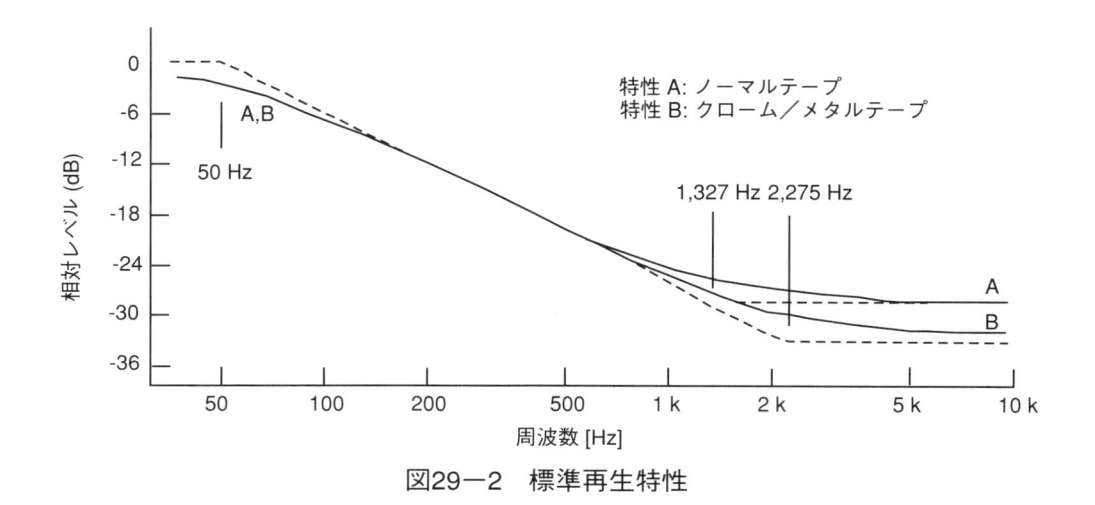

図29−2　標準再生特性

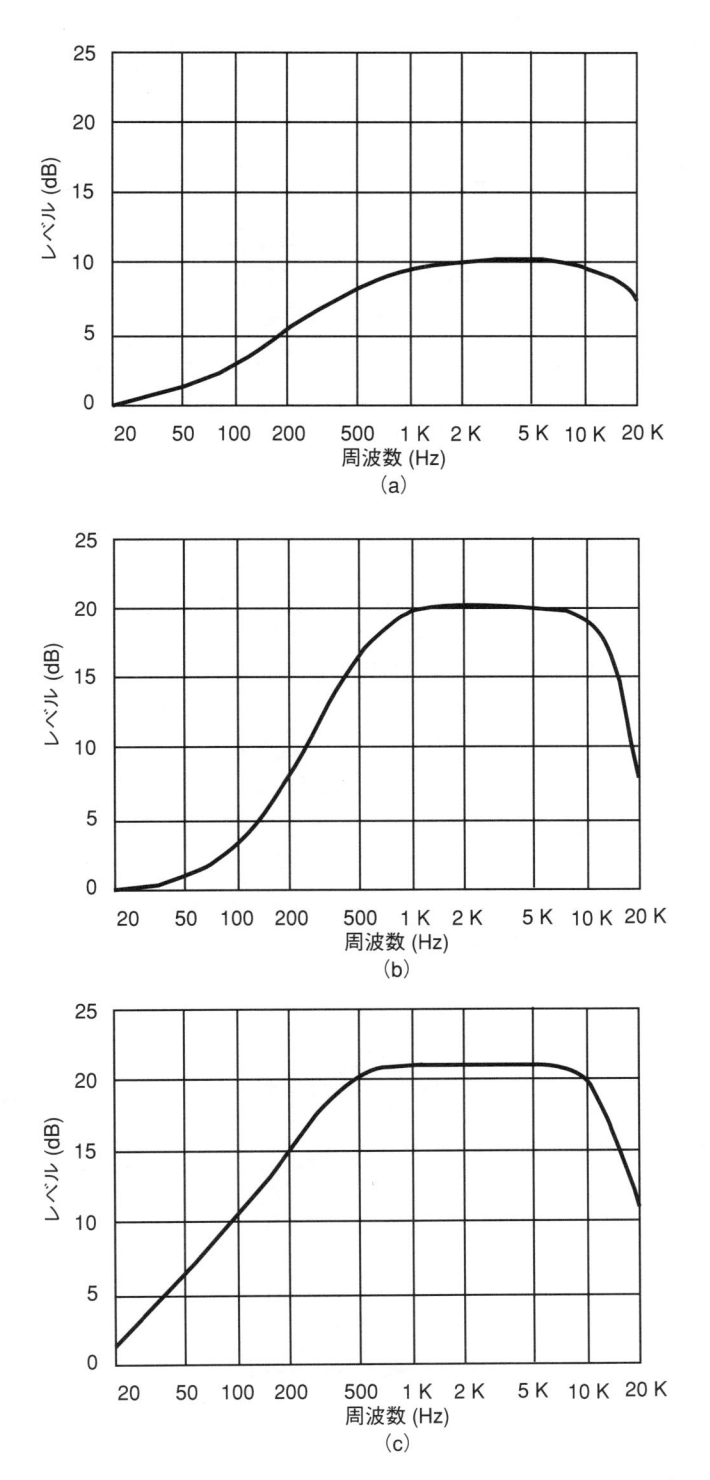

Section 9　ソフト再生機器

図29−3　低レベル信号に対するドルビー・ノイズリダクションの動作（ドルビー社提供）
(a)はBタイプ、(b)はCタイプ、(c)はSタイプの動作を示す

Section 9　ソフト再生機器

　この特性からわかるのは、いずれも高域のレベルが低い場合に、持ち上げて録音することです。この場合ノイズリダクション動作が行なわれているという表示は特段ありません。

(1)　カセットテープの特性

　カセットテープは38cm/secのテープと比較して記録できる波長は1/8しかありません。20kHzでは38cm/sec で20μmですが4.75cm/secでは2.4μmとなります。
　カセットテープ用の磁性体は、高域をより多く録音できるようにテープは薄くなっていますが、逆にその分だけヒス・ノイズが多くなりますので極力高出力の得られる磁性体材料がここ20年の間で開発されてきました。
　事実、最も高出力が得られるのはメタルテープです。

(2)　HX－Pro

　高域の周波数がレベルも高く入ってきた場合録音ヘッドは、バイアス過剰の状態となり、結果高域成分が減少してしまいます。HX－Proは、ドルビー研究所とバング（Bang）＆オルフセン（Olufsen）が開発した変調が深い場合のバイアス・コントロール手法で、これにより常に定バイアスにより安定した録音が可能となりました。この動作回路を図29－4に示します。入力信号は録音ヘッドからの変調信号によって変調されたVCAコントロールによって決められたバイアス信号と混合されます。高域の成分がどのくらいあるかは、フィルター整流器で検出し、バイアス発信器出力をコントロールすることで、常に一定のバイアスを録音ヘッドに供給することが出来ます。HX－Proによって録音されたテープは、どんなプレーヤでも再生することが出来ます。
　カセットで最良の音質を得ようとすれば、優れたテープとCまたはSタイプ・ノイズリダクションとHX－Proによる録音の組み合わせがベストです。

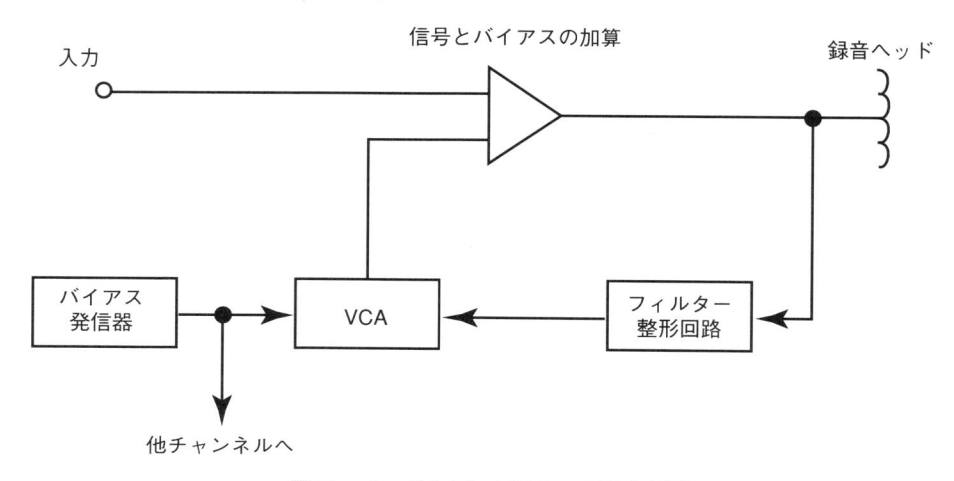

図29－4　ドルビーHX-Proの動作回路

4. 高速カセット・デュプリケーション

　カセットテープを普及させた要因の1つは、大量コピーのコストが安価である点にあります。このためには高速複製機が活躍し、コピー時間の大幅な効率化が計られています。
　図29-5に示すのは、高速コピーシステムの例です。
　コピーのためのマスターは、19cm/secで録音されエンドレス・ループになって"テープビン"と呼ばれる器に収納されています。マスターは、610 cm/secの高速走行をしますので、コピーは実に32:1の比率で行なわれていることになります。マスターが9.5cm/secで録音されれば、64:1の高速コピーも可能です。しかしこの場合は品質が劣化しますが、これもコストとのバランスということになります。
　カセットテープが唯一家庭での録音方法と類似の方法で作られているソフトといえます。家庭での録音と異なるのは、コピーテープが"パンケーキ"とよばれるテープハブになってコピー終了後にカセットのハブに入れ込む製造工程を取っています。最近の高速コピー・システムではマスターのテープに変わりデジタル・メモリーが導入されコピー比率は最大80:1まで可能となり、かつ品質を劣化させません。

(1) カセット・デュプリケーション用マスタリング

　カセットの高速デュプリケーション用のマスターテープは、テープの記録レベルや、高域レベルが特別なため専用のマスタリングが行なわれます。
　マスター用の素材は、試聴され、問題の起きそうな箇所が洗い出されます。それから高速コピー用のマスターへと変換され、この際のリミッターは、高域信号で問題が起きないような設定にしておきます。こうした処理をすると信号のコピーレベルが低くなりますので

図29-5　カセット高速コピー機（ガウス社提供）

信号全体の適度な調整が必要です。

　クラシック音楽の場合、楽音成分の分布は、先の**図2−15**で示したような分布をしていますので、高域成分についてのこうした処理を行なう必要がありません。逆にロック音楽のように高域まで多くの成分が分布している場合は、リミッターの活用が必要で、さらにHX−Proのような録音方法が有効となります。

〈第29章〉　　　［参考文献］

1. R. Dolby, "A 20 dB Audio Noise Reduction System for Consumer Applications," *J. Audio Engineering Society*, vol. 31, no. 3 (1983).
2. K. Gundry and J. Hull, "Introducing Dolby S-type Noise Reduction," *Audio Magazine* (June 1990).
3. K. Gundry, *Headroom Extension for Slow-Speed Magnetic Recording of Audio*, AES Convention preprint number 1534 (1979).
4. M. Martin, "Some Thoughts on Cassette Duplication," *J. Audio Engineering Society*, vol. 21, no. 9 (1973).
5. J. McKnight, Operating Level in the Duplication of Philips Cassette Records, *J. Audio Engineering Society*, vol. 15, no. 4 (1967).
6. D. Robinson, "Production of Dolby B-type Cassettes," *J. Audio Engineering Society*, vol. 20, no. 10 (1972).
7. J. Woram, *Sound Recording Handbook*, H. Sams, Indianapolis (1989).

第30章　コンパクト・ディスク(CD)

1. はじめに

　1980年代初頭に登場したコンパクト・ディスクは、再生専用ソフトの市場にまったく新しい領域を開いたといえます。その間LPレコードも共存することが出来ました。
　デジタル再生機は、永年の高速コンピュータ処理とデジタル信号処理技術の開発によって市場に登場しましたが、初期には生産コストと再生機のコストが高いという状況でした。しかし、1990年代に入るとこれらのコストもだんだんと低くなりました。CDの売り上げは、1987年を境に完全にLPレコードを凌ぎ、以来順調な増加を見せています。

2. CDの物理特性と形状

再生時間	最大78分
回転	読み取り面から見て時計方向
回転速度	1.2〜1.4m/sec
トラックピッチ	1.6μm
直径	120mm
厚み	1.2mm
中心穴	15mm
材質	ポリカーボネート（反射率1.55）
最小ピッチ	0.833μm（1.2m/sec）〜0.972μm（1.4m/sec）
最大ピッチ	3.05μm（1.2m/sec）〜3.56μm（1.4m/sec）
ピッチの深さ	約0.11μm
ピッチ幅	約0.5μm
波長	λ =780nm
焦点深度	±2μm
量子化	16ビット
サンプリング周波数	44.1kHz
周波数特性	0〜20kHz
S/N比	90dB以上
チャンネル数	2ch（4ch可）

表30-1　CD規格

　表30-1には、コンパクトディスクに関連した仕様と形状サイズを示しています。音声は、片面に長さの異なる"ピット"という穴によって螺旋状に記録され、ピットの表面は金属で光を反射するようになっています。さらに最表面は、透明なプラスチックでコーティングされ保護膜となっています。ピットがレーザービームによって読みとられディスクは定線速度で回転しますので一定時間毎の回転数は変化し音声はディスクの内周から外周側に向かって記録されています。

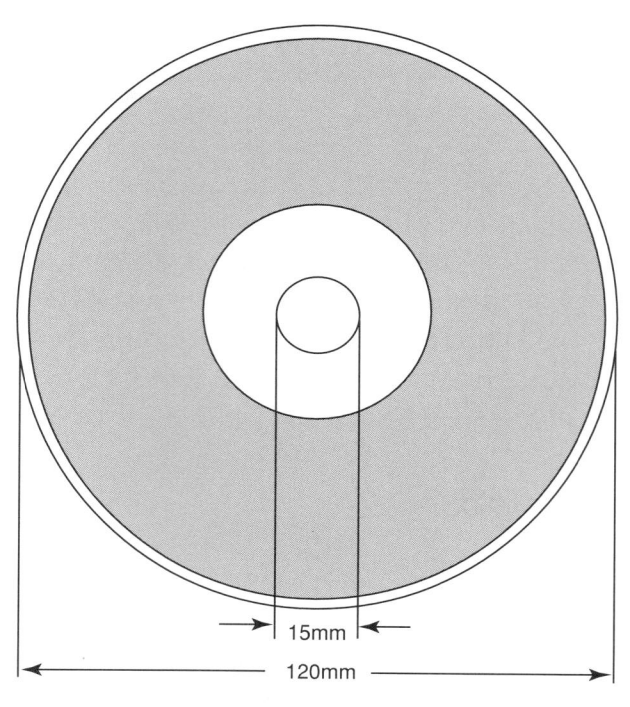

Section 9　ソフト再生機器

図31－1　CDの外形

図30－2　CDのピット（マイアミ大学提供）

3. 光学特性

　図30-2には、電子顕微鏡でみたCDのピットの様子が示してあり、図30-3には、レーザー光学読み取り部の構成を示しています。金属表面からのレーザー光反射は、受光部でより増強され、ピットからの反射は、逆に減少します。この差を利用してピットの有無が0か1の2進数に変換されています。ここでは、ピットを正確に追従するためのトラッキング機構については省略しましたが、主な役目は、再生時に発生した記録データをエラーなく再現することにあります。これらのエラーは、水平方向に発生するディスクの同心変位と垂直方向に発生するディスクの反りによる変位があります。デジタル信号を生成する場合の原理については先の第21章で述べた事柄が適用されます。CD再生機の多くは、デジタル出力を備えておりS/P DIF方式と呼ばれます。この出力を利用すると外部の独立したD/Aコンバーターなどが利用出来るようになります。

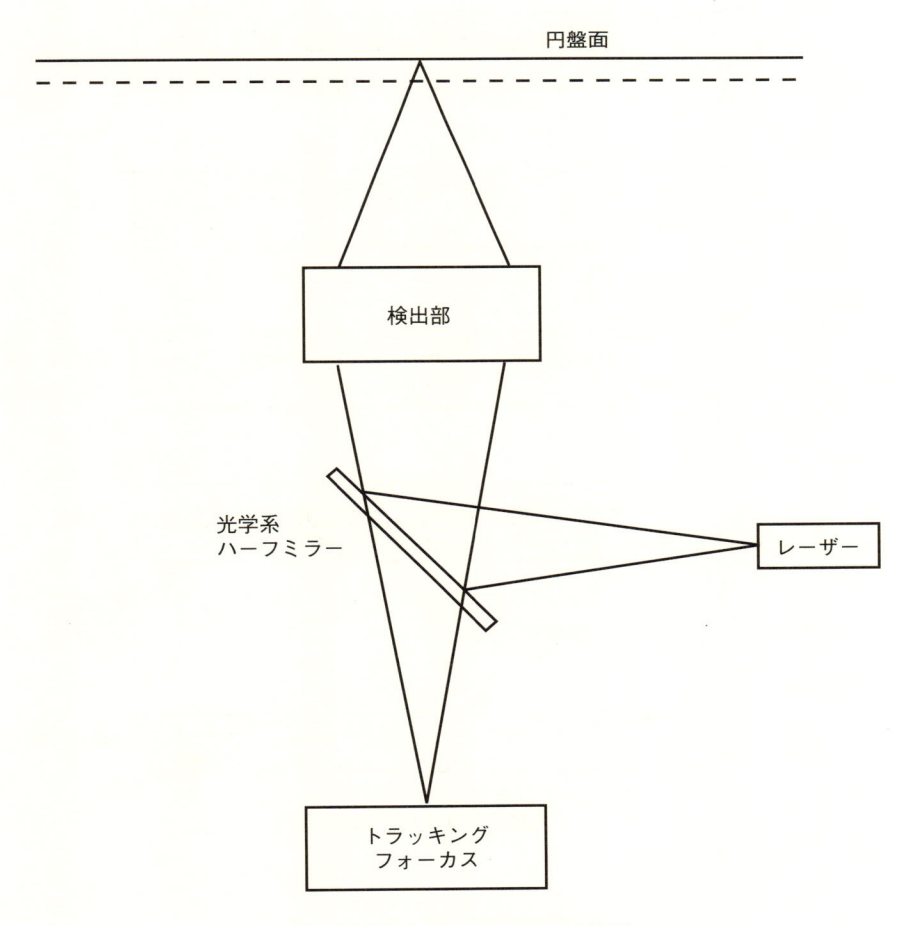

図30-3　レーザ読み取り機構

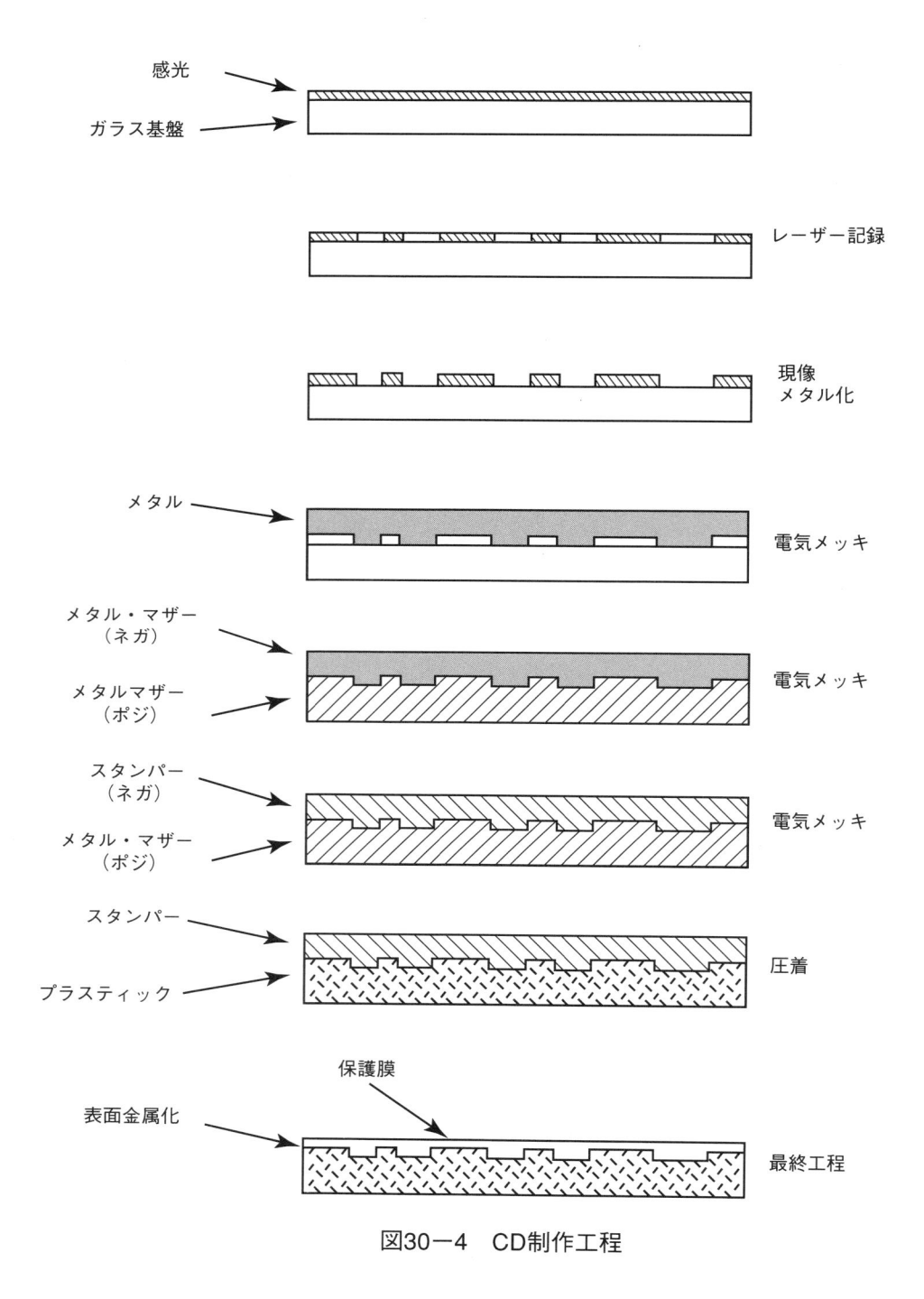

Section 9　ソフト再生機器

感光
ガラス基盤
レーザー記録
現像
メタル化
メタル
電気メッキ
メタル・マザー（ネガ）
メタルマザー（ポジ）
電気メッキ
スタンパー（ネガ）
メタル・マザー（ポジ）
電気メッキ
スタンパー
プラスティック
圧着
保護膜
表面金属化
最終工程

図30－4　CD制作工程

4. CDの生産

　CDの生産は、先のLPレコードを生産する場合の工程に驚くほど似ています。**図30－4**にその工程を示しました。ガラス基盤面にコーティングされた感光剤にマスター音源からの音がレーザービームに変換され焼き付けられます。これを現像するとビームのあたった部分とそうでない部分に凸凹ができます。これを金属で硬化させ、この上に電気生成で、メタル・マスターを作ります。さらにこの反転盤を同様の方法で形成しメタル・マザーとします。以下の工程はLPのプレスと同様に考えて下さい。すなわち、これからスタンパーを作り、これに溶融プラスチックを流し込みその表面を金属皮膜処理して、その上に透明な保護層を作れば完成となります。

　この工程にもDMM(Direct Metal Mastering)の手法が応用できます。これには、銅板の原盤に圧電変換素子を使ってピットを形成していきます。

5. P／Qサブコードの作成

　CDには、音声信号以外にもタイムコードやその他曲の始め、終わり、演奏時間、コピー禁止信号等々の各種情報信号が書き込まれサブコードと呼ばれています（総称して**TOC情報**と呼ばれる）。**図30－5**には、代表的なこれらのコードを示しました。

　CD生産工場には、こうした情報が音声デジタル・マスター（SONY1630）と共に送られます。SMPTEタイムコードは、曲の時間を正確に表示するために使用されインデックス情報として利用されます。1曲毎とは限らず曲の中をさらに区切ることも出来ます。

Delos International, Inc.	PQ Subcode Information	Format: Sony 1630
Catalog #: D/CD 3073	Date: 20 Dec 88	Total playing time: 70:39
Title: Howard Hanson: Symphonies 1 & 2: Elegy	Mastered by: AS,LJW	Last time present on tape: 01:14:00:00

Track#	Index#	Title	Time	SMPTE Codes Begin-end	Notes
		Howard Hanson: Symphony #1, Nordic"	(29:19)		
1		Andante solenne	12:41	00:02:00:00	
2		Andante teneramente	6:05	00:14:45:00	
3		Allegro con fuoco	10:24	00:20:55:00	
4		Elegy in Memory of Serge Koussevitsky	12:37	00:31:30:00 (Note)	Use 31:30 as start of track although music begins slighltly later
		Symphony #2, Romantic	(28:20)		
5		Adagio	13:34	00:44:19:00	
6		Andate	7:21	00:57:59:00	
7		Allegro	7:14	01:05:25:00--01:12:39:00	

図30－5　CD作成用プログラムシートの例（デロスインターナショナル提供）

6. CDのマスタリング

　CDの特性は、フラットな特性をしている点にあります。そのため磁気テープやLPレコードで見られたようなプリ／デエンファシスと言った加工は必要ありません。基本的にはオリジナルの特性が手を加えずにそのまま記録できるメディアであるといえます。しかし、ユーザーオプションで、10dbのプリエンファシスが選択できその場合は信号の中にその有無がフラグとして立ち、再生時には自動的にデ・エンファシスが働きます。現実には、これを使用しないというのがマスタリング・エンジニアの共通の考え方です。

　マスタリングの段階では、アナログ・メディアで行なっていたような処理工程を考える必要がないと述べましたがこれは、ある意味で落とし穴に入ることにもなりました。それは特にCDソフトの出始めた頃の状況で顕著でした。

　レコードメーカは、本来LPレコードのマスタリングのために作ったマスターを、そのままCD化してしまったのです。これはLPメディアに当てはまるためのイコライジングやリミッター処理が行なわれておりCDで再生すると、とてもぎらぎらしてきつい音になります。これがオーディオ愛好家の間でアンチCD派を作る要因にもなり、今日そうしたマスタリングが行なわれなくなったにも関わらずまだそうした意見が聞かれる素地になったのです。

〈第30章〉　　［参考文献］

1. J. Eargle, "Do CDs Sound Different?" *Audio Magazine* (November 1987).
2. J. Hanus and C. Pannel, *Le Compact Disc*, Editions Techniques et Scientifiques Francaises, Paris (1984).
3. K. Pohlmann, The Compact Disc, A-R Editions, Madison, Wis. (1988).

Section 9　ソフト再生機器

第31章　DAT

1. はじめに

　CDの登場が1983年とすると、人々は テープメディアでカセットに替わるデジタル・メディアは登場するのか と考え始めました。R-DATと呼ばれる規格が検討されたのは、1980年代半ばですが今日この規格は民生品市場で苦戦を強いられています。1つは価格が高いという点です。
　さらに「RIAA」が懸念したのは、その優れた特性ゆえに、CDから完全なコピーが出来てしまうことでの音楽著作権侵害問題でした。
　民生市場での反応の鈍さとは別にDATが持つ優れた特性と機動性は、プロフェッショナル分野で業界標準となりました。DAT機器は、大変小型にできるためロケーションなど外での録音や各種データの保存といった分野に優れています。またダイレクト2チャンネル・ステレオ録音を行なう場合も、その手軽な価格と性能から大いに利用されています。CD制作であれば44.1kHzで録音すればデジタル信号のままで以降の工程も扱うことが出来ます。
　ソフトパッケージの分野では、レコードメーカーが積極的にDATによるソフトを展開しようという気配はありません。大量生産に向かずコストがかかりすぎるというのが現実です。

2. DATの形状

　図31-1(a)は、DATカセットの形状を示しています。一見、アナログのコンパクト・カセットに似ていますが、形状はさらに小型でDATレコーダーに入れると前蓋が開きテープが取り出され(b)に見られるようなテープパスでローディングされ、(c)に見られるような回転ヘッドに巻き付けられます。
　図31-2は、テープのトラック・パターンを示します。テープの外周部は、固定ヘッド対応ですが、音声信号の記録部分は中心部の傾斜したトラック・パターン部分です。

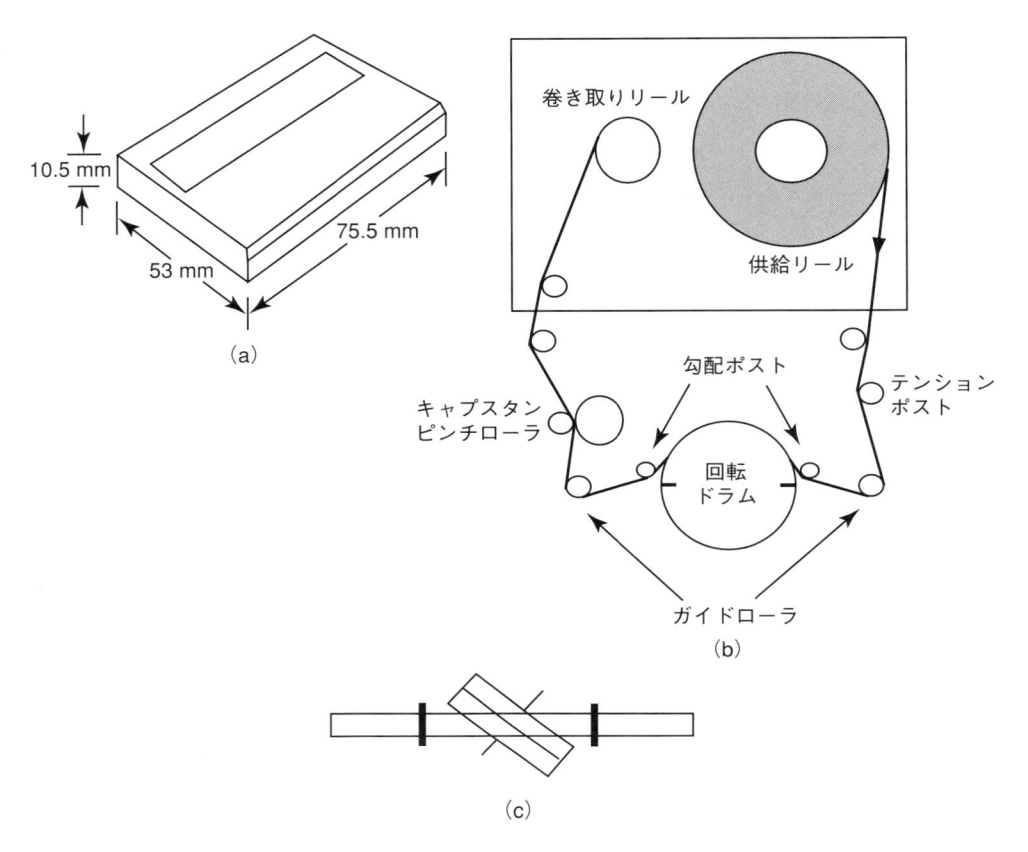

Section 9　ソフト再生機器

図31−1　R-DATの構造
　　（a）はカセットの構造
　　（b）はテープパス
　　（c）は回転ヘッドとテープの関係を示す

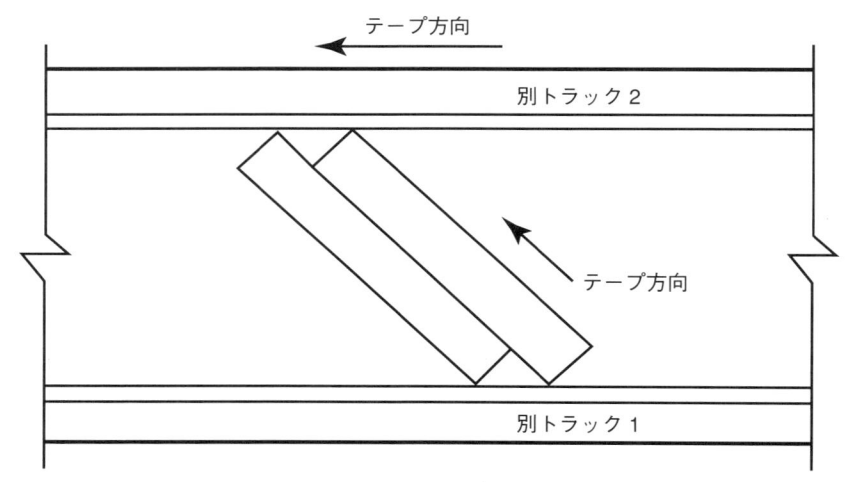

図31−2　テープの記録

3. 操作特性

　テープとヘッドの相対的な速度はドラムの折線速度で決まりテープ自体の走行速度は回転ヘッド間の信号がオーバーラップするに十分な程度にとてもゆっくり走行しています。実際テープの速度は、8.15mm/secという遅いスピードです。傾斜記録のおかげで低速走行にもかかわらず隣接トラックとのクロストークもありません。このDATのテープ1巻で最大2時間（標準速度）の録音が出来ます。他のデジタル機器と同様にDATも各種のデジタル・インターフェースがありプロ用では AES-EBUデジタルインターフェース、SDIF-2が備わっていますのでデジタル信号のままで各種デジタル機器とやり取りが出来ます。固定ヘッドには録音した際のインデックス・ナンバーなどが記録されます。

　編集は、このままで電子編集が出来ますが、編集精度が現在1msecオーダーとなっています。これは映像編集では十分な精度ですが、CDマスタリングの音楽編集では十分な精度ではありません。**図31－3**には、ポータブルのプロ用DATレコーダーの例が示してあります。これらには32kHz、44.056kHz、44.1kHz、48kHzのサンプリング周波数と16ビットの量子化が行なわれています。

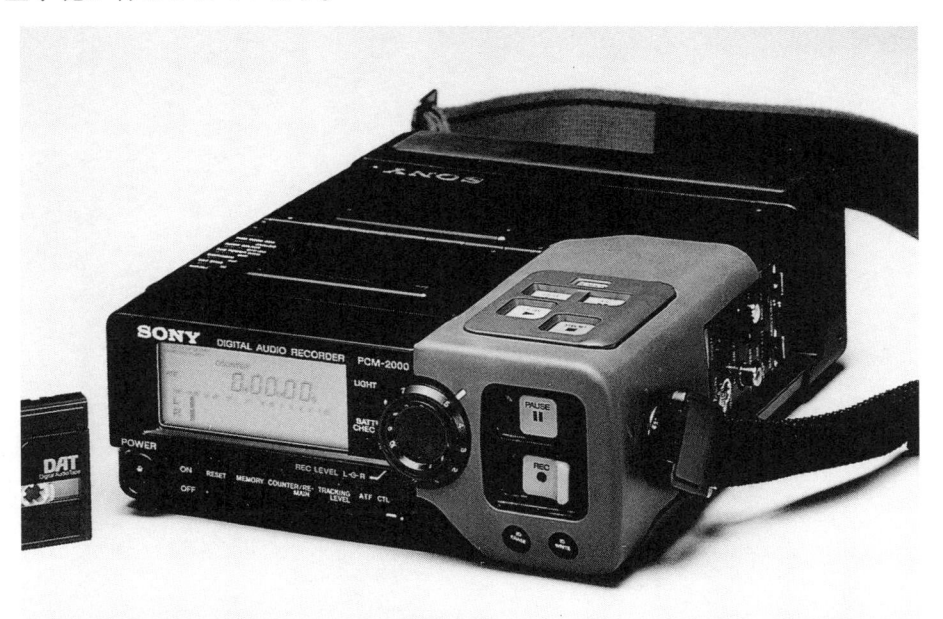

図31－3　「ソニーPCM-2000」ポータブル・レコーダ（ソニー社提供）

4. 固定ヘッドDAT(S-DAT)への展望

　S-DATは、固定ヘッドタイプのデジタル・オーディオ・テープの総称です。
　これは、低速走行で多層薄膜録音再生ヘッドを持ち十分な記録密度が実現できるテープを使用することを前提に検討されています。S-DATは固定ヘッドを使用するという点で

Section 9　ソフト再生機器

メーカにとっては回転ヘッドよりも製造が容易になりますが、電子回路の構成はR-DATと同様高度な技術が必要です。
　現在規格が業界標準として統一されるところまで至っておらず、オランダのフィリップス社が民生器として発売したDCC(Digital Compact Cassette)が唯一の実用機です。これはアナログコンパクトカセットと同じサイズで、同じテープ速度を採用し再生互換を持っています。しかし今ではほとんどその姿は見受けられません。

〈第31章〉　　[参考文献]

1. Anon, "DAT: Where it Stands and How it Will Work," *AudioVideo International* (January 1990).
2. *Operation Manual for PCM-2000 Audio Recorder*, Sony Corporation, Teaneck, N.J. (1988).

Section10　録音ビジネス

第32章　録音スタジオ設計
1. はじめに
2. ビジネス展開の条件
3. 立地条件の選択と建設
4. 機器の選択

第33章　スタジオの運用と管理
1. はじめに
2. 顧客との関係
3. 使用者との雇用関係
4. 人材育成
5. 購買業者
6. 通信設備
7. 同業組織
8. 機器保守

Section10　録音ビジネス

第32章　録音スタジオ設計

1. はじめに

　スタジオ規模の大小を問わず、しっかりしたスタジオ運営を行なうことが基本になります。自宅に設置した低コストのスタジオでも、大都市に設置した大規模なマルチ・トラック・レコーディングのスタジオでも、その音響特性や技術的な設備がしっかりしていれば、どちらも十分な仕事が出来ます。
　ここでは、スタジオ建設を行なう場合の基本的な音響特性の検討を始め、その場合の立地条件、ビジネス展開、プロ用録音機材、経済性と陳腐化等について述べます。

2. ビジネス展開の条件

　多くのエンジニアにとって、自分のスタジオを持つことは永年の夢とあこがれでもあります。しかし、スタジオを初めから建設するのか、それとも他のスタジオを購入してから運営するのかといった経済的な側面を無視して事を急ぐと、たちどころに運営が行詰まってしまいます。
　陥りやすい危険性は、膨大な投資と広すぎるスタジオ面積、収入の過大予測、そして狭い作業エリアと言った点にみられます。
　ビジネス展開は、控えめに慎重すぎるくらいの予測で始めるのが賢明です。
　これを充分に検討しておけば、少ない経費で、順調な運営が可能となります。
　検討項目の第一は、どのような収入予測が考えられるかをしっかり把握することです。以下にこうした検討項目と解決策を示します。

a. 過不足のない設備で、十分なクライアントが確保出来るか？過剰な設備投資によるスタジオ料金の高騰を避けなければならないからです。そのためには、他のスタジオがどのような料金体制で運営しているのかを参考にすることも大切です。また運営がうまくいっていないスタジオは、どうしてそうなったのか、どのような原因なのかを調査しておくことは良い参考になります。逆に成功しているスタジオの場合も調査しておくと良いでしょう。

b. 収入の増加を見込められる要素はなにか？例えばCM専門とかビデオ対応のスタジオにするかといった特定の領域で運営する場合、そうした分野がどのような展開をし、どのようなところに将来性があるのかをみきわめておくことです。こうしたビジネス展望を行なうには、スタジオ運営に明るく十分な知識を持った財務アナリストの助けを必要とします。

c. 自分自身は、スタジオ運営の面でどこに専門性を持っているのか？建設側か？エンジニアリング側か？をしっかりと判断し、それ以外の分野での専門家の助けを借りなければなりません。

次に検討すべきは、当座の資金と運営が開始されてからの資金です。

a. スタジオの設備の拡充とレンタル料金の詳細な検討。これらがいつ頃必要かの検討。

b. 購入すべき機材とレンタルで十分な機材の選択。

c. スタジオ・スタッフの賃金や諸費用の検討。特に有能なエンジニアを雇った場合のボーナスや外から腕の立つエンジニアを呼んだ場合の手数料の支払額などは、あとで問題が起きないよう率直かつ的確な対応が必要です。さらには建築法規や許認可項目、その他法律に関した諸項目についても確認。

e. スタジオ・ビジネスに経験豊富な法律と財務担当弁護士の確保。四半期毎の収支報告書の作成。仕事が拡大するにつれて増えるコストの検討。

資金の確保を決して特定のオーナーに頼らず、銀行取引で進めることが大切です。

3. 立地条件の選択と建設

　立地条件は、ビジネスのやりやすい場所で、そうしたビジネスが1つのエリアをなしているような場所を選ぶのが賢明です。小さなスタジオの多くは、住宅地区に建設されますが、それは静かで音響的に有利だからです。
　場所の選択をする場合には、付近にビジネスを行なう人々がいて、その運営時間はどうなっているかをチェックしておきます。都会での効果的な音響遮音には、コストがかかりますし、もし付近のビジネスが音を出さない仕事で、逆にこちらの音がでてもそれほど支障にならない仕事であれば、こちらとしては大いに助かります。
　候補地がにぎやかな通りや空港の離着陸のルートになっていないか？また将来この付近がどういった地区に開発されようとしているのかといったことを行政レベルで調べておくのも有効です。例えば、将来付近を高速道路が建設されるようであれば、騒音の原因になりますし、また付近のビジネスは安定して頻繁な移り変わりがないかも目安になります。
　軽工業団地のような建物の一角を利用するのも一案で、家主はそうした改造を受け入れてくれます。唯一の注意点は、こうした建物の構造は、スタジオ建設に十分な天井高が取れない点にあります。このためには建物の設計段階でこうした計画を受け入れられる構造にしてもらうことです。
　もう1つ立地条件で考慮しておかなくてはならないのは駐車場スペースの確保です。

Section10　録音ビジネス

（1）　音響条件の検討

　ここで強調しておきたいことは、スタジオ建設プロジェクトに、しかるべき音響設計担当者を加えて計画を進める必要性です。その人物は優れた経歴と優れた知識を持った人物でなければなりません。こうした良きアドバイザーが参加出来れば、スタジオの基本設計段階で、どのような問題があり、それをどのように解決すればいいかを的確に判断してくれます。

　図32-1には、こうしたスタジオの平面プランの例を示しています。この例では、有効な遮音特性を取るための各種アイソレーション空間の効率的なレイアウトが示されています。こうした配置を検討するだけで、スタジオ間の有効な固体伝播損失を実現出来ます。これは実質的な経費の低減化をもたらすという点で有効です。

　こうしたバッファー・ゾーンが確定すれば、スタジオ間に側帯隣接エリアが出来ていないかをチェックします。**図32-2**に示すのはその例です。**(a)**の施工例は理想的な配置例でコンクリートスラブに1つのスタジオしかありません。この場合の遮音特性は、コンクリートの構造で決まり、通常天井や側壁からの固体伝播損失は、35〜55dBの範囲となります。

　図32-2(b)には、同じフロアーに2つのスタジオが床木材で隔室設置された場合、どのような状況になるのかを示しています。

　スタジオ間の空気遮断特性は、**(a)**の場合に比べて固体伝播損失が約2倍となりますが、固体伝播特性は、隔壁構造のおかげで十分低く押さえられています。**(c)**のコンクリート構造になればさらに効果が高まります。しかしパルス性の衝撃音などは聞こえます。

　図32-2(d)にはフロアーが別々でスタジオを設置した場合の特性を示していますが、こうすれば固体構造からの伝播は、さらに少なくなります。床材が木材や鉄材であった場合は、固体伝播による影響を慎重に考慮しておかなければなりません。こうした点は設計コンサルタントが貴重なアドバイスをしてくれますので、スタジオ建設に慣れていない建築業

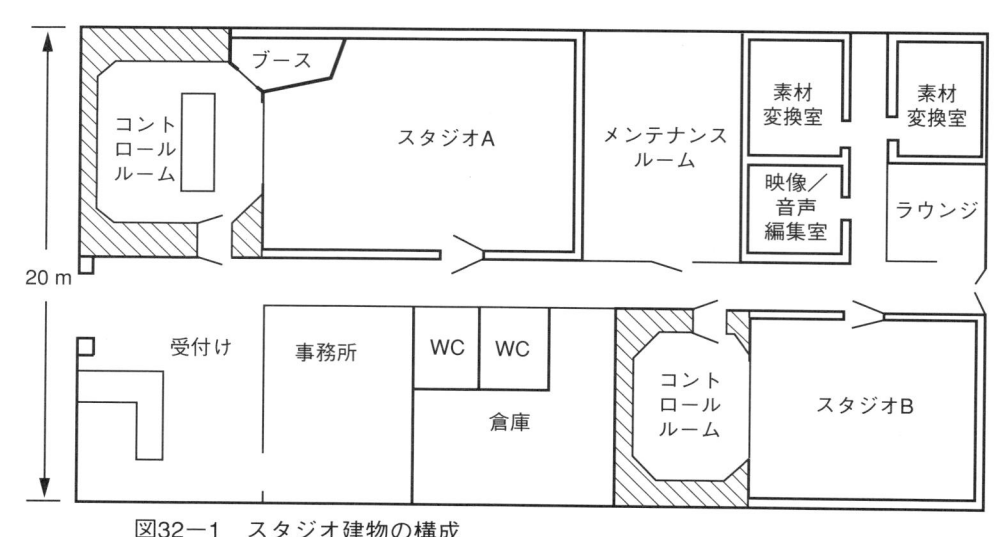

図32-1　スタジオ建物の構成
　　　　各スタジオは充分な遮音を得るため音響遮音設計が行なわれている

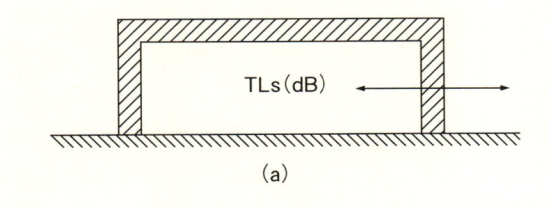

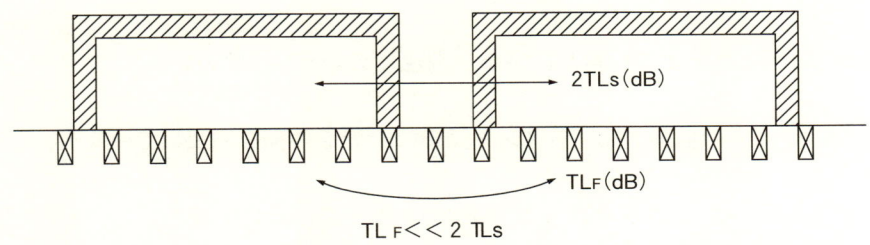

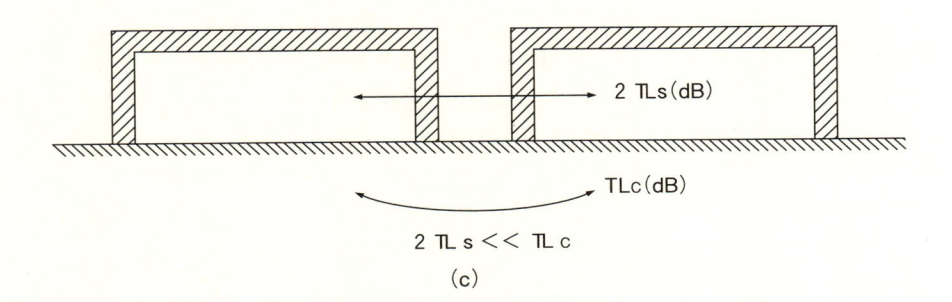

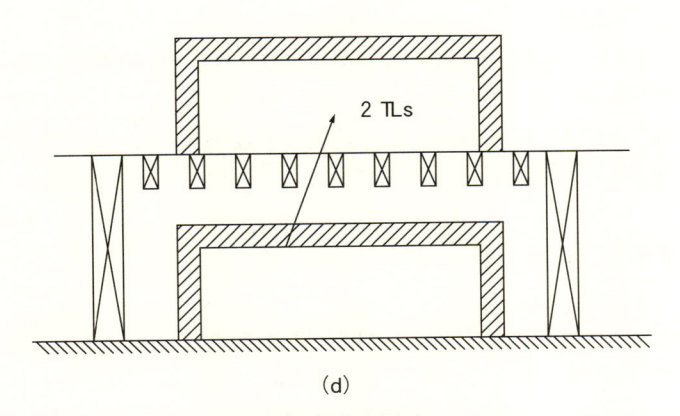

図32-2　スタジオと外部の遮音
(a)はコンクリート構造床に設置した単独スタジオ
(b)は木材床で隣接したスタジオ
(c)はコンクリート構造床で隣接したスタジオ
(d)は階層を隔てて設置したスタジオ

Section10　録音ビジネス

者が建築する場合などに有効に活用すべきです。
　用地と場所が確保できたなら、外観だけで判断せず、遮音処理スペースを考慮に入れた後の空間で、どのくらいの広さが必要になるかを判断して下さい。コントロール・ルームの低域処理に要するベース・トラップだけでも1mのスペースが必要になりますし、天井の裏に空調ダクトを設置するためにもスペースが必要です。天井高は、何も処理をしていない実際の空間で、4.5mはまず必要です。既存の建築物を利用してスタジオに変更する場合、空調設備には以下のような注意点が必要となります。

a.　最大予測送風量の負荷と必要な空調温度のバランスはいいか?

b.　空調ノイズの低減化は、スタジオ録音に十分な性能を満たしているか?

c.　ダクト構造は、スタジオ間や仕事場で十分な遮音特性を満たしているか? また逆方向での遮音特性も考慮されているか?

　スタジオが1つしかない場合は、こうした対策が比較的容易に実現します。
　空調負荷を適切に算出し、ダクトの構造は、内部で乱流による騒音が発生しないよう設計します。機器のファンもノイズ源とならないよう適正に配置します。これが2つ以上のスタジオ建設となると、十分な対策が必要になります。
　図32－3(a)には不適切な設計例を示してあります。この例では1つのダクトで2つのスタジオの空調を行なっています。こうなると建築構造面で十分な遮音特性が取れていたとしても、共通ダクトによる音漏れがすべてを台無しにしてしまいます。**(b)**に示したのは、その対策例で、空調ダクトはスタジオ専用の独立ダクトになっています。さらに有効な施工例が**(c)**に示してあります。
　この例では、独立した空調機と独立したダクト構造となっています。確かに初期コストは高くなりますが、長期に見ると効率の良い施工方法です。
　もう一度繰り返しますが、スタジオ建設に経験の少ない業者からの、お手軽なアドバイスにはくれぐれも注意して下さい。

(2)　スタジオの騒音レベル

　今まで述べたスタジオのノイズレベルに関する注意点は、スタジオ建築業者が既設のままでは十分な対策とならないことを自覚するために必要なポイントです。立地場所が決まれば、スタジオの遮音と低騒音実現に向けた設計をしなければなりません。ノイズレベルは通常**図32－4**に示すようなNC値(Noise Criteria)で測定し表わしますがこの特性は、第2章で述べた「ロビンソン・ダットソンの等ラウドネス特性」に大変似ていることに気付かれるでしょう。低域での低レベルに関して、我々の聴感特性が良くないことが考慮された特性であることがここでも分かります。音響設計コンサルタントはレベルメーターと1/3oct周波数分析器を用いて、スタジオ内外での必要なNC値を決めますが、優れたスタジオでは

NC20〜25となります。

　スタジオが比較的静かなオフィス街区に立地する場合は、外部騒音の進入よりも、逆にスタジオから外部に漏れる音への対策を考えなくてはなりません。これは特にロック音楽向けのスタジオとした場合に大切です。コンサルタントが次に行なう測定項目は、オフィスルームでの適正なNC値を想定し、スタジオへ最大どのくらいの騒音が飛び込むかを予測することです。

　スタジオから外へ、また逆に外からスタジオへの騒音の飛び込みはどのくらいまで許容出来るかを算出し、各オクターブバンド毎の最大値を算出します。これをもとにどれくらいの遮音特性とすれば充分かを決めていきます。

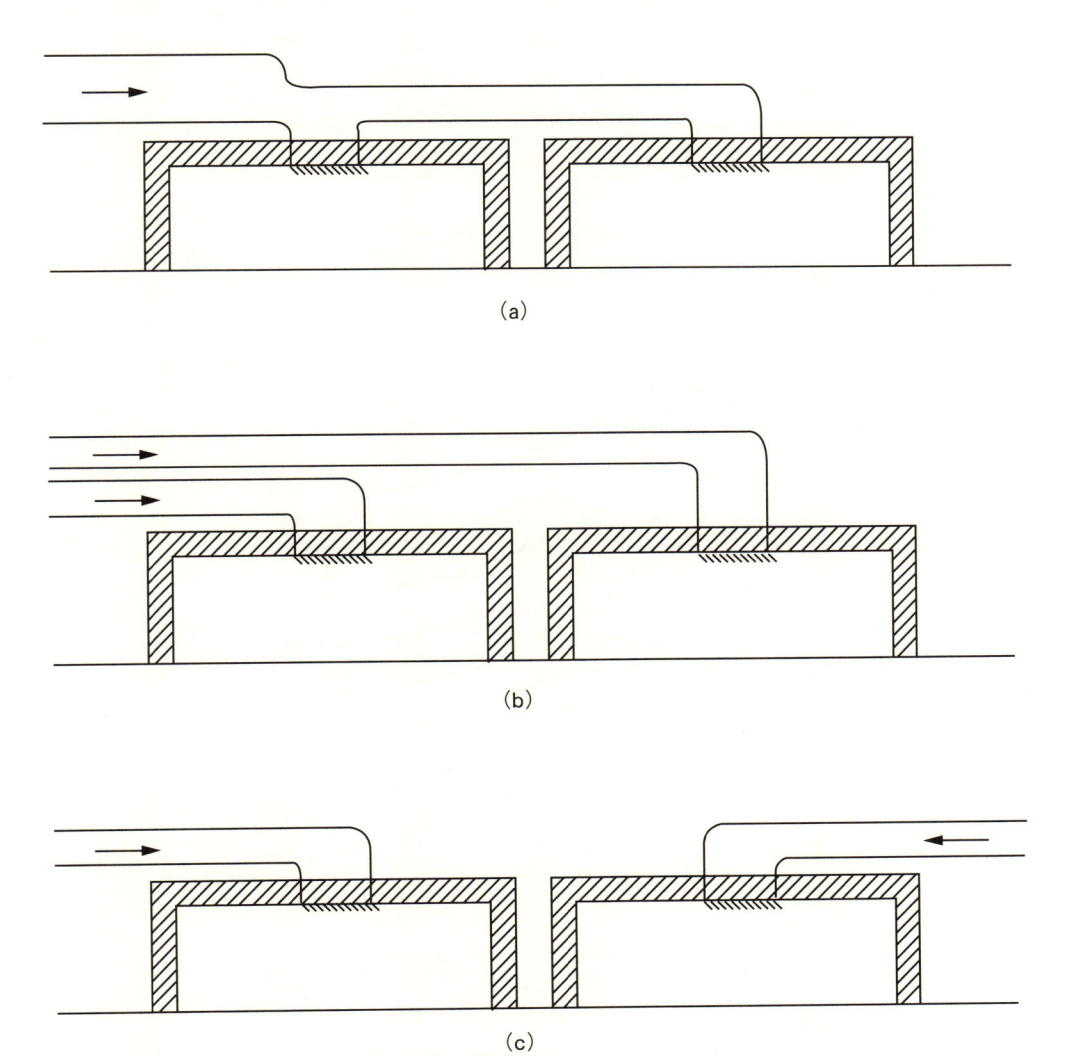

図32−3　共通空調の問題点
　　　　(a)は共通ダクトで隣接したスタジオ
　　　　(b)は本体は共通で独立したダクトで供給した場合
　　　　(c)は本体もダクトも独立した場合

Section10　録音ビジネス

　次に、壁面構造と天井構造を遮音特性に適合した範囲内で決めていきます。各種壁面材料は、その遮音特性がどれくらいあるのかを予め算出してあり、STC値(Sound Transmission Class)と呼ばれています。これらの特性一覧を**図32-5**に示します。この特性は、ちょうどNC特性カーブの逆特性をしています。壁面材の材質はおおむね低域よりも中域から高域にかけての遮音特性が優れています。

　その次には、これらの材料のなかから、もっともふさわしい特性の得られる材料が決められます。その場合、スタジオ建設にかけられる予算配分も当然考慮した選択がなされなければなりません。時に予算を超えた材料の選択が行われる場合もありますが、コンサルタントとしては設計仕様を再検討して材料の選択をやり直さなくてはなりません。

　J.クーパー(J. Cooper)は、各種の遮音特性と必要な設計手順について、非常に多くの具体例を提示しています。注意点は壁面や天井といった主要エリアの材質の検討だけではなく、ドアーや調度品と言った材料にまで検討がなされていることです。

　ほんの小さな漏れや隙間がスタジオ間の遮音を劣化させ、主要なエリアにかけたせっかくの処理を台無しにしてしまう場合があるからです。

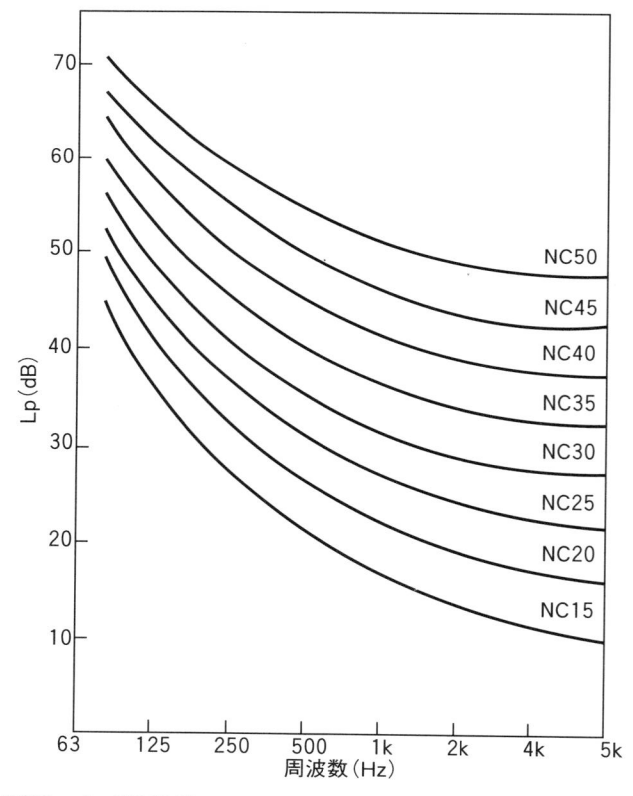

図32-4　NC特性
　　　　ノイズの条件や環境に応じたNC値が示されている。測定は、
　　　　オクターブごとに行なわれ、各値それぞれに曲線が描かれている。
　　　　この値は、示された値を上回らない範囲のオクターブバンド・
　　　　ノイズレベルに対して最低値が示されている。NC曲線は
　　　　1dB単位の増加カーブが描かれている

(3) 衝撃音対策

先の遮音構造では、主に空気伝搬の遮音対策について述べましたが、衝撃音は、直接構造面を振動させる騒音源となります。これらの要因として以下の原因が考えられます。

a. 木材質の床や薄いコンクリート床からの足音の侵入

b. 貧弱な遮音構造から漏れるエレベーターや空調モーターの回転音

c. 雑な配管工事

こうした衝撃音は、コンクリートの構造によっては増強されて、はるか3階上の階までも突き抜けて聞こえることがありますので注意が必要です。
　配管構造の取り付け強化やモーター音の抑制は、コストがかかりますが、床の足音を吸収するのはカーペットや絨毯を床に敷くことで容易に解決します。
　衝撃音対策は音響設計上実に捉えどころのないやりにくい遮音設計で、現場の状況を長期に観察しながら要因を捉えていかなければなりません。例えば冬の時期だけ屋根や天井にあるエア・コンプレッサーの騒音を測定しても十分ではありませんし、平日の日中だけの騒音を測定しても、週末や深夜の近隣での騒音を把握できません。

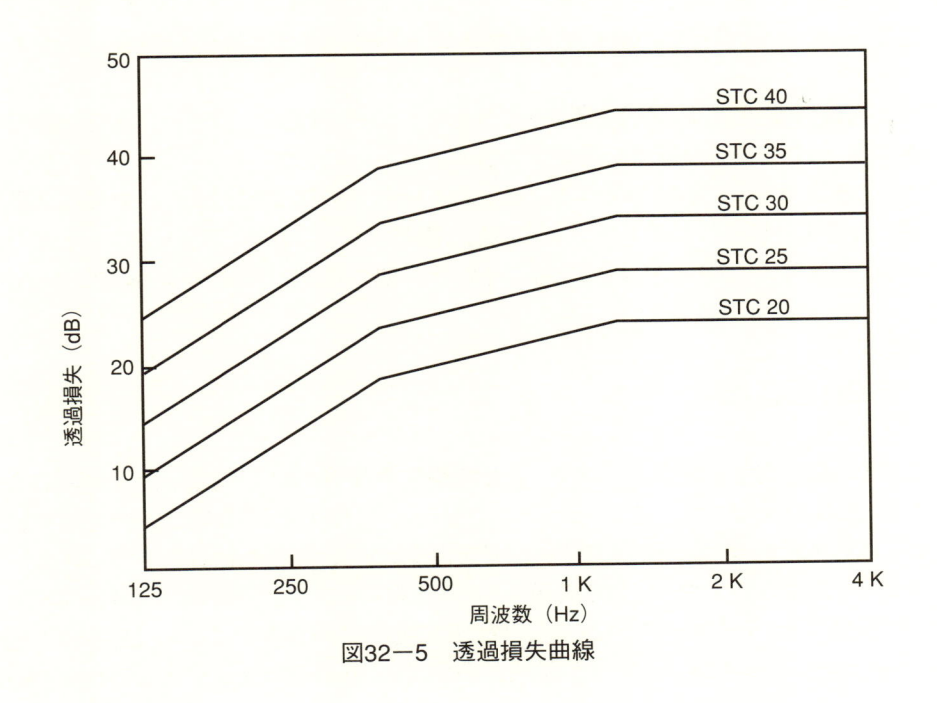

図32-5　透過損失曲線

(4) スタジオ内の音響設計

ここまではスタジオをとりまく外部騒音のコントロール方法について述べてきましたが、次に実際の音を録音するスタジオ内の音響設計について述べることにします。

今日のポップスやロックの音楽スタジオは、かなり残響の少ない設計になっており、約0.5sec程度です。この理由はまず、各楽器間の分離に優れていること、次に小さな空間で響きを豊かにすると箱鳴りのした、詰まった音になります（第1章11-6 参照）。とは言ってもあまり響きのないスタジオにすると演奏をするミュージシャン側がノリの悪い状況になります。

最適なバランスの条件とするには、比較的デッドで、かつ遮音板を使う組み合わせです。衝立はセパレーションの向上に有効で必要に応じて自由な配置が行なえます。衝立の中でも片面が反射性、片面が吸音性の衝立が多く使用されています。こうした構造を壁面に応用したスタジオもあります。スタジオでの演奏の多くは、ヘッドフォンによってモニターされますが、時には、コントロール・ルーム内で演奏することもあります。コンサルタントはこうした設備についても十分検討しておく必要がある。

(5) ヴォーカル・ブースとドラム・エリア

ヴォーカルブースはコントロール・ルームに隣接した弱音源録音専用の独立したブースです。例えばバンドの演奏とボーカルが同一スタジオフロアで録音しようとすると、ヴォーカル・マイクロフォンにはバンドからのカブリが入ってきます。こうしたカブリを防ぎ、明瞭なヴォーカルを録音するのに、ヴォーカル・ブースが有効となります。ブース内でのモニターは、通常ヘッドフォンで行ないますが、小型スピーカーによるモニタリングも時に行なわれます。

ブース内の音響設計は、かなり響きを押さえたデッドな設計で、ヴォーカル帯域内での不自然なルーム・モードの発生を防いでいます。

ドラムスを録音するための専用エリアは、高さ1mほどの衝立で囲まれ、上部には吸音性の覆いが取り付けられた構造です。こうした構造にすることで、ドラムのプレーヤーが他のバンドのメンバーから孤立することなく演奏でき、他へのカブリが少ない構造になっています。

(6) 内装と居住環境

スタジオの醸し出す雰囲気も大切で、決して病院や研究所のような堅苦しい感じにならないような設計が大切です。ミュージシャンがリラックス出来るような暖かさが必要で、そのためにはスタジオ・デザイナーのアドバイスを借りながら、色彩や材質を早めに選択し美観の上からも実用性の上からも十分満足のいく仕上げにします。同時にコントロール・ルームは、配線やスイッチやメーターだけが、やたらに並んでいるのではなく、技術的に先進のコントロール・ルームであるという雰囲気が必要で、"State of the art"とか"High Tech"

という言葉がぴったりくるようなデザインがポイントとなります。
　照明器具もこうした観点から大切で、必要時は十分明るく、録音時には好みに応じて明るさが調整出来るライティングが好まれます。

4. 機器の選択

　スタジオ・オーナーにとって、常に最新機器に買い換えることなく、安定した経営を維持していくのは容易なことではありません。反面、未だ十分使える機材でも新規に入れ替えを余儀なくされる状況も起こります。
　高価で贅沢な機材を購入できるスタジオは限られており、ほとんどはリースで対応しています。しかしリース期間が終了する頃にすでに時代遅れの"ポンコツ"にならないような機材の選択が大切です。以下に主要機材を選択する場合の傾向について述べますので参考にして下さい。
　どういった機材が変化が早く、どう言った機材は安定しているかが理解出来ると思います。

アナログ・マルチチャンネル・レコーダー

マルチチャンネル・レコーディングの多くはアナログレコーダーで行なわれていますので、24トラック・アナログレコーダーへの投資は正しい選択といえます。これに付随したノイズリダクションはドルビーのAやSRタイプが定番です。

マイクロフォン

マイクロフォンの新しい技術は少なく、開発のテンポはゆっくりしていますが、その分精緻な練り上げが行なわれる分野です。旧型の真空管タイプもヴィンテージ・マイクロフォンとして珍重されており一種のノスタルジーを醸し出す傾向にあります。

エフェクター

この分野は現在デジタル・プロセッサーを含め、大変変化の激しい分野です。しかし価格帯が比較的安価な機器が多いので、常に最新機器に取り替えたとしても負担は大きくありません。エフェクターもマイクロフォンと同様、旧型のモデルに強いノスタルジーが持たれており、特に真空管のリミッター／コンプレッサーやイコライザーなどにその傾向が強く見られます。

コンソール

スタジオ機器のなかで最も高価な機材がコンソールです。どこのメーカーのコンソールを設置しているかはクライアントに対する重要なセールスポイントです。
　興味深い傾向は、今日の優れたレコーディング・エンジニアの多くが最新のコンソールではなく手入れの良い旧型コンソールを使っていることです。これらはスプリット・タイプのモジュール構成をしている場合が多く見られます。

Section10　録音ビジネス

新型のコンソールに採用されているインライン・モジュールは現在の主流ですが、それは旧来のスプリット・タイプに比べて使い勝手や操作性が優れているから主流になったと言うわけではありません。コンソールをいつどのようなタイミングで入れ替えれば経営が安定するのかは、特段決まったルールがあるわけではありませんが、1つのポイントは常にその地域や技術的に業界で優位を保って時代遅れにならないという点が目安になるでしょう。

デジタル・マルチトラック・レコーダー

この市場は実質日本のメーカが支配しており激烈なシェア争いが展開されています。ですから多くのスタジオ・オーナーは、どう展開していくのかを見守っていると言う状態です。

デジタル・ステレオ・レコーダー

この分野の機器は、CDの発展と共にスタジオのなかにも編集や1本化作業という仕事のニーズに合わせ導入が図られてきました。現在、「ソニー」の「1630」とU-Maticレコーダーの組み合わせが一般的ですが、この分野の仕事を手懸けようとする方は、CDプレス工場がどのようなフォーマットで対応しているのか調査をして、それにあったシステムを導入することをお勧めします。

デジタル・ワークステーション

コンピューターベースで音と映像を編集する場合にこの言葉が使用されています。これは映画のような大規模高度なハードディスクベースのシステムから簡単なパソコンベースのシステムまで広範に利用されており、種類も多岐にわたり変化も激しい分野です。

　毎年行なわれるAES(Audio Engineering Society)のコンベンションでは、こうした最新の動向が常にフォローされています。

デジタル・コンソール

現在デジタルレコーディングに使われるコンソールは、アナログが主流です。それは、デジタルコンソールの価格がまだ高い点と性急な導入を控えているからです。この分野もスタジオのオーナーは状況を見守っている段階といえます。

<第32章>　　[参考文献]

1. J. Borwick, *Sound Recording Practice*, Oxford University Press, New York (1988).
2. J. Cooper, *Building a Recording Studio*, Recording Institute of America, New York (1978).
3. A. Everest, *Handbook of Multichannel Recording*, TAB, Blue Ridge Summit, Pa. (1975).
4. C. Harris, *Handbook of Noise Control*, McGraw-Hill, New York (1979).
5. V. Knudsen and C. Harris, *Acoustical Designing in Architecture*, Wiley, New York (1950).
6. M. Rettinger, *Acoustic Design and Noise Control*, Chemical Publishing, New York (1973).
7. J. Woram, *Handbook of Sound Recording*, H. Sams, Indianapolis (1989).

Section10　録音ビジネス

第33章　スタジオの運用と管理

1. はじめに

　スタジオの経営には、技術的な競争に加えて、より経営的なセンスが必要です。スタジオには、それぞれ得意な分野を持った優秀なスタッフと意欲的なエンジニア集団をどれくらい持っているかがポイントです。ここでは、日常のスタジオ運営に必要な人的観点について述べることにします。

2. 顧客との関係

　顧客は、常に第一級のサービスをタイミング良く、適切な価格で受けることを要求しています。これらのどれが欠けてもスタジオの経営はうまくいきません。スタジオは明確な経営哲学と内部規律を持ち顧客はそれを尊重しなければなりません。以下にはそうしたガイド・ラインの例を示します。

予約規定

　スタジオのスケジュールは、そのスタジオが定めた規定に則って運営し、例外的な運用は役員の決定により行ない、料金は時間単位としてその中に含まれるのはどのような内容かを顧客に明確にしておくことです。通常はエンジニアとアシスタントがレコーディングに含まれますが、リミックスではエンジニアだけの場合があります。スタジオのキャンセルについても明確に規定し、通常24時間前キャンセルが適応されますので、顧客にもそのことを理解させなくてはなりません。
　顧客が特定のエンジニアとレコーディングを希望し、スタジオ側もそれに同意する場合は、名誉なことと受け止めるべきです。もし希望したスケジュールで希望するエンジニアが参加できない場合、顧客にはキャンセル料なしで予約を取り消す権利があります。

料金規定

　新規の利用者は、手付け金を支払うことが求められます。これはスタジオ使用の保険として大切です。スタジオ側は新しい利用者が後払い料金で対応する場合の可否についてもその責任を持つことが出来ます。

ブロック予約

　利用者は、長期間まとめてスタジオを予約することが出来ます。これはロックバンドや

ポップス録音で見られることで、料金も期間に応じて割安となります。この方法は両者にとって恩恵がある方法で、その場合の中身についてはどこまでを含むのか予め明確にしておくのがよいでしょう。長期予約のスケジュールと時間単位の予約が重なって入っていた場合は、事前にその利用者と相談してから対処して下さい。その場合には事前予約した利用者に不利の出ないような代替となるべき案を提供して相談するのが賢明です。

機材の提供

スタジオは、利用者にテープやその他必要な機材を提供し収入の増加を計ります。利用者側は、事前の了解なしで自前の機材を持ち込むことは出来ません。

利用者の自己機材とレンタル機器

楽器のレンタルと支払いは通常利用者負担です。またスタジオは利用者のテープを一定期間保管することが出来ますが、この時に発生した事故については100％の保証があるわけではないことを利用者に理解させなくてはなりません。

料金表

スタジオの運営を明確に示すには、料金表を作成し、常に最新情報に更新しておくことです。この中にはどんなサービスでどれくらいの費用がかかるかを明確に記載し、スタジオの利用方法なども示しておきます。

3. 使用者との雇用関係

優れたスタジオ・マネージャーはなかなか多くはありません。エンジニアと同様彼らは、出来高歩合制で雇用する事が多く、その場合契約条項の明確な詰めと例外事項の中身などを合意しておく必要があります。

スタジオには、優秀な人材が定常化していることが求められ、そのためには新規の人材から優れたスタッフを雇えるための学校や研修機関との緊密な連携も大切です。

4. 人材育成

技術スタッフには、どの人も同じ仕事が出来ることが必要です。たとえばスタジオ内のケーブル巻き、スタジオやコントロール・ルームの整理整頓、機材の故障リポートの作成、録音終了後のコンソールのリセットなどは誰もが出来なくてななりません。とりわけ重要なのは、録音テープの中身を詳細かつ正確に記入するトラック・シートの作成です。

新人にはスタジオの運用方法をしっかり研修させ、おざなりな教え方で済ませないようにして下さい。またスタジオ・マネージャーが企画した新しい技術への研修会には必ず全員が参加できる体制を作らなければなりません。

5. 購買業者

備品購入担当者は、スタジオへの納入業者と有利な取引のできるビジネスセンスの良い人が必要です。必要な備品を的確な納期で行ない、設備によっては外部に委託するのがよいでしょう。これらには空調設備管理、事務用品、自動販売機などが含まれます。家主との良好な関係も重要です。

6. 通信設備

電話への応対は丁寧に、外部からのスタジオへの電話は、特別な許可のない限りむやみに通す必要はありません。ファックスは必需品で、スタジオの電話は、外部へ通話出来ないタイプがよいでしょう。

7. 同業組織

スタジオは、適当と思われる業界の組織に参加しておくことを進めます。
これは、地元と国際的な組織の両方がいいでしょう。こうした機関から得られる広範なデータは、経営に多くの有益な情報となります。

8. 機器保守

(1) チーフ・エンジニア

今日、この肩書きを持つ人格者は少なくなりましたが、スタジオによってはまだ必要とすべき職業です。チーフ・エンジニアは、スタジオ内のすべての機材が順調に作動しているかを把握し対応する保守整備部門の責任者です。
彼らは、スタジオ内機器の標準的な運用基準を策定し、技術研修の責任を持ちます。また技術的な改良や更新についての的確な助言を経営側に与えることが出来ます。

(2) 保守整備基準

最初に適切なセッティングと運用を行なえば、その後の整備保守に要する負担は大幅

Section10　録音ビジネス

に軽減されます。
　適切なマイクロフォンの取り扱い、緩くなったネジの締め付け、機材の丁寧な取り扱い、アナログ・テープ・レコーダーの適正調整などがこうした部類にはいります。
　以下には、こうした保守整備に関するポイントを示します。

- a. 各種接続アダプターの整備と入出力レベルの把握
- b. 必要な機器の改良改善
- c. 録音機の基準レベルと運用レベルの統一
- d. 主要機材の定期整備
  1,000時間を超えたデジタルレコーダーの業者整備
  アナログレコーダーの定期保守
  モニター・スピーカーの動作チェック

　保守管理のための専用作業空間を用意しておくことは、スタジオに必要です。ここには、各種測定器や工具が準備されさらに高度な整備に必要な機材の設置も検討しておかなくてはなりません。スタジオに応じたテスト治具やテスト材料は、スタジオのスタッフが用意します。主要機材には保守管理のためのログシートを用意し、過去の履歴が分かるように整理しておきます。
　また各種マニュアルや資料も使いやすいように整理し、分類しておきます。
　新しく来た機材は、ここで開封しチェックをしてから運用することを定例化しておくと良いでしょう。

(3) レコーディング途中での整備

　スタジオが最も恐れる事態は、スタジオに多くのミュージッシャンが待機しながら、コンソールなどメインの機材にトラブルが発生する場合です。
　レコーダーのモーター部やコンソールの電源と言った基幹部分の故障を除けば、信号系統をパッチングすることで故障部分を迂回できますが、スピーカーのパワーアンプやユニットの故障であれば迅速に交換しなければなりません。チーフ・エンジニアはどの程度のダメージがありレコーディングの継続にどれくらいの支障が生じているのかを的確に判断し対応します。最近の機材は、ユニット交換方式になっているので対応も以前ほど大変ではありません。
　こうした事態に備えて保守部門は、常にスタンバイ出来るスタッフを待機させておく必要があります。信頼性にどの程度の比重をかけるかは、考え方次第ですが、今日機材の保守整備またスタジオでの顧客の録音テープのミス消去トラブルも含め、すべてはスタジオの責任で行なうというのが一般的です。

〈第33章〉　　［参考文献］

1. M. Atkin, "Maintenance" Section 14 in J. Borwick, *Sound Recording Practice*, Oxford University Press, New York (1987).

INDEX
索引

人名索引／472

総合索引／476

人名索引

A

A. Alim ---------------------- 58, 60
A. Benade ------------- 38, 53, 353
A. Blumlein -------------- 100, 119
A. Everest ---------------------- 464
A. Gust -------------------------- 133
A. Kefauver -------- 165, 175, 384
A. Nisbett ----------------- 384, 389
A. Oppenheim ---------- 259, 322
A. Previn ------------------------ 353
A. Robertson ----------- 68, 79, 88
A. Springer --------------------- 259
Allison Kepex ------------------ 223
G. Augspurger -- 36, 38, 192, 202
I. Allen -------------------------- 416
M. Altschuler -------------------- 53
N. Anderson -------------------- 436
S. Alten ------------------- 389, 416
W. Aiken ------------------------ 224
Y. Ando --------------------------- 60

B

B. Bartlett --------------------- 259
B. Bauer --- 45, 53, 79, 133, 236
B. Blesser ---------------- 236, 322
Berliner ------------------------- 418
A. Benade ------------- 38, 53, 353
A. Blumlein -------------- 100, 119
D. Blackmer -------------------- 301
D. Braschoss ------------------- 436
Emile Berliner ------------------ 62
G. Ballou ----------------- 175, 213
G. Bogantz --------------------- 436
G. Bore ----------- 68, 79, 88, 119
H. J. Von Braunmuhl ------ 77, 79
J. Backus ----------------------- 353
J. Baunk ------------------------ 259
J. Benson ---------------------- 192
Jussi Bjoerling ----------------- 256
J. Blauert ------ 53, 119, 184, 192

J. Bloom ------------------ 322, 401
J. Borwick ---------- 165, 175, 213
                       224, 236, 322
                       353, 384, 464, 469
K. Benson ---------------------- 290
L. Beranek ---------- 38, 59, 60, 68
                       79, 88, 192, 353
L. Blake ------------------------ 416
M. Barron ----------------------- 60
R. Burwen ---------------- 254, 301

C

C. Ceoen ------------------ 119, 353
C. Davis ------------------- 192, 202
C. Harris ------------- 38, 464, 469
C. Huston ----------------------- 92
C. Lowman --------------------- 290
C. Mee --------------------------- 290
C. Molloy ---------------------- 192
C. Nelson ---------------------- 436
C. O'Connell ------------- 290, 353
C. Pannel ---------------------- 448
C. Shannon -------------------- 322
C. Swisher --------------------- 224
Caruso -------------------------- 255
D. Cooper ---------------- 133, 259
D. Connor --------------------- 224
H. A. M. Clark --------- 45, 53, 119
J. Chowning ------------------- 131
J. Cooper ----- 123, 460, 464, 469
John Culshaw ----------- 351, 353
J. Cunningham ---------------- 133
L. Cremer ------------------ 38, 60
M. Camras -------------------- 290
M. Collums -------------------- 192
R. Caplain --------------------- 353
W. Carlson -------------------- 290

D

D. Blackmer -------------------- 301
D. Braschoss ------------------- 436
D. Connor --------------------- 224
D. Cooper ---------------- 133, 259
D. Davis ------------------ 202, 401
D. Eilers ----------------------- 290
D. Gravereaux ----------------- 133
D. Griesinger ------------ 259, 290
D. Huber ------------------ 384, 416
D. Keele ----------------------- 192
D. Mills ------------------------ 290
D. Robinson -------------- 53, 442
D. Smith ----------------------- 192
D. Taylor ---------------------- 389
D. Woolford ------------- 53, 353
C. Davis ------------------ 192, 202
E. Daniel ---------------------- 290
J. Davis ------------------ 229, 236
L. Doelle ------------------------ 38
M. Dickreiter 119, 236, 353, 384
N. Del Mar -------------------- 353
P. D'Antonio ------------------ 202
P. Damoske ------------------- 133
R. Dadson ---------------------- 53
R. Dolby ----------------- 301, 442
W. Dooley --------------------- 119

E

Emile Berliner ------------------ 62
E. Daniel ---------------------- 290
E. Engberg --------------------- 322
E. Fox -------------------------- 436
E. Madsen --------------------- 133
E. Rathe ------------------------ 38
E. Schubert --------------------- 53
E. Schwarzkopf --------------- 353
E. Vogel ----------------------- 259

Eyring ---------------------------- 30
A. Everest --------------------- 464
D. Eilers ------------------------ 290
F. Everest --------------------- 202
J. Eargle --------------- 60, 68, 79,
　　　　　　　　　88, 92, 98, 119
　　　　　133, 165, 192, 236, 301
　　　　　353, 384, 416, 436, 448
M. Engebretson ----------- 192, 416

R. Gelatt ------------------------ 353
S. Gelfand ------------------------ 53

H

H. J. Von Braunmuhl ------- 77, 79
H. A. M. Clark --------- 45, 53, 119
H. Ford --------------------------- 290
H. Haas ---------------------------- 53
H. Kuttruff --------------- 38, 55, 60
H. Meinema ---------------------- 236
H. Mueller ----------------------- 38
H. Nakajima -------------------- 322
H. Nyquist ---------------- 304, 322
Harry Olson 79, 202, 254, 353, 408
H. Reeves ----------------------- 133
H. Rodgers --------------------- 322
H. Staffeldt -------------------- 202
H. Tremaine ------------------- 175
H. Wolfe ------------------- 133, 165
Harrison --------------------------- 418
C. Harris ------------- 38, 464, 469
C. Huston ------------------------ 92
D. Huber ------------------ 384, 416
F. Harvey ----------------------- 119
F. Hirsch ----------------------- 436
F. Hoffman --------------------- 408
J. Hanus ------------------- 48, 448
J. Hull --------------------------- 442
M. Hibbing --------------------- 119
T. Holman --------------------- 416

J

J. Backus ------------------------ 353
J. Bauck ------------------------ 259
J. Benson ---------------------- 192
Jussi Bjoerling ------------------ 256
J. Blauert ------- 53, 119, 184, 192
J. Bloom ------------------ 322, 401
J. Borwick ---------- 165, 175, 213
　　　　236, 322, 353, 384, 464, 469
J. Chowning -------------------- 133
J. Cooper ----- 123, 460, 464, 469
John Culshaw ------------- 351, 353
John Culshaw ------------------ 351
J. Cunningham ---------------- 133
J. Davis ------------------- 229, 236
J. Eargle --------------- 60, 68, 79
　　　　　　　　　88, 92, 98, 119, 133
　　　　　165, 192, 236, 301, 353
　　　　　　　　384, 416, 436, 448
J. Frayne ----------------- 133, 165
J. Hanus ------------------------ 448
J. Hull --------------------------- 442
J. Jecklin ----------------------- 353
J. Kempler --------------------- 290
J. Konnert --------------------- 202
J. McKnight ------------------- 442
J. Meyer ----------------------- 353
J. Monforte ------------------- 175
J. Mosely ------------------ 92, 119
J. Pierce ----------------------- 353
J. Roederer -------------------- 53
J. Ruda ------------------------ 436
J. Sank -------------------------- 79
J. Smith -------------------------- 92
J. Stafford -------------------- 436
J. Sunier ---------------------- 259
J. Tall -------------------- 392, 401
J. Vanderkooy ---------------- 322
J. Wermuth ------------------- 301
J. West -------------------------- 68
J. Woodward ------------------ 436
J. Woram ------ 79, 165, 175, 213
　　　　　　　224, 236, 290, 301
　　　　　322, 384, 442, 464, 469
F. Jorgensen ------------------- 290
W. Jung ------------------------ 165

F

F. Everest --------------------- 202
F. Gaisberg -------------------- 353
F. Harvey ----------------------- 119
F. Hirsch ----------------------- 436
F. Hoffman --------------------- 408
F. Jorgensen ------------------ 290
F. Lee --------------------------- 236
F. Winckel ----------------------- 53
Fletcher - (Munson) ------------ 39
E. Fox -------------------------- 436
Franssen ------------------------- 48
H. Ford -------------------------- 290
J. Frayne ----------------- 133, 165
M. Forsyth --------------------- 60
S. Feldman -------------------- 408

G

G. Augspurger -- 36, 38, 192, 202
G. Ballou ------------------ 175, 213
G. Bogantz -------------------- 436
G. Bore ------ 68, 79, 88, 98, 119
George Martin ----------------- 405
G. McNally --------------------- 401
G. Meeks ----------------- 192, 202
G. Sessler ---------------------- 68
Goldmark ---------------------- 418
A. Gust ------------------------ 133
D. Gravereaux ---------------- 133
D. Griesinger ----------- 259, 290
F. Gaisberg -------------------- 353
K. Gundry --------------------- 442
M. Gardner -------------------- 119
M. Gerzon ------------------ 92, 130

I

I. Allen ------------------------ 416
R. Ingebretsen ----------- 322, 401
R. Itoh ------------------------- 133

索引

K

K. Benson ------------------ 290
K. Gundry ------------------ 442
K. Pohlmann ------------ 322, 448
K. Tanaka ---------------- 322, 401
Kefauver ------------------- 213
Killion ---------------------- 52
A. Kefauver -------- 165, 175, 384
Allison Kepex --------------- 223
D. Keele ------------------- 192
H. Kuttruff ------------- 38, 55, 60
J. Kempler ----------------- 290
J. Konnert ----------------- 202
L. Kinsler ------------------ 38
S. Katz -------------------- 290
V. Knudsen ---------- 38, 464, 469

L

L. Beranek --------- 38, 59, 60, 68
　　　　　　　　79, 88, 192, 353
L. Blake ------------------- 416
L. Cremer ---------------- 38, 60
L. Doelle ------------------- 38
L. Kinsler ------------------ 38
L. Olson -------------------- 119
L. Solomon ---------------- 322
Lauridsen ------------------ 116
C. Lowman ---------------- 290
F. Lee -------------------- 236
M. Lambert ---------------- 322
P. Laws ---------------- 184, 192
R.Lagadec ---------------- 254
S. Lipschitz ------------ 322, 353
T. Lubin ------------------- 92

M

M. Altschuler --------------- 53
M. Barron ------------------ 60
M. Camras -------------- 290, 322
M. Collums ---------------- 192

M. Dickreiter -- 119, 236, 353, 384
M. Engebretson ---------- 192, 416
M. Forsyth ------------------ 60
M. Gardner ---------------- 119
M. Gerzon ---------- 92, 133, 259
M. Hibbing ---------------- 119
M. Lambert ---------------- 322
M. Martin ----------------- 442
M. Rettinger -------- 236, 464, 469
M. Schroeder -------------- 37, 38
　　　　　　　　119, 202, 259
M. Stosich ---------------- 408
M. Thorne ----------------- 384
M. Wright ----------------- 259
Munson -------------------- 39
C. Mee -------------------- 290
C. Molloy ----------------- 192
D. Mills ------------------- 290
E. Madsen ---------------- 133
G. McNally --------------- 401
G. Meeks ----------------- 192
George Martin ------------- 405
H. Meinema --------------- 236
H. Mueller ----------------- 38
J. McKnight --------------- 442
J. Meyer ------------------ 353
J. Monforte --------------- 175
J. Mosely ---------------- 92, 119
V. Mellert ----------------- 133

N

N. Anderson --------------- 436
N. Del Mar --------------- 353
N. Thiele ----------------- 175
Norris --------------------- 30
A. Nisbett ------------- 384, 389
C. Nelson ----------------- 436
H. Nakajima -------------- 322
H. Nyguist ------------ 304, 322
R. Narma ----------------- 436
R. Neve ------------------ 320
R. Norris ------------------ 38

O

O. Smith ------------------ 290
O. Read ------- 121, 353, 408, 436
Olufsen ------------------- 440
A. Oppenheim --------- 259, 322
C. O'Connell ---------- 290, 353
Harry Olson ------------- 79, 254
　　　　　　　　353, 407, 408
L. Olson ------------------ 119

P

P. D'Antonio -------------- 202
P. Damaske --------------- 133
P. Laws ---------------- 184, 192
Peter Scheiber ---------- 127, 133
P. Vogelgesang ------------ 290
A. Previn ----------------- 353
C. Pannel -------------- 322, 448
J. Pierce ------------------ 353
K. Pohlmann -------------- 448
R. Putnam ---------------- 224
V. Peutz ------------------ 34, 38
V. Poulsen ---------------- 290

R

R. Burwen ------------- 254, 301
R. Caplain ---------------- 353
R. Dadson ----------------- 53
R. Dolby --------------- 301, 442
R. Gelatt ------------------ 353
R. Ingebretsen --------- 322, 401
R. Itoh ------------------- 133
R. Lagadec ---------------- 254
R. Narma ----------------- 436
R. Neve ------------------ 320
R. Norris ------------------ 38
R. Putman ---------------- 224
R. Rundstein -------------- 384
R. Streicher --------------- 119
R. Warnock --------------- 322
R. Youngquist ------------ 401
A. Robertson --------- 68, 79, 88

D. Robinson ---------------- 53, 442
E. Rathe ------------------------ 38
H. Reeves ----------------------- 133
H. Rodgers --------------------- 322
J. Roederer --------------------- 53
J. Ruda ------------------------ 436
M. Rettinger -------- 236, 464, 469
O. Read ------- 121, 353, 408, 436
W. Reichardt --------------------- 60

S

S. Alten ------------------- 389, 416
S. Feldman -------------------- 408
S. Gelfand --------------------- 53
S. Katz ------------------------ 290
S. Lipschitz --------------- 322, 353
S. Takahashi ------------------- 133
S. Temmer ----------------- 119, 436
A. Springer --------------------- 259
C. Swisher --------------------- 224
C. Shannon -------------------- 322
D. Smith ------------------------ 192
E. Schubert --------------------- 53
E. Schwarzkopf ---------------- 353
G. Sessler ---------------------- 68
H. Staffeldt -------------------- 202
J. Sank ------------------------- 79
J. Smith ------------------------ 92
J. Stafford --------------------- 436
J. Sunier ----------------------- 259
L. Solomon -------------------- 322
M. Schroeder ---------------- 37, 38
                          119, 202, 209
M. Stosich --------------------- 408
O. Smith ---------------------- 290
Peter Scheiber ----------------- 127
R. Streicher ------------------- 119
T. Schultz ------------------ 58, 60
T. Shiga -------------------- 123, 133
Thomas Stockham -- 255, 259, 401
W. Sabine ------------------ 30, 38
W. Schmidt --------------------- 60
W. Snow ----------------------- 119

T

T. Holman --------------------- 416
T. Lubin ------------------------ 92
T. Schultz -------------------- 58, 60
T. Shiga -------------------- 123, 133
Thomas Stockham -- 255, 259, 401
T. Wells ----------------------- 259
T. Yamamoto -------------------- 92
D. Taylor ---------------------- 389
H. Tremaine ------------------- 175
J. Tall --------------------- 392, 401
K. Tanaka ----------------- 322, 401
M. Thorne --------------------- 384
N. Thiele --------------------- 175
S. Takahashi ------------------ 133
S. Temmer ----------------- 119, 436
Y. Tsuchiya ------------------- 322

V

V. Knudsen ----------- 38, 464, 469
V. Mellert --------------------- 133
V. Peutz --------------------- 34, 38
V. Poulsen -------------------- 290
E. Vogel ---------------------- 259
J. Vanderkooy ----------------- 322
P. Vogelgesang ---------------- 290

W

W. Aiken ---------------------- 224
W. Carlson -------------------- 290
W. Dooley --------------------- 119
W. Jung ----------------------- 165
W. Reichardt ------------------- 60
W. Sabine ------------------ 30, 38
W. Schmidt --------------------- 60
W. Snow ----------------------- 119
W. Welch ----- 121, 353, 408, 436
W. Woszczyk ------------------ 384
Weber -------------------------- 77
D. Woolford ---------------- 53, 353
F. Winckel ---------------------- 53
H. Wolfe -------------------- 133, 165
J. Wermuth -------------------- 301
J. West ------------------------- 68
J. Woodward ------------------ 436
J. Woram ------ 79, 165, 175, 213
              224, 236, 290, 301
              322, 384, 442, 464, 469
M. Wright --------------------- 259
R. Warnock ------------------- 322
T. Wells ---------------------- 259

Y

Y. Ando ----------------------- 60
Y. Tsuchiya ------------------- 322
R. Youngquist ----------------- 401
T. Yamamoto ------------------- 92

総合索引

ア

アイドラー（Idler）
　　　…テープ機構系 を参照
アイリング（Eyring）………… 30
G. アウグスバーガー
　　　（G. ugspurger）…… 36
アクティブ加算ネットワーク 142
アコースティック・ギターの録音
　　　…録音テクニック を参照
アジマス（azimuth）--- 274, 404
アジマス調整
　　　…テープレコーダーの
　　　　調整 を参照
アセテート材 …………… 267
暖かさ（ｗａｒｍｔｈ）……… 58
アタックタイム
　　　…コンプレッサー を参照
圧縮技術 ………………… 318
圧縮比
　　　…コンプレッサー を参照
アッセンブル編集 ………… 398
アッテネーター …………… 98
アナログテープ編集 ……… 392
アライメント調整用テープ 274
アラン・ブルムライン
　　　（Alan Blumlein）100, 418
アリソン・キーペックス
　　　（Allison Kepex）…… 223
A. アリム（A. Alim）……… 58
アンカー・ダイアローグ
　　　（Anchor Dialogue）--- 121
アンペア（A）……………… 9
アンペックス（AMPEX）- 170, 266
AKG・BX－20 ……… 229, 231
IEC/AES ………………… 271
IEC規格
　　　（International Electrotechnical
　　　　Commission）………… 404
ISO規格
　　　（International Standards
　　　　Organization）………… 212

ISO周波数 ……………… 212
ITD（Initial Time Gap）……… 56
I/Oモジュール…インライン・
　　　コンソール を参照
REE ……………………… 75
RFZ ……………………… 199
RCA社 ……………… 71, 254
R-DAT …………………… 449
ｒｍｓ（root mean square）…… 11

イ

イーストマンコダック社
　　　（Eastman Kodak）……… 125
イーヴンタイド社
　　　（Eventide）……………… 246
イコライザー（equalizer）--- 204
　Q ………………………… 205
　グラフィック・イコライザー
　　　（graphic equalizer）……… 205
　シェルビング特性
　　　（shelving actions）……… 204
　ノッチ・フィルター
　　　（notch filter）……………… 207
　ハイパス・フィルター
　　　（High - Pass Filter [HPF]）207
　パラメトリック・イコライザー
　　　（parametric equalizer）…… 205
　バンドパス・フィルター
　　　（Band - Pass Filter [BPF]）207
　プログラム・イコライザー
　　　（program equalizer）……… 204
　ローパス・フィルター
　　　（Low - Pass Filter [LPF]）- 207
位相（phase）……………… 3
位相効果（phasing/flanging）237
位相シフト ……………… 114
位相特性 ………………… 211
1次指向性
　　　…カーディオイド を参照
イングリッシュ・デッカ
　　　（the English Decca）-- 351
インスタント・フェージング
　　　（instant phasing）
　　　…位相効果 を参照

インターリーブ（interleave）313
インピーダンス（impedance）
　　　………………… 93, 96
インライン・コンソール --- 152
　I/Oモジュール ……… 152
　スワップ ……………… 152
EIAJ（Electric Industries Association
　　　of Japan）
　　　（日本電子機会工業界規格）-- 318
EIN（Equivalent Input Noise）測定法
　　　………………………… 137
EMT社 ……………… 229, 300
EMT NOISEX ……………… 300
EMT140 …………………… 229

ウ

ウーレイ社（UREI）179, 184, 218
ウェスタン・エレクトリック社
　　　（Western Electric）--- 62, 71
W. ウェルチ（W. Welch）--- 121
ウェーバー（Weber）………… 77
ウェイティング・カーブ …… 14
　A-ウェイティング特性 …… 40
　B-ウェイティング特性 …… 40
　C-ウェイティング特性 …… 40
ウェイティング・ネットワーク
　　………………………… 14
ヴォイス・コーダー ……… 248
ヴァリマトリックス ……… 128
ヴォーカル・ブース ……… 462
ヴォーカル録音
　　　…録音テクニック を参照

エ

映画の再生レベル ………… 412
永久磁石 ………………… 63
エイゲントーン（eigentones）36
エキサイター …………… 243
エキスパンダー（expander）222
エコー …………………… 225

エコー・ルーム ───── 115, 225
エディット・プレイ・ファンクション
　───────── 279
エミール・ベルリナー
　（Emile Berliner）───── 62
エラーの検出 ───────── 311
エレクトレット・マイクロフォン
　・・・マイクロフォン を参照
エレメント ──────── 69
遠距離音場（far field）──── 26
エンコード（encodeing）──── 291
エンジニアの役割 ─────── 325
演奏法（diction）──────── 327
円盤の直径 ──────── 419, 431
エンベロープ形成 ─────── 241
AES/EBU ────────── 318
AES コンファレンス（Audio Engineering Society Confe ─ 254
A-ウェイティング特性 ────── 40
ADM（適応差分変調）───── 320
A／D 変換 ─────────── 309
AMS 社 ─────────── 91
HX − Pro ───────── 440
HPF・・・イコライザー を参照
LEDE 手法（live end − dead end）
　───────────── 198
LSB・・最下位ビット（LSB）を参照
LPF・・・イコライザー を参照
Lp 値 ─────────── 14
LP の基準レベル ─────── 419
LP の再生特性 ──────── 421
LP のプレス工程 ─────── 435
LP 盤の形状 ──────── 418
MSB・・最上位ビット（MSB）を参照
MS 方式 ──────── 229
MFB 動帰還 ──────── 426
MFP・・・平均自由行程
　（Mean Free Path）を参照
NRZ(Non Return to Zero) ──── 315
NOS 方式 ────────── 109
NC 値（Noise Criteria）────── 458
SMPTE（Society of Motion Picture
　and Trlevision Enginee）
　[全米映画 TV 技術者協会]282
SMPTE タイムコード ───── 282
SLM（Sound Level Meter）
　・・・音圧計 を参照
SPL・・・・・音圧レベル参照
SQ マトリックス ──────── 127
S-DAT ─────────── 451

SDIF2（Sony Digital Interface）──
　────────────── 318
STC 値（Sound Transmission Class）
　────────────── 460
S/P DIF 方式 ───────── 445
SP レコード ──────── 406
XLR コネクター ──────── 158

オ

オーケストラの録音
　・・・録音テクニック を参照
オーケストラとソロリストの録音
　・・・録音テクニック を参照
オーディオテクニカ社 ───── 428
オート・アライメント ───── 288
オートメーション ────── 162
オートロケート ──────── 281
オーバーカット ──────── 422
オーバー・バイアス ────── 270
Ω（オーム）────────── 9
オールパス位相シフト・ネットワーク
　──────────── 116, 256
オシロスコープ
　（Oscilloscope）──────── 173
穏やかな歪み（overloads gently）
　──────────── 275
オタリ社（Otari）──────── 318
音溝（groove）──────── 429
オプチカル・ラディエーション社
　（Optical Radiation）──────── 125
オペアンプ ──────── 141
　反転オペアンプ ──────── 141
　非反転オペアンプ ──────── 141
　加算回路 ──────── 141
折り返しノイズ ──────── 305
オルトフォン社 ──────── 427
H. オルソン（H.Olson）────── 407
オルフセン（Olufsen）───── 440
音圧計(SLM) ──────── 14
音圧傾度効果 ──────── 77
音圧倍加現象 ──────── 196
音圧レベル（Lp）──────── 14
音楽テープ ──────── 437
音楽編集 ──────── 392
音響処理 ──────── 355
音響設計 ──────── 462
音像制御 ──────── 249

音像のぼかし ──────── 113
温度要因効果 ──────── 7
AUX センド（auxiliary）
　・・・スプリットタイプ・コンソールを参照
ORTF 収音方式 ──────── 109

カ

ガーゾン（Gerzon）───── 92, 130
カーディオイド（cardioid）──────
　──────────── 70, 74
カーバー（Carver）社 ────── 254
カーボン・マイクロフォン
　・・・マイクロフォン を参照
回折 ──────────── 18
ガイドアーム
　・・・テープ機構系 を参照
ガウス社 ──────── 441
加算回路・・・オペアンプ を参照
過大曲率（curvature overload）──
　──────────── 422
過大スロープ ──────── 422
楽器が持つ音響特性 ─────── 328
カッター針
　・・・ピックアップ針 を参照
カッティングトレースの損失 ──
　──────────── 431
可変ピッチ ──────── 421, 431
J. カルーソー（John Culshaw）──
　──────────── 255, 351
感度 ──────────── 93

キ

キーペックス（Kepex）
　・・・アリソン・キーペックス
　（Allison Kepex）を参照
基音（fundamental）──────── 3
機械式リヴァーブ
　・・・リヴァーブ を参照
機器の選択 ──────── 463
疑似ステレオ化 ──────── 116
基準レベル ──────── 11
ギターの録音
　・・・録音テクニック を参照

477

逆2乗則 ------------------------------ 15
逆相（out of phase）-------------- 3
逆トルク力 ---------------------- 276
キャパシター・マイクロフォン
　　　・・・マイクロフォン を参照
キャプスタン
　　　・・・テープ機構系：キャプスタン を参照
キャプスタンローラーの調整
　　　・・・テープレコーダーの調整 を参照
吸音率（absorption coefficient）30
狭単一指向
　　　・・・スーパーカーディオイド を参照
虚音像（phantom images）----- 44
極性反転スイッチ
　　　・・・スプリットタイプ・コンソール を参照
キリオネテェル（Killion et al）52
金管楽器（ブラス）の録音
　　　・・・録音テクニック を参照
近距離音場（near field）------- 26
近接効果（proximity effect）-- 81
QS方式（山水）----------------- 127
QS方式（シェイバー）------ 129

ク

J. クーパー（J. Cooper）123, 460
クーロン ------------------------- 65
空間の録音 ---------------------- 330
空間表現 ------------------------- 369
空気遮断特性 -------------------- 456
空調ダクト ----------------------- 458
空気伝播 --------------------------- 5
クオードエイト社 ------------- 155
クオドラフォニック・メーター
------------------------------------ 174
クシ型フィルター ------------- 116

屈折現象 ------------------------- 18
H. クラーク（H.Clarke）------- 45
クラウン社（Crown）---------- 86
グラフィック・イコライザー
　　　・・・イコライザー を参照
H. クトラフ（H. Kuttruff）----- 55
クリティカル・ディスタンス
　　　（Dc：critical distance）-- 31
グループ・モジュール
　　　・・・スプリットタイプ・コンソール を参照

クレスト・ファクター
　　　（crest factor）-------------- 12
クロックパルス ---------------- 282

ケ

劇伴 -------------------------------- 378
弦楽器の録音
　　　・・・録音テクニック を参照
減磁反発力（Coercivity）---- 263
鍵盤楽器の録音
　　　・・・録音テクニック を参照

コ

コーティング ------------------- 267
コーラスの録音
　　　・・・録音テクニック を参照
ゴールドマーク
　　　（Goldmark）------------- 418
コイル ------------------------------ 63
高域周波数の付加 ------------- 243
高域特性可変
　　　・・・デジタル・リヴァーブ を参照
高域ホーンロード ------------- 182
高周波バイアス
　　　・・・バイアス を参照
高周波マイクロフォン
　　　・・・マイクロフォン を参照
高速カセットデュプリケーション
------------------------------------ 441
高帯域出力特性（DI特性）- 182
広帯域ノイズの低減 --------- 254
コサイン・パターン ----------- 65
固体伝播損失 ------------------- 456
コム・フィルター
　　　・・・クシ型フィルター参照
コピー（clones）--------------- 303
コリレーション計
　　　・・・ステレオ相関計を参照
コロムビア社 ------------------- 121
コンデンサー・マイクロフォン
　　　・・・マイクロフォン を参照
コントロール・ルーム ------ 198
コンパンダー ------------------- 291

コンプレッサー（compressors）
------------------------------------ 215
　アタック・タイム
　　　（attack time）----------- 217
　スレッショルド
　　　（threshold）------------- 216
　ニーポイント
　　　（knee point）------------ 216
　リリース・タイム
　　　（release time）---------- 217
　レシオ（圧縮比）
　　　（compression ratio）-------- 216
コンプレッションドライバー --
------------------------------- 179, 185
コンポジット・マスター --- 382

サ

サーボコントロールDCモーター
　　　・・・テープ機構系 を参照
最下位ビット（LSB）--------- 308
最終ミキシング ---------------- 414
最上位ビット（MSB）-------- 308
サイドチェーン ---------------- 215
サイン（sine）の法則 -------- 45
サイン波 ---------------------------- 2
サウンド・クラフト社
--------------- 147 〜 151, 156, 209
サウンドフィールド・マイクロフォン
　　　・・・マイクロフォン を参照
サチュレーション（Saturation）
------------------------------------ 263
雑音（ノイズ）----------------------- 4
サブ・カーディオイド -------- 73
サブグループ
　　　・・・スプリットタイプ・コンソール を参照
サブ・ハーモニック --------- 244
サブ・ワード ------------------- 312
サラウンド（surround）125, 409
残響（reverberation）---------- 28
サンプリング（sampling）--- 304
サンプリング周波数
　　　（sampling frequency）----------- 304
1/3oct バンド ------------------- 212
残留磁化 ------------------------- 263

索引

シ

志賀 ------------------------------ 123
磁化率（susceptibility）--------- 95
磁気ストライプ --------------- 409
磁気ヘッド --------------------- 267
識別限界周波数帯域
　　（critical bandwidth）---- 50
磁気録音特性 ----------------- 264
指向性 ------------------------- 70
磁性粉（oxide）---------------- 267
磁性体膜厚損失 --------------- 271
磁束密度（flux density）----- 263
6－4－6方式 ----------------- 130
室内楽の録音
　　　…録音テクニック を参照
室内楽オーケストラの録音
　　　…録音テクニック を参照
室内楽の演奏形式 ------------ 338
室内グループ演奏の録音
　　　…録音テクニック を参照
時定数（Time constant）----- 274
視認性 ----------------------- 377
シネマ・デジタル・サウンド
　　　　…CDS を参照
遮音性能 --------------------- 356
遮音特性 --------------------- 456
ジャズの録音
　　　…録音テクニック を参照
ジャック・フィールド
　　　…パッチベイ を参照
シャックリ現象 --------------- 387
Shadow Zone ------------------ 20
シャトル
　　　…テープレコーダーの操作 を参照
自由反射音場（RFZ）-------- 199
周期（cycle per second）--------- 3
周波数（frequency）------------- 2
周波数特性
　　ディスク・システム
　　　（RIAA再生特性）---- 422
　　人間の耳の特性 -------- 39,40
　　スピーカーの特性 -------- 180
　　マイクロフォンの特性 82,83
　　楽器および声の特性 -------- 6
　　テープレコーダーの特性 289
出力音圧特性 ------------------ 180

出力帯域幅（Power band width）
　　　--------------------- 182
出力モジュール
　　　…スプリットタイプ・コンソール を参照
T. シュルツ（T. Schultz）------ 58
M. シュローダー（M. Schroeder）37
シュローダー周波数 --------- 226
準定常状態 --------------------- 34
初期反射音（一次反射音）----- 55
ジョイスティック ------------ 122
ジョグ
　　　…テープレコーダーの操作 を参照
ショックマウント（Shock mount）
　　　------------------------- 98
人材育成 --------------------- 466
振幅（amplitude）---------------- 3
　　実効値 ----------------------- 11
　　ピーク値 --------------------- 11
　　平均値 ----------------------- 11
振幅特性 --------------------- 211
親密性（intimacy）------------- 57
C-ウェイティング特性 ------- 40
CD（Compact Disc）---------- 443
CDS（Cinema Digital Sound）---- 125
CDのマスタリング ---------- 448
JBL社-------------------- 178, 179

ス

スーパーカーディオイド
　　（supercardoid）------------- 74
水平面ハーモニックス理論 --- 130
スコア ----------------------- 396
スタジオの選択 --------------- 355
スタジオ設計 ----------------- 454
スタンパー（stamper）-------- 433
H. スタッフェルド（H.Staffeldt）
　　　--------------------- 202
スチューダー・ルボックス社
　　（Studer Revox）277, 278, 319
ステレオ・イメージ --------- 330
ステレオ音像 ----------------- 186
ステレオ空間の創出 --------- 357
ステレオ相関計
　（stereo correlation metering）- 172
ステレオバー（Stereo mount）98
ステレオ180方式 --------- 109

ステレオフォニック --------- 100
ステレオ・メータリング --- 172
ステレオ録音 ----------------- 358
スピーチ録音
　　　…録音テクニック を参照
スピーチの編集 --------------- 397
スプリットタイプ・コンソール
　　　--------------------- 146
　イコライザー・セクション -- 148
　AUXセンド ---------------- 148
　極性反転スイッチ ---------- 148
　グループ・モジュール -------- 150
　SUBグループ ---------------- 150
　出力モジュール ---------------- 150
　入力モジュール ---------------- 147
　PFL---------------------------- 150
　マスター・モジュール -------- 150
　モニター・モジュール -------- 151
スペース・マイクロフォン
　　　…マイクロフォン を参照
スポット・マイクロフォン
　…アクセント・マイクロフォン を参照
スレート機能 ----------------- 142
スレーブ --------------------- 283
スレッショルド
　　　…コンプレッサー を参照
3－2－3方式 ----------------- 127
3 M ------------------------- 270

セ

制作コスト ------------------- 324
W. セイビーン（W.Sabine）--- 30
増幅器 ……オペアンプを参照
接触幅の損失 ----------------- 431
セル・シンク ----------------- 279
先行効果（The Precedence Effect）
　　　------------------------- 46
全高調波歪
　　（THD：Total Harmonic Distortion）
　　　------------------------- 95

ソ

速度傾斜型マイクロフォン
　　＝リボン・マイクロフォン
ソニー社（Sony）- 319, 400, 451
ソニック・ソリューションズ社
　　（Sonic Solution）-------- 254

タ

ダイアグラム表記 ------------ 137
ダイアフラム（diaphragm）--- 63
帯域制限フィルター --------- 308
帯域分割量子化 -------------- 320
大編成スタジオ・オーケストラの録音
　　・・・録音テクニック を参照
大規模編成の録音
　　・・・録音テクニック を参照
対談形式の録音
　　・・・録音テクニック を参照
ダイナミック・マイクロフォン
　　・・・マイクロフォン を参照
ダイナミック・レンジ ------ 167
ダイナミック・コンプレッション 186
タイムコード ---------------- 282
ダイレクティビティー・インデックス -
　　-------------------- 21, 182
ダイレクト・ピックアップ ---- 159
ダイレクト・ラジエター方式 - 177
DASH方式 ------------------- 317
DASHフォーマット ---------- 318
DAT ------------------------ 449
ダビング・シアター --------- 410
ダブレット構造 -------------- 72
ダマスキ効果 ---------------- 132
ダミーヘッド ---------- 100, 112
単一指向性・・・カーディオイド参照
単一パリティ・ビット方式 312
タンノイ社（Tannoy）------- 179

チ

チーフエンジニア ----------- 467

J. チョウニング（J. Chowning）-
　　-------------------------- 131
超単一指向
　　・・・ハイパーカーディオイドを参照
直接音 ------------------------ 55
直線性補正 ------------------- 275

ツ

Y. 土屋 ---------------------- 322
2－2方式 -------------------- 123

テ

テープ機構系 ----------------- 275
　　アイドラー ---------------- 276
　　ガイドアーム -------------- 276
　　キャプスタン -------------- 276
　　サーボコントロールDCモーター
　　------------------------- 276
　　バリ・スピード機能 -------- 276
テープ鳴き（violin bow）---- 276
テープの種類 ----------------- 404
テープレコーダーの操作 --- 278
　　再生（play）-------------- 278
　　シャトル（Shuttle）------- 279
　　ジョグ（Jog mode）------- 279
　　停止（stop）-------------- 279
　　早送り（fast forward）---- 279
　　編集用再生モード
　　　（Edit Play Function）-- 279
　　巻き戻し（rewind）------- 279
　　録音（record）------------ 278
テープレコーダーの調整 --- 286
　　アジマスの調整 ----------- 287
　　キャプスタンローラーの調整 286
　　テンションの調整 --------- 286
　　トランスポート系の調整 --- 286
　　ヘッドの高さの調整 ------- 286
　　録音調整 ----------------- 288
低域周波数の付加 ----------- 244
J. デイヴィス（J. Davis）---- 229
ディケイ・シェープ
　　・・・デジタル・リヴァーブを参照
ディザーノイズ -------------- 309
ディバイディング・ネットワーク
　　（スピーカー用ネットワーク）177

ディフューザー -------------- 196
ディロスインターナショナル ------- 447
デ・エンファシス ------------ 448
適応差分変調（ADM）------- 320
デコード -------------------- 291
デジタルノイズ低減方式 --- 252
デジタル編集 --------- 303, 398
デジタル・リヴァーブ ------ 231
　　ディケイ・シェープ ------- 233
　　モード密度 --------------- 233
　　高域特性可変 ------------- 233
デジタルレコーダーの基準レベル -
　　-------------------------- 170
デシベル（dB）-------------- 7
　　dbv --------------------- 11
　　dBV --------------------- 11
　　dBu --------------------- 11
　　dBW --------------------- 11
テスラス -------------------- 263
デッド（DEAD）------------ 28
電圧（E）-------------------- 8
電圧制御型フィルター（VCA）-
　　-------------------------- 241
電気楽器の録音
　　・・・録音テクニック を参照
電極化（polarized）--------- 77
電子バランス --------------- 142
電子メーター --------------- 170
転写（print through）-------- 267
テンションの調整
　　・・・テープレコーダーの調整 を参照
伝送損失 --------------------- 96
伝播速度（Velocity）---------- 5
テンポの制御 ---------------- 245
電流（I）--------------------- 9
電力（W）-------------------- 9
D/A変換 --------------------- 309
dbx ノイズリダクション ---- 300
DI・・ダイレクティビティー・インデックスを参照
DI値・・・・放射指数（DI）を参照
DSF（Distance factor）距離係数
　　-------------------------- 75
DMM(Direct Metal Mastering) 447
DMMカッティング ---------- 435
Dc値・・・クリティカル・ディスタンス（Dc：critical distance を参照
DIN規格 -------------------- 275
THD ------------------------ 95
TELECOM c4 --------------- 300

索引

ト

トーマス・ストックハム
　　　　　（Thomas Stockham）-- 255
J. トール（J. Tall）------------- 392
等価入力ノイズ
　（Equivalent Input Noise）----- 136
同軸ステレオ・マイクロフォン
　　　　　・・・マイクロフォン を参照
トラック間移動 ------------------ 383
トラック・シート ---------------- 383
トラック幅 ---------------------- 284
ドラマ録音
　　　　　・・・録音テクニック を参照
ドラム・エリア ----------------- 462
トランスポート系
　・・・テープレコーダーの調整 を参照
トランス ------------------------- 98
ドルビー光学録音 ---------------- 415
ドルビー社（Dolby）-- 291, 294
　　　　　　295, 296, 298, 439
ドルビー・ステレオ -------------- 409
ドルビー・マトリックス --------- 414
Dolby A タイプ・ノイズリダクション
　　　　・・・ノイズ・リダクション参照
Dolby SR ノイズリダクション --
　　　　・・・ノイズ・リダクション参照
TOC 情報 ----------------------- 447

ナ

ナイキスト周波数 ------------- 304
ナイキスト率 ----------------- 304
NAB 規格
　（National Association of Broadcasters）
　-------------------------- 271, 403
nWb/m
　（ナノウェーバ／メートル）275

ニ

ニーポイント
　　　　　・・・コンプレッサー を参照

ニアフィールド・モニター 187
日本コロムビア社 ------------- 303
入力モジュール --------------- 147
2 インチ・テープ ------------- 278
24 トラックレコーダー ----- 278
2 進化 10 進コード
　　　　　　　　・・・BCD を参照

ノ

ノーノイズ・システム
　　　（NoNoise System）---- 254
ノーマル・モード（normal mods）
　---------------------------------- 36
R. ノーリス（R. Norris）------- 30
ノイズ・ゲート
　（noise gate）----------------- 222
ノイズ・コリレイション
　（Noise Correlation）------- 254
ノイズ・リダクション
　Dolby A タイプ・ノイズリダクション
　-------------------------------- 291
　Dolby SR ノイズリダクション
　-------------------------------- 297
　BURWEN ノイズリダクション --- 300
　dbx ノイズリダクション - 300
　EMT NOISEX ---------------- 300
　TELECOM c 4 ---------------- 300
ノイマン社（Neumann）- 78, 89
　　　　425, 427, 432, 435, 436
ノッチ・フィルター
　　　　　・・・イコライザー を参照

ハ

バーウェン（Burwen）社 --- 254
パーカッション系楽器の録音
　　　　　・・・録音テクニック を参照
H. ハース（H. Haas）---------- 48
ハース効果 -------------------- 48
バーストエラー --------------- 313
ハード・センター ------------ 409
ハープの録音
　　　　　・・・録音テクニック を参照
ハープシコードの録音
　　　　　・・・録音テクニック を参照

ハーモニア・ムンディ
　（Harmonia-Mundi Acustica）社 318
ハーモナイザー --------------- 247
ハーモニクス
　　　　　・・・倍音構成を参照
バイアス ----------- 264, 267, 269
倍音構成（harmonics structure）4
背極（backplate）--------------- 77
バイノーラル ------------------ 100
ハイパーカーディオイド
　（hypercardioid）-------------- 74
ハイパス・フィルター
　　　　　・・・イコライザー を参照
バイフェーズ変調記録 ------ 282
パイプ・オルガンの録音
　　　　　・・・録音テクニック を参照
B. バウアー（B. Bauer）-------- 45
バウンダリー・マイクロフォン
　　　　　・・・録音テクニック を参照
パスカル（pascal）-------------- 14
8 の字特性 --------------------- 63
パッチベイ（patch bay）----- 139
パッド（減衰器）--------------- 95
早送り
　　　・・・テープレコーダーの操作 を参照
パラボラ型収音マイクロフォン
　　　　　・・・マイクロフォン を参照
パラマトリックス ------------- 128
パラメトリック・イコライザー
　　　　　・・・イコライザー を参照
ハリー・オルソン（Harry Olson）
　-------------------------------- 254
バリスティック（ballistics）-- 14
バリ・スピード機能
　　　　　・・・テープ機構系 を参照
ハリソン（Harrison）--------- 418
パリティー・ビット --------- 311
パルス --------------------------- 282
パルス性雑音 ------------------ 252
反響板(deep orchestra shell) - 326
バング（Bang）---------------- 440
パンケーキ -------------------- 441
半単一指向
　　　　　・・・サブ・カーディオイドを参照
パンチ・イン ------------------ 280
反転増幅器
　　　　　・・・オペアンプ を参照
反動効果（spring back）------ 435

索引

パンニング ------------------ 358

ヒ

ピーク/実効値レベル差
　　・・・・クレスト・ファクター
　　　　　（crest factor）を参照
ピーク値
　　　　・・・振幅（amplitude）を参照
ピーター・シェバー
　　　　（Peter Scheiber）------- 127
ビーティング（beating）------- 50
ピアノの録音
　　　　・・・録音テクニック を参照
ピアノと小編成楽器の録音
　　　　・・・録音テクニック を参照
弾き語り（ピアノ）の録音
　　　　・・・録音テクニック を参照
ヒステリシス曲線 ----------- 262
ピックアップ針 -------------- 419
ビッグバンド・ジャズの録音
　　　　・・・録音テクニック を参照
ピッチの制御 ------------------ 245
ビット ------------------------- 282
非反転増幅器
　　　　・・・オペアンプ を参照
J. ビヨルリング（Jussi Bjoerling）
　　　　------------------------ 256
ピンクノイズ ------------------ 5
ピンポン
　　　　・・・トラック間移動 を参照
BMX マトリックス方式 ----- 128
BX－20・・・AKG・BX－20 を参照
BPF・・・・・・イコライザー を参照
B&K --------------------------- 12
PFL
　・スプリットタイプ・コンソール を参照
PQ サブコード ---------------- 447
B-ウェイティング特性 ------- 40
BCD（Binary Coded Decimal）282
PPM（Peak Program Meter）- 169
PZM（Pressure Zone Microphone）
　　　　---------------------------- 86
PD フォーマット
　　　　（Pro Digital Format）- 318

フ

V. プーツ（V.Peutz）---------- 34
ブームスタンド（Boom & stand）
　　　　---------------------------- 98
ブームボックス（boom box）---
　　　　---------------------------- 244
ファイナルミックス
　　　　・・・最終ミキシング を参照
ファラッド --------------------- 65
ファンタジア ------------------ 121
ファンタム・センター ------ 109
ファンタム電源 --------------- 96
フィルムのフォーマット --- 410
風防（Wind screens）--------- 98
フェージング（phasing）
　　　　・・・位相効果 を参照
フェーズ（phase）--------------- 3
フェイザー（phasor）---------- 42
フェイザー分析法 ------------- 42
フォーリー・ウォーカー
　　　　（Foley Walker）-------- 414
フォーリー・スタジオ
　　　　（Foley studio）--------- 414
フォノグラフ ------------------ 121
吹かれ ------------------------ 367
不規則振動 -------------------- 4
復刻制作 ------------- 255, 406
ブラウエル（Blauert）-------- 184
ブラウンミュール/ウェーバー
　　　　（Braunmuhl/Weber）----- 77
フラッシュ（flash）----------- 433
フラッター
　　　　・・・ワウ・フラッター を参照
フランジング（flanging）
　　　　・・・位相効果 を参照
フランセン（Franssen）------- 48
プリ・エンファシス --------- 448
プリント・マスター --------- 415
ブルムライン構造
　　　　（Blumlein configuration）-- 101
フレーム（flames）------------ 282
プレッシャー・ローラー --- 276
フレッチャー・マンソン
　　　　（Fletcher - Munson）------- 39
プログラム・イコライザー
　　　　・・・イコライザー を参照
プロデューサーの役割 ------ 324

プロロジック（Pro-logic）方式
　　　　---------------------------- 128
4 チャンネル・クオドラフォニック
　　　　・ステレオ ------------- 121
4 チャンネル・ステレオ・コンソール
　　　　---------------------------- 144
4 チャンネル・リミックス用コンソール
　　　　---------------------------- 146
4－2－4 方式 ---------------- 127
BURWEN ノイズリダクション
　　　　---------------------------- 300
VCA 電圧制御型アッテネーター素子
　　　　---------------------------- 215
VCA --------------------------- 162
VCA フィルター -------------- 241
VU メーター（volume unit meter）
　　　　---------------------------- 168

ヘ

ベーストラップ -------- 196, 458
ベースの録音
　　　　・・・録音テクニック を参照
平均自由行程
　　　　（Mean Free Path）---------- 37
平均電力 ----------------------- 12
ヘッド・アジマス損失 ------ 274
ヘッドギャップ --------------- 266
ヘッドギャップ損失 --------- 271
ヘッド接触損失 -------------- 271
ヘッドの高さの調整
　　　　・・・テープレコーダーの調整 を参照
ヘッドの角度 ------------------ 286
ヘッドルーム（headroom）-- 167
ベラネック（Beranek）-------- 59
ペリフォニー（periphony）- 130
ベル（Bell）研究所
　　（Bell Telphone Laboratories）- 100
ヘルツ（Hz）---------------------- 3
ヘルムホルツ共振点 --------- 186
ベルリーナー（Berliner）---- 418
ベロシティ・マイクロフォン
　　　　＝リボン・マイクロフォン
ベンソン社（Benson）-------- 184
変換コネクター --------------- 98
変換時間（Settling time）---- 311

編集テープ --------------------- 392
編集ブロック台 --------------- 392
編集用再生モード
　・・・テープレコーダーの操作 を参照

ホ

ポールピース（pole piece）--- 63
放射係数（Q）------------------ 21
放射指数（DI）------------ 21, 182
飽和磁化 ------------------------ 263
ボコーダー -------------------- 248
保守整備基準 ------------------ 467
ポップス録音 ------------------ 355
ボルツマン定数 --------------- 137
ボルト（V）----------------------- 9
ホワイトノイズ -------------------- 5
ポンピング現象 --------------- 128

マ

マーカーペン ------------------ 392
G. マーティン
　（George Martin）-------------- 405
マイクカプセル ------------------ 66
マイクロフォン（microphone）
------------------------------------ 62
　アクセサリー -------------------- 98
　アクセント・マイクロフォン
　（accent microphones）110, 349
　M-S ステレオ・マイクロフォン
　（M-S stereo microphones）103
　エレクトレット・マイクロフォン
　（erectret microphones）---- 67
　カーボン・マイクロフォン
　（carbon microphones）----- 62
　高周波マイクロフォン
　（RF(Radio - Frequency)
　microphones）---------------- 67
　コンデンサー（キャパシター）マ
　　イクロフォン
　（condenser[capacitor]
　microphones）---------------- 65
　サウンドフィールド・マイクロフォン
　（sound field microphones）92
　ステレオ・マイクロフォン
　（stereo microphones）------ 89
　スペース・マイクロフォン
　（spaced microphones）---- 350
　ダイナミック・マイクロフォン
　（dynamic microphones）--- 63
　同軸ステレオ・マイクロフォン
　（coincident microphone arrays
　for stereo）------------------- 100
　バウンダリー・マイクロフォン
　（Boundary Layer Microphones）86
　パラボラ型収音マイクロフォン
　（parabolic microphones）-- 78
　ライン・マイクロフォン
　（line microphones）--------- 78
　リボン・マイクロフォン
　（ribbon microphones）----- 63
マイクロフォンの選択と配置 --
------------------------------------ 358
巻き戻し
　・・テープレコーダーの操作を参照
マグネトフォン --------------- 262
マスキング --------------------- 51
マスター・モジュール
　・・・スプリットタイプ・コンソールを参照
マスター・ラッカー盤 ------ 433
マスタリング ------------------ 403
マックスフィールド（Maxfeild）
------------------------------------ 418
マッセン疑似 4ch ------------- 131
マトリックス方式 ------------ 125
マルチチャンネル・マトリックス方式
　3ch マトリックス・システム（3-2-3 マトリクス）----------------------- 125
　4ch マトリックス・システム（4-2-4 マトリクス）----------------------- 127
　サンスイ QS マトリクス・システム 127
　ヴァリオ・マトリクス -------------- 127
　SQ マトリクス ------------------- 128
　パラ・マトリクス -------------------- 128
　BMX マトリクス ---------------- 128
　プロ・ロジック方式 ---------------- 128
　シェイバー QS 方式 ----------- 129
　6-4-6 方式 --------------------- 130
　4-3-4 方式 --------------------- 129
MADI -----------------------------
（Multichannel Audio Digital Interface）
------------------------------------ 318

ミ

ミキシング -------------------- 136
ミキシングコンソール ------ 136
ミックスダウン -- 148, 382, 409
三菱社 -------------------------- 318
ミュート機能 ------------------ 151
ミュート・マスター ---------- 151
MIDI ----------------------------- 201

ム

ムービング・フェーダー --- 162
無定位化 ------------------------ 115

メ

メタル・マザー --------- 433, 447
メタル・マスター ------------- 433
メル（mel）----------------------- 49

モ

モード密度
　・・・デジタル・リヴァーブを参照
木管楽器の録音
　・・・録音テクニックを参照
モニター系 --------------------- 161
モニター・モジュール
　・・・スプリットタイプ・
　　　　コンソールを参照

ユ

U- マチックテープ ---------- 318
豊かさ（liveness）-------------- 58
unity gain ------------------------ 142

索引

ヨ

400,000 の法則 ---------------- 407

ラ

ライヴ（LIVE） ----------------- 28
ライン・マイクロフォン
　　・・・マイクロフォン を参照
ラウドネス ----------------- 39, 41
ラッカー盤
　　・・・マスター・ラッカー を参照

リ

O. リード（O.Read） ---------- 121
リード・ファクター（lead factor）
　　---------------------------- 170
リールフランジ --------------- 237
リカバリータイム
　　・・・コンプレッサー を参照
リサージュ表示 --------------- 173
リハーサルモード ------------ 281
リボン・マイクロフォン
　　・・・マイクロフォン を参照
リミッター（limiters） ------ 218
リュートの録音
　　・・・録音テクニック を参照
リュック・ポジティブ
　　（ruck-positiv） ------- 337
量子化 ------------------------- 304
量子化率 ----------------------- 304
リリースタイム
　　・・・コンプレッサー を参照
リング変調器 ----------------- 241
リヴァーブ ------------ 225, 369
　　エコー・ルーム ------------ 225
　　機械式リヴァーブ
　　　（プレート・エコー）--- 229
　　スプリング式リヴァーブ 229
　　デジタル・リヴァーブ --- 231

ル

ルーピング -------------------- 414
ルパート・ニーヴ（R. Neve）-
　　---------------------------- 320

レ

レオ・ベラネック（Leo Beranek）
　　----------------------------- 57
レキシンコン社（Lexicon）- 232
レズリー回転スピーカー --- 237

ロ

P. ローズ（P. Laws）---------- 184
ローパス・フィルター
　　・・・イコライザー を参照
ローラー ----------------------- 276
ロウリセン（Lauridsen）----- 116
録音調整
　　・・・テープレコーダーの調整 を参照
録音テクニック --------------- 326
　　アコースティック・ギターの録音
　　（Acoustic Guitar）-------------- 334, 365
　　オーケストラとソロリストの録音
　　　（Orchestra with Soloist）---- 351
　　オーケストラの録音
　　　（Orchestra）------------------ 347
　　ギターの録音（Guitar）-- 334, 365
　　金管楽器の録音（Bruss）----- 361
　　弦楽器の録音（Strings）------- 363
　　鍵盤楽器の録音
　　　（Chanber Groups）---------- 364
　　コーラスの録音
　　　（Unaccompanied Chorus）- 343
　　室内楽オーケストラの録音
　　　（Chamber Symphony Orchestra）-
　　　------------------------------- 344
　　室内楽の録音
　　　（Chamber Ensembles）------ 337
　　室内グループ演奏の録音
　　　（Chamber Groups）--------- 341
　　ジャズの録音（Jazz）----- 359, 371
　　スピーチ録音（Single Voice）385
　　大規模編成の録音
　　　（Very Large Ensembles）--- 351
　　対談形式の録音
　　　（One-On-One Interview）--- 387
　　大編成スタジオ・オーケストラの録音
　　　（Large Studio Orchestra）-- 378
　　電気楽器の録音
　　　（Electronic Instruments）--- 366
　　ドラマ録音（Drama）---------- 388
　　ハープシコードの録音
　　　（Harpsichord）---------------- 334
　　ハープの録音（Harp）--------- 335
　　パーカッション系楽器の録音
　　　（Percussion Instruments）--- 359
　　パイプ・オルガンの録音
　　　（Pipe Organ）---------------- 335
　　ピアノと小編成楽器の録音（Small
　　　Instrumental Groups with Piano）
　　　------------------------------- 343
　　ピアノの録音（Piano）-------- 331
　　ピアノとソロ楽器または声の録音
　　　（Piano with Solo or voice）- 339
　　ビッグバンド・ジャズの録音
　　　（Big Band Jazz Ensembles）---- 375
　　ベースの録音 ------------------- 368
　　木管楽器の録音（Woodwind）362
　　リュートの録音（Lute）------- 334
　　ロック音楽の録音（Rock）--- 380
　　ヴォーカル録音（Vocal）----- 367
ロケート ----------------------- 281
ロジャー・ラガデック（R.Lagadec）
　　---------------------------- 254
ロック音楽の録音
　　・・・録音テクニック を参照
ロビンソン・ダッドソン（Robinson -
　　Dadson）等曲線 --------- 39

ワ

ワード -------------------- 282, 308
ワウ・フラッター 276, 278, 303
和差信号計 -------------------- 173
ワット（W） -------------------- 8

訳者あとがき

　1988年に初出版された本書も8年を経て著者ジョン・アーグルにより加筆や、再整理が行われ再発行されることになりました。この間の8年でオーディオをとりまく環境はどのように変化したと言えるのでしょうか？　ハード機器で言えるのは確実なデジタル化とコンピューターの道具化、そして高密度記録媒体の登場が今後与えるであろうパッケージメディアへのインパクト。放送メディアでは、空の上から降ってくる途方もない数の多チャンネルソフト、そしてPDP材料をはじめとした大型平面映像端末の登場、家庭にまで浸透しそうな大容量ネットワークを利用した情報民主主義とプライベート・ビジネス・チャンスの台頭‥‥‥。

　そして我々音に関わる環境で期待されるのは、現行デジタル・オーディオ規格をはるかに凌駕し究極のアナログ音声にも近似できそうな高品位デジタル・オーディオの可能性が見え始めたことです。映像の分野も眼を移せば大変似た動向といえます。デジタル合成技術の急速な進展は、スーパー・コンピューターとそれを活用するための優れたソフトウエアーの開発という両輪で実写映像表現にせまり、さらに実写では実現できないようなアングルや表現を獲得する勢いです。デジタル・ハリウッドなる業界用語も出現するほどになり新しい映像表現者が台頭する機会が急速に整いつつあります。

　こうした道具の驚異的な進展は、その中身を作る我々ソフト制作者に何を課題として突きつけているのでしょうか？　その答えのひとつを私に示してくれたきっかけがあります。

　1995年の10月にサンケン・オーディオのMARSH-KATAGIRIが紹介してくれたL.A在住のJAZZプロデューサーAKIRA-TAGUCHIの語ったことばです。「我々が地球人になるには何がホンモノか分かるためのワールド・スタンダードを身につける努力をすることや。これなくしては、日本という限られた範囲でのお山の大将でしかないんよ‥‥！　イモになったらあかん」

　今回の翻訳を担当するにあたり私はこの言葉を大切にしながら平易な文体で、J.Eのメッセージを日本語化したつもりです。初版のあとがきで紹介した1988年当時の我が息子の遊び相手の時間を割いての翻訳だった状況も今や息子は自分で勝手に友達と遊びに出かけるようになり、その分私の髭が白くなったというのがこの8年の時の流れを表しているかもしれません。

　地球レベルワールド・スタンダードにかなう音ソフトの制作に関わりたいとする皆さんに本書がその扉を開くきっかけになれば幸いです。

Mick　沢口真生　C.A.S
1996．11．2　仕事部屋にて

ハンドブック・オブ・レコーディング・エンジニアリング セカンドエディション

HANDBOOK OF RECORDING ENGINEERING SECOND EDITION

平成16年6月30日　第2刷発行	30th, June 2004 – 2nd Printing
著者 ── ジョン　M・アーグル	Author　　　　　　 John M. Eargle
訳者 ── 沢口　真生	Translator　　　　 Masaki Sawaguchi
監修 ── プロサウンド編集部	Directed by　　　 PROSOUND magazine
発行人 ── 原田　勲	Publisher　　　　 Isao Harada
編集協力 ── 松尾　誠司（穴吹学園）	Article Compilation　Seiji Matsuo : Anabuki-Gakuen
穴戸　優子（穴吹学園）	Article Compilation　Yuko Anado : Anabuki-Gakuen
辻井　宏司	Article Compilation　Koji Tsujii
発行所 ── 株式会社ステレオサウンド	Published by　　　Stereo Sound Publishing Inc.
〒106-8661　東京都港区元麻布3-8-4	3-8-4 Motoazabu Minato-ku Tokyo 106-8661 JAPAN
印刷 ── 奥村印刷株式会社	Printed by　　　　Okumura Printing Co.,Ltd　《禁・無断転載》